全国普通高等中医药院校药学类专业“十三五”规划教材（第二轮规划教材）

编写委员会

全国普通高等中医药院校药学类专业“十三五”规划教材（第二轮规划教材）

出版说明

“全国普通高等中医药院校药学类‘十二五’规划教材”于2014年8月至2015年初由中国医药科技出版社陆续出版，自出版以来得到了各院校的广泛好评。为了更新知识、优化教材品种，使教材更好地服务于院校教学，同时为了更好地贯彻落实《国家中长期教育改革和发展规划纲要（2010－2020年）》《“十三五”国家药品安全规划》《中医药发展战略规划纲要（2016－2030年）》等文件精神，培养传承中医药文明，具备行业优势的复合型、创新型高等中医药院校药学类专业人才，在教育部、国家药品监督管理局的领导下，在“十二五”规划教材的基础上，中国健康传媒集团·中国医药科技出版社组织修订编写“全国普通高等中医药院校药学类专业‘十三五’规划教材（第二轮规划教材）”。

本轮教材建设，旨在适应学科发展和食品药品监管等新要求，进一步提升教材质量，更好地满足教学需求。本轮教材吸取了目前高等中医药教育发展成果，体现了涉药类学科的新进展、新方法、新标准；旨在构建具有行业特色、符合医药高等教育人才培养要求的教材建设模式，形成“政府指导、院校联办、出版社协办”的教材编写机制，最终打造我国普通高等中医药院校药学类专业核心教材、精品教材。

本轮教材包含47门，其中39门教材为新修订教材（第2版），《药理学思维导图与学习指导》为本轮新增加教材。本轮教材具有以下主要特点。

一、教材顺应当前教育改革形势，突出行业特色

教育改革，关键是更新教育理念，核心是改革人才培养体制，目的是提高人才培养水平。教材建设是高校教育的基础建设，发挥着提高人才培养质量的基础性作用。教材建设以服务人才培养为目标，以提高教材质量为核心，以创新教材建设的体制机制为突破口，以实施教材精品战略、加强教材分类指导、完善教材评价选用制度为着力点。为适应不同类型高等学校教学需要，需编写、出版不同风格和特色的教材。而药学类高等教育的人才培养，有鲜明的行业特点，符合应用型人才培养的条件。编写具有行业特色的规划教材，有利于培养高素质应用型、复合型、创新型人才，是高等医药院校教育教学改革的体现，是贯彻落实《国家中长期教育改革和发展规划纲要（2010－2020年）》的体现。

二、教材编写树立精品意识，强化实践技能培养，体现中医药院校学科发展特色

本轮教材建设对课程体系进行科学设计，整体优化；对上版教材中不合理的内容框架进行适当调整；内容（含法律法规、食品药品标准及相关学科知识、方法与技术等）上吐故纳新，实现了基础学科与专业学科紧密衔接，主干课程与相关课程合理配置的目标。编写过程注重突出中医药院校特色，适当融入中医药文化及知识，满足21世纪复合型人才培养的需要。

参与教材编写的专家以科学严谨的治学精神和认真负责的工作态度，以建设有特色的、教师易用、学生易学、教学互动、真正引领教学实践和改革的精品教材为目标，严把编写各个环节，确保教材建设质量。

三、坚持“三基、五性、三特定”的原则，与行业法规标准、执业标准有机结合

本轮教材修订编写将培养高等中医药院校应用型、复合型药学类专业人才必需的基本知识、基本理论、基本技能作为教材建设的主体框架，将体现教材的思想性、科学性、先进性、启发性、适用性作为教材建设灵魂，在教材内容上设立“要点导航”“重点小结”模块对其加以明确；使“三基、五性、三特定”有机融合，相互渗透，贯穿教材编写始终。并且，设立“知识拓展”“药师考点”等模块，与《国家执业药师资格考试考试大纲》和新版《药品生产质量管理规范》（GMP）、《药品经营管理质量规范》（GSP）紧密衔接，避免理论与实践脱节，教学与实际工作脱节。

四、创新教材呈现形式，书网融合，使教与学更便捷、更轻松

本轮教材全部为书网融合教材，即纸质教材与数字教材、配套教学资源、题库系统、数字化教学服务有机融合。通过“一书一码”的强关联，为读者提供全免费增值服务。按教材封底的提示激活教材后，读者可通过PC、手机阅读电子教材和配套课程资源，并可在线进行同步练习，实时反馈答案和解析。同时，读者也可以直接扫描书中二维码，阅读与教材内容关联的课程资源（“扫码学一学”，轻松学习PPT课件；“扫码练一练”，随时做题检测学习效果），从而丰富学习体验，使学习更便捷。教师可通过PC在线创建课程，与学生互动，开展在线课程内容定制、布置和批改作业、在线组织考试、讨论与答疑等教学活动，学生通过PC、手机均可实现在线作业、在线考试，提升学习效率，使教与学更轻松。此外，平台尚有数据分析、教学诊断等功能，可为教学研究与管理提供技术和数据支撑。

本套教材的修订编写得到了教育部、国家药品监督管理局相关领导、专家的大力支持和指导；得到了全国高等医药院校、部分医药企业、科研机构专家和教师的支持和积极参与，谨此，表示衷心的感谢！希望以教材建设为核心，为高等医药院校搭建长期的教学交流平台，对医药人才培养和教育教学改革产生积极的推动作用。同时精品教材的建设工作漫长而艰巨，希望各院校师生在教学过程中，及时提出宝贵的意见和建议，以便不断修订完善，更好地为药学教育事业发展和保障人民用药安全有效服务！

中国医药科技出版社
2018年6月

前言
PREFACE

药用植物学是中药学类、药学类专业唯一一门学习植物科学基础知识和理论的课程，对学生系统掌握药用植物学基础知识和理论，以及植物药研究和利用的基础知识和技能具有重要的作用。

本教材是“全国普通高等中医药院校药学类专业‘十三五’规划教材（第二轮规划教材)”之一，依照教育部相关文件和精神，根据本专业教学要求和课程特点，结合《中国药典》和相关执业资格考试编写而成。根据“教材编写基本原则”对上版教材进行了结构调整和内容的删改，以植物的生长发育、分类鉴定和利用为主线编排，进一步加强了植物形态、结构、功能和药用用途的综合关联，增加了药用植物生长发育与调控、药用植物与环境以及利用和保护等内容。充实了发育生物学和分类学的基础知识，力求反映药用植物学和植物学科新成就。同时删改了分类部分过多的植物描述内容，突出典型属的特征，带动对科特征和常用药用植物的掌握，通过“要点导航”和“重点小结”模块引导学生把握和掌握核心知识点，在“思考与探索”模块则通过提出问题和要求，引导学生将生活、学习、生产实践相联系，培养学生的创新意识与创新精神。

本教材主要有14章，内容涉及藻类、菌类、地衣、苔藓、蕨类、裸子植物和被子植物的分类，其中介绍了种子植物86科。具体分工是：绪论由严铸云编写，第一章的第一、二节由严寒静编写，第三节由俞冰编写；第二章的第一、二节由张新慧编写，第三节由刘湘丹编写，第四、五节由卢伟编写；第三章的第一、二节由郭敏编写，第三、四节由白贞芳编写；第四章的第一节由沈昱翔编写，第二节由卢伟、郭敏编写，第三节由白贞芳、郭敏编写；第五章的第一节由张瑜编写，第二、三节由许亮编写；第六、十章由杜勤编写；第七章由庞蕾编写；第八、九章由李国栋编写；第十一章由樊锐锋编写；第十二章的第一、二、三节由孙稚颖编写，第四节的双子叶植物部分由袁王俊、汪文杰、纪宝玉、刘勇、刘长利、李羿、张坚、张天柱、白吉庆、吴迪编写，单子叶部分由彭华胜、谷巍编写；第十三章由王祥培、沈昱翔编写；第十四章由郭庆梅编写；附录部分由王光志编写。

本教材为书网融合教材，即纸质教材有机融合电子教材、教学配套资源和数字化教学服务（在线教学、在线作业、在线考试），可更好地满足信息化教学的需求。主要供全国普通高等院校中药学类、药学类等相关专业使用，也可作为医药行业考试与培训的参考用书。

本教材在编写过程中得到各编者所在单位的大力支持，同时还得到了成都中医药大学万德光教授、浙江中医药大学姚振生教授、安徽中医药大学王德群教授、南京中医药大学谈献和教授、辽宁中医药大学王冰教授和北京中医药大学刘春生教授的支持并提出了宝贵意见，在此一并致谢。由于编者水平有限，加之时间仓促，书中难免存在缺陷和不妥之处，敬请读者和兄弟院校在使用过程中提出批评和建议，以便修订完善。

编　者

2018 年 6 月

目录 CONTENTS

概论

第一章　植物细胞与组织

第八章 地衣 Lichens

第九章 苔藓植物 Bryophyta

第十章 蕨类植物 Pteridophyta

第十三章 药用植物与环境

概　　论

要点导航

1. 掌握药用植物的概念、研究内容和研究对象，学习方法和要求。
2. 熟悉药用植物学的发展简史，我国药用植物学的研究进展。
3. 了解药用植物的研究方法和相关学科的关系。

第一节　药用植物的概念和地位

扫码“学一学”

一、药用植物的概念和特点

药用植物（medicinal plant）指具有医疗用途的植物，包括植物全株或部分器官、组织及其加工制品等药用。早期文明时期就出现了药用植物学知识，但仅有中国的药用植物学知识较完整地传承使用至今。全球已知高等植物 28 万多种，许多均具有药用价值，如中国有药用植物约 12000 种，印度尼西亚约 7500 种，俄罗斯 2000～2500 种。药用植物除直接加工成药材和提取物外，也是新药创制的源泉，今天使用的药物多直接或间接地来自植物。

药用植物是自然界的产物，其发现和利用又是人类活动的结果。因此，药用植物研究具有地域性、民族性和文化性的特点。同时，植物是初级生产者，是一切生物赖以生存的物质基础，在稳定生态结构、维系生物大循环中发挥着关键作用，具有不可取代的地位。因此，药用植物研究和利用必须以持续发展观为指导。

二、植物在生物分界中的地位

目前，植物和其他生物的区别特征存在不同见解，出现了多种生物分界观点，主要有两界、三界、四界、五界、六界等分类系统。

1. 林奈的两界系统　1735 年瑞典博物学家林奈（Carolus Linnaeus，1707～1778）在 Systema Naturae（自然系统）中将生物分为植物界（Plantas）和动物界（Animalis），即两界系统。迄今，许多教科书仍沿用两界系统。

2. 海克尔的三界系统　19 世纪前后，发现有些生物兼具植物和动物两种属性，如黏菌类。1866 年德国博物学家海克尔（E. Haeckel，1834～1919）提出成立一个原生生物界（Protista），把原核生物、原生动物、硅藻、黏菌、海绵等归入原生生物界，形成了生物分界的三界系统。

3. 魏泰克的四界、五界系统　1959 年美国生物学家魏泰克（R. H. Whittaker，1924～1980）将不含叶绿素的真核菌类从植物界分出，建立了真菌界（Fungi），和植物界一起并列在原生生物界之上，即四界系统。1969 年魏泰克又将细菌和蓝藻分出，建立原核生物界

（Prokaryota），放在原生生物界之下，形成了五界系统；该系统纵向显示了生物进化的三大阶段——即原核生物、原生生物和真核生物（植物界、真菌界、动物界），横向则展现了生物演化的三大方向，即光合自养的植物、吸收方式的真菌和摄食方式的动物。1974 年黎德尔（G. F. Leedale）将魏泰克系统的原生生物分别归入植物界、真菌界和动物界中，形成了另一个四界系统。

4. 六界和八界系统 1949 年捷恩（Jahn）将生物分为病毒界、原核生物界、原生生物界、真菌界、后生植物界和后生动物界。1990 年布鲁斯卡（R. C. Brusca）等提出另一个六界系统，即原核生物界、古细菌界（Archaebacteria）、原生生物界、植物界、真菌界和动物界。1989 年卡瓦勒 - 史密斯（Cavalier - Smith）提出八界系统，即古细菌界、真细菌界（Eubacteria）、古菌界、原生动物界、藻界、植物界、真菌界和动物界。

5. 三域系统 1990 年沃斯（Carl Woese）依据 16S rRNA 序列资料，认为真细菌（Eubacteria）、古细菌（Archaebacteria）和真核生物从一个具有原始遗传机制的共同祖先分别演化而来，提出将三者各划归一类，称“域”（Domain）或“总界”（Super kingdom），是比界高的分类单位，即细菌域（Bacteria）、古菌域（Archaea）和真核域（Eukarya）。

6. 中国学者对生物分界的意见 中国学者对生物分界提出过许多建议，如 1965 年胡先骕提出将生物分成始生总界（Protobiota）（包括无细胞形态病毒）和胞生总界（Cyt - obiota）（包括细菌界、黏菌界、真菌界、植物界和动物界）；1966 年邓叔群主张分植物界（光合自养）、真菌界（吸收）和动物界（摄食）。1979 年陈世骧将生物分为非细胞总界（仅有病毒界）、原核总界（包括细菌界、蓝藻界）、真核总界（包括植物界、真菌界及动物界）。迄今国内外对病毒是否比原核生物更原始尚无定论。

目前，较多生物学家赞同生物分界应以营养方式为主要依据，同时考虑其进化水平，普遍接受五界系统或六界系统，但其内容各家略有出入。植物应是“含有叶绿素，能进行光合作用的真核生物”，主要包括真核藻类、苔藓植物、蕨类植物、裸子植物和被子植物。本教材考虑到与其他学科间的知识衔接，仍采用两界系统中植物界的范畴。

扫码“学一学”

第二节　药用植物学的形成与发展

一、药用植物学的概念和内涵

人类在长期利用植物治病过程中，逐步形成了有关药用植物的经验和专业知识。但在相当长的时期内，我国药用植物的经验和知识融合在本草学和古农学中，并以特有的方式命名和记述。直至 19 世纪中叶，西方植物学知识的传入促进了我国学术界的研究热情，并逐步发展形成了现今的药用植物学体系。

药用植物学（pharmaceutical botany）是研究药用植物形态结构、鉴定分类、数量和质量时空变化规律，建立其高效持续利用方法和技术的科学。它是药学、本草学和植物学知识交叉融合的产物，并以药用植物为研究对象，持续利用观为指导思想，药用植物形态解剖、鉴定分类、人与植物关系、植物医疗价值与环境关系、利用和保护为主要内容。它可进一步分化成药用植物分类学、药用植物形态学、药用植物解剖学、药用植物生理学、药用植物生态学、药用植物资源学、药用民族植物学等，并处于各分支学科的基础位置（图 1）。因此，学习药用植物学，不仅能深入理解和熟知药用植物类群、结构和功能等的多样性，掌握中药基源和品质研究、植物药开发利用等相关的植物科学知识和基本技能，而且对人类面临的可持续发展问题，特别是合理利用和保护药用植物资源，进行有序的生态重建和药用资源恢复等具有重要意义。

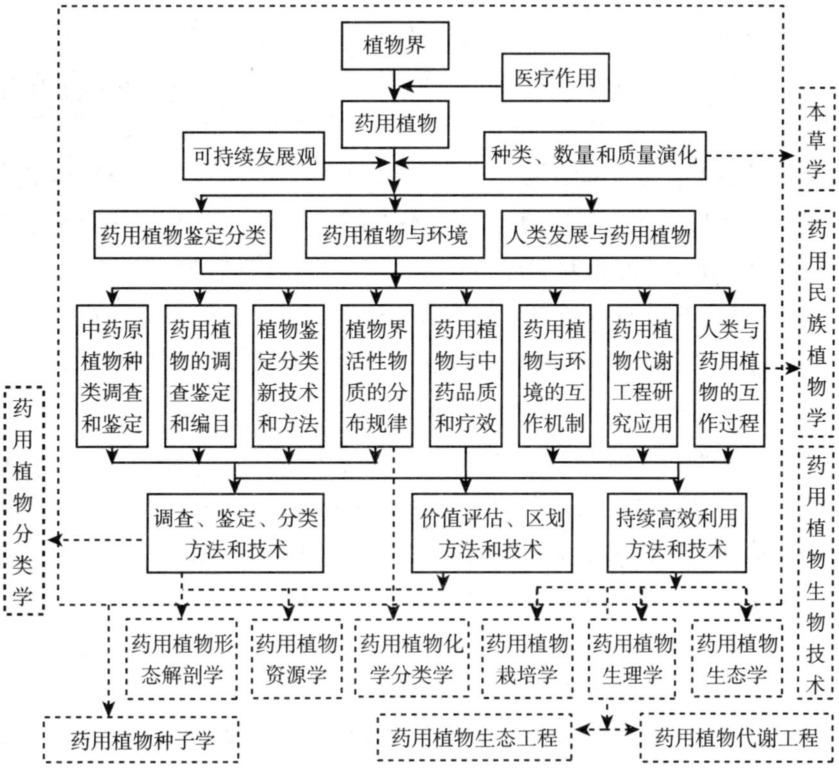

图 1　药用植物学的学科体系框架

二、药用植物学的研究对象

药用植物学的研究对象是药用植物与人类社会所组成的复杂系统，归纳起来主要有三个方面：①全球和特定区域的药用植物本身。包括药用植物的鉴定分类，数量和质量的形成、变化规律及其价值评估等。②药用植物与生态系统中其他成员间的关系。包括药用植物的生态地位和作用，植物与土壤的互作过程等。③药用植物与社会经济之间的关系。包括人与药用植物互作过程及其对环境的影响，药用植物与健康和其他产业的关系等。

目前，药用植物学研究的着眼点是药用植物的自然属性，以药用植物种类、分布、医疗价值和利用状况为主要内容，并关注其变化趋势；其出发点则是药用植物的社会属性，以满足人类社会的需求，保证人类可持续发展为宗旨。二者以社会、科学技术为纽带，相互联系，促使药用植物潜在的生产力转化为现实的生产力。

三、药用植物学的研究内容

药用植物学的研究内容日趋丰富和完善，主要有以下相互交叉联系的几个方面。

1. 中药基源植物种类的调查与鉴定　中药普遍存在“同物异名”和“同名异物”现象，直接危及药品的安全性和有效性，是中药研究中的一个突出问题。① 中药常具有异名，同物异名极易引起品种的混乱。如“虎杖”有 155 个异名，“益母草”有 30 个。② 500 种常用中药中，300 余种具有同名异物现象。如名为甘草的有 8 个，乌梢蛇 9 个，党参 22 个，天南星 25 个，石斛 27 个，威灵仙 35 个，白头翁 49 个，草乌 62 个等等；如贯众的同名异物品涉及紫萁 *Osmunda japonica* Thunb.、荚果蕨 *Matteuccia struthiopteris*（L.）Todaro、狗脊蕨 *Woodwardia japonica*（L. f）Sm、乌毛蕨 *Blechnum orientale* L.、苏铁蕨 *Brainea insignis*（Hook.）J. Smith. 等11科58种蕨类植物。可见，确保药材来源的准确性是一项长期而艰巨的工作。因此，运用药用植物学理论和知识，开展中药基源植物的调查和鉴定，解决中药名实混乱问题，对中药生产、科研和临床应用等均有重要的意义。

2. 药用植物的调查、鉴定和编目 区域药用植物的调查、鉴定、编目和记述是资源利用和保护的基础。近30年来，我国的行政区划和建制，以及土地利用状况发生了巨大的变化，原记录的产地与现在情况相差甚远。同时，随植物调查研究不断深入，新种不断被发现，许多种被归并或分出，或重新组合，学名变动较大。因此，开展区域性药用植物的调查和编目，掌握药用植物种类、分布和资源现状，制定合理利用和保护方案是药用植物研究的一项长期工作。此外，调查工作也是发掘新药用资源的重要途径，如前三次的中药资源普查（1958年、1966年和1983年）中，发现了萝芙木 *Rauwolfia verticillata*（Lour.）Baill.，并以此生产降压药“利血平”；从黄山药 *Dioscorea panthaica* Prain et Burkill、穿龙薯蓣 *D. nipponica* Makino 根状茎中，研制出治冠心病药“地奥心血康”；通过本草文献研究，从黄花蒿 *Artemisia annua* L. 中获得了高效抗疟成分青蒿素（arteannuin）。同时编写了《中药志》《全国中草药汇编》《中国中药资源志》和《中国中药区划》等系列丛书。正在开展的第四次中药资源普查，必将为药用植物保护和开发利用提供重要的基础数据。

3. 药用植物化学成分的形成、分布和演化规律 植物中活性成分的分布、变化规律是新资源寻找与植物药采收利用的基础。系统进化与化学成分相关研究表明，植物亲缘关系越接近的物种，不仅形态结构相似，其新陈代谢类型和生理生化特征也相近，化学成分共有性也越多。植物化学成分的分布和演化存在以下规律：①植物化学成分的产生和分布具种属、器官、组织以及生长发育时期的特异性。利用该规律寻找新药源能起到事半功倍的效果，如在埃塞俄比亚的卫矛科植物卵叶美登木 *Maytenus ovatus* Loes 中发现了含极微量的抗癌成分美登木素（maytansine），利用该规律，在肯尼亚找到了美登木素含量较前种高3.5倍的巴昌美登木 *M. buchananii* R. Wilez.，继而发现与美登木属近缘的波特卫矛 *Euonymus bockii* Loes，其美登木素含量又比前者高6倍。同时利用这一规律可明确植物药采收的部位和时间，帮助推断中草药中化学成分的结构，协助成分的鉴定。②植物生存条件改变越大，则生理生化特征的变化也越大，引起其生理生化特征变异的因素有气候（光、温度、水分）、土壤、生物等。如黄花蒿虽是广布种，但青蒿素的含量随产地不同从微量至0.9%；因产地不同，甘草 *Glycyrrhiza uralensis* Fisch. 根中甘草酸的含量从1.16%至6.11%，野葛 *Pueraria lobata*（Willd.）Ohwi 根中葛根素含量从1.04%至6.44%，总黄酮含量从1.42%～7.88%。该规律与中医药界对道地药材的认识不谋而合，如《神农本草经》强调“药有采造时月，生熟，土地所出……”并以产地给药物命名，如巴豆、蜀漆、秦皮、吴茱萸等。《本草经集注》载：“案诸药所生，皆有境界……。”《新修本草》载：“窃以动植形生，因方舛性；春秋节变，感气殊功。离其本土，则质同而效异……。”《本草衍义》载：“凡用药必须择州土所宜者则药力具，用之有据，如上党人参，川蜀当归，齐州半夏，华州细辛。”这些论述反映了前人对植物成分分布和演化规律的宏观认识。因此，发现植物化学成分的分布规律和寻找新药源，开展植物与环境相互作用机制研究，阐释药用植物活性成分的形成和变化规律，无疑是药用植物研究的重要内容。

4. 药用植物鉴定分类的新技术和新方法　鉴定和分类是药用植物研究和利用的基础和核心工作。目前，药用植物鉴定分类的方法源自西方植物科学以双名法规范的植物名称所构建的分类体系，主要依据植物形态、解剖、地理分布，并结合化石推演植物的系统发育。该方法仅200多年的历史，而药用植物鉴定已有2000多年历史，传统鉴定分类方法的继承和创新，将丰富种子、幼苗和营养器官等方面的鉴定内容。同时微形态、微观结构、次生代谢产物、酶和核酸等分析技术和方法已广泛用于药用植物的鉴定研究，为开发建立药用植物鉴定分类新方法注入了新的活力。目前基于PCR技术的分子标记技术（RAPD、RFLP、AFLP、SCAR、ISSR、SNP、cpSSR等）和DNA测序列已用于药用植物遗传多样性、分子地理谱系、亲缘关系和物种鉴定等研究中，解决了药用植物种质评价、保护，以及不完整植物体的鉴定问题。如采用ITS序列分析，支持将黄甘草 *Glycyrrhiza eurycarpa* P. C. Li 并入胀果甘草 *G. inflata* Batal.，蜜腺甘草 *G. glandulifera* Kov. 并入光果甘草 *G. glabra* L.，解决了甘草基源植物存在的争议。

5. 药用植物代谢工程　植物次生代谢产物是植物药安全性和有效性的核心。因此，科研工作者常关注次生代谢的遗传改良，培育能够大量合成和积累目标次生代谢物的品种。随着植物次生代谢网络研究和认识的深入，以及分子克隆和遗传转化技术的发展，植物次生代谢遗传改造已成为研究热点。药用植物代谢工程是采用分子生物学、生物化学、功能基因组学、蛋白组学和代谢组学的方法阐明植物代谢途径和代谢网络的分子机制，通过遗传工程技术在分子水平上调控代谢途径，以提高目标物质的产量或降低有害产物的积累。因此，寻找植物代谢中的关键基因、利用代谢指纹分析快速鉴定植物、阐明植物活性成分代谢途径，揭示环境对药用植物品质影响与调控机制等也是药用植物学研究的重心。

6. 人类与药用植物相互作用过程及其理论认识　在远古时期人类就同植物建立了密切的关系，植物医疗价值的发现和应用源于土著居民长期的生活实践，因而忽略药用植物使用者的地域、民族和文化背景，可能会影响研究结果的可靠性和真实性。另一方面植物种群和群落对人类活动和行为并不是完全被动的，而是以一定的方式对人类活动和意识不断施加影响。因此，以人类与植物界之间直接交互作用的动态过程为核心，研究一定地区民族、部族、人文地理组合与植物界的全面关系，包括在经济、文化上有重要作用的所有植物。同时研究社会结构、行为和药用植物之间的相互作用，人类活动对药用植物与它种经济植物需求的时空变化，以及对当地生态环境的影响等。面对日益发展的科学技术和社会转型，对药用植物研究必须赋予一种新观念和认识论。把人类活动和发展行为与植物资源进行理性定位，全面认识药用植物的特征、价值和功能，把握错综复杂的自然和经济规律，协调人与人、人与自然的关系，才能使我们对药用植物的认识、研究和利用有一个质的飞跃，树立药用植物持续利用的发展观。

7. 药用植物与中药品质的相关性　“品种一错，全盘皆否”是中医药界对中药基源问题的普遍认识。万德光在分析药用植物品种、品质、疗效与资源问题后，认为药用植物品种、品质、疗效与资源是药用植物研究的重点和难点，以前研究较多地割裂了四者的有机联系，不能从根本上认识目前中药存在的质量问题和资源持续利用问题。将药用植物品种、品质、药效与资源有机结合起来，从药用植物品种探究其品质，从品种、品质探究其药效，从资源的可利用度探究其开发利用；有效性是药用植物品质评价的根，资源的可利用度是药用植物品质评价的本。这样才有利于解决药用植物生产、应用所面临的实际问题。

四、药用植物学的发展简史

药用植物学的发生、发展历程，大致可分为口传手授、本草植物学、实验植物学和现代药用植物学四个阶段。

1. 口传手授阶段 人类确定哪些植物可食？哪些植物不可食？植物什么部位能食，什么部位不能食？那些可食用植物又生长在什么地方？要回答这些问题，就需辨识不同形态特征的植物，了解各种植物的味道和毒性。实际上已涉及植物形态分类和理化特性的知识。如神农“乃求可食之物，尝百草之实，察酸苦之味，教民食五谷。”和“尝百草之滋味，……一日而遇七十毒。”这些传说从侧面反映先民辨识和品尝各种植物，从中获得了食用和药用植物的种种经验和知识，并进一步将其普及到广大群众中和传授给后人。例如，北京周口店中国猿人洞（50 万年前）出土了大量的朴树（*Celtis buneana* Bl.）种子，河北武安磁山遗址（7000 多年前）出土了粟粒，浙江余姚河姆渡新石器遗址出土了稻谷、稻壳、稻叶等。在文字出现以前，这些经验和知识只能以口传手授方式得以传承和积累。

2. 本草植物学阶段 文字出现以后人类开始总结记述以前口授相传的知识，促进了药用植物学知识的传播和积累。如埃及的埃伯斯纸草书（Ebers Papyrus），印度的阿闼婆吠陀（Atharva－vea）等均载有药用植物知识，古埃及伊姆霍特普（Imhotep）是迄今所知应用药用植物治疗阑尾炎、关节炎等疾病的第一人。而中国《周礼·天官》载：“医师掌医之政令，聚毒药以供医事。”这是官方设置辨识采集药物的专职人员的最早记载。《诗经》和《山海经》记录有 50 余种药用植物，《五十二病方》载有植物药 115 种。《神农本草经》记载植物药 252 种。以后药用植物的研究主要是围绕辨识、描述、产地、生态环境和药用价值等方面，但中、西方出现了不同的发展方向：

（1）西方药用植物研究，逐步转向整个植物界，促成了植物分类学的诞生。中世纪以前，主要是总结和记述药用植物种类；例如，希腊人切奥弗拉斯特（Theophrastus）描述了约 500 种植物，分为乔木、灌木、亚灌木和草木四类，被尊为植物之父；老普林尼（Caius Plinius Secundus）在 Historia naturalis（自然史）九卷介绍了当时使用的药用植物，罗马军医迪奥斯科里德（Pedanios Dioscorides）在 Materia medica（药物学）中介绍了约 600 种药用植物。文艺复兴时期，主要是鉴定和描述植物，积累植物学的基础资料。出现了一批本草志，其中 Otto Brunfels 等编著的 Herbarium vivae eicones（生活草本图谱），标志着现代分类的开始。却古斯（Charles de I’Eluse）提出“种”（species）的见解，1690 年英国人雷（J. Ray）首次给物种下了定义，并依据花和营养器官性状进行分类，用一个分类系统处理了 18000 种植物。

（2）中国药用植物研究，以辨识、描述和记述医疗经验为特点。唐代以前，以收集整理前人的药用植物学知识为主，例如《神农本草经》载药 365 种（植物药 252 种，动物药 67 种，矿物药 46 种），创立了按功能属性分类方法；《本草经集注》载药 730 种，首创了自然属性分类方法。唐代至近代，以药用植物鉴别、描述和新资源发掘为主，进一步完善了药用植物与环境关系的认识，出现了道地药材的认知和应用。如唐朝以朝廷名义向全国征集、编修、颁布了首部国家药典《新修本草》，载药 844 种，开创了图文对照的记述方法；明《本草纲目》载药 1892 种，其中植物药 1100 多种，并以自然属性为分类基础，分 16 部 60 类，是当时最先进的分类方法，被誉为自然分类的先驱；清吴其濬在《植物名实图考》和《植物名实图考长编》记载植物2552种，并附有精美的绘图，描述细致而准确，对植物分类、品种考证等均具较重要价值。同时，促进周边国家药用植物研究的进程，如日本在奈良时代以前就有中国本草书传入，到奈良时代由遣唐使将中国的本草学系统地传到日本，对日本药用植物研究本土化和近代药用植物学的诞生奠定了重要基础。

我国早在春秋战国时期就对植物生态习性、营养和繁殖器官有了详细的观察，积累了丰富的植物学知识。例如《韩非子·解老》载“树木有曼根、有直根。根者，书之所谓‘柢’也。柢也者，木之所以建生也；曼根者，木之所以持生也。”明确指出植物分须根、主根两类，须根有吸收的功能，直根具支撑的功能。《尔雅·释草》载有“华、荂、萼、荣、英、蕊、子房”等花部位的名称。在本草和其他领域的分类研究中，不仅有植物本身的特征，而且涉及其他领域的内容，实现了植物自身与自然相似关系的统一。从植物本身找异同，虽抓住了事物的本质，使用方便，却忽视了系统发育关系，故在东方没有形成体现植物自然特征的分类体系。

3. 实验植物学阶段　欧洲工业革命的发展，收集了世界各地的植物标本。林奈在观察研究大量的植物后，结合前人研究的基础，整理建立了 Systema Naturae（自然系统），该系统以花为依据，又称性系统（sexual system），其创立的“双命名法”沿用至今。随后许多学者从多方面的特征进行比较分析，寻求能够客观反映自然界植物类群间亲缘关系的分类方法，例如裕苏（A. L. de Jussieu）、德堪多（A. P. de Candolle）、本生（Bentham）和虎克（Hooker）等都分别建立了 Natural System（自然系统）。进化论思想使分类学者认识到分类系统应体现植物各类群间亲缘关系，百余年来建立了数十个系统，如艾希勒（A. W. Eichler）、恩格勒（A. Engler）与普兰特（Prantl）、哈钦松（J. Hutchinson）、塔赫他间（A. Takhtajan）、柯朗奎斯特（A. Cronquist）、佐恩（Robert Thorne）、吴征镒和张宏达等都建立有系统发育系统。

植物系统分类学进入中国是以李善兰和韦廉臣合编的《植物学》（1858）为起点。20世纪初至30年代，从西方和日本留学回国的一批植物学家，开创了我国本土植物的研究和教育工作，开始用植物分类学的思想、理论和方法研究药用植物。例如钟观光对《植物名实图考》、《本草纲目》等文献中的植物，进行了分种、分属检索，并对文献引证、地理分布和生态环境等逐一考证、修改、补充和注释。1930年周树人翻译了日本刈米达夫的《药用植物》，并引入中学教育；1936年韩士淑编写了《药用植物学》中文大学教材，李承祜（1949）、孙雄才（1962）、丁景和（1985）、谢成科（1986）、杨春澍（1997）、艾铁民、姚振生等也编写了《药用植物学》教材，推动了药用植物研究和教育。近100年来，植物科学得到迅速发展，但随着合成药物的兴起，西方的药用植物研究进入了低谷时期。

总之，直到20世纪后期，药用植物研究主要开展了资源调查、分类鉴定、编目等工作，同时形成了具有药用植物生态学、药用植物生理学、药用植物栽培学、药用植物资源学等多分支学科的科学体系。这一时期对我国药用植物资源利用和品种选育，以及现代农业体系引入药用植物生产等方面均做出了巨大的贡献。

4. 现代药用植物学阶段　20世纪80年代以来，分子生物学和现代技术科学，以及植物学、生态学、数学、物理学、化学等的新理论和技术引入到药用植物研究领域，药用植物学科在微观和宏观的研究上均取得了突出成就，在研究深度和广度上都达到了一个新的水平。该时期的主要特点是从微结构和分子水平研究药用植物的生命现象和过程。例如在微观上利用模式植物拟南芥和金鱼草研究成果，发现并克隆了一系列调控基因，为了解药用植物发育过程及其调控机制积累了大量的资料；完成了人参、丹参、灵芝基因组框架图，在揭示植物活性成分生物合成途径的分子机制，揭开地道药材基因密码，培育新品种等方面的研究将面貌一新。在宏观研究上，药用植物生态环境和生物多样性研究领域也取得了重大进展。总之，近20年来对药用植物学发展影响最大、最深刻的就是分子生物学及其技术，其次是系统科学和信息科学。这是现代药用植物学阶段的一个明显特点。

在21世纪，药用植物学的发展更加突出，其发展趋势主要有三个方面：①药用植物学发展已进入了两极分化与趋同性的阶段。微观领域进一步探索植物微结构特征和分子水平的结构、过程与机理，以揭示药用植物品质形成机制和建立新的分类方法；宏观领域继续对药用植物种群分布、植物与环境相互作用和人与植物相互作用进行研究，并关注宇宙射线与无重力世界对药用植物品质的影响。上述两方面研究的分化与融合过程会进一步深化人类对植物复杂性、多样性与同一性的认识，将会丰富生命科学的内容。②药用植物学科中现有分支学科将彼此交叉渗透，各学科之间界限逐渐淡化，而药用植物学科也将与植物科学和其他生命学科、非生命学科间相互影响、交叉渗透和相互推动，并在广泛交叉渗透中得到质的突破和发展。③药用植物学科研究（宏观和微观领域）和取得的成果将会与解决人类面临人口增长、资源短缺、环境污染、生物多样性破坏、人类和其他生物生存环境日益恶化等问题密切联系，并在解决这些问题中发挥作用。

五、我国药用植物学的主要进展

19世纪至20世纪中叶，我国沦为半封建半殖民地国家，科学技术停滞不前。20世纪中叶以后，药用植物工作取得了重大发展。其主要进展如下。

1. 明确了药用植物资源基本现状，奠定了我国资源持续利用的基础 我国完成了植物和中药资源的调查和系统总结。出版了《中国药用植物志》（1955～1965），共9册，收载药用植物450种；《新华本草纲要》（1990），共3册，载药用植物约6000种；《全国中草药汇编》（1975～1977）及彩色图谱，载植物药2074种；《中药志》（1959～1961，1982～1994），载药用植物2100余种；《中药大辞典》（1977，2004），收载植物药4773种；正在出版的《中国药用植物志》（2012～2015），共13卷，载药用植物约12000种；《中国民族药词典》收载药用植物7020种；《中国本草图录》，共12卷，收载中草药6000多种；《中华本草》载中草药8980种，民族药2036种。同时出版有植物学巨著《中国植物志》，80卷，126册；以及《中国海藻志》、《中国淡水藻志》、《中国真菌志》、《中国地衣志》和《中国苔藓志》等。此外，各地还出版了一批地方性中药志、中草药志、植物志，以及民族药物志等，这些专著对药用植物研究具重要价值。特别是第四次中药资源普查，多种新技术和新方法的采用，将是未来药用植物研究和利用的基础。

2. 丰富和完善了药用植物鉴定方法 药用植物的鉴定方法已涉及微观形态特征、植物次生代谢产物、核酸序列等方面。微观形态除采用解剖、胚胎、孢粉、微形态、染色体等特征外，表面微性状和叶脉形态与结构等特征也用于药用植物的鉴定。随着分析技术的发展，植物次生代谢产物和代谢特征分析已成为药用植物鉴定分类的方法。近几年，核酸测序分析技术用于药用植物鉴定分类发展迅速，例如，利用ITS_2、*rbc*L、*mat*K和*psb*A－*trn*H等DNA序列对种间多样性和物种内特异性建立了生物身份识别系统，构建了药用植物DNA条形码（DNA barcoding）鉴定技术，并建立了以 ITS_2 为主的 DNA 条形码鉴定技术体系，完成了 4000 余种药用植物的 DNA 条形码鉴定数据平台建设。

3. 建立了药用植物区划和种质保存体系，支撑了现代中药农业的发展　以气候和土壤数据为基础，利用地理信息系统技术确立了中药材产地适宜性区划的技术和方法。一方面，根据药用植物地理分布、生物学特性、生态因子值等分析，提出了 204 种药用植物的区划与生产布局。另一方面，建立了国家药用植物种质资源库（北京、四川、海南）和中药种子种苗繁育基地（四川、海南），并以中国医学科学院药用植物研究所的药用植物园、广西药用植物园、贵阳药用植物园、新疆中药民族药研究所和重庆市药物种植研究所的药用植物园为主体，全国 38 座专业药用植物园参与建立了国家药用植物园体系。这些为种质资源的保存、生产和优良品种选育奠定了基础，支撑了现代中药农业产业的发展。

4. 完善了药用植物亲缘学说，指导新资源寻找和开发利用　苏联生化学家 С. Л. 伊万诺夫总结了植物化学成分与植物系统发育关系内在规律。在大量研究工作的基础上，肖培根提出了包括植物系统、化学成分、疗效间相关性的药用植物亲缘学。根据植物亲缘关系—化学成分—药理活性/疗效的关联性，我国发现了萝芙木、国产血竭、云南马钱、新疆阿魏、白木香等原为进口药的国产资源，促进了资源持续利用。

5. 分子生物学技术应用于药用植物生物多样性和亲缘关系研究　分子标记技术（包括 RAPD、RFLP、AFLP、SCAR、ISSR、SNP、cpSSR）和核酸序列测定、蛋白质标记技术等广泛用于药用植物遗传多样性、分子地理谱系和亲缘关系等的研究。如通过 *atp*B－*rbc*L，*trn*L－*trn*F，*psb*A－*trn*H 基因序列分析，构建了黄芩、黄连的分子地理谱系。分子生物学技术在种质保存、品种选育、新资源寻找、资源利用和保护等方面提供了强有力的技术支撑。

6. 建立了药用植物及其活性产物的高效生产技术　药用植物研究已涉及脱毒苗、多倍体植株、细胞和毛状根培养，以及植物共生体系和根际行为等方面。例如建立了人参、西洋参、丹参、紫草、洋地黄、长春花、红豆杉、黄连等的细胞培养体系，培养出银杏、长春花、青蒿、甘草、商陆、人参、西洋参、何首乌、丹参等 100 多种植物的毛状根，以及丹参、金鸡纳、洋地黄和西洋参的冠瘿组织，获得了许多具有开发价值的次生代谢物。

7. 确定持续发展观在药用植物研究中的指导地位　“取之不尽，用之不竭”曾为植物药开发利用的导向。目前药用植物研究和利用已发生重大的转变，从单一性利用向系统利用转变，从单一追求经济效益向追求社会—经济—环境综合效益转变，从只重视当前发展向可持续发展转变。面向可持续发展的研究和利用，将进一步推动药用植物学的发展。

第三节　药用植物学的研究方法

扫码“学一学”

生命现象特有的复杂性导致了药用植物研究的特殊性，其研究对象和内容十分复杂。因此，需要采用以下研究方法。

1. 实证研究与规范分析相结合的方法　实证研究与规范分析是药用植物研究长期使用而行之有效的方法。实证分析是与事实相关联的分析，对所关注的问题要描绘出“是什么”，即在药用植物研究中对事实进行描述，其任务是提供某些概括体系，以备预见某些变化及后果。如区域药用植物调查，需要借助前人对某地区或某物种的相关考察资料，并深入到实地开展调查、标本采集和鉴定工作，以获取实证资料；对其种类、医疗用途，均应按事实描述。规范分析是与价值判断有关的分析，要说明事物“应该怎样”，是以一定的价值判断为基础，提出某些标准作为分析处理问题的指南和规则制定的依据，并研究如何才能符合这些标准。价值取向具有主观性、文化性和阶级性，故研究问题时，二者常紧密结合在一起，规范研究要以实证研究为基础，实证研究又以规范研究为指导。药用植物学实证分析用于对药用植物种类、数量、质量、结构变化和成因进行调查统计，明确其利用和保护现状，分析研究其产生、发展、演化和分布规律等。规范分析用于药用植物开发利用和保护中各种关系以及这些关系的协调。

2. 定性分析与定量分析相结合的方法 药用植物研究中，定性和定量结合是广泛应用的重要方法。因科技手段的限制和药用植物具有多维度的特征，导致定性分析长期占主导地位，定性分析利于把握全局，同时使分析易于进行。数学方法、信息技术和计算机技术的广泛应用，使量化研究得到长足发展，可比较准确地了解因素间联系和制约的动态变化关系。药用植物研究中采用的定量研究方法主要有数学方法、系统分析和模型方法等，这些方法相互联系、相互渗透、互为独立、相互论证，构成药用植物的定量分析体系。

3. 系统分析的方法 药用植物学研究的对象是一个十分复杂的大系统，所面对的问题涉及多个方面。比如人类与药用植物问题、植物药用价值成因问题、资源短缺问题、生态问题、生物多样性利用和保护问题等；同时面对的需求也是多方面的，比如要满足健康事业、工业、农业、生态等多种类型的需求。因此，药用植物研究常面对多目标、多约束的复杂问题。解决这些问题，可以采用系统分析的方法。

4. 药用植物科学研究的具体方法 药用植物科学研究的具体方法很多，在教材中也多有涉及。例如，药用植物的鉴定和分类方法、药用植物调查方法、生物技术方法等等。总之，药用植物的研究内容涉及民族学、语言学、植物学、医药学、社会经济学、生态学、化学、数学、系统科学和现代科学技术等。因此，在药用植物研究中，需要用到其他学科的知识，特别是针对复杂问题，需要多学科交叉研究。

扫码“学一学”

第四节 药用植物学与相关学科的联系

药用植物学是一门以植物学知识为主的药学专业基础课。凡涉及植物药品质的学科都与药用植物学有联系，关系较密切的主要有以下几个方面。

中药鉴定学：药用植物学为中药鉴定的原植物鉴定、性状鉴定、显微鉴定提供必需的植物形态、分类和解剖学知识和技能，是中药鉴定学重要的学科基础。

中药资源学：药用植物资源是中药资源构成的主体，药用植物学为中药资源种类、数量、地理分布规律等方面的研究提供植物科学的基本知识、基本理论和基本技能，是中药资源学重要的学科基础。

药用植物栽培学（中药栽培学）：药用植物学为栽培物种鉴定、药用部位特性、生长规律观察等方面提供植物科学的基本知识、基本理论和基本技能，是栽培学重要的学科基础。

中药学：药用植物学为规范中药学中基源植物、药用器官部位、采收时间等方面提供植物科学的基本知识、基本理论和基本技能。

中药化学：药用植物学为中药化学成分研究的材料选择和鉴定提供植物科学的基本理论知识技能。首先，是确保研究材料的真实性；其次是利用药用植物亲缘关系引导中药成分研究和成分结构确定，少走弯路。

总之，药用植物学与药学领域的许多学科均有或多或少的联系，如与生药学、天然药物化学、药剂学、药理学、民族植物学等多个学科同样有着密切关系。

第五节　学习药用植物学的要求和方法

扫码“学一学”

药用植物学是药学类学生获得植物科学知识的唯一课程。因此，学习本课程需扎扎实实掌握药用植物科学的基本知识、基本理论，既要了解药用植物学的过去和现在，又要了解药用植物学的发展趋势、药用植物学和其他科学技术的关系，以及药用植物和药用植物学在自然界、人类社会生存和发展中的意义。学好本门课程需要注意以下几点：①必须认真阅读教材，了解教材的基本内容，掌握药用植物学的基本知识和基本理论。②养成辩证的思维方式，把握知识间的内在联系。如形态结构与生理功能的关系、形态结构与生态环境的关系、遗传与变异的关系、共性和个性的关系、资源保护和利用的关系等。防止死板、孤立和片面的思维方式。③注意应用图像记忆方法，通过比较而熟练把握专业术语和植物特征。如表述叶缘特征的锯齿、圆齿、重锯齿等，相似植物辨识等。通过观察校园植物，掌握好专业术语，从而做到记得活、记得准、记得全。④强化理论联系实践，防止脱离实际去死记硬背。一方面认真做好实验、课外实践和野外实习，以验证和观察药用植物科学中的一些基本规律、生命活动和多样性等；另一方面，注意观察联系生活实际和生产实践，试以药用植物学中的基本知识、基本理论来解释生活和生产中的实际问题。

值得关注的是，能在教师的指导下开展一些探究性试验或研究课题，不仅可以培养用所学知识去分析问题和解决问题的能力，而且还可学习科学研究的方法，培养科学的思想和态度，激发进一步探究药用植物未知世界的欲望和兴趣。

重点小结

药用植物是具有医疗价值的植物，既是自然界的产物，又是人类活动的结果，因此具有地域性、民族性和文化性特点。药用植物学是药学、本草学和植物学交叉融合的产物。研究对象主要包括药用植物本身、药用植物与生态系统中其他成员间互作机制及与人类的关系，研究内容主要包括中药基源调查鉴定、区域药用植物调查编目、药用植物活性成分形成及分布和演化规律、鉴定分类新方法和技术、药用植物代谢工程研究、药用植物与环境和人类的关系、药用植物与中药品质相关性等。药用植物学的发展历程大致可分为口传手授、本草植物学、实验植物学和现代药用植物学四个阶段，特别是分子生物学、系统科学和信息科学促进了药用植物学的发展。

思考与探索

1. 基于生物分界的认识和发展过程，您怎样理解植物的概念和药用植物的概念？

2. 怎样充分认识药用植物的地位和作用？怎样认识和评价药用植物的经济效益？

3. 从药用植物学概念、研究对象、内容和方法的介绍中可得出药用植物学对人类发展有何贡献？

4. 了解药用植物学的发展史有何意义？您对影响药用植物学发展的因素有何认识？

5. 您对学习和学好药用植物学有何打算？

扫码“练一练”

（严铸云）

第一章　植物细胞与组织

要点导航

1. 掌握植物细胞的基本结构；原生质体的种类、特点和功能；细胞壁的结构和特化类型；细胞后含物的种类及鉴别方法；植物组织的概念、类型、特点和功能。

2. 熟悉植物细胞的形状、大小；植物各组织的含义。

3. 了解植物细胞的分裂与增殖，细胞的新陈代谢。

第一节　植物细胞的形态与结构

扫码“学一学”

药用植物种类多样，从高大的乔木到低矮的草本或微小的藻类均由细胞构成，植物的一切生命活动都发生在细胞中，细胞是生物体结构与功能的基本单位。单细胞植物的一个细胞就是一个个体，其新陈代谢、生长、发育和繁殖都由一个细胞完成；而高等植物的一个个体由无数的细胞组成，细胞之间出现了机能的分工和形态结构的分化，它们相互依存、彼此协作，共同保证着整个有机体正常生命活动的有序进行。

细胞微小，须借助显微镜观察。1665 年英国人虎克（Robert Hooke）用自制的显微镜发现软木中有许多排列紧密的蜂窝状小室，并称之为“细胞（cell）”。1838～1839 年，植物学家施莱登（Schleiden）和动物学家施旺（Schwann）首次明确指出：细胞是有机体结构和生命活动的基本单位，建立了细胞学说（cell theory）。20 世纪以来，电子显微镜、同位素示踪、生物化学和分子生物学等方法和技术的应用使人类逐步认识了细胞各部分的结构和功能，以及其生命活动与调控过程，在细胞和分子水平上推动了药用植物学科的发展。

一、植物细胞的形状大小

植物细胞形状多样，常有球形、类圆形、椭圆形、多面体形、纺锤形、柱状体等。单细胞植物（如小球藻）的细胞处于游离状态，常呈球形或近球形。多细胞植物的细胞形态较复杂，特别是高等植物体的细胞呈现出与其功能相适应的各种形态变化。通常体表皮细胞多呈扁平状，侧面观方形，表面观不规则；代谢活动旺盛的细胞多近于等径或略伸长的 14 面体，执行支持作用的细胞呈纺锤形或圆柱形，执行输导功能的细胞则多呈长管状。

植物细胞一般较小，直径几至几十微米，但不同部位的细胞大小不同。如顶端具有分生功能的细胞较小，而成熟西瓜和番茄果实中具贮藏功能的果肉细胞较大，用放大镜就可观察到呈圆形颗粒；苎麻的纤维细胞可长达 550mm。细胞体积小，比表面积就大，有利于细胞之间及其内部物质、信息和能量的交换。

二、植物细胞的基本结构

典型的植物细胞为真核细胞，由细胞壁（cell wall）、原生质体（protoplast）、后含物（ergastic substance）组成。原生质体是细胞内具有生命特征的物质，包括细胞膜（plasma membrane）、细胞质（cytoplasm）、细胞核（nucleus）等结构；组成原生质体的物质称原生质（protoplasm），由水、无机盐等无机物和蛋白质、核酸、脂类、糖类、维生素等有机物组成，一般含水 80% ~90%，其成分十分复杂，并处于不断变化中。此外，还有一些贮藏物质和代谢产物，称后含物（图 1 - 1）。

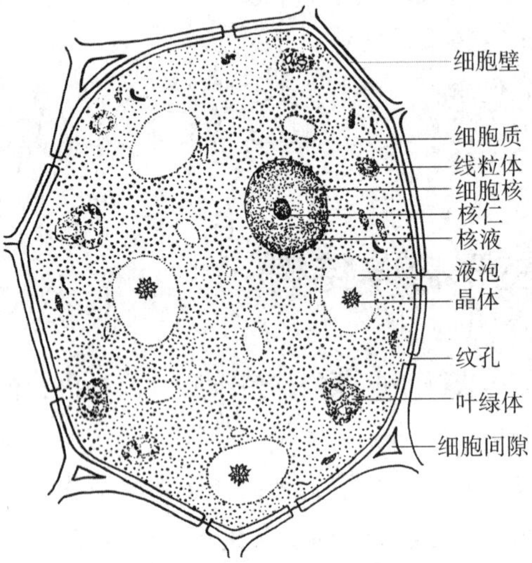

图 1 - 1 典型植物细胞的构造

光学显微镜下，可观察到细胞壁、细胞质、细胞核、液泡（vacuole）和质体等结构，而高尔基体（Golgi body）和线粒体等细胞器需特殊的方法制备样品，才能观察。通过光学显微镜观察到的细胞构造称显微结构（microscopic structure），光学显微镜的分辨极限不小于 0.2μm，有效放大倍数常不超过 1200 倍。电子显微镜的放大倍数超过 100 万倍，在电子显微镜下观察到的细胞精细结构称超微结构（ultramicroscopic structure）或亚显微结构（submicroscopic structure）。

植物细胞的形状结构常因植物种类、细胞功能和发育期不同而异，不可能在一个细胞中观察到所有的构造，故常将各种细胞的构造集中在一个细胞里加以说明，该细胞称典型植物细胞或模式植物细胞。

三、原生质体

原生质体是细胞进行新陈代谢活动的场所，其结构和功能分述如下。

（一）质膜

质膜又称细胞膜（cell membrane）或外周膜，是包围在原生质体表面，由脂质、蛋白质和糖类组成的生物膜，其厚度约 7.5nm；真核细胞内部也有复杂的膜结构，称内膜，厚度 7 ~ 8nm。质膜和内膜总称生物膜，光学显微镜下难见其结构。

电子显微镜下，膜的横剖面显现为“暗—明—暗”三条带的结构。明带的主要成分为脂类，暗带的主要成分为蛋白质。这种三层结构成为一个单位的膜，称单位膜（unit membrane），质膜由一层单位膜组成。质膜的骨架是磷脂类物质，占膜质量的 40% ~50%，两层磷脂分子的尾部相对藏在内面组成磷脂双分子层，使膜两侧的水溶性物质不能自由通过。质膜还有约占膜质量 50% 的蛋白质，分布在膜内、外表面或嵌入磷脂双分子层内部，称膜蛋白；执行着膜的许多重要功能，如载体、受体、酶等。此外，质膜表面存在的寡糖类分子，称膜糖；膜糖大多数和蛋白质结合成糖蛋白或与脂质结合成糖脂，糖蛋白与细胞识别有关。同时，构成膜的磷脂和蛋白质都具有一定的流动性，可在同一平面上自由移动，使膜处于不断变动的状态。

质膜具有流动性和选择透性，能选择性地允许物质以被动或主动运输的方式出入细胞，既能阻止细胞内的有机物渗出，又能调节水、无机盐和其他营养物质渗入细胞，并使代谢废物排出，从而保持了细胞完整性和细胞内环境的稳定。当植物细胞处于高渗环境时，原生质体会因失水而收缩，出现质壁分离现象。此外，质膜在物质的跨膜运输、外界信号的接受和传递、细胞识别、细胞生命活动的调节等过程中具有重要的作用。

（二）细胞质

细胞质是指细胞核以外、细胞膜以内的原生质，是原生质体的基本组成部分。显微镜下，细胞质呈半透明、能流动的黏稠状，其中分散着具有一定形态和功能的结构、常具膜包被的微器官，称细胞器（organelle），如质体、线粒体和内质网等（图1－2）。

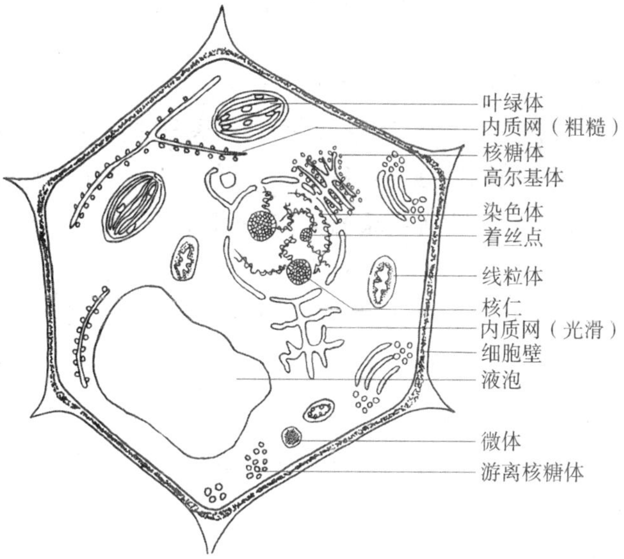

图1－2　植物细胞的亚显微结构

细胞质中除细胞器以外的胶体状物质为细胞基质（cytoplasmic matrix），各种细胞器都包埋于其中。基质中含有细胞中25%～50%的蛋白质，以及核酸、类脂、水分等物质；其中许多蛋白质都是酶，细胞的多种新陈代谢活动都在细胞基质中进行。生活细胞的细胞基质处于不断地运动状态，它能带动其中的细胞器在细胞内做有规则地持续流动，称胞质运动（cytoplasmic movement）。胞质运动易受温度、光线和化学物质等因素的影响，邻近细胞受损伤时也容易刺激胞质运动。胞质运动促进了细胞内物质流动，利于新陈代谢的进行，对细胞生长发育、通气和创伤修复都有一定的促进作用。

1. 质体（plastid）　质体是植物细胞特有的、具双层膜包被的细胞器，分为叶绿体（chloroplast）、有色体（chromoplast）和白色体（leucoplast）3种（图1－3），它们与碳水化合物合成和贮藏密切相关，在一定条件下，它们之间可相互转换。

（1）叶绿体：是进行光合作用的细胞器。广泛地存在于植物绿色部分的细胞中，如叶肉组织、幼茎的皮层和厚角组织等。叶绿体的形状、数目和大小随植物种类和细胞不同而异。高等植物的叶绿体形状、大小比较接近，多呈球形、卵形或双凸透镜形的绿色颗粒状，在细胞中的分布与光照有关。

电子显微镜下，叶绿体由双层膜围成，其内部是无色的溶胶状蛋白质基质，悬浮着复杂的膜系统。其中有扁平的囊，称类囊体（thylakoid）；一些类囊体有规律地垛叠在一起，称基粒（granum），在基粒之间有基质片层相联系，各类囊体的腔彼此相通。类囊体的腔是CO_2转化成糖的场所，叶绿素等光合色素和电子传递系统均位于类囊体膜上。

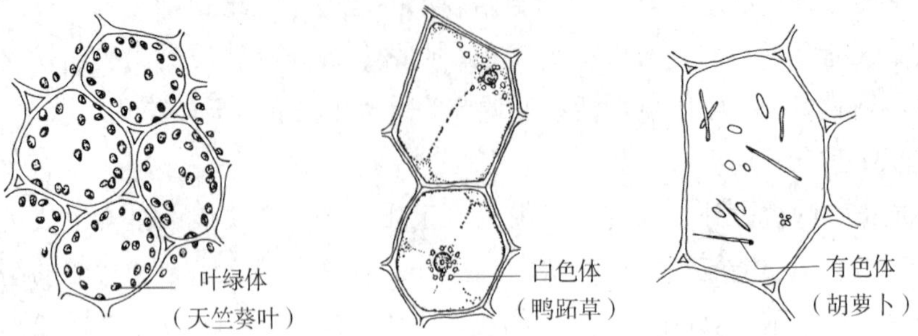

图1-3 质体的类型

叶绿体主要由蛋白质、类脂、核糖核酸和色素所组成，此外还含有与光合作用有关的酶和多种维生素等。同时，叶绿体基质中具有环状双链 DNA，称叶绿体基因组。叶绿体基因组相对独立于核基因组，编码叶绿体自身的部分蛋白质，并用其具有的核糖体，合成自身的蛋白质。高等植物的叶绿体含有叶绿素 a、叶绿素 b、胡萝卜素和叶黄素等脂溶性光合色素，其中叶绿素是主要的光合色素，直接参与光合作用。胡萝卜素和叶黄素只能把吸收的光能传递给叶绿素，起辅助光合作用的功能。叶片的颜色与叶绿体中各种色素的比例有关，叶绿素占绝对优势时，叶片常呈绿色。

（2）有色体：仅含胡萝卜素和叶黄素等色素的质体，因其色素比例不同，分别呈现黄色、橙色或橙红色等。有色体所含的色素，尤其是胡萝卜素易结晶，使有色体呈多角形或不整齐的颗粒状或针形。花、果实等因含有色体而呈现各种鲜艳的颜色，具有吸引昆虫和其他动物传粉或传播种子的作用。

（3）白色体：是一类不含色素的最小质体，常呈圆形、椭圆形、纺锤形或无色小颗粒，普遍存在于贮藏组织细胞中。按贮藏物质不同可分为三类：合成淀粉者称造粉体（amyloplast），合成贮藏蛋白质者称蛋白质体，合成脂肪和脂肪油者称造油体。

质体由前质体（proplastid）发育分化而来，前质体常无色，存在于顶端分生组织细胞中，具有双层膜。前质体可发育成白色体，白色体在光照下可发育成叶绿体，如番茄的子房在花期为白色，其子房壁细胞内的质体就是白色体，白色体含原叶绿素，当受精后的子房发育成幼果，暴露在光照下，原叶绿素形成叶绿素，白色体转化成叶绿体，这时为绿色幼果，果实成熟过程中由绿变红，是因为叶绿体转化成有色体的结果。相反，当质体失去了所增加的物质，也可转变成白色体。

2. 线粒体（mitochondria） 线粒体是内外两层膜包裹的囊状细胞器，直径为0.5～1μm，长1～2μm，经特殊染色后，光学显微镜下呈球状、颗粒状、棒状、丝状或分枝状。线粒体的数目随不同细胞而不同，代谢活跃的细胞如分泌细胞中的线粒体较多。电子显微镜下可见线粒体的外膜平整，内膜在不同的部位向内折叠，形成许多管状或隔板状突起，这种突起称嵴（cristae），嵴之间充满可溶性蛋白为主的基质。线粒体是细胞呼吸和能量代谢中心，嵴表面和基质中有多种与呼吸作用有关的酶和电子传递系统，嵴的数量变化常可作为判断线粒体活性和细胞活力的标志。此外，线粒体中具有环状的双链 DNA 和核糖体，DNA 编码自身的蛋白质，称线粒体基因组，相对独立于核基因组，合成约占线粒体蛋白质 10% 的蛋白质。

3. 内质网（endoplasmic reticulum，ER） 内质网是细胞质内由膜组成的一系列管状和扁平囊状的腔，彼此相通形成一个隔离于细胞基质的管道系统。电子显微镜下，内质网为两层平行的单位膜，中间充满基质，内质网与外核膜相通。内质网有两种类型：一种是膜表面附着许多核糖体颗粒，称粗面内质网（rough ER），主要功能是合成、运输蛋白质，产生构成新膜的脂蛋白和初级溶酶体所含的酸性磷酸酶；另一种是膜表面没有核糖核颗粒，称光面内质网（smooth ER），是脂类合成的场所，脂质代谢活跃的细胞中较发达。两种内质网可互相转化，也可同时存在于一个细胞内。粗面内质网发达的程度可作为判断细胞分化程度和功能状况的一种形态学标志。

光面内质网和粗面内质网彼此相通，管腔中的蛋白质和脂质相遇而产生脂蛋白。管腔中的各种分泌物都逐步被运送到光面内质网，然后内质网膜包裹这些物质，从内质网上断开而形成小泡，移向高尔基体，再由高尔基体加工、排放。

4. 高尔基体（Golgi body） 高尔基体是由一系列扁圆形的囊泡（cisterna）和小泡（vesicle）组成的结构。每 1 囊泡有单层膜包围，直径 0.5 ~ 1μm；囊泡边缘不断地形成小泡，小泡从高尔基体脱离后，游离到细胞的基质中。高等植物细胞中的高尔基体主要分布在核周围的细胞质中，是细胞分泌物最后的包装和加工场所。从内质网上断裂下来的小泡移至高尔基体，与高尔基体融合，其中的物质经囊泡加工后，从囊泡上断裂下来，这些分泌小泡再移至细胞膜，并与膜融合将所含物质排到质膜外，形成细胞分泌物。如树脂道的上皮细胞分泌的树脂，根冠细胞分泌的黏液等。此外，高尔基体还参与合成和运输多糖，如合成果胶、半纤维素和木质素等，参与细胞壁形成。初级溶酶体与分泌颗粒的形成也源自高尔基体的囊泡。

5. 溶酶体（lysosome） 溶酶体是一些单层膜包裹的小泡，直径 0.1 ~ 1μm，呈颗粒状分散在细胞质中，其大小和数量差异较大；膜内充满多种水解酶，如蛋白酶、核糖核酸酶、磷酸酶、糖苷酶等。它们能催化蛋白质、多糖、脂质、DNA 和 RNA 等大分子物质分解，消化贮藏物质，分解细胞受损或失去功能的细胞碎片。通常溶酶体中是非活化酶，当溶酶体膜破裂或损伤时，酶释放并活化，降解细胞内各种化合物，结果整个细胞被破坏，此称细胞自溶。细胞内含物的破坏是许多植物细胞，特别是维管植物细胞分化成熟的一种特征。此外，液泡、糊粉粒等细胞器中也含有水解酶类。

6. 核糖体（ribosome） 核糖体也称核糖核蛋白体或核蛋白体，是非膜结构的颗粒状细胞器，常呈球形或长圆形，径为 10 ~ 15nm，附着于粗面内质网上或游离在细胞质中，细胞核、线粒体和叶绿体中也有核糖体。核糖体含约 40% 的蛋白质和 60% 的核糖核酸，是蛋白质合成中心，核糖体在蛋白质合成中与 mRNA 结合在一起。细胞质中游离的核糖体主要合成留存在细胞质中的蛋白质，如各种膜蛋白质；内质网上的核糖体主要合成输出到细胞外的蛋白质。

7. 微体（microbody） 微体是具有单层膜的球状、椭圆或哑铃状细胞器，直径为 0.2 ~ 1.7μm，内含无定形颗粒基质。主要有过氧化物酶体和乙醛酸循环体，二者是同一细胞器在不同发育阶段的表现形式。过氧化物酶体（peroxisome）含有黄素氧化酶 - 过氧化氢酶系统，与叶绿体和线粒体共同参与光呼吸过程，同时可分解细胞代谢产生的有毒过氧化物。乙醛酸循环体（glyoxysome）含乙醛酸循环酶系统，在种子萌发时将贮藏的脂肪转化成糖。

8. 液泡（vacuole） 液泡是植物细胞特有结构，由单层膜及其内包被的细胞液构成。在幼小细胞中，液泡体积小，数量多，并不明显。随着细胞成长发育，细胞体积增大，代谢产物的增多，这些小液泡彼此合并、扩张，逐渐发展成几个大型液泡或一个中央大液泡。成熟细胞中液泡占细胞体积90%以上，将细胞质、细胞核等挤到细胞的周边（图1-4）。

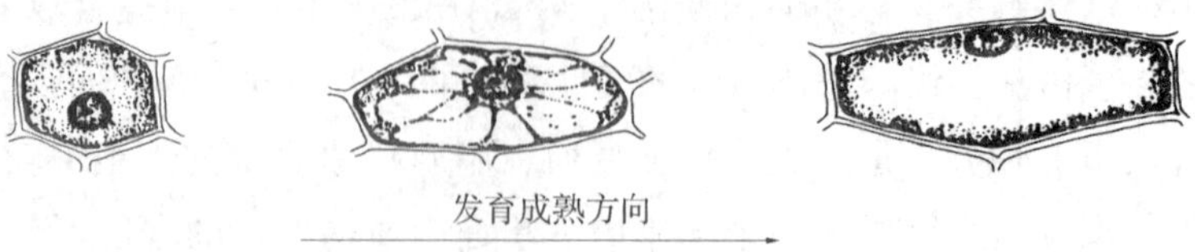

图1-4 洋葱根尖细胞，示中央大液泡的形成

液泡外被的单层膜，称液泡膜（tonoplast），具有选择透性，是原生质体的组成部分，与质膜相通，共同控制着细胞内外水分和物质的交换。膜内充满细胞液，是细胞新陈代谢过程产生的混合物，是非生命物质。液泡中除大量的水外，还有糖类、有机酸和蛋白质等初生代谢产物，以及苷类、生物碱、单宁、有机酸、挥发油、树脂、草酸钙结晶等次生代谢产物，是细胞中活性成分主要存在的位置。细胞液成分复杂，随植物种类、组织器官和发育时期不同而异，如长春花的液泡中含有长春花碱。同时，液泡中还含有多种水溶性色素，特别是花青素等，使植物营养体、花和果实呈现蓝色、紫色、鲜红色等各种颜色。

此外，液泡还参与细胞内物质分解、积累和移动过程，以及细胞分化、成熟、衰老等生命活动。高浓度的细胞液还能提高植物抗寒、抗旱、抗盐碱、抗重金属等能力。

9. 细胞骨架（cytoskeleton） 细胞骨架是真核细胞中的蛋白纤维网络结构，包括微管、微丝和中间纤维三种蛋白纤维，其所构成的结构体系称“细胞骨架系统”。它与细胞的遗传系统、生物膜系统并称“细胞内三大系统”。细胞骨架在稳定细胞形态，承受外力、维持细胞内部结构的有序性，细胞运动和物质运输，以及细胞壁的合成等起着重要作用。

（三）细胞核

细胞核（nucleus）是细胞生命活动的控制中心。DNA在核内贮藏、复制、转录，从而控制着细胞和植物体的生长、发育和繁殖。除细菌和蓝藻外，多数生活细胞具有1个细胞核，或多核或无核，如藻菌类和乳汁管细胞、花粉囊成熟期绒毡层细胞有双核或多核；而成熟筛管无核。细胞核的形状和位置随细胞生长发育时期而变化，成熟细胞的核常位于细胞一侧。细胞核直径为10～20μm，内部结构复杂，由核膜、染色质、核仁和核基质等组成。

（1）核膜（nuclear envelope）：又称核被膜，包括双层核膜、核孔复合体和核纤层等。核膜的外膜与内质网相连，其外面附有核糖体，内膜与染色质紧密接触，两层膜之间为膜间腔。核膜上有许多均匀或不均匀分布的小孔，称核孔（nuclear pore），核孔能随细胞新陈代谢状态不同进行开闭，控制细胞质与细胞核间的物质交换。如核内产生的mRNA前体，只有加工成熟的mRNA才能通过核孔进入细胞质，而糖类、盐类和蛋白质能通过核膜出入细胞核。核膜内面有核纤层，核纤层成纤维网络状，与有丝分裂中核膜崩解和重组有关。

（2）染色质（chromatin）：是分散在核基质中极易被碱性染料（如龙胆紫、醋酸洋红）着色的物质。在细胞分裂间期，染色质不明显，电子显微镜下显出一些交织成网的细丝。细胞分裂期，染色质聚缩成短粗、棒状的染色体（chromosome）。染色体的数目、形状和大小因植物种类不同而异，对同一物种是相对稳定的。二倍体植物具有两套染色体组，染色体组上的所有基因称为基因组（genome）。真核细胞的染色质主要由 DNA 和蛋白质所组成，以及少量的 RNA。

（3）核仁（nucleolus）：是细胞核中椭圆形或圆形的颗粒状结构，没有膜包被，折光性强，常一个或几个，富含蛋白质和 RNA，以及少量类脂和 DNA。在细胞分裂前期核仁开始变形，颗粒和纤丝逐渐消失，中期核膜破裂、核仁消失，末期子细胞核中产生新的核仁。核仁是核内合成和贮藏 RNA 的主要场所。

（4）核基质（nuclear matrix）：又称核骨架，过去称核液（nuclear sap），是细胞核中由纤维蛋白构成的网架体系，网孔中充满液体。其中分散着核仁和染色质，主要由蛋白质、RNA 和多种酶组成，这些物质保证了 DNA 的复制和 RNA 的转录。

细胞核中 DNA 的遗传信息转录到 mRNA 中，mRNA 通过核孔进入细胞质，控制着蛋白质合成和细胞生命活动。在生理上细胞核与细胞质有着相互依存的关系。

四、细胞壁

细胞壁（cell wall）是包围在原生质体外，具有一定硬度和弹性的结构，它与液泡、质体一起构成了植物细胞不同于动物细胞的三大结构特征。在细胞生长发育的不同时期和不同植物组织中，细胞壁的成分、结构、硬度和弹性等也不同。

（一）细胞壁的化学组成

细胞壁的组成物质可分为构架物质和衬质，构架物质主要是纤维素，是由 100 或更多葡萄糖基链接而成的长链化合物，多条这样的长链构成的细丝称微纤丝（microfibril），由微纤丝相互交织成的网状结构是细胞壁的基本构架。其具亲水性，化学性质较稳定，能够耐受酸、碱及多种溶剂。衬质包括非纤维素多糖、蛋白质和水，以及木质素、角质、木栓质和蜡质等。衬质蛋白包括结构蛋白质类、酶及一些功能尚未明确的蛋白质；多糖包括果胶、半纤维素、胼胝质等；木质素是构成细胞壁的另一类重要物质，增加了细胞壁的机械强度，但不是所有细胞壁都存在木质素。

（二）细胞壁的层次

根据细胞壁形成的先后、化学成分和结构的不同，细胞壁可分为胞间层、初生壁和次生壁三层（图 1－5）。两相邻细胞间的胞间层由它们的原生质体共同分泌而成。

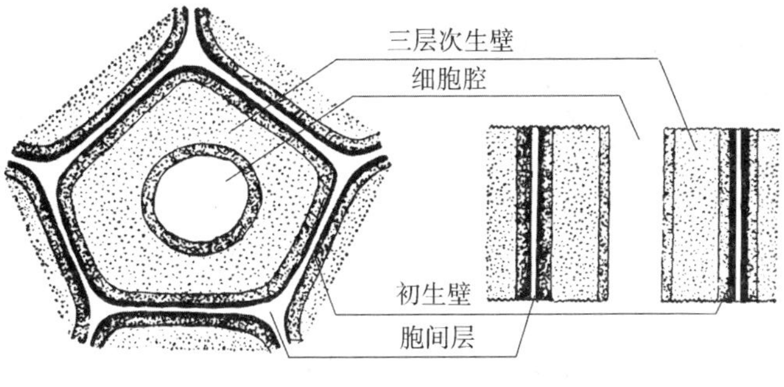

图 1－5 细胞壁的构造

1. 胞间层（intercellular layer） 胞间层又称中层（middle lamella），是细胞分裂时最早形成的分隔层，位于相邻细胞的细胞壁之间。主要成分是果胶质，使相邻细胞彼此粘连，并可缓冲细胞间的挤压而不致影响细胞的生长。果胶质可被果胶酶分解。细胞生长分化过程中，部分胞间层被果胶酶分解，这部分细胞壁彼此分离而形成间隙，称细胞间隙（intercellular space），具通气和贮藏气体作用。果实成熟时，产生的果胶酶将果胶质分解而使果肉细胞彼此分离，果实变软。实验室则常用硝酸和氯酸钾混合液、氢氧化钾或碳酸钠溶液等试剂，将植物药材解离后进行观察鉴定。

2. 初生壁（primary wall） 初生壁是在细胞生长过程中形成的细胞壁，位于胞间层和质膜之间。初生壁厚1～3μm，主要成分是纤维素和果胶质，以及半纤维素和糖蛋白。纤维素构成初生壁的框架，而果胶质、半纤维素等填充其中，使初生壁具有可塑性和延展性，能随细胞生长而延伸。原生质体的分泌物不断地填充到细胞壁结构中，使初生壁继续增长，称填充生长；若填充在胞间层内侧使细胞壁略有增厚，称附加生长。许多细胞停止生长后，细胞壁不再增厚并停留在初生壁阶段。药用植物学中常将胞间层和初生壁一起合称复合胞间层（compound middle lamella）。

3. 次生壁（secondary wall） 次生壁是细胞停止生长、体积不再增大后，在初生壁内侧继续积累的细胞壁层，常较厚，5～10μm。植物体内具有支持和输导作用的细胞常具次生壁，以增强机械强度，这类细胞成熟时原生质体已死亡，仅留下细胞壁执行输导和支持功能。次生壁的纤维素含量高，微纤丝排列较初生壁致密，具方向性；基质成分是半纤维素，极少果胶质，也不含糖蛋白，常添加了大量木质素和其他物质，增加了次生壁的硬度。次生壁中因不同层次微纤丝的方向不同，使细胞壁呈现不同的层次。植物细胞均有初生壁，但不是都具有次生壁。较厚的次生壁常可分为内、中、外三层，并以中间的次生壁层最厚。因此，一个典型厚壁细胞（如纤维或石细胞）的细胞壁可见5层结构，即胞间层、初生壁、三层次生壁。

（三）细胞壁的功能

细胞壁具支持和保护功能，细胞壁限制了细胞过度吸水而胀破，而紧胀的细胞能使植物体保持一定紧张度而维持了器官与植株伸展的姿态。具次生壁的细胞有强大支持功能，而导管、管胞等死细胞则靠细胞壁构成的中空管道完成输导功能。细胞壁还能降低蒸腾作用、防止水分损失（次生壁、表面的蜡质等）、调节植物水势等。此外，细胞壁中存在许多具有生理活性的蛋白质，参与物质的吸收、运输、分泌，以及信号传递、识别等生命活动。

细胞生长分化过程中，原生质体分泌一些物质填充到细胞壁的纤维素骨架中，改变细胞壁的性质，使细胞壁执行特定生理功能，称细胞壁的特化。常见的有木质化、木栓化、角质化、黏液质化和矿质化等类型。

（1）木质化（lignification）：是细胞壁内填充了木质素，增加了细胞壁的硬度，加强了机械支持作用，又能透水。木质化细胞壁变得很厚时，其细胞多趋于衰老或死亡，如导管、纤维、石细胞等。木质化细胞壁加入间苯三酚试液和浓盐酸后，因木质化程度不同，显红色或紫红色反应；加氯化锌碘显黄色或棕色反应。

（2）木栓化（suberization）：是细胞壁内填充了脂肪性的木栓质，栓化细胞壁常呈黄褐色，不易透气和透水，成为死细胞。木栓化细胞对植物内部组织具有保护作用，如树干的褐色树皮是由木栓化细胞与其他死细胞构成的混合体。木栓化细胞壁加入苏丹Ⅲ试剂显橘红色或红色，遇苛性钾加热则木栓质溶解成黄色油滴状。

（3）角质化（cutinization）：是细胞壁内填充了脂肪性的角质，常积聚在细胞壁表面形成角质层。角质化细胞壁或角质层可防止水分过度蒸发和微生物侵害，增加对植物内部组织的保护作用。角质化细胞壁或角质层的化学反应与木栓化类似。

（4）黏液质化（mucilagization）：是细胞壁中的果胶质和纤维素等成分变成黏液的变化。黏液在细胞表面常呈固体状态，吸水膨胀成黏稠状态。如车前、亚麻、芥菜的种子表皮细胞中都具黏液化细胞。黏液化细胞壁加入玫红酸钠乙醇溶液试液可染成玫瑰红色，加入钌红试液可染成红色。

（5）矿质化（mineralization）：是细胞壁内填充了硅质（如二氧化硅或硅酸盐）或钙质等，增强了细胞壁的坚固性，使茎、叶的表面变硬变粗糙，增强植物的机械支持能力，如禾本科植物的茎、叶，木贼茎以及硅藻的细胞壁内都含有大量的硅酸盐。硅质化细胞壁不溶于硫酸或醋酸，有别于草酸钙和碳酸钙。

（四）胞间连丝和纹孔

1. 胞间连丝（plasmodesmata）　胞间连丝是穿过胞间层和初生壁沟通相邻细胞的原生质丝，它使植物体各个细胞彼此连接成一个整体，有利于细胞间物质运输和信息传递。电子显微镜下，两相邻细胞的质膜通过胞间的管道而连接，相邻细胞的内质网也通过胞间连丝相连。一般难以观察到胞间连丝，但柿、黑枣、马钱子等的胚乳细胞壁较厚，胞间连丝分布较集中，经过染色处理能在显微镜下观察到（图1－6）。初生壁上还存在一些较薄的区域称初生纹孔场（primary pit field），其上有一些小孔，其间也有胞间连丝穿过。

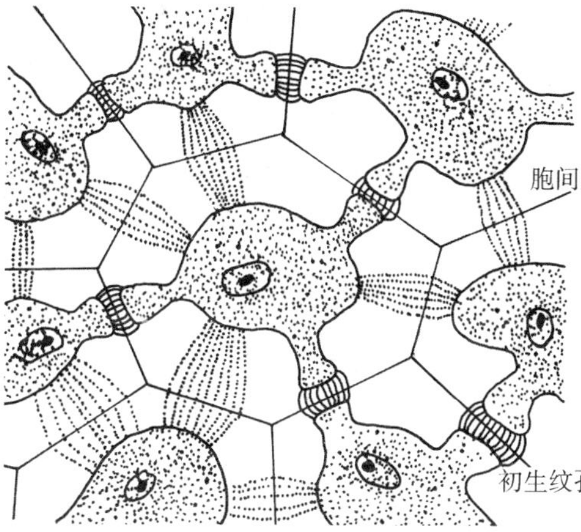

图1－6　象牙棕的胞间连丝

2. 纹孔（pit）　次生壁沉积过程中，不是均匀地附加在初生壁上，而在许多地方留有一些没有增厚的呈凹陷孔状的结构，称纹孔。相邻两细胞间的纹孔多成对存在，称纹孔对（pit pair）。纹孔对之间的质膜、胞间层和初生壁构成的薄膜称纹孔膜（pit membrane）；纹孔膜两侧没有次生壁的腔穴称纹孔腔（pit cavity）；纹孔腔通往细胞腔的开口称纹孔口（pit aperture）。纹孔的存在有利于细胞间的沟通和水分及其他物质的运输。根据纹孔的式样，分为单纹孔、具缘纹孔和半具缘纹孔三种类型（图1－7）。

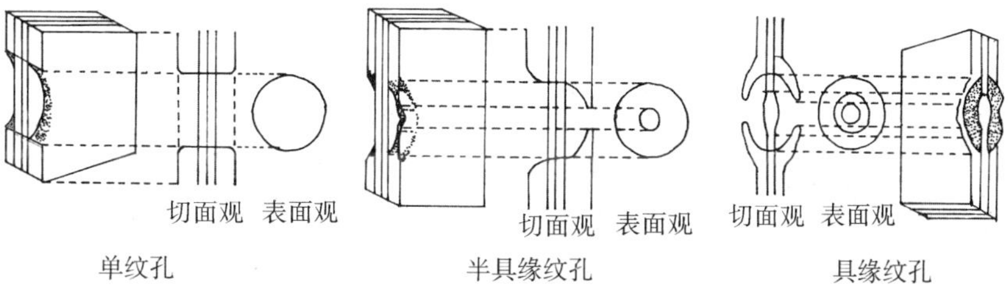

图1－7　纹孔类型

（1）单纹孔（simple pit）：是次生壁上未加厚部分呈圆筒形，纹孔口和纹孔膜等大的纹孔式样。单纹孔常见于韧型纤维和石细胞的细胞壁。当次生壁很厚时，单纹孔的纹孔腔状如一条长而狭窄的孔道或沟，称纹孔道或纹孔沟。

（2）具缘纹孔（bordered pit）：是纹孔周围的次生壁向细胞腔内突起，中央具一小开口，即纹孔口较纹孔膜小的纹孔式样。拱状突起部分称纹孔缘，纹孔缘包围着纹孔腔。纹孔口式样各异，常呈圆形或狭缝状。正面观，具缘纹孔呈现 2 个同心环，外环即纹孔膜的边缘，内环即纹孔口的边缘。松科和柏科植物管胞上的具缘纹孔，纹孔膜中央特别厚，形成纹孔塞，正面观呈现 3 个同心圆。纹孔塞具活塞样作用，能调节胞间液流。具缘纹孔常存在于纤维管胞、孔纹导管和管胞的细胞壁。

（3）半具缘纹孔（half bordered pit）：是由单纹孔和具缘纹孔分别排列在纹孔膜两侧构成的纹孔式样。导管或管胞与其邻接的薄壁细胞壁上的纹孔对常为该类型，正面观具 2 个同心环。观察粉末时，半具缘纹孔与无纹孔塞的具缘纹孔难以区分。

五、后含物

后含物（ergastic substance）是指植物细胞中储藏物质和代谢产物，包括糖类、蛋白质、脂质（脂肪、油、角质、蜡质和木栓质等）、盐类的结晶和特殊有机物等，多以液态、结晶体或非晶固体状态存在于液泡或细胞质中。后含物的种类、形态和性质随植物种类的不同而不同，是鉴定药材的依据之一。重要的后含物有以下几类。

（一）贮藏的营养物质

1. 淀粉（starch） 淀粉是植物贮藏碳水化合物最普遍的形式。植物光合作用的产物以蔗糖、棉籽糖、水苏糖和糖醇等形式转运到贮藏组织后，在造粉体中合成淀粉，形成淀粉粒（starch grain）。淀粉积累时，先形成淀粉粒的核心称脐点（hilium），直链淀粉和支链淀粉常交替沉积，呈现明暗相间的环状纹理称层纹（annular striation lamellae）。用乙醇脱水处理，层纹就随之消失。淀粉粒有圆球形、卵圆形、长圆形或多角形等形状，脐点有颗粒状、裂隙状、分叉状、星状等多种（图 1-8）。

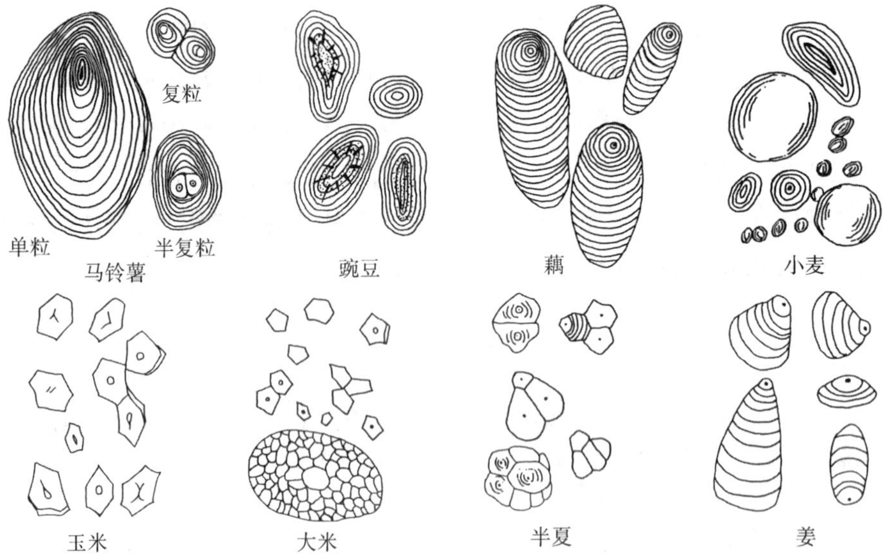

图 1-8　淀粉的类型和常见植物淀粉粒

淀粉粒常按脐点和层纹的关系分 3 种类型。①单粒淀粉（simple starch grain）：只有一个脐点；②复粒淀粉（compound starch grains）：具有 2 个以上脐点，且各脐点分别有各自的层纹围绕；③半复粒淀粉（half compound starch grains）：具有 2 个以上脐点，各脐点除有自身的层纹环绕外，外面还有共同的层纹。不同植物的淀粉粒在形态、类型、大小、层纹和脐点等方面常各具特征，故常用于鉴定药材。

淀粉不溶于水，在热水中膨胀而糊化。直链淀粉遇碘液显蓝色，支链淀粉遇碘液显紫红色。植物常同时含有两种淀粉，加入碘液显蓝色或紫色。用甘油醋酸试液装片，置偏光显微镜下观察，淀粉粒常具偏光现象，但糊化的淀粉粒无偏光现象。

2. 菊糖（inulin）　菊糖由果糖聚合而成，能溶于水，不溶于乙醇。活细胞中菊糖为溶解状态，经组织脱水或置乙醇中则可观察到球状、半球状或扇状的菊糖结晶。常见于菊科、龙胆科和桔梗科植物根的薄壁细胞中（图 1－9）。菊糖加 α－萘酚乙醇试剂再加硫酸显紫红色，并溶解。

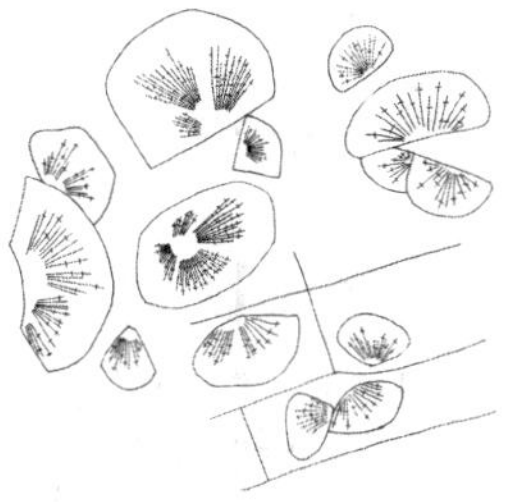

图 1－9　菊糖（桔梗）

3. 蛋白质（protein）　植物贮藏的蛋白质呈结晶或无定型的固体，是无明显生理活性、无生命特征的蛋白质，存在于细胞质、液泡、细胞核和质体中。结晶蛋白质具晶体和胶体二重性，称拟晶体（crystalloid）。拟晶体有不同的形状，但常呈方形，如在马铃薯块茎近外围薄壁细胞中。无定形蛋白质常被一层膜包裹成圆球状的颗粒，称糊粉粒（aleurone grain）。部分糊粉粒既有无定形蛋白质，又包含有拟晶体。胚乳或子叶细胞常存在大量的糊粉粒，如禾本科植物胚乳的最外一层或几层细胞中含较多糊粉粒，特称糊粉层（aleurone layer）（图 1－10）；茴香的糊粉粒中还含有小草酸钙簇晶；蓖麻和油桐胚乳细胞中的糊粉粒除拟晶体外还含磷酸盐球形体。贮藏蛋白质遇碘显棕色或黄棕色，遇硫酸铜和苛性碱的水溶液则显紫红色。

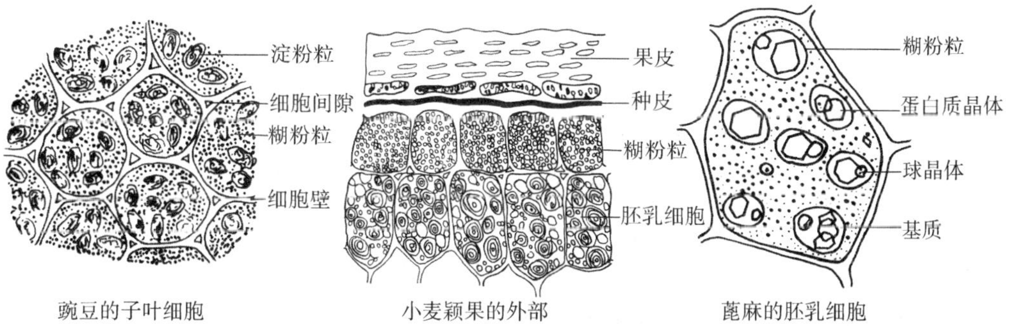

豌豆的子叶细胞　小麦颖果的外部　蓖麻的胚乳细胞

图 1－10　糊粉粒的类型

4. 脂肪（fat）和油（oil）　脂肪和油是植物细胞中含能量最高而体积最小的物质，在细胞质或质体中呈固体或半固体者称脂肪，呈油滴状者称油。植物各种器官均有分布，尤以种子最丰富，如油菜籽、蓖麻子、芝麻；常食用、药用和工业用，如蓖麻油作泻下剂，月见草油治高脂血症。二者加苏丹Ⅲ试液显橘红色、红色或紫红色；加锇酸显黑色；加紫草试液显紫红色（图 1－11）。

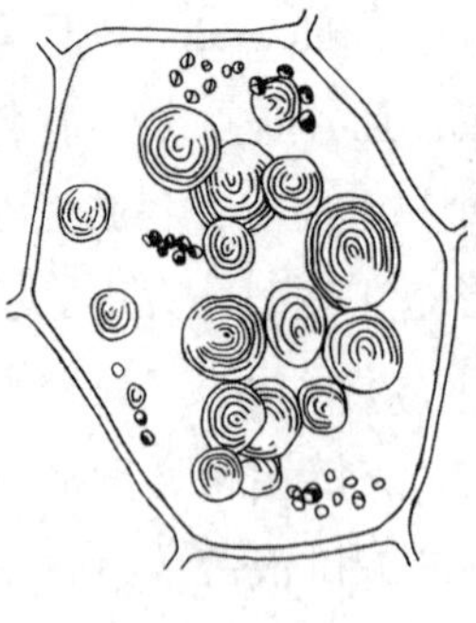

图1-11 脂肪油
（椰子胚乳细胞）

（二）晶体

晶体存在于液泡中，有不同的形态和成分，以草酸钙和碳酸钙结晶最常见。

1. 草酸钙结晶（calcium oxalate crystal） 草酸钙结晶是植物细胞代谢中产生的草酸与钙结合形成的晶体，呈无色半透明或稍暗灰色。形成草酸钙结晶可减少草酸过多对细胞的毒害。一种植物常见一种形状的晶体，但少数植物也有两种或多种形状，如椿根皮除含簇晶外，也含方晶。草酸钙结晶分布普遍，并随器官组织的衰老，会逐渐增多，但其形状、大小在不同植物或植物不同部位存在一定差异，也是药材鉴定的特征之一。常见以下形状（图1-12）。

图1-12 常见的几种草酸钙结晶体

（1）单晶（solitary crystal）：又称方晶或块晶，常呈正方形、长方形、八面形、三棱形等，常单独存在，如甘草根、黄皮树的树皮等；有时呈双晶，如莨菪等。

（2）针晶（acicular crystal）：两端尖锐针状的晶体，在细胞中常成束存在，称针晶束（raphides）。常见于黏液细胞中，如半夏块茎、黄精和玉竹的根状茎等。也有针晶不规则地分散在细胞中，如苍术根状茎、龙舌兰叶片等。

（3）簇晶（cluster crystal；rosette aggregate）：晶体由许多八面体、三棱形单晶体聚集而成，常呈多角形状，如人参根、大黄根状茎、椴树茎、天竺葵叶等。

（4）砂晶（micro-crystal；crystal sand）：呈细小三角形、箭头状或不规则形状；砂晶聚集的细胞颜色较暗，易与其他细胞相区别。如颠茄、牛膝、地骨皮等。

（5）柱晶（columnar crystal；styloid）：呈长柱形，长径/短径≥4。如射干、淫羊藿等。

草酸钙结晶不溶于稀醋酸试液，加稀盐酸溶解无气泡产生，但遇10%～20%硫酸试剂能溶解，并形成针状的硫酸钙结晶析出。

2. 碳酸钙结晶（calcium carbonate crystal） 碳酸钙结晶常见于桑科、爵床科、荨麻科等植物叶表皮细胞中，如无花果、穿心莲、印度橡胶榕等，是细胞壁的特殊瘤状突起上聚集了大量的碳酸钙和少量硅酸钙而形成的，一端与细胞壁相连，状如一串悬垂的葡萄（图1-13），称钟乳体（cysyolith）。

碳酸钙结晶加醋酸或稀盐酸试液溶解，并有CO_2气泡产生，有别于草酸钙结晶。

除上述两类结晶外，一些植物中还有其他类型晶体，如柽柳叶中含石膏结晶，菘蓝叶含靛蓝结晶，吴茱萸和薄荷叶含橙皮苷结晶，槐花中含芸香苷结晶等。

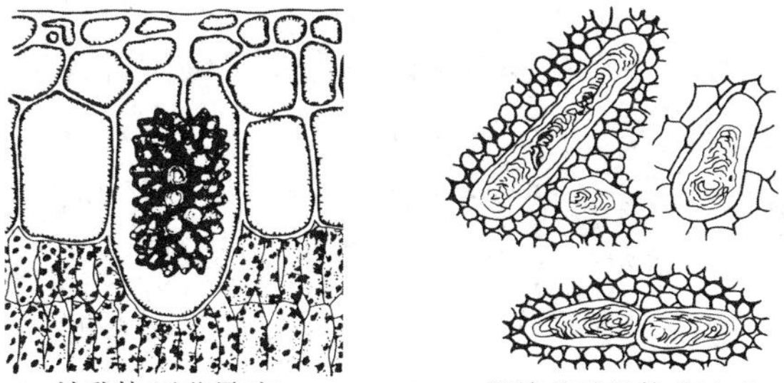

钟乳体(无花果叶)　　螺旋状钟乳体(穿心莲)

图 1 – 13　碳酸钙结晶

（三）次生代谢产物

次生代谢产物（secondary metabolites）是植物次生代谢产生的一类在正常细胞生命活动中没有明显或直接作用的小分子有机物，它们是植物长期演化中对生态环境适应的结果，在处理植物与环境的关系中担任重要的角色。次生代谢产物贮存在液泡或细胞壁中，其产生和分布具有种属、器官、组织和生长发育时期的特异性。常分为苯丙素类、醌类、黄酮类、鞣质、生物碱、萜类、甾体及其苷类、挥发油等。次生代谢产物常为植物药生理活性的物质基础，或为重要药物（如奎宁碱、阿托品、吗啡）或工业原料（如橡胶）等。

六、细胞的新陈代谢

1. 生命活动中的能量　新陈代谢是生命活动的特征之一，是生物有机体内全部物质和能量变化的总称。生活细胞不断与环境进行着物质、能量和信息的交换。新陈代谢使细胞和生命体能维持高度复杂而有序的结构。细胞能够保证生命活动的正常进行，是因其具有独特的机制使细胞通过放能反应释放的能量为自身需能反应所利用，在此过程中，三磷酸腺苷（ATP）起到至关重要的作用。ATP 是组织、细胞进行一切生命活动所需能量的直接来源，储存和传递化学能；蛋白质、脂肪、糖和核苷酸合成都需要它的参与；ATP 可促进机体细胞修复和再生，增强细胞代谢活性。

2. 生理活性物质　植物体内存在的一些对细胞分裂、生长发育和物质代谢等具有明显作用的物质，主要包括酶、维生素、植物激素和植物抗生素（植物激素将在第四章介绍）。

（1）酶（enzyme）：是一种高效有机催化剂，种类很多，有的具有可逆性，能促使物质的分解，也能促使物质的合成。酶的作用具有高度专一性和选择性，如蛋白质只在蛋白酶的作用下转化成氨基酸；淀粉酶只作用于淀粉，使淀粉变为麦芽糖，而不作用于其他物质；脂肪只在脂肪酶的作用下变成脂肪酸和甘油。酶一般在常温、常压、近中性水溶液中起作用，而高温、强酸、强碱和某些重金属会使其失去活性。

（2）维生素（vitamin）：是一类复杂的有机物，常参与酶的形成，对植物的生长、呼吸以及物质代谢具调节作用。已知的维生素有 20 余种，大致可分成脂溶性和水溶性两类。前者包括维生素 A、维生素 D、维生素 E、维生素 K 等，后者包括 B 族维生素和维生素 C。B 族维生素包括维生素 B_1、维生素 B_2、维生素 B_6、维生素 B_{12}、烟酸、叶酸、泛酸等。分布于植物体各部分，以果实、叶、根中含量较多。目前人们提纯或人工合成了多种维生素，供医药、农业等使用。

（3）植物抗生素（plant antibiotic）：高等植物能产生各种结构类型的植物抗生素，按产生途径分成植物抗毒素（phytoalexins）和植物抗菌素（phytoanticipins）。前者是植物防御机制的基础，是主动应激反应中合成的一类小分子化合物；后者是植物体内本身存在的一些多酚类产物，属被动应激反应。

3. 细胞呼吸 细胞必须将体内的有机物氧化，释放出其中的能量，供生命活动所需。细胞氧化分解有机物（糖、脂类和蛋白质）以获得能量并产生CO_2和水的过程，称细胞呼吸（cell respiration）。细胞呼吸是一个复杂的、多种酶参与和多步骤的过程，常分为糖酵解、柠檬酸循环和电子传递与氧化磷酸化过程。其中糖酵解在细胞质中发生，1分子葡萄糖转化成2分子丙酮酸。丙酮酸氧化脱羧和柠檬酸循环发生在线粒体基质中，而电子传递与氧化磷酸化发生在线粒体内膜中。细胞中的脂质和蛋白质也可分解转变成糖类或有机酸，参与到糖酵解和柠檬酸循环。碳水化合物首先分解产生单糖，再进一步氧化分解。有氧条件下，1个分子葡萄糖经过糖酵解、三羧酸循环、电子传递和氧化磷酸化，彻底氧化分解，产生CO_2和H_2O，释放出36个ATP。无氧条件下，糖酵解产生丙酮酸，丙酮酸在不同酶催化作用下，分别经乳酸发酵和酒精发酵产生乳酸和乙醇，获得少量能量。

4. 细胞与外界环境的物质交换 植物体和生活细胞都是开放系统，即是不断与外界环境进行着物质、能量和信息交换的系统。从外环境吸收水分、摄取营养，并向细胞外排出废物，保持胞内环境稳定。水分出入细胞取决于细胞的水势（即渗透势），未形成液泡之前主要靠吸涨作用，液泡形成后主要靠渗透作用。细胞除了吸收水分外，还需从环境中吸收养料，不仅无机离子能进入细胞，小分子有机物也能进入细胞。植物细胞与外界环境的一切物质交换，都必须通过各种生物膜，特别是质膜，这就是跨膜运输。由膜上存在的泵、载体、离子通道和水通道进行。

扫码“学一学”

第二节 植物细胞分裂与增殖

单细胞植物生长到一定阶段，细胞一分为二，以此方式增殖。多细胞植物生长发育中，细胞分裂增加了细胞数目。植物的生长发育、生殖与细胞分裂密切相关。

一、细胞周期

有丝分裂（mitosis）是真核细胞分裂的主要方式。连续分裂的细胞从一次有丝分裂结束到下一次有丝分裂结束所经历的整个过程叫作细胞周期（cell cycle）。细胞周期常分为4个时期：DNA合成前期（G_1期）、DNA合成期（S期）与DNA合成后期（G_2期）、有丝分裂期（M期），其中前三个时期又合称分裂间期。

G_1期，是上一次分裂结束到DNA复制前的时期，主要是进行RNA、蛋白质和酶合成。此外，还进行合成和复制膜系统和细胞器。

S期，是核DNA复制开始到复制结束的时期。主要是进行DNA的半保留复制和组蛋白等的合成，使体细胞成4倍体，每条染色质丝都转变成由着丝点相连接的两条染色质丝。同时，细胞质中合成组蛋白并转运入细胞核，进行中心粒复制。

G_2期，是DNA复制结束到有丝分裂开始前的时期。中心粒复制完毕，形成两个中心体，还合成RNA和微管蛋白等。G_2期末两条染色单体已经形成。

M期，细胞经过间期后进入分裂期，细胞中开始出现了染色体，以及出现了纺锤丝。细胞中已复制的DNA将以染色体的形式平均分配到子细胞中。

细胞周期的运转十分有序，按照 G_1—S—G_2—M 的次序进行，这是细胞周期有关基因顺序表达的结果。

二、细胞分裂

细胞分裂是植物个体生长、发育和繁殖的基础，也是生命延续的前提。细胞分裂主要的作用，一是增加细胞数量，使植物生长茁壮；二是形成生殖细胞，用以繁衍后代。植物细胞分裂有三种方式：有丝分裂、无丝分裂和减数分裂。

1. 有丝分裂（mitosis） 有丝分裂又称间接分裂，是最普遍的细胞分裂方式，分裂导致植物生长，分裂通常有三种方向（图 1－14）。有丝分裂是一个连续而复杂的过程，包括细胞核分裂和细胞质分裂。有丝分裂常分为间期、前期、中期、后期和末期 5 个时期。有丝分裂所产生的两个子细胞与母细胞具有相同的遗传信息。细胞分裂首先是核分裂，随之是胞质分裂，最后产生新的细胞壁。

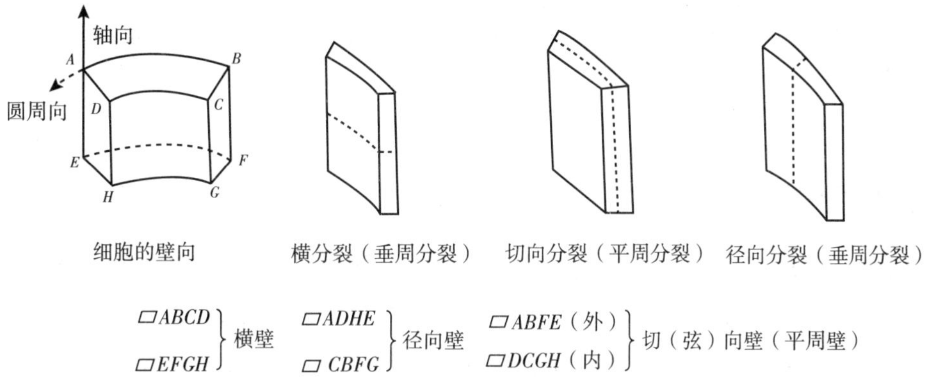

图1–14　细胞的壁向和细胞分裂方向

2. 无丝分裂（amitosis） 无丝分裂又称直接分裂，分裂时细胞核中不出现染色体和纺锤体等一系列复杂的形态变化。无丝分裂有横缢、芽生、碎裂、劈裂等多种方式，以横缢式常见。横缢式分裂时细胞核延长并缢裂呈两个核，在子核间又产生出新的细胞壁，将母细胞的细胞核和细胞质分成两个部分。无丝分裂速度快，消耗能量小，但不能保证母细胞的遗传物质平均地分配到两个子细胞中，从而影响了遗传的稳定性。无丝分裂常见于原核生物，高等植物的某些器官中也可见，如愈伤组织、薄壁组织、生长点、胚乳、花药的绒毡层细胞、表皮、不定芽、不定根、叶柄等处。

3. 减数分裂（meiosis） 减数分裂只发生在植物有性生殖产生配子的过程中。在减数分裂中，染色体仅复制一次，细胞连续分裂两次，两次分裂中将同源染色体与姐妹染色单体平均分配到 4 个子细胞中，最终形成的子细胞为单倍染色体（n），故称减数分裂。减数分裂产生的精子和卵细胞均为单倍体（n）。在以后发生有性生殖时，精子和卵细胞结合，恢复成为二倍体（2n），使得子代的染色体与亲代的染色体相同，保证了遗传的稳定性，成为保持物种稳定性的基础。同时，在减数分裂过程中，由于同源染色体发生联合、交叉和片段互换，使同源染色体上父、母亲本代基因发生重组，因而使后代的基因多样化，增强了适应性。栽培育种上常利用此特性进行品种间杂交，以培育新品种。

知识拓展

植物细胞的全能性

全能性是指植物体细胞经诱导分化可以像胚胎细胞那样发育成一株植物，并具有母体植株的全部遗传信息。1902 年，德国植物学家哈伯兰特（Haberlandt）预言植物体的任何一个细胞，都有长成完整个体的潜在能力，这种潜力称植物细胞的“全能性”。随后许多科学家为证实这一论断做了不懈的努力。1958 年 Steward 等将高度分化的胡萝卜根韧皮部组织细胞在培养基上培养，发现根细胞会失去分化细胞的结构特征，发生反复分裂，最终分化成具有根、茎、叶的完整的植株，移栽后可开花结果，地下部分长出肉质根；1964 年 Cuba 和 Mabesbwari 利用毛叶曼陀罗的花药培育出单倍体植株。至此，经过 50 余年的不断试验，植物分化细胞的全能性得到了充分论证，建立在此基础上的组织培养技术也得到了迅速发展，为研究细胞的生长和分化、植物抗性细胞突变体筛选、植物转基因受体系统的建立等提供技术条件，也为植物次生代谢物质生产开辟了一条新途径。

三、细胞生长和分化

1. 细胞的生长　细胞生长是指分裂产生子细胞的体积、质量增加而数量不增加的过程。子细胞的大小常只有母细胞的一半，生长时可增加到母细胞几倍到几十倍的大小。细胞生长是植物细胞分化的基础，也是植物个体生长发育的基础。单细胞植物的细胞生长就是个体生长，多细胞植物则需要细胞生长和细胞数目增加。细胞生长方式有两种：一种是细胞伸长（elongation），另一种是细胞实质性生长。细胞伸长是液泡吸水膨胀的结果，如根尖分裂的新细胞在伸长区吸水生长，使根向下生长；竹笋在雨后吸收足够水分，细胞伸长，使笋突出地面等。细胞实质性生长，即细胞的鲜重和干物质随体积增大而增加。细胞生长最显著的特征是液泡化程度增加，同时细胞内其他细胞器在数量和分布上也发生各种变化，如质体逐渐发育，内质网增加，细胞壁的厚度不同程度的增加等。

细胞生长有一定限度，当体积到达一定大小后，便停止生长。细胞最终的大小，随植物种类和细胞类型而异，也受水分、光照和无机元素等环境因子的影响。

2. 细胞的分化　植物个体发育过程就是细胞分裂、分化的过程。多细胞植物体内不同的细胞执行不同的功能，因此细胞在形态、结构和生理上表现出了各种变化。如输导功能的细胞发育成中空、长管状，以利于运输水分或养分；茎、叶的表皮细胞发育成细胞壁具有明显的角质层，利于其执行保护功能；叶肉细胞发育出大量的叶绿体以适应光合作用等。这种植物个体发育过程，细胞成熟过程中产生的形态、结构和功能的特化过程，称细胞分化（differentiation）。细胞分化使多细胞植物体中细胞功能趋于专门化，植物进化程度愈高，植物体的结构越复杂，细胞分工越精细，细胞分化程度也越高，生命活动效率也愈高。

细胞分化是一个复杂的过程，植物体的全部细胞都是由合子分裂产生，它们与合子具有相同的遗传信息。细胞分化的本质是遗传信息的部分表达或部分抑制。细胞分化受到细胞内、外诸因素的影响，其中细胞极性是细胞分化的首要条件，生长素和细胞分裂素等是启动细胞分化的关键物质。细胞分化受细胞在植物体内位置的制约，同时光照、温度、湿度等环境因子使某些信息表达而另一些受抑制，一定程度上影响植物体内细胞的分化发育。

3. 细胞信号系统与信号传导 植物生长发育受遗传信息和环境信息的双重调控。遗传决定个体发育的基本模式，但其实现很大程度上受控于环境信息。植物的不可移动性决定其接受环境变化信息，并及时作出相应反应。调节适应环境是植物生存的基本策略。多细胞植物，尤其是高等植物体存在各种特化细胞，它们之间既分工明确又保持着相互间的协调，这些都涉及信号分子的传递。靶细胞通过受体接收信号以及胞内信号的传导，是生物体中一种十分复杂而又高度有序的重要生命活动。已知的植物细胞信号分子有几十种，按其作用范围可分为胞间信号分子和胞内信号分子。信号传导过程包括胞间信号传递、膜上信号转换、胞内信号转导和蛋白质可逆磷酸化四个阶段（图 1－15）。

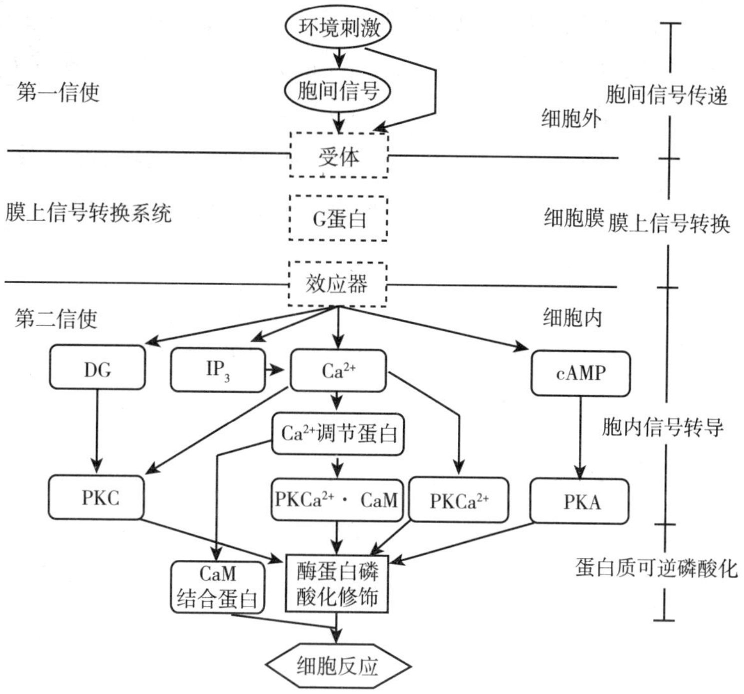

图 1－15 细胞信号传导的主要分子途径

IP_3. 三磷酸肌醇；DG. 二酰甘油；PKA. 依赖 cAMP 的蛋白激酶；$PKCa^{2+}$ 依赖 Ca^{2+} 的蛋白激酶；PKC. 依赖 Ca^{2+} 与磷脂的蛋白激酶；PK Ca^{2+} · CaM. 依赖 Ca^{2+} · CaM 的蛋白激酶

（1）胞间信号传递：胞间信号可分为物理信号（physical signal）和化学信号（chemical signal）两类，传导途径是共质体和质外体。①物理信号包括电信号和水力信号（hydraulic signal），电信号是体内长距离传递信息的重要方式，是植物体对外部刺激的最初反应。如敏感植物或器官（含羞草、茎卷须等）受刺激时产生运动反应伴随电波的传递；子叶受伤害而引起第一真叶产生蛋白酶抑制物（PIs）的过程中，动作电位是传播的主要方式；同时电信号可引起包括基因转录在内的生理、生化变化。植物细胞对水力信号很敏感，如玉米叶片木质部压力的微小变化就能迅速影响其气孔的开度，即压力势降低时气孔开放，反之亦然。②化学信号是指细胞感受刺激后合成并传递到作用部位引起生理反应的化学物质，植物激素是主要的胞间化学信号，此外壳梭孢菌素、水杨酸、花生四烯酸、茉莉酸、茉莉酸甲酯、多胺类物质和乙酰胆碱等一些生长调节剂也具化学信号的功能。如土壤干旱时根细胞迅速合成脱落酸（ABA），ABA 经木质部随蒸腾流输送到地上部分，引起叶片生长受抑和气孔导度的下降，且根部合成和输出细胞分裂素（CTK）的量显著减少。光信号被细胞中光受体接受后，通过传导形成胞内第二信使，并通过信号通路的传递调节光形态构建反应。③胞间信号传递主要有：挥发性化学信号通过体内气腔网络传递，如乙烯和茉莉酸甲酯（JA-Me）均属此类信号。化学信号在韧皮部的传递是长距离传递的主要途径之一，如 ABA、JA-Me、寡聚半乳糖、水杨酸等；在木质部传递通过集流的方式进行，如受干旱胁迫时，根部合成的 ABA，通过木质部流入叶片。

（2）膜上信号转换（signal transduction）：胞间信号到达靶细胞，首先要被受体感受并将胞外信号转换为胞内信号，再启动胞内各种信号传导系统（如 GTP 结合调节蛋白），并对原初信号进行级联放大，最终导致植物生理生化变化。外界刺激可能是通过细胞壁—质膜—细胞骨架蛋白变构而引起生理反应。

（3）胞内信号转导：如果将胞外刺激信号称作第一信使，由胞外信号激活或抑制、具有生理调节活性的细胞内因子称第二信使（second messenger）。第二信使种类较多，如钙信号系统、肌醇磷脂（inositide）信号系统、环核苷酸信号系统等。

（4）蛋白质可逆磷酸化（phosphoralation）：细胞内存在的多种蛋白激酶（protein kinase）、蛋白磷酸酶（protein phosphatase）是前述胞内信使进一步作用的靶点，通过调节胞内蛋白质的磷酸化或去磷酸化而进一步传递信息。

细胞中所有信号传导通路并非完全独立，而是有着密切的联系，它们通过相互作用，互相协调，共同控制着细胞生命活动，是一个精巧而复杂的调控网络。

四、细胞死亡

植物体中细胞的一切活动受到整体的调节和控制，细胞不断地分裂、生长和分化的同时，也不断地发生着细胞死亡。细胞死亡有两种形式：①细胞程序性死亡（programmed cell death，PCD）又称细胞凋亡（apoptosis），是植物体发育过程中的特定发育阶段自然发生的细胞死亡过程，该过程受某些特定基因编码的“死亡程序”控制。PCD 是细胞分化的最后阶段，细胞分化临界期就处于死亡程序执行中的某个阶段。PCD 包含启动期、效应期和清除期三个阶段，其间半胱氨酸蛋白酶（caspase）家族起着重要作用。PCD 在植物发育过程中的细胞、组织平衡和特化，以及组织分化、器官建成和对病原体的反应等起着重要作用。PCD 中的形态变化和生化变化都有严格的时序性，PCD 的产物既可被其他细胞吸收利用，也可用于构建自身细胞的次生壁。PCD 是植物长期演化的产物，以保证其种族的世代延续。如木质部中运输水分和无机盐的成熟管状分子是没有原生质体的死细胞，其分化过程就是典型的 PCD 过程。② 坏死性死亡（necrosis）是指细胞受某些外界因素的剧烈刺激，如物理、化学损伤或生物侵袭导致细胞的非正常性死亡。

知识拓展

植物染色体、单倍体、二倍体、多倍体

染色体（chromosome）是在细胞有丝分裂和减数分裂时细胞核中出现的一种包含基因的伸长结构，由 DNA 和组蛋白组成。根据细胞分裂中期染色体着丝粒、主溢痕的位置不同可分为等臂染色体、近端着丝粒染色体、端着丝粒染色体。染色体分析包括

核型和带型，染色体核型指染色体的形态特征、数目、大小；染色体带型是经物理、化学试剂处理后，再用染料对染色体进行分化染色而呈现的横带，有Q、G、R、C、Cd、N、T带等，各条染色体的带型稳定，不同物种的染色体带型各有特点。这些特征为植物种类鉴别和进化研究提供重要依据。

（1）单倍体（haploid）细胞内仅含1组染色体的个体称单倍体（n表示），其染色体之间的形状各异，不能配对。如菘蓝 *Isatis indigotica* Fort. 单倍体植株细胞中的染色体是7个，即 $n=X=7$。单倍体全部基因是单的，一旦加倍，不仅可由不育变成可育，而且全部基因都变成纯合。所以可极大缩短育种年限，同时也是研究基因性质及其作用的极佳材料。

（2）二倍体（diploid）细胞内含有两组染色体的个体称2倍体（$2n$表示）。减数分裂前的细胞或合子发育产生的营养体细胞均是二倍体。如菘蓝2倍体的体细胞有14个染色体，即 $2n=2X=14$。

（3）多倍体（polyploid）细胞内含有3组以上染色体的个体称多倍体。植物界广泛存在多倍体，约50%的被子植物是多倍体。当植物细胞进行分裂时，受到一些自然条件如温度、湿度的剧变，紫外线和创伤等的频繁刺激，细胞核中染色体数目发生加倍等变化，这类细胞继续繁殖分化，就能形成多倍体植物。这种受自然条件刺激而形成的多倍体称自然多倍体，如3倍体香蕉、南苜蓿；4倍体的陆地棉、马铃薯；6倍体的普通小麦、菊芋等等。通过人工诱导方法，如利用物理刺激（紫外线、X线等各种射线照射、高温、低温处理、对幼芽的机械损伤）或化学药物（生长剂、秋水仙素、氯仿等）处理的方法，诱导产生的多倍体称人工多倍体，如3倍体毛曼陀罗 *Datura innoxia* Mill.（$2n=3X=36$）、4倍体菘蓝 *I. indigotica* Fort.（$2n=4X=28$）等。多倍体单株产量常较高，品质较好。

第三节　植物组织

扫码“学一学”

单细胞植物仅由一个细胞完成所有生命活动，而高等植物的个体发育从受精卵开始，通过细胞分裂、分化形成各种不同组织，执行不同的生理功能，各种组织有机结合、相互协同、紧密联系，形成不同的器官，合作完成植物体的生命活动。

一、植物组织与器官的概念

植物个体发育过程中，由来源相同的细胞分裂、生长和分化形成形态结构相似、机能相同而又彼此密切结合、相互联系的细胞群称组织（tissue）。仅有一种细胞类型的组织称简单组织（sinple tissue），由多种类型细胞构成的组织称复合组织（complex tissue）。低等植物无组织分化，高等植物开始出现组织分化，植物进化程度越高，组织分化越明显，形态结构也越复杂。

不同的组织有机结合、相互协同、紧密联系构成器官（organ），种子植物有根、茎、叶、花、果实和种子六大器官，各有一定的形态结构和生理功能。其中根、茎、叶与植物营养物质的吸收、合成、运输、贮藏等有关，称营养器官；而花、果实和种子与植物产生后代密切相关，称繁殖器官。

二、植物组织类型

种子植物具有植物界最为复杂的组织结构，根据发育程度、形态结构和生理功能不同，可分为分生组织（meristem）、成熟组织（mature tissue）和复合组织，前两类属简单组织；按其功能又可分为分生组织、薄壁组织、保护组织、机械组织、输导组织、分泌组织和维管组织，其中保护组织、维管组织属复合组织。同一类型的组织在不同植物中常具不同的构造特征，因此可用作药材、饮片和某些中成药的显微鉴定特征。

（一）分生组织

植物体中具有分裂能力的细胞群称分生组织（meristem）。成熟植物体因存在分生组织，总保持着生长能力或潜能。分生组织位于植物体的生长部位，但有些分生组织处于潜伏状态，在条件适宜时才活跃起来，如腋芽中的分生组织。

分生组织细胞一般体积较小，常为等径多面体，排列紧密，无胞间隙，仅具初生壁，细胞质浓，细胞核大；原生质体分化程度低，虽有线粒体、高尔基体、核蛋白体等多种细胞器和发达的膜系统，但无明显液泡、贮藏物质和结晶体，质体为前质体。分生组织的活动直接关系到植物个体的生长、发育。

分生组织按其来源和性质，可分为原分生组织、初生分生组织和次生分生组织三种。

（1）原分生组织（promeristem）：源于胚或成熟组织转化形成的胚性原始细胞。细胞小，近等径，核大、质浓，细胞器丰富，具持续旺盛的分裂能力；位于根尖和茎尖生长点最先端的一团原始细胞，是形成其他组织的最初来源。

（2）初生分生组织（primary meristem）：由原分生组织细胞分裂衍生而来的细胞组成，紧接原分生组织之后，是一种边分裂、边分化的分生组织，也是原分生组织向成熟组织的过渡类型。如根尖的原表皮层（protoderm）、基本分生组织（ground meristem）和原形成层（procambium）均属初生分生组织。初生分生组织活动的结果是形成植物根和茎的初生构造。

原分生组织（细胞分裂）→ 初生分生组织（细胞分裂和分化）→
- 原表皮层 → 表皮
- 基本分生组织 → 皮层、髓
- 原形成层 → 初生维管束部分

（3）次生分生组织（secondary meristem）：由已经分化成熟的薄壁组织细胞（如皮层、中柱鞘、髓射线等）重新恢复分生能力而形成的分生组织。常轴向平行排列成桶状，但不是所有植物都有次生分生组织。它们与裸子植物和双子叶植物根、茎的增粗和次生保护组织的形成有关，其组织活动的结果是形成植物的次生构造，即次生保护组织和次生维管组织，使根、茎不断增粗。

按分生组织所处的位置，可分为顶端分生组织、侧生分生组织和居间分生组织。

（1）顶端分生组织（apical meristerm）：又称生长锥，是位于根尖、茎尖的分生组织，由胚性细胞构成（图1-16）。包括原分生组织和初生分生组织，二者之间无明显分界线。细胞常横分裂，增加了长轴方向的细胞数目，使根或茎不断伸长和长高。

（2）侧生分生组织（lateral meristerm）：是部分植物根或茎等器官中靠近表面并与器官长轴平行呈桶状分布的分生组织，属次生分生组织，包括维管形成层（cambium）和木栓形成层（cork cambium）。细胞多呈长纺锤形，液泡较发达，细胞与器官长轴平行，细胞分裂方向与器官长轴方向垂直，其活动使根或茎不断增粗。主要存在于裸子植物和双子叶植物的根或茎中。

（3）居间分生组织（intercalary meristerm）：是顶端分生组织衍生而遗留在某些器官中局部区域的分生组织，属初生分生组织，仅保持一定时间的分生能力，以后则完全转变为成熟组织。常位于茎、叶、子房柄、花柄等的成熟组织之间。如薏苡、水稻、小麦等禾本科植物的节间下方具有居间分生组织，当顶端分化成幼穗后，仍能借助居间分生组织的分裂活动进行拔节或抽穗，也能使倒伏的茎秆逐步恢复直立。此外，韭菜的叶基部、花生子房柄也有居间分生组织。

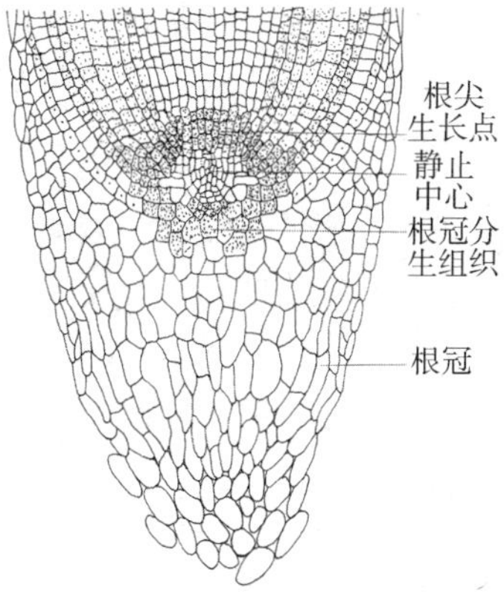

图 1－16　根尖顶端分生组织

（二）薄壁组织

薄壁组织（parenchyma）的细胞壁一般较薄，只有初生壁而无次生壁。植物的各器官都含有大量的薄壁组织，是植物体的基本组成部分，又称基本组织（ground tissue）。它们担负着吸收、同化、贮藏、通气、传递等功能，也称营养组织。

薄壁组织细胞的细胞质少、液泡较大、排列疏松、细胞间隙发达、具有细胞器，是具有分生潜力的成熟组织细胞。一定条件下经脱分化可转变成分生组织，也可分化成其他组织。按其生理功能和细胞结构不同可分为基本薄壁组织、吸收薄壁组织、同化薄壁组织、贮藏薄壁组织、通气薄壁组织和传递细胞等（图 1－17）。

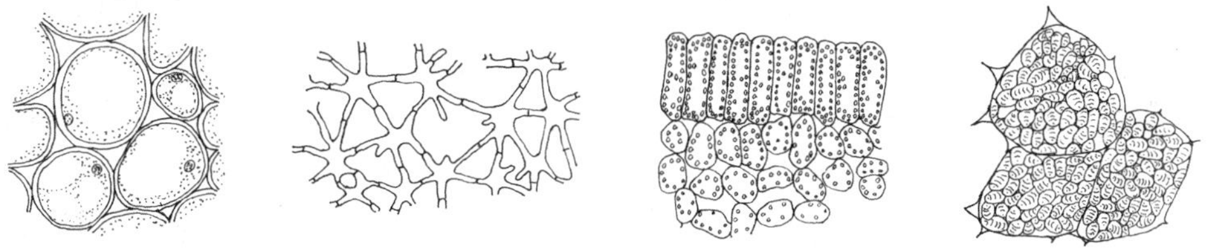

图 1－17　薄壁组织的类型

（1）基本薄壁组织（ordinany parenchyma）：指植物体内主要起填充和联系其他组织作用的薄壁组织，也称填充薄壁组织。横切面观细胞呈圆球或多角状，近等径，一定条件下可转化为次生分生组织。如根、茎的皮层和髓部的薄壁组织。

（2）吸收薄壁组织（absorbtive parenchyma）：指位于根尖根毛区的表皮细胞和由其外壁向外延伸形成的管状结构——根毛（root hair），主要起吸收水分和溶解在水中物质的作用；根毛的存在增加了与土壤的接触面积从而增大了吸收面积。

（3）同化薄壁组织（assimilation parenchyma）：指能进行光合作用的薄壁组织，常见于植株绿色部分，又称绿色薄壁组织。细胞含大量的叶绿体，液泡化程度较高，细胞间隙发达。如幼茎皮层、发育中的果皮，尤以叶肉的薄壁组织最典型。

（4）贮藏薄壁组织（storage parenchyma）：指积聚贮藏有营养物质的薄壁组织，常见于根和茎的皮层、髓部，以及块根、地下茎、果实和种子的胚乳或子叶等器官。细胞体积较大，贮藏物质主要有淀粉、蛋白质、脂肪、油和糖类等，有时同一细胞可贮藏两种或多种物质。有些旱生肉质植物如芦荟、龙舌兰、仙人掌、景天等植物具大量的薄壁细胞，细胞大、壁薄、缺乏或仅含少量叶绿体、液泡大并含大量的黏稠细胞液，能有效地保持大量的水分，称贮水薄壁组织（aqueous parenchyma）。

（5）通气薄壁组织（aerenchyma）：指水生和沼生植物体内薄壁组织的细胞间隙发达，彼此连接形成网节状的气腔或气道，在体内形成一个发达的通气系统。该构造利于植物体内的细胞呼吸和气体交换，有效抵御水环境中植物面临的机械应力，也利于植物体的漂浮。如莲的叶柄和根状茎、灯芯草茎髓的通气薄壁组织发达。

（6）传递细胞（transfer cell）：指植物体内担负短距离运输的细胞，其非木化的次生壁向内生长，突入胞腔内形成许多不规则的乳突状、指状、丝状或鹿角状突起的壁—膜复合体，从而扩大了质膜表面积。细胞质浓、富含线粒体，与相邻细胞之间有发达的胞间连丝，有利于细胞迅速从周围细胞吸收物质和快速将物质向外转运。高等植物叶的细脉附近、木质部和韧皮部、胚柄、蜜腺、盐腺等都存在该类细胞。

（三）保护组织

保护组织（protective tissue）指包被在植物各器官表面，由一层或数层细胞组成，担负保护作用的组织。其能防止过度蒸腾，控制气体交换，抵御病虫侵害和机械损伤。按其来源和结构可分为初生保护组织——表皮，和次生保护组织——周皮。

1. 表皮（epidermis） 表皮由原表皮分化而来，常为一层生活细胞，位于幼茎、叶、花和果实表面，由表皮细胞、气孔器、表皮毛和腺毛等组成，其主体是表皮细胞。也有少数植物某些器官的表皮由 2～3 层生活细胞组成，称复表皮，如夹竹桃、印度橡胶树的叶。

（1）表皮细胞（epidermal cell）：是生活细胞，常呈扁平而不规则，镶嵌排列紧密，无胞间隙，液泡发达，不含叶绿体，但常有有色体或白色体。横切面观，表皮细胞多呈长方形或方形，内壁较薄，外壁较厚，角质化并在表面形成角质层，角质层表面光滑或形成乳突、皱褶等纹饰（图 1－18）。有些植物（如冬瓜、葡萄等）在角质层外还有一层蜡被，使表面不易浸湿，利于防止真菌孢子萌发。有些表皮细胞壁矿质化，增强机械支持作用，如木贼茎和禾本科植物叶。植物体的表层结构状况是抗病品种选育、农药和除草剂使用时须考虑的因素，也是带叶药材鉴定的参照特征。

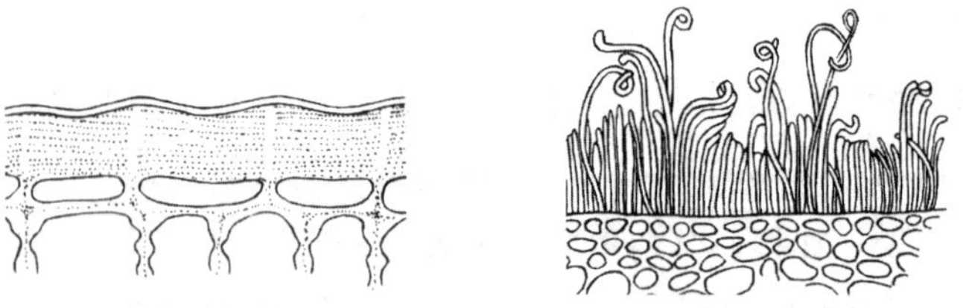

表皮及角质层　　表皮上的杆状蜡被

图 1－18　角质层与蜡被

（2）气孔器（stomatal apparatus）：是由 1 对表皮特化的保卫细胞（guard cell）及其他们之间的孔隙、孔下室与副卫细胞（subsidiary cell）共同组成，常简称气孔（stoma）（图 1－19）。保卫细胞比表皮细胞小，常呈肾形，两个保卫细胞相对内凹处的细胞壁增厚，细胞核明显，有叶绿体，易与表皮细胞区分。副卫细胞是与保卫细胞周围相邻接的表皮细胞，其形状常不同于表皮细胞。当保卫细胞充水膨胀时，向表皮细胞一方弯曲成弓形，将其分离部分的细胞壁拉开，使中间孔隙张开；保卫细胞失水时，膨胀压降低，保卫细胞收缩，中间孔隙缩小以至闭合。气孔的张开和关闭还受到温度、湿度、光照和 CO_2 浓度等因素的影响。气孔常分布在叶片和幼嫩茎表面，控制着气体交换，同时减少和调节水分的损失。

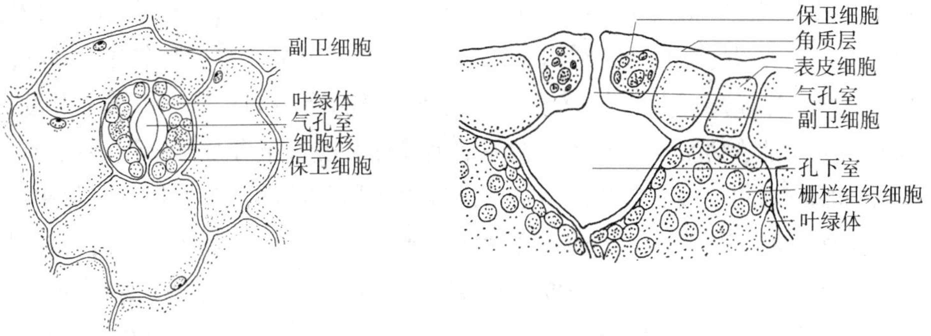

图 1－19　叶的表皮与气孔器

保卫细胞与副卫细胞的排列关系称气孔轴式或气孔类型。被子植物气孔类型多达 35 种，并随植物种类不同而异。因此，气孔类型常是叶和全草类药材鉴定参照的特征。双子叶植物常见的气孔类型有以下几种（图 1－20）。

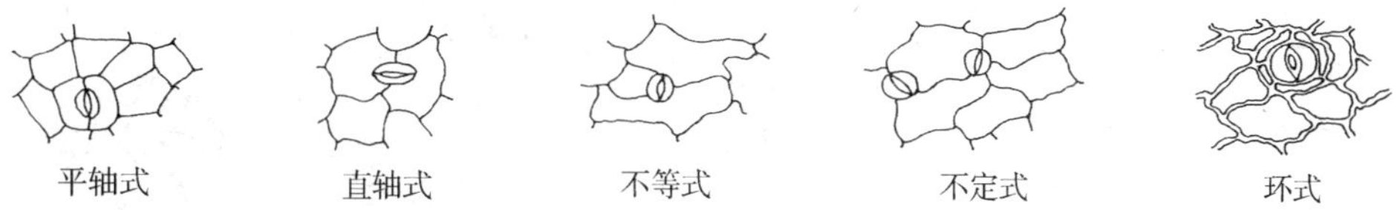

图 1－20　气孔的类型

①平轴式（平列型 paracytic type）：副卫细胞 2 个，其长轴与保卫细胞长轴平行。如茜草、菜豆、落花生、番泻和常山等植物的叶。

②直轴式（横列型 diacytic type）：副卫细胞 2 个，其长轴与保卫细胞长轴垂直。如石竹科、爵床科和唇形科等植物的叶。

③不等式（不等细胞型 anisocytic type）：副卫细胞 3～4 个，大小不等，其中 1 个明显较小。如十字花科、茄科烟草属和茄属等植物的叶。

④不定式（无规则型 anomocytic type）：副卫细胞数目不定，其大小基本相同，形状也与其他表皮细胞相似。如艾叶、桑叶、枇杷叶、洋地黄叶等。

⑤环式（辐射型 actinocytic type）：副卫细胞数目不定，其形状比其他表皮细胞狭窄，环状围绕保卫细胞排列。如茶叶、桉叶等。

单子叶植物的气孔类型也很多，如禾本科和莎草科植物的保卫细胞呈哑铃型，其细胞壁在两端球状部分较薄，而中间窄的部分较厚，该特点使保卫细胞易因膨胀压改变而引起气孔开闭。保卫细胞两侧还有两个平行排列、略呈三角形的副卫细胞，对气孔的开启有辅助作用，如淡竹叶、玉蜀黍叶（图 1－21）等。

图 1－21　玉米叶的表皮和气孔器

（3）毛状体：表皮上普遍存在表皮毛（epidermal

hair）或腺毛（glandular hair）等附属物。它们是由表皮细胞特化而形成的突起物，具有保护、减少水分蒸发、分泌物质等作用，是植物抗旱的形态结构。此外，还有保护植物免受动物啃食和帮助种子撒播的作用。毛状体形态和结构多种多样，同一植物甚至同一器官上也常存在不同的类型，如薄荷叶上既有非腺毛，又有不同形状的腺毛和腺鳞。毛状体结构有时十分一致，因此可作为植物分类和药材鉴定的特征。常分为腺毛和非腺毛两种类型。

①腺毛（glandular hair）：是具有分泌细胞和分泌功能的毛状体，由腺头和腺柄组成，分泌物质包括挥发油、树脂、黏液等。腺头常呈圆形，由1至多个分泌细胞组成，最初分泌物积聚在细胞壁和角质层之间，以后角质层破裂而向外渗出，对植物具有保护作用。腺柄常有1至多个细胞，如薄荷、车前、洋地黄、曼陀罗等叶上的腺毛。薄荷、筋骨草等唇形科植物叶片表面还有一种无柄或柄极短的腺毛，腺头由8个或4～7个分泌细胞组成，略排成扁球形，顶部近平，称腺鳞（glandular scale）（图1－22）。少数植物薄壁组织内部的细胞间隙存在腺毛，称间隙腺毛，如广藿香茎、叶和绵马贯众叶柄及根茎。

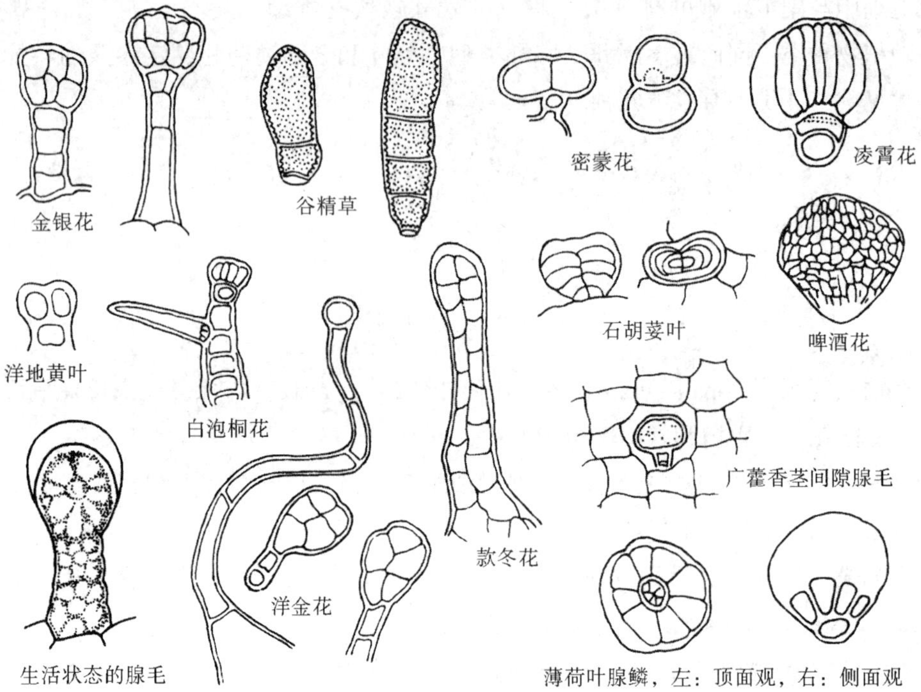

图1－22 腺毛和腺鳞

②非腺毛（non－glandular hair）是无分泌功能的毛状体，由1至多个细胞组成，末端常尖狭，起保护作用。非腺毛形态多种多样，药材鉴定中常见类型有（图1－23）。

乳突状毛：表皮细胞外壁突起呈乳头状。如菊花、金银花花冠顶端的毛。

线状毛：呈线状，由1至多个细胞构成。如忍冬、番泻的叶具单细胞毛，洋地黄叶具多细胞组成单列毛，旋覆花具多细胞组成多列毛。有些表皮毛表面角质层具不同的纹饰，如金银花的纹饰为螺纹，白曼陀罗花呈疣状突起。

棘毛：细胞壁厚而坚硬，木质化，细胞内有结晶体沉积。如大麻叶的棘毛。

钩毛：形状似棘毛，但顶端弯曲成钩状。如茜草茎、叶上的钩毛。

螯毛：毛茸较脆，液泡中含有蚁酸，能刺激皮肤引起剧痛。如荨麻的毛茸。

分枝毛：毛茸呈分枝状。如毛蕊花、裸花紫珠叶的毛。

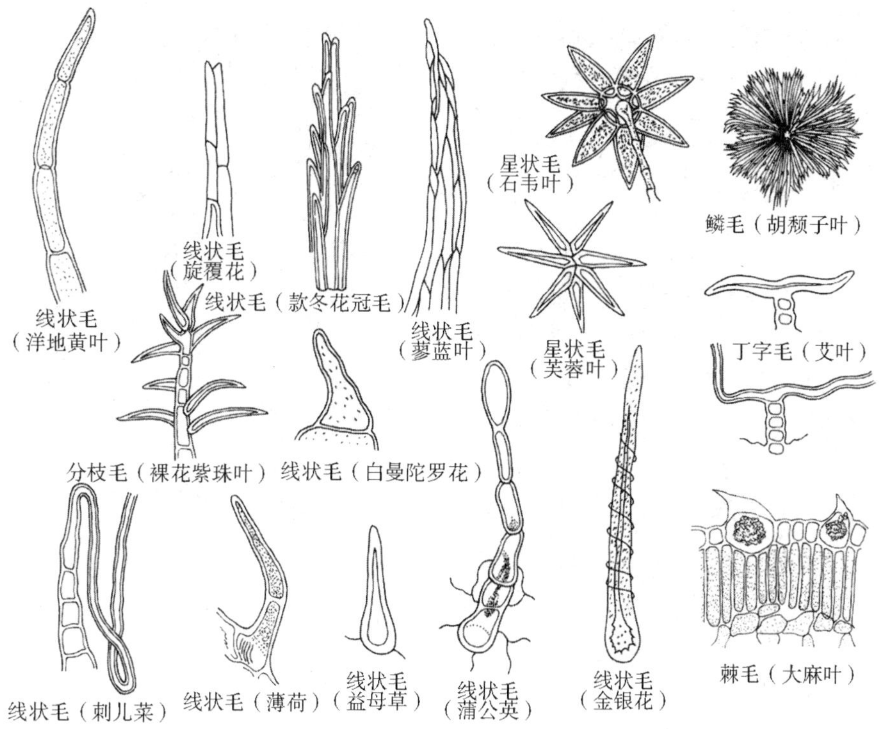

图 1 – 23　各种非腺毛

丁字毛：毛茸呈丁字形。如艾叶和除虫菊叶的毛。

星状毛：毛茸具分枝，呈放射状。如芙蓉和蜀葵叶、石韦叶和密蒙花的毛茸。

鳞毛：毛茸的突出部分呈鳞片状或圆形平顶状。如胡颓子叶的毛茸。

2. 周皮（periderm） 裸子植物和双子叶植物的根、茎在加粗生长开始后，表皮逐渐被周皮替代，由周皮行使保护功能。周皮是次生保护组织，是木栓层、木栓形成层和栓内层组成的复合组织，由木栓形成层的分裂活动形成（详见第二章）。

（四）机械组织

机械组织（mechanical tissue）是细胞壁发生不同程度的加厚，起支持和巩固作用的一类成熟组织。植物幼嫩器官机械组织不发达，随器官成熟期内部逐渐分化出来。按细胞形态和壁增厚的方式不同，可分为厚角组织和厚壁组织。

1. 厚角组织（collenchyma） 厚角组织是支持力较弱的一类机械组织，常分布在植物的幼茎或叶柄等器官。厚角细胞是生活细胞，内含有原生质体，一般较薄壁细胞长，细胞壁不均匀增厚，常具叶绿体，也具有分生潜力，能参与木栓形成层的形成。纵切面观：细胞细长形，两端略呈平截状、斜状或尖形；横切面观：细胞呈多角形、不规则形，具有不均匀加厚的初生壁。细胞壁主要成分是纤维素和果胶质，不木质化；既具一定韧性，又具可塑性和延伸性；既支持植物直立，又能随器官伸长而延伸（图1 – 24）。

根据厚角组织细胞壁加厚方式的不同，常可分为三种类型：①真厚角组织（angular collenchyma）又称角隅厚角组织，是最常见的类型；横切面观：壁的增厚部位在几个相邻细胞的角隅处，如薄荷属、桑属和蓼属植物等。②板状厚角组织又称片状厚角组织，细胞壁增厚部分主要在内、外切向壁上，如大黄属、细辛属、地榆属、泽兰属和接骨木属植物等。③腔隙厚角组织（lacunate collenchyma），壁的增厚发生在发达的胞间隙处，面对胞间

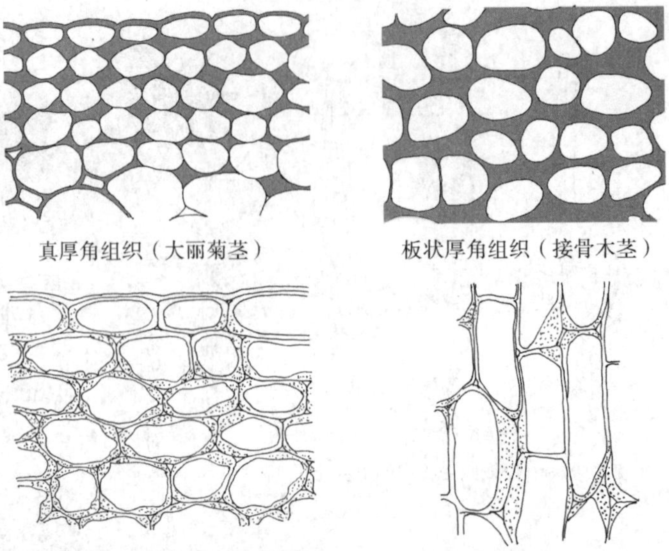

图1-24 厚角组织的类型

隙部分细胞壁增厚，如夏枯草属、锦葵属、鼠尾草属等。④环状厚角组织（annular collenchyma），细胞壁增厚比较均匀，横切面观细胞腔成圆形或近圆形。如月桂的叶脉、五加科与木兰科的叶柄等。

2. 厚壁组织（sclerenchyma） 厚壁组织支持能力较厚角组织强，是植物主要的支持组织。厚壁组织的细胞壁全面次生增厚，常木化，壁上具层纹和纹孔，胞腔小，成熟后成为死细胞。厚壁组织细胞可单个或成群分散在其他组织之间，按细胞形态不同，可分为纤维和石细胞。

（1）纤维（fiber）：是两端尖斜的长梭形细胞，次生壁明显，加厚的成分主要为纤维素或木质素，壁上有少数纹孔，细胞腔小。纤维单个或彼此嵌插成束分布于植物体中（图1-25）。按其在植物体中分布和壁特化程度不同，纤维可分为木纤维和木质部外纤维，木质部外纤维又常称韧皮纤维。

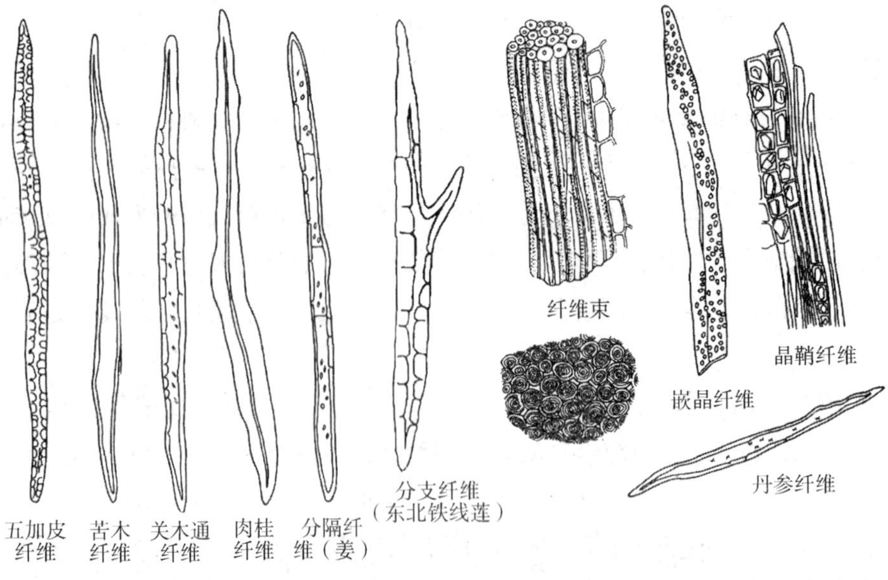

图1-25 纤维束及纤维类型

①木纤维（xylem fiber）：分布于被子植物木质部的纤维，较韧皮纤维短，长约1mm。其细胞壁木化程度高，胞腔小，壁上具各式具缘纹孔或裂隙状单纹孔，坚硬而无弹性，脆而易断，机械巩固较强；壁增厚程度随植物种类和生长部位、生长时期不同而异。如黄连、大戟、川乌、牛膝等有一些壁较薄的木纤维，而栎树、栗树的木纤维则强烈增厚。春季生长的木纤维壁较薄，而秋季的则较厚。一些植物的次生木质部具有一种纤维，细胞细长，像韧皮纤维，壁厚并具裂缝状单纹孔，纹孔较少，称韧型纤维（libriform fiber），如沉香、檀香等的木纤维。

②木质部外纤维（extraxylary fiber）：分布在木质部以外的纤维，包括皮层、髓部、韧皮部和维管束周围分布的纤维；由于常分布在韧皮部，也称韧皮纤维（phloem fiber）。其细胞多呈长纺锤形，细胞壁虽厚，但富含纤维素，木化程度低，坚韧而有弹性，纹孔较少常成缝隙状；横切面观呈圆形、长圆形或多角形等，壁常见同心纹层。各种植物的韧皮纤维长度不一，木化程度各异。一些藤本双子叶植物茎的皮层、髓部，常具环状排列的皮层纤维、环髓纤维以及靠近维管束的环管纤维（又称周维纤维）等。部分单子叶植物，如禾本科植物茎中的维管束周围有纤维呈环状分布形成维管束鞘。药材鉴定中，常见以下几种特殊类型纤维。

晶鞘纤维（晶纤维 crystal fiber）：是纤维束及其周围含有晶体的薄壁细胞所组成的复合体。薄壁细胞中，含有方晶，如黄柏、甘草等；或簇晶，如石竹、瞿麦等；或石膏结晶，如柽柳等。

嵌晶纤维（intercalary crystal fiber）：是指纤维的次生壁外层镶嵌有细小的草酸钙方晶或砂晶。如南五味子根皮的纤维嵌有方晶，草麻黄茎的纤维嵌有的砂晶。

分隔纤维（septate fiber）：是一种胞腔中具有菲薄横膈膜的纤维，可长期保留原生质体，并贮藏有淀粉、油类和树脂等。如姜、葡萄属、金丝桃属等植物。

分支纤维（branched fiber）：是一种细胞呈长梭形顶端具有明显分枝的纤维，如东北铁线莲根中的纤维等。

（2）石细胞（sclereid，stone cell）：一般由薄壁细胞的细胞壁强烈增厚形成，也可由分生组织衍生细胞产生，是植物体内特别硬化的厚壁细胞。石细胞的形状不规则，有多种形态，多为椭圆形、类圆形、类方形、不规则形等近等径的类型，也有分枝状、星状、柱状、骨状、毛状等类型；细胞的次生壁强烈增厚并木化，呈现同心环状层纹，壁上有许多单纹孔，细胞腔极小，成熟后为死细胞。石细胞常单生或聚生于根、茎、叶、果皮和种皮内。石细胞存在部位和形状是药材鉴定的重要特征之一（图1－26）。如三角叶黄连、白薇等的髓部具石细胞，黄柏、黄藤、肉桂的树皮具石细胞；黄芩、川乌根中的石细胞呈长方形、类方形、多角形，厚朴、黄柏中的石细胞为不规则状。一些植物的果皮和种皮中石细胞常构成坚硬的保护组织，如椰子、核桃、杏等坚硬的内果皮，以及菜豆、栀子的种皮等。

（五）输导组织

输导组织（conducting tissue）是维管植物体内长距离运输水分、无机盐和有机物的管状结构，它们在各器官间形成连续的输导系统。其中运输水分和无机盐的结构有导管和管胞，运输有机营养物质有筛胞、筛管和伴胞。植物体内经常进行物质的重新分配也是通过输导组织进行。输导组织增强了植物对陆生生活的适应性。

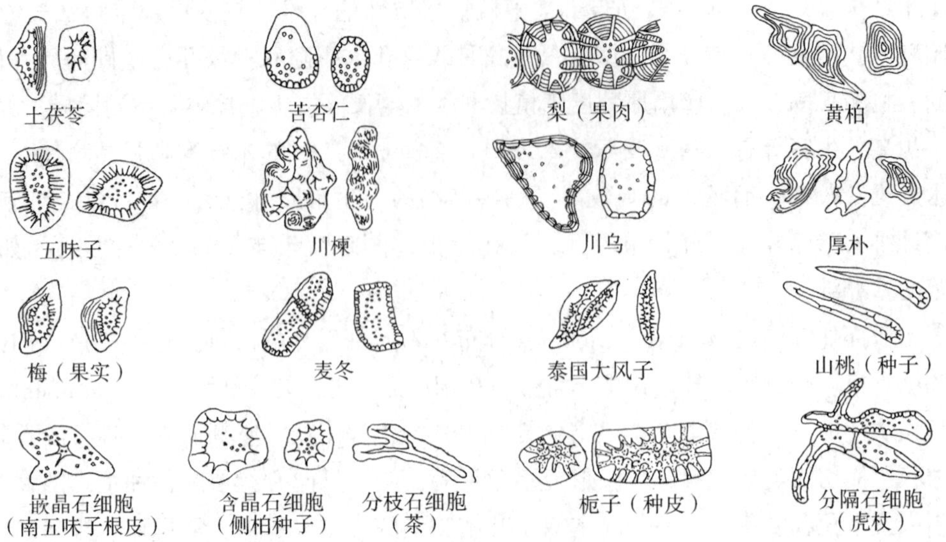

图 1－26　石细胞的类型

1. 导管和管胞

（1）导管（vessel）：普遍存在于被子植物的木质部，它们是由一系列长管状或筒状的死细胞，以末端的穿孔相连而成的一条长管道。每 1 个细胞称导管分子（vessel element），导管发育过程中伴随着细胞壁的次生增厚和原生质体的解体，导管分子两端的初生壁溶解，形成不同程度的穿孔，具有穿孔的端壁称穿孔板（perforation plate）。因穿孔的形态和数目不同，形成了不同类型的穿孔板。有的端壁溶解成一个大穿孔称单穿孔板，椴树和一些双子叶植物的导管端壁上留有几条平行排列的长形穿孔称梯状穿孔板，麻黄属植物导管端壁具有许多圆形的穿孔称麻黄式穿孔板，而紫葳科部分植物导管端壁上形成了网状穿孔板等（图 1－27）。导管外形宽扁，端壁和侧壁近垂直的导管较末端尖锐的导管进化，单穿孔板较复穿孔板的导管进化。但少数原始的和一些寄生的被子植物则无导管，如金粟兰科草珊瑚属植物；而少数进化的裸子植物如麻黄科植物，以及较进化的真蕨植物有导管。

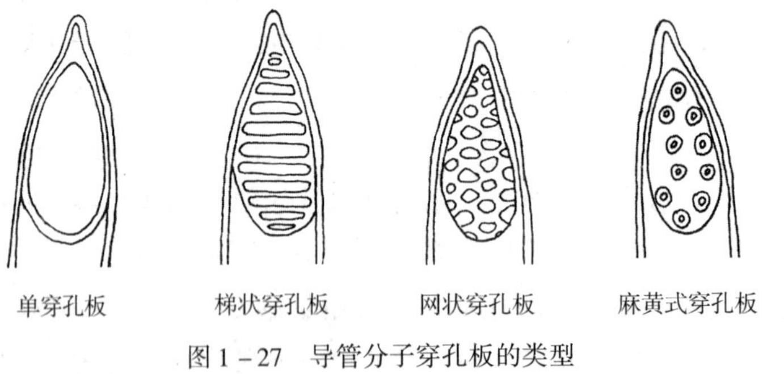

图 1－27　导管分子穿孔板的类型

导管侧壁的次生增厚是不均匀增厚，在侧壁上留下许多不同类型的纹孔，相邻的导管又可经侧壁上的纹孔输导物质。根据导管发育先后及其侧壁次生增厚和木化方式不同，可将导管分为 5 种类型（图 1－28、图 1－29）。

①环纹导管（annular vessel）：侧壁上每隔一定距离有一个环状木质化增厚的次生壁。如南瓜茎、凤仙花幼茎、半夏块茎中的导管。

②螺纹导管（spiral vessel）：侧壁上有一条或多条呈螺旋带状木质化增厚的次生壁，容易与初生壁分离。“藕断丝连”的丝就是螺旋带状次生壁分离的现象。

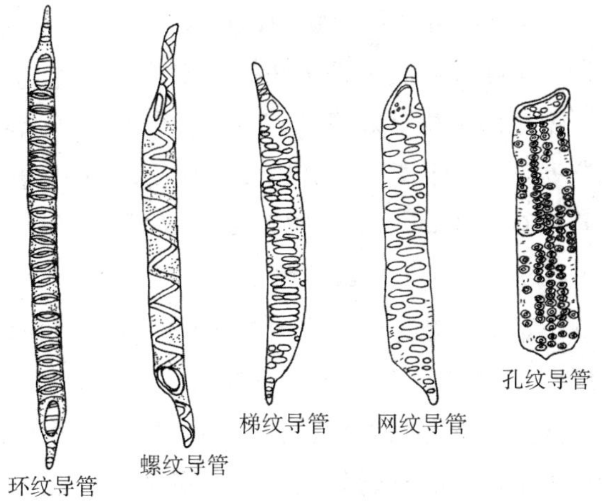

图1－28　导管分子的类型

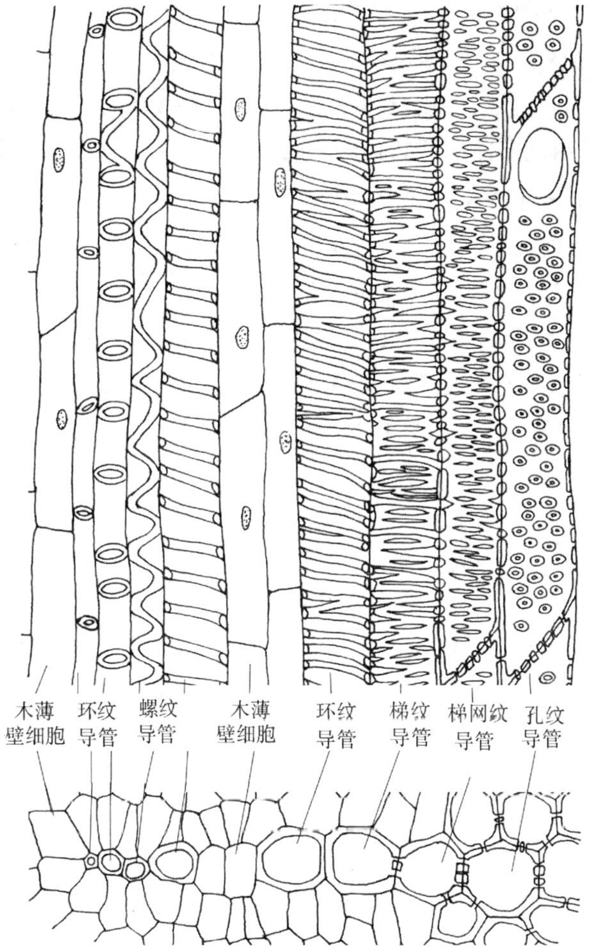

图1－29　半边莲属植物的初生木质部（示导管）

③梯纹导管（scalariform vessel）：侧壁上呈几乎平行的横条状木化增厚，并与未增厚的初生壁相间排列成梯形。如葡萄茎、常山根中的导管。

④网纹导管（reticulate vessel）：侧壁呈网状木化增厚，网孔是未增厚的初生壁。如大黄、苍术根状茎中的导管。

⑤孔纹导管（pitted vessel）：侧壁大部分木化增厚，未增厚部分形成单纹孔或具缘纹孔。如甘草根、赤芍根中的导管。

上述五种导管类型中，前两种导管出现较早，常发生在生长初期的器官，导管直径小，输导能力弱，可随器官生长而延长；后三种多在器官生长后期分化形成，管径大，导管分子较短，管壁较硬，抗压能力强，输导效率高。实际观察中，常发现同一导管可同时存在螺纹和环纹，螺纹和梯纹等两种以上类型，如南瓜茎纵切面可见同一导管存在典型的环纹和螺纹。此外，一些导管呈现出中间类型，如大黄根常可见网纹未增厚的部分横向延长，出现了梯纹和网纹的中间类型，称梯—网纹导管。

植物体内的水分运输不是由一条导管从根直到顶端，而是分段经过许多条导管曲折连贯地向上运输。水流可顺利通过导管腔及穿孔板上升，也可通过侧壁上的纹孔横向运输。导管的输导能力不是永久保持，其有效期因植物种类而异，多年生植物有的可达数年或数十年。当新导管形成后，早期形成的导管邻接薄壁细胞膨胀，通过导管壁上未增厚部分或纹孔，连同其内含物侵入导管腔内形成大小不同的囊状突出物，称侵填体（tylosis）。侵填体含有单宁、树脂、晶体和色素等物质，能起抵御病菌侵害的作用，其中也有植物药的活性物质，也使导管相继失去输导能力。

（2）管胞（tracheid）：是一种狭长管状、运输水和无机盐的死细胞，是绝大部分蕨类植物和裸子植物唯一的输水组织，同时具一定的支持作用。管胞和导管同时存在大多数被子植物的木质部，特别是叶柄和叶脉中，但不起主要输导作用。

管胞是一个长管状细胞，两端斜尖，但不形成穿孔板，相邻管胞通过侧壁上的纹孔输导水分，所以输导能力较导管低，是较原始的输导组织。在其发育过程中细胞壁形成厚的木化次生壁，成熟时原生质体解体，其增厚的木化次生壁也形成类似导管的环纹、螺纹、梯纹、孔纹等类型。因此导管、管胞在药材粉末鉴定中有时难分辨，须采用解离的方法将细胞分开，观察管胞分子的形态（图 1-30）。

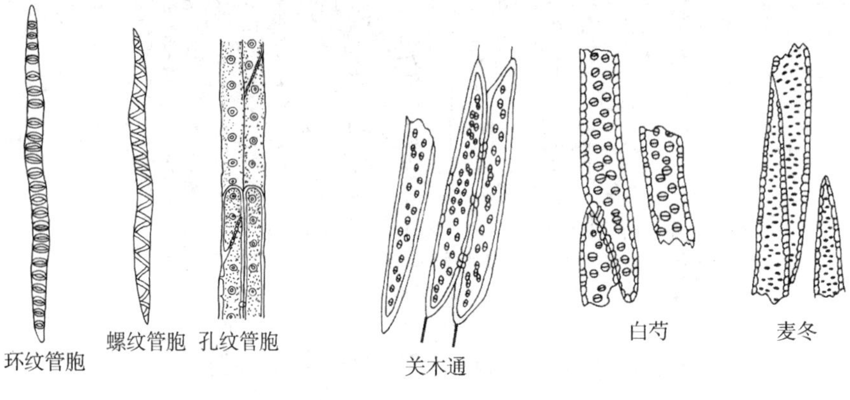

图 1-30　管胞类型和药材粉末中的管胞碎片

2. 筛管、伴胞和筛胞

（1）筛管（sieve tube）：是由多个长管状活细胞纵向连接而成的运输有机物的结构，每一个细胞称筛管分子（sieve tube element），如烟草韧皮部分子（图 1-31）。主要存在被子植物的韧皮部中，是运输光合作用产生的有机物质的管状结构。

筛管仅具由纤维素和果胶组成的初生壁，端壁上形成的许多小孔称筛孔（sieve pore），具有筛孔的区域称筛域（sieve area）。分布有一个或多个筛域的端壁称筛板（sieve plate），仅有一个筛域的筛板称单筛板，如南瓜的筛管；具多个筛域的筛板称复筛板，如葡萄的筛管。通过筛孔的原生质丝较胞间连丝粗大称联络索（connecting strand）。联络索使筛管分子间彼此相连贯通，有些植物筛管侧壁上还可见筛孔，侧壁上的筛孔使相邻筛管彼此联系，从而实现植物体内有机物的有效输导。

筛管分子发育过程，早期有细胞核，细胞质浓厚，随后细胞核逐渐溶解而消失，细胞质减少，发育成熟后成无核的生活细胞如南瓜属的筛管分子（图 1－32）。也有人认为筛管分子成熟后变成多核结构，因核小而分散，不易观察。

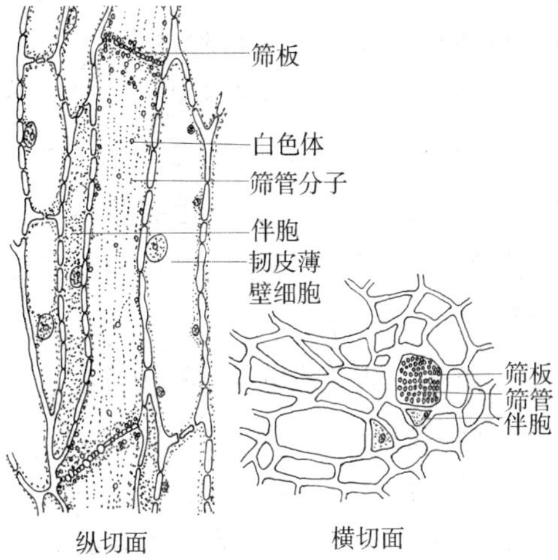

图 1－31　烟草韧皮部（示筛管及伴胞）

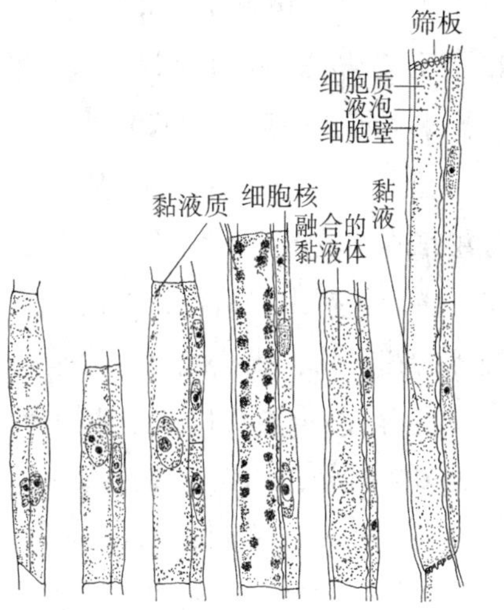

图 1－32　南瓜属筛管分子形成的各个阶段

筛孔的四周围绕联络索可逐渐积累一些特殊的碳水化合物，称胼胝质（callose）；随着筛管成熟老化，胼胝质不断增多，最后在整个筛板上形成垫状物，称为胼胝体（callosity）。胼胝体一旦形成，筛孔被堵塞，联络索中断，筛管也就失去运输功能。单子叶植物筛管的输导功能可在整个生活期内保持，而一些多年生双子叶植物在冬季来临前形成胼胝体，筛管暂时丧失输导作用，来年春季，胼胝体溶解，筛管又逐渐恢复其功能。但部分较老的筛管形成胼胝体后，将永远丧失输导能力而被新筛管取代。此外，当植物受到机械或病虫害等外界刺激时，胼胝体能迅速形成，封闭筛孔，以阻止营养物质流失。

（2）伴胞（companion cell）：是和筛管并列的一种小型、细长的活细胞，细胞壁薄，细胞核大，细胞质浓，液泡小，线粒体丰富（图 1－31）。被子植物筛管分子常有一个或多个伴胞。伴胞和筛管是由同一母细胞分裂发育而成，二者之间存在发达的胞间连丝，共同完成有机物的输导。伴胞含有多种酶类物质，生理活动旺盛，筛管运输能力和伴胞代谢密切相关，伴胞会随着筛管的死亡而失去生理活性。

（3）筛胞（sieve cell）：是单个狭长的细胞，无伴胞，直径较小，两端渐尖而倾斜，没有筛板，侧壁上具不明显的筛域。筛胞不像筛管那样首尾相连，而是彼此相重叠而存在，靠侧壁上筛域的筛孔运输，所以输导功能较弱，属较原始的运输结构。蕨类植物和裸子植物的韧皮部中仅有筛胞没有筛管，是其运输养料的输导结构。

（六）分泌组织

植物体中凡是能产生分泌物的有关细胞或特化的细胞组合的结构，总称分泌组织（secretory tissue）。植物产生分泌物的结构来源各异，形态多样，分布方式也不尽相同，有的以单个细胞分散在其他组织中，也有集中或特化成一定的结构。植物分泌物十分复杂，常见的有糖类、蜜汁、黏液、乳汁、盐类、单宁、树脂和挥发油等，这些分泌物集聚在细胞内、胞间隙或腔道中，或由特化细胞的组合结构排出体外。有的分泌物（如蜜汁、芳香油）能引诱昆虫，以利于传粉和果实、种子的传播；有的能泌溢出过多的盐分，使植物免受高盐危害；某些植物的分泌物能抑制病原菌和其他生物，防止组织腐烂、帮助创伤愈合、免受动物啃食，以保护自身；许多分泌物是重要的药材（如乳香、没药、樟脑、薄荷油等）、香料或其他工业原料。

根据分泌结构发生部位和分泌物溢排的情况，可将分泌组织分为外分泌结构和内分泌结构（图1－33）。植物体的分泌结构在药材鉴定中有一定价值。

1. 外分泌结构 是分泌物排到植物体外的分泌结构，大部分在植物体表面，如腺毛、蜜腺、排水器等。除腺毛和腺鳞外（见保护组织），常见的还有以下等几种。

（1）蜜腺（nectary）：是由细胞质浓厚的一层至数层分泌细胞群组成能分泌糖液的结构，分泌细胞壁较薄，无角质层或角质层很薄，蜜汁通过角质层扩散或由腺体表皮上的气孔排出。蜜腺包括虫媒植物花部的花蜜腺和位于营养器官的花外蜜腺，如油菜、荞麦、酸枣、槐等的花蜜腺，桃、樱桃叶片基部和蚕豆托叶上的花外蜜腺。

（2）盐腺（salt gland）：分泌物为盐类的外分泌结构。盐碱地生长的植物常具盐腺，用于排出过多的盐分，如柽柳属植物的茎、叶表面分布有盐腺。

（3）腺表皮（glandular epidermis）：是植物体某些部位具有分泌功能的表皮细胞，如矮牵牛、漆树等植物柱头的表皮为腺表皮。细胞成乳头状突起，能分泌糖、氨基酸和酚类化合物等柱头液，有利于粘黏花粉和促进花粉萌发。

（4）排水器（hydathode）：是植物体内过多水分排出体外的结构，由水孔和通水组织组成，常分布在叶尖和叶脉。通水组织是排列疏松而无叶绿体的叶肉组织。

2. 内分泌结构（internal secretory structure） 内分泌结构是将分泌物集聚在植物体的细胞内、胞间隙或腔道。按其形态结构和分泌物的不同分为分泌细胞、分泌腔、分泌道和乳汁管（图1－33）。

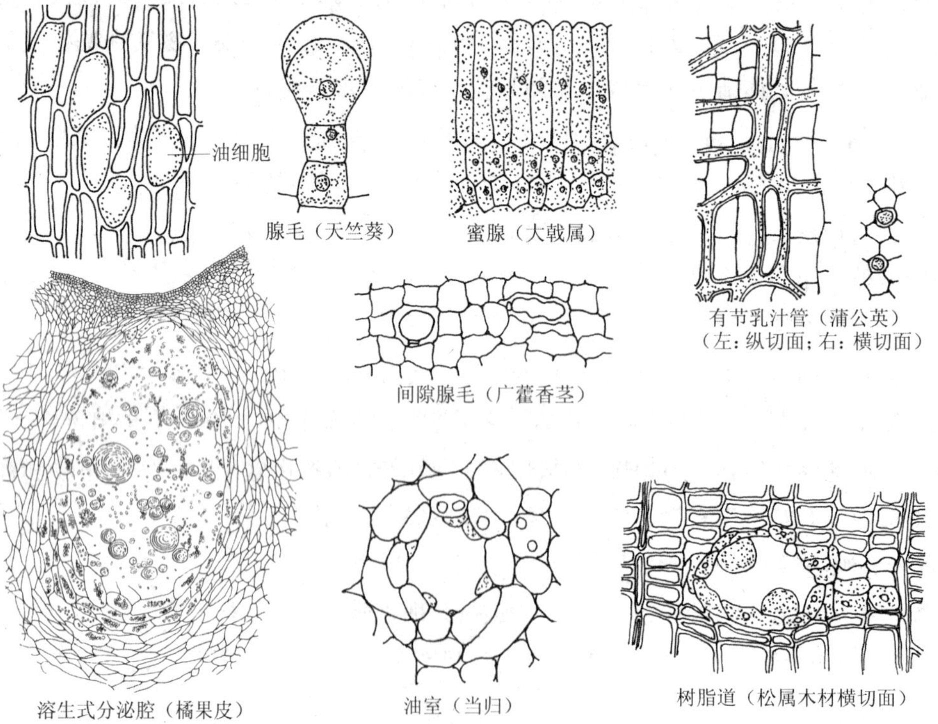

图1－33 分泌组织

（1）分泌细胞（secretory cell）：是植物体内以单个细胞存在，细胞内集聚有分泌物的细胞。它可以是生活或非生活细胞，常比周围细胞大，一般呈圆球形、椭圆形、囊状、分枝状等，甚至可扩大成巨大细胞（称异细胞），当分泌物充满整个细胞时，细胞壁常木栓化，此时转变成仅贮藏分泌物。按贮藏的分泌物不同可分为油细胞（木兰科、樟科），黏液细胞（半夏、玉竹、山药、白及），单宁细胞（豆科、蔷薇科、壳斗科、冬青科、漆树科），芥子酶细胞（十字花科、白花菜科），含晶细胞（蔷薇科、桑科、景天科）等。

（2）分泌腔（secretory cavity）：又称分泌囊或油室，是一群最初具有分泌能力的细胞，发育过程中部分细胞溶解后形成的囊状腔隙或细胞分离形成的间隙，分泌物贮藏在腔穴中。按其形成过程和结构，可分为两类：①溶生式分泌腔（lysigenous secretory cavity）是因分泌物积累增多，最后使部分分泌细胞本身破裂溶解，在体内形成一个含有分泌物的腔穴，腔穴周围细胞常破碎不完整，如陈皮、橘叶等。②裂生式分泌腔（schizogenous secretory cavity）是发育过程中分泌细胞彼此分离，胞间隙扩大而形成的腔穴，分泌细胞完整地包围着腔穴，如金丝桃的叶或当归的根等。

（3）分泌道（secretory canal）：是由一群分泌细胞彼此分离形成的一个长管状胞间隙腔道，围绕腔道的分泌细胞称上皮细胞（epithelial cell），分泌物贮存在腔道中。按分泌物的不同可将分泌道分为树脂道、油管、黏液道。树脂道（resin canal）贮藏物为树脂或油树脂，如松树茎中的分泌道；油管（vitta）贮藏物为挥发油，如小茴香果实的分泌道；黏液道（slime canal）又称黏液管（slime duct）贮藏物为黏液，如美人蕉和椴树的分泌道。

（4）乳汁管（laticifer）：是分泌乳汁状物质的管状结构，由一个或多个长管状的生活细胞组成，常可分枝，是植物体内贮藏和运输营养物质的系统。乳汁管细胞的细胞质稀薄，常有多核，液泡里含有大量乳汁。乳汁常呈白色或乳白色，少数为黄色、橙色或红色。乳汁的成分很复杂，有橡胶、糖类、蛋白质、生物碱、苷类、酶、单宁等物质。按乳汁管的发育和结构，可分为两种类型：①无节乳汁管（nonarticulate laticifer）是由一个细胞发育而成，随植物生长不断延长和分枝，贯穿植物体内，长者可达数米以上，如夹竹桃科、萝藦科、桑科以及大戟科大戟属等植物的乳汁管。②有节乳汁管（articulate laticifer）是由许多长管状细胞连接而成，连接处的细胞壁溶解贯通，成为多核巨大的管道系统，可分枝或不分枝，如菊科、桔梗科、罂粟科、旋花科等植物的乳汁管。

（七）维管组织

高等植物体内的导管、管胞、木薄壁细胞和木纤维等组成分子有机组合在一起形成木质部（xylem），筛管、伴胞、筛胞、韧皮薄壁细胞和韧皮纤维等组成分子有机组合在一起形成韧皮部（phloem）。由于木质部和韧皮部的主要分子呈管状结构，因此常将它们称维管组织（vascular tissue），主要起输导作用，并有一定的支持功能。通常将蕨类植物、裸子植物和被子植物合称维管植物。

维管植物体内木质部和韧皮部紧密结合在一起形成的束状结构，称维管束（vascular bundle）。维管束主要由韧皮部与木质部组成，因此维管束、木质部、韧皮部和周皮、表皮等都属于复合组织。维管束由原形成层分化而来，在不同的植物或不同的器官内，原形成层分化成的木质部和韧皮部的情况不同，就形成了不同类型的维管束。被子植物中的韧皮部主要由筛管、伴胞、韧皮薄壁细胞和韧皮纤维组成，质地比较柔韧；木质部主要由导管、管胞、木薄壁细胞和木纤维组成，质地比较坚硬。裸子植物和蕨类植物的韧皮部主要由筛胞和韧皮薄壁细胞组成，木质部主要由管胞和木薄壁细胞组成。裸子植物和双子叶植物维管束的木质部和韧皮部之间常有形成层，能持续进行分生生长，所以称无限维管束或开放性维管束（open bundle）；蕨类植物和单子叶植物的维管束中不存在形成层，不能持续不断的分生生长，故称有限维管束或闭锁性维管束（closed bundle）。根据维管束中韧皮部与木质部排列方式和有无形成层，可将维管束分为下列几类型（图1－34、图1－35）。

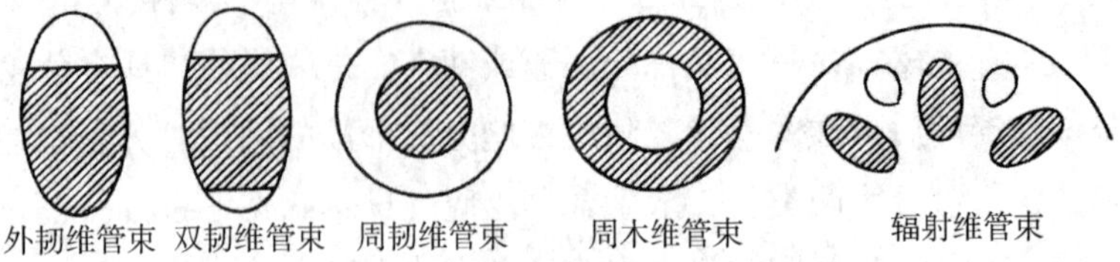

图1－34　维管束的类型模式图

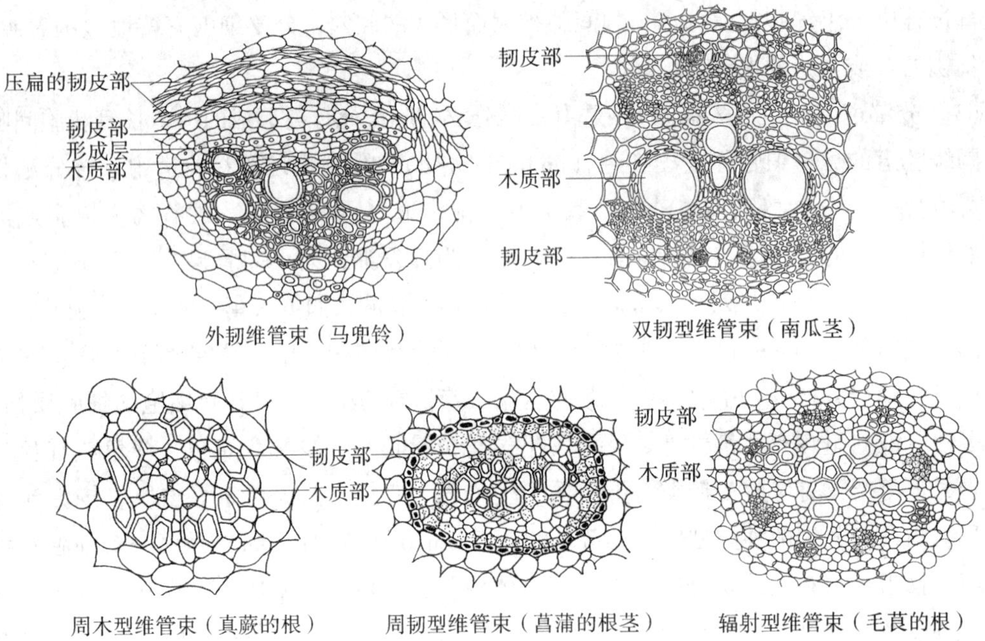

图1－35　维管束的类型详图

（1）有限外韧维管束（closed collateral vascular bundle）：韧皮部位于木质部的外侧，中间无形成层的维管束类型。如大多数单子叶植物茎的维管束。

（2）无限外韧维管束（open collateral vascular bundle）：韧皮部位于木质部的外侧，中间有形成层的维管束类型，如裸子植物和双子叶植物茎中的维管束。

（3）双韧维管束（bicollateral vascular bundle）：木质部内外两侧均有韧皮部，而无形成层。茄科、葫芦科、夹竹桃科、萝藦科、旋花科等植物的茎中。

（4）周韧维管束（amphicribral vascular bundle）：韧皮部围绕在木质部的四周，木质部位于中央，无形成层。如百合科、禾本科、棕榈科、蓼科及蕨类某些植物。

（5）周木维管束（amphivasal vascular bundle）：木质部围绕在韧皮部的四周，韧皮部位于中央，无形成层。如菖蒲、石菖蒲、铃兰等少数单子叶植物的根状茎中。

（6）辐射维管束（radial vascular bundle）：韧皮部和木质部相互间隔交互呈辐射状排列。根初生构造的维管束属于该类型（详见第二章）。

维管束类型在不同植物类群中存在差异，因此也是药材鉴别的特征之一。

重点小结

细胞是生物有机体形态结构和功能的基本单位，是植物生长、发育和繁殖的基础，具有遗传上的全息性。包括原核细胞和真核细胞两类，原核细胞无典型的细胞核和未分化出以膜为基础的细胞器，真核细胞具有典型的细胞核结构和以膜为基础的细胞器。除细菌和蓝藻外，其余均属真核类群。

植物细胞较小，常借助显微镜观察，具细胞壁、质体和液泡而有别于动物细胞。典型植物细胞由细胞壁、原生质体、后含物和生理活性物质组成。细胞壁是细胞的最外层，具一定坚韧性，起支持和保护原生质体的作用，主要由纤维素、半纤维素、果胶质和蛋白质构成，主要成分是纤维素，有时加入木质素、脂类和矿物质，引起细胞壁出现木质化、木栓化、角质化、矿质化和黏液质化等特化。细胞壁可见胞间层、初生壁和次生壁三层，邻接细胞之间通过胞间连丝连接和纹孔（单纹孔、具缘纹孔和半缘纹孔）进行物质、能量和信息的交换。原生质体是生活细胞内有生命特征物质的总称，包括质膜、细胞质、细胞核三部分。质膜具选择透性，是细胞与环境进行物质交流的媒介；细胞质是原生质体的基本组成部分，其中分布有具一定形态结构、组成和特定功能的微器官，称细胞器，包括细胞核、质体、线粒体、高尔基体、内质网、核糖体、溶酶体、微体、液泡、细胞骨架等，其中细胞核是遗传和代谢的控制中心，叶绿体、有色体和白色体之间可相互转化。后含物可分为贮藏物质（淀粉粒、菊糖、糊粉粒、脂肪和脂肪油等）和代谢废物（草酸钙晶体、碳酸钙晶体等）。后含物的种类、形态和性质是中药鉴定的重要依据之一。

细胞分裂、生长是植物个体生长发育的基础，细胞在形态、结构和功能的特化过程是组织和器官形成的基础。多细胞植物中细胞不断地分裂、生长和分化的同时，也不断地发生着细胞死亡。细胞死亡分为细胞程序性死亡和坏死性死亡两种，细胞程序性死亡是正常的生理现象，是基因程序性表达的结果，对机体正常发育有着重要意义。

低等植物无组织分化，高等植物才有组织分化，进化程度越高，组织分化越精细，形态结构也越复杂。仅有一种细胞类型的组织称简单组织，由多种细胞类型构成的组织称复合组织。不同的组织有机结合、相互协同、紧密联系构建成器官，种子植物有根、茎、叶、花、果实和种子六大器官。植物组织根据发育程度、形态结构和生理功能不同，可分为分生组织、成熟组织和复合组织，前两类属简单组织；按照其功能可分为分生组织、薄壁组织、保护组织、机械组织、输导组织、分泌组织和维管组织。分生组织按来源和性质可分为原分生组织、初生分生组织、次生分生组织；原分生组织来源于种子的胚，位于根尖和茎尖，细胞没有任何分化；初生分生组织由原分生组织细胞衍生而来，一方面继续分裂，另一方面细胞已开始分化；次生分生组织由成熟薄壁组织经脱分化重新恢复分裂能力而来。按其在植物体内的位置分为顶端分生组织、侧生分生组织、居间分生组织，顶端分生组织细胞的不断分裂、分化，使根、茎不断伸长和长高；侧生分生组织包括形成层和木栓形成层，可使根和茎不断进行加粗生长；居间分生组织存在于茎、叶、子房柄、花梗等器官中的成熟组织之间。而其他组织均由分生组织衍生细胞经过生长分化逐渐形成，其中薄壁组织、机械组织、输导组织、分泌组织属简单组织，而周皮、表皮、木质部、韧皮部、维管束均属复合组织。

高等植物体内的木质部和韧皮部的主要组成分子呈管状结构，因此称维管组织，主要起输导作用，并有一定的支持功能。维管植物体内维管束的类型有：外韧型维管束、双韧型维管束、周木型维管束、周韧型维管束和辐射型维管束。一株植物上或一个器官的全部维管组织总称维管系统。此外，同一类型的组织在不同植物中常具不同的构造特征，该特性可用于中药显微鉴定。

思考与探索

1. 进一步查阅资料，试述人类对细胞的认识过程，分析细胞学说是怎样形成发展的？

2. 以身边的各种植物的器官为实验材料，徒手切片，观察、分析和记录细胞形态、结构和功能的多样性？

3. 进一步查阅资料，分析植物的三大基因组的起源和研究的价值？

4. 试述植物细胞的全息性在科研和生产上有何重要意义？

5. 在植物的各类组织中，细胞壁的成分、形态、结构有何异同？您认为细胞壁对植物的生命活动有何意义？

6. 收集和查阅资料，总结出可用于药材鉴定的细胞、组织特征有哪些？在哪些中药中使用，如何检查识别这些特征？

7. 查阅资料，分析讨论合子为什么会分化成结构和功能各不相同的各种成熟细胞？

扫码“练一练”

（严寒静　俞　冰）

第二章　植物体的形态结构与发育

要点导航

1. 掌握种子的形态、结构和类型；根的功能、类型、根系类型和根的变态，根的初生构造和次生构造；茎的形态、变态类型，茎的构造特征；叶的组成、类型，叶的变态，叶的构造。

2. 熟悉种子萌发和幼苗的形成；根尖的构造、侧根的形成；茎的类型、生长特点，茎尖构造；脉序和叶序类型，叶片的分裂。

3. 了解根的发生，根和茎的异常构造；叶微形态特征的分类价值和应用；植物器官构造、功能与环境的相关性。

第一节　种子和幼苗

扫码“学一学”

种子（seed）是种子植物特有的繁殖器官，种子的休眠增强了植物适应环境的能力，也是植物适应严寒、干旱等不良环境和抵御病虫害蔓延的最佳方法。一旦环境条件适宜，休眠的种子就可萌发，同时种子还有一些适应传播的机制，与环境及动物相配合，使植物能在新的分布地定居和繁殖。因此，种子的出现促进了植物界的繁荣。

一、种子的基本组成

种子的形状、大小、色泽、表面纹理等随植物种类不同而异，可用于植物和药材的鉴别。种子形状多样，常呈圆形、椭圆形、肾形、卵形、圆锥形、多角形等，如蚕豆、菜豆的种子呈肾形，花生为椭圆形，豌豆、龙眼为圆形；大小差异悬殊，如椰子种子直径达15~20cm，而如天麻、白及等细如砂粒；表面颜色多样，如绿豆为绿色，白扁豆为白色，赤小豆为红紫色，相思子一端黑色，另一端为红色；表面附属物和纹饰各不相同，如甘草、红蓼等表面光滑而具光泽，天南星、长春花等表面粗糙，车前、乌头等具皱褶，太子参密生瘤刺状突起，木蝴蝶具翅，萝藦、白前的顶端具毛茸。但种子的基本结构常由种皮、胚、胚乳三部分组成（图2-1），也有些种子无胚乳，有些种子具外胚乳或假种皮。

1. 种皮（seed coat）　种皮是珠被发育而来的、包被在种子最外面的保护性结构，可保护内部的胚避免水分丧失、机械损伤和病虫害侵入，有些还具控制种子萌发的作用。种皮常由几层细胞构成，一般胚珠仅一层珠被者只形成一层种皮，如向日葵、番茄等；珠被两层者常形成内、外两层种皮，外种皮常坚硬，内种皮薄膜状，如蓖麻、油菜等，也有两层珠被发育后两层区分不明显或内珠被退化消失。种皮厚薄、色泽和层数因植物种类不同而异，如红松的种皮厚而硬，花生、向日葵很薄，石榴外种皮肉质可食，陆地棉的种皮具长的表皮毛等。

成熟种子的种皮一般有种脐（hilum）、种孔（micropyle）、合点（chalaza）、种脊（raphe）和种阜（caruncle）等结构。种脐是种子从种柄或胎座上脱落后留下的疤痕；常呈圆形、椭圆形或线形等。种孔在种脐一端，是珠孔留下的痕迹，是种子萌发时吸收水分和胚根伸出的部位。合点是种脐另一端略凸起部分，是维管束的汇合处。种脊是种脐到合点间的隆起线，内含维管束。种阜是种脐和种孔附近的一个小隆起，如蓖麻种子下端的白色隆起物就是种阜。种脐、种孔和合点是种子均有的构造，而有无种脊和种阜则与胚珠类型有关，如直生胚珠无种脊。少数植物在种皮外，尚具由珠柄或胎座组织延伸而成的假种皮（aril），如龙眼、荔枝、苦瓜、卫矛等具肉质假种皮，砂仁、豆蔻等为膜质假种皮。

2. 胚（embryo） 胚是构成种子最重要的部分，是由受精卵发育而来的新一代植物体的幼体，全部由胚性细胞组成的多细胞结构，植物器官的发生从胚开始。胚由胚根（radicle）、胚轴（embryonal axis）、胚芽（plumule）和子叶（cotyledon）四部分组成。①胚根（radicle）由根端生长点和根冠组成，常成圆锥形，体积小，正对着种孔，种子萌发时最先生长，从种孔伸出，发育成主根。②胚芽是未发育的地上枝，体积很小，呈雏叶的形态，由分生区、叶原基、腋芽原基和幼叶组成，种子萌发后，发育成植物的主茎和叶。③胚轴是连接胚根、胚芽和子叶的部分，由上胚轴（epicotyl）和下胚轴（hypocotyl）组成，上胚轴是子叶着生点到第1枚真叶之间的部分，下胚轴是子叶着生点至胚根之间的部分。胚轴极短，种子萌发时胚轴随之生长、延伸，形成根、茎之间的过渡区。④子叶是胚吸收和贮存养料的器官，占胚的较大部分。不同植物种子的子叶变化较大，生理功能也各不相同。部分植物在种子萌发后子叶可变绿进行短期光合作用，也有些植物的子叶主要是分泌酶类，以消化吸收胚乳营养。通常单子叶植物具1枚子叶，双子叶植物具2枚子叶，裸子植物有2枚至多枚子叶。

3. 胚乳（endosperm） 胚乳是种子储藏营养物质的场所，位于种皮和胚之间，围绕胚周围，由受精极核细胞发育而成。富含淀粉、蛋白质、脂肪等供胚发育所需的养料。

大多数植物在胚发育和胚乳形成时，胚囊外面的珠心细胞被胚乳吸收而消失；也有些植物在种子发育过程中，珠心或珠被组织未被完全吸收而形成营养组织，包围在胚乳和胚的外部，称外胚乳（perisperm），如肉豆蔻、槟榔、胡椒、石竹等。也有少数植物的种皮内层和外胚乳（红色）常插入胚乳（白色）中形成错入组织，如槟榔；或仅外胚乳内层细胞向内伸入，与类白色的胚乳交错，亦形成错入组织，如肉豆蔻。

二、种子的基本类型

被子植物的种子根据胚乳的有无，常分为两种类型。

1. 有胚乳种子（albuminous seed） 有胚乳种子由种皮、胚、胚乳组成，种子发育成熟时，胚乳发达，胚相对较小，子叶薄。大多数单子叶植物和部分双子叶植物，以及裸子植物的种子属有胚乳种子类型，如大黄、芍药、蓖麻、小麦、稻、松等（图2-1）。

2. 无胚乳种子（exalbuminous seed） 无胚乳种子是种子成熟后缺乏胚乳或仅残留一薄层，由种皮、胚组成。在胚发育成熟过程中胚乳的养料被胚吸收、转移并贮藏于子叶中，因此这类种子常具肥厚的子叶，如南瓜子、大豆、杏仁等（图2-2）。而单子叶植物的无胚乳种子仅由 1 枚子叶构成，子叶基部包着胚芽，下连胚轴和胚根，如慈菇、兰科植物的种子。

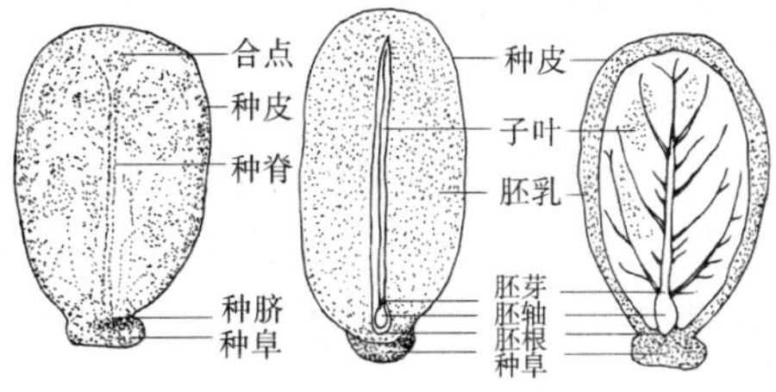

图 2 – 1　有胚乳种子（蓖麻）

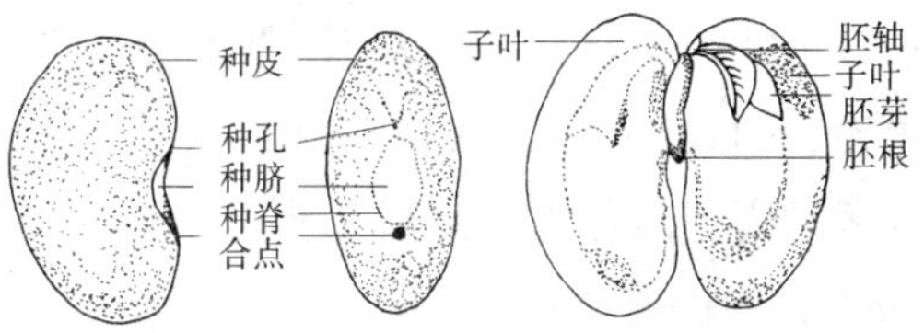

图 2 – 2　无胚乳种子（菜豆）

知识拓展

人工种子

人工种子（artificial seeds）是用人工方法制造并用于代替天然种子进行繁殖的一种结构。常由体细胞胚、人工种皮和人工胚乳三部分构成，最外层包裹一层有机薄膜，中间是胚状体等培养物所需的营养成分和激素，中央是体细胞胚，体细胞胚可以是胚状体、愈伤组织、原球茎、不定芽、顶芽、腋芽、小鳞茎等繁殖体。人工种子的研制主要包括体细胞胚的诱导、体细胞胚胎发生的同步控制、人工种皮的研究、人工种子的包埋、人工种子的存贮与萌发等内容。人工种子有以下优点：能实现自然条件下不结实植物的快速大量繁殖，采用组织培养生产胚状体具有数量多、繁殖速度快、结构完整等特点，能固定杂交品种优势、极大缩短育种年限，可人为地控制作物生长发育和抗性，可克服一些植物因长期营养繁殖所积累的病毒等有害微生物，可直接播种和机械化操作。目前成功制作了胡萝卜、棉花、玉米、甘蓝、莴苣、苜蓿等的人工种子。该研究难度大，问题多，但在珍稀濒危药用植物的繁殖和不适宜人工耕种环境的人工补种和野生抚育等方面具有重要意义。

三、种子萌发与幼苗

种子形成幼苗的过程称种子萌发。在适宜条件下，胚成熟后的种子内部经过一系列同化和异化作用，胚开始生长发育形成幼苗。

1. 种子寿命和休眠

（1）种子寿命（seed longevity）：是指种子在一定环境条件下能保持生活力的最长时间。生产上常以种子发芽率达 60% 以上的贮藏时间作为种子寿命。种子寿命除与植物种类有关外，还与贮藏条件密切相关。按种子寿命时限分为：① 短命种子：寿命在 3 年以内，短命种子往往仅有几天或几周的寿命，对这类种子，在采收后必须迅速播种。如可可属、咖啡属、金鸡纳树属、荔枝属等热带植物的种子，以及白头翁、辽细辛、芫花等春花夏熟的种子。②中命种子：寿命 3 ~ 15 年。如桃、杏、郁李等木本植物的种子和黄芪、甘草、皂角等具有硬实特性的种子，其发芽年限达 5 ~ 10 年；繁缕和车前的种子在土壤中能存活约10年，马齿苋可达10～20年。③长命种子：寿命在15～100年或更长。尤以豆科植物居多，其次是锦葵科。如豆科多对野决明的种子寿命超过158年，莲子寿命可达200～400年。

此外，种子生活力与种子贮存时间有关，贮存越久，种子生活力衰退也越多，以至死亡。通常在低温、干燥状态下种子寿命较长，高温、湿润环境下则易失去生活力。但细辛、黄连、明党参、孩儿参等少数植物的种子不耐干藏，宜湿藏；槟榔、肉豆蔻、肉桂、沉香等多种南药的种子不耐脱水干燥，也不耐低温贮藏，这类种子称顽拗性种子（recalcitrant seeds），其寿命短，常仅几天，若使种子保持一定含水分，贮藏在适宜温度环境，其寿命可到几月甚至更长。因此，掌握种子休眠与萌发对药用植物生产具重要的指导意义。

（2）种子休眠（seed dormancy）：是部分植物的种子成熟后，即使在适宜的条件下，也不立即进入萌发阶段，而必须经过一段时间的休眠才能萌发的现象。种子休眠的原因较多：一是胚尚未发育完全，如人参、银杏等；二是胚虽在形态上发育完全，但贮藏物质尚未转化成胚发育所能利用的状态，如苹果、梨、桃等；三是胚的分化虽已完成，但胚细胞原生质出现孤离现象，在原生质体外包有一层脂类物质。上述三种情况均需经过一定时期的后熟过程才能萌发。四是在果皮、种皮或胚乳中存在有机酸、生物碱、某些激素等生长抑制物质，阻碍胚的萌发；五是由于种皮太坚厚，或有蜡质，不易透气透水，影响种子萌发。种子休眠原因常因植物不同而异，许多种子休眠原因不止一种，是多因素的综合作用，如人参属胚发育未完全类型，同时也含发芽抑制物质。解除种子休眠方法参见第四章。

2. 幼苗的形成和类型 种子萌发形成幼苗的过程是一个复杂的过程。首先，干燥成熟种子吸水膨胀，坚硬的种皮变软，通透性增加，透入氧气，酶的活性增加，呼吸作用加强，胚乳或子叶中贮藏的营养物质在酶作用下被分解为简单可溶性物质运往胚，胚获得营养后胚根、胚芽的分生区和胚轴的部分细胞不断进行分裂，使细胞数目增加，体积增大，整个胚体迅速伸长、长大，先是胚根突破种皮向下生长，形成主根，与此同时胚芽或连同下胚轴细胞相应生长和伸长并突出种皮向上生长，伸出土面形成茎叶系统。至此，一株能独立生活的幼小植株全部长成（即幼苗）。但禾本科植物的种子萌发时，胚根鞘和胚芽鞘首先突破种皮，然后胚根和胚芽再分别突破胚根鞘和胚芽鞘继续生长。通常依据胚轴伸长情况不同，以子叶留在土里还是露出土面为标准，将幼苗分为子叶出土幼苗和子叶留土幼苗两种类型（图2－3）。

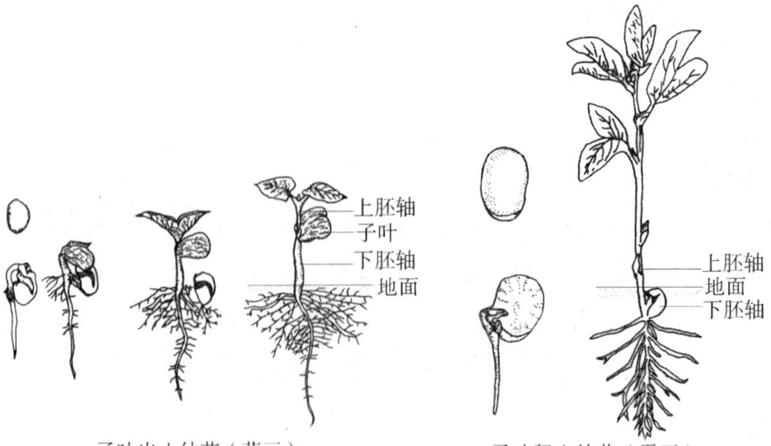

子叶出土幼苗（菜豆）　　子叶留土幼苗（蚕豆）

图2－3　幼苗的类型

（1）子叶出土幼苗（epigaeous seedling）：种子萌发时，随着胚根突出种皮，下胚轴背地性迅速伸长，将上胚轴和胚芽一起推出地面，结果是子叶出土。幼苗在子叶以下的主轴部分是由下胚轴伸长而成，子叶以上和第一片真叶之间的主轴是由上胚轴形成。如甘草、当归、大豆等。幼苗在真叶未发育前，子叶出土后产生叶绿体，并变成绿色，可暂时进行光合作用，以后胚芽发育形成地上茎和真叶，子叶内营养耗尽即枯萎脱落。

（2）子叶留土幼苗（hypogeous seedling）：种子萌发时，仅子叶以上的上胚轴或中胚轴伸长生长，它们连同胚芽向上伸出地面，子叶留于土壤中，如薏苡、百合、山药等。该类型的子叶是吸收和贮藏营养物质的器官，营养耗尽后脱落。

第二节　根

扫码"学一学"

种子萌发过程中，首先是胚根突破种皮形成根（root），从而使早期幼苗固定于土壤中，并及时从土壤中吸取水分和养料，使幼小的植物能很快地独立生长。根是植物长期进化过程中，适应陆生生活环境逐渐发展和完善的营养器官。植物体内所需要的物质，除一部分由叶或幼嫩茎自空气中吸收外，大部分由根从土壤中吸收并运输到地上部分。根一般生长在土壤中，构成植物体的地下部分，没有节和节间之分，不生叶、无顶芽和腋芽。

一、根的功能

根具有吸收、固着、合成、储藏和繁殖等生理功能，以及向地、向湿和背光等特性。除少数气生者外，大多数生长在土壤中，其顶端能无限地向下生长，并从内部长出侧根构成庞大的根系（root system），与土壤颗粒紧密缠结。根从土壤中吸收水分和溶解在水中的二氧化碳、无机盐等，其吸收作用主要由根毛和幼嫩表皮来完成，并通过根的维管组织运输到茎和叶；而叶光合作用制造的有机物经茎输送到根，再由根的维管组织运送到根的各部位，以满足根的生长发育。庞大的根系以及根内机械组织和维管组织的共同作用将植物体固着在土壤中，并支持茎叶系统挺立于地表之上，使地上部分枝叶繁茂、花果累累。

植物根系还能合成氨基酸、植物激素和生物碱等代谢产物，根中合成蛋白质所必需的氨基酸后，能很快地运至生长的部分，用来构成蛋白质，作为形成新细胞的材料；根合成生长激素和生物碱，运输到植物地上部分影响其生长、发育。此外，烟草的根能合成烟碱，橡胶草的根能合成橡胶，银杏的根合成银杏内酯等。根与其周围土壤环境间存在复杂的关系，在从土壤吸收水和无机盐的同时，根系还向土壤中分泌包括各种离子、游离氧、酶、黏液及多种代谢产物，不断影响着土壤环境，改变着土壤化学、物理过程和土壤微生物种群，介导植物—植物间相互作用，在植物间的资源竞争中起到重要的作用。

根尚有贮藏营养物质和繁殖的功能。根内常有发达的薄壁组织，是物质贮藏的部位。不少植物的根能产生不定芽，有些植物根在伤口处易形成不定芽，如根段繁殖。

植物的根有多种用途，可用于食用、药用或工业的原料。如甘薯（*Ipomoea batatas*）、木薯（*Manihot esculenta*）、胡萝卜、萝卜、甜菜等可食用；人参、大黄、当归、甘草、党参、三七、黄芪、百部、乌头、龙胆、吐根等供药用，某些植物的老根还可制作工艺品。此外，根具有固定流沙、保护堤岸和防止水土流失等多种生态功能。

二、根的形态和类型

（一）根的发生和类型

植物体上最早出现的根来自胚根，胚根细胞分裂和伸长所形成的向下垂直生长的根，称为初生根（primary root）；大多数双子叶植物和裸子植物的初生根直接向下生长形成主根（main root）或称为直根（tap root），主根生长达到一定长度，在一定部位从内部生出具一定角度的分支，分支上继续产生分支，这些各级大小的分支都称为侧根（lateral root）。常将从主根上生出的侧根称一级侧根（或支根）或次生根（secondary root），一级侧根上生出的侧根，称二级侧根或三生根（tertiary root），以此类推。越靠近根基部的根越老，而越嫩的侧根约靠近根尖。因主根和侧根都是直接或间接由胚根发育而来，它们有固定的生长部位，称定根（normal root）。如桔梗、人参、白芷、胡萝卜等的根。

许多植物除了能产生定根外，还能从茎、叶、老根或胚轴上生出许多根，这些根的产生无固定位置，统称不定根（adventitious root）。如玉蜀黍、薏苡、麦、稻等种子萌发后，胚根发育成的主根不久即枯萎，而由胚轴或茎基部节上长出许多大小、长短相似的不定根所代替；如人参根状茎（芦头）节上长出的不定根，药材上称为“艼”。生产上的扦插、压条等营养繁殖技术就是利用枝条、叶、根状茎、根等能产生不定根的习性。

（二）根系的类型

根系（root system）是一株植物地下部分根的总体，是植物地下非常庞大的组成部分，常具一定的形态，按根的来源和形态不同可分为直根系（tap root system）和须根系（fibrous root system）两类（图2-4）。多数双子叶植物和裸子植物主根发达，主根和侧根界限明显，称直根系。如人参、沙参、桔梗、棉花和蒲公英等。植物一生中主根始终保持顶端生长的优势，控制着侧根生长和发育。单子叶植物中，胚根发育成的主根只生长很短时间就停止或死亡，而在胚轴或茎基部节上长出许多不定根，所有根的大小、长短相似，簇生呈须状，无明显主根，称须根系。如单子叶植物的玉蜀黍、稻、麦、葱，双子叶植物的白前、徐长卿、龙胆、桃儿七等。同时植物生长的土壤环境，有时也会引起有些植物根系变化。

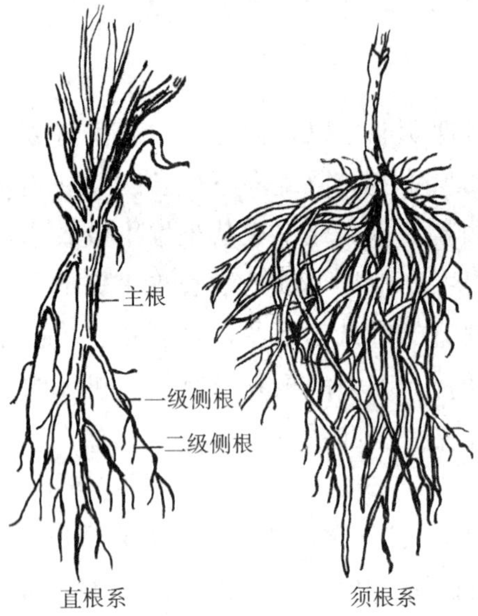

图2-4 直根系和须根系

知识拓展

根系在土壤中的生长和分布

根系在土壤中的生长与分布，因植物种类、生长发育情况、土壤条件和人为影响等不同而异。根系一般分为深根系和浅根系两类。深根系是主根发达，可向下垂直生长到较深的土层中，吸收到土壤深层的水分，但其饲养根多分布在土壤上层（0～

15cm)，如大豆、蓖麻、马尾松等。浅根系是主根短、侧根或不定根发达，向周围扩展，多分布在土壤表层，可迅速吸收地表和土壤浅层的水分，如车前、玉米、水稻等。

直根系通常为深根系，须根系多为浅根系，但非所有直根系都属深根系。当环境条件改变时，部分植物的根系类型会发生变化，如小麦的须根系在雨量多时，根入土较深，雨量少时，根主要分布在表层土壤；沙质土壤中生长的大麻为直根系，细质土壤中则成须根系；小溪边的扁蓄为直根系，而生长在干旱山路旁则为须根系。根系还因土层厚薄、土壤水肥多少、土壤微生物种类和活动情况，以及土壤种类的不同而发生变化。一般情况下，地下水位较低、通气良好、土壤肥沃，根系分布较深，反之较浅。干旱地区的根系较深，潮湿环境的根系较浅。因此，药用植物生产中掌握各植物根系特性，并创造良好环境，促使根系健全发育，从而实现稳产高产。

（三）根的变态

植物的根与其他器官一样，在长期适应生活环境变化的发展过程中，其形态构造和生理机能产生了变化，这种变化能遗传给后代，并成为鉴别这种植物的参照特征。这就是变态，侧根和不定根都可以发生变态。常见的变态根有以下几种（图2－5、图2－6）。

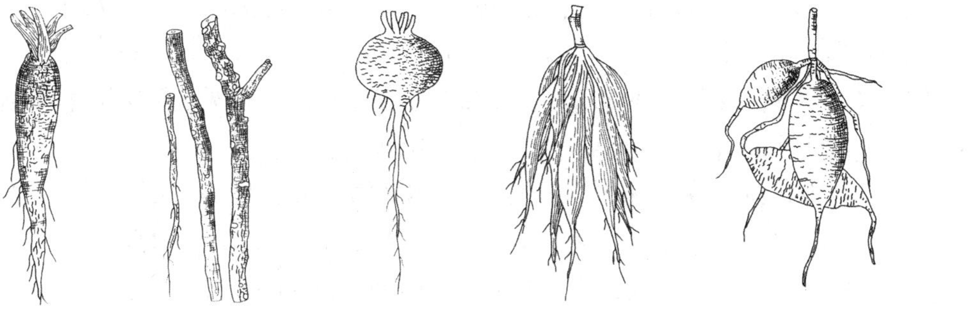

图2－5　变态根的类型（地下部分）

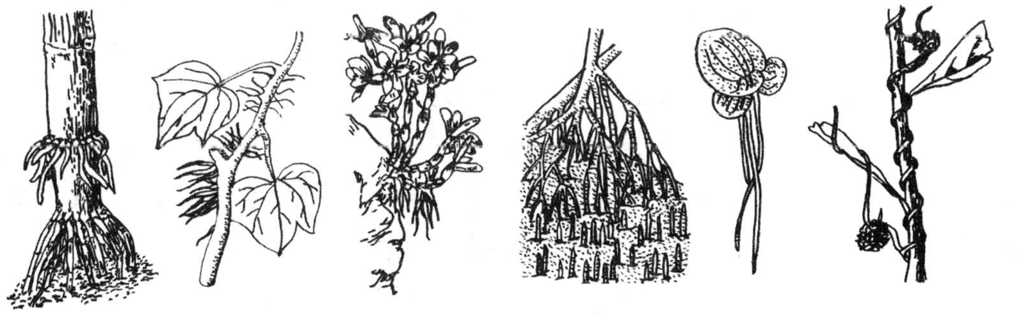

图2－6　变态根的类型（地上部分）

1. 贮藏根（storage root）　根的部分或全部肉质肥大多汁，贮藏组织发达，具大量的贮藏物质。按发生来源及形态不同可分为两种。

（1）肉质直根（fleshy tap root）：由主根发育而成，1株植物只有1个肉质直根，其上部具有下胚轴和节间极度缩短的茎。如胡萝卜、白芷、桔梗、人参等。它们外形相似但膨大加粗方式和贮藏组织的来源却不同。如胡萝卜是韧皮部增加，萝卜是木质部增加。膨大呈圆锥状的肉质直根，称圆锥根，如胡萝卜、白芷、桔梗；呈圆柱形者，称圆柱根，如菘蓝、丹参、牛膝；呈圆球形者，称圆球根，如芜青、珠子参。

（2）块根（tuberous，root tuber）：由不定根或侧根膨大发育而成，1 株植株上可形成多个块根，且不具有胚轴和茎的部分。块根形状不规则，膨大多由异常生长引起。如何首乌是侧根膨大，而天门冬、麦冬、郁金、百部是不定根膨大。膨大呈纺锤状的块根，称纺锤状根，如百部、天门冬；呈块状者，称块根，如番薯、何首乌；呈掌状者，称掌状块根，如手掌参。块根的大小、色泽、质地也是识别植物的特征。

2. 支柱根（prop root） 又称支持根，由茎上产生的不定根，可伸入土中起支持作用。小型支柱根常见玉蜀黍、薏苡、甘蔗等禾本科植物；较大型支柱根见于露兜树属等。榕树从茎枝生出许多不定根，垂直向下，到达地面后伸入土壤，以后因次生生长，形成粗大的木质支持根，起支持和呼吸作用，榕树以该方式扩展树冠而呈现“独木成林”的景观。此外，一些热带树种如香龙眼、漆树科和红树科等植物的侧根向上侧隆起生长，与树干基部相接部位形成发达的木质板状隆脊，称板根（buttresse），增强对巨大树冠的支持力量。

3. 气生根（aerial root） 指生长在地面以上空气中而不深伸入土里的不定根，具有在潮湿空气中吸收和贮藏水分的能力，如石斛、吊兰、榕树等暴露于空气中的根。

4. 攀援根（climbing root） 指植物茎细长柔弱，不能直立，其上长出具攀附作用的不定根，这些根顶端扁平，或成吸盘状，以固着在石壁、墙垣、树干或其他物体表面，而攀援上升，有攀援吸附作用。如薜荔、络石、常春藤、凌霄、爬山虎等。

5. 附生根（epiphytic root） 指附贴在木本植物的树皮上，并从树皮缝隙内吸收蓄存水分的不定根，多见于热带森林中，如兰科、天南星科植物。其表面具有多层厚壁死细胞组成的根被，可贮存水分供内部组织用，内部细胞常含有叶绿素，有一定的光合作用能力。

6. 呼吸根（respiratory root） 部分生长在沼泽地区或海岸低处的一些植物，如水龙、红树、落羽松等，其根系中的部分根向上生长，露出地面进行呼吸，称呼吸根。其外有呼吸孔，内有发达的通气组织，利于通气和贮存气体，以适应土壤缺氧环境。

7. 水生根（water root） 指水生植物飘浮在水中的须状根，如浮萍、菱等。

8. 寄生根（parasitic root） 也称吸器（haustorium），是寄生植物从寄主吸收营养物质的特化器官，吸器可伸入寄主体内与其维管系统相通，吸收寄主的水分和营养物质以供自身生长、发育。完全依靠寄主养分生活的植物称全寄生植物，如菟丝子、列当等。而含有叶绿素，在吸收寄主养分的同时也制造部分养料，这类植物称半寄生植物。寄生植物在吸取寄主养料的同时，寄主的毒性成分也进入其体内，如马桑寄生。

三、根的初生生长和初生结构

（一）根尖及其分区

根尖（toot tip）指从根顶端到着生根毛的部分，长 4 ~ 6mm，主根、侧根或不定根都具根尖，是根伸长、分支、吸收、合成和分泌等生命活动最活跃的部位，损伤根尖会直接影响根的生长、发育和吸收。根尖常分为根冠（root cap）、分生区（meristematic zone）、伸长区（elongation zone）和成熟区（maturation zone），各区细胞形态不同，从分生区到成熟区细胞逐渐分化成熟，但除根冠外，各区之间并无严格的界限（图 2 - 7）。

1. 根冠（root cap） 位于根尖最先端，呈帽状，保护其内的分生组织。根冠由分生细胞、中央细胞和外部细胞构成，根冠分生细胞与分生组织邻接，通过分裂补充根冠细胞；根冠中央细胞呈柱状排列，富含造粉体，与向地性有关；根冠外部细胞随根生长不断脱落，细胞壁常黏液化并从根冠一直延伸到根毛区，可保护根尖免受土粒的磨损，利于根尖在土壤中的生长；同时分泌的黏液有利于根对无机元素的吸收。但寄生和典型的菌根植物无根冠。

2. 分生区（meristematic zone） 位于根冠之内，呈圆锥状，长约1～3mm，由顶端分生组织细胞组成，细胞分裂旺盛，又称生长锥。分生区分裂的细胞少部分补充到根冠，大部分进入伸长区，其分裂高峰常在中午或午夜。分生区最先端的一群细胞属原分生组织，其产生的细胞一部分不分化，另一部分分化成初生分生组织。种子植物根尖的原分生组织有两种类型，一种原分生组织为3层原始细胞，1层形成根冠，1层形成中柱，1层形成皮层，称封闭型（closed type）；另一种则所有结构来源于同一组原始细胞，至少皮层和根冠同源，称开放型（open type）。初生分生组织分为原表皮、基本分生组织和原形成层，原表皮是最外层，将分化发育成表皮；基本分生组织的细胞最大，将分化成皮层；原形成层位于中央区，细胞最小，将分化成维管柱。虽根尖分裂活动活跃，但其中心区域仍有一群细胞分裂频率低或不进行分裂活动，该区域称静止中心（quiescent center），为顶端分生细胞受损的补充源泉。

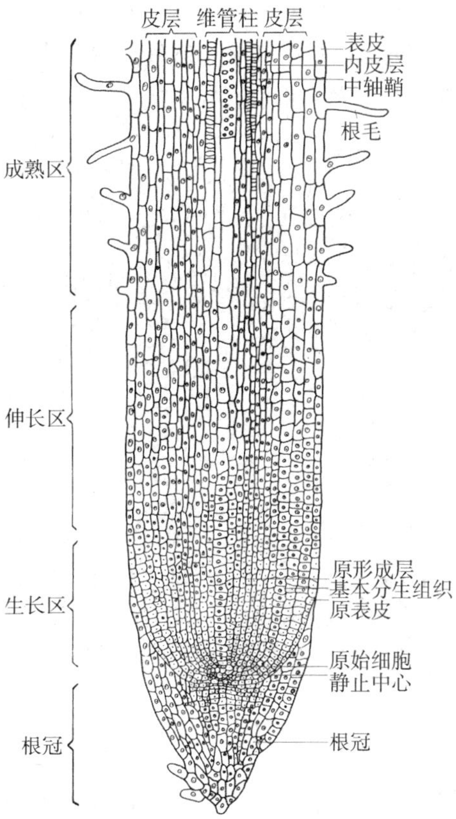

图2－7　根尖的构造

3. 伸长区（elongation zone） 位于分生区后方到出现根毛处，长2～5mm，其细胞分裂活动逐步减弱，分化程度逐渐增高，细胞纵向伸长，液泡大量出现，细胞伸长达到原来的几倍至数十倍。细胞迅速伸长，使根尖不断向土壤推进，根不断转入新的土壤环境，吸收更多的营养物质。同时细胞开始分化，相继出现筛管和环纹导管。

4. 成熟区（maturation zone） 位于伸长区后方，由伸长区细胞进一步分化形成。细胞停止伸长，分化出各种成熟组织。最显著的特点是，表皮细胞的部分外壁向外突出形成根毛（root hair），又称根毛区（root－hair zone）；数量众多根的毛极度扩大了根吸收表面积。根毛生长速度较快，但常几天即死亡，随着伸长区细胞不断地向前延伸，新的根毛也就连续地替代枯死的根毛，使根毛区能够不停地更换新环境。水生植物常无根毛。

（二）根的初生生长（primary growth）

根的初生生长是指根尖顶端分生组织细胞经分裂、生长、分化形成根毛区各种成熟组织，使根延长生长的过程。根的发育源于顶端分生组织，由其原分生组织分裂衍生的细胞，逐渐分化出原表皮层、基本分生组织和原形成层，外层的原表皮层细胞垂周分裂，增加表面积，进一步分化成表皮；中间的基本分生组织细胞垂周和平周分裂，增大体积，进而分化成皮层；中心的原形成层分化出由中柱鞘、初生木质部和初生韧皮部组成的维管柱。在初生生长过程中所产生的各种成熟组织，称初生组织（primary tissue）；由初生组织所形成的表皮、皮层和维管柱构成的结构，称根的初生结构（primary structure）。

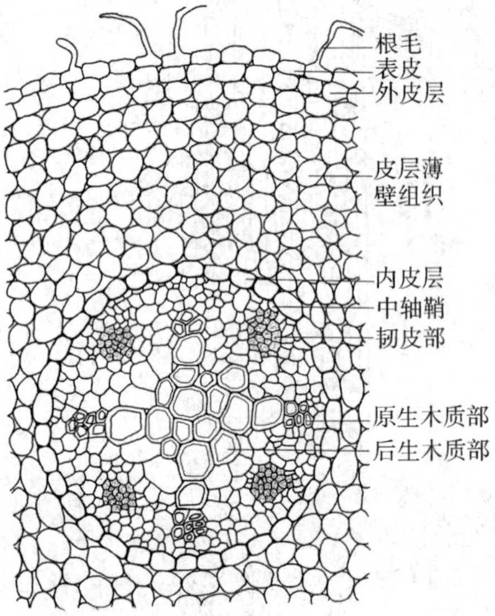

图2－8　双子叶根的初生构造（毛茛）

（三）双子叶植物根的初生结构

根尖成熟区的横切面，观察到根的初生结构从外到内依次为表皮（epidermis）、皮层（cortex）和维管柱（vascular cylinder）三部分（图2－8）。

1. 表皮（epidermis）　是根的最外层，由原表皮发育而来，常1层细胞，细胞排列整齐、紧密，无胞间隙、壁薄，外壁覆盖很薄的角质层，既富有通透性又能避免微生物的侵害，无气孔，部分细胞的外壁向外突出形成根毛。这些特征与根的吸收功能密切相适应，故称吸收表皮。

2. 皮层（cortex）　位于表皮之内维管柱之外由基本分生组织发育而来的多层薄壁细胞，在成熟区中占有最大的部分。细胞排列疏松，胞间隙明显，由外向内依次分为外皮层（exodermis）、皮层薄壁细胞（中皮层）（cortex parenchyma）和内皮层（endodermis）。

（1）外皮层（exodermis）是邻接表皮的1层或几层细胞，细胞较小，排列整齐而紧密，无胞间隙。根毛死亡后，表皮随之破坏，此层细胞壁常增厚并栓化，起保护作用。

（2）皮层薄壁细胞（cortex parenchyma）又称中皮层，是外皮层与内皮层之间的数层细胞。细胞壁薄，排列疏松，胞间隙明显。既能将根毛吸收的水分和无机盐转送到维管柱，又可将维管柱内的物质送出营养其他细胞或分泌到土壤，还有贮藏营养的作用。

（3）内皮层（endodermis）是皮层的最内一层细胞，排列整齐而紧密，无胞间隙。细胞上下壁（横壁）和径向壁（侧壁）常有木质化或木栓化的局部增厚，增厚部分呈带状环绕细胞一整圈，称凯氏带（casparian strip）；横切面观，凯氏带在相邻细胞的径向壁上成点状，称凯氏点（casparian dots）（图2－9）。部分植物内皮层细胞出现全面木栓化增厚，而在正对原生木质部角处留存细胞壁不增厚的内皮层细胞，称通道细胞（passage cell），起控制皮层与维管束间物质转运的作用（图2－10），如鸢尾。

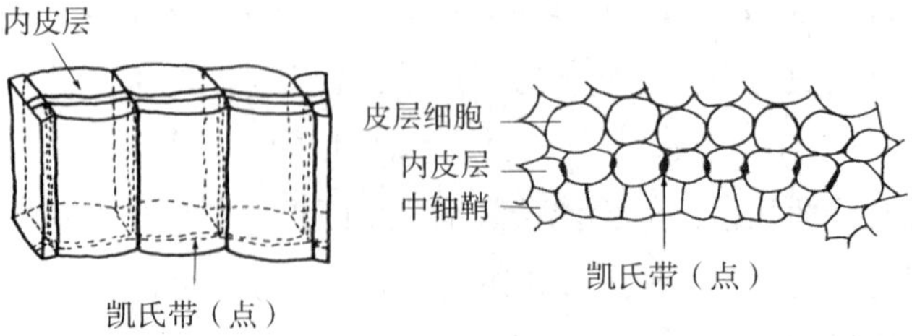

内皮层细胞立体观　　内皮层横切面观

图2－9　内皮层及凯氏带

3. 维管柱（vascular cylinder）　是内皮层以内所有的部分，位于根中央，所占比例最小，也称中柱。由原形成层发育而来，是根中物质运输的主要部位。包括中柱鞘（pericycle）、初生木质部（primary xylem）和初生韧皮部（primary phloem），少数植物还有髓部（pith）。

（1）中柱鞘（pericycle）是内皮层以内维管柱的最外 1 层薄壁细胞，也称维管柱鞘；少数植物有 2 层或多层细胞，如桃、桑、柳以及裸子植物等。中柱鞘细胞排列整齐，无胞间隙，分化程度较低，具有分生潜力，经脱分化可恢复分生能力，与侧根、不定根、不定芽以及形成层和木栓形成层等的发生有关。

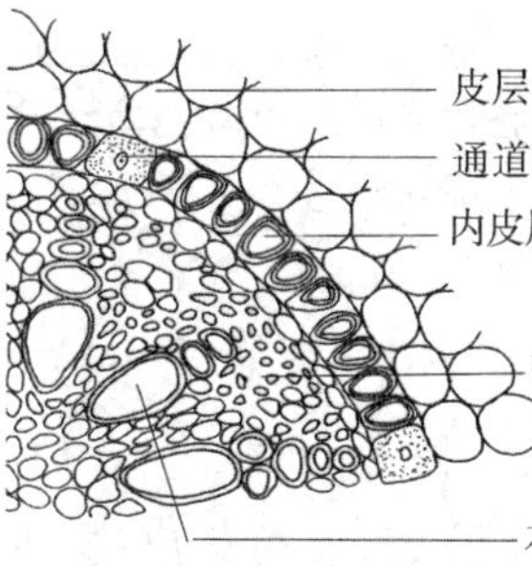

图 2-10 通道细胞（鸢尾属）

（2）初生木质部（primary xylem）位于维管柱中央，呈辐射状，其脊状突起直接与中柱鞘相连，主要由导管和管胞组成，少有纤维和木薄壁细胞，裸子植物则主要是管胞。初生木质部分化成熟的顺序是由外向内发育，称外始式（exarch）；即位于初生木质部角隅处邻接中柱鞘的初生木质部先分化成熟，称原生木质部（protoxylem），其导管直径较小，多为环纹或螺纹；内方较晚分化成熟的初生木质部，称后生木质部（metaxylem），其管径较大，多为梯纹、网纹或孔纹，输导和支持能力较强。该发育方式与水分、无机盐横向运输有关，最先形成的导管接近中柱鞘和内皮层，缩短了横向输导距离，而后期形成的导管，管径大，随着根加粗，提高了输导效率，更能适应植株生长发育对水分增加的需要。

横切面观，初生木质部的辐射棱角称脊（ridge），脊的数目因植物种类而异，但即使同一物种有时也发生较大变化，同时培养基中吲哚乙酸的含量可影响初生木质部脊的数目。若初生木质部有 2 个脊，称二原型（diarch），如十字花科、伞形科植物；3 个脊，称三原型（triarch），如毛茛科唐松草属植物；4 个脊，称四原型（tetrarch），以此类推，如果数目 7 个以上，则称多原型（polyarch）。双子叶植物的根常是二至六原型，单子叶植物都在六原型（hexarch）以上，部分棕榈科植物脊可达数百个。

（3）初生韧皮部（primary phloem）位于初生木质部辐射棱角之间，与木质部相间排列，体积小。其分化成熟的发育方式也是外始式，即原生韧皮部（proto phloem）位于外，后生韧皮部（metaphloem）位于内。被子植物根的初生韧皮部常有筛管和伴胞，少有韧皮薄壁细胞，偶有韧皮纤维，裸子植物的初生韧皮部主要是筛胞。

初生木质部和初生韧皮部之间有 1 至几层薄壁细胞，在双子叶植物和裸子植物中，这些细胞是原形成层保留的细胞，后期与部分中柱鞘细胞进一步脱分化共同形成维管形成层，进行根的次生生长。而单子叶植物二者之间为薄壁细胞。

绝大多数双子叶植物根维管柱一般不具髓部。但少数双子叶植物的初生木质部分化不到中心，维管柱中央仍保留有未经分化的薄壁细胞，形成髓（pith），如细辛、龙胆等。

（四）单子叶植物根的结构

单子叶植物只有初生生长，终生仅具初生结构，其根的构造与双子叶植物根的初生构造相似，也由表皮、皮层和维管柱三部分组成，但尚有下列几方面的特点。

（1）表皮：细胞 1 层，寿命短，根毛枯死后，常解体而死亡脱落。少数根的表皮分裂成多层细胞，壁栓化，形成“根被”的保护组织，如百部、麦冬等。

（2）皮层：根发育后期，外皮层常特化成栓化的厚壁组织，当表皮和根毛枯死后，替代表皮执行保护功能。大部分植物内皮层早期发育成具有凯氏带结构，发育后期大部分细胞常五面栓化增厚，横切面观呈马蹄形，保留有通道细胞；也有些植物内皮层细胞全部栓化增

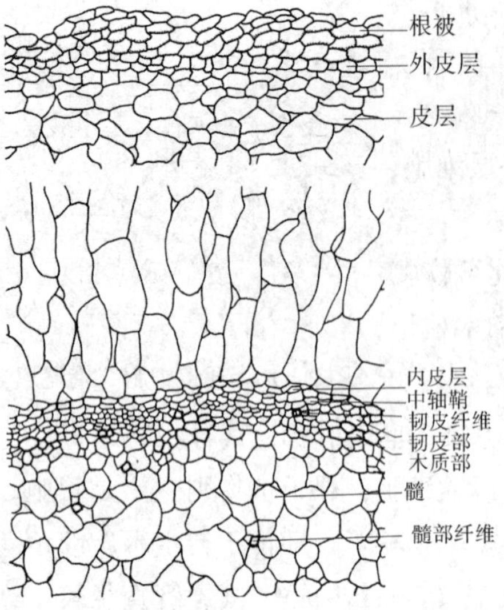

图 2-11 直立百部（块根）横切面详图

厚，无通道细胞，由胞间连丝进行物质交换。

（3）维管柱：中柱鞘细胞发育后期常部分或全部成木化厚壁组织，如竹类、菝葜等。维管柱为多原型，至少六原型，髓部发达如百部块根（图 2-11）。部分植物髓部细胞增厚木化，如鸢尾（图 2-10）。

（五）侧根的发生

侧根起源于中柱鞘，内皮层也不同程度参与侧根的形成，这种起源于皮层以内中柱鞘的发育方式，称内起源（endogenous origin）。当侧根发生时，部分中柱鞘细胞脱分化重新恢复分裂能力。首先进行平周分裂，增加细胞层数并向外突起；随后进行平周和垂周分裂，产生一团新细胞，形成侧根原基（root primordium），其顶端分化出生长锥和根冠，生长锥细胞继续进行分裂、生长和分化，逐渐伸入皮层。侧根不断生长产生的机械压力和根冠细胞分泌的酶将皮层和表皮细胞部分溶解，进而突破皮层和表皮伸出母根外，形成侧根。侧根的木质部和韧皮部与其母根木质部和韧皮部直接相连，形成一个连续的系统（图 2-12）。侧根原基在根毛区形成，在根毛区后方穿过皮层和表皮伸出母根外，进入土壤。

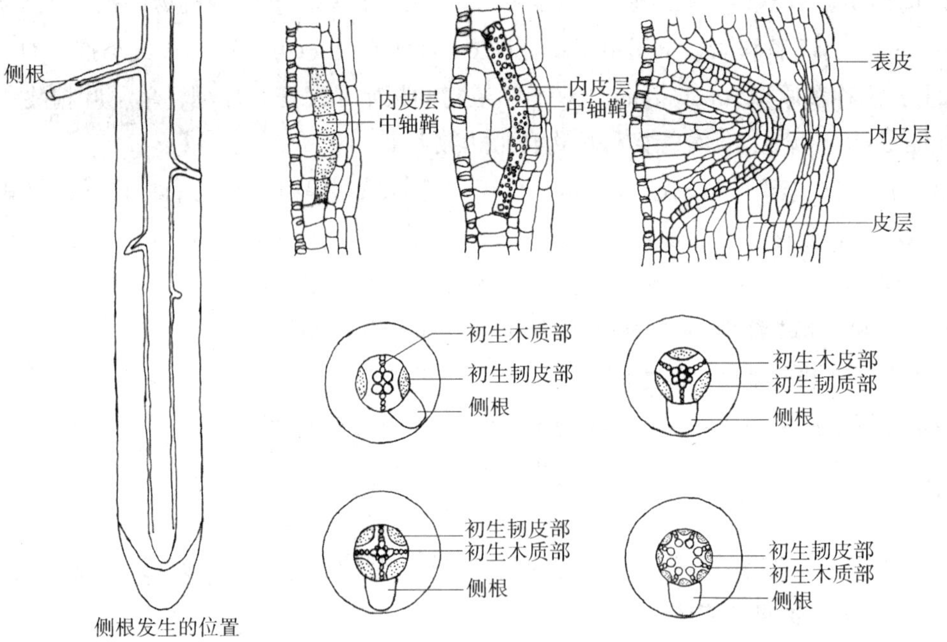

图 2-12 侧根的发生和形成

同种植物侧根常发生在固定的位置，该位置与初生木质部、初生韧皮部的位置有关。二原型根的侧根常发生于原生木质部与原生韧皮部之间；三原型和四原型根侧根在正对原生木质部的位置发生，多原型根中常在正对原生韧皮部或原生木质部的位置形成侧根。因此侧根一般较规律地纵向排列成行，而且侧根在母根伸展的角度也是相对稳定的，这些特性是根系形态分析的基础。

四、根的次生生长和次生结构

根的次生生长（secondary growth）是根侧生分生组织分裂活动的结果。侧生分生组织有维管形成层和木栓形成层，其细胞保持旺盛分生能力，不断分裂、生长和分化，维管形成层产生次生维管组织，木栓形成层形成周皮，二者共同活动的结果使根增粗。这种使根增粗的生长称为次生生长，由次生生长所产生的各种组织称为次生组织（secondary tissue），由这些组织所形成的结构称为次生构造（secondary structure）。大多数双子叶植物和裸子植物，特别是木本植物的根，在初生生长基础上，经次生生长，形成次生构造。多数蕨类植物和单子叶植物的根，在整个生活期中，没有次生生长，终身保持着初生构造；而多数 1 年生草本双子叶植物的根也无或仅具短暂的次生生长，它们结构的大部分仍为初生组织。

1. 维管形成层的产生及其活动　维管形成层常简称形成层（cambium），根次生生长初期，在初生木质部和初生韧皮部之间的原形成层细胞恢复分裂能力，进行平周分裂，形成条带状形成层，其条数与根的类型有关，即几原型的根就有几条（图 2－13A）。由初生木质部的凹陷处向两侧发展，逐渐沿初生木质部的脊扩展到中柱鞘，此时与原生木质部邻接的中柱鞘细胞脱分化，恢复分生能力，其分裂产生的内侧细胞参与形成层形成，这样使条带状形成层片段彼此连接成一个波浪形的形成层环（cambium ring）（图 2－13B、图 2－13C），完全包围了木质部。最初形成层环的形状与初生木质部相似，因初生韧皮部内侧邻接的形成层部分形成较早，易获得养分，故分裂较快，能产生较多的次生组织，把凹陷处的形成层向外推移，逐步使整个形成层形成一圆环（图 2－13D）。

形成层形成圆环后，形成层各区的分裂速度近相等，细胞进行平周分裂，向内分裂、分化产生次生木质部（secondary xylem），加在初生木质部外方，向外产生次生韧皮部（secondary phloem），加于初生韧皮部内方，两者合称次生维管组织。通常形成层活动产生木质部的数量远比次生韧皮部多，因此横切面观次生木质部所占比例远比次生韧皮部多。此外，形成层细胞还进行垂周分裂，使周长扩大，以适应根增粗。形成层活动的结果使木质部和韧皮部由初生构造的相间排列转变为内外排列方式（图 2－13D）。

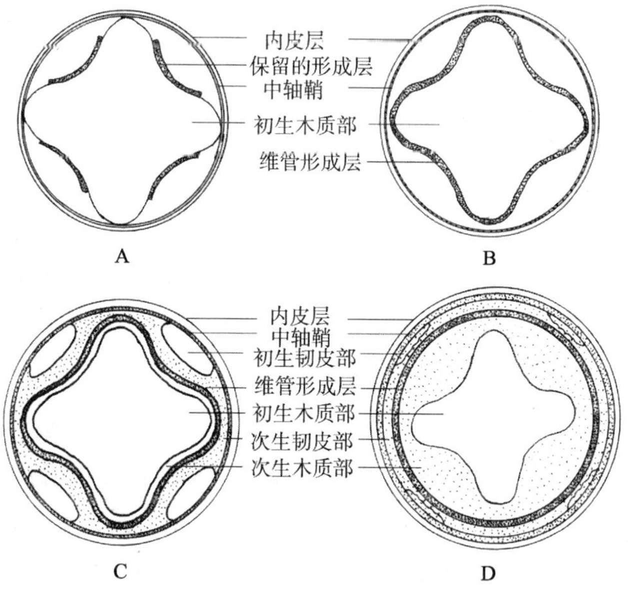

图 2－13　维管形成层的发生过程及其活动

形成层原始细胞仅1层，但在生长季节，其刚分裂出来尚未分化的衍生细胞常与原始细胞相似，形成多层细胞，常合称形成层区；横切面观呈数层排列整齐的扁平细胞。形成层活动时，在一定部位分化出一些径向延长的薄壁细胞，这些薄壁细胞呈辐射状排列，贯穿于次生维管组织，称维管射线（vascular ray）或次生射线（secondary ray），位于木质部者称木射线（xylem ray），位于韧皮部者称韧皮射线（phloem ray）；维管射线在正对初生木质部脊位置常较宽大，其韧皮射线因切向扩展而成喇叭口状，称次生维管射线（medullary ray）（图2-14）。射线具有横向运输水分和养料，并兼有储藏的功能。维管射线构成了根维管组织的径向输导系统，而导管、管胞、筛管、伴胞、纤维等构成了轴向系统。

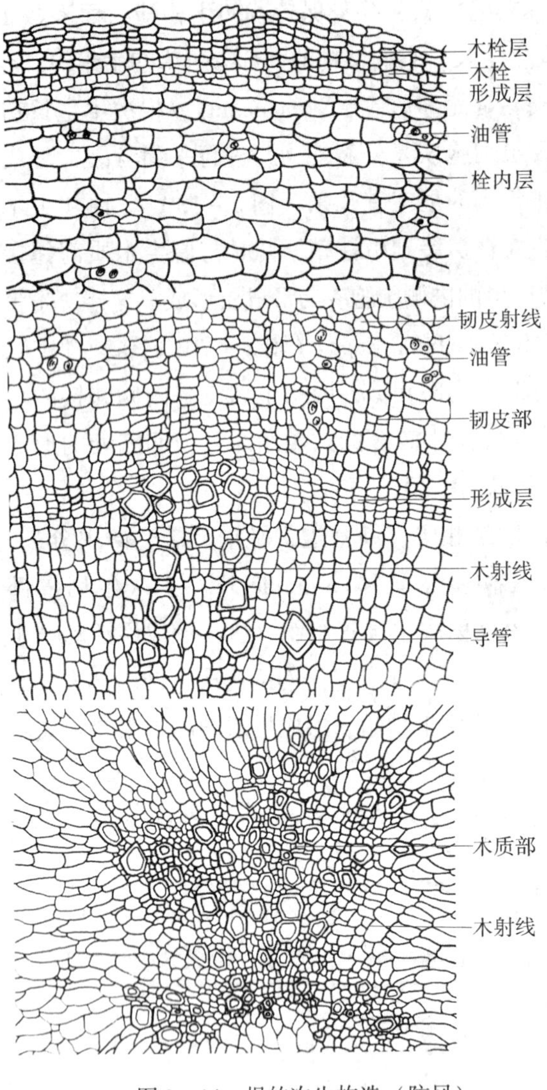

图2-14 根的次生构造（防风）

根次生生长过程中，新生次生维管组织不断添加在初生韧皮部内方，初生韧皮部遭受挤压而被破坏，成为没有细胞形态的颓废组织；但辐射状的初生木质部仍保留在中央，这也是区别老根和老茎的标志之一。此外，次生韧皮部常分化出各种分泌组织，如马兜铃根（青木香）具油细胞，人参有树脂道，当归有油室，蒲公英有乳汁管。部分薄壁细胞（包括射线细胞）中常含晶体和贮藏物质，如糖类、生物碱等，多数成分具药理活性。

2. 木栓形成层的产生及其活动 维管形成层的活动使根不断加粗，中柱鞘以外的组织因不能相应加粗而遭到破坏。当皮层组织被破坏之前，中柱鞘细胞恢复分裂能力形成木栓形成层（phellogen），其向外分裂产生木栓层，覆盖在根外层起保护作用，木栓层细胞成熟后为死细胞；向内分裂产生栓内层，栓内层为数层薄壁细胞，排列较疏松。栓内层、木栓形成层和木栓层三种组织合称周皮（periderm）。部分植物的栓内层比较发达，称“次生皮层”（secondary cortex），药材学上仍称皮层。横切面观，木栓层细胞常呈扁平状，排列整齐，多层相迭，壁木栓化，呈褐色。因此，在外形上根由白色逐渐变为褐色，由柔软、细小而逐渐变得较粗硬。木栓层外侧的各种组织（表皮和皮层）因与内部失去水分和营养联系而枯死脱落（图2-15）。

根中最先出现的木栓形成层起源于中柱鞘细胞，但木栓形成层活动具有一定的寿命，常每年需重新发生，新的木栓形成层常起源于栓内层细胞，并逐渐向内推移，最终由次生韧皮部内的薄壁细胞脱分化、恢复分生能力产生木栓形成层，形成新的周皮。植物学也把周皮称根皮，而药材学中的根皮则是指形成层以外部分，包括次生韧皮部和周皮，如药材牡丹皮、地骨皮、白鲜皮等。

3. 根的次生结构　根中维管形成层与木栓形成层活动形成了根的次生结构，主要包括周皮、次生韧皮部、次生木质部、形成层和维管射线。次生结构中，最外侧是周皮，起保护作用。次生韧皮部呈连续的筒状，由筛管、伴胞、韧皮纤维和韧皮薄壁细胞等组成。次生木质部包括导管、管胞、木薄壁细胞和木纤维，导管管径大小不等，多为梯纹、网纹和孔纹导管。维管射线径向排列，横贯次生韧皮部和次生木质部，部分植物的根中可见数条次生维管射线将次生维管组织分割成若干束（图 2-14）。但不同类群植物根的次生构造存在明显差异，双子叶草本植物的根中周皮和次生韧皮部常占大部分体积，次生维管射线宽大；木本植物根中次生木质部占据大部分，维管射线常较狭窄。

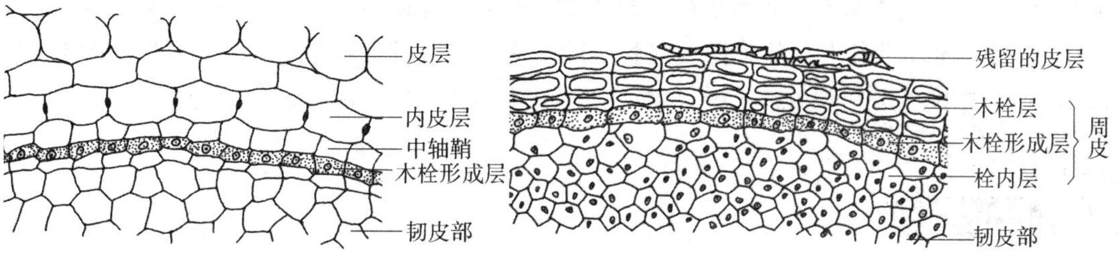

图 2-15　木栓形成层发生及其产生的相关结构

4. 根的异常次生结构　一些双子叶植物的根，在次生生长过程中除正常的次生构造外，部分成熟薄壁细胞经脱落分化、恢复分生能力形成额外的形成层或木栓形成层，其活动结果产生了一些异常的结构，如额外的维管束、附加维管柱、木间木栓等，称根的异常构造（anomalous structure）或三生构造（tertiary structure）。常见有以下几种类型（图 2-16）。

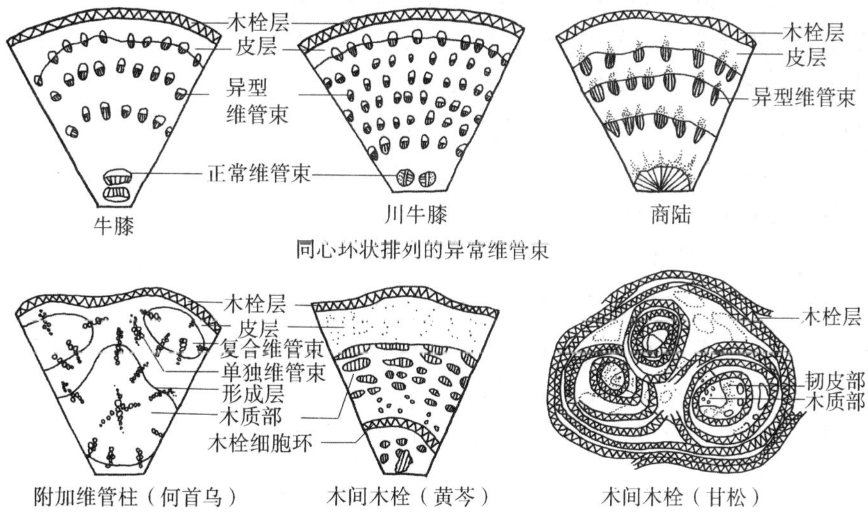

图 2-16　根的异常构造示例

（1）同心环状排列的异常维管束：一些双子叶植物的根，在初生生长和早期次生生长中都发育正常。当次生生长发育到一定阶段，形成层常失去分生能力，而在韧皮部外侧的部分薄壁细胞恢复分生能力，额外产生片段状的形成层，向外分裂产生大量薄壁细胞和一圈异常的维管束，如此反复多次，形成多圈异常的维管束，其间有薄壁细胞相隔，一圈套住一圈，呈同心环状排列。在苋科、商陆科、紫茉莉科等植物常见这种异常构造，如牛膝根的横切面观，中央为正常的维管束，外方为数轮多数小型的异型维管束，并排列成 3 ~ 4 个同心环，川牛膝异型维管束排成 5 ~ 8 个同心环。又如商陆药材横切面上的异型维管束排成多轮凹凸不平的同心环状层纹，习称“罗盘纹”。

（2）附加维管柱（auxillary stele）：一些双子叶植物的根，在维管柱外围的薄壁组织中产生了附加的维管柱，形成异常的结构。如何首乌的块根在正常维管束形成之后，其皮层部分薄壁细胞恢复分生能力，产生许多单独或复合的异型维管束。故在药材横切面上呈现一些大小不等的圆圈状纹理，习称“云锦花纹”。

（3）木间木栓（interxylary cork）：某些双子叶植物的根，次生木质部的薄壁细胞经脱分化、恢复分生能力，在次生木质部内再形成木栓带，称木间木栓或内涵周皮（included periderm）。如黄芩老根中央的木质部可见木栓环带，新疆紫草根中央也具木栓环带；甘松根中的木间木栓环带包围一部分韧皮部和木质部而把维管柱分隔成 2 ~ 5 束，在较老根部这些束常因束间组织死亡裂开而互相脱离，成为单独的束，使根形成数个分支。

知识拓展

植物根际营养吸收研究进展

根际常指根 - 土界面 1 至几毫米范围的微区土壤环境，是植物—土壤—微生物与其环境因素相互作用的界面，根际范围的大小主要取决于根毛长短。根系所能占据的土壤空间却很小，一般仅 1% 左右，且土壤溶液中某些养分的浓度却非常低，土壤养分的有效性不仅受土壤中固、液、气三相间相互作用的制约，更重要的是还受到植物根系生长状况和代谢作用的影响。

根系通过吸收和分泌过程来改变根际土壤的化学组成、物理结构和生物学性质，进而影响土壤中养分的有效性、重金属和有害物质的吸收与转移。根系呼吸、分泌与溢泌质子和有机物质的作用，以及根对养分和水分的吸收特性等决定着根际动态的方向和强度。根系吸收水分和养分速率差异导致根际养分出现亏缺（如 P、K、Zn）和富集（如 Ca），养分富集可在根表面外形成如 $CaCO_3$ 沉淀一类的障碍物，阻碍水分和养分顺利到达根表吸收，甚至出现吸附、固定现象。植物吸收阴阳离子不平衡常改变根际 pH，直接影响根际养分有效性，也影响根系生长和微生物区系。根分泌的有机物质不但可使根际微生物成倍增加，而且可以直接活化或固定各种养分。

根系引起根际 pH 和氧化还原电位改变，以及根分泌的还原和螯合物质直接影响养分的生物有效性，也决定着某些有益元素（如 Si）和重金属元素（如 Cd、Cr、Pb、Zn）的迁移、转化和归宿。在环境胁迫下，植物通过根系形态学和生理学适应性和非适应性变化机制调节自身活化和吸收养分的强度。不同植物种类，甚至同一种植物的不同品种在活化和吸收养分方面有显著的基因型差异，这也是开展高效营养基因型药用植物选育的基础。

第三节　茎

扫码“学一学”

茎（stem）是连接叶和根的轴状结构，来源于胚芽，一般生长在地面以上（部分生长于地下或水中）。地上生态环境变化相对较大，因而茎的形态结构比根更加复杂多样。

一、茎的功能

茎的主要生理功能是输导和支持，其上承载着叶、花和果实，下连接根系，其维管组织使根、茎、叶联成一个整体。茎通过木质部将根从土壤中吸收的水分和无机盐输送到地上各部分，经韧皮部将叶光合作用制造的有机养料运送到根部及植物体的其他部位。茎还支持着叶、花和果实，并将它们有序地排放在一定的空间位置，有利于光合作用、开花和传粉的进行，以及果实和种子的成熟和散布。

茎还具有贮藏、繁殖和光合作用等功能。茎的薄壁组织中贮有大量的营养物质，如仙人掌肉质茎贮存大量的水分，甘蔗茎贮存蔗糖，半夏块茎贮存淀粉；茎能产生不定根和不定芽。因此，茎常用着扦插、压条、嫁接等繁殖材料。此外，绿色的幼茎和叶退化的变态茎能进行光合作用，变态成刺的茎具有保护作用，变态为卷须的茎具有攀援作用。

植物的茎有多种用途，包括食用、药用、工业原料、木材和竹材等。如甘蔗、马铃薯、莴苣、茭白等是常见食物，而麻黄、桂枝等是药用的茎枝，首乌藤、忍冬藤、天仙藤等是药用的茎藤，厚朴、杜仲、黄柏、合欢等是药用的茎皮，沉香、降香等是药用的心材，黄连、半夏、天麻、天南星等是药用的地下茎。

二、茎的形态和类型

（一）茎的形态特征

茎常呈圆柱形，少数呈方形（如薄荷、紫苏）、三角形（如荆三棱、香附）或扁平形（如仙人掌、竹节蓼）。茎常实心，但部分植物的茎为空心，如芹菜、胡萝卜、南瓜等；而禾本科植物茎节间中空，节实心，节和节间明显，特称秆。茎的差异大，从数厘米高到百米以上；有质地柔软、木质部成分少的草质茎，和质地坚硬、木质部发达的木质茎。

茎顶端有顶芽，叶腋有腋芽，茎上着生叶和腋芽的部位称节（node），两个节之间的部分称节间（internode），节上叶柄和茎之间的夹角处称叶腋。茎节一般仅在叶着生部位略膨大，而部分植物茎节膨大成明显的环，如牛膝、石竹、玉蜀黍等，也有一些植物茎节处特别细缩，如藕。节间的长短也不一，如竹、南瓜的节间可长达数十厘米，而蒲公英的节间极度短缩，长不足 1 mm，称莲座状植物。茎和根主要的形态区别是，茎有节与节间，节上着生叶，叶腋和茎顶端具有芽。着生叶和芽的茎称枝或枝条（shoot），枝条生长的强弱影响节间的长短，不同植物节间的长度不同。有些木本植物枝条的节间显著伸长，称长枝（long shoot）；节间缩短，各节紧密相接的枝条，称短枝（spur shoot）。短枝常着生在长枝上，能生花结果，又称果枝，如苹果、梨和银杏等。

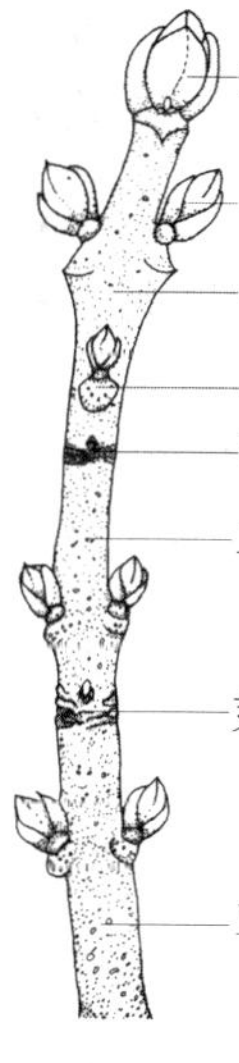

图 2－17　三年生枝条

木本植物茎枝上还有叶痕（leaf scar）、托叶痕（stipule scar）、芽鳞痕（bud scale scar）和皮孔（lenticel）等，叶痕是叶从茎上脱落后留下的痕迹，托叶痕是托叶脱落后留下的痕迹，芽鳞痕是包被芽的鳞片脱落后留下的疤痕。这些可作茎、皮类药材鉴别的特征（图 2－17）。

（二）芽的结构和类型

芽（bud）是尚未伸展的枝、花或花序的原始体，包括茎尖的顶端分生组织及其外围附属物。芽中央是幼嫩的茎尖，茎尖上部的节和节间极度缩短，界限不明，其周围有许多突出物，即是叶原基和腋芽原基；茎尖下部，开始分化出节与节间，叶原基发育为幼叶，腋芽原基以后发育成枝条，芽进一步发育时，节间伸长，幼叶开展长大，即形成枝条。若是花芽，其顶端周围形成花部原基或花序原始体，花开放时，花芽展开成花或花序。芽有多种类型，其生长位置、发育性质、芽鳞有无及活动状态不同（图2－18）。

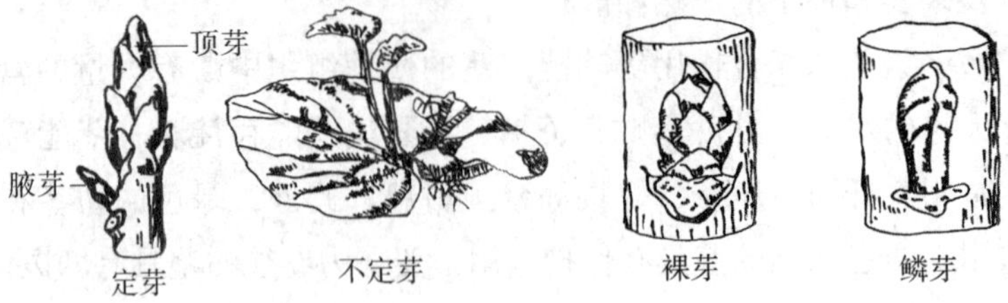

图2－18　芽的类型

1. 按芽在枝上的生长位置，可分为定芽和不定芽

（1）定芽（normal bud）：指在茎上有一定生长位置的芽，包括顶芽、腋芽和副芽。生于主干或侧枝顶端的芽，称顶芽（terminal bud）；叶腋生长的芽称腋芽（axillary bud）或侧芽（lateral bud），有些植物腋芽生长位置较低，被叶柄基部覆盖，直到叶脱落后才显露出来，称柄下芽（subpetiolar bud），如刺槐、悬铃木、黄檗等；也有些植物的顶芽、腋芽不只1枚，常将其旁边生出的1～2枚芽称副芽（accesory bud），如皂荚、桃有2枚副芽。

（2）不定芽（adventitious bud）：指没有固定生长部位的芽，即不是从叶腋或枝顶发出，而是生长在茎节间、根、叶及其他部位的芽，常利用不定芽进行营养繁殖。

2. 按芽将发育成的器官性质不同，可分为叶芽、花芽和混合芽

（1）叶芽（leaf bud）：也称枝芽（branch bud），指发育成茎与叶的芽。

（2）花芽（flower bud）：指发育形成花或花序的芽，花芽是花的原始体。

（3）混合芽（mixed bud）：指同时能发育出枝、叶和花或花序的芽。

3. 按芽鳞片的有无，可分为鳞芽和裸芽

（1）鳞芽（scaly bud）：外面包被有鳞片的芽，鳞片也称芽鳞（bud scale），如柳、樟等。

（2）裸芽（naked bud）：外面无鳞片包被的芽。如茄、薄荷、枫杨、吴茱萸等。

4. 按芽的活动能力，可分为活动芽和休眠芽

（1）活动芽（active bud）：是指当年生长季节形成新的枝叶、花或花序的芽。通常一年生草本植物的芽都是活动芽，而木本植物常只有顶芽和顶芽附近的侧芽是活动芽。

（2）休眠芽（dormant bud）：是指在生长季节不生长发展，保持休眠状态的芽，又称潜伏芽（latent bud）。其可调节营养和合理使用资源，在适当条件下萌发。

（三）茎的生长习性

茎的生长具有背地性和向光性，常垂直向上生长，称直立茎（erect stem），是常见的生长方式。但不同植物的茎在长期进化过程中，产生适应不同生长环境的各式各样的生长习性，以适应外界环境，使叶在空间中能有序地分布，尽可能充分利用阳光，制造有机养分，以完成繁殖后代的功能。因此，据茎质地和习性，可分为以下几种。

1. 按茎的质地，可分为木质茎、草质茎和肉质茎（图2－19）

（1）木质茎（woody stem）：指质地坚硬，木质部发达的茎；具木质茎的植物称木本植物（wood plant）。植株高大，主干明显，下部不分枝者称乔木（tree），如厚朴、杜仲、槐树、杨树等；主干不明显，常近基部分枝呈丛生状，高不及5m的木本植物称灌木（shrub），如枸杞、小檗、月季、夹竹桃、木芙蓉等；高度不足0.5m的低矮灌木称小灌木（small shrub），如胡枝子；茎基部木化，上部分枝草质，于花后或冬季枯萎，略呈灌木状的植物，称亚灌木（under shrub）或半灌木（subshrub），如草麻黄、草珊瑚、菊花等；茎缠绕或攀附它物向上生长的木本植物，称木质藤本（woody vine），如密花豆、香花崖豆藤、五味子等。

（2）草质茎（herbaceous stem）：指质地柔软，木质部不发达的茎；具有草质茎的植物称草本植物（herb）。在一年内完成其生活周期者称一年生草本（annual herb），如红花、马齿苋；若在两个年份内完成其生活周期者称二年生草本（biennial herb），如白菜、萝卜、油菜；生活周期超过二年者称多年生草本（perennial herb）；其中地上每年死亡，而地下部分仍保持生活力者称宿根草本（perennial root herb），如人参、白及、黄精；植物体保持常绿若干年不凋者称常绿草本（evergreen herb），如麦冬、黄连。茎缠绕或攀附它物向上生长者称草质藤本（herbaceous vine），如牵牛、鸡矢藤等。

（3）肉质茎（succulent stem）：指质地柔软多汁，肉质肥厚的茎，如芦荟、仙人掌等。

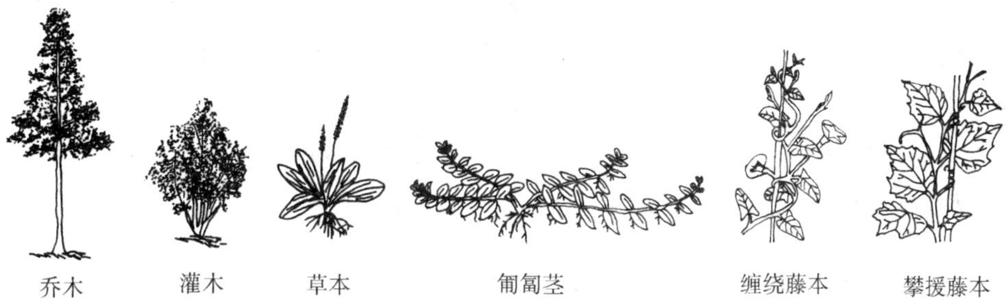

图2-19　茎的类型

2. 按茎的生长习性，可分为直立茎、缠绕茎、攀援茎和匍匐茎（图2-19）

（1）直立茎（erect stem）：指垂直向上生长，直立生长于地面，不依附它物的茎。

（2）缠绕茎（twining stem）：指茎不能直立，而缠绕它物上升的茎。如五味子、忍冬、葎草从左到右螺旋缠绕上升；牵牛、马兜铃从右到左螺旋；何首乌、猕猴桃则无一定规律。

（3）攀援茎（climbing stem）：指茎不能直立，而借助卷须、吸器等结构攀附它物上升，如栝楼是茎卷须，豌豆是叶卷须，爬山虎是吸盘，钩藤是钩，薜荔是不定根攀附。

（4）匍匐茎（stolon）：指茎细长，平卧地面，沿地面蔓延生长，节上生不定根。如过路黄（金钱草）、积雪草、红薯。

（5）平卧茎（repent stem）：指茎细长，平卧地面，节上无不定根，如蒺藜、地锦。

此外，缠绕茎、攀援茎、匍匐茎和平卧茎根据其质地又可称草质藤本或木质藤本。

（四）茎的分枝方式

分枝是植物生长时发生的普遍现象，主干伸长和侧枝形成是顶芽和腋芽分别发育的结果。侧枝上也有顶芽和腋芽，也会继续产生侧枝，依次类推，可产生大量分枝，形成枝系。每种植物有一定的分枝方式，常见为单轴分枝和合轴分枝方式（图2-20）。

（1）单轴分枝（monopodial branching）：顶端优势明显，顶芽不断向上生长形成主轴，腋芽发育成侧枝，侧枝又以同样方式形成次级侧枝，但主轴生长明显占绝对优势，树冠尖

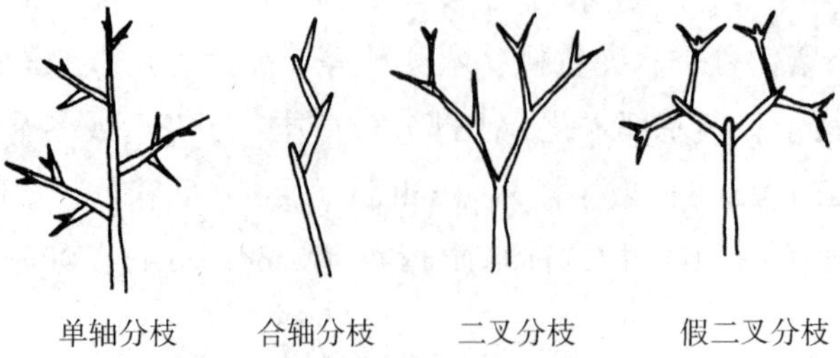

图 2-20　茎的分枝方式示意图

塔形。如松、柏、杉等多数裸子植物，和厚朴、杜仲、杨等部分被子植物。

（2）合轴分枝（sympodial branching）：顶端优势不明显，顶芽经短时间活动后便死亡或生长极缓慢，此时紧邻下方的侧芽生长出新枝，代替原主轴向上生长，生长一段时间后又被下方的侧芽所取代，如此更迭，使树冠呈开展状态，利于通风透光，是一种较进化的分枝类型。如桃、李、苹果、马铃薯、番茄等大部分被子植物。

（3）二叉分枝（dichotomous branching）：茎顶端分生组织平分为两半，各形成一个分枝，在一定的时候，又进行同样的分枝，依次类推，形成二叉状分枝系统。该分枝方式是原始的分枝方式，多见于低等植物，如苔藓的地钱，蕨类的石松、卷柏等。

（4）假二叉分枝（ false dichotomous branching）：是具对生叶的植物在顶芽停止生长或顶芽变成花芽并开花后，由顶芽下的两侧腋芽同时发育形成两个相同外形的分枝，是合轴分枝的一种特殊形式。常见于木犀科和石竹科植物，如丁香、茉莉、石竹等。

三、茎的变态

茎长期适应生活环境变化的发展过程，其形态结构和生理功能发生变化，出现了各种变态类型。按生长习性，可分为地下茎的变态和地上茎的变态（图 2-21、图2-22）。

1. 地上茎的变态

（1）叶状茎（leafy stem）：茎变态成绿色扁平或针叶状，代替叶的光合作用，叶退化成膜质鳞片状或刺状，又称叶状枝（phylloclade）。如仙人掌、竹节蓼、天门冬等。

（2）刺状茎（shoot thorn）：枝变态成粗短坚硬分枝或不分枝的刺，常生叶腋，不易剥落，又称茎刺或枝刺；如山楂、酸橙、皂荚、枸橘等，但皂荚、枸橘是分枝刺。而蔷薇、花椒等具较多的刺，是茎表皮或皮层突起形成，易脱落，称皮刺（prickle）。

（3）钩状茎（hook - like stem）：茎的侧轴变态而成钩状，粗短坚硬，不分枝，如钩藤。

（4）茎卷须（stem tendril）：攀援植物的部分分枝或茎端变态成柔软卷曲的细丝，呈卷须状。由腋芽（如栝楼、爬山虎、丝瓜等）或顶芽（如葡萄）发育形成。

（5）小块茎（tubercle）和小鳞茎（bulblet）：有些植物的腋芽常形成不规则块状，称小块茎，如山药的零余子（珠芽）；也有植物由叶柄上的不定芽形成小块茎，如半夏。某些植物由腋芽或花芽形成小鳞茎，如卷丹的腋芽形成小鳞茎，洋葱、大蒜花序中花芽形成小鳞茎。小块茎和小鳞茎均有繁殖能力，可作无性繁殖的材料。

（6）假鳞茎（false bulb）：一些植物茎基部肉质膨大呈卵球形至椭圆形，具贮存水分和养分功能，绿色的还能进行光合作用。常见于附生兰类，如石仙桃、羊耳蒜等。

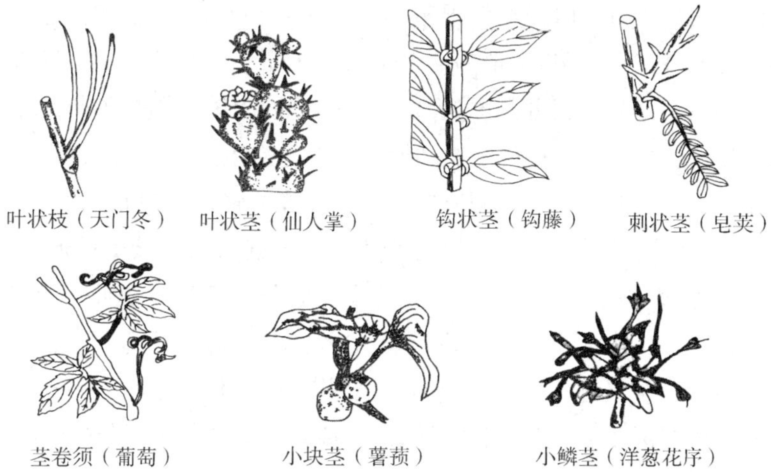

图 2－21　地上茎的变态

2. 地下茎的变态　一些植物的部分分枝变成贮藏或繁殖器官，生于土壤中，称地下茎（subterraneous stem）；外形似根，但具有茎的特征，可与根区别。常见有以下类型（图 2－22）。

图 2－22　地下茎的变态

（1）根状茎（根茎）（rhizome）：匍匐或直立生长在土壤中，节和节间明显，节上有退化的鳞片叶，具顶芽和腋芽；根状茎的形态及节间长短随植物种类而异。如人参、三七等为短而直立，川芎、白术等呈团块状，白茅、芦苇等细长；黄精则具明显茎痕。

（2）块茎（tuber）：粗短肉质肥大呈不规则块状，由茎基部腋芽伸入土壤形成，具顶芽和缩短的节和节间，节上具芽及鳞片叶或后期脱落。如天麻、半夏、马铃薯等。

（3）球茎（corm）：呈球形或扁球形、直立生长的地下茎，节和节间明显，节上的膜质鳞片较大，顶芽发达，腋芽常生于其上半部，基部具不定根。如慈菇、荸荠等。

（4）鳞茎（bulb）：鳞叶肉质增厚的地下芽，呈球形、扁球形或圆盘状，中央基部为一个扁平而节间极度缩短的茎，称鳞茎盘，节上生肉质肥厚鳞叶并包围鳞茎盘，顶端有顶芽，叶腋有腋芽，基部具不定根。如百合、贝母的鳞叶窄，呈覆瓦状排列，外面无外皮覆盖，称无被鳞茎；洋葱鳞叶阔，内层被外皮完全覆盖，称有被鳞茎；大蒜的肉质部分是围绕花梗基部肥大的腋芽（即蒜瓣），蒜瓣之外覆盖的膜质部分是其鳞叶。

四、茎的初生生长和初生结构

（一）茎尖及其发育

茎尖是茎或枝顶端分生组织所在部位，称苗端（shoot apex）或茎端或枝端（stem apex)。茎尖结构与根尖相似，但无类似根冠构造，而由幼叶或芽鳞紧紧包裹，同时茎端分生组织活动形成叶原基（leaf primordium）和芽原基（bud primordium)。茎端分生组织夹杂有分化程度不同的组织，先端部分是原始细胞及其衍生细胞组成的原分生组织，向下产生的细胞逐步衍生出原表皮、基本分生组织和原形成层等初生分生组织。

茎端分生组织的细胞存在多种排列方式，出现了多种解释顶端原分生组织结构的学说，如组织原学说、原套—原体学说和细胞分区概念等，普遍被人们接受的原套-原体学说认为，被子植物茎尖原分生组织由原套、原体组成，原分生组织区表面1至数层排列整齐、较小的细胞为原套（tunica)，常仅进行垂周分裂，增加茎尖表面积而不增加细胞层数；其内为原体，细胞较大，可进行各个方向分裂，结果使茎尖体积增大。单子叶植物的原套常仅1层，双子叶植物多为3~4层；而裸子植物茎端无此结构。在原分生组织下面的初生分生组织细胞一边分裂，一边分化、细胞伸长，在茎的外形上表现出迅速伸长，逐渐向成熟区过渡。以后细胞基本停止增大体积，完成各种成熟分化，形成茎的初生结构。茎尖分生组织的活动产生了茎的有关结构，包括节和节间、叶、腋芽及其衍生出的生殖生长结构。叶、腋芽分别由叶原基和芽原基逐步发育而成，叶原基和芽原基均起源于茎顶端原分生组织，腋芽原基发生晚于叶原基，常在离茎尖一段距离以后。

茎、叶和腋芽的发生同时在茎尖，过茎尖的纵切面，自上而下可分为分生区、伸长区和成熟区三个部分。分生区在茎尖顶端，呈圆锥状，其先端是分生组织，分生能力旺盛，也称生长锥（growth cone)。伸长区常较根伸长区长，细胞分裂活动自上而下逐渐减弱，细胞急剧伸长，并液泡化；由初生分生组织（原表皮、基本分生组织、原形成层）逐渐分化出一些初生组织。成熟区与根成熟区不同的是，表皮不形成根毛，而常有气孔和毛茸；细胞分裂与伸长均趋于停止，各种组织分化基本完成，形成了初生结构（图2-23)。

（二）茎的初生生长

茎的初生生长方式较复杂，常可分为顶端生长和居间生长。在生长季节，茎端分生组织细胞不断进行分裂、伸长生长和分化，使茎的节数增加，节间伸长。同时产生新的叶原基和腋芽原基，这种由茎端分生组织活动而引起的生长称为顶端生长（apical growth)。植物顶端生长与气候条件密切相关。某些植物茎的伸长除了顶端生长外，还伴有居间生长。随着居间分生组织细胞的分裂、生长和分化成熟，节间明显伸长，这种生长方式称居间生长。作物拔节停止时，表明茎组织全部成熟和居间分生组织消失。

（三）双子叶植物茎的初生结构

茎和根均是辐射对称的轴器官，茎上有叶，其结构较根复杂；横切面观也由表皮、皮层和维管柱三部分组成，但皮层较小，一般具明显的髓部（图2-23、图2-24)。

1. 表皮（epidermis） 是茎的最外层，由原表皮层发育而来的1层长方形、扁平、排列整齐而无胞间隙的生活细胞；一般不含叶绿体，有些含花青素，使茎呈紫红色，如甘蔗、蓖麻等；表皮常具各式气孔、毛状体或其他附属物；细胞外壁稍厚，常具角质层，少数植物还具蜡被。

2. 皮层（cortex） 是表皮和维管柱之间部分，由基本分生组织发育而来的多层生活细胞。横切面观皮层所占比例较小，细胞大、壁薄，排列疏松，胞间隙明显，常为多角形、球形或椭圆形；邻接表皮的细胞常具叶绿体，故嫩茎呈绿色。一些植物常有厚角组织，如葫芦科和菊科部分植物排成环状，芹菜、薄荷等仅分布在茎棱角处。一些植物皮层中还有纤维、石细胞，如黄檗、桑；或分泌组织，如向日葵、松等；水生植物具通气组织。茎皮层最内层细胞多为薄壁细胞，不具内皮层特征，与维管柱之间无明显界限。少数植物皮层最内1层或几层细胞含丰富的淀粉粒，称淀粉鞘（starch sheath），如蚕豆、蓖麻等。

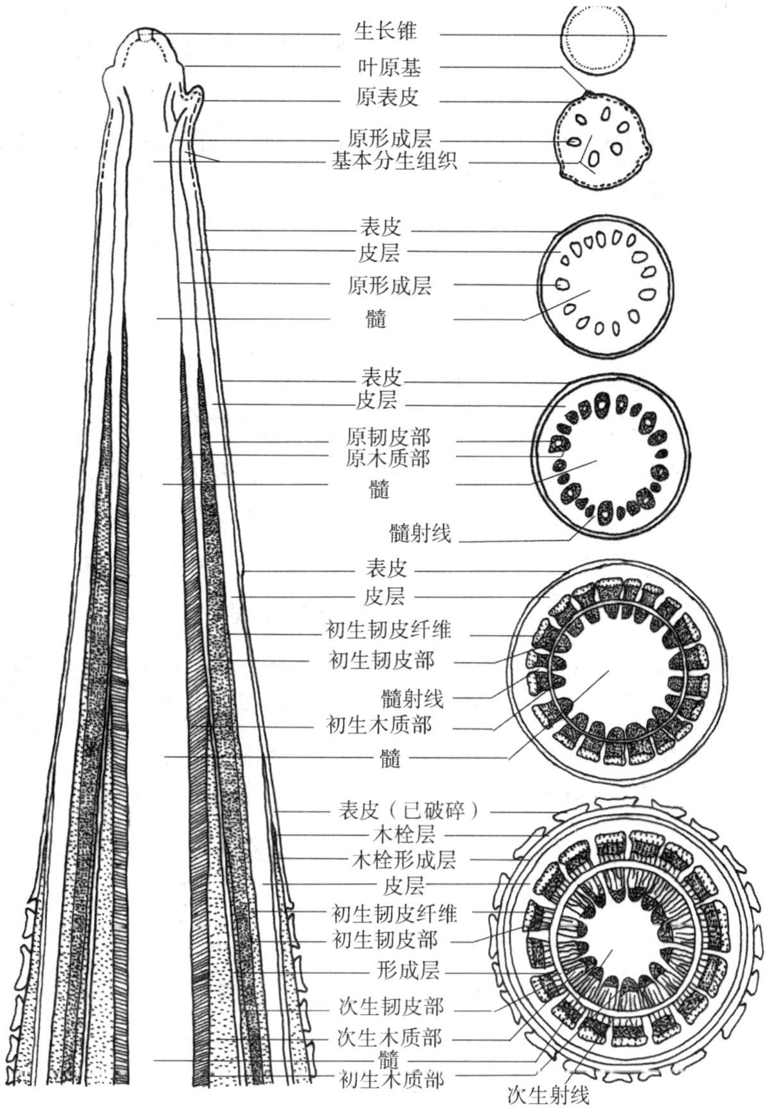

图2－23　双子叶植物茎初生结构至次生结构的发育过程

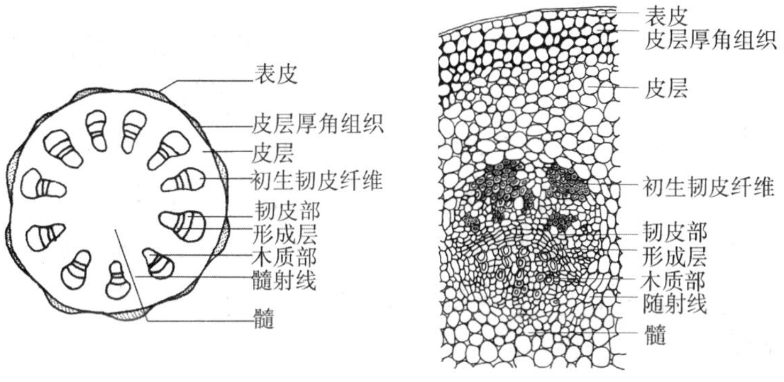

图2－24　双子叶植物茎的初生构造（向日葵幼茎）

3. 维管柱（vascular cylinder） 是皮层以内的部分，包括环状排列的维管束、髓和髓射线等，占较大的比例，无严格意义的中柱。有些植物初生韧皮部外侧，起源于韧皮部呈环状和帽状的纤维束称初生韧皮纤维（曾称“中柱鞘纤维”），如向日葵、大麻等；而起源于韧皮部之外，位于皮层内侧成环状纤维束称周围纤维或环管纤维，如马兜铃、南瓜等。

（1）初生维管束（primary vascular bundle）：指皮层以内由初生韧皮部、初生木质部和束中形成层（fascicular cambium）组成的束状结构。大多数草本和藤本植物维管束之间的束间区域较宽，而木本植物维管束排列紧密，束间区较窄，近乎连成1圈环状。

①初生韧皮部（primary phoem）：是维管束的外侧部分，由筛管、伴胞、韧皮薄壁细胞和韧皮纤维组成，分化成熟方向为外始式（exarch）。原生韧皮部薄壁细胞发育成初生韧皮纤维束，位于韧皮部外侧，加强了茎的韧性。

②初生木质部（primary xylem）：是维管束的内侧部分，由导管、管胞、木薄壁细胞和木纤维组成，从内向外逐渐分化成熟，称内始式（endarch）。原生木质部居内方，由环纹、螺纹导管组成；后生木质部居外方，由孔径较大的梯纹、网纹或孔纹导管组成。

③束中形成层（fascicular cambium）：是初生韧皮部和韧生木质部之间部分，是原形成层分化过程中在初生维管束中遗留下的1～2层具有分生能力的细胞。

双子叶植物茎的维管束常为无限外韧型维管束，也有少数植物为双韧型维管束，如颠茄、曼陀罗、南瓜、甘薯、桉树等植物茎中存在双韧型维管束。

（2）髓（pith）：是茎的中心部分，来源于基本分生组织，常由薄壁细胞组成，多贮藏有各种后含物，有些植物的髓部具石细胞。有些植物髓的周围部分有一层排列紧密的、壁较厚的小型细胞称环髓带（perimedullary region）或称环髓区或髓鞘，环髓带和髓中央部分区分明显，如椴树。草质茎的髓部较大，木本茎的髓部常较小，但通脱木、旌节花、接骨木、泡桐等的髓部较大；部分植物在发育过程中髓部细胞解体消失后形成中空的茎，如连翘、芹菜、南瓜等；少数植物髓部细胞形成一系列横髓隔，如猕猴桃、胡桃、杜仲等。

（3）髓射线（medullary ray）：又称初生射线（primary ray），是位于初生维管束之间的薄壁组织。横切面观呈放射状，外接皮层，内连髓部，是植物体内横向运输的通道，兼有贮藏作用；双子叶草本植物的髓射线较宽，木本植物髓射线较窄。髓射线细胞具潜在分生能力，次生生长开始时，与束中形成层相邻的髓射线细胞可转变成形成层的一部分，即束间形成层（interfascicular cambium）。此外，在一定条件下，髓射线细胞会分裂产生不定芽、不定根（图2－24）。

（四）单子叶植物茎的结构

单子叶植物的茎没有形成层和木栓形成层，终身仅具有初生构造，不能无限增粗。少数植物如玉米、甘蔗、棕榈等的茎也有明显增粗现象，其原因有两种：一是初生组织内的细胞长大，导致总体的增大；二是茎尖叶原基和幼叶内方，有几层由顶端分生组织衍生的扁长形细胞所组成与茎表面平行的筒状结构，称初生增粗分生组织（primary thickening meristem）。该组织进行平周分裂增加细胞，沿伸长区向下逐渐减弱，常终止于成熟区，其活动结果使顶端分生组织的下面几乎达到成熟区的粗度。

1. 单子叶植物地上茎的结构特征

（1）表皮：由表皮细胞和气孔器有规律地排列而成，有长细胞和短细胞两种。长细胞是表皮的主要成分，细胞壁厚而硅质化和角质化，其垂周壁呈波状相互嵌合；短细胞有木栓化细胞和硅质化细胞，细胞硅化程度高低与抗病虫害能力的强弱有关。

（2）基本组织：由薄壁细胞组成，邻接表皮的基本组织常为多层厚角或厚壁细胞。部分植物茎中央薄壁细胞解体形成髓腔，少数还有裂生通气道，如水稻。

（3）维管束：由维管束鞘、初生木质部和初生韧皮部组成。维管束之间彼此分离，常具有两种排列式样，一种是维管束无规则地分散基本组织中，愈向外愈多，愈向中心愈少，近边缘的维管束较小，无皮层和髓之分，如石斛、玉米、高粱、甘蔗等（图 2－25）。另一种是维管束较规则地排列成两圈，外环维管束较小，中央是髓；有些植物的茎长大时，髓部溶解形成髓腔，如水稻、小麦等。维管束虽排列方式不同，但其结构相似，均为有限外韧型维管束。维管束外周被厚壁组织组成的维管束鞘包围，维管束鞘内为初生韧皮部和初生木质部，无束中形成层，这是单子叶植物茎的主要特征之一。

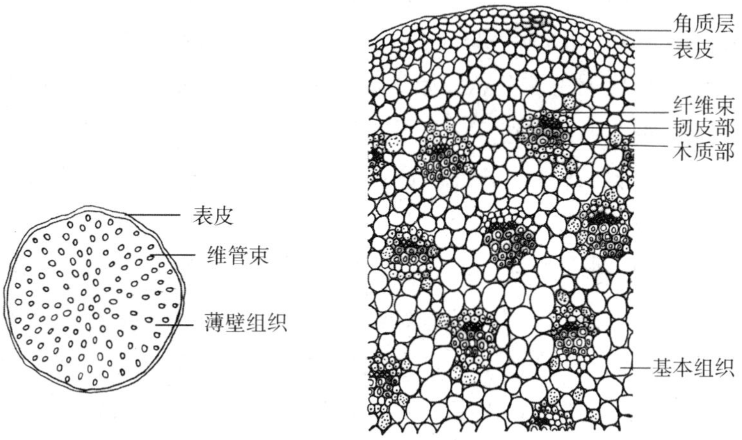

图 2－25　单子叶植物茎的构造（石斛茎的横切面）

此外，有少数单子叶植物茎具形成层，而具次生生长。如龙血树、芦荟、丝兰和朱蕉等的茎。它们形成层的起源和活动情况，不同于双子叶植物。常在初生维管束外方产生形成层，形成新的维管组织（次生维管束），排列方式因植物种类不同而异，如龙血树的形成层起源于维管束外薄壁组织，向内产生维管束和薄壁组织，向外产生少量薄壁组织，次生维管束中韧皮部较少，位于维管束的中央部分，形成周木型维管束。

2. 单子叶植物根状茎的结构特征

（1）表面仍为表皮或木栓化皮层细胞，少有周皮，如射干、仙茅。禾本科植物根状茎较特殊，表皮细胞平行排列，每行多为 1 个长细胞和 2 个短细胞纵向相间排列，长形细胞为角质化表皮细胞，1 个短细胞是栓化细胞，1 个是硅质细胞，如白茅、芦苇。

（2）皮层常占的体积较大，常分布有叶迹维管束，维管束常为有限外韧型，但也有周木型，如香附，有的则兼具有限外韧型和周木型两种，如石菖蒲。

（3）大多数植物有具凯氏带的内皮层，如姜、石菖蒲；也有内皮层不明显，如知母。

（4）有些植物的根状茎在皮层邻接表皮部位的细胞形成木栓组织，如生姜；有的皮层细胞发育成木栓细胞，形成所谓的“后生皮层”，代替表皮行使保护功能。

五、茎的次生生长和次生结构

多年生双子叶植物和裸子植物的茎，在完成初生生长后，侧生分生组织的活动使茎不断增粗，这种增粗生长称次生生长或加粗生长；茎的侧生分生组织和根一样，包括维管形成层和木栓形成层；由它们分裂、生长和分化产生次生组织的过程，称次生生长，由此产生的结构称次生结构。次生结构的形成和不断发展，满足了木本植物生长和发育中需求更多水分和营养，以及更强的机械支持力。草本植物的次生生长持续时间短，木本植物的次生生长可持续多年，因此次生构造也很发达。

（一）双子叶植物茎的次生结构

1. 双子叶植物木质茎的次生结构

（1）维管形成层的发生及其活动：初生木质部与初生韧皮部之间保留的一层具分裂能力的原形成层细胞不断伸长，侵入生长形成了形成层纺锤状原始细胞（fusiform initial），次生生长时部分纺锤状原始细胞横向分裂形成射线原始细胞（ray initial），至此形成了束中形成层。当束中形成层开始活动后，邻接束中形成层的髓射线细胞脱落分化、恢复分生能力，形成束间形成层（interfascicular cambium），并和束中形成层相互衔接，形成连续的形成层环（图2－23）。维管形成层由纺锤状原始细胞和射线原始细胞组成，纺锤状原始细胞呈长梭形，两端尖，切向面较径向面宽，它与茎长轴平行排列，细胞质稀薄，液泡明显，核相对小，其分裂、分化可形成纤维、导管、管胞、筛胞、筛管和伴胞等，构成茎的轴向系统；射线原始细胞近等径，细胞小，数量少，其分裂、分化可产生射线细胞，构成茎的径向系统。纺锤状原始细胞主要进行平周分裂，分裂1次产生两个子细胞，1个向内分化出次生木质部原始细胞或向外分化出次生韧皮部原始细胞，另1个则保留为纺锤状原始细胞。通常形成数个次生木质部细胞后才形成1个韧皮部细胞，因此次生木质部细胞数量明显多于次生韧皮部细胞。射线原始细胞也是以平周分裂为主，向内分裂产生次生木射线（xylem ray）和向外分裂产生次生韧皮射线，随茎的增粗，射线的数目也增加，两者合称维管射线（vascular ray）。随着次生木质部的较快增加，形成层也进行垂周分裂，增加本身的细胞，位置也逐渐向外推移。木本植物次生构造中维管束之间距离较初生构造的窄；藤本植物次生生长时，束间形成层不分化为维管组织，只分化出薄壁细胞，所以其次生维管组织仍呈分离状态，束间距离较宽，如木通马兜铃、川木通等，药材鉴别中称“车轮纹”。

（2）次生木质部：由导管、管胞、木薄壁细胞、木纤维和木射线组成，导管主要为梯纹、网纹及孔纹导管，其中木本茎孔纹导管最普遍，草本茎以网纹及孔纹为主。导管、管胞、木薄壁细胞和木纤维等是次生木质部中的纵向系统，木射线是其径向系统。木本植物茎中，次生木质部占有绝大部分，树木越大，次生木质部占的比例也愈大。形成层的活动随季节变化表现出有规律的盛衰变化，因而季节的影响在结构上表现出明显的差异。因温带和亚热带春季或热带雨季气候温和，雨量充足，形成层活动旺盛，所形成的次生木质部细胞径大壁薄，质地较疏松，色泽较淡，称春材（spring wood）或早材（early wood）；温带夏末秋初或热带旱季，形成层活动逐渐减弱，所形成的木质部细胞径小壁厚，质地紧密、色泽较深，称秋材（autumn wood）或晚材（late wood）。横切面观一年中早材和晚材是渐变的，没有明显的界限，但当年的秋材与第二年的春材界限分明，形成一同心环层，称年轮（annual ring）或生长轮（growth ring）。但有的植物（如柑橘）一年可以形成3轮，这些同心环层称假年轮，这是因形成层有节奏地活动，每年有几个循环的结果；也可因一年中气候特殊变化，或树叶被害虫吃掉，生长受影响而引起假年轮的形成。在有干、湿季节的热带地区，树木也产生年轮状环层。

木质茎（木材），横切面观，靠近形成层的部分颜色较浅，质地较松软，称边材（sap wood），其含有生活细胞，具输导和贮藏作用。而中心部分颜色较深，质地较坚固，称心材（heart wood）；因养料和氧不易进入，组织老化或衰亡，同时有些射线细胞或轴向薄壁细胞通过纹孔侵入导管或管胞腔内，膨大并沉积树胶、单宁、挥发油、色素等代谢产物，形成部分堵塞或完全堵塞导管或管胞腔的突起结构，称侵填体（tylosis），使导管或管胞丧失输导能力。心材比较坚硬，加强支持的作用，不易腐烂，且常含有多种代谢产物。因此药用价值比边材高，如苏木、檀香、降香等均是心材入药（图 2－26）。

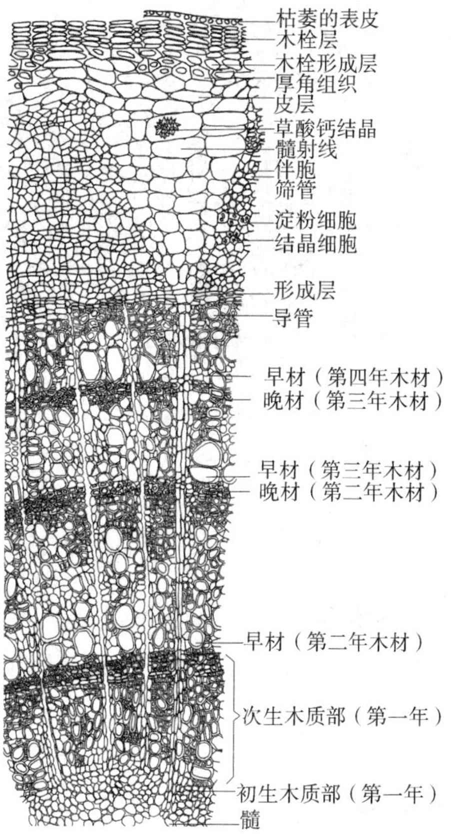

图 2－26　四年生木质茎（椴树）的构造

木质部各种组织纵横交错，十分复杂，要充分理解其结构，需从横切面、径向切面、切向切面进行比较观察，鉴定药材时常需观察三个切面的结构。

横切面（transverse section）是与茎纵轴垂直所作的切面，可见年轮呈同心环状，射线呈辐射状排列，射线的长度和宽度；导管、管胞、木纤维和木薄壁细胞等呈类圆形或多角形，以及它们横切面的直径大小、细胞壁厚薄，胞腔大小等。

径向切面（radial section）是通过茎中心作的纵切面，可见年轮呈垂直平行的带状；射线横向分布并与年轮垂直，射线的高度和长度；导管、管胞、木纤维等呈纵长筒状或棱状，以及它们纵切面的长度、直径、两端形状和次生壁的增厚纹理。

切向切面（tangential section）是不通过茎中心而垂直于茎半径所作的纵切面，可见年轮呈“U”形波纹；射线为横切面，细胞群呈纺锤状，呈不连续的纵行排列，以及射线的高度、宽度、细胞列数和两端细胞的形状；导管、管胞、木纤维等的特征与径向切面相似。

木材的三个切面中，射线的形状最突出，可作判断切面类型的依据（图2－27）。

（3）次生韧皮部：由筛管、伴胞、韧皮纤维和韧皮薄壁细胞组成，韧皮射线的细胞壁不木质化，形状也不如木射线那样规则，其长短宽窄因植物种类而异。部分植物的次生韧皮部还有石细胞，如肉桂、厚朴、杜仲，也有的具乳汁管，如夹竹桃。次生韧皮部的输导功能通常仅有一年，到秋天就停止输导而死亡，但少数植物如葡萄则经过冬季的休眠，春季可重新恢复活动。次生韧皮部形成时，初生韧皮部被挤压到外方，形成颓废组织（obliterated tissue），即筛管、伴胞及其他薄壁细胞被挤压破坏，细胞界限不清。次生韧皮部的薄壁细胞中含有多种营养物质、生理活性物质和次生代谢产物，具有一定的药用价值，如杜仲、黄檗、肉桂、苦楝、合欢等都以树皮入药。

（4）木栓形成层的产生及其活动：维管形成层活动的结果是次生维管组织不断增加，

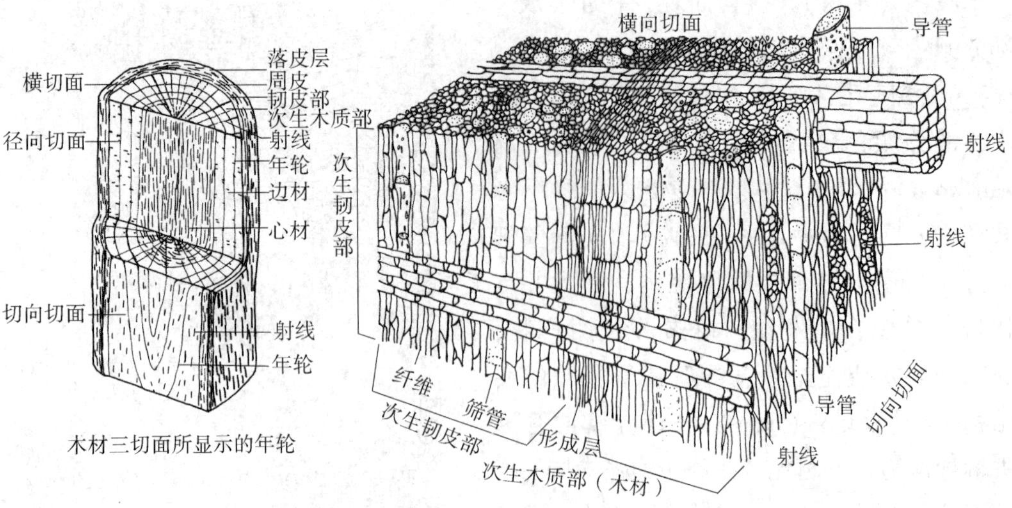

木材三切面所显示的年轮

图2-27 木材三切面所示年轮及次生结构

使茎不断增粗，而表皮一般不能分裂以适应这种增粗，不久就被内部增长产生的压力挤碎，失去保护作用。此时皮层外围或表皮细胞脱分化、恢复分裂能力，形成木栓形成层，分裂产生新的保护组织（图2-28）。多数植物茎的木栓形成层由邻接表皮的皮层细胞恢复分裂机能而产生周皮，代替表皮行使保护作用，如杨树、榆树；也有直接由表皮细胞产生，如柳树、苹果等；也可来源于韧皮部薄壁细胞，如石榴、葡萄等。木栓形成层的活动常不过数月，多数树木又依次在其内方产生新的木栓形成层，形成新的周皮；如此其发生位置就会逐渐向内推移，可深达次生韧皮部。老周皮内方组织被新周皮隔离后逐渐枯死，这些周皮以及被它隔离死亡组织的综合体常自然剥落，故称落皮层（rhytidome）。有的落皮层呈鳞片状脱落，如白皮松；也有的呈环状脱落，如白桦；有的裂成纵沟，如柳、榆；有的呈大片脱落，如悬铃木；但也有的周皮不脱落，如黄檗、杜仲。植物学中常将落皮层称树皮，或外树皮；而林业和药材学则将树干上人为剥下的皮称树皮，如皮类药材厚朴、杜仲、肉桂、黄柏、秦皮、合欢皮的药用部分均指该类树皮。周皮形成时，位于原来气孔下方的木栓形成层较其他部位活跃，向外衍生出一种胞间隙发达的薄壁细胞，它们突破周皮，在树皮表面形成一些点线状突起或凹陷的结构，称皮孔（lenticel）。皮孔是周皮上气体交换的通道，皮孔的形状、颜色和分布随植物种类而异，是皮类药材鉴定的依据之一。

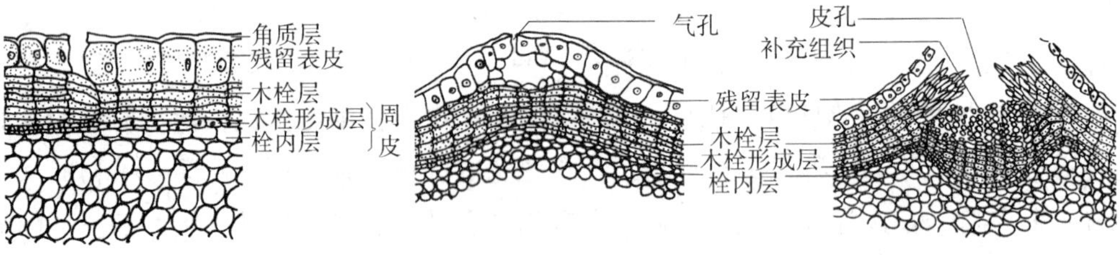

图2-28 双子叶植物茎木栓形成层分裂产生周皮及皮孔示意图

2. 双子叶植物草质茎的次生结构 双子叶草本植物生长期短，草质茎次生生长有限，次生构造不发达，木质部的量较少，质地较柔软。其结构特征（图2-29）如下。

（1）最外层为表皮，常有各种毛状体、气孔、角质层、蜡被等附属物。少数在表皮下方产生木栓形成层，向外产生1~2层木栓细胞，向内产生少量栓内层，表皮仍未被破坏。

（2）次生构造不发达，有些植物种类仅具束中形成层，没有束间形成层；部分种类不仅没有束间形成层，束中形成层也不明显，如毛茛科草本植物。

（3）髓部发达，髓射线较宽，有些种类髓部中央破裂成空洞状。

3. 双子叶植物根状茎的结构　双子叶草本植物的根状茎，其构造与地上茎类似，构造特征（图2－30）如下。

（1）表面常具木栓组织，少数种类具表皮或鳞叶。

（2）皮层较宽，常有根迹维管束（即与不定根中维管束相连的维管束）和叶迹维管束（与叶柄维管束相连的维管束）斜向通过。部分植物的皮层内侧具纤维或石细胞。

（3）维管束为外韧型，排列成环状。

（4）贮藏薄壁组织发达，机械组织不发达。

（5）中央具明显的髓部。

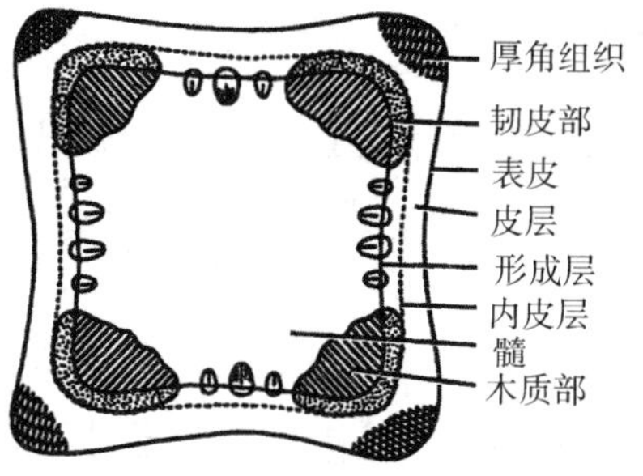

图2－29　薄荷茎的横切面简图

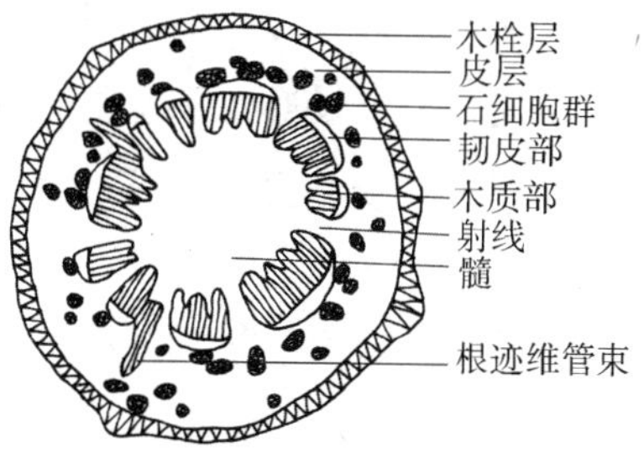

图2－30　黄连根状茎横切面简图

4. 双子叶植物茎和根状茎的异常结构　一些双子叶植物的茎和根状茎在形成正常构造外，还常有部分薄壁细胞，恢复分生能力，发育成形成层，这些形成层活动产生多数异型维管束，形成了异常构造。

（1）髓维管束：指双子叶植物茎或根状茎髓部的异型维管束。如胡椒科植物风藤的茎（海风藤）横切面除正常排成环状的维管束外，髓部还可见6～13个异型维管束。大黄根状茎横切面除正常的维管束外，髓部有许多星状的异型维管束，其形成层呈环状，外侧为由几个导管组成的木质部，内侧为韧皮部，射线星芒状排列，该结构形成了药材横切面“锦纹”的特征。此外，红景天根状茎的髓部也存在异型维管束（图2－31）。

大黄根状茎横切面简图　　星点放大的简图

图2－31　大黄根状茎横切面简图

（2）同心环状排列的异常维管组织：某些双子叶植物茎内，初生生长和早期次生生长均正常。当次生生长发育到一定阶段，次生维管柱的外围又形成多轮呈同心环状排列的异常维管组织。如密花豆老茎（鸡血藤）的横切面，韧皮部可见2～8个红棕色至暗棕色环带，与木质部相间排列；其最内一圈呈圆环状，其余为同心半圆环。

（3）木间木栓：甘松根状茎的横切面可见木间木栓呈环状，包围一部分韧皮部和木质部把维管柱分隔为数束。

（二）裸子植物茎的结构特点

裸子植物茎的构造与木本双子叶植物茎相似，但组成更单纯和原始。不同点如下。

（1）次生木质部主要由管胞、木薄壁细胞、射线所组成，无导管（少数如买麻藤具导管），无典型的木纤维，如柏科、杉科植物；或无木薄壁细胞，如松科；裸子植物的管胞兼有输送水分和支持作用。

（2）次生韧皮部是由筛胞、韧皮薄壁细胞组成，无筛管、伴胞和韧皮纤维。

（3）松柏类茎的皮层、韧皮部、木质部、髓，甚至髓射线中常有树脂道。

知识拓展

木本植物茎的剥皮与再生

20世纪后期的研究表明，许多树木和部分双子叶草本植物的茎枝大面积环状剥皮后，只要技术恰当，条件合适，即使剥去几米长的完整一圈，也能再生出完整的新树皮。

剥树皮时常在形成层带附近剥落，但具体位置随着树种和季节不同而异。如杜仲这类孔较小的散孔材树种，除休眠期在韧皮部中断裂外，整个形成层活动期都是从形成层带附近剥落；而具较大孔的散孔材和环孔材树种则随季节变化明显，休眠期是从韧皮部外侧，早春形成层开始活动不久则在形成层带附近剥落，当大量未成熟木质部细胞产生后则从未成熟木质部中断裂。再生新皮的发生部位也随剥落部位不同而变化，当树皮从形成层带附近剥落时，全部未分化成熟的木质部细胞都参与形成新皮，但当树皮从未成熟木质部中剥落时，若残留在表面的未成熟木质部细胞足够多，则仍是全部未成熟木质部细胞参与新皮形成，当表面未成熟木质部细胞较少时，则主要由临近表面的射线细胞脱分化后发生出新树皮。

研究还表明，剥皮再生的树种只在剥皮当年长粗和长高减慢，落叶提前，发芽推迟，第2年同对照株差异减小，第3年则同对照株差异不明显，甚至超过对照株。在整个观察期间，剥皮部位木材的年生长量都大于上下未剥皮处，未剥皮处的木材年生长量也大于对照株的相应部位，而且三年后的树皮厚度就与对照株的相应部位相似。

第四节　叶

扫码“学一学”

叶（leaf）是植物进行光合作用的器官，也是唯一完全暴露在空气中的营养器官。植物在长期自然选择过程中，叶形成了与其功能相适应的复杂多样的形态和结构特征。

一、叶的功能

叶的主要生理功能是光合作用（photosynthesis）、蒸腾作用（transpiration）和气体交换。光合作用是叶肉细胞中的叶绿体利用光能将 CO_2 和水分合成有机物质，把光能转化为化学能贮藏起来，并释放氧的过程。蒸腾作用是植物将其体内的水分以气体状态从植物表面气孔释放到大气的过程，也是根系吸收水分的动力之一，根吸收的矿物质随蒸腾液流上升，有利于矿物质在植物体的转运；同时，还能降低叶面温度，避免在强光照下叶遭受高温伤害。因此，栽树时因树根系受到不同程度的破坏，往往去除部分叶子以减少水分的蒸腾。此外，叶还有繁殖、贮藏、吸收和合成等功能。如贝母、百合、洋葱等的肉质鳞叶具贮藏作用，秋海棠、落地生根的叶有繁殖作用，叶面施肥就是利用叶的吸收功能。叶除作为食物或饲料源外，还具观赏和药用价值，如药材大青叶、枇杷叶、桑叶、番泻叶、艾叶等。

二、叶序和叶的形态

（一）叶的组成

叶由叶片、叶柄和托叶三部分组成。具有三部分的叶称完全叶（complete leaf），如桃、柳（图2-32）；缺少其中任何一部分或二部分的叶称不完全叶（incomplete leaf），如女贞缺托叶，龙胆、石竹缺叶柄和托叶，它们均属不完全叶。

1. 叶片（blade）　是叶的主体和光合作用的主要部位，常呈绿色而薄的扁平体，有上表面（腹面或近轴面）和下表面（背面或远轴面）之分。叶片的先端称叶端（leaf apex），基部称叶基（leaf base），边缘（周边）称叶缘（leaf margin），贯穿在叶片内的维管束称叶脉（veins）。

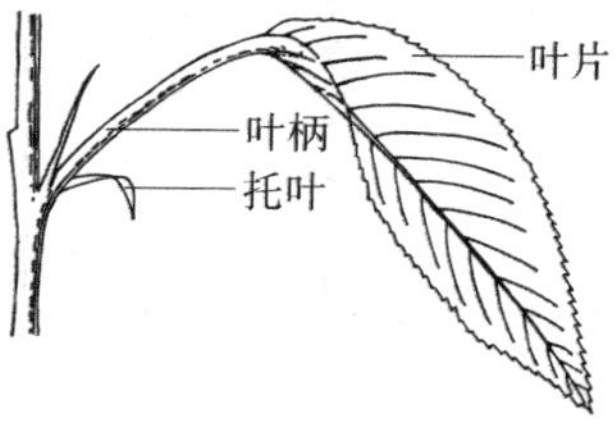

图2-32　叶的组成

2. 叶柄（petiole）　是连接叶片与茎枝的部分，常呈绿色，细圆柱形、半圆柱形或稍扁平状，支持着叶片。一些植物的叶柄呈气囊状，如菱、水浮莲；呈叶片状，如台湾相思树；叶柄弯曲成缠绕状，如威灵仙；也有些植物的叶柄基部部分或全部扩大呈鞘状，称叶鞘（leaf sheath），如伞形科植物叶柄基部扩大呈鞘状，禾本科植物则全部扩大呈鞘状；部分植物的叶柄基部膨大成关节状称叶枕，如含羞草、野葛、常春油麻藤。

3. 托叶（stipules）　着生在叶柄与茎枝连接部位，常较小，起保护幼叶和芽的作用。托叶保持到叶片发育成熟后称托叶宿存，或托叶在叶片发育成熟前脱落，称早落；有些植物的托叶脱落后在茎上落下疤痕，称托叶痕，如木兰属（*Mangolia*）植物具有环状的托叶痕。托叶的形状多样，如豌豆、木瓜等的托叶呈叶片状，茜草、猪殃殃等则与叶同形，大黄、何首乌等蓼科植物扩大成鞘状并包围茎，称托叶鞘（ocrte），金樱子、月季等与叶柄愈合成翅，菝葜属（Smilax）呈卷须状，刺槐、三颗针等呈刺状（图2-33）。

图2-33　常见的几种托叶类型

（二）叶的形态

叶的形态常指叶片的形状，叶片的形状包括叶形、叶端、叶基、叶缘、叶脉和脉序、叶片分裂状况、叶片质地和表面附属物等各部分形态特征。不同植物的叶形态差异较大，但同种植物叶形状与大小相对稳定，可作植物鉴别的特征。

1. 叶形 指整个叶片轮廓的几何形状，常按长宽比例及最宽的位置来确定(图2－34)。

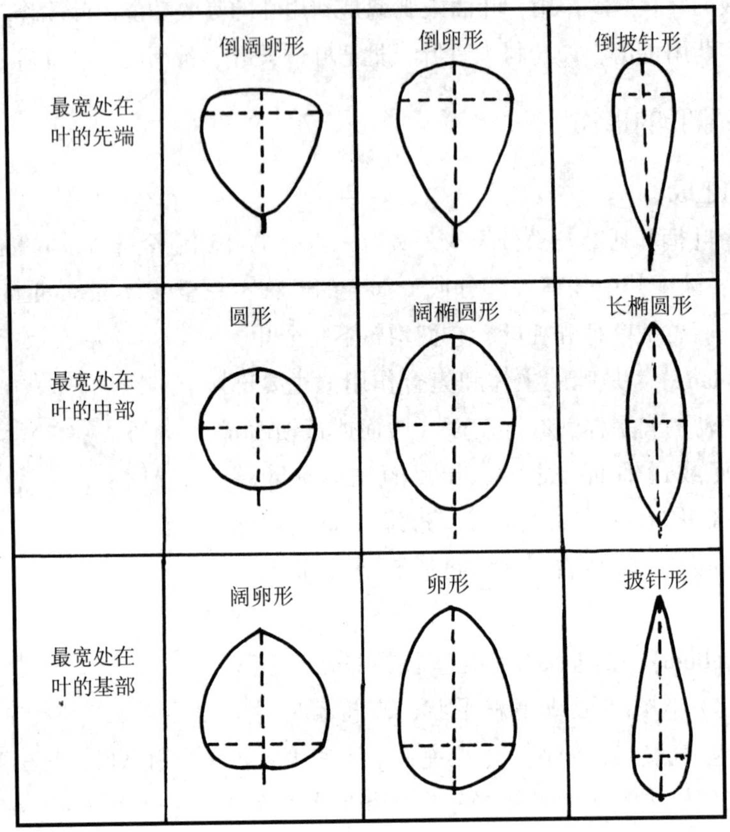

图2－34　叶片形状图解

叶的基本形状有：针形（acicular）、条形（线形）（linear）、披针形（lanceolate）、椭圆形（elliptical）、卵形（ovate）、心形（cordate）、肾形（reniform）、圆形（orbicular）、剑形（ensiform）、盾形（peltate）、带形（banded）、箭形（sagittate）、戟形（hastate）等。此外，还有一些特殊的形态，如蓝桉呈镰刀形、杠板归呈三角形、菱呈菱形、车前呈匙形、银杏呈扇形、葱呈管形、秋海棠呈偏斜形等。植物叶常不是典型的几何形状，因此描述时常用“长”、“广”、“倒”等加以说明，如长圆形、倒卵形、广卵形等；或结合两种形状进行复合描述，如卵状椭圆形、椭圆状披针形等（图2－35）。

2. 叶端 常见有芒尖（aristate）、尾尖（caudate）、渐尖（acuminate）、急尖（acute）、钝形（obtuse）、截形（truncate）、微凹（retuse）、微缺（emarginate）、倒心形（obcordate）等（图2－36）。

3. 叶基 常见有楔形（cuneate）、钝形（obtuse）、心形（cordate）、耳形（auriculate）、渐狭（attenuate）、歪斜（oblique）、抱茎（amplexicaul）、穿茎（perfoliate）等(图2－37)。

4. 叶缘 常见有全缘（entire）、波状（undulata）、牙齿状（dentate）、锯齿状（serrate）、重锯齿（double serrate）、圆锯齿（crenate）（图2－38）。

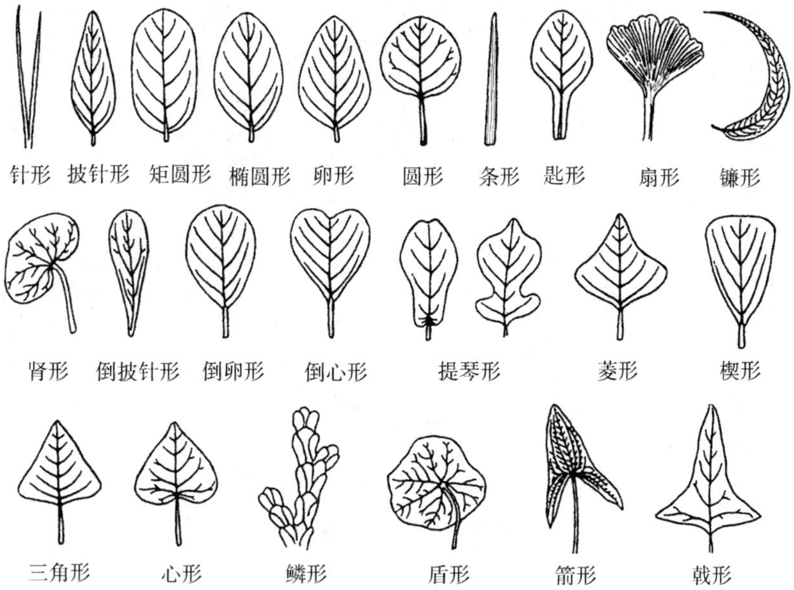

图 2－35　叶片的形状

图 2－36　叶端的形状

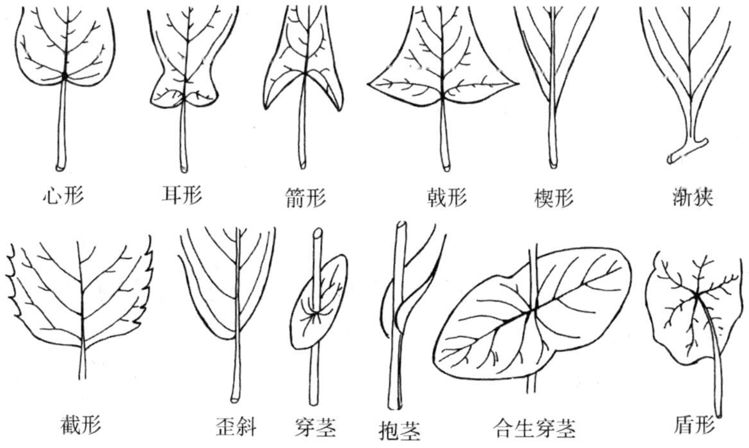

图 2－37　叶基的形状

5. 叶脉和脉序　叶脉是贯穿叶内的维管束，起输导和支持作用。其中与叶柄相连最粗大的叶脉称主脉或中脉（midrib），主脉分枝形成侧脉（lateral vein），侧脉分枝形成细脉（veinlet）。叶片中叶脉的分布及排列式样称脉序（venation），常见有三种类型（图 2－39）。

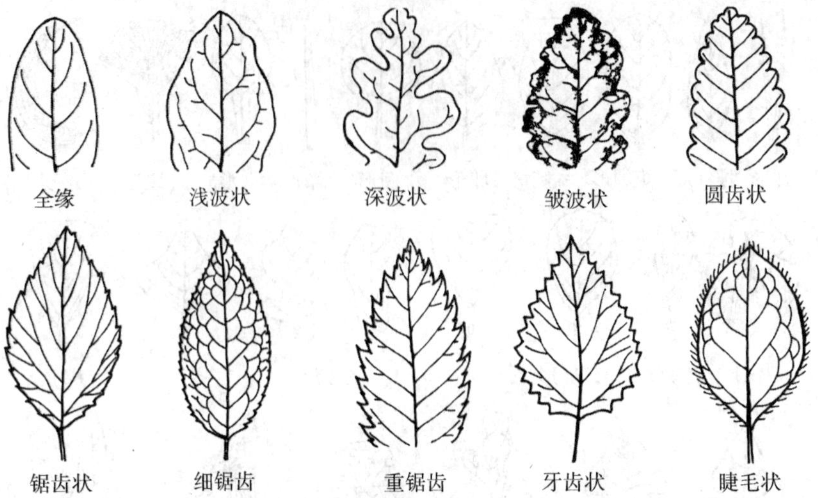

图 2-38　叶缘的形状

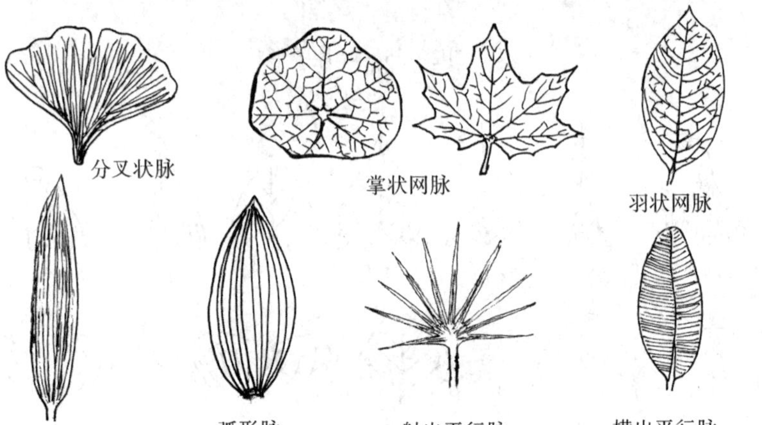

图 2-39　叶脉的种类

（1）分叉脉序（dichotomous venation）：一条叶脉分为大小相等的两个分支，同一叶上有多级的二叉分支式是较原始的脉序，如部分蕨类植物或裸子植物的银杏。

（2）平行脉序（parallel venation）：各叶脉大致相互平行，主脉与侧脉及侧脉间相连细脉不成网状。单子叶植物多为平行脉序，按侧脉形状或主脉分支位置又分为直出平行脉（淡竹叶）、横出平行脉（芭蕉）、射出平行脉（棕榈）和弧形脉（黄精、玉竹）等。

（3）网状脉序（netted venation）：叶脉有多级分支，主脉、侧脉和细脉区别明显，最小细脉连结成网状，是双子叶植物的特征。若主脉 1 条，分出的侧脉排列呈羽状，细脉与主、侧脉交织成网状称羽状网脉；主脉基部分出数条侧脉直达每一裂片，排列呈掌状，细脉与主、侧脉交织成网状称掌状网脉。此外，少数单子叶植物如薯蓣，天南星等也具网状脉序，但其叶脉末梢全部连接在一起，没有游离脉梢，有别于双子叶植物。

6. 叶片的质地　常分为膜质（membaranceous）、草质（herbaceous）、纸质（chartaceous）、革质（coriaceous）和肉质（succulent）等。膜质叶片薄而半透明如半夏，有的干薄而脆，不呈绿色称干膜质（scarious）如麻黄的鳞片叶；草质叶片薄而柔软，如薄荷、商陆等；纸质叶片薄而柔韧，似纸张样，如糙苏；革质叶片厚而较坚韧，略似皮革，如枇杷、山茶等；肉质叶片肥厚多汁，如芦荟、景天等。

7. 表面附属物　叶表面的附属物不同而表现出光滑、被粉、被毛、粗糙等特征。叶面光滑如女贞、枸骨等；叶面粗糙如无花果、蜡梅等；叶面被毛如茵陈、洋地黄等。

8. 叶片的分裂　叶缘无缺刻或小齿称全缘叶，大部分植物的叶片边缘不整齐，具齿或深浅不一的缺刻，其凸出部分称裂片（lobe），凹入部分称缺刻（incision）。按叶裂片排列方式不同，分为羽状分裂和掌状分裂；按叶缺刻的深浅程度不同，又分为浅裂（lobate）、深裂（parted）和全裂（divided）三种。缺刻的深度不足叶片宽度1/4称浅裂，如药用大黄、南瓜；缺刻的深度大于叶片宽度1/4称深裂，如唐古特大黄、荆芥；缺刻深度几达主脉基部或中脉，形成数个全裂片称全裂，如大麻、白头翁（图2－40）。

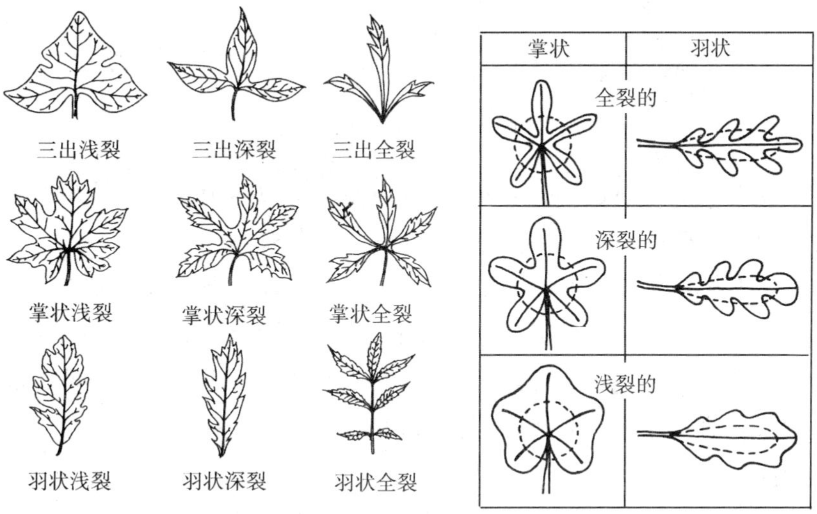

图2－40　叶片的分裂类型

（二）单叶和复叶

1. 单叶（simple leaf）　一个叶柄上只着生一枚叶片，如厚朴、女贞等。

2. 复叶（compound lear）　一个叶柄上着生2枚以上叶片，其上的叶称小叶（leaflet），小叶的柄称小叶柄（petiolule）。如人参、野葛。复叶的叶柄称总叶柄（common petiole），总叶柄以上着生小叶的轴状部分称叶轴（rachis）。典型的复叶，小叶柄和叶轴之间具明显的关节。单叶全裂时与小叶柄不明显的复叶，区别在于单叶的裂片之间有或多或少的叶片相连。按小叶排列方式不同，复叶又分为以下四种类型（图2－41）。

（1）三出复叶（ternately compound leaf）：叶轴上的小叶为3枚。3枚小叶均生于叶轴顶端称掌状三出复叶，如三叶木通、酢浆草、大血藤等；若中央1枚小叶生于叶轴顶端，二枚小叶生于叶轴下端的两侧称羽状三出复叶，如大豆、野葛等。

（2）掌状复叶（palmately compound leaf）：叶轴缩短，顶端聚生3枚以上小叶，呈掌状排列，如五加、三七、人参等。

（3）羽状复叶（pinnately compound leaf）：叶轴较长，小叶在叶轴两侧排成羽毛状。顶生小叶1枚者称单数羽状复叶（又称奇数羽状复叶），顶生小叶2枚者称偶数羽状复叶（又称双数羽状复叶）。若叶轴不分枝，小叶直接着生其上称一回羽状复叶，如决明、皂角等；叶轴作一次分枝，其上着生小叶，称二回羽状复叶，如合欢、云实等；叶轴分枝2次为三回羽状复叶，如南天竹、苦楝等；依此类推。

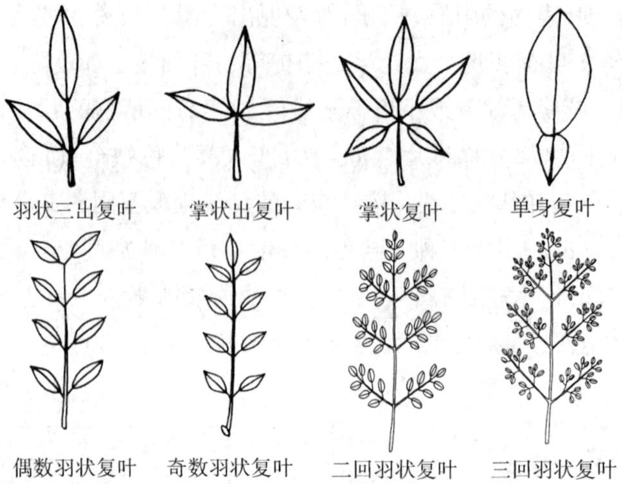

图 2－41 复叶的类型

（4）单身复叶（unifoliate compound leaf）：叶轴上具 2 枚叶片上下叠生在一起，形似单叶，而叶片之间具一明显的关节，如芸香科柑橘、柠檬等。

复叶与着生单叶的小枝有时难以区分，要区别它们首先是分清叶轴与小枝。①叶轴顶端无顶芽，小枝顶端有顶芽。②小叶叶腋无侧芽，仅总叶柄腋内具芽，小枝上具腋芽。③小叶在叶轴上排在同一平面，小枝上的单叶常成不同的角度。④复叶脱落是整个脱落或小叶先落，然后叶轴连同总叶柄一起脱落，而小枝一般不脱落，仅其上的叶脱落。

（四）叶序

叶序（phyllotaxy）是叶在茎枝上的排列方式。主要有四种类型（图 2－42）。

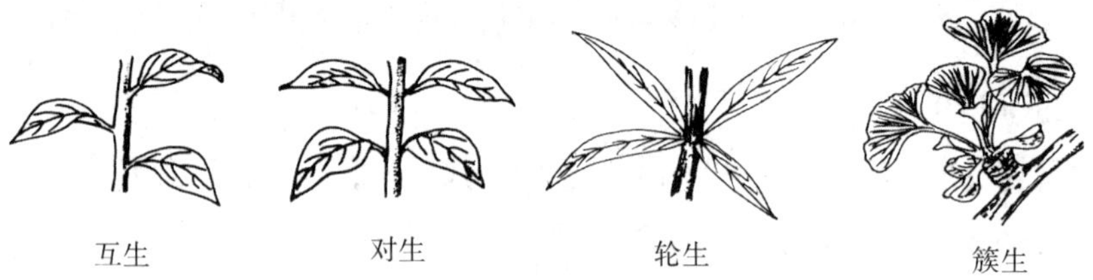

图 2－42 叶序的类型

1. 互生（alternate） 每节仅着生 1 枚叶，交互而生，沿枝上呈螺旋状排列，如桑、榕等。

2. 对生（opposite） 每节相对着生 2 枚叶，如相邻两节的叶排列呈十字形称交互对生，如薄荷、忍冬等；相邻两节的叶均排列在茎两侧称二列状对生，如女贞、醉鱼草等。

3. 轮生（whorled） 每节着生 3 枚或 3 枚以上叶，轮状排成，如夹竹桃、轮叶沙参等。

4. 簇生（fascicled） 簇生是多枚叶着生在节间缩短的茎枝（短枝）上，密集成簇；如银杏、落叶松等。如多枚叶着在根头部极度短缩且节间不明显的茎上，称基生叶（basal leaf）；基生叶集生而成莲座状时，称莲座状叶丛（rosette），如蒲公英、车前等。

此外，有些植物具 2 种或 2 种以上的叶序，如栀子、桔梗等。不论哪种叶序，叶在枝条往往不相遮盖，通过叶柄伸展的角度和长度不同，形成镶嵌状的排列称叶镶嵌（leaf mosaic）；叶镶嵌使各叶片能有效地接受阳光，有利于光合作用。

（五）异形叶性及叶的变态

1. 异形叶性（heterophylly） 同种植物常具相对稳定的叶形，但一些植物在同一植株上具不同形状的叶，称异形叶性。异形叶性可发生在不同的生态环境，也可出现在植物的不同发育阶段。如慈菇沉水叶呈线形，浮水叶椭圆形，挺水叶箭形；一年生人参具1枚三出复叶，二年生有1枚掌状复叶，三年生有2枚掌状复叶，四年生有3枚掌状复叶，五年生有4枚掌状复叶，以后每年递增1叶，最多可达6枚。蓝桉幼枝上的叶对生，卵形，无柄；老枝叶互生，镰形，有柄。此外，益母草、川贝母等也存在异形叶性（图2－43）。

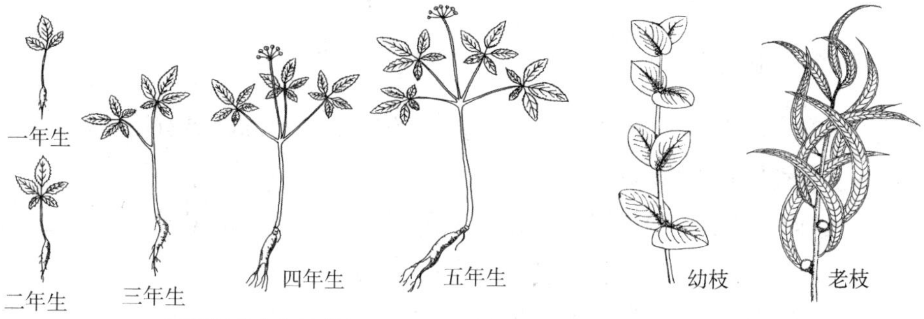

不同年龄人参的形态　　蓝桉的异性叶

图2－43　人参和蓝桉的异型叶

2. 叶的变态 叶与外界环境接触面最广，变态类型较多，常见的变态叶有以下类型（图2－44）。

（1）苞片（bract）：生于花冠下面的一种变态叶，有保护花的作用。苞片的形状、大小、质地，以及在花梗上着生的位置变化较大；苞片呈绿色、叶状，称苞叶或叶状苞片，如川贝母；轮状着生在花梗上端邻近花萼处称副花萼，如草莓、蜀葵等。着生于花序外围的1至多数苞片合称总苞片（involucre），花序中每朵小花下较小的苞片称小苞片（bractlet）；总苞的形状、大小、颜色、数目等变化较大，如鱼腥草的总苞片呈白色叶状，九重葛呈红色叶状，天南星科植物呈佛焰状；苍耳呈囊状并具细刺。

台湾相思树　　猪笼草　　捕蝇草

图2－44　几种典型的变态叶

（2）鳞叶（scale leaf）：特化或退化成鳞片状的叶。鳞叶肥厚多汁，贮藏大量营养物质称肉质鳞叶，如百合、洋葱等；鳞叶膜质、菲薄，常不呈绿色，如麻黄、姜、荸荠等。木本植物的冬芽（鳞芽）外常被有褐色鳞叶，起保护芽的作用。

（4）叶刺（leaf thorn）：叶全部或一部分变成坚硬的刺状。托叶变成刺状，称托叶刺，如刺槐、酸枣，小檗属植物的托叶刺呈三叉针刺，俗称“三棵针”；或叶尖、叶缘变成刺状，如红花、枸骨等。

(5) 叶卷须（leaf tendril）：叶全部或一部分变为卷须，适应攀援生长。如豌豆的前端几枚小叶变成卷须，菝葜属（Smilax）植物的托叶变成卷须。

(6) 捕虫叶（insectivorous leaf）：叶片变态成囊状、盘状或瓶状，上有腺毛能分泌粘液和消化液，能够诱捕昆虫并消化，从中获得营养，如捕蝇草、茅膏菜、猪笼草。

(7) 叶状柄（phyllode）：叶片退化，而叶柄变成绿色扁平的叶片状体。如幼苗期的台湾相思树的初生叶是羽状复叶，后生叶的小叶完全退化仅存叶状柄。

三、叶的组织构造

叶柄构造和茎很相似；叶片、托叶呈绿色扁平体，构造上与茎具有明显差异。

（一）双子叶植物叶的结构

1. 叶柄的结构 叶柄横切面呈半圆形或圆形等，近轴面常平坦或凹下，远轴面凸出，其结构与茎相似，由表皮、皮层和维管束3部分组成。最外为表皮，皮层中具厚角组织，维管束呈半圆形或圆形排列，木质部在近轴面或在内，韧皮部在远轴面或在外，两者间往往具一层形成层，形成层活动期短；维管束因合并或分裂，其束数变化很大（图2-45）。

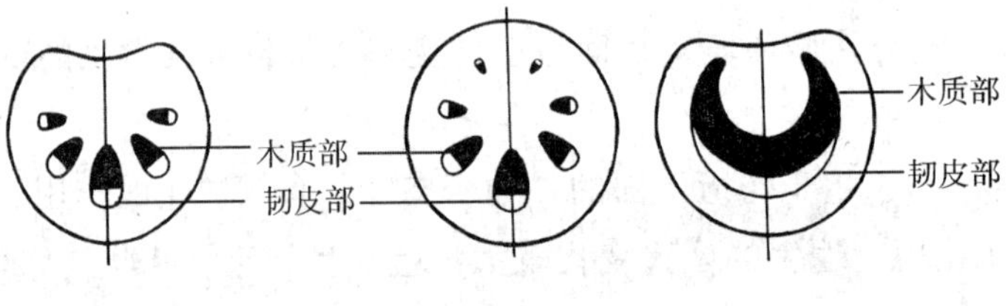

图2-45 三种类型叶柄横切面简图

2. 叶片的构造 双子叶植物叶片结构常由表皮、叶肉和叶脉三部分组成（图2-46）。

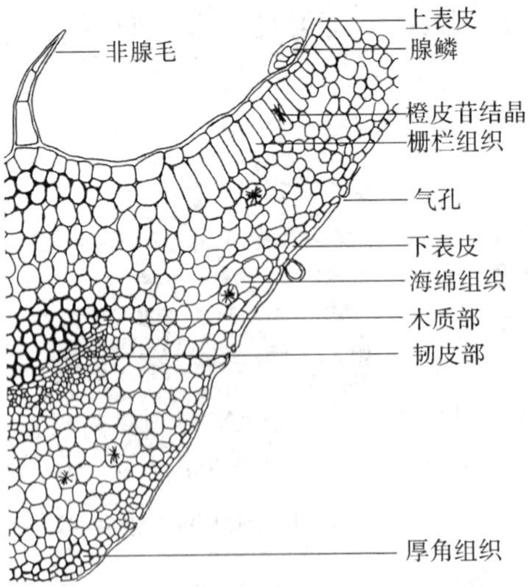

图2-46 双子叶植物叶片（薄荷）横切面详图

(1) 表皮（epidermis）：覆盖整个叶片的表面，有上表皮和下表皮之分，上表皮在叶片上表面（近轴面），下表皮在叶片的下表面（远轴面）。表皮常由一层扁平的生活细胞组成，常不具叶绿体，排列紧密，无胞间隙。顶面观，表皮细胞呈不规则形，彼此嵌合；横切面观呈方形或长方形，外壁较厚，角质化并具角质层，有的具蜡质。少数植物表皮由多层细胞组成，称复表皮（multiple epidermis），如夹竹桃、海桐叶等。

表皮上常具有气孔、毛状体等附属物，上、下表皮常均有气孔，大多数植物下表皮的气孔常较上表皮密集。气孔的形状、数目和分布等因植物种类和环境条件而异。有些植物的叶尖和叶缘尚有一种排水的孔状结构，称水孔，如番茄、禾本科植物幼苗。

（2）叶肉（mesophyll）：上、下表皮之间的部分，薄壁细胞含有叶绿体，是植物进行光合作用的主要部分。按叶肉薄壁组织的细胞形态和排列方式不同，分为栅栏组织（palisade tissue）和海绵组织（spongy tissue），栅栏组织位于上表皮之下，细胞呈长圆柱形，其长径与表皮垂直，排列紧密而整齐呈栅栏状，胞间隙小呈纵向，利于气体的交换；细胞内所含的叶绿体较多，所以叶片上表面绿色较深。海绵组织位于栅栏组织与下表皮或栅栏组织之间，细胞呈不规则形，排列疏松，胞间隙发达，细胞内所含叶绿体也少。叶肉组织在上、下表皮的气孔处有较大空隙，称孔下室（substomatic chamber）。叶肉组织明显分化为栅栏组织和海绵组织的叶，称两面叶（bifacial leaf）或异叶面（dorsiventral leal）；叶多与地表呈垂直状况，叶两面受光相等，上、下表皮下均有栅栏组织或叶肉组织无分化者，称等面叶（isobilateral leaf）；如番泻叶、桉叶的两面均有栅栏组织，而百合、玉米的叶肉组织无明显的分化（图 2－47）。

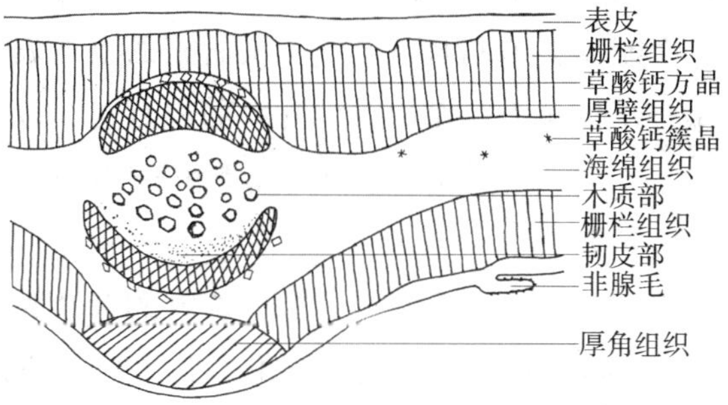

图 2－47 番泻叶的横切面简图（等面叶）

（3）叶脉（vein）：叶片中的维管束，主脉和各级侧脉结构有所区别。主脉和较大侧脉由维管束和机械组织组成，维管束结构和茎相同，木质部在近轴面，韧皮部在远轴面，形成层活动有限；主脉维管束的上下表皮内方常有厚壁组织或厚角组织，在叶背面较发达；主脉处上、下表皮内方，常不分化出叶肉组织。少数有 1 至几层栅栏组织如番泻叶、石楠叶。较细的叶脉位于叶肉组织中，维管束外面常包围着 1 层或多层排列紧密的大型细胞，称维管束鞘（vascular bundle sheath）。叶脉越细结构越简单，先是形成层简化，机械组织减少，细脉末端仅 1～2 个短的螺纹管胞，韧皮部仅存在短而狭的筛管分子和增大的伴胞；小叶脉处常有特化的传递细胞，能有效地从叶肉组织输送光合作用产物到达筛管分子。

（二）单子叶植物叶的结构

单子叶植物叶结构与双子叶植物相似，也由表皮、叶肉组织和叶脉三部分组成，但各部分的结构又有其特点，现以禾本科植物叶片的结构为例进行介绍（图 2－48）。

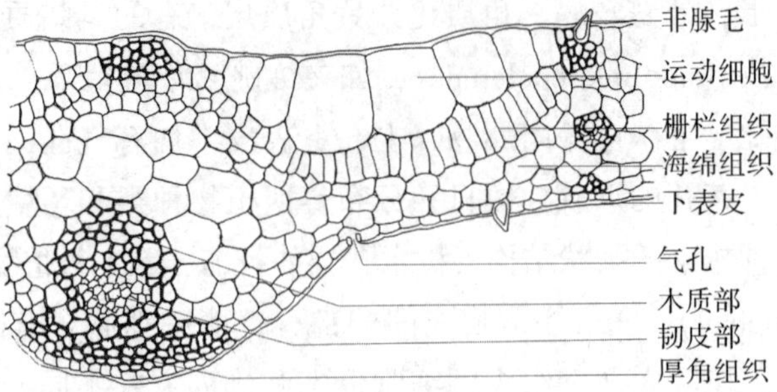

图2-48 单子叶植物（淡竹叶）叶片横切面详图

1. 表皮 表皮由长细胞与短细胞组成。长细胞呈长方形，其长径与叶脉平行排列，横切面近方形，外壁角质化，并含有硅质；短细胞分为硅质细胞和栓质细胞两种，位于叶脉外侧呈纵向相隔排列，硅质细胞腔内充满硅质体，栓质细胞的壁木栓化。表皮存在一些特殊的大形细胞，壁较薄，液泡发达，横切面上略呈扇形排列，称泡状细胞（bulliform cell）；干旱失水时能使叶子卷曲，又称运动细胞（motor cell）。气孔呈纵向排列，保卫细胞呈哑铃型。

2. 叶肉 叶肉常无明显栅栏组织和海绵组织分化的等面叶，叶肉细胞间隙小，孔下室较大。一些植物的叶肉组织明显分化成栅栏组织和海绵组织的两面叶，如淡竹叶。

3. 叶脉 有限外韧型维管束近平行排列。主脉维管束的上下表皮内方常有厚壁组织分布，并与表皮层相连，增强了机械支持作用。维管束鞘常有1、2层或多层细胞，如玉米、甘蔗为1层较大薄壁细胞，水稻、小麦为1层薄壁细胞和1层厚壁细胞组成。

（三）裸子叶植物叶的结构

裸子植物的叶多为针形、条形或鳞形叶。以松属植物的针叶为例，松柏类植物叶在形态结构上具有旱生植物叶的特点。叶横切面为半圆形，其结构可分为表皮、下皮层（hypodermis）、叶肉和维管束4部分。表皮细胞壁厚，腔小，外被较厚的角质层；气孔纵向排列，下陷于下皮层中。下皮层为表皮内的几层厚壁组织。叶肉组织无分化，细胞壁向内形成突起，叶绿体沿突起表面分布，扩展光合作用的能力；叶肉中分布树脂道，具内皮层。维管束1~2束，木质部在近轴面，韧皮部远轴面（图2-49）。

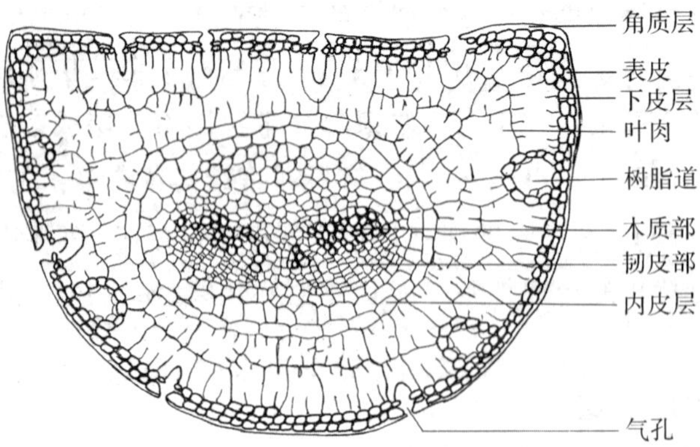

图2-49 裸子植物针叶的结构

知识拓展

叶片微形态特征的分类学意义

叶片微形态特征可用于探讨植物种间、属间甚至科的分类和系统演化关系，具有重要的分类价值。叶的显微常数（气孔指数、栅表比和脉岛数）是较稳定的显微特征，是分类鉴别的重要参数。气孔指数（stomatal index）是叶的单位面积（mm^2）上气孔数与表皮细胞的比例，即气孔指数 =（单位面积上的气孔数）/（单位面积上的气孔数 + 单位面积上的表皮细胞数）×100%，如蓼蓝 *Polygonum tinctorium* Ait. 叶片上、下表皮的气孔指数分别是 8.4% ~11.4%、22.4% ~28.0%。栅表比（palisade ratio）是指 1 个表皮细胞下栅栏细胞数目的均值，如尖叶番泻 *Cassia acutifolia* Delile 叶片的栅表比为 1:(4.5 ~18)。脉岛数（vein islet number）是单位面积（mm^2）中脉岛的数目，脉岛是指最微细的叶脉所包围的叶肉组织，如紫珠叶的基原植物杜虹花 *Callicarpa formosana* Rolfe. 叶的脉岛数为（11.31 ±1.82）个/mm^2，大叶紫珠 C. *macrophylla* Vahl. 叶的脉岛数为（3.82 ±1.44）个/mm^2，华紫珠 *C. cathayana* H. T. Chang 叶的脉岛数为（4.66 ±1.73）个/mm^2。

叶表皮的微形态特征在有些分类群中相当稳定，常用于分类学研究的有：表皮细胞形态、大小、垂周壁式样、表皮蜡质纹饰、角质膜等，以及气孔器类型、气孔形态、气孔大小、气孔密度、气孔指数、气孔的外拱盖及拱盖内缘的特征，主要用于属内种间的分类。表皮毛状体是植物叶表皮上的常见附属物，毛状体形态多样，但在一些类群中十分一致，也可作为种间的鉴别和分类。叶的整体脉型、二级脉、三级脉、叶缘末级脉、网眼、盲脉和叶缘齿端结构都是植物比较稳定的性状，可用于属级以上的分类单位以及种的划分。叶片微形态特征以研究属下种间的分类者居多，其中表皮毛类型及叶脉序特征有着基本相同的演化趋势，便于类群划分和亲缘关系分析，而叶表皮垂周壁式样、表皮蜡质纹饰、气孔器形态等在不同类群中演化顺序不尽相同。

四、叶的构造与生态环境的关系

叶是完全暴露在空气中面积最大的植物器官，植物进化过程中叶片是对环境变化比较敏感且可塑性大的器官，环境变化常导致叶长、宽及厚度，叶表面气孔、表皮细胞及附属物、栅栏组织、海绵组织、胞间隙、厚角组织和叶脉等形态结构的响应与适应。叶的形态和构造对不同生态环境的适应性变化，形成了不同的生态类型（图 2 -50）。

1. 叶片结构与水分因子 按植物对水分利用可分为节水型（water savers）和耗水型（water spenders），其叶片形态结构特征与水分保持有关。植物长期生长在缺水条件下叶片具有耐旱的形态结构特征，即叶片细胞壁硬且弹性高，渗透势低；表皮细胞小，切向壁加厚，角质层厚，气孔多在下表皮，气孔密度增加且向小型化发展，气孔下陷形成气孔窝或其上有突出的角质膜；栅栏组织发达，海绵组织不发达，胞间隙小；具发达的网状叶脉和较大的维管束鞘细胞，木质部导管直径小；比叶重（leaf mass perarea，LMA）和叶片密度增大。长期生长于阴湿环境植物的叶面积大而薄，表皮细胞大且含叶绿素，气孔多分布在上表皮，叶肉组织分化程度低，气腔和通气组织发达，组织间隙较大，比叶重和叶片密度减小，维管束和机械组织退化等特征。

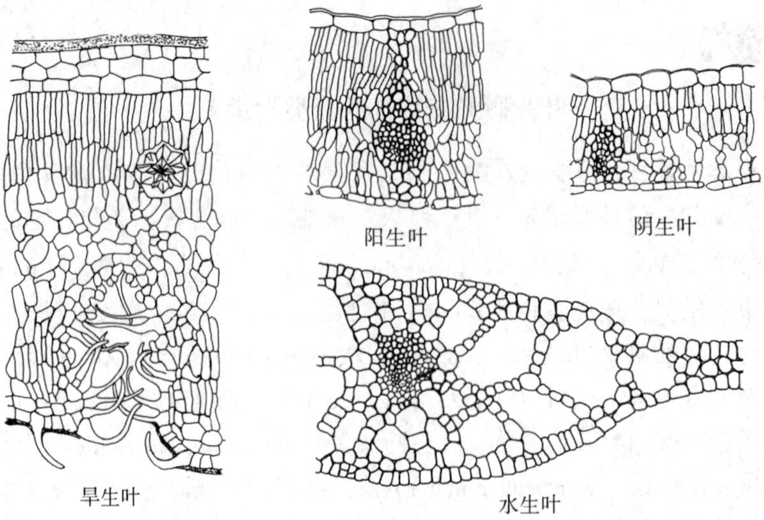

图2－50　不同生态型叶的结构

2. 叶片结构与光因子　光是影响叶片形态解剖结构的环境因子。强光生境下植物的叶片小而厚，表皮角质膜和毛被等附属物发达；表皮细胞层数多且体积减小、有下皮层，叶肉栅栏组织发达、细胞长柱形及海绵组织排列紧密等特征；气孔密度和气孔指数随光强增加而增大，气孔导度在50%光强处最大，但保卫细胞长度对光强度反应不明显。长期生长于弱光环境中的植物叶片大而薄、比叶重小、柔软且叶柄较长；表皮形态结构表现为细胞凸透、层数减少、体积增大、壁薄、常含叶绿素、角质膜薄或无，栅栏组织不发达，海绵组织发达，占叶肉中大部分，胞间隙较发达；叶脉稀疏，机械组织不发达。

叶片的结构对不同光质的敏感性差异较大，其中对蓝光数量敏感性最大，而红光最小。一定范围内，蓝光数量与叶片厚度、栅栏组织细胞中叶绿体数目、栅栏组织和海绵组织厚度等呈正相关，而红光和远红光数量的影响不显著。此外，与自然状况下相比，在滤除远红光的光谱照射下生长的植物叶面积、栅栏组织细胞长度和胞间隙变小，色素含量增加，但叶厚度不变；而生长在滤除红光照射下，叶形态结构和色素含量未受到影响。

3. 叶片结构与温度因子　高温条件下生长的植物，比叶面积显著增加，而叶片厚度、栅栏组织和海绵组织细胞层数及厚度、叶绿素含量等则减少。随温度升高，气孔密度增加，而气孔器面积和气孔长宽指数减小，气孔导度和CO_2同化速率也降低；耐热植物种类表现为气孔密度大、体积小且孔径小，叶片较厚，叶肉细胞排列紧密，细胞很少出现质壁分离，此组织结构能较好地吸收和保持水分，提高水分的传输速率，使植物能够适应高温干旱环境；但感热植物种类的结构特征与之相反。低温环境下，植物叶面积缩小，上下表皮厚度、栅栏组织和海绵组织厚度及叶总厚度增加。随寒冷指数增大，叶片数呈现减少趋势，而叶片厚度、管胞直径、叶片的输导组织和维管束厚度、内皮层厚度以及输导组织和维管束厚度与叶片总厚度之比均呈增大趋势。

4. 叶片结构与CO_2浓度　CO_2是植物光合作用的原料，其浓度对植物生长有直接作用。不同光合途径的植物对高浓度CO_2的响应差异较大，CO_2浓度倍增使C_3植物叶片厚度明显增加，且上表面气孔减少，但C_4植物叶片厚度无明显变化，而表皮气孔有增加趋势，并且C_3植物叶片叶绿素含量和维管束鞘细胞中叶绿体数目及体积较C_4植物明显减小。气孔对CO_2和O_2等分压的变化较敏感，高山环境中CO_2和O_2分压低，通常气孔下陷，气孔面积减小。

总之，植物叶片结构对环境因子变化的响应与适应极为活跃，叶片形态、表皮特征和基本组织结构等均会发生适应性变化。在干旱、强光和盐生环境中植物表现出的特征是，叶面积小且厚，叶表皮的角质层和毛被等附属物发达，气孔密度大、面积小、多分布在下表皮，叶肉组织分化程度高等特征。CO_2浓度变化大对叶片厚度和气孔特征的影响也较大；UV－B辐射增强主要作用于叶片光系统Ⅱ，使叶绿体完整结构受到破坏，基粒和基质类囊体受到损伤。以上变化是各种植物叶片结构对环境变化响应的共有现象。

第五节　营养器官之间的联系

扫码“学一学”

一、营养器官维管组织的联系

植物器官间的组织彼此联系，各器官的表皮形成了表面保护系统，表皮之下是皮层；各器官的表皮和皮层间联系相对简单。而维管组织贯穿植物体的各个部分，形成复杂而完善的输导和支持的体系。种子萌发时，胚轴下端的胚根发育为主根，上端的胚芽发育为茎、叶系统。根和茎维管组织的联系在其初生构造中比较复杂，因在根中维管束是辐射型，外始式发育，而茎维管束是无限外韧型，木质部内始式发育，韧皮部外始式发育。因此，根与茎的维管束结构必须在下胚轴中根茎过渡区（transition zone）进行转变，使根和茎的初生维管束相互连接。根和茎的维管束转变形式有几种类型。以1个二原型为例，根维管束中初生木质部由内向外纵裂成两束，各向两侧反转180°，移至相邻韧皮部的内方，每两束木质部与同时分裂转移的韧皮部相连接，最后合并成为束，形成茎维管束（图2－51）。

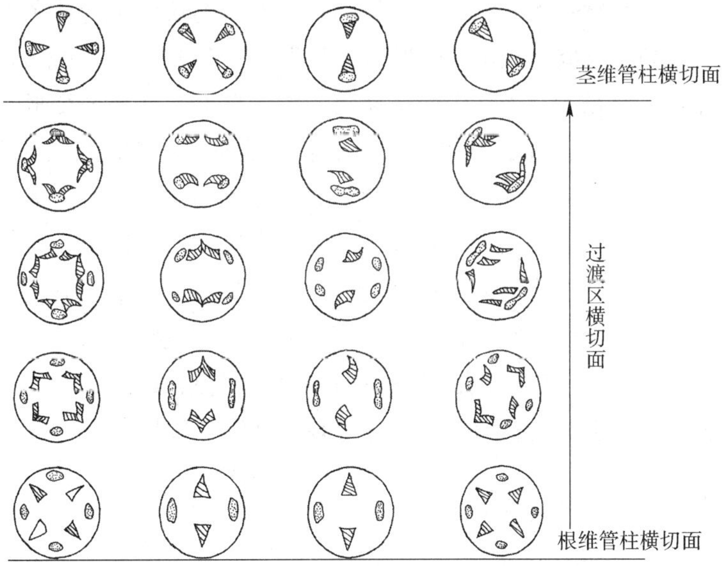

图2－51　根、茎过渡区维管结构联系图解

茎维管束在节处分支进入叶柄，经多次分支形成叶脉。维管束从茎中维管柱分支点起，穿过皮层到叶柄基部的这一部分称为叶迹（leaf trace），叶子脱落后在叶痕上可见叶迹维管束。叶迹上方由薄壁组织所填充的区域称叶隙（leaf gap）。枝维管束也是主茎维管柱的分枝。主茎维管束分支经过皮层到枝的部分称枝迹（branch trace），枝迹上方同样为薄壁组织

所填充的区域，称枝隙（branch gap）（图2－52）。

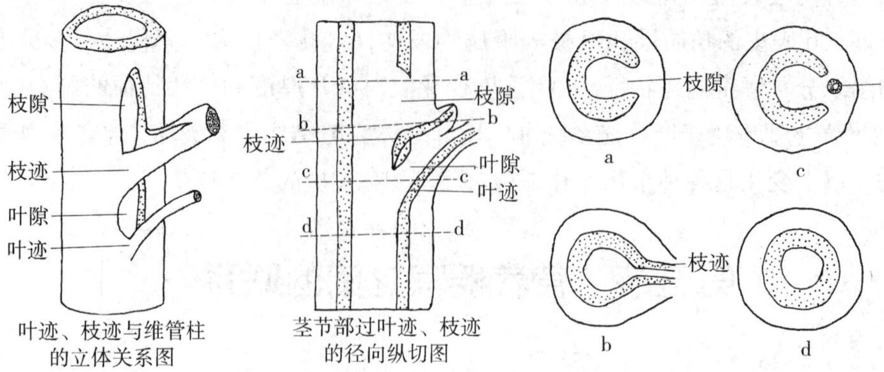

图2－52　节部维管束关系图解

营养器官的维管组织由根通过下胚轴根茎过渡区与茎相连，再由茎节处的枝迹、叶迹与侧枝、叶相连，构成一个连续的维管系统，以保证植物生长发育过程中所需要的有机物质、水和矿物质的运转。

二、营养器官生理功能的联系

根的主要功能是从土壤中吸收水分和无机盐类，主要吸水部位是根尖的根毛和幼嫩的表皮，根毛细长，细胞壁薄，液泡大，保持相当大的浓度渗透压，能不断地从土壤溶液中吸收水分和矿物养分，除小部分用于根生长发育和代谢活动外，大部分通过皮层进入根木质部导管，再由茎木质部输送到地上各部分；水中的 CO_2 也被根吸收，提供给光合作用。

茎的主要生理功能是输送水分、无机盐类和有机营养物质到植物体各部分，同时支持叶、花、果伸展在一定的空间，利于光合作用、开花、传粉及果实、种子的散布。

叶是光合作用的主要场所，光合作用是利用太阳能将 CO_2 和水转变成有机物和氧气的过程，其合成的有机物主要是糖，糖再转变成淀粉，能量贮存在于糖和淀粉等有机物中，为植物体提供有机物、能量和氧气。叶又是植物蒸腾作用的主要器官，蒸腾失水对光合作用带来一些损失，但随之也将空气中 CO_2 通过气孔进入叶肉组织，形成光合作用的产物。蒸腾作用引起根部吸水和向上运输，无机盐类随蒸腾液流上升并在植物体内的运转。

植物体所需要水分和无机盐类由根部吸收，所需要的有机物质由叶光合作用提供，两者需通过茎的向上、向下运输供给植物体各部分。由此可见，根、茎、叶的生理功能存在着密切的联系，同时植物营养器官的生理活动与形态构造统一协调。

三、营养器官生长的相关性

植物营养器官间存在着相互依赖、相互制约的关系，并在生长上表现出相关性。根生在地下形成庞大的根系，保证水分、无机盐类等的吸收和供给，同时起固着和支持作用，使植物稳固地直立地上。茎生在地上，承载着枝、叶、花、果实，使地上的枝叶得以伸展；根吸收的水分、无机盐类等物质通过茎向上输送到枝叶，叶光合作用的有机产物和生理活性物质等通过茎向下输送到根部。植物地上的茎叶与地下的根存在着相互依存和相互制约的关系，因此通过调节控制光照、水分、温度、矿物质等因素可改变植物地上部分与地下部分的生长，即“根冠比率”。

顶芽和侧芽、主根与侧根的生长发育也相互制约。顶芽生长发育好，主干就长得快，侧芽就受到抑制，生长发育缓慢，甚至不能发育成新枝。去掉顶芽，侧芽则生长较快，发育为新枝。主根与侧根也有类似的顶端优势。顶端优势的强弱随植物种类不同而异。主干与分枝之间的生长相关性一般认为与植物体内生长激素浓度有关，顶芽生长发育需要较高浓度生长素，侧芽生长发育需要较低浓度的生长素，大量生长素对侧芽生长起抑制作用。

重点小结

种子是种子植物特有的器官，花经过传粉、受精后，胚珠发育成种子，具有繁殖作用。种子的形状、大小、色泽、表面纹理等随植物种类不同而异。种子由种皮、胚和胚乳三部分组成。种皮上常可见种脐、种孔、合点、种脊和种阜等结构。胚由胚根、胚轴、胚芽和子叶四部分组成。按种子中胚乳的有无，可分为有胚乳种子和无胚乳种子。成熟的种子在适宜外界条件下即可萌发形成幼苗。大多数植物种子常需要一定休眠期才能萌发。种子萌发形成幼苗时，通常胚根先突破种皮向下生长，形成主根；然后，胚芽突出种皮向上生长，伸出土面而形成茎叶系统，逐渐形成幼苗，幼苗有子叶出土和子叶留土两种类型。

根是维管植物的营养器官，具有吸收、输导、固着、贮藏及繁殖等功能。按其来源分定根和不定根，定根直接或间接来源于胚根；不定根产生于其他部位，没有主次之分。一株植物所有根的总体称根系，直根系有明显的主根、侧根的区别，须根系多由不定根组成，大小较均一，无主次之分。根在功能及形态上常特化成贮藏根、支持根、气生根、攀援根、呼吸根、寄生根、水生根等。根尖是指从根的顶端到着生根毛的部分，可分为根冠、分生区、伸长区和成熟区四个部分，分生区是细胞分裂最活跃的部分，伸长区细胞的生长使根向前推进，成熟区出现了根的初生结构。根初生构造包括表皮、皮层、维管柱三部分。表皮具根毛，是重要的吸收结构；皮层细胞多为排列疏松的薄壁组织，内皮层具有凯氏带或凯氏点；维管柱的初生木质部束与初生韧皮部束相间排列，呈辐射状结构，外面包被明显的中柱鞘。根次生生长时，初生木质部与初生韧皮部间保留的原形成层细胞及靠近木质部脊的中柱鞘细胞恢复分生能力后，形成维管形成层，并产生次生木质部、次生韧皮部、维管射线；中柱鞘细胞分裂衍生形成木栓形成层，产生周皮。维管形成层或木栓形成层的异常发生与活动产生了异常维管组织，形成了根的异常构造。

茎是维管植物的营养器官，具有支持、输导、贮藏及繁殖等功能。茎上有节和节间、芽和叶是根与茎相区别的主要特征。芽可分为定芽和不定芽，定芽有顶芽、腋芽和副芽；或鳞芽和裸芽，或叶芽、花芽和混合芽，或活动芽和休眠芽。地下茎的变态类型有根状茎、块茎、球茎和鳞茎；地上茎的变态类型有叶状茎、枝刺、钩状茎、茎卷须、小块茎和小鳞茎。茎尖分为分生区、伸长区和成熟区三个部分，分生区是细胞分裂最活跃的部分，伸长区细胞的生长使茎不断长高，成熟区形成了茎的初生结构。茎的初生构造包括为表皮、皮层、维管柱三部分。表皮常具有气孔、茸毛和其他附属物，是重要的保护组织。皮层位于表皮下方，由基本分生组织分化而成，细胞壁薄而大，排列疏松，靠近表皮的部分细胞通常含叶绿体，故嫩茎一般可进行光合作用。维管柱由呈环状排列的维管束、髓射线和髓等组成。茎次生生长时，束中形成层，及与束中形成层相邻的薄壁细胞恢复分生能力，转化成束间形成层，形成一个圆筒状的形成层环带，并产生次生木质部、次生韧皮部和次生射线。木质茎次生生长十分发达，横切面可见明显的年轮；草质茎和根状茎次生生长不发达。有些植物茎和根状茎除了形成一般的正常构造外，有部分薄壁细胞，能恢复分生能力，转化成新的形成层，分裂产生多数异型维管束，形成髓维管束、同心环状排列的异常维管组织及木间木栓等异常构造。

叶是光合作用、蒸腾作用的重要器官，叶在茎上排列方式，有对生、互生、轮生和簇生。完全叶由叶片、叶柄和托叶三部分组成；缺少其中1或2部分者称不完全叶。叶片是叶的主要部分，常为绿色扁平体；叶柄常呈圆柱形、半圆柱形或稍扁平，支持叶片；托叶是叶柄基部的附属体。叶的形状包括叶形、叶尖、叶基、叶缘、叶脉及脉序类型、叶片质地、表面附属物和叶片分裂等各部分形态特征。叶有单叶和复叶，复叶可分4种类型。异形叶性是发生在植株不同发育年龄或外界环境所引起叶的形态变化。变态叶的种类很多，常见有5类型。叶柄结构与茎相似，叶片结构可分为表皮、叶肉和叶脉。叶片是对环境变化比较敏感且可塑性大的器官，环境变化常导致叶长、宽及厚度，叶表面气孔、表皮细胞及附属物、栅栏组织、海绵组织、胞间隙、厚角组织和叶脉等形态结构的响应与适应。植物体各器官在生理功能上既有分工又有合作，结构上既各具特点又以各种方式相互联系统一的整体，在生长发育过程中存在相互促进和互相制约的关系。

思考与探索

1. 从组成和结构分析种子对种子植物繁衍的意义。
2. 从种子休眠原因分析种子休眠的生态意义和生产意义。
3. 根的原分生组织细胞有何特点？从分生区到次生结构的形成，经过了哪些发育阶段，细胞又发生了哪些变化？
4. 植物学的根皮与根皮类药材在植物解剖学上有何不同？
5. 查阅资料阐述顶芽和侧芽的起源和进一步发育过程。
6. 简述侧根和侧芽、叶的起源和发育。何谓内起源和外起源？
7. 简述双子叶植物茎和单子叶植物茎有何异同。
8. 试从形成层和木栓形成层的活动分析双子叶植物的茎怎样由初生结构发展到次生结构？
9. 如何从结构上区别裸子植物茎和双子叶植物木本茎？
10. 植物学的树皮与树皮类药材在解剖学上有何不同？
11. 比较双子叶植物根与茎在结构上的差异，这种差异与器官的功能有什么关系？
12. 如何观察并描述叶的形态？理解叶的构造、形态及功能的相关性？
13. 如何理解营养器官维管组织的联系？
14. 树皮的概念有何意义？查阅资料阐述皮类药材环剥技术的原理和应用前景？
15. 查阅资料阐述叶片微形态特征如何用于分类鉴定？选取3种材料进行研究？

扫码“练一练”

（张新慧　刘湘丹　卢　伟）

第三章　植物的繁殖与繁殖器官

要点导航

1. 掌握植物的繁殖方式、组成和形态；花的组成和结构，花序类型；果实的形态、类型；种子的结构和形成过程。

2. 熟悉植物生殖结构的发育；花的类型；花程式和花图式的书写；果皮的构造。

3. 了解果肉的构造，果实与种子的传播；花芽发生和花器官发育模型。

扫码“学一学”

第一节　繁殖的类型

植物产生与自己相似的新个体的现象称为繁殖（propagation）。生殖（reproduction）是指生殖细胞发育成下一代新个体的方式。繁殖的含义较生殖广泛，有时二者可以通用。植物的繁殖可分为营养繁殖、无性繁殖和有性繁殖，或分为无性生殖和有性生殖。植物通过繁殖能增加新一代个体，扩大后代的生活范围；保证物种的遗传信息以繁殖的方式传递给子代。植物经历一代又一代的繁殖和自然选择，形成了纷繁复杂、五彩缤纷的植物世界。同时，在人类的生产活动中，通过对植物繁殖过程的人工干预，培育出许多优良品种。

一、植物的营养繁殖

营养繁殖（vegetative reproduction）是植物营养体的一部分与母体分开或不分开直接发育出新个体的过程。因繁殖中不产生性细胞，也称克隆生长。营养繁殖是植物界普遍采用的繁殖方式，如低等植物的单细胞种类以细胞分裂和出芽方式产生新个体，多细胞植株的部分断裂长成 1 个独立的新个体；高等植物的营养器官多具有形成不定根、不定芽的潜能，一定条件下也能发育成新的植株。高等植物常属 2 倍体植物的营养繁殖，低等植物则多为单倍体植物的营养繁殖。因营养繁殖不涉及性细胞融合，所以是一种无融合生殖方式。

营养繁殖又分为自然营养繁殖和人工营养繁殖两种。营养繁殖不仅繁殖速度快，且后代产生变异较少，保持了母株的优良性状，并可使成熟期提前。人类创造了扦插、压条、嫁接、分蘖、分株等营养繁殖技术，同时对有性生殖困难的植物，营养繁殖具有扩大种源，选育优良无性系的作用。组织培养技术已成为人工繁殖最快速的途径。

二、植物的无性生殖

植物营养生长到一定阶段，进入生殖生长期，产生具有生殖功能的无性细胞，称为孢子。孢子不经两性的结合发育成为新个体的生殖方式，称无性生殖（asexual reproduction），也称孢子生殖（spore reproduction）。孢子按产生方式，可分为分生孢子、内生孢子等。孢子生殖是藻类、菌类、苔藓类和蕨类植物的主要繁殖方式，种子植物也存在无性生殖方式，但不是种子植物的主要繁殖方式。

三、植物的有性生殖

植物通过两性细胞的结合形成新个体的繁殖方式，称有性生殖（sexual reproduction）。配子融合是有性生殖最常见的方式，植物体产生单倍体的配子（gamete），两个配子结合形成合子（zygote），合子进一步发育形成新植株。因为合子具备了双亲的遗传性信息，增强了后代的生活力和更广泛的适应性，有利于植物的进化和繁衍。按配子大小、形状、行为等差异，可分为同配生殖、异配生殖和卵式生殖三种类型。

（1）同配生殖（isogamy）：两个相互结合的配子其形态、结构、大小和运动能力相同，从形态上难以区别。同配生殖是较原始的生殖方式，常见于藻类。

（2）异配生殖（anisogamy）：两种配子的大小不相同，较大者为雌配子，较小者为雄配子，只有这两种配子可结合为合子。异配生殖方式常见于低等的球藻类。

（3）卵式生殖（oogamy）：两种配子的形态、大小、结构和运动能力等方面均有明显差异，雄配子较小、细长，有的具有鞭毛和较强的运动能力，称精子（sperm）；雌配子较大、卵形，无鞭毛，常不具运动能力，称卵子（egg）。精子和卵子的融合称受精作用（fertilization），受精卵（fertilized egg）发育成新植株。从藻类、真菌到高等植物均可见到卵式生殖，高等植物的有性生殖均属卵式生殖。

四、植物的生活史与世代交替

植物从生长发育的某一阶段开始，经一系列生长发育过程，产生下一代后又重现该阶段的现象称为生活史（life history），也称生活周期（life cycle）。植物生活史中出现了两种个体，一是能产生配子，进行有性生殖的配子体（gametophyte），配子体是孢子发育而来的单倍体；另一种是能产生孢子，进行无性生殖的孢子体（sporophyte），孢子体是合子发育而成的 2 倍体。孢子体发育阶段称孢子体世代（或无性世代），配子体发育阶段称配子体世代（有性世代），这两个世代有规律地交替出现在植物生活史中的现象称世代交替（alternation of generation），在植物自然演化过程中，无性世代和有性世代的交替出现，保证了植物能产生数量多、适应性强的后代，在两个世代交替转换中，减数分裂和受精作用是两个关键的环节。按减数分裂和受精作用之间的关系，可将生活史分为 4 种基本类型。

（1）生活史中仅有营养繁殖，无有性生殖；即没有减数分裂，核相无变化。

（2）生活史中仅有 1 个单倍体植物，进行无性生殖和有性生殖，或仅进行一种生殖方式。有性生殖中，减数分裂发生在合子形成后，新植物产生前。

（3）生活史中仅有 1 个 2 倍体植物，只进行有性生殖，减数分裂发生在配子囊产生配子之前。生活史中凡是出现有性生殖的植物，必然存在核相交替现象。

（4）生活史中有世代交替现象，即生活史中有 2 或 3 个植物体：单倍体进行有性生殖，合子萌发时不经过减数分裂，产生 2 倍植物体；该 2 倍体植物进行无性生殖，经减数分裂产生孢子，再发育成单倍植物体。因单倍植物体行有性生殖，是其有性世代的植物体，称配子体；而 2 倍植物体行无性生殖（孢子生殖），是无性世代的植物体，称孢子体。

植物的世代交替中，有的是配子体占优势，有的是孢子体占优势。若孢子体和配子体在形态和大小上有着同样的发育程度，称“同形世代交替”；若孢子体和配子体具有不同的发育程度和形态大小都不同，称“异形世代交替”。在进化史上同形世代交替是较低级的类型，异形世代交替中的孢子体世代越占优势则越属进步的表现。

第二节　花

扫码“学一学”

低等植物的生殖结构简单，常为单细胞；而高等植物的生殖结构为多细胞，被子植物的生殖结构最为复杂，出现了花的构造。被子植物营养生长至一定阶段，在光照、温度等满足一定要求时，就能转入生殖生长阶段。茎的部分或全部顶端分生组织不再形成叶原基和芽原基，转而分化发育成花原基或花序原基，此时的芽称花芽。花芽形成花各组成部分，花生长发育过程中产生大、小孢子，并分别发育形成雌、雄配子体，产生雌、雄配子，经有性生殖过程，产生果实与种子。被子植物的有性与无性生殖过程均在花中发生。从营养生长转化为生殖生长是植物个体发育中的重大转变，涉及一系列复杂的生理生化变化。

一、花的组成和基本结构

花是适应于繁殖功能的变态短枝，一朵花一般由花柄（pedicel）、花托（receptacle）、花萼（calyx）、花冠（corolla）、雄蕊群（androecium）和雌蕊群（gynoecium）等六部分组成（图 3－1）。从形态上花萼、花冠、雄蕊群和雌蕊群具有叶的一般特性，花柄、花托是节间极度缩短而无分枝的变态枝。雄蕊群、雌蕊群具有生殖功能，是花最重要的部分；花萼和花冠合称花被，具保护和引诱昆虫传粉的作用；花柄及花托则主要起支持作用。

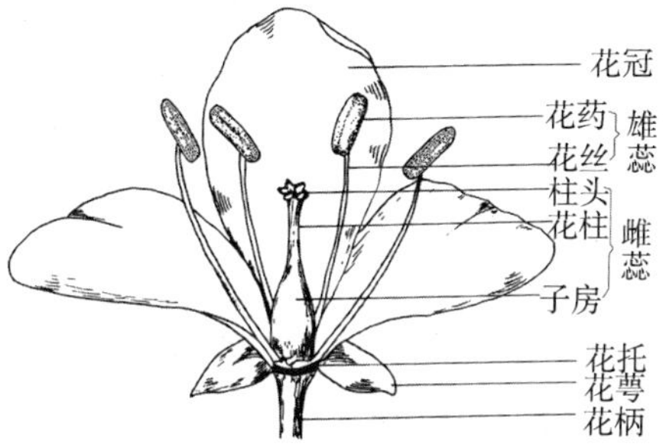

图 3－1　花的组成部分

（一）花柄（pedicel）和花托（receptacle）

花柄是着生花的小枝，也称花梗；花柄顶端的部分称花托，花的各部按一定方式着生于花托上。花托的形状多样，如厚朴、玉兰的花托呈圆柱状，草莓的花托呈圆锥状，金樱子、蔷薇的花托呈杯状，莲的花托膨大成倒圆锥状（称莲蓬）；花托顶部肉质增厚成扁平状、垫状、杯状或裂瓣状，并可分泌蜜汁称花盘（disk，disc），如柑橘、卫矛、枣等。

（二）花萼（calyx）和花冠（corolla）

多数植物具有分化明显的花萼和花冠，花萼和花冠合称花被（perianth）。也有一些植物的花萼和花冠形态相似不易区分时统称花被，如百合、黄精等。

1. 花萼（calyx）　花萼是 1 朵花中所有萼片（sepal）的总称，位于花的最外层，常呈绿色叶状，其形态构造与叶片相似。萼片分离者称离生萼，如毛茛、油菜；彼此连合者称合生萼，连合部分称萼筒，分离部分称萼齿、萼裂片或萼檐，如地黄、丁香；一些萼筒一侧向外延长成管状或囊状，称距（spur），如凤仙花、金莲花等；有些植物的花萼之外还有 1 轮萼状物称副萼，如棉花、木槿等；花萼似花冠且颜色鲜艳称瓣状萼，如乌头、飞燕草等；花萼呈毛状称冠毛（pappus），如蒲公英等；在开花前萼就脱落称早落萼，如白屈菜、虞美人等；花后仍保留萼片并在果期增大称宿存萼，如番茄、柿、茄等。

2. 花冠（corolla） 花冠是1朵花中所有花瓣（petal）的总称，位于花萼内侧，常颜色鲜艳。花瓣彼此分离者称离瓣花（choripetalous flower），如桃、油菜等，花瓣合生者称合瓣花（synpetalous flower），如牵牛等，合瓣花连合部分称花冠筒，分离部分称花冠裂片或冠檐，冠筒与冠檐间宽展部分称喉（throat）；花瓣基部延伸成管或囊状物，称距（spur），如紫花地丁等；花冠与雄蕊之间的瓣状或冠状结构称副花冠（corona），如水仙、萝藦等。花萼和花冠的形状、大小、颜色和联合情况等多样，下列一些特殊的花冠类型（图3-2）。

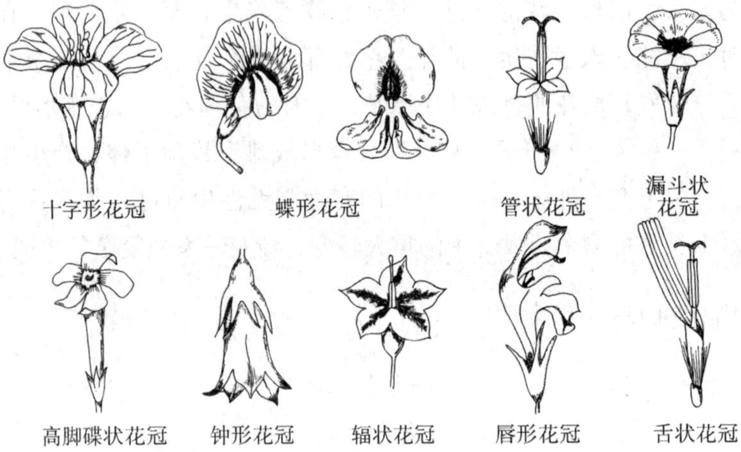

图3-2 花冠的类型

（1）十字形花冠（cruciferous）：花瓣4枚，离生，上部外展排列成十字形。如油菜、菘蓝、萝卜等十字花科植物。

（2）蝶形花冠（papilionaceous corolla）：花瓣5枚，离生，以蝶形卷叠或下降覆瓦状排列呈蝶形，上方1枚最外且最大称旗瓣（banner），两侧各1枚较小称翼瓣（ala），下方2枚形小并联合成龙骨状称龙骨瓣（carina）；如大豆、甘草、黄芪等。若花冠以上升覆瓦状排列，龙骨瓣最大位于外侧，旗瓣最小位于最内，翼瓣居中的花冠称假蝶形花冠；即旗瓣两侧都压着翼瓣，1枚翼瓣另一边又被龙骨瓣压着，另1枚翼瓣另一边压着龙骨瓣；如决明、红花羊蹄甲等。蝶形和假蝶形花冠是豆科主要的花冠类型。

（3）蔷薇型花冠（roseform corolla）：5枚离生的无柄花瓣具向外延伸的檐，呈辐射对称排列。如蔷薇、玫瑰、月季等。

（4）唇形花冠（labiate corolla）：花冠下部合生成筒状，上部二唇形，上唇常2裂，下唇3裂，如丹参、益母草等唇形科植物。若上唇很短，2裂，下唇3裂，称假单唇形，如筋骨草属；若无上唇，5枚裂片均在下唇，称单唇形，如石蚕属植物。

（5）管状花冠（tubular corolla）：冠筒呈细长管状，如大蓟、红花等的管状花。

（6）舌状花冠（ligulate corolla）：冠筒短，花冠上部向一侧延伸成扁平舌状，如向日葵、蒲公英等菊科植物的舌状花。

（7）漏斗状花冠（funnelform corolla）：冠筒较长，自下向上逐渐扩大成漏斗状，如牵牛、甘薯、曼陀罗等。

（8）钟状花冠（campanulate corolla）：冠筒短而宽，上部裂片扩大成钟状，如桔梗、沙参等桔梗科植物。

(9) 高脚碟状花冠 (salverform corolla)：冠筒呈细长管状，上部裂片水平展开成碟状，如络石、长春花等植物的花冠。

(10) 辐 (轮) 状花冠 (wheel - shaped corolla)：冠筒很短，裂片由基部向四周扩展呈水平状展开，形似车轮，如枸杞、龙葵等茄科植物。

(11) 坛状花冠 (urceolate corolla)：花冠筒膨大成卵形，上部收缩成一短颈，然后短小的冠裂片向四周辐射状伸展。如柿树、乌饭树属。

3. 花被卷迭式 (aestivation, prefloration) 花被卷迭式指花瓣和萼片在花芽内排列的方式和关系。植物种类不同，花被卷迭式也不同，常见的花被卷迭式有以下几种 (图3-3)：

图3-3　花被的卷迭式

(1) 镊合状 (valvate)：指各枚花被片的边缘互相靠近而不覆盖排成一圈，如葡萄、桔梗等。若各花被片的边缘微向内弯称内向镊合，如沙参的花冠；若各花被片的边缘微向外弯称外向镊合，如蜀葵的花萼。.

(2) 旋转状 (contorted)：指各枚花被片边缘彼此以一边重叠成回旋状，如夹竹桃、龙胆、栀子等的花冠。

(3) 覆瓦状 (imbricate)：指各枚花被片边缘彼此覆盖，但其中有1枚完全在外，1枚完全在内，如紫草的花冠；若覆瓦状排列的花被中，有2枚完全在外，2枚完全在内，称重覆瓦状 (quincuncial)，如野蔷薇、桃等的花冠。

(三) 雄蕊群 (androecium)

雄蕊群是一朵花中所有雄蕊 (stamen) 的总称，由多数或1枚雄蕊 (如京大戟、白及、姜) 组成，常与花被同数或为其倍数，常着生在花托、花冠或花被上。

1. 雄蕊的结构　雄蕊由花丝 (filament) 和花药 (anther) 两部分组成。花丝细长，中央具维管束，起支持花药和运输作用。花药是花丝顶端膨大的囊状物，常由4个或2个花粉囊 (pollen sac) 组成，分成左右两半，中间为药隔，花粉成熟后，花药自行开裂，散出花粉粒。常见的花药开裂方式 (图3-4) 有：纵裂，花粉囊沿纵轴开裂，如水稻、百合；横裂，花粉囊在中部横裂一缝，如木槿、蜀葵；瓣裂，花粉囊侧壁上裂成几枚小瓣，花粉由瓣下小孔散出，如樟、淫羊藿；孔裂，花粉囊顶部裂1小孔，花粉由小孔散出，如杜鹃、茄等。

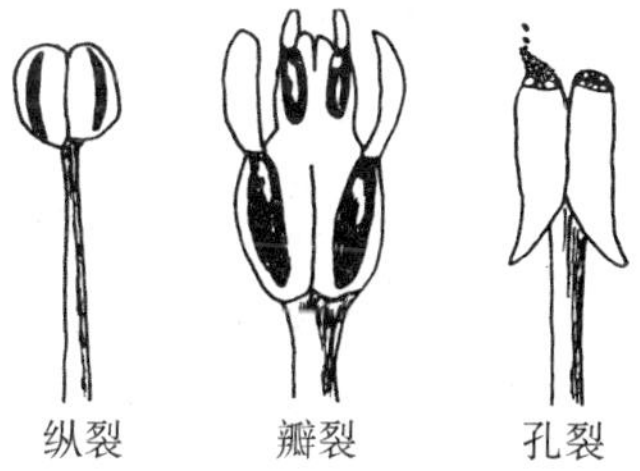

图3-4　花药开裂的方式

花药在花丝上主要有以下着生方式 (图3-5)：基着药 (basifixed anther)，花药基部着生于花丝顶端，如樟、茄；全着药 (adnate anther)，花药全部附着在花丝上，如紫玉兰；背着药 (dorsifixed anther)，花药背部着生于花丝上，如马鞭草、杜鹃；个字着药 (divergent anther)，花药上部连合，着生在花丝上，下部分离，略成个字形，如地黄、泡桐等；丁字着药 (versatile anther)，花药横向着生于花丝顶端，与花丝成丁字状，如百合、小麦等；广歧着药（divaricate anther），花药左右两半完全分离平展，垂直于花丝，如薄荷等。

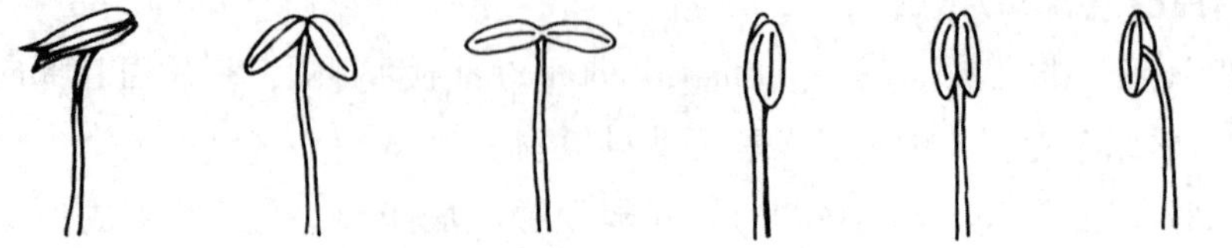

图3-5 花药着生方式

2. 雄蕊的类型 不同植物花中的雄蕊群，因雄蕊数目、花丝长短、联合程度和排列方式等不同，常见有以下特殊类型（图3-6）。

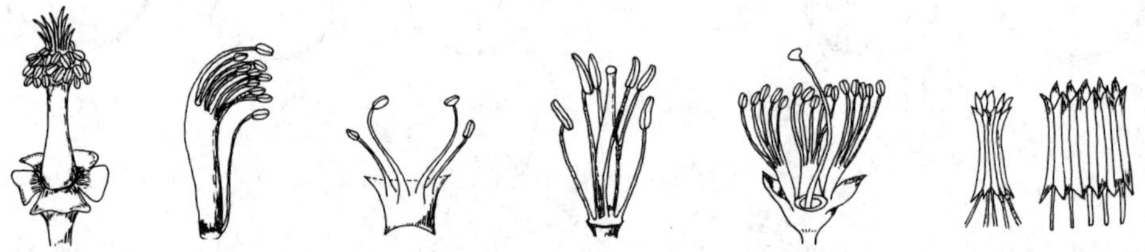

图3-6 雄蕊的类型

（1）离生雄蕊（distinct stamen）：雄蕊彼此分离，长度类似，如桃、梨等植物。

（2）单体雄蕊（monadelphous stamen）：所有雄蕊的花丝连合成一束呈圆筒状，而花药彼此分离，如蜀葵、木槿、棉花等锦葵科植物和苦楝、远志等。

（3）二体雄蕊（diadelphous stamen）：雄蕊的花丝连合形成两束（其数目相等或不等），如紫堇、延胡索等植物的雄蕊6枚，每3枚连合形成2束；而蚕豆、扁豆、甘草等豆科植物的10枚雄蕊，常9枚连合，1枚分离。

（4）多体雄蕊（polyadelphous stamen）：雄蕊多数，花丝分别连合成多束，如金丝桃、元宝草、酸橙等植物。

（5）冠生雄蕊（epipetalous stamen）：雄蕊着生在花冠上，如茄、龙胆等。

（6）二强雄蕊（didynamous stamen）：雄蕊4枚，1对较长，1对较短，如紫苏、益母草、地黄等唇形科和玄参科植物。

（7）四强雄蕊（tetradynamous stamen）：雄蕊6枚，4枚较长，2枚较短，如菘蓝、油菜、萝卜等十字花科植物。

（8）异长雄蕊（heterandrous stamen）：同一朵花中具有大小不相同的雄蕊，如决明属植物。

（9）聚药雄蕊（syngenesious stamen）：所有雄蕊的花药连合成筒状，而花丝彼此分离，如红花、向日葵等菊科植物。

（10）聚合雄蕊（polymerization stamen）：雄蕊的花丝和花药完全融合，如南瓜属植物。

有少数植物花中的部分雄蕊不具花药，或仅留痕迹，称不育雄蕊或退化雄蕊，如鸭跖草。也有少数植物的雄蕊变态而呈花瓣状，如姜、美人蕉等。

（四）雌蕊群（gynoecium）

雌蕊群是1朵花中雌蕊（pistil）的总称，位于花中心，1朵花中可有1或多枚雌蕊。

1. 雌蕊的类型　雌蕊的组成单位是心皮（carpel），心皮是适应生殖作用的变态叶。被子植物的雌蕊可由 1 至多枚心皮组成，按心皮数、联合情况可分为以下几种类型(图 3－7)。

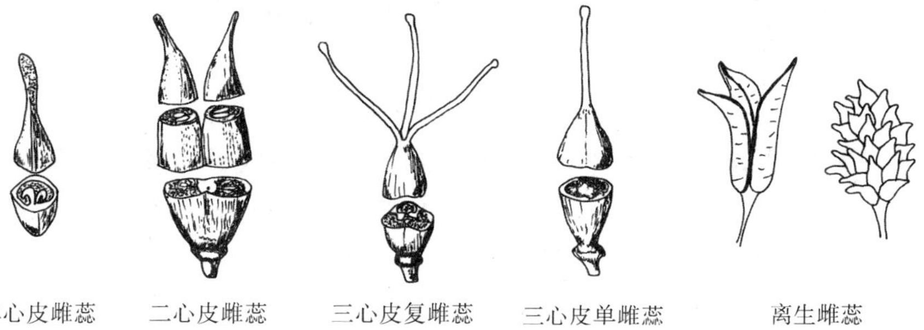

图 3－7　雌蕊的类型

（1）单雌蕊（simple pistil）：1 朵花中仅由 1 枚心皮组成的雌蕊，如扁豆、桃、杏等。

（2）离生雌蕊（apocarpous pistil）：1 朵花中由数枚心皮彼此分离形成的雌蕊，如八角、五味子、厚朴、草莓等。

（3）复雌蕊（compound pistil）：又称合生雌蕊，1 朵花中由 2 枚或 2 枚以上心皮彼此联合形成的雌蕊，常有 3 种类型，①柱头、花柱分离，子房合生，如梨；②柱头分离，子房、花柱合生，如南瓜、向日葵；③柱头、花柱、子房都合生，如百合、油菜。心皮数目可由柱头或花柱的分裂数目、子房上主脉的数目以及子房室数等进行判断。

心皮卷合成囊状时，胚珠包被在囊状雌蕊内。离生雌蕊中，每心皮两侧边缘愈合，而复雌蕊中不同心皮两侧的边缘愈合；心皮边缘愈合之处的合缝线称腹缝线（ventral suture），心皮的背部相当于叶中脉处的缝线称背缝线（dorsal suture）。

2. 雌蕊的结构　雌蕊一般由柱头（stigma）、花柱（style）和子房（ovary）组成。

（1）柱头（stigma）：是接受花粉的地方，位于雌蕊顶端，常膨大或扩展成各种形状。柱头表皮细胞呈乳突状、毛状等；具有分泌黏液的湿型柱头，利于花粉的固着及萌发，如棉属、烟草等；无黏液而具有亲水性蛋白质膜的干型柱头，如小麦、水稻等。

（2）花柱（style）：是柱头和子房之间的连接部分，是花粉管进入子房的通道，有空心和实心两类，其粗细长短随不同植物而异，如玉米的花柱细长如丝，莲的花柱粗短如棒，而木通、罂粟则无花柱，其柱头直接着生于子房的顶端，而唇形科和紫草科植物的花柱生于纵分裂的子房基部，则称花柱基生。

（3）子房（ovary）：是雌蕊基部膨大成囊状的部分，着生于花托上。其外部分化成子房壁，内部空间形成子房室，不同植物子房室的数目有所不同，单雌蕊和离生雌蕊的子房仅有 1 室。复雌蕊的子房可 1 至多室，因心皮边缘愈合后向内卷入，在中央汇聚成一中轴，形成了与心皮数相等的子房室称复室子房；复雌蕊 1 室的子房，因仅心皮边缘愈合形成的子房只有 1 室，或多室子房的纵隔膜溶解消失仅留下中央轴而成 1 室子房。有的子房室可被假隔膜完全或不完全地分隔开增加了子房室数目。子房内壁沿腹缝线处的胎座上着生胚珠，胚珠数目因植物而异。受精后整个子房发育成果实，胚珠发育成种子。

3. 子房的位置　子房着生在花托上，因子房与花托连生的情况不同，分为下列几种类型（图 3－8）。

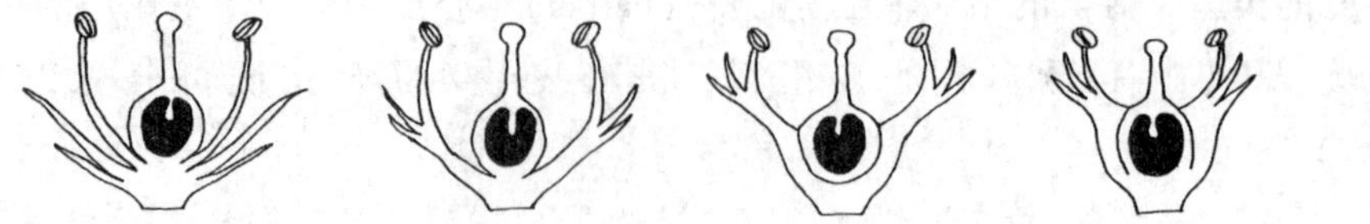

图3-8　子房的位置简图

（1）子房上位（superior ovary）：仅子房底部与花托相连。花被、雄蕊均着生于子房下方的花托上，这种花也称下位花（hypogynous flower），如毛茛、百合等。若花托下陷略呈杯状，子房着生于凹陷花托中，仅子房底部与花托相连，而花被、雄蕊着生于花托边缘，这种花称周位花（perigynous flower），如桃、玫瑰等。

（2）子房下位（inferior ovary）：子房完全埋藏在花托内并与花托愈合，花被、雄蕊着生于花托边缘，这种花称上位花（epigynous flower），如栀子、黄瓜等。

（3）子房半下位（half - inferior ovary）：子房下半部与花托或花筒愈合，上半部外露，花被、雄蕊着生于花托边缘，这种花也称周位花，如桔梗、马齿苋等。

4. 胎座及其类型　胚珠（ovule）在子房内着生的部位称胎座（placenta）。胎座在子房壁上的分布及相应胚珠的排列方式称胎座式（placentation），胎座式常有以下类型（图3-9）。

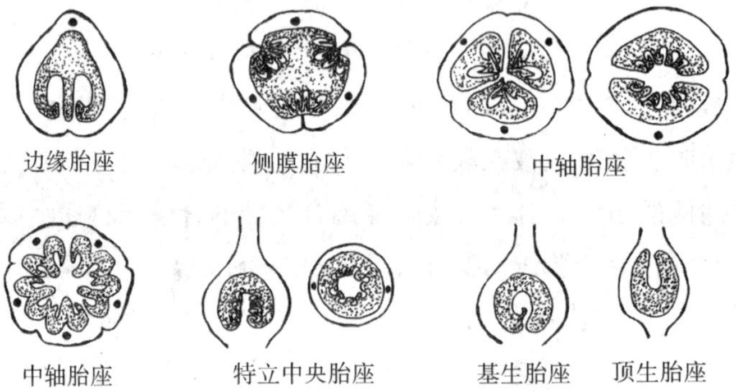

图3-9　胎座的类型

（1）边缘胎座（marginal placentation）：单心皮雌蕊，胚珠沿腹缝线边缘纵行排列，如野葛、决明、大豆、甘草、豌豆等植物。

（2）侧膜胎座（parietal placentation）：复雌蕊子房1室，胚珠沿着相邻两心皮的腹缝线着生，如罂粟、紫花地丁等；十字花科植物的子房因假隔膜形成2室；葫芦科中，3个侧膜胎座向内侵入子房腔，常在中央相遇形成假胎座轴，如南瓜、丝瓜等。

（3）中轴胎座（axile placentation）：复雌蕊子房多室，胚珠着生于因心皮边缘愈合后向内卷并在中央汇聚成的中轴上，如百合、柑橘、桔梗等。

（4）特立中央胎座（free - central placentation）：复雌蕊子房1室，胚珠着生在隔膜消失留下的独立中轴周围，中轴上部也与子房顶部分离，如石竹、马齿苋、报春花等。

（5）基生胎座（basal placentation）：子房1室，单胚珠着生于子房基部，如菊科植物。

（6）顶生胎座（apical placentation）：子房1室，单胚珠着生于子房顶部，如樟科植物。

（7）全面胎座（superficial placentation）：子房的内壁和隔膜上均着生有胚珠，是一种原始的胎座类型，如睡莲属植物。

5. 胚珠的类型　胚珠（ovule）是大孢子囊，常呈椭圆形或近圆形，其数目、类型随植物种类不同而异。由珠柄（funicle）、珠被（integument）、珠孔（micropyle）和珠心（nucellus）组成。珠柄是胚珠基部与胎座相连的短柄。大多数被子植物的胚珠有2层珠被，外层称外珠被（outer integument），内层称内珠被（inner integument），裸子植物和少数被子植物仅有1层珠被，极少数种类无珠被。珠孔是珠被的顶端不相连合而留下的一个小孔，是花粉管进入珠心实现受精的通道。珠被内为珠心，其中央发育形成胚囊（embryo sac），成熟的胚囊常有8个细胞，其中1个卵细胞、2个助细胞、3个反足细胞和2个极核细胞。珠被、珠心基部和珠柄汇合处称合点（chalaza），是维管束进入胚囊的通道。胚珠在生长过程中，因各部分的生长速度不同，使珠孔、合点与珠柄的位置各异而形成胚珠的不同类型（图3－10）。

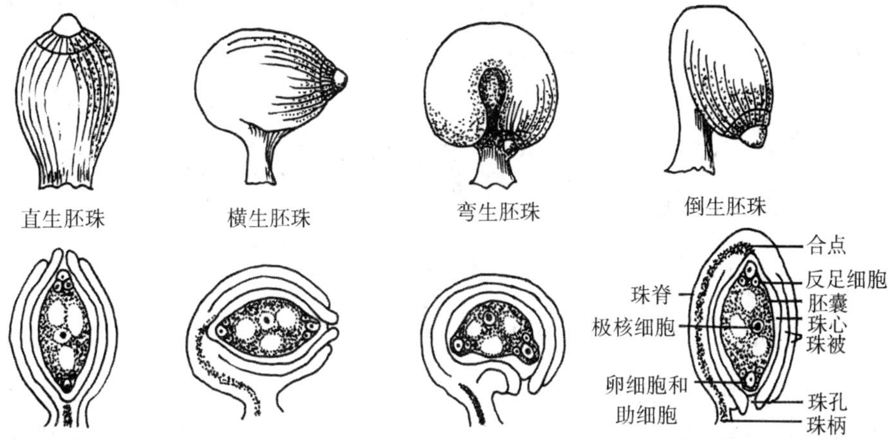

图3－10　胚珠的构造及类型

（1）直生胚珠（orthotropous ovule）：胚珠各部生长均匀，胚珠直立，珠柄在下，珠孔在上，珠孔、珠心、合点与珠柄在一条直线上，如大黄、胡椒、核桃等植物。

（2）横生胚珠（hemitropous ovule）：胚珠因一侧生长快，另一侧生长慢，使整个胚珠横列，珠孔、珠心、合点成一直线与珠柄垂直，如锦葵、玄参、茄等植物。

（3）弯生胚珠（campylotropous ovule）：珠被、珠心生长不均匀，胚珠弯曲成肾形，珠孔、珠心、合点与珠柄不在一条直线上，如大豆、石竹、曼陀罗等植物。

（4）倒生胚珠（anatropous ovule）：胚珠一侧生长迅速，另一侧生长缓慢，使胚珠呈180°倒转，合点在上，珠孔下弯并靠近珠柄，形成长而明显的纵脊称珠脊，珠孔、珠心、合点几乎在一条直线上，大多数被子植物属此胚珠类型，如落花生、杏、百合等。

（5）拳卷胚珠（circinotropous ovule）：珠柄非常长，并且卷曲环绕包住胚珠的类型。如仙人掌、漆树等。

二、花部的形态结构变化

每种植物花的形态特征具有相对固定的结构。植物在长期演化过程中，被子植物形成了丰富多样的花部形态结构。因此，花部特征是被子植物分类鉴定的重要依据。常有以下类型的演化趋势。

1. 花部数目的变化　花部数目的变化是从多而无定数到少而有定数。较原始类群如玉兰、厚朴等的雄蕊和雌蕊多而无定数；大多数被子植物的花被、雄蕊、雌蕊数目减少，稳定在3数（单子叶植物）、4数和5数（双子叶植物），或为3、4、5的倍数，其花被相对稳定的数目称花基数。花部数目在演化中趋向于逐步减少，如女贞4数花，仅2枚雄蕊，另2枚在演化中消失。

2. 花部组成的变化 一朵具有花萼、花冠、雄蕊、雌蕊的称完全花（complete flower），如栝楼、桃、桔梗等；缺少其中一部分或几部分的花，称不完全花（incomplete flower），如南瓜、桑、柳等。其中缺乏花萼和花冠的花称无被花（achlamydeous flower）或裸花（naked flower），这种花常具明显的苞片，如杨、柳、杜仲等；仅有花萼而无花冠的花称单被花（simple perianth flower），这时花萼常称花被，花被可为1轮或多轮，常具鲜艳的颜色而呈花瓣状，如百合、玉兰、白头翁等；而花萼和花冠同时存在的花称重被花（double perianth flower），如桃、杏、萝卜等；花瓣常排列成1轮且数目稳定，但许多栽培植物的花瓣常排成数轮且数目较正常多，称重瓣花（double flower）（图3-11）。

无被花　　单被花　　重被花

图3-11　花的类型

一朵具有雄蕊与雌蕊且能正常发育的花称两性花（bisexual flower），如桃、桔梗、牡丹等；而仅有雄蕊或雌蕊的花称单性花（unisexual flower），其中仅具雄蕊的花称雄花（staminate flower），仅有雌蕊的花称雌花（pistillate flower）；有花被而无能育雄蕊和雌蕊的花称无性花或中性花（asexual flower），如绣球属植物。同株上既有雄花又有雌花，称单性同株或雌雄同株（monoecism），如南瓜、蓖麻等；若雄花和雌花分别生于不同植株上，称单性异株或雌雄异株（dioecism），如桑、柳、银杏等；单性花和两性花同生1株植物上称杂性同株，如柿树；若单性花和两性花分别生不同植株上称杂性异株，如臭椿、葡萄等。

3. 花部对称性的变化 花部常以特定的方式排列在花托上，通过花的中心可作两个以上对称面的花称辐射对称花（actinomorphic flower）或整齐花（regular flower），如十字形、管状、钟状和漏斗状花冠等。若通过花的中心只能作1个对称面则称两侧对称花（zygomorphic flower）或不整齐花（irregular flower），如蝶形和唇形花冠等。通过花的中心不能作出对称面的花称不对称花（asymmetric flower），如缬草、美人蕉等。

花各部分的演化还有花部子房位置、胎座式和胚珠类型等的变化（前面已讨论）。同时，同一种植物中，花各部位的演化并不完全同步，如苹果，其花萼、花冠离生，雄蕊多数是原始的特征，而子房下位又是进化的特征。此外，栽培植物中还常见花各部分的互相转化，许多重瓣花是由雄蕊瓣化形成花瓣，如芍药、牡丹等的重瓣花。

三、花程式与花图式

简要地说明1朵花中各部分组成、排列位置和相互关系，常用特定的公式或图案形式来描述它的特征，分别称花程式（flower formula）和花图式（flower diagram）。

（一）花程式

花程式（flower formula）是借用符号和数字所组成的一定程式来表明花各部分组成、排列、位置以及它们彼此的关系的固定程式。

1. 以字母代表花的各部　P 表示花被（peranthium），K 表示花萼（kelch，德文），C 表示花冠（corolla），A 表示雄蕊（androecium），G 表示雌蕊（gynoecium）。

2. 以数字表示花各部的数目　在各拉丁字母的右下角以 1，2，3，4……10 表示各部分数目，以“∞”表示 10 以上或数目不定，以 0 表示该部分缺少或退化；在雌蕊的右下角有三个数字，依次表示心皮数、子房室数、每室胚珠数，并用“:”相连。

3. 以符号表示花的其他情况　如以“⚥”表示两性花，“♂”表示雄花，“♀”表示雌花，“*”表示辐射对称花，“↑”或“·|·”表示两侧对称花；各部分的数字加“( )”表示连合；数字之间加“+”表示排列的轮数关系；在 G 的上方或下方加“—”表示子房的位置，如 $\underline{G}$ 表示子房上位，$\bar{G}$ 表示子房下位，$\underline{\bar{G}}$ 表示子房半下位。

举例说明如下：

桑的花程式：♂ P_4A_4；♀ $P_4\underline{G}_{(2:1:1)}$

表示桑为单性花；雄花花被片 4 枚，分离，雄蕊 4 枚，分离；雌花花被片 4 枚，分离，子房上位，由 2 心皮合生，子房 1 室，每室 1 枚胚珠。

玉兰花程式：⚥ * $P_{3+3+3}A_{\infty}\underline{G}_{\infty:1:2}$

表示玉兰为两性花；辐射对称；单被花，花被片 9 枚，3 轮，每轮 3 枚，分离；雄蕊多数，分离；子房上位，心皮多数，分离，每室 2 枚胚珠。

桔梗花程式：⚥ * $K_{(5)}C_{(5)}A_5\underline{\bar{G}}_{(5:5:\infty)}$

表示桔梗为两性花；辐射对称；萼片 5 枚，连合；花瓣 5 枚，连合；雄蕊 5 枚，分离；子房半下位，由 5 心皮合生，子房 5 室，每室胚珠多数。

豌豆花程式：⚥ ↑ $K_{(5)}C_5A_{(9)+1}\underline{G}_{(1:1:\infty)}$

表示豌豆为两性花；两侧对称；萼片 5 枚，连合；花瓣 5 枚，分离；雄蕊 10 枚，9 枚连合，1 枚分离而成二体雄蕊；子房上位，单心皮雌蕊，1 室，每室胚珠数不定。

（二）花图式

花图式（flower diagram）是以花的横切面投影图为依据绘制的图解式，用以直观地表示花各部的形状、数目、排列方式和相互位置等情况（图 3－12）。花图式的上方用小圆圈表示花轴或茎轴的位置；在花轴相对一方用部分涂黑带棱的新月形图案表示苞片；苞片内方用由斜线组成或黑色的带棱的新月形图案表示花萼；花萼内方用黑色或空白的新月形图案表示花瓣；雄蕊用花药横切面形状、雌蕊用子房横切面形状绘于中央。

花程式和花图式各有优缺点，花程式不能完整表达出花各轮的相互关系和花被卷迭情况等特征，花图式则不能表达子房与花其他部分的相关位置等特征，常将两者配合使用。花程式和花图式常用于表示某一分类单位（如科、属）花的特征。

四、花序

花序（inflorescence）指花在花轴上的排列方式和开放顺序。有些植物的花单生于茎顶或叶腋，称单生花，如玉兰、牡丹等；而多数植物的花按一定的顺序排列在总花柄上，也称花序轴（rachis）或花轴，花序轴可分枝或不分枝；支持整个花序的茎轴称总花梗，无叶

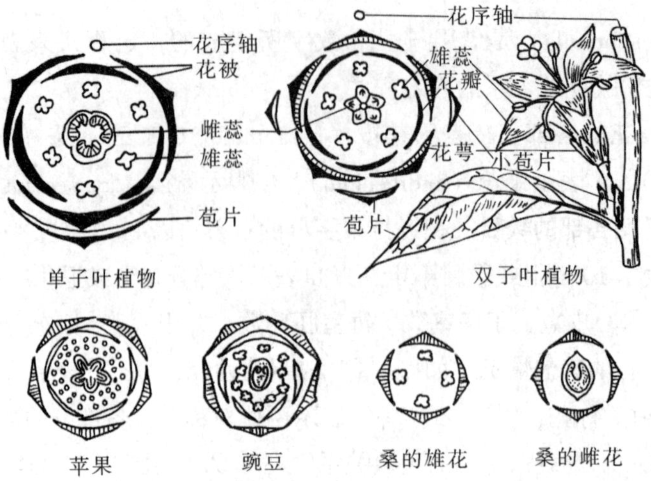

图 3-12 花图式

的总花梗称花葶（scape）。花柄或花序轴基部有苞片（bract），有些植物的苞片密集形成总苞（involucre），如向日葵。花序常分为有限花序和无限花序。

（一）无限花序（总状花序类）

花轴在开花期间可以继续生长，不断产生新的花，由下而上或由边缘向中心开放，这种花序称无限花序（indefinite inflorescence），又可分为以下类型（图 3-13）。

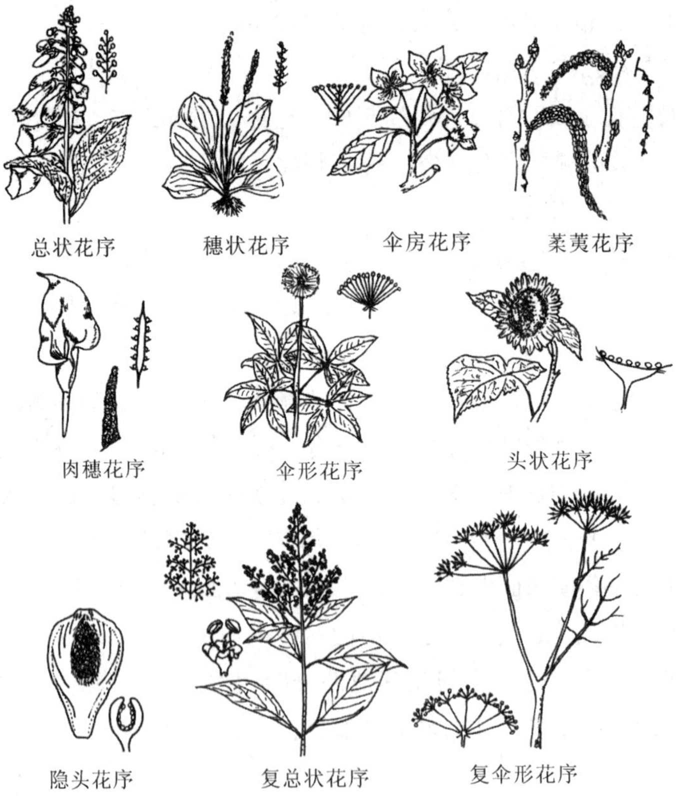

图 3-13 无限花序的类型

1. 简单花序（simple inflorescence） 花序轴不分枝，其上直接生长小花。

（1）总状花序（raceme）：花轴细长且不分枝，其上着生许多花柄近等长的小花，如菘蓝、荠菜、油菜等。

（2）穗状花序（spike）：花轴细长且直立，其上着生许多花柄极短或近无花柄的小花，如车前、马鞭草等。

（3）葇荑花序（catkin）：花轴常柔软下垂，其上密集着生许多无柄或近无花柄的单性花，整个花序一起脱落。如胡桃、杨、柳等。

（4）肉穗花序（spadix）：花轴肉质、肥厚呈粗短，其上密集着生许多无柄的单性花，如玉米；有些具一大型苞片，称佛焰苞（spathe），如天南星、半夏等。

（5）伞房花序（corymb）：花轴上着生不等长花柄的花，向上依次渐短，整个花序的花近乎排列在同一平面上，如山楂、绣线菊等。

（6）伞形花序（umbel）：花轴缩短，花轴顶端着生许多花柄近等长的小花，放射排列呈伞状，如人参、刺五加、葱等植物。

（7）头状花序（capitulum）：花轴极短而膨大成头状或盘状的花序托，其上密生许多无柄花，花序下方的苞片集成总苞，如向日葵、蒲公英等菊科植物。

（8）隐头花序（hypanthodium）：花轴特别肥大而凹陷成中空的囊状体，其凹陷的内壁上着生许多无柄单性花，顶端仅有1小孔与外界相通，如无花果、薜荔等。

2. 复合花序（compound inflorescence） 花序轴具分枝，分枝为简单花序。

（1）复总状花序（compound raceme）：花序轴具多分枝，每分枝上各成1总状花序，整个花序如圆锥状，又称圆锥花序（panicle），如槐树、女贞等。

（2）复穗状花序（compound spike）：花序轴具分枝，每分枝各成1穗状花序，如小麦、香附等。

（3）复伞房花序（compound corymb）：花序轴上的分枝呈伞房状，每一分枝上又形成伞房花序。如石楠、麻叶绣线菊、花楸属植物等。

（4）复伞形花序（compound umbel）：花序轴顶端集生许多近等长的伞形分枝，每1分枝又形成一伞形花序，如柴胡、当归、蛇床等伞形科植物。

（二）有限花序（聚伞花序类）

开花期间，花轴顶端或中心的花先开，花轴顶端不再向上产生新的花芽，仅在顶花下方产生侧轴，侧轴又是顶花先开，这种花序称有限花序（definite inflorescence），其开花顺序是由上而下或从内向外依次开放。常有以下几种类型（图3-14）。

（1）单歧聚伞花序（monochasium）：花轴顶端生1朵花，而后在顶花下方产生1侧轴，侧轴顶端同样生1朵花，如此反复形成的花序。若花轴的分枝均在同一侧生出而使花序呈螺旋状卷曲，称螺旋状聚伞花序（hericoid cyme），如紫草、附地菜等；若分枝成左右交替生出，则称蝎尾状聚伞花序（scorpioid cyme），如射干、姜等。

（2）二歧聚伞花序（dichasium）：花轴顶端生1朵花，而后在其下方两侧同时各产生1等长侧轴，每侧轴再以同样方式继续开花和分枝，如卫茅、石竹、大叶黄杨。

（3）多歧聚伞花序（pleiochasium）：花序轴顶端生1朵花，而后在其下方同时产生数个侧轴，侧轴比主轴长，各侧轴又形成小的聚伞花序。大戟、甘遂等大戟属植物的多歧聚伞花序轴下常生有杯状总苞，边缘常具5枚蜜腺，包围着许多无被雄花，1朵无被雌花在总苞中央，又称杯状聚伞花序或大戟花序。

（4）轮伞花序（verticillaster）：聚伞花序生于对生叶的叶腋排列呈轮状，如益母草、薄

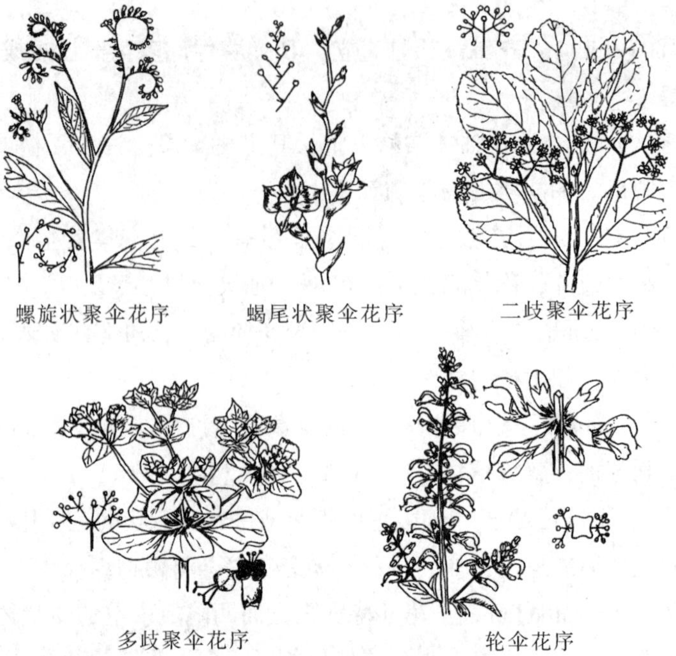

图 3－14　有限花序的类型

荷等唇形科植物。

花序的类型常随植物种类而异，同科植物常具有相同类型的花序。但有些植物在花轴上生有两种不同类型的花序形成混合花序，如楤木的伞形花序排成圆锥状，葡萄的聚伞花序排成圆锥状，豨莶的头状花序排成圆锥状，紫苏的轮伞花序排成假总状等。

五、被子植物生殖结构的发育

被子植物的生活周期中，最明显的变化是从营养生长转变为生殖生长，大多数植物在开花之前达到一定年龄或达到一定的生理状态，称花熟状态（ripeness to flower state），而在此之前的生长阶段称为幼年期（juvenile phase）。植物达到花熟状态后，在适宜的外界条件下完成开花传粉的过程。植物成花过程可分为成花诱导（flower induction）、成花启动（floral evocation）和花的发育（floral development）三个阶段，经过成花诱导之后，植物茎尖分生组织不再发育形成叶原基和芽原基，而经过一系列内部变化分化成形态上可辨认的花原基（floral primordial），再逐渐发育成熟的花器官，最终完成传粉受精过程。

（一）花芽的分化

花和花序均由花芽发育而来，当植物完成了幼年期生长后，在一定的光周期、温度和营养条件下，一些枝端生长点停止了叶原基分化，生长点横向扩大，向上突起并逐渐变平。随后按一定的规律先后形成若干轮呈小突起状的花原基，花原基又分为花萼原基、花瓣原基、雄蕊原基、雌蕊原基，这些花原基进一步分化发育成花的各部分，该过程称为花芽分化。花芽形成后，茎顶端分生组织也就全部分化。花芽分化过程中枝端生长点在生理状态上向花芽转化的过程，称生理分化；花芽生理分化完成的状态，称花发端。而随之开始花芽发育的形态变化过程，称形态分化。因此，花芽分化是植物营养生长向生殖生长转变的生理和形态标志。花芽的形态随植物种类而异，一般花芽较枝芽肥大。一些植物的 1 枚花芽仅分化形成 1 朵花，如桃、玉兰、油茶等；也有些植物可分化出许多花而形成花序，蚕豆、油菜、小麦等。

双子叶植物花芽分化的过程可分为花序原基分化、枝梗分化（复合花序类型）、花原基分化、苞片分化（花有苞片的植物）、花萼分化、花瓣分化、雌雄蕊分化、药隔形成、花粉母细胞形成、减数分裂、花粉粒形成期等。同一花轴上，苞片和枝梗原基的分化常为向顶分化；无限花序的花原基为向顶分化，有限花序的花原基为离顶次序分化；先分化的花原基先开花，易发育、结实；后分化的花原基后开花，常退化、脱落。花原基上各轮花器常从花托外周开始，先分化出花萼，然后逐渐向心分化花瓣、雄蕊、雌蕊；但有些植物的花原基不分化出雄蕊或雌蕊，有的在花原基分化初期虽分化雄蕊和雌蕊，但后期其中之一退化，这些都成为单性花。

禾本科植物花芽分化的全过程可分为生长点伸长、苞片分化、枝梗分化、小穗分化、颖片和外稃分化、小花分化、雌雄蕊分化、药隔形成、花粉母细胞形成、减数分裂、花粉粒形成等时期。一般是主穗轴最先分化，然后由低位级向高位级分化出苞片和枝梗。因种类不同，同一穗轴不同节位枝梗和小穗的分化顺序有向顶分化、向基分化与由中央向两端分化等。大麦、玉米、高粱等是先在穗轴节上形成共同原基，再分化出 2 个 ~3 个小穗原基。同一小穗以颖片、外稃、花原基的顺序分化。同小穗的花原基分化顺序，小麦是下位花先分化、先开花结实，上位花后分化、常退化；水稻、玉米、高粱和粟的小穗，仅 1 枚上位花先分化发育，下位花退化。同一花原基上先分化内稃，然后分化浆片、雄蕊和雌蕊。

知识拓展

花器官发育的 ABC 模型

E. Coen 和 E. Meyerowitz（1991）等根据拟南芥、金鱼草花器官发育的同源异型突变体（homeotic mutant）研究结果，提出了花器官发育的 ABC 模型，使人们能够改变 A、B、C 三类基因的表达而控制花的结构。

模式植物拟南芥代表了被子植物花的典型结构，由 4 轮同心花器官组成，从外向内依次是花萼、花瓣、雄蕊和心皮。控制花结构的基因按功能分为 A、B、C 三类，每类基因分别控制相邻两轮花器官的发育。即：A 类功能基因在第一 、二轮花器官中表达，B 类功能基因在第二、三轮花器官中表达，而 C 类功能基因则在第三、四轮表达。其中 A 和 B、B 和 C 可相互重叠，但 A 和 C 相互拮抗，即 A 抑制 C 在第一、二轮花器官中表达，C 抑制 A 在第三、四轮花器官中表达。萼片发育由 A 类基因单独决定，花瓣发育则是 A 类基因和 B 类基因共同决定。心皮的发育由 C 类基因单独决定，而 C 类基因和 B 类基因一起决定了雄蕊的发育。一个有缺陷的 B 类基因可导致花瓣和雄蕊的缺失，在其位置上将发育出多余的萼片和心皮。当其他类型的基因发生突变时，也会发生类似的器官置换。根据 ABC 模型，B 功能 和 C 同源异型基因与性器官分化和发育关系更密切，这三类基因突变都会影响花形态的形成，尤为重要的是影响花的性器官产生，其中控制雄蕊和心皮形成的同源异型基因是最基本的性别决定基因。随着研究的深入，ABC 模型不断得到修正。Angenent 和 Colombo 等（1995）将 ABC 模型修正为 ABCD 模型，将控制胚珠发育的基因列为 D 功能基因；Theissen（2001）在拟南芥中发现 A－、B－、C－基因一起参与萼片发育的 E－基因，ABC 模型逐渐被修正为 ABCDE 模型。

（二）雄蕊的发育与结构

1. 雄蕊的发育 花芽中的雄蕊原基形成后，经细胞分裂、生长、分化，其与花托相连的部分迅速伸长发育成花丝。在雄蕊原基生长发育形成花丝的同时，其顶部膨大发育成花药。花药是雄蕊产生花粉的结构，被子植物的花药常有 4 个花粉囊，花粉囊内含有大量的花粉，左右两侧花粉囊间由药隔组织间隔，药隔中有维管束与花丝维管束相连接。花粉成熟时，同侧的两个花粉囊相互连通。

2. 花药的发育 花药发育初期，由原表皮及其内侧的基本分生组织组成，随后花药四个角隅处分裂较快使其外观呈四棱形。以后在四个角隅处的表皮下均分化出纵列的、体积大，核大、胞质浓、分裂能力强的孢原细胞（archesporial cell）。孢原细胞先进行 1 次平周分裂，形成两层细胞，外层为初生壁细胞（primary parietal cell）或称初生周缘细胞，内层是造孢细胞（sporogenous cell），中部的细胞分裂、分化形成药隔细胞和维管束构成药隔。初生壁细胞继续平周和垂周分裂成 3 ~5 层细胞，连同其外的表皮共同组成花粉囊壁（花药壁）。花粉囊壁自外向内依次：表皮（1 层细胞）、药室内壁（endothecium）（1 层细胞）、中层（middle layer）（1 ~3 层细胞）和绒毡层（tapetum）（1 层细胞）（图 3 –15）。①表皮细胞的外切向壁具薄角质层，有些植物表皮上具毛绒或气孔。②花药成熟时，药室内壁贮藏物质消失，除外切向壁外，均发生多条斜纵向条状的纤维素次生加厚，故称纤维层。同侧 2 个花粉囊交接处留下几个不加厚的薄壁细胞（裂口），花粉成熟时由此开裂，散出花粉粒。③中层细胞富含淀粉粒或其他储藏物，花药发育过程中逐步解体和被吸收。④绒毡层细胞较大，胞质浓，富含 RNA、蛋白质、油脂及类胡萝卜素等，合成识别蛋白质和合成、分泌胼胝质酶，对花粉粒发育起着营养和调节作用。花粉粒成熟时绒毡层细胞全部解体。

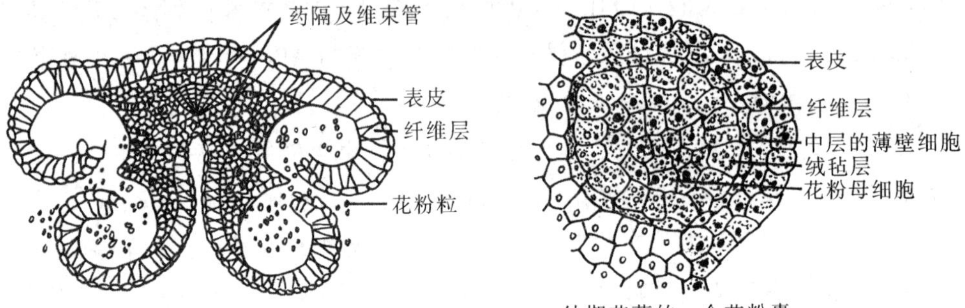

成熟后开裂的花药　　幼期花药的一个花粉囊

图 3 –15　花药的构造

花粉粒成熟时，纤维层细胞失水产生的机械力使花药在裂口处断开，花粉粒由裂口处纵向形成的裂缝散出。花粉囊壁因绒毡层的解体而消失，或仅存痕迹，只剩有表皮及纤维层；有些植物的表皮也破损而仅余残迹。

3. 花粉（雄配子体）的形成与发育 花粉囊壁内的造孢细胞经过几次有丝分裂，形成了多个花粉母细胞（pollen mother cell），少数植物的造孢细胞直接发育为花粉母细胞。随后花粉母细胞再经减数分裂形成 4 个单倍体的小孢子，最初 4 个小孢子集合在一起，称四分体（tetrad）。绝大多数植物的四分体会进一步分离形成 4 个花粉粒（图 3 –16）。

小孢子刚从四分体释放出时，细胞小、液泡小、核在中央，称单核花粉粒；经过一个发育阶段后，小孢子长大并进行 1 次不均等有丝分裂，产生 2 个不等的细胞，进入雄配子

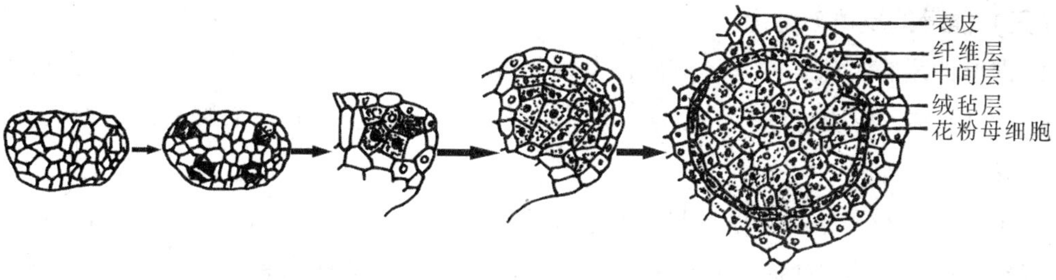

图 3－16　花粉粒的发育

体阶段；大的是营养细胞，小的是生殖细胞，二者均为仅有质膜的无壁裸细胞。大约 70% 的被子植物的花粉成熟传粉时仅由 2 个细胞组成，称 2 细胞花粉（二核花粉粒）；其余 30% 的植物的花粉在成熟前，生殖细胞经减数分裂形成 2 个精细胞（精子），称 3 细胞花粉（三核花粉粒），如小麦、水稻等。

4. 花粉粒的形态构造及萌发　成熟花粉粒有内、外两层壁。外壁较厚而坚硬，主要由花粉素组成，其化学性质极稳定，能抗高温、高压、耐酸碱、抗分解等；其上存在的一些蛋白质参与花粉与柱头的识别，以及人对花粉的过敏有关。外壁表面光滑或具各式雕纹，如瘤状、刺突、网状、凹穴等。花粉粒常为圆球形、椭圆形、三角形、四边形或五边形等，有淡黄色、黄色、橘黄色、墨绿色、红色或褐色等不同颜色，直径一般 15 ~ 50μm（图 3－17）。

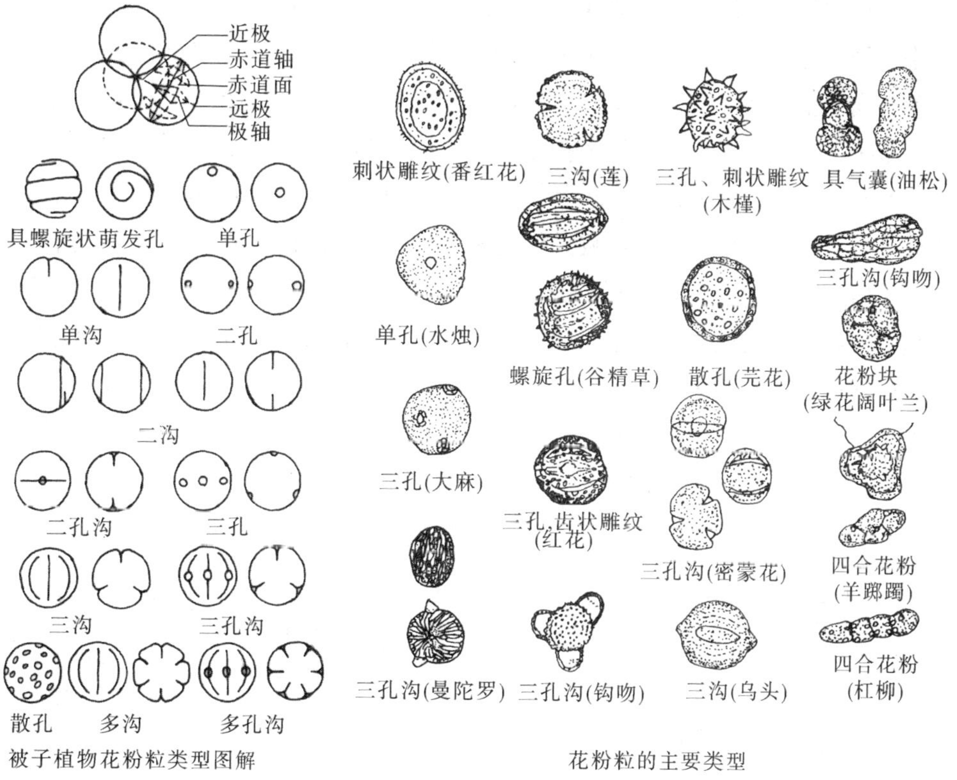

图 3－17　花粉粒类型图解及示例

花粉粒内壁较薄，主要由果胶质和纤维素组成，也有一些蛋白质和酶类，与其受精的识别有关；内壁上有的地方没有外壁，形成萌发孔（germ pore）或萌发沟（germ furrow）。花粉萌发时，花粉管便由此向外突出生长。同时，花粉粒的形状、颜色、大小、纹饰、萌发孔等特征随植物种类不同而异，是花粉鉴定的重要依据。

（三）雌蕊的发育与结构

1. 雌蕊的发育 雌蕊原基形成后，上端先伸长，逐步发育成柱头和花柱，基部闭合发育成囊状的子房。形成雌蕊时，数枚心皮常内卷合成互相连合的一个雌蕊或每枚心皮的边缘连合形成一个雌蕊。

2. 胚珠的发育 胎座表皮下部分细胞经平周分裂，产生一团细胞并突起，形成胚珠原基。原基的基部发育成珠柄，前端发育形成珠心。因珠心基部的表皮层细胞分裂较快，产生环状的突起，逐渐向上生长扩展，将珠心包围，此包围珠心的组织即为珠被，有两层珠被者，先形成内珠被，后形成外珠被；同时在珠心前端留下1小孔，称珠孔。珠被以内是珠心，珠心细胞的大小相似，随后靠近珠孔处的表皮下，常1个细胞长大形成具分生能力的孢原细胞。

3. 胚囊（雌配子体）的发育与结构 珠心的孢原细胞进一步发育成大孢子母细胞（megaspore mother cell）或称胚囊母细胞（embryosac mother cell），其发育式样因植物种类不同而异，有些植物直接由孢原细胞发育成大孢子母细胞，如合瓣花类群植物和小麦、水稻等；也有一些植物的孢原细胞分裂成内外2个细胞：靠近珠孔端的细胞称周缘细胞，远离珠孔端的细胞是造孢细胞（sporogenous cell），由造孢细胞直接发育成大孢子母细胞。大孢子母细胞并经减数分裂产生大孢子（megaspore），由大孢子发育成胚囊（embryosac）。胚囊是被子植物的雌配子体，由卵细胞、助细胞、极核和反足细胞组成的结构。

大孢子母细胞经减数分裂产生4个大孢子，按4个大孢子参与胚囊形成情况，可将胚囊的发育分成单孢子胚囊、双孢子胚囊和四孢子胚囊。①单孢子胚囊，又称蓼型胚囊：大孢子母细胞减数分裂产4个单倍体大孢子，呈直线排列，仅1个大孢子参与胚囊发育，其余退化。②双孢子胚囊，又称葱型胚囊：大孢子母细胞减数分裂的第1次产2个单倍体细胞，近珠孔端者退化，另1个进行减数分裂的第二次分裂，只发生了核分裂但胞质不分裂，形成2个单倍体核大孢子，2个核均参与胚囊发育。③四孢子胚囊，又称贝母型胚囊：大孢子母细胞在连续两次的减数分裂中，仅发生了核分裂，胞质不分裂，形成4个单倍体核的大孢子，4个核均参与胚囊发育（图3－18）。

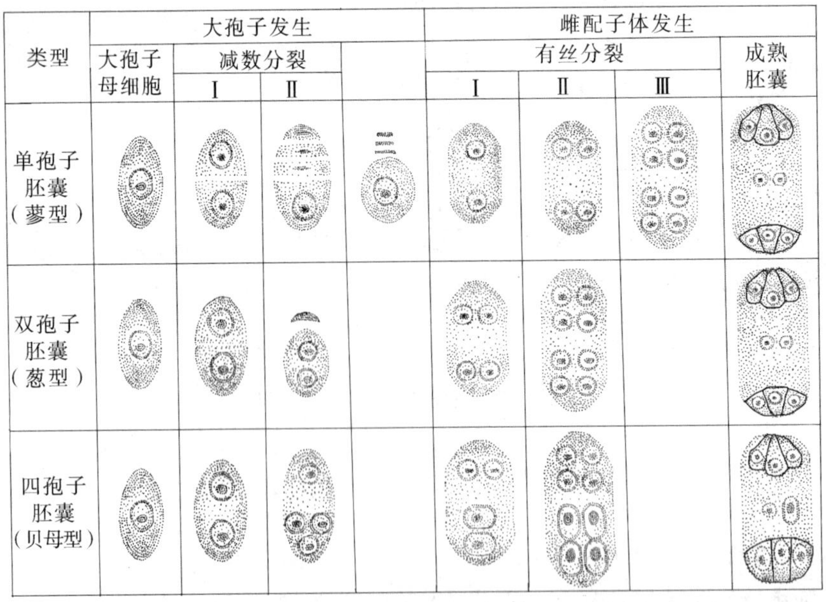

图3－18 单孢子胚囊、双孢子胚囊与四孢子胚囊发育的模式图

大约70%的被子植物胚囊发育属于单孢子胚囊类型，其发育过程如下：大孢子母细胞减数分裂产4个单倍体大孢子，呈直线排列，其近合点端的1个细胞发育、体积增大，其余3个退化，增大者为胚囊的第1个细胞，也称单核胚囊。大孢子增大到一定程度时，细胞核有丝分裂3次，但不发生胞质分裂，经历2、4、8个游离核阶段，最后产生细胞壁，发育成为成熟的胚囊。胚囊在8个游离核阶段，两端各有4个游离核，以后各端都有1个核移向中部，当细胞壁形成时成为1个具双核的大型细胞，称中央细胞（entral cell），其中2核称极核（polar nuclei），故又称极核细胞（polar nuclei cell）；近珠孔端余下的3个核周围的胞质中产生细胞壁形成3个细胞，中间的是卵细胞（egg cell），两边各有1个助细胞（synergid）；近合点端的3个核也形成3个反足细胞（antipodal cell）。这样就形成了7个细胞，8个核的成熟胚囊，即雌配子体。胚囊发育过程中，珠心组织逐步溶解吸收，而胚囊逐渐占据胚珠中央大部分（图3－18～图3－20）。

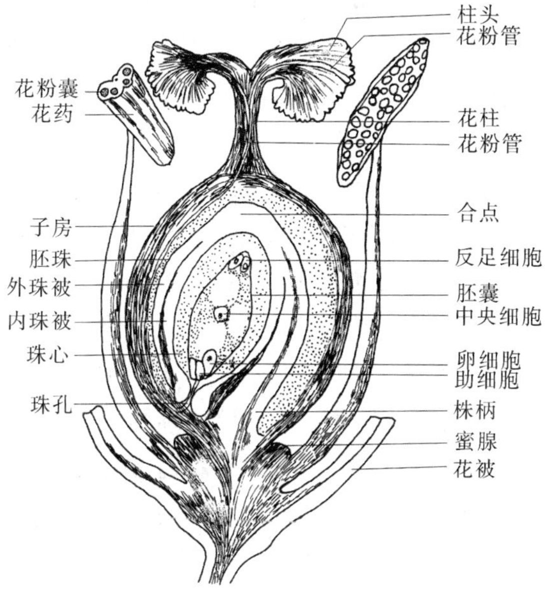

图3－19　花的纵切面图解

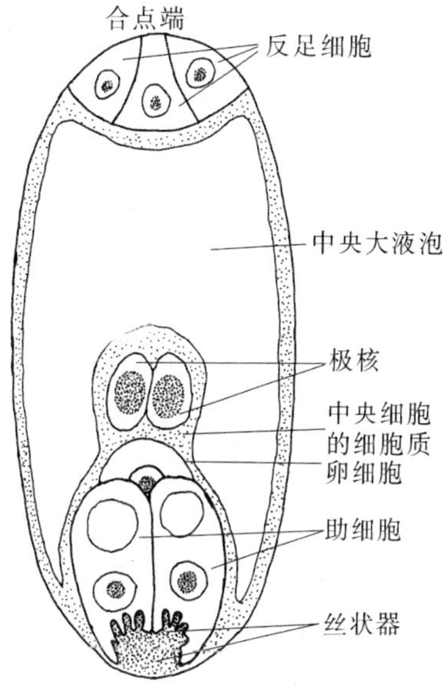

图3－20　成熟胚囊的构造

（四）开花、传粉与受精

1. 开花　当花粉粒和胚囊或其中之一达到成熟时，花被打开，露出雄蕊、雌蕊，花粉散放，完成传粉过程，这种现象称开花（anthesis）。有些植物不待花苞开放就已完成传粉过程，甚至进一步结束受精作用，称闭花受精。开花的形态标志是：花丝直立，花药出现特定颜色，湿柱头则分泌黏液，分裂的柱头则裂片张开，柱头上的毛将突起等。

不同植物的开花年龄、开花季节和花期长短不完全相同。一年生植物当年开花、结果；二年生植物常第1年进行营养生长，第2年开花后完成生命周期；多年生植物在达到开花年龄后，在开花季节常能每年开花，延续多年；有少数多年生植物如竹子，一生只开花一次，开花后即死亡。每种植物开花的季节相对稳定。

2. 传粉　成熟花粉自花粉囊散出，借助一定的媒介被传送到同花或异花柱头上的过程，称传粉（pollination）。有自花传粉和异花传粉两种方式。花粉落在同一朵花的柱头上的传粉现象，称自花传粉（self－pollination），如棉花、番茄等；这类花的特点有：两性花，雄蕊紧靠雌蕊且花药内向，雌、雄蕊常等高排列并同时成熟；如落花生、豌豆等的闭花传粉或闭花受精均属自花传粉。一朵花的花粉传送到另一朵花柱头上的传粉方式，称异花传粉（cross pollination）；单性花，雄蕊、雌蕊非同时成熟，雌、雄蕊同时成熟但存在自交不亲和现象等是异花传粉花的特征。异花传粉是植物界最普遍的传粉方式，与自花传粉相比，异花传粉产生的后代具有较强的生活力和适应性。

传送花粉的外力有风、动物和水等，常按传粉媒介分为风媒花、虫媒花、鸟媒花和水媒花等，以风媒花和虫媒花最为普遍。同时，在植物进化中产生一些与传粉媒介相适应形态结构特征，如虫媒花常花大、颜色亮丽、有蜜腺或有特殊的气味等特征以吸引昆虫，而风媒花常花粉量大、花粉粒小而轻，柱头呈羽毛状并具黏液等特征。

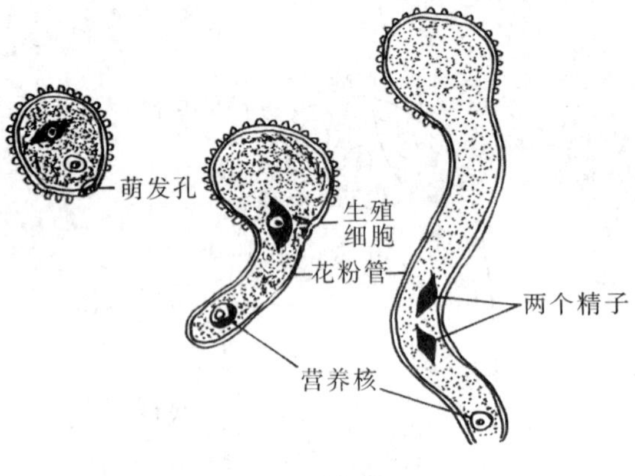

图3－21　花粉粒的萌发

3. 受精　受精（chalazogamy）是指精子与卵细胞相互融合的过程，传粉是受精的必要前提条件。花粉粒与柱头间相互识别，如是亲和者则花粉粒在柱头上吸水膨胀，在酶的作用和膨胀压力使内壁在萌发孔处向外突出，逐渐形成花粉管（图3－21）。在角质酶和果胶酶的作用下，花粉管穿过已被侵蚀角质膜的柱头乳突，经过乳头的果胶质—纤维素壁，进入柱头组织。花粉管吸收花柱中的营养，经花柱道或引导组织不断生长深达胚珠。3核花粉粒，营养细胞和2个精子细胞都进入花粉管；2核花粉粒，则营养细胞和生殖细胞都进入花粉管后，生殖细胞分裂成2个精子，在花粉管内仍出现3个细胞。

花粉管经花柱进入子房后，常常沿子房壁或胎座生长，经珠孔进入胚珠，称珠孔受精（porogamy）；少数植物的花粉管经合点处进入胚珠，称合点受精（chalazogamy）；还有少数植物的花粉管从胚珠中部进入胚珠，称中部受精（mesogamy）。花粉管进入胚珠后穿过珠心组织进入助细胞后，花粉管顶端形成1孔，释放其中的内容物进入胚囊，这些物质包括2个精细胞、营养核和少量细胞质。精子与卵子融合完成受精过程，形成2倍体的受精卵（合子）发育成胚；精子与中央细胞结合，形成3倍体的胚乳核，由此发育形成3倍体的胚乳。这种花粉管的1对精细胞分别与卵和中央细胞极核结合的现象，称双受精（double fertilization），是被子植物特有的现象。经该过程，产生恢复了2倍染色体数目的合子，保持了物种的相对稳定性，而又使父本和母本具有差异的遗传物质重组，为后代提供了变异的基础；合子在同源的3倍体胚乳中孕育，不仅保证了二者亲和一致，也为合子发育提供了更好的物质和信息保障，增强了后代的生活力和适应性。

4. 无融合生殖和多胚现象　无融合生殖（apomixis）是指植物不经雌雄配子结合，而产生胚和种子的现象。①单倍体无融合生殖：胚囊经过正常减数分裂，形成了单倍体的卵、助细胞和反足细胞，其中卵细胞不经受精而直接发育成单倍体胚的生殖方式称孤雌生殖（haploid parthenogenesis），由助细胞或反足细胞直接形成单倍体胚的方式称单倍体无配子生殖（haploid apogamy）。②二倍体无融合生殖：胚囊由未经减数分裂的胞源细胞、胚囊母细胞和珠心细胞直接发育成的2倍体胚囊，其中的细胞均为2倍体；同样可出现孤雌生殖和无配子生殖，只是产生的胚都是2倍体。③不定胚：一些植物的珠心或珠被细胞经有丝分裂、生长发育形成的胚，称不定胚（adventitious embryo），在柑橘类植物较普遍；不定胚可与合子胚同存于胚囊中。若同一胚珠中产生了两个或两个以上胚的现象，称多胚现象（polyembryony）；形成多胚现象的原因较复杂，或由受精卵裂生成多个独立胚，称裂生多胚或真多胚，也可由无融合生殖形成的多胚或产生不定胚。

第三节　种子的形成

扫码“学一学”

被子植物受精作用完成后，胚珠发育成种子（seed），子房（有时还有其他结构）发育成果实。种子中的胚（embryo）由合子发育而来，胚乳由初生胚乳核（受精极核）发育形成，种皮来自珠被，多数情况下珠心、胚囊中的助细胞和反足细胞均被吸收而消失。

一、胚的发育

胚是新一代植物孢子体的幼体，种子植物的胚包藏在种子中。胚的发育过程从合子开始，卵细胞受精后，合子会产生纤维素的壁，进入休眠状态，休眠期的长短因植物种类而不同，有时也受到环境条件的影响。如水稻合子休眠6小时，棉花2～3天，茶树5～6个月。休眠期的合子内部发生诸多变化，如细胞质重新分配，液泡缩小而分布在珠孔端，细胞壁修复完整，细胞极性化加强，多种细胞器趋集于合点端。合子渡过休眠后，第1次常为不等横分裂，珠孔端的1个大细胞称基细胞（basal cell），合点端的1个小细胞称顶细胞（apical cell）。胚发育早期尚未出现器官分化时，称原胚阶段；这时能区分出细长的胚柄和球形的胚体，胚体来自顶细胞，基细胞进行横分裂形成单列的胚柄，一个邻接胚体的胚柄细胞挤入胚体，以后参与胚根的发育；胚柄主要是从胚囊和珠心吸取营养并转送到胚体。当球形的胚体增大到一定程度时，胚体中间部位生长变慢，两侧加快，逐渐突起形成子叶原基，这时胚呈心形，称心形胚；其子叶原基进一步发育生长，使胚形状类似鱼雷，称鱼雷胚；此时胚内部出现了初步的组织分化，以后在两枚子叶基部相连的凹陷处分化出胚芽，与胚芽相对的一端，由胚体基部细胞和与其相接的一个胚柄细胞不断分裂、分化形成胚根，至此幼胚分化完成。随着幼胚的发育，胚轴和子叶显著延伸，最终成熟胚在胚囊内弯曲成马蹄形，胚柄退化消失（图3-22、图3-23）。

单子叶植物胚的发育早期与双子叶植物甚为相似，但在胚的分化过程及成熟胚的结构则差别较大。以小麦（图3-24）为例说明单子叶植物胚发育的基本特点。合子第1次分裂为横分裂，形成1个基细胞和1个顶细胞，然后顶细胞和基细胞继续向各个方向的分裂，形成基部稍长的梨形原胚。不久，梨形原胚一侧偏上出现一小凹沟，此处生长慢，其上方生长快，后来形成盾片（子叶）的主要部分和胚芽鞘的大部分；在以后的发育中，胚中分化出胚芽鞘、胚芽、胚轴、胚根和胚根鞘，以及位于盾片对侧1枚不发达的外子叶，原胚基部形成盾片下部和胚柄。单子叶植物的胚只形成1片子叶。从传粉后到胚发育成熟，冬小麦约16天，春小麦约22天，玉米需45天才接近成熟。

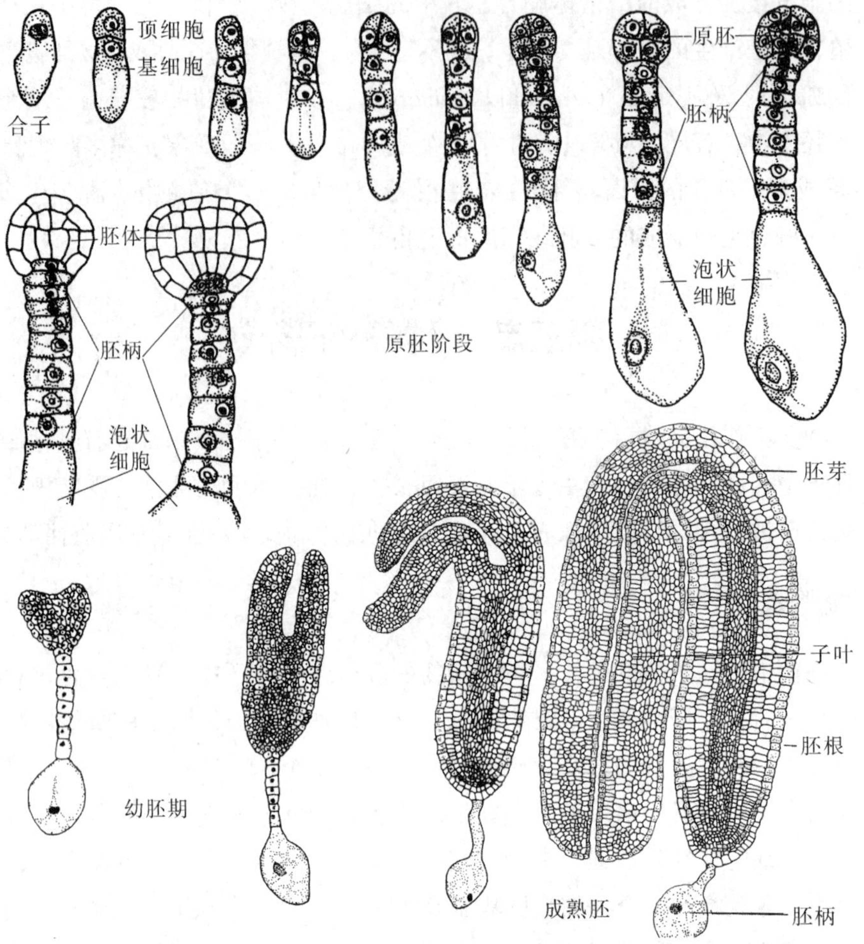

图 3－22　胚的发育过程图示（荠菜）

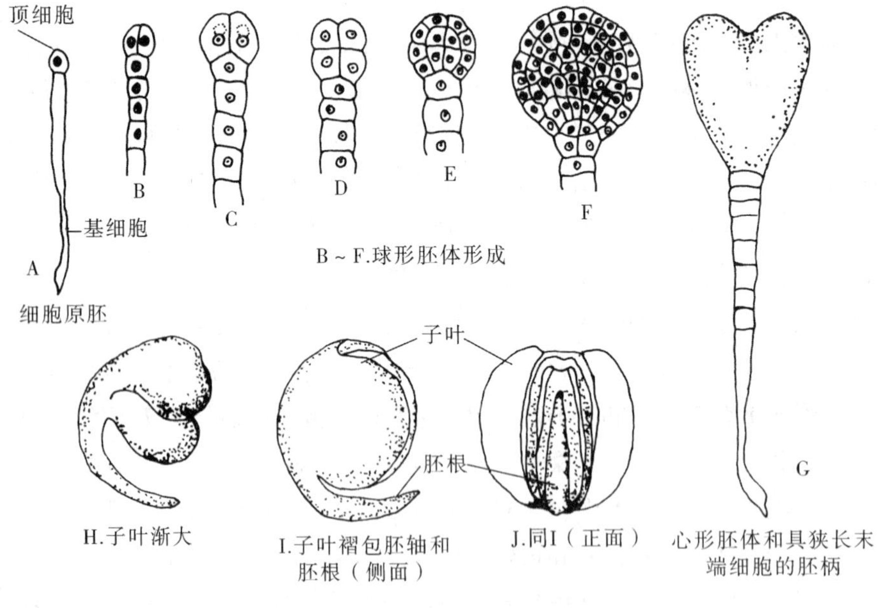

图 3－23　油菜胚的发育

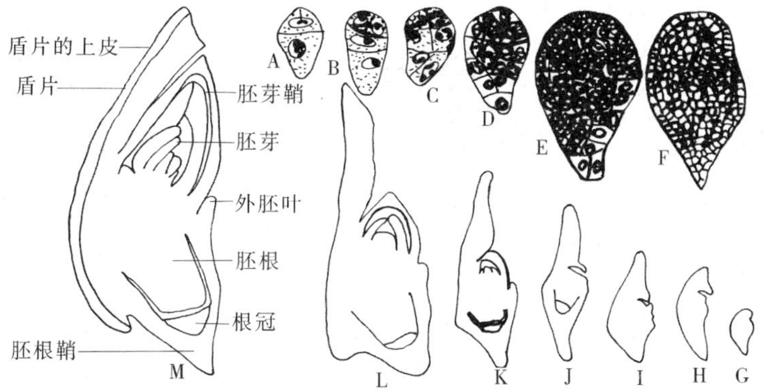

图 3－24　小麦胚的发育过程及结构

A～D. 2 细胞、4 细胞、多细胞的原胚（授粉后 1、2、3、4 天）；

E～G. 梨形多细胞原胚，盾片刚微现（授粉后 5～7 天）；

H～K. 胚芽、胚芽鞘、胚根、胚根鞘和外胚叶逐渐分化形成（授粉后 10～15 天）；

L. 胚发育比较完全（授粉后 20 天）；M. 胚发育完全（授粉后 25 天）

二、胚乳

初生胚乳核常不经休眠或经短暂休眠（小麦 0.5～1 小时）后，即开始第 1 次分裂。胚乳核较合子早启动分裂，且初期分裂速度较快，利于为幼胚发育及时提供营养物质。胚乳的发育常分为核型、细胞型和沼生目型三类。①核型胚乳在单子叶植物和离瓣花类植物中常见，主要特征是初生胚乳核第 1 次分裂和以后多次分裂，都不伴随壁的形成，各个胚乳核呈游离状态分散在胚囊中（图 3－25、图 3－26）。在胚乳发育后期，胚囊最外围的胚乳核之间出现细胞壁，此后向内心逐渐产生细胞壁而形成胚乳细胞，最后充满整个胚囊（图 3－25、图 3－26）。有一些植物仅在原胚附近形成胚乳细胞，而合点端保持游离核状态，如菜豆属；有的仅是胚囊周围形成少数层胚乳细胞，胚囊中央仍为游离核状态，如椰子的液体胚乳（椰乳）。②细胞型胚乳的特点是，初生胚乳核的分裂开始，就产生细胞壁，形成胚乳细胞，整个发育过程无游离核时期；大多数合瓣花类植物，如番茄、烟草，芝麻等属此类型（图 3－27）。③沼生目型胚乳是核型胚乳与细胞型胚乳的中间类型，初生胚乳核的第 1 次分裂将胚囊分隔为两室（两个细胞），其中珠孔室比合点室宽大。随后核进行分裂形成游离核状态，发育后期，珠孔室最后形成细胞壁，而合点室始终保持游离核状态。

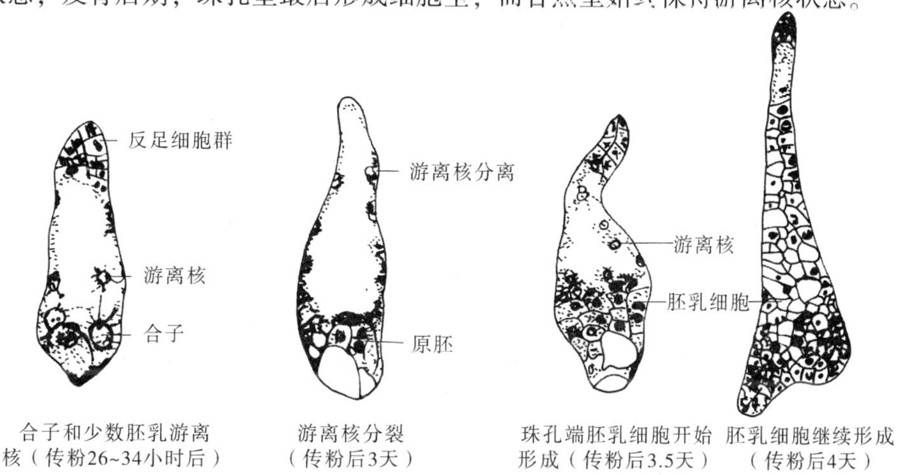

图 3－25　玉米胚囊纵切面，示核型胚乳的发育过程

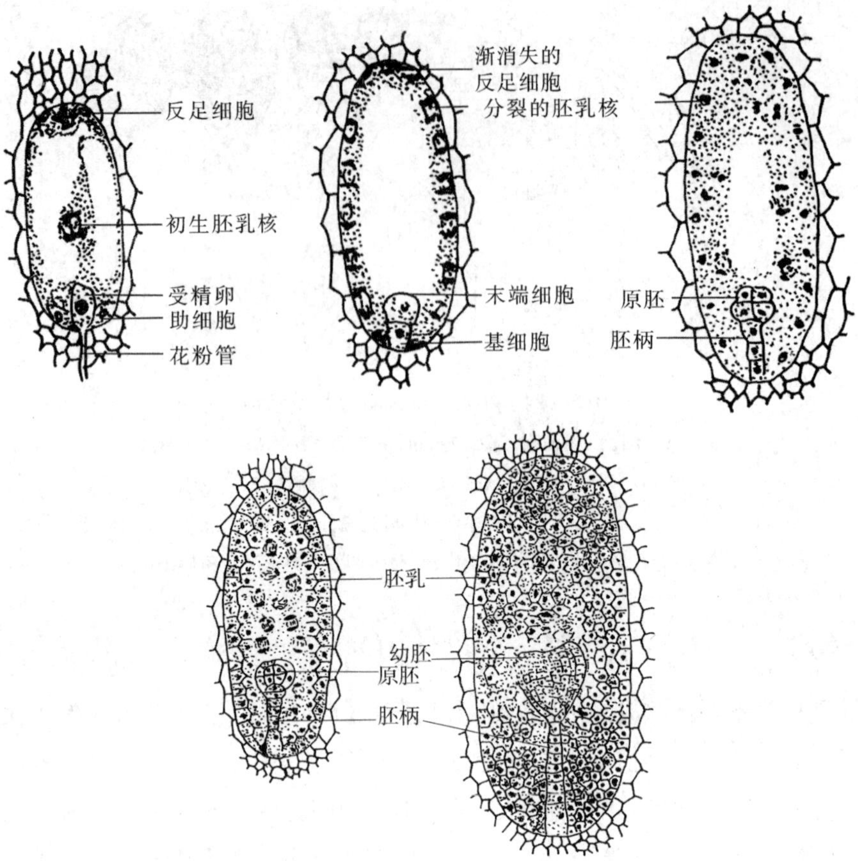

图 3－26　双子叶植物核型胚乳发育过程的模式图

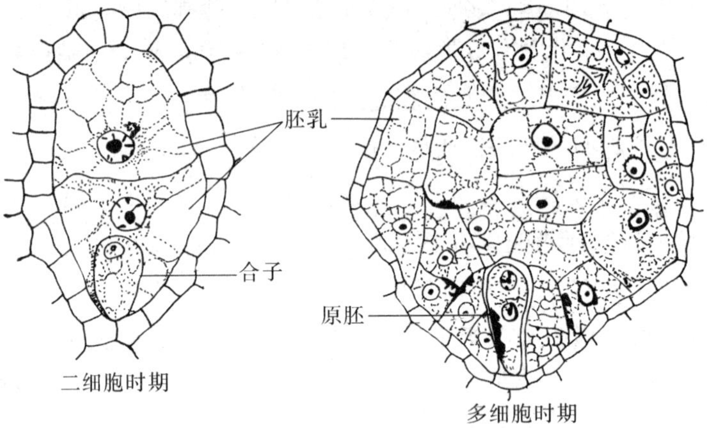

图 3－27　矮茄（Solanum demissum）细胞型胚乳的初期发育图

从发育过程来看，多数被子植物的胚乳细胞或游离核均是 3 倍体，但因核内复制等原因形成了多倍体的核，成熟的胚乳常为混倍体。无胚乳种子的胚乳在胚发育中后期消失，其营养转移到子叶中。通常在胚和胚乳发育中，珠心组织受挤压并被胚及胚乳消化吸收，大多数植物种子中无珠心组织，但也有些植物的珠心组织随种子发育而发育，形成类似胚乳的贮藏组织，称为外胚乳（prosembryum），它是 2 倍体组织，主要为胚提供营养物质。

三、种皮的形成

在胚和胚乳发育的同时，珠被发育形成种皮，包被胚和胚乳，起保护作用，珠孔形成种孔，倒生胚珠珠柄与外珠被的愈合处形成的纵脊即种脊。珠被1层则形成1层种皮，如番茄，胡桃等；两层珠被时，外珠被常形成外种皮，内珠被形成内种皮。也有一些植物两层珠被，但发育过程中，其中1层珠被退化而消失，只有1层珠被发育为种皮，如大豆、蚕豆等。禾本科植物的种皮极不发达，如小麦、水稻等仅剩下由内珠被的内层细胞发育而来的种皮，其种皮与子房壁发育而成的果皮愈合在一起，不易分离。

第四节 果　实

扫码"学一学"

果实（fruit）是被子植物有性生殖的产物和特有结构。被子植物的花经传粉和受精后，花萼、花冠、雄蕊以及雌蕊的柱头、花柱常枯萎或脱落，胚珠发育成种子，子房或子房外其他部分（如花被、花托及花序轴）共同参与发育成果实，花柄发育成果柄。果皮包裹种子，起到保护和传播种子的作用。果实差异可作为植物分类和果实类药材鉴别的依据。

一、果实的形成与结构

大多数植物的果实仅由子房发育形成，也有部分植物的花被、花托及花序轴等与子房共同发育成果实。果实由果皮（pericarp）及其包裹的种子组成，果皮常可分为外果皮（exocarp）、中果皮（mesocarp）和内果皮（endocarp）。有些果实3层果皮分层明显，如桃、橘等；也有果实3层果皮分层不明显，如落花生、向日葵等。果实与种子通常是受精作用的产物，种子正常发育促进了果皮的发育，种子发育不正常，也常引起果实发育不正常。但一些植物不经受精作用也能发育成果实，称单性结实（parthenocarpy），这种果实不含种子，又称无籽结实。自然发生的单性结实称自发单性结实（autonomous parthenocarpy），如香蕉、无籽葡萄、无籽柿、无籽柑橘等；人工诱导，在不经受精作用下形成无籽果实，称诱导单性结实（induced parthenocarpy），如用亲缘相近植物花粉浸出液喷洒到柱头上或用生长素处理柱头等都可诱导形成无籽果实。无籽果实不一定都是由单性结实形成，也可能是植物受精后胚珠发育受阻而形成的无籽果实，还有些无籽果实是因四倍体和二倍体植物进行杂交而形成的不孕的三倍体植株，如无籽西瓜。

果实的生长包括细胞分裂、体积增大、质量增加等一系列过程，果实的成熟包括了果实停止生长后发生的一系列生理生化变化过程。成熟的果实色、香、味及质地等都发生了一系列的转变，其生物学意义是传播种子，而食用或药用果实，体现的是其商品价值。

二、果实的类型

（一）根据果实的来源分类

根据是否有子房以外部位参与果实形成，可分为真果（true fruit）和假果（spurious fruit，false fruit）。真果指仅由子房发育而成的果实，包括果皮和种子两部分，如杏、桃、柑橘等。由子房和其他部分如花被、花托及花序轴等共同参与形成的果实称假果，假果的结构比较复杂，如苹果、梨主要的食用部分是由花托和花被筒合生部分发育而来；南瓜、冬瓜较坚硬的皮部是花托和花萼发育成的部分及外果皮，主要食用部分是中果皮和内果皮；无花果、凤梨（菠萝）肉质化部位是由花序轴和花托等发育而成。

（二）根据心皮和花部的关系分类

单雌蕊或复雌蕊的子房发育形成的果实称单果（simple fruit），即1朵花只形成1个果实。离生雌蕊的每枚雌蕊形成1枚小单果，许多小单果聚生于同一花托上的果实称聚合果（aggregate fruit），如草莓、八角、乌头、莲等。有些植物的整个花序一同发育形成果实称聚花果（collective fruit），也称复果（multiple fruit），其中每朵花发育成1枚小果，聚生在花序轴上，成熟后从花轴基部整体脱落，如桑葚是由雌花序发育而成，每朵花的子房各发育成1枚瘦果，包藏于肉质肥厚多汁的花被内；凤梨是由多数不孕花着生在肉质肥大的花序轴上形成的果实；无花果是由隐头花序发育形成，其花序轴肉质并内陷成囊状，囊内壁上着生许多小瘦果，称隐头果（syconium）（图3－28）。

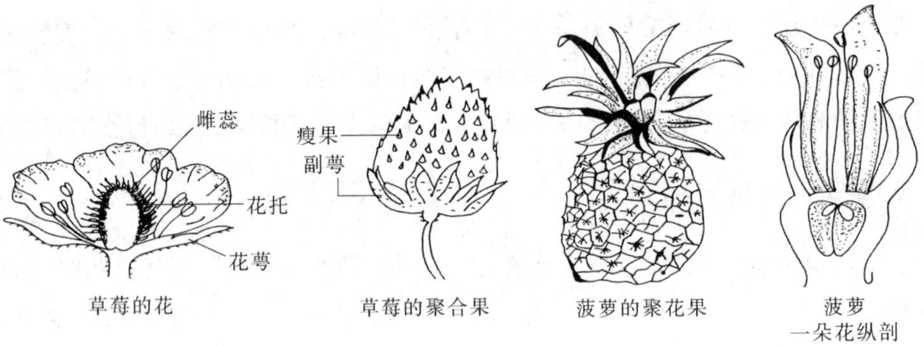

图3－28　聚合果和聚花果

（三）根据果实成熟时果皮的性质分类

按果实成熟时果皮的性质，可分为肉质果（fleshy fruit）和干果（dry fruit）。

1. 肉质果（fleshy fruit） 成熟后果皮肉质多浆，不开裂。常有以下5种类型（图3－29、图3－30）。

（1）浆果（berry）：单雌蕊或复雌蕊子房发育形成的果实，内含1至数枚种子。外果皮薄，中果皮和内果皮肉质肥厚、多浆，如葡萄、枸杞、忍冬、番茄等。

（2）柑果（hesperidium）：复雌蕊的上位子房发育形成的果实。外果皮厚且革质，内含多数油室；中果皮常呈白色海绵状，具多数分支的维管束（橘络）；内果皮膜质坚韧，分隔成数室，内壁上生有许多肉质多汁的囊状毛，是其可食部分。柑果也是一种特殊类型的浆果，芸香科柑橘属和金橘属特有的果实类型，如橙、柚、橘、柠檬等。

（3）核果（drupe）：单雌蕊的子房发育而成，常含1枚种子。外果皮薄，中果皮肉质肥厚、多汁，内果皮木质坚硬，如桃、杏、梅、李等。

（4）瓠果（pepo）：是一种假果，由3心皮复雌蕊具侧膜胎座的下位子房与花托、花萼参与共同发育而成的果实，内含多枚种子。花托、花萼发育部分与外果皮形成坚韧的果实外层，中、内果皮及胎座肉质，是其主要食用部分。葫芦科特有的果实类型。

（5）梨果（pome）：是一种假果，由2～5个心皮复雌蕊的下位子房与花筒（花托和花被筒合生部分）一同发育而成的果实，常2～5室，每室常含2枚种子。花托和花被筒合生部分发育膨大成肉质，部分可食，外、中果皮与花筒无明显界限，内果皮坚韧，革质或木质。蔷薇科梨亚科特有的果实类型，如苹果、梨、山楂等（图3－30）。

2. 干果（dry fruit） 果实成熟后，果皮干燥。按成熟时果皮开裂与否，分为裂果和不裂果（图3－31）。

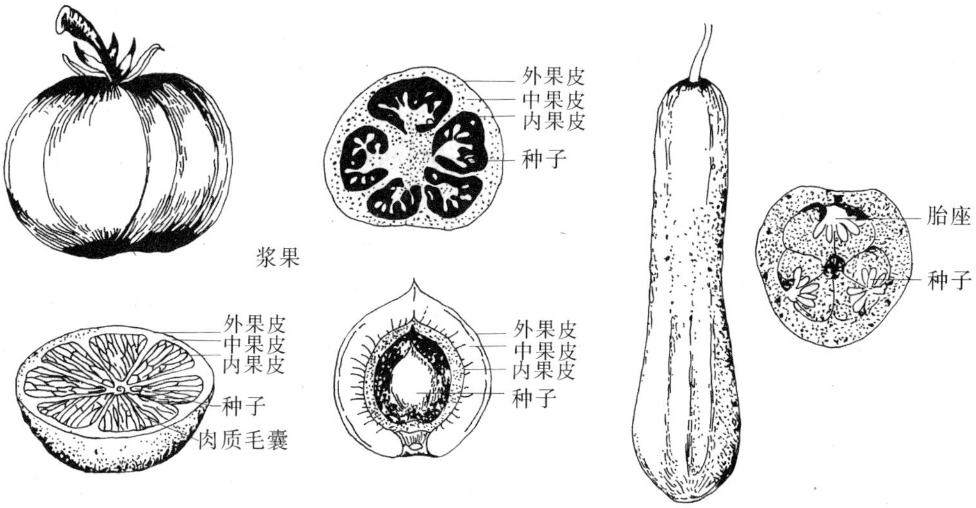

图 3－29　肉质果

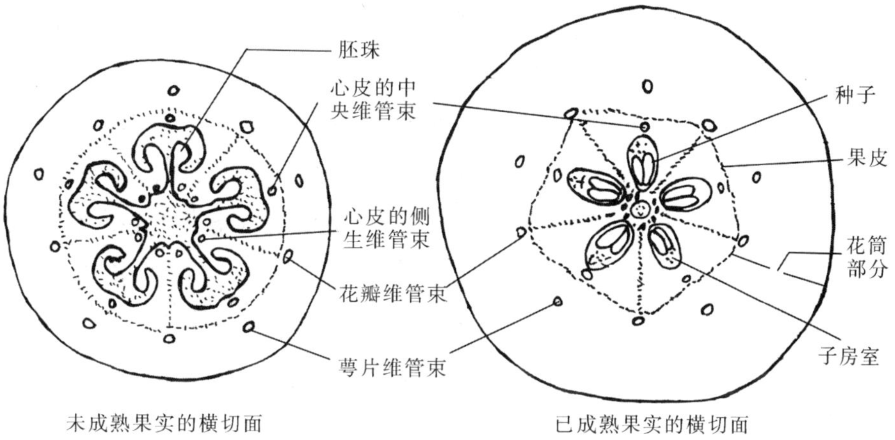

图 3－30　梨果的结构

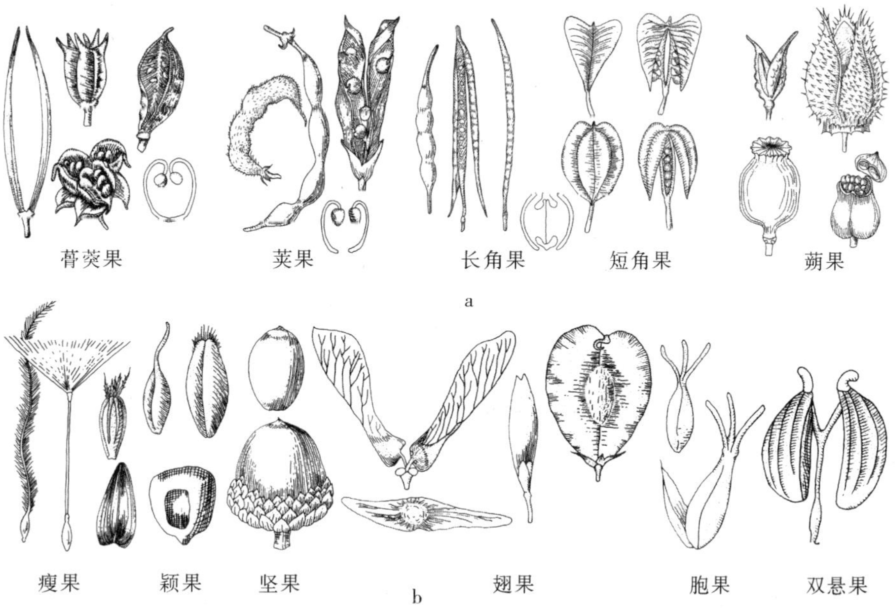

图 3－31　干果的类型

a. 裂果的类型；b. 闭果的类型

（1）裂果（dehiscent fruit）：果实成熟后果皮自行开裂，散出种子。按雌蕊心皮数目、开裂方式不同，又可分为以下类型。

①蓇葖果（follicle）：单雌蕊或离生雌蕊发育形成的果实，成熟时沿腹缝线或背缝线一侧纵向开裂。有些植物1朵花中只形成1个蓇葖果，如淫羊藿；或1朵花形成2个蓇葖果，如杠柳、徐长卿等；也有些植物1朵花形成数个蓇葖果（称聚合蓇葖果），如八角、玉兰等。而牡丹、八角、梧桐等沿腹缝线开裂，厚朴、玉兰沿背缝线开裂。

②荚果（legume）：单雌蕊发育形成的果实，成熟时沿腹缝线和背缝线同时开裂，果皮裂成2片。豆科植物特有的果实类型，其形态多样，少数荚果成熟时不开裂，如落花生、紫荆、皂荚；有些荚果成熟时断裂成含单粒种子的荚节，如含羞草、山蚂蟥；也有荚果呈螺旋状，并具刺毛，如苜蓿；还有荚果在种子间缢缩呈念珠状，如槐。

③角果：两心皮复雌蕊侧膜胎座的子房发育而成的果实，在发育过程中子房室内由心皮边缘合生处生出一假隔膜，将子房分隔成2室，种子多数，着生在假隔膜两侧，果实成熟时果皮沿两侧腹缝线开裂，成2片脱落，假隔膜仍留在果柄上。十字花科特有的果实类型。果长大于2倍果宽的角果称长角果（silique），如萝卜、油菜等；果长不足2倍果宽的角果称短角果（silicle），如菘蓝、荠菜、独行菜等。

④蒴果（capsule）：复雌蕊子房发育而成的果实，子房1至多室，每室含多数种子。成熟果实具有多种开裂方式，常可分为四类。一是纵裂：沿心皮纵轴方向开裂，其中沿腹缝线纵裂的称室间开裂，如马兜铃、蓖麻等；沿背缝线纵裂的称室背开裂，如百合、鸢尾、棉花等；沿背、腹缝线同时纵裂，但子房间隔膜仍与中轴相连的称室轴开裂，如牵牛、曼陀罗等。二是孔裂：成熟果实子房各室上方裂开形成小孔，种子由小孔散出，如罂粟、桔梗等。三是盖裂：果实成熟时沿心皮周围呈环状横裂，上部果皮呈帽状脱落，如马齿苋、车前等。四为齿裂：果实顶端呈齿状开裂，如王不留行、瞿麦等。

（2）不裂果（闭果）（indehiscent fruit）：果实成熟后，果皮不开裂或分离成几部分，但种子仍包裹在果皮中，常含种子1枚。常见以下类型。

①瘦果（achene）：单室、单种子的不开裂小干果，成熟后果皮与种皮易分离，如何首乌、白头翁、毛茛等；菊科植物的瘦果是由下位子房与萼筒共同发育形成，称连萼瘦果，也称菊果，如蒲公英、红花、向日葵等。

②颖果（caryopsis）：果皮与种皮愈合，仅含1粒种子的不开裂干果。禾本科植物特有的果实类型，如小麦、玉米、薏苡等；农业上常把颖果称“种子”。

③坚果（nut）：果皮木质坚硬，内含种子1枚，成熟时果皮和种皮分离。如栗、榛等的褐色硬壳即是果皮，壳斗科植物的坚果基部外面常附有总苞发育成的壳斗；有些坚果特别小，无壳斗，称小坚果，如益母草、薄荷、紫草等。

④翅果（samara）：单室、单种子具翅的不开裂干果，果皮一端或周边向外延伸成翅状，如杜仲、榆、臭椿、白蜡树等。

⑤胞果（utricle）：又称囊果，果皮薄且多少呈膀胱状膨胀疏松地包围单粒种子的小干果，果皮与种皮易分离，由复雌蕊上位子房发育形成，如青葙、地肤子、藜等。

⑥双悬果（cremocarp）：不开裂的干果，由2心皮复雌蕊发育而成，果实成熟时分裂成2个具单粒种子的分果（schizocarp），双双悬挂在心皮柄（carpophorum）上端，心皮柄的基部与果柄相连。如当归、白芷、小茴香等。

三、果实和种子的传播

植物在长期的演化和自然选择过程中，成熟果实或种子常常具有适应各种传播方式的特征和特性。如裸子植物松属的一些种子具翅，能借风力传送。被子植物的种子包被在果实中，果皮常常出现一些特化结构有助于果实与种子的散放和传播，使这类固着生活的物种扩大了后代的生长与分布空间，利于植物种族的繁衍，也为植物多样的适应性提供了条件。果实和种子适应传播的结构与传播方式有以下几种。

1. 适应风力传播　该类果实和种子，多数小而轻，常具有翅或毛等附属结构，这些附属物可由果皮、种皮、花柱、花萼等结构特化形成。如威灵仙、白头翁的瘦果具宿存的羽毛状花柱，蒲公英果实上具降落伞状的冠毛，杜仲、榆、白蜡树的果皮形成翅，柳、萝藦、马利筋的种子具绒毛等；都能随风飘扬传至远方。此外，罂粟的蒴果上部开裂有小孔，被风摇动时，种子随之陆续散布出来；兰科植物种子小而轻，也可随风飞扬（图 3－32）。

蒲公英的果实，花萼变为冠毛

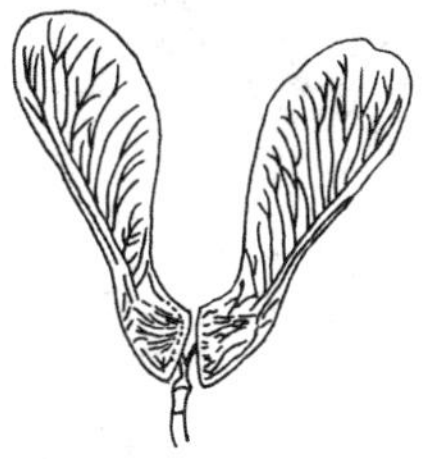

槭的果实，果皮展开成翅状

铁线莲的果实，具宿存的羽毛状花柱

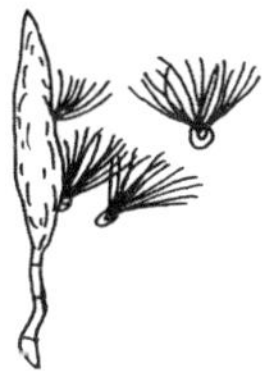

马利筋种子的纤毛

棉花的种子，表皮细胞突出成绒毛

图 3－32　借风力传播的果实和种子

2. 适应动物和人类传播　这类传播方式最为普遍，主要有以下几种情形。果实成熟后，色泽鲜艳，果肉甘美，吸引人和其他动物食用，食用果肉后将种子丢弃起到传播种子的作用，如桃、李、梅、枣、橄榄、梨、苹果、山楂、葡萄、柿等；或种子经过动物的消化道，随粪便排出而散布，如西瓜、番茄、猕猴桃、无花果等。有些动物如松鼠、星鸦具有贮藏食物的习性，将一些坚果或种子埋于地下，遗忘部分会萌发生长。有些植物果实或种子表面具有钩、刺毛或黏液，能附着在动物皮毛或人衣物上，借此传播到远方，如丹参、苍耳、鬼针草、山蚂蟥、小槐花、含羞草、苜蓿、牛膝、独行草等的果实（图 3－33）。

3. 适应水力传播　水生植物和沼泽植物主要借此方式传播，如莲的果托（莲蓬）可载运果实到处漂浮传播种子。菱的果皮坚硬且具硬刺，能防腐并可防止鱼类等咬食，下沉后随水流散布。椰果的中果皮疏松，富有纤维，能在水中漂浮，内果皮又极其坚厚，可防止水分侵蚀，果内的椰汁为液体的胚乳，使椰果能在咸水的环境条件下萌发。

4. 借助果实开裂时所产生的弹力散布种子　一些裂果在种子成熟时，果皮急剧开裂而将种子远远弹出，如凤仙花、喷瓜等。其中凤仙花的果实成熟时，利用干燥时内、外果皮

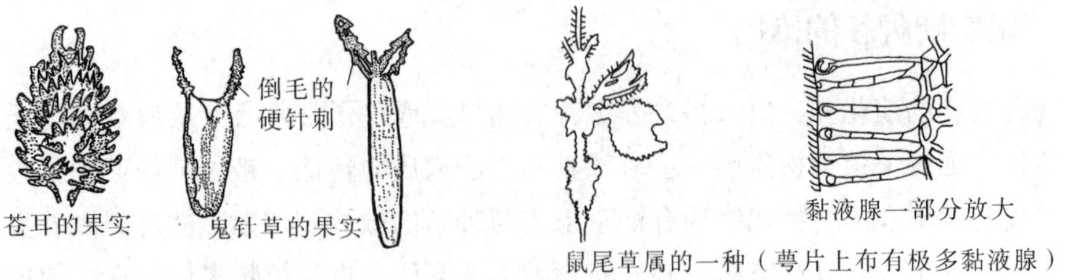

图 3－33　借助人和动物传播的适应结构

收缩力的不同，果皮向内卷缩、开裂而弹射种子。此类植物成熟后须及时收获，否则种子散布于田间，造成经济损失（图 3－34）。

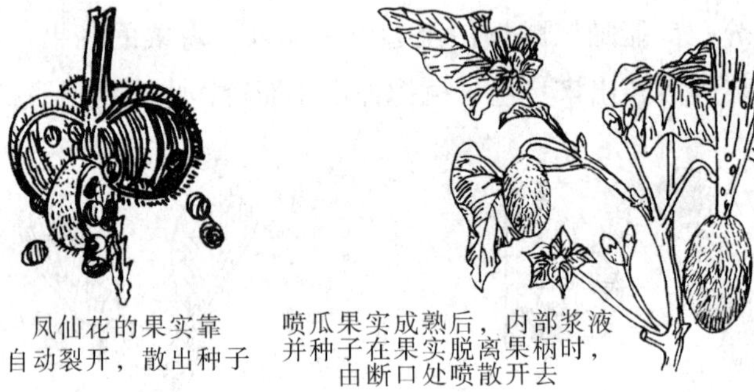

图 3－34　靠果实开裂所产生的弹力散布种子的适应结构

一些植物传播种子的方式多样，如茄科植物酸浆，果实成熟后，外被膨大的宿存萼，能借助风力传播，同时成熟后的浆果酸甜可口，动物食用后随粪便到处传播种子，极大地增加了其种子的散播区域，同时粪便又为其种子萌发和生长提供了良好的肥料。

重点小结

植物生活史中包含着相互依存的两方面，一是维持自身生存，二是保持种族延续。因此植物生长发育到一定阶段后，就会产生新个体来延续后代。植物的繁殖方式有营养繁殖、无性生殖和有性生殖三种。营养繁殖是由亲本或其一部分直接发育出新个体的过程；无性生殖是由亲本个体分离的无性生殖细胞“孢子”发育成为新个体，是藻类、菌类、苔藓和蕨类植物主要的繁殖方式；有性生殖则由亲本个体上分离的有性生殖细胞“配子”，它们结合形成合子，由合子发育成为新个体，根据 2 个相结合配子的大小、形状、行为不同，分为同配生殖、异配生殖和卵式生殖。生活史中孢子体和配子体交替出现的现象称世代交替，若孢子体和配子体在形态和大小上有着同样的发育程度，称“同形世代交替”；若孢子体和配子体的发育程度和形态大小都不同，称“异形世代交替”。

花是种子植物特有的繁殖器官，由花芽发育而成，是节间极度缩短、适应生殖的变态短枝，花柄和花托是枝条的部分，花被、雄蕊和雌蕊由叶变态而成。花由花柄、花托、花萼、花冠、雄蕊群和雌蕊群 6 部分组成。多数植物分化出明显的花萼和花冠。花萼位于花的最外层，常绿色。按其生长情况不同，分为离生萼、合生萼、瓣状萼、宿存萼和冠毛等；花冠位于花萼的内侧，常具鲜艳颜色，彼此分离者为离瓣花，合生者为合瓣花；有些植物的花冠呈现出特定的形状，如十字形、蝶形、唇形、管状、舌状、漏斗状、钟状、高脚碟状、辐（轮）状等。花被各片之间的排列形式有镊合状、旋转状和覆瓦状等3种。雄蕊由花丝和花药两部分组成，常见的特殊类型有离生雄蕊、二强雄蕊、四强雄蕊、单体雄蕊、二体雄蕊、多体雄蕊、聚药雄蕊。雌蕊由心皮构成，分为柱头、花柱和子房三部分，按心皮数目和相互关系分为单雌蕊、离生雌蕊、复雌蕊；子房是雌蕊中最重要的部分，按其着生在花托上的位置分为子房上位、子房下位和子房半下位。子房室数由心皮数和结合状态而定。子房内着生胚珠的部位称胎座，有边缘胎座、侧膜胎座、中轴胎座、特立中央胎座、基生胎座和、顶生胎座和全面胎座等类型；胚珠有直生胚珠、横生胚珠、弯生胚珠和倒生胚珠等类型。

根据花萼、花冠、雄蕊、雌蕊四部分是否齐全分为完全花和不完全花；按花萼和花冠的有无分为重被花、单被花和无被花。根据一朵花中有无雄蕊与雌蕊的情况分为两性花、单性花和无性花；按花被各片形状大小相似程度，以及对称面情况分为辐射对称花、两侧对称花和不对称花。常采用花程式或花图式对花进行简化描述。花序是指花在花枝或花轴上排列的方式和开放的顺序，按花在花序轴上排列方式和开放的顺序可分为无限花序和有限花序，无限花序又可分为总状花序、复总状花序、穗状花序、复穗状花序、葇荑花序、肉穗花序、伞房花序、伞形花序、复伞形花序、头状花序、隐头花序；有限花序常见有单歧聚伞花序、二歧聚伞花、多歧聚伞花序和轮伞花序。花的形态结构随植物种类而异，但其形态构造特征较其他器官稳定，对研究植物分类、中药原植物鉴别及花类药材的鉴定等均具有重要意义。

种子是种子植物特有的器官，由胚、胚乳和种皮三部分组成。原胚时期，双子叶植物和单子叶植物的发育相似，而胚的分化过程及成熟胚的结构差别较大。双子叶植物胚的发育：合子经过休眠后，通过不均等横向分裂形成2个大小不等的细胞。基细胞继续进行多次横分裂，形成单列多细胞的胚柄。胚柄生长过程中，顶细胞不断分裂，先后形成四分体胚体，八分体胚体及多细胞球形胚体。胚体继续增大，在顶端两侧形成子叶原基。子叶原基延伸形成两片子叶。子叶基部形成胚轴，两片子叶基部相连的凹陷处分化出胚芽，与胚芽相对的一端分化出胚根。单子叶植物胚的发育：合子经分裂形成四细胞原胚，继续分裂成梨形原胚。梨形原胚偏上一侧出现小凹沟。凹沟上部区域形成盾片的主要部分和胚芽鞘的大部分；原胚的中间区域，形成胚芽鞘的其余部分及胚芽、胚根、胚轴、胚根鞘和外子叶；原胚基部形成盾片下部和胚柄。种皮由珠被发育形成，具保护作用。成熟种子的种皮上可见种脐、种孔和种脊等结构。

果实是由子房或子房连同花的其他部分共同发育形成的器官。果实由果皮和种子构成，果皮分为外果皮、中果皮、内果皮。按果实的来源不同分为真果和假果；根据心皮和花部的关系分为单果、聚合果和聚花果。根据果实成熟时果皮的性质分为肉质果和干果；肉质果又分为浆果、柑果、核果、瓠果和梨果，其中浆果、柑果、核果属于真果，而瓠果和梨果属于假果。干果按果实成熟后果皮开裂与否分为裂果和不裂果，裂果有蓇葖果、荚果、角果、蒴果等；不裂果有瘦果、颖果、坚果、翅果、胞果和双悬果等。有些果实类型是某些科所特有，如柑果是芸香科柑橘属和金橘属植物特有的果实类型，瓠果是葫芦科植物特有的果实类型，梨果是蔷薇科梨亚科特有果实类型，荚果是豆科植物特有的果实类型，角果是十字花科特有果实类型，颖果是禾本科植物特有的果实类型，双悬果是伞形科植物特有的果实类型等。

思考与探索

1. 典型的花分由哪些部分组成？各部分的形态和结构如何？

2. 花器官发育的“ABC 模型”是如何对解释花各部位发育的？查阅相关资料了解花器官发育的研究进展？并说明“ABC 模型”对药用植物生产有何意义？

3. 利用校园植物，解剖识别记录花冠、雄蕊、雌蕊、胎座、花序的类型。

4. 如何判断雌蕊的心皮数、子房位置？

5. 被子植物的双受精有何生物学意义？

6. 简述双子叶植物和单子叶植物的胚分化过程的异同。

7. 查阅相关资料了解雄配子体和雌配子体发育的研究进展。对药用植物生产有何意义？

8. 植物的哪些部位可参与果实的形成？什么叫真果？什么叫假果？

9. 果实的类型有哪些？请举例说明。哪些果实类型代表了科别特征？

10. 草莓、桑葚、无花果、菠萝、石榴、龙眼、椰汁的可食用部分分别是什么？

扫码“练一练”

（郭　敏　白贞芳）

第四章　药用植物的生长发育与调控

要点导航

1. 掌握五类植物激素对植物生长发育的作用；植物生长的相关性，春化作用和光周期对植物开花的影响；种子、果实生长发育、成熟以及植物衰老的调节。

2. 熟悉植物激素促进/抑制机理、运输方式及相互作用；植物运动的类型，长日植物、短日植物和日中植物；光敏色素的生理作用。

3. 了解激素样物质和植物生长调节剂的类型；光、温、水、肥对植物生长的综合作用。

第一节　植物生长发育的影响因素与调控

扫码"学一学"

植物从受精卵到成熟植物体，其形态建成、生理代谢及各种生命活动，是植物体内遗传信息在外部环境条件下逐步表达的结果，并表现出一定的特点和规律。植物的生长发育既受激素调节，又受外环境如光照、温度、压力及营养水平的影响。

一、植物激素与植物生长

植物激素（phytohormones）指植物体内合成，并从合成部位运送到作用部位后能显著调节植物生长发育的微量有机物。已知的植物激素有生长素类（auxin）、赤霉素类（gibberellins，GAs）、细胞分裂素类（cytokinin，CTK）、脱落酸（abscisin，ABA）和乙烯（ethylene，ETH）五类。其中生长素、赤霉素和细胞分裂素能促进生长、延缓衰老，而脱落酸和乙烯是抑制生长、促进衰老。此外，油菜素内酯（brassinolide）、三十烷醇、菊芋素（heliangint）、半枝莲醛（potulai）、罗汉松内酯（podolactone）、月光花素（colonyctin）和多胺类等具促进生长作用，茉莉酸、茉莉酸甲酯、酚类物质、肉桂酸和胡桃醌等抑制生长。人工合成的、具有植物激素功能的物质，称植物生长调节剂（plant growth regulator）。

1. 生长素类　包括吲哚乙酸（IAA）、苯乙酸（PAA）、4-氯吲哚乙酸（4-Cl-IAA）及吲哚丁酸（IBA）等，植物体内IAA以游离或结合态存在，分布于茎尖、根尖、受精子房等生长旺盛部位，仅游离态IAA才具调节生长的活性。植物生长调节剂有α-萘乙酸（α-NAA）、IBA、2，4-二氯苯氧乙酸（2，4-D）、2，4，5-三氯苯氧乙酸（2，4，5-T）等。

生长素只能从形态学上端向下端运输，称极性运输（polar transport）。生理效应主要有：①促进营养器官的伸长，在适宜浓度下促进芽、茎、根细胞的伸长生长；高浓度则表现抑制作用。②促进细胞分裂，保持顶端优势、增大叶片、增加形成层活性、促进侧根和不定根的形成、促进子房膨大和单性结实，促进愈伤组织的产生、维管束分化等；同时抑制幼叶脱落、侧枝生长、块根形成、花或果脱落等。通常双子叶植物较单子叶植物敏感，营养器官较生殖器官敏感，根比芽敏感，芽比茎敏感，幼嫩细胞比成熟细胞敏感。生长素结合位点有核、质膜不同的报道，其受体是 TIR1（transport inhibitor response），同时 AFB（auxin - response factor）家族也可能是生长素的受体，与 TIR1 共同感受生长素信号。

2. 细胞分裂素类（cytokinin，CTK） 是氨基嘌呤衍生物，已知有玉米素（zeatin）、玉米素核苷（zeatin riboside）、二氢玉米素（dihydrozeatin）、异戊烯基腺嘌呤（isopentenyladenine，IP）、异戊烯基腺苷（isopentenyl adenosine，IPA）等 30 多种；分布于生长旺盛、正在进行细胞分裂的组织或器官。生长调节剂有激动素（KT）、6 - 苄基腺嘌呤（6 - BA）和四氢吡喃苄基腺嘌呤（PBA）等，以 KT 和 6 - BA 应用最广泛。

根尖合成的 CTK 随木质部蒸腾流运送到地上部产生效应。其生理效应主要有：①促进细胞分裂，生长素主要促进核有丝分裂，CTK 促进细胞质分裂，缺乏细胞分裂素时易形成多核细胞。②促进芽的分化，当培养基中 CTK/IAA 较高时，愈伤组织形成芽，低时愈伤组织形成根；若二者浓度相等，则愈伤组织保持生长而不分化。③促进细胞横向增粗或扩大，使一些双子叶植物子叶或叶片扩大。④促进侧芽发育，解除顶端优势，CTK 促进腋芽维管束分化，利于营养物质运输，从而促进腋芽发育。⑤延缓叶片衰老，离体叶片涂抹 CTK 后可从周围吸取营养，保持其新鲜度，而使周围组织迅速衰老。⑥解除需光种子的休眠。CTK 的结合位点有核糖体、线粒体和叶绿体等报道，已知 3 个组氨酸激酶（Arabidopsis histidine kinases，AHKs）是 CTK 受体，即 AHK_2、AHK_3 和 CRE_1（Cytokinin responsel）。CRE_1 是一种膜结合蛋白，在 CTK 信号转导中起正调控作用。

3. 赤霉素类（gibberellin，GAS） 指具有赤霉烷骨架的萜类化合物，已报道 126 种赤霉素。多存在于根尖、茎尖等生长旺盛部位。束缚型 GA 是 GA 在体内贮藏和运输的形式，束缚型 GA 有 GA - 葡萄糖酯和 GA - 葡萄糖苷等，游离型具有生理活性，能与束缚型相互转化。商品 GA 主要为赤霉菌发酵产物，有赤霉酸（GA_3）或 GA_4 和 GA_7 的混合物。

根尖合成的 GA 经木质部随蒸腾流上升，而叶原基产生的 GA 则通过韧皮部向下运输，其运输速度与光合产物相同。其生理效应主要有：①促进细胞分裂和茎叶的伸长生长，无高浓度抑制问题。②促进抽苔开花，未经春化处理的长日植物施用 GA，则不经低温过程也能诱导开花，但对短日植物无作用。③打破休眠，GA 可诱导 α - 淀粉酶、蛋白酶和其他水解酶的合成，从而代替光照和低温打破种子休眠，也能打破许多延存器官（如块茎）的休眠。④促进雄花分化和提高结实率，雌雄同株植物，使用 GA 后雄花比例增加。⑤促进单性结实，如用 200 ~ 500ppm 的 GA 水溶液喷洒开花一周后的果穗，生产无籽葡萄。

GA 的靶细胞是糊粉层细胞，诱导 α - 淀粉酶、蛋白酶、核糖核酸酶、β - 1，3 葡萄糖苷酶等水解酶的合成，但新合成酶的 60% ~ 70% 是 α - 淀粉酶。GA 还具有促进钙单向运输，以及使内源 IAA 的水平增高的功能。GA 与其受体 GID_1 蛋白（Gibberellin Insensitive Dwarf 1）结合，导致 DELLA 家族的转录调控因子的识别。

4. 乙烯（ethylene，ET，ETH） 是一种不饱和烃，化学结构 $CH_2 = CH_2$。在极低浓度（0.01 ~ 0.1μl/L）就对植物产生生理效应。种子植物、蕨类、苔藓、真菌和细菌都可产生乙烯。

乙烯在合成部位起作用，在体内易于移动，并遵循虎克扩散定律，其生物合成过程一定要在具有完整膜结构的活细胞中才能进行。其生理效应主要有：①抑制茎的伸长生长、促进茎或根的横向增粗生长。②促进果实成熟有显著的效果。③促进脱落，乙烯是控制叶片脱落的主要激素。④促进开花和雌花分化，乙烯可促进一些植物开花，还可调控花的性别，促进雌雄同株植物的雌花分化及降低着生节位，IAA 增加雌花分化就是其诱导产生乙烯的结果。乙烯的受体有 ETR_1、ETR_2、ERS_1、ERS_2 和 EIN_4 等 5 个，其中任何一个发生功能获得性突变都能导致对乙烯不敏感。

5. 脱落酸　（abscisic acid，ABA）是倍半萜羧酸，分子式 $C_{15}H_{20}O_4$，相对分子量 264.3，有两种旋光异构体，体内的主要是（+）－ABA。高等植物各器官、组织中都有 ABA，尤以即将脱落或休眠中的器官和组织较多。ABA 与细胞内的单糖或氨基酸以共价键结合而失去活性，而结合态的 ABA 又可水解重新释放出游离态的 ABA。

ABA 运输不具有极性，以游离型或脱落酸糖苷形式运输。其生理效应主要有：①促进休眠，ABA 可使生长旺盛的枝条停止生长而进入休眠，种子休眠与其中存在脱落酸有关。②促进气孔关闭，ABA 可引起气孔关闭，降低蒸腾。③抑制生长，ABA 能抑制整株植物或离体器官的生长，也能抑制种子萌发。ABA 的抑制是可逆效应。④促进脱落，ABA 促进器官脱落主要是促进了离层的形成。⑤增加抗逆性，干旱、寒冷、高温等逆境都通常使体内 ABA 迅速增加，从而抗逆性增强。

ABA 含有 α 与 β 不饱和酮结构，接受光刺激而成高度活跃状态，容易与蛋白质中氨基酸的氢原子结合。ABAR（ABA binding protein）是 ABA 受体，ABAR/CHLH 可特异地结合 ABA，在种子萌发、生长和气孔运动的信号通路中起正调控作用。

6. 其他植物生长调节物质　除上述 5 类激素外，植物体内还有许多对生长发育具调节作用的微量化合物。

（1）油菜素甾体类（brassinosteroids，BR，BRs）：在植物体内含量极少，但生理活性很强。已分离得到 40 多种油菜素甾体类化合物，分别用 BR_1、BR_2……BR_n 表示。BR 具有：①促进细胞伸长和分裂；②促进光合作用，提高光合速率；③提高抗逆性。BR 主要用于增加作物产量，减轻环境胁迫，也可用于插枝生根和花卉保鲜。

（2）茉莉酸类（jasmonates，JAs）：广泛存在于植物体内，已报道 30 多种。JAs 既可在细胞质也可在叶绿体中合成。JAs 常在韧皮部系统中运输，也可在木质部及细胞间隙运输。JAs 可引起多种形态或生理效应，大多与 ABA 相似。具有：①抑制生长和萌发；②促进生根；③促进衰老；④抑制花芽分化；⑤提高抗性。

（3）水杨酸（salicylic acid，SA）：植物组织中非结合态 SA 能在韧皮部中运输。生理效应有：①生热效应；②诱导开花，抑制雌花分化，抑制根系发育；③增强抗性，SA 能诱导抗病基因的活化而使植株产生抗性。

（4）多胺（ployamines，PA）：包括二胺、三胺、四胺及其他胺类。一般胺基数目越多，生物活性越强。多胺具有促进植物生长、防止衰老、提高抗性等作用。

（5）生长调节剂类：①玉米赤霉烯酮可调控某些植物的营养生长，促进愈伤组织的形成和生长；②寡糖素（oligosaccharin）常含 10 个左右的单糖残基；可诱发植物产生抗毒素及蛋白酶抑制剂，从而提高植物的抗性；还可控制植物的形态建成、营养生长和生殖生长等。③三十烷醇（1－triacontanol，TRIA）是含 30 个碳原子的长链饱和脂肪醇，可延缓燕麦叶小圆片的衰老，增加黄瓜种子下胚轴的长度，抑制 GA 在黑暗中促进莴苣种子发芽的效应，促进细胞分裂，增强多种酶的活性等。

7. 植物激素间的相互作用 植物体内各种激素间可发生增效或拮抗作用，因此各种激素只有协调配合，植物才能正常生长发育。在芽尖，赤霉素、细胞分裂素和生长素的相互作用调控着分生组织的大小；在根尖，生长素和细胞分裂素的拮抗作用调节根尖分生区细胞向伸长区和成熟区的迁移。

（1）协同作用：① IAA、GA 共同促进植物节间伸长生长；② IAA、CTK 作用，从而完成细胞分裂；③CTK 可加强 IAA 的极性运输，IAA 使 CTK 的作用持续期延长；④ABA 和 ETH 在促进器官脱落方面具有协同增效作用；⑤ IAA 促进 ETH 的产生，高浓度 IAA，诱导产生较多的乙烯，而抑制生长。

（2）拮抗作用：①IAA 维持顶端优势，而 CTK 减弱顶端优势；②IAA 促进插枝生根，GA 则抑制不定根形成；③IAA 推迟器官脱落的效应，会被施用 ABA 所抵消；④GA 促进种子萌发，ABA 促进休眠；⑤CTK 抑制叶绿素、核酸和蛋白质的降解，抑制叶片衰老；ABA 抑制核糖、蛋白质的合成并提高核酸酶的活性，从而促进核酸降解，使叶片衰老。⑥CTK 促进气孔开放，ABA 促进气孔关闭。

（3）植物激素间比例控制植物的发育：①高 IAA/CTK 时诱导根分化，低 IAA/CTK 则诱导芽分化，IAA/CTK 适宜时诱导根、芽分化，仅 IAA 则形成愈伤组织。②高 IAA/CTK 能维持顶端优势，低则减弱顶端优势。③高 IAA/GA 促进木质部分化，低 IAA/GA 促进韧皮部分化。④高 GA/CTK 促进顶芽分化为雄花，低 GA/CTK 促进顶芽分化为雌花。⑤高 GA/ABA 打破种子休眠，促进萌发，也有利于雄花分化；低 GA/ABA 诱导种子休眠，抑制萌发，有利于雌花分化。⑥高 CTK/ABA 促进气孔开放，低则促进气孔关闭。此外，种子早期胚发育，CTK 水平最高，然后降低，GA、IAA 含量增加，后期 GA、IAA 含量下降，进入休眠期，ABA 含量最高；萌发过程 ABA 含量下降，GA、CTK、IAA 含量增加。

二、环境对植物生长的影响

营养器官生长是植物一生中非常关键的时期。环境因素通过调节各种植物激素如脱落酸（干旱和盐分压力）、生长素和细胞分裂素（避光）、赤霉素（光照、压力）、乙烯（干旱、盐分压力及防御应答）、茉莉酸（防御应答）等对植物生长产生影响。生物和非生物压力通过负调控抑制细胞周期，而光照和营养则通过正调控调节植物生长。详见第十三章。

第二节　植物的营养生长发育及其调控

扫码“学一学”

一、种子萌发

种子萌发是一株未发育的幼小植物体（胚）恢复其正常生命活动的现象。形态学上表现为幼胚恢复生长，幼根、幼芽突破种皮并向外伸展；生理上则是从异养生长转变成自养生长。种子萌发受自身生理条件和外部环境条件的影响。

1. 种子的休眠 种子休眠是植物个体发育过程中出现的暂停现象。种子休眠的原因主要有胚外包被组织的不透水、不透气以及过分坚硬，胚的分化发育不完全或生理上未完全成熟，以及存在有机酸、生物碱等抑制物质。目前解除休眠的方法主要有：①种子的后熟作用：种子脱离母体后，胚未发育完全或生理上还未成熟，需经过一定时间，胚才能发育达到真正成熟，称后熟作用（after - ripening）。在高寒地区或阴生、短命植物中较为常见，如人参、西洋参、刺五加、羌活、乌头、黄连、山茱萸、木瓜、麦冬、黄柏、玉竹、天门冬等。这类种子须经过低温处理，如用湿砂将种子分层堆积在低温（5℃左右）环境1～3个月，经后熟处理才能萌发。②种皮障碍：种子常因种皮的存在而引起休眠。如黄芪、甘草等部分豆科植物具有坚厚的种皮，而山茱萸、皂荚、盐肤木、穿心莲等的种皮具蜡质、革质，胚不能突破种皮，也难以萌发。常采用物理、化学方法破坏种皮，增加种皮透水、透气性，解除种皮障碍。③存在抑制性物质：有些种子不能萌发是因果实或种子内含抑制种子萌发的物质，如挥发油、生物碱、有机酸、酚类、醛类等。如山楂、女贞、川楝等都含有抑制物质，这类种子可采用生长调节剂处理破除休眠。许多植物种子休眠的原因不止一种，是多因素的综合作用，如人参属胚发育未完全类型，同时也含发芽抑制物质。

干燥、低温、缺氧条件下，种子能保持良好生活力。但在高温、潮湿、氧气充足的情况下，种子内部呼吸强烈，贮藏养分被大量消耗，同时还会积累毒性代谢物质，破坏膜系统，致胚内代谢紊乱，使种子丧失活力。不同种子或贮藏条件下，种子寿命差异很大。

2. 种子萌发的条件和生理变化 种子度过休眠后，在水分足够、温度适宜和氧气充足的条件下就能萌发。

（1）充足水分是种子萌发的首要条件：风干的种子含水量10%～12%，内部细胞质呈凝胶状态，生理代谢活动微弱，生命活动处于相对静止状态。因此，种子须吸收足够水分，重新恢复正常生命活动才能萌发。种子萌发吸水过程分为3个阶段：首先是种子内胶体物质所引起的急剧吸水过程，是吸胀吸水物理过程；随后是吸水停滞期，此时种子代谢活动增强；当胚根突破种皮，胚体迅速增大时又再次急剧地吸水，此为渗透吸水生理过程。此外，种子的成分影响种子吸水，如富含蛋白质的种子，因蛋白质上的亲水基团（如—OH、—NH_2、—COOH等）多，故吸水多；大豆种子萌发时要求的最低吸水量为其风干重的120%，水稻为35%～40%。种皮结构、土壤温度、含水量、溶液浓度等均会影响种子吸水。

（2）适宜温度是种子萌发的必要条件：种子萌发是物质和能量转化的过程，包括酶催化下贮藏物质降解，其产物运输到正在生长的幼胚中供其生长的营养和能源过程；也包含降解产物再合成为新细胞中物质的过程。所以温度制约着种子萌发，种子萌发存在最低、最高和最适温度。这是生产中决定播种期的主要依据。最适温度是指短时间内使种子萌发达到最高百分率的温度。种子萌发的温度三基点，随植物种类和原产地的不同而不同。

（3）充足的氧气是种子萌发的必要保证：种子萌发时，幼胚活跃生长需要呼吸代谢提供能量。呼吸代谢的增强，则需要充足的氧气。大多数种子需含氧量在10%以上的空气中才能正常萌发，但需氧程度又因种子的化学成分不同而有所差异。如脂肪含量较高的种子（如落花生、棉花）比淀粉类种子的萌发需氧量高，因此该类种子宜浅播。松土排水，改善土壤通气条件，是促进种子萌发、培育壮苗的有效措施。

（4）喜光种子和喜暗种子：一些植物如莴苣、烟草的种子需要在一定光照下才能萌发，称为喜光种子。相反，茄子、番茄、苋菜、黄瓜、西葫芦等的种子只有在相对长的黑暗条件下才能萌发，光照反而抑制其萌发，称为喜暗种子。研究发现，波长660nm的红光照射种子会促进喜光种子萌发，而波长730nm的远红光照射种子，则抑制种子萌发。

二、植物的生长

大多数植物随种子的萌发与出苗，从异养生长转变成自养生长，进入营养生长阶段。因细胞不断分裂和新生细胞体积的增加，幼苗迅速长大。植物生长是一个体积和质量不可逆增加过程，也受外部环境条件的影响，表现出周期性和相关性两个特点。

1. 植物生长的周期性（growth periodicity） 指植株或器官生长速率随昼夜或季节变化发生规律性变化的现象，表现为生长大周期、季节周期性和昼夜周期性。

（1）植物生长大周期（grand period of growth）：植物生长过程中，无论是细胞、器官还是整个植株的生长速率都表现出“慢—快—慢”的规律。即开始时生长缓慢，随后逐渐加快，达到最高点后又减缓以至停止。生长过程的这三个阶段总合起来称生长大周期。器官生长表现出生长大周期。而植株一生的生长表现为“S”形生长曲线的原因较复杂，它主要与光合面积大小及生命活动强弱有关。根据生长大周期规律，可以采取相应措施，促进或抑制器官以及整株植物的生长。

（2）季节周期性（seasonal periodicity）：植物的营养生长都或多或少地表现出季节性变化。如一年生植物的春播、夏长、秋收与冬藏，多年生树木的春季芽萌动、夏季生长旺盛、秋季生长逐渐停止至冬季休眠，周而复始，年复一年。这种在一年中植物生长随着季节而发生的规律性变化，称季节周期性。生长的季节周期性与温度、光照、水分等因素的季节性变化相适应，并通过其内因来控制。一年生植物的生长量呈“S”形曲线，也是植物生长季节周期性变化的表现；木本植物的年轮也是植物生长季节周期性的一个具体表现。而多年生植物根、茎、叶、花、果和种子的生长并不是平行进行，而存在此起彼伏的变化。

（3）昼夜周期性（daily periodicity）：植物活跃生长的器官，其生长速率按昼夜变化发生的有规律变化，称昼夜周期性。一天中因昼夜光照强度和温度高低不同，植物体内的含水量也不相同。因此，就使植物的生长表现出昼夜周期性。植株或器官的生长速率随昼夜温度变化而发生有规律变化的现象也称温周期现象（thermoperiodicity）。同时昼夜周期性变化是植物在演化过程中形成对环境的适应性，很大程度上取决于环境条件的周期性变动。

上述植物生长对昼夜与季节变化的反应很大程度是由环境条件的周期性变化引起，而有一些植物的生命活动则并不取决于环境条件的变化，是一种内源性节奏现象。这种生命活动的内源性节奏的周期在20~28小时之间，称近似昼夜节奏（circadian rhythm）或生理钟（physiological clock）。

2. 植物生长的相关性 高等植物是多器官的有机体，各器官和部位的生长发育间存在着相互依存、相互制约的关系，并在生长上表现相关性。

（1）地下部分和地上部分的相关性：植物的地下部分和地上部分首先表现为相互依存的关系。地下部分必须依赖地上部分提供糖类、蛋白质、维生素和一些生长物质，而地上部分又必须依赖地下部分吸收水、无机盐和水中溶解的 CO_2 以及其合成的氨基酸和一些生长物质。地下和地上部分在物质上相互供应，相互促进生长，共同发展，得以呈现“根繁叶茂”的景观。同时地下和地上部分又存在相互制约的关系，它们生长所需营养物质的分配存在竞争性制约，它们对环境条件的响应也不同。地下部分和地上部分的质量之比称根冠比，常用以反映栽培作物生长状况以及环境条件对地下和地上部分的不同影响。通常温度较高、土壤水分较多、氮肥充足、磷肥亏缺、光照较弱时，根冠比常降低；而相反情况下则利于地下部分生长，根冠比增大。如生产附子、丹参、白芍等药材时，既要求整株生长茂盛，又要求有较大根冠比，才能增加药用部位产量。所以栽培以根及根茎类入药的植物时，常通过各种措施调整其根冠比，前期约0.2，接近收获期约为2较适宜。

（2）主茎和分枝的相关性：植物顶芽长出主茎，侧芽长出分枝，通常存在顶端优势。顶端优势的强弱，因植物种类的不同而异。地下部分也存在主根对侧根生长的抑制作用，若将根尖去掉，侧根就会迅速长出。栽培中常采用育苗移栽方法，把伸到耕作层下的主根砍断，新生的侧根就能吸收表层土的水肥。药用植物栽培中打尖、修根是顶端优势的应用。

（3）营养器官和生殖器官的相关：植物营养器官和生殖器官之间是相互依赖、相互制约关系。首先，营养生长是生殖生长的基础，只有根、茎、叶健壮生长，才能为花、果实、种子的形成和发育提供良好的营养条件；而果实和种子发育良好则又为新一代植物营养器官生长奠定良好的物质基础。其次，营养器官与生殖器官在营养物质分配利用方面又表现相互制约关系，若营养器官生长过旺，消耗过多营养物质，将推迟生殖生长或使生殖器官发育不良，从而导致贪青晚熟或落花、落果。若营养物质过多消耗在生殖器官生长上，生殖生长过旺，又会导致营养器官生长势和生长量下降，甚至引起植株过早衰老和死亡。因此，药用植物栽培中根据生产目的，合理调整营养器官和生殖器官生长的关系具有重要的意义。如供足水肥，摘花或除芽，适当修剪枝叶，可使收获对象为营养器官的药材（如紫苏、薄荷、大青叶、藿香等）获得丰产；通过整枝打顶、去除赘芽、修剪枝叶等措施调控营养器官生长，可获得栝楼、罗汉果、马兜铃等果实种子类药材的丰产。果树栽培中利用好两者的关系，可消除“大小年”现象，获得连年丰产。

三、植物的运动

植物运动是指植物器官在空间发生位置和方向上的变动，可概括为向性运动、感性运动。植物通过不同运动方式可更好地获得生长发育所需的能量和物质，完成其生长、繁殖等生命活动。

1. 向性运动（tropic movement） 植物受外界环境的单方向刺激而引起器官的定向不平衡生长，称向性运动。向性运动的方向与刺激方向有一定的关系，其表现方式是生长速度的差异，需较长时间才能观察到。向性运动按刺激种类可分为向光性（phototropism）、向重力性（gravitropism）、向水性（hydrotropism）、向化性（chemtropism）和向触性（thigmotropism）等。

（1）向光性（phototropism）：指植物生长器官受单向光照而引起生长定向弯曲的现象。幼苗、嫩茎尖、胚芽鞘等向光源一侧弯曲的现象，称正向光性；根向背光的一面倾斜生长的现象，称负向光性；有些植物通过叶柄扭转，使叶片处于与光线垂直方向的现象，称横向光性。蓝光是诱导向光性运动最有效的光谱。

（2）向重力性（gravitropism）：指植物对地心引力的定向生长反应，又称向地性（geotropism）。根呈正向重力性，有利于固着、吸收水分及无机盐；茎呈负向重力性，叶、根状茎和匍匐茎还有横向重力性，利于植物吸收阳光进行光合作用。根冠中央细胞存在感受重力的淀粉粒，是感受重力的部位，摘除根冠或移植根冠，根会失去或恢复顺应重力的特性。同时光敏色素也参与了向重力性反应。

（3）向化性（chemotropism）：指因植物周围化学物质分布不均匀而引起的不平衡生长

运动。根生长有明显的向化现象，总是向肥料较多的区域生长。生产上利用施肥影响根的生长，例如丹参、白芍、牛膝等通过深层施肥可使根生长较长且粗大；种植砂仁采用以肥引芽的办法，使植株分布均匀。

（4）向水性（hydrotropism）：指植物向水势高区域生长的现象。土壤较干燥且水分分布不均时，根总是向较潮湿的地方生长，但根的向重力性效应远比向水性大。生产上常采用蹲苗的方法，限制水分的供应促使根向深处生长。

（5）向触性（thigmotropism）：指有些植物与固体物接触时，很快发生生长变化的反应。如栝楼、土茯苓、黄瓜、南瓜、丝瓜、豌豆、葡萄等植物正在生长的卷须自发地进行着回旋转头运动，卷须端部腹侧较为敏感，当与固体物一接触，立刻产生电和化学信号并向下传递，引起卷须两侧细胞不均衡伸长，快速围绕固体物缠绕起来，能在 1 小时内缠绕数圈。同时卷须对触觉的刺激还有“记忆”能力。

2. 感性运动（nastic movement） 指植物感受无一定方向的外界刺激而引起的运动，与细胞生理状况相关，运动一般发生较快，较短时间就能观察到，但与刺激方向无关。许多植物的感性运动是因细胞膨压变化而引起的非生长性运动，有的则与生长有关。发生感性运动的器官常具有两面对称的结构，如花瓣的上表面生长较快，花瓣就向外弯曲，下表面生长较快，花瓣就向内弯曲。感性运动主要有感震运动和感夜运动两类。

（1）感震运动（seismonastic movement）：指机械刺激而引起的植物运动，包括震动、烧灼、电触、骤冷甚至是光的明暗变化等刺激。典型的感震运动是含羞草叶子的运动，捕蝇草叶子的运动也是一种感震运动。

（2）感夜运动（nyctinastic movement）：指随夜晚的到来，光照和温度改变的刺激而引起的植物运动。有些感夜运动是不均匀生长引起，如郁金香花在从 7℃上升到 17℃时，其花瓣基部内侧生长比外侧快，花就开放，相反则花就关闭；又如蒲公英花序、睡莲花瓣在晴朗天气下开放，在阴天或晚上闭合；而烟草、紫茉莉则相反。但也有些感夜运动，是由于细胞膨压改变而引起的运动，不是生长运动；如一些豆科植物（落花生、合欢等）一到夜晚小叶就合拢，叶柄下垂，而到白天又张开。

扫码“学一学”

第三节 植物的生殖生长发育及其调控

植物生长到一定时期以后，在适宜的条件下开始分化形成花芽，随后开花、传粉、受精、结果（实），形成种子。根据植物生长的规律，可以调节其生长和发育，使植物向着有利于人类需求的方向发展。

一、花的诱导和花器官形成

花的形成标志着植物从营养生长转变为生殖生长。但这种转变只能发生在植物一生的某一时刻，即植物必须达到一定年龄或生理状态时，在适宜的条件下才能诱导成花。植物达到能感受外界信号刺激进行花芽分化的状态称花熟状态（ripeness to flower state）。在没有达到花熟状态之前，即使满足植物成花所需环境条件，也不能形成花。目前认为低温和适宜的光周期是诱导成花的主要环境条件。

1. 低温和花的诱导 有些植物需要一定时间的低温条件，才能诱导花芽形成或促进花器官发育，该现象称春化作用（vernalization），这一过程称春化阶段。春化作用常在植物营养生长期内进行，如甘蓝、胡萝卜等在绿色苗期，萝卜、白菜等则在种子萌动时，也有些植物既可在苗期，也可在种子萌动时进行，如冬小麦。春化作用需要的时间和温度随植物种类、品种不同而不同。大多数植物的有效温度为1~7℃，而油橄榄等原热带植物在7~13℃也有效。低温处理时间一般需1~3个月，但也有需要两周甚至几天的植物。春化处理时常会缩短从播种到开花的时间，相反则延长。

植物响应低温的部位在茎端生长点和幼叶，春化作用除需要一定时间的低温条件外，还需要水分、氧气、呼吸基质（糖）等综合条件。在春化过程完成之前，若将植物再置25~40℃下，低温效果就会减弱或消失的现象称去春化作用（devernalization）。春化进行的时间越短，越易被高温所解除，高温处理的时间越长，越易解除春化作用。植物解除春化作用后返回到低温下又可重新春化，春化过程一旦完成，即使以较高温处理也不会解除春化。生产中应用春化作用原理，对萌动的种子进行春化处理可调节某些品种的播种期和加速育种过程，也可根据栽培目的确定引种地区，采用去春化作用延迟开花或春化作用促进开花，实现开花的人为控制。

2. 光周期和花的诱导　许多植物经低温春化处理后，还需适宜的日照处理，才能诱导成花。随季节变换而发生的昼夜相对长度变化是影响植物开花的决定性因素，植物响应昼夜相对长度变化的现象称光周期现象（photoperiodism）。已知光周期现象还与茎伸长，块茎、块根的形成，芽休眠和叶脱落等有关。光周期诱导中临界日长、诱导周期数、光的性质是三个最主要的因素。

（1）光周期反应的类型：不同植物开花对日长有不同的反应。按植物在光周期现象中对每天昼夜长度要求的不同，可将植物分成长日植物（long-day plant，LDP）、短日植物（short-day plant，SDP）和日中性植物（day-neutral plant，DNP）。长日植物和短日植物有临界日长（critical day length），即长日植物要求有一个最低的极限日照，低于最低极限日照下它们不开花；而短日植物要求有一个最高的极限日照，超过最高极限日照它们也不开花。如13小时是长日植物菠菜的最低极限日照，它至少要得到13小时的光照才能开花，而短于13小时不开花，长于13小时可促进开花；相反短日植物北京大豆的临界日长为15小时，它开花所需的日长不能超过15小时，长于15小时不开花，短于15小时可促进开花。因此，长日植物是指一天中，日长等于或长于临界日长条件下开花或促进开花的植物。短日植物是指日长等于或短于临界日长条件下开花或促进开花的植物。在任何日长下均能顺利开花的植物，称日中性植物；如番茄、黄瓜、茄子等。

植物开花对光周期的要求，是其长期演化中形成的一种适应环境的特性。光周期现象与植物起源和分布有关，如起源于北方的植物为长日照植物，起源于南方的植物为短日照植物，中纬度地带则长日植物在春末夏初开花，短日植物在秋季开花。同一作物的不同品种，对日照的反应不同；如烟草有长日、短日和中间型三种类型。了解植物的光周期特性，对药用植物的引种栽培具有重要作用。

（2）光周期诱导（photoperiodic induction）：植物在一定发育时期，如花熟状态和光敏感期，经适宜光周期处理，以后即使处于不适宜的光周期下也可保持诱导的效果而开花，该过程称光周期诱导。适宜的光周期处理只是对植物成花反应起诱导作用，花芽的分化并不在光周期诱导的当时出现，而常出现在光周期诱导之后的若干天，甚至几十天不等。不同植物需要的适宜光诱导周期数（即光周期处理的天数）不同。如短日植物苍耳的临界日长15.5小时，只需要1个光诱导周期，即一个循环的15小时照光及9小时的黑暗就可以开花；大麻需4个光诱导周期，菊花12个等。低于这个周期数就不能诱导开花，高于这个周期数花诱导的效果更好，花形成提前，花的数目增多。感受光周期诱导的部位在叶片，而形成花的部位是在茎端分生组织，因此叶感受光周期刺激后必有诱导效应的物质传导，但是至今学界还不了解开花刺激物是什么物质。

（3）光暗交替的重要性：光周期现象中，不论光期的长短，短日植物只能在超过一定的暗期长度时开花，而长日植物在短于一定暗期长度时开花；即暗期比光期更重要。因一天24h的光暗循环，光期长度和暗期长度互补。因此，短日植物也称长夜植物，其暗期长度长于临界夜长时开花；长日植物也称短夜植物，其暗期长度短于临界夜长时开花。

（4）红光、远红光的可逆现象：实验表明，红光抑制短日植物开花最有效，但在红光照射以后再用远红光照射，就不能发生暗期间断的效果。即红光不能使短日植物开花，而远红光能使其开花；但红光能使长日植物开花，而远红光不能使其开花。红光与远红光诱导开花的可逆现象与植物体内存在的光敏色素有关。

药用植物栽培中，应用光周期理论，确定引种地和引种品种，指导品种选育，控制花期，调节植物的营养生长和生殖生长关系，以获得优质高产的药材。

3. 光受体与成花诱导 光一方面提供绿色植物光合作用必需的能源，另一方面作为信号调节植物整个生长发育。前者需要的能量高，后者需要的能量低。植物光合作用和生长发育对不同波长的光敏感度不同，植物生长发育对UV－B射线（280～320nm）、UV－A射线（320～380nm）、蓝光（380～500nm）、红光（620～700nm）、远红光（700～800nm）等高度敏感。已知植物体光受体系统有四类：光敏色素（phytochromes），主要感受红光和远红光；隐花色素和向光素感受UV－A和蓝光；以及UV－B受体。

（1）光敏色素（phytochromes）：一种由生色团和蛋白质组成而易溶于水的色素—蛋白质复合物。存在植物各器官中，尤以分生组织含量多，主要分布于细胞的膜系统。光敏色素有红光吸收型（Pr）和远红光吸收型（Pfr）两种形态。前者吸收峰是660nm，后者是730nm，二者吸收各自相应波长光后可相互转化。Pfr/Pr的值控制着植物的开花，SDP开花需要较低的Pfr/Pr值，光期结束时，Pfr占优势，进入暗期Pfr转化或降解，当Pfr/Pr的值降到低于临界值时，促进SDP开花；LDP开花需要较高的Pfr/Pr值，暗期过长则抑制开花。光敏色素参与植物对光信号的接受和光周期中的时间测量，Pfr与Pr相互转化影响植物开花、种子萌发、块茎和块根的形成，以及茎的促长、叶片扩大、解除黄化、叶子脱落等。

（2）蓝光受体：能感受蓝光和近紫外光（330～390nm）的一种受体，有隐花色素（cryptochrome）和向光素（phototropin）两种，都是由生色团和蛋白质组成的色素—蛋白质复合物。隐花色素在蓝紫光区有3个吸收峰（420nm、450nm、480nm），呈“三峰”图案。在近紫外光370nm左右有1个吸收峰，这是判定光控反应是否有隐花色素参与的标准。隐花色素分子常以二聚体形式存在，其N端PHR结构域是二聚体形成部位。蓝光照射下，隐花色素分子的发色团FAD发生分子内电子传递，使二聚体发生变构，C端发生磷酸化，进而激活下游信号传导途径，引发生理反应。不同的蓝光反应信号途径有所不同，如在蓝光调控的气孔开放中，负调控因子COP_1是与隐花色素发生相互作用的下游信号组分。CRY_1、CRY_2定位细胞核，CRY_3定位叶绿体和线粒体。隐花色素还参与新陈代谢、形态建成和向光性反应等。

（3）UV－B 受体：UV－B 辐射是一种重要的环境信号，被植物感受并诱导植物调整自身生长和发育状态以适应环境。但 UV－B 受体是目前尚未清楚的光受体，已知 UVR_8 二聚体感应 UV－B 后瞬间解聚为单体，并与 E_3 泛素连接酶 COP_1（constitutively photomorphogenic 1）相互作用，从而激活 UV－B 响应基因表达。经由 UVR_8 等光受体介导中、低、极低强度的 UV－B 信号，通过几个分子途径控制相关基因表达，分别调控 UV－B 保护基因表达、形态建成、昼夜节律、生长发育等。

4. 花器官形成与性别分化 花的发育过程包括花熟态—花原基出现—花的形成。只有到花熟状态的植物，才能感受春化作用、光周期诱导，在生长点产生花原基，再由花原基分化形成花器官。成花诱导后茎尖生长锥在形态和生理生化上均发生很大变化，茎端分生组织转变成花原基，再由花原基进一步分化形成花器官，但花器官的数量、质量以及性别的表现受到多种因素的影响。其中光照强度和长短、温度、水分、肥料及内源激素是影响花器官形成的主要因素。

（1）花器官的形成：花分化初期，茎生长锥伸长或呈扁平头状，表面积增大，生长锥表面细胞分裂迅速。生长锥表层和内部细胞分裂速率不同，使生长锥表面出现褶皱，在原来形成叶原基的部位形成花原基，在花原基上再分化出花器官各部分原基。同时，花芽分化开始，细胞的代谢水平增高，可溶性糖、氨基酸和蛋白质含量增加，核酸合成速率加快。

植物成花过程中，花诱导与花器官的形成是两个过程。当植株在外界条件（主要是光周期和温度）的影响下，完成了花诱导过程后，还需适宜的外界条件，才能完成全部的开花过程，保证花的质量和数量。①光、温等气象条件：在完成光周期诱导的基础上，花芽开始分化，自然光照时间越长，光强度越大，形成的有机物越多，对开花越有利，如忍冬的整形修剪，有利于花芽分化。即温度通过影响光合、呼吸和物质的转化及运输从而间接影响花芽分化，在一定温度范围内随温度升高花芽分化加快，高温缩短花芽分化的过程，低温则延迟或中断分化。②栽培条件：水分对花形成过程十分重要，雌、雄蕊分化和花粉母细胞及胚囊母细胞减数分裂期，对水分特别敏感；若水分不足，花形成延迟并引起退化。氮肥过多，使植株进行营养生长，花发育不良；氮肥不足，则花分化慢而少，植株密度过大，退化的花增多。③营养条件：碳水化合物既是碳源又是能源，对花芽形成尤为重要，植物体内的碳水化合物（C）和含氮化合物（N）比值影响植物的开花，C/N 值高时促进开花，低时抑制开花。④内源激素：花芽分化受内源激素的调控，GA 可抑制多种果树花芽分化，CTK、ABA 和乙烯则促进花芽分化，IAA 低浓度促进花芽分化，高浓度则产生抑制作用。因此减少 GA 和 IAA，增加 CTK 含量，能改变营养物质分配，促进花芽分化。总之，一定营养水平下，内源激素平衡对成花起主导作用；营养缺乏时，花芽分化则受营养状况影响；营养状况和激素平衡相互影响和调节花芽的分化。

（2）花器官的性别分化：高等植物有雌雄性器官、雌雄个体之分。植物雌雄性别表达常在个体发育后期才完成，性别分化的调控受到遗传、年龄和环境条件的影响。①植物存在性染色体和性基因，雌雄异株植物由性染色体控制，如大麻 $2n=20$，2 个是性染色体；雌雄同株植物由性基因控制何时何处产生雄花或雌花。②雌雄同株植物性别随年龄而变化，一般雄花出现在发育早期，然后才出现雌花。如栝楼的雄花着生在较低的节上，而雌花出现在较高的节位。③光周期、温周期和营养条件等影响着花性别的分化，经适宜光周期诱导的植物若继续处于该光周期条件下会多开雌花，若在非诱导光周期下则多开雄花。夜温低和昼夜温差大有利于多数植物产生雌花，但黄瓜在夜温低时雌花减少；番木瓜在低温条件下雌花占优势，中温下两性花的比例上升，而在高温下则以雄花居多；水分和氮肥充足促进雌花分化，而干旱和缺氮时则雄花较多。④植物激素影响花性别分化，不同性别植株或性器官中植物激素含量不同；IAA、CTK和乙烯促进雌花发育，GA则相反；TIBA、MH抑制雌花产生，CCC则抑制雄花的形成。同种激素在不同植物的性别分化中可能起不同的作用，如GA促进玉米雌花发育，也促进黄瓜雄花的发育。此外，外施生长物质和内源激素的作用机理不尽相同。

二、种子的成熟及调控

植物种子的成熟过程，就是胚从小长大，以及营养物质在种子中转化和积累的过程。在种子生长膨大过程中，发生了一系列生理生化变化。种皮成熟时，组成种皮各细胞层的内部结构发生了相应变化。大多数植物的种皮外层常特化为厚壁组织，内层为薄壁组织，中间层往往分化为纤维、石细胞或薄壁细胞。随着细胞失水，整个种皮逐渐变得干燥坚硬，增强了保护作用。有些植物的种皮坚实、不易透水、不易通气，可控制种子的萌发。少数植物的种子具有肉质种皮，如石榴的外珠被发育为坚硬的种皮，而种皮的表皮层细胞向外扩伸，形成多汁、肉质的可食部分。银杏的外种皮也为肥厚肉质结构。还有少数植物的种子具有假种皮，它是由珠柄或胎座发育而来，包被于种皮之外，如荔枝，龙眼果实的肉质、多汁的可食部分就是假种皮。

种子成熟时，种子内部也发生了一系列生理生化变化，具体表现在：可溶性糖类转化为不可溶性糖类，非蛋白氮转化为蛋白质。高含量内源激素出现的顺序首先是玉米素，其次是赤霉素和生长素，最后是脱落酸；玉米素最先出现可能与籽粒建成的细胞分裂过程调节有关，随后出现赤霉素和生长素可能调节有机物向籽粒运输和积累，最后大量增加的脱落酸，可能和籽粒休眠促进有关。此外，种子含水量随种子成熟而逐渐减少；如小麦种子成熟时含水量减少了，干物质增加了，而总重量减少了。

种子成熟调控的有关研究主要体现在以下三方面：①种子特异表达的基因在DNA序列有某些共同的特点，如很多储藏蛋白基因的启动子具有双重控制的位点，即在紧靠转录起始位点的近端有一个甚至几十到三百个碱基的启动子，而在较远端还有一个调控位点；②在种子成熟过程中，ABA对特异蛋白基因的启动有调控作用，并能抑制幼胚的发育；③在玉米等植物中，以VP基因和拟南芥的ABI基因为代表的转录子对种子的形成过程具有广泛影响，如影响种子的脱水过程和多种蛋白质的表达等。总之，植物种子成熟期是种子发育的最后一个时期，此期间完成淀粉、脂类、蛋白质等贮藏物质的合成积累。种子成熟过程由如遗传规划、代谢信号、植物激素ABA信号等多种信号系统参与调控，其中ABA在种子成熟中起到主导作用。

三、果实的成熟及调控

1. 果实的生长与成熟 果实通过细胞分裂和细胞体积、重量的增加实现生长发育过程，具有“S”形生长曲线特征。但植物种类不同，果实的生长特点也不同。如苹果、梨、香蕉和茄子等的果实只有一个迅速生长期，即慢—快—慢，其生长曲线呈单S形，而桃、杏、李、樱桃、柿子等的果实，其生长曲线呈双S形。这类果实具核，可能是在生长中期养分主要向核内的种子集中，使果实生长减慢。随着果实的成熟，某些果实的呼吸速率最初降低，至成熟末期突然升高然后下降，这种现象称为果实的呼吸跃变。呼吸跃变的出现标志着果实达到成熟可食的程度，即果实即将衰老。梨、香蕉、番茄等在成熟过程中出现明显的呼吸高峰，而草莓、柑橘、葡萄等成熟过程不明显。

果实在生长膨大过程中通过一系列生理生化变化达到成熟。果实成熟时，果实表皮细胞中叶绿素分解，胡萝卜素或花青素等积累，果色由绿变黄、红或橙色。果实内部合成醇类、酯类和羧基化合物为主的芳香性质物质而散发香气。同时，果实中原有的单宁、有机酸减少，糖分增多，以致涩、酸味减弱，甜味明显增加。此外，果实成熟的另一明显变化则是水解酶使胞间层水解，细胞间松散，组织软化。

2. 果实成熟的调控　果实成熟是基因表达的结果。番茄的PG酶（多聚半乳糖醛酸酶）反向调节转基因果实，其PG的mRNA减少，PG的活性明显降低，果实能保持相当的硬度。PE酶（果胶甲醛酶）参与细胞果胶物质的脱甲基化，至少存在3种同工酶。果实成熟过程中，PE酶的脱甲基产物是PG酶作用的基质。将从果实中分离的PE基因反向构建转入植物体中，其果实PE酶活性大大降低，果胶物质分解受到抑制，但对根和叶的PE酶活性无影响。表明植物体中PE酶基因间核酸序列存在一定差异，反义基因的抑制作用具有很强的专一性。将ACC（1－氨基环丙烷－1－羧酸）合成酶cDNA的反义系统导入番茄，得到的转基因植物中乙烯合成被抑制了99.5%，果实不出现呼吸高峰，储存3～4个月也不变红变软，用乙烯处理则果实成熟。而ACC脱氨基酶基因过度表达的转基因植物，可将ACC大量转变α－丁酮酸，因而乙烯生成减少了90%～97%，也可延长储存期，而且果实的表型和品质都与正常果实无异。此外，采用转基因改变果实颜色或糖含量等都获得了成功。

乙烯是调节果实成熟的激素，与乙烯合成有关的基因有E_4、E_{816}和E_{17}等。乙烯启动果实的成熟决定于乙烯的阈浓度、作用时间和果实对乙烯的敏感性。不同果实成熟的乙烯阈浓度有很大差异，如芒果只需0.01×10^{-6}μl/L，而梨需0.9×10^{-6}μl/L，比前者高90倍。只有果实停止增重，呼吸速率降低时，才对乙烯敏感。研究也表明，使用乙烯生物合成抑制剂可延迟果实成熟。用乙烯处理*Aranbidopsis thaliana*，获得乙烯不敏感突变体ETR，并已从中分离出5个以上乙烯受体蛋白基因，如ETR_1和ETR_2。其中ETR_1基因编码的蛋白质，N－端通过一个双硫键形成二聚体与膜结合，C－端是组氨酸激酶区，它可能通过二聚体与膜结合，吸收乙烯。ERS（ethylene response sensor）基因编码的蛋白质有一个组氨酸激酶区，N－端与ETR_1同源，但其C－端缺乏吸收区，将其转入正常植株，则对乙烯不敏感，说明ERS也是一个乙烯受体蛋白。表明乙烯的信号传导是由多基因控制的。在番茄中已分离出与ETR_1同源的基因，它们与番茄成熟过程中乙烯的调节表达有关。

果实成熟的调节也和其他激素相关。ABA可促进果实成熟和衰落。许多跃变型果实在成熟期间，ABA水平上升伴随着乙烯的跃升，或在乙烯水平上升之前，ABA水平上升；而对于非跃变型果实，只有ABA增加而没有乙烯的增加。外源ABA处理能刺激苹果和番茄的乙烯产生。ABA可能通过乙烯或独立于乙烯发挥作用，其对果实成熟的调控作用值得深入研究。IAA影响果实成熟的启动时间，常延缓果实的成熟，但不影响果实的成熟程度。CTK不影响成熟起始时间但降低成熟度。GA的作用和CTK类似。综合来看，果实成熟可能是多种植物内源激素平衡作用的结果。

重点小结

植物的营养生长和生殖生长是两个既不相同又密切相关的过程，二者之间存在相互依存又相互制约的关系。从种子萌发、幼苗生长发育成为一健壮的植株，是一定环境条件下植物遗传信息逐步表达的过程和结果。而环境因素对植物生长发育的影响主要是通过各种激素变化来实现。随种子的萌发与出苗，大多数植物就从异养生长转变成自养生长，进入营养生长阶段。由于细胞不断分裂和新生细胞体积的增加，幼苗迅速地长大，同时细胞、器官的分化也就越来越明显，并最后长成新的植株。植物生长是一个体积和质量不可逆的增加过程。生长常伴随着植物干物质的增加，但在种子萌发至绿叶形成以前，因呼吸消耗大量有机物，其干重反而减少。植物生长过程有其自身的规律性，也受外部环境条件的影响，表现出周期性和相关性两个特点。植株或器官生长速率随昼夜或季节变化发生有规律的变化，称植物生长周期性，表现为生长大周期、季节周期性和昼夜周期性。同时高等植物各个器官和各个部位的生长发育之间存在着相互依存、相互制约的关系。

植物激素是指在植物体内合成并运输到作用部位对生长发育产生显著作用的微量小分子有机物质。目前，已发现的植物激素有生长素类、赤霉素类、细胞分裂素类、脱落酸和乙烯五大类。其中生长素、赤霉素和细胞分裂素具有促进生长、延缓衰老作用，而脱落酸和乙烯是抑制生长、促进衰老功能。此外，还存在油菜素内酯、茉莉酸、多胺和水杨酸等一些对植物生长发育发挥着多方面调节作用的天然物质。同时还有人工合成的植物生长调节剂。植物生长到一定时期后，在适宜条件下可开始分化形成花芽，随后开花、授粉、受精、结果（实）。植物生殖器官的生长，称生殖生长。营养生长和生殖生长间的相互联系与作用主要表现在有机养料的分配上，要使植物正常生长，就必须使这两类生长保持协调。但不同的植物向我们提供的药用器官不同，我们需要有些植物的根、茎、叶等营养器官，有的需要供花、果实、种子等生殖器官。根据植物发育生长的规律，我们可对其进行生长调节，使植物向着有利于人类需求的方向发展。

思考与探索

1. 植物生长有哪些特点？如何利用植物生长的相关性进行调节？
2. 植物激素有哪些主要的功能？
3. 哪些植物生长现象存在植物激素的相互作用？
4. 种子、果实成熟过程中，有哪些生理生化变化和调控因素？
5. 查阅资料了解植物生长调节剂类型、使用现状，阐述植物生长调节剂与食品和药材安全的关系。

扫码“练一练”

（沈昱翔　张新慧　卢　伟　郭　敏　白贞芳）

第五章　药用植物分类与命名

要点导航

1. 掌握药用植物分类的基本内容和目的，分类的单位，植物的命名方法；药用植物分类的方法。

2. 熟悉标本鉴定的程序，检索表的编制和应用；植物界的基本类群和演化趋势。

3. 了解植物分类系统；植物命名法规和栽培植物命名法规，生物多样性的意义。

第一节　药用植物分类的基础知识

扫码“学一学”

一、药用植物分类的基本组成

分类是药用植物研究中产生最早和最基本的内容，人类在利用植物治病和食用的同时就产生了分类的意识。药用植物分类的目标，就是确定具体药用植物的系统地位，即需要对药用植物进行鉴定、描述、命名以及确立其亲缘关系，以便不同领域的研究者利用。

（1）鉴定：用已知分类群辨识未知标本，并确定其在分类系统中的正确位置，即给未知标本命名。通过访问标本馆与其收藏并正式鉴定的标本相比较，或将标本送到专门鉴定机构进行鉴定，也可利用植物志、专著和手册等文献进行鉴定。当采用一种方法将未知标本鉴定出结果后，还要与文献中该分类群的详细描述比较进一步核实。

（2）描述：记录药用植物的特征状态并将其罗列出来。简单描述只列出分类学特征，以便将相近分类群分开，这些特征称检索特征，一个分类群的检索特征确定了它的界限。描述常用一定模式来记录：习性、根、茎、叶、花、萼片、花瓣、雄蕊、心皮和果实等。对每一特征，要列出其特征属性，用植物学专业术语来描述，利于文献数据编辑。

（3）命名：给被鉴定的标本一个正确的名称。药用植物命名需遵从国际植物命名法规（International Code of Botanical Nomenclature，ICBN），栽培植物的命名需遵从栽培植物国际命名法规（International Code of Nomenclature for Cultivated Plants，ICNCP）。

（4）分类：依据相似性把被鉴定的药用植物归并到已有分类阶元（如种、属、科、目、纲和门）的等级系统中，给 1 个新分类群确定 1 个适合位置和等级。分类地位一旦确定，就能提供一个信息储存、重新获得和使用的重要途径。

分类不仅有助于建立一个合乎逻辑关系的系统，也有很大预见价值。如一个特定属中的某物种存在有价值的化学成分，可促进人们去研究同属植物的其他相关物种。分类中反映的系统发育关系越多，预见性就越强。

二、药用植物分类的目的

药用植物分类不仅为药学和其他学科研究提供可靠材料，也提供了重要的预见性价值。药用植物分类又依赖其他学科研究来提供可用于分类的附加信息，同时也丰富植物系统分类学研究的资料。药用植物分类研究的目的主要有以下几点。

（1）提供一种鉴定和交流的便利方法。目前分类是采用以繁殖器官形态特征为主建立的分类系统，药用植物分类应在充分观察其全部形状特征的基础上，进行详细描述和特征简介排列，建立分类群更多性状特征的分类阶层系统和多途径检索表用于鉴定。并遵从ICBN，帮助人们确定唯一的能被全球同仁接受的正确名称。

（2）提供一个描绘群内进化关系的分类系统。类群之间的系统发育关系是药用植物种质创新、新资源开发和保护的基础。常需借助谱系图来描绘植物类群之间的系统发育关系，图中以最长的分支代表进化程度高的类群，而较短或接近基部的分支则表示原始类群；或用谱系树表示（纵轴示时间跨度），现存种类位于顶部，原始类群在中央，进化类群在外周。

（3）提供全球药用植物和区系的名录。虽独立的世界药用植物区系很难完成，但一些国家或地区的药用植物种类都有记载。此外，一些区域性（如中国植物志、欧洲植物志、泛喜马拉雅植物志等）或全球性专科、专属志也是可利用的资料。

（4）整合所有可利用的资料，从各研究领域收集相关信息，借助计算机、数学、统计学等分析这些信息，提供一个信息的综合体，在完全相似性基础上形成分类。

（5）提供参考资料，为资料储存、交换及利用提供方法论，也为珍稀濒危药用植物、活性成分分布以及遗传和生态多样性提供有重要价值的资料。

（6）提供全球所有药用植物完整数据库。联合全球大型机构组织建立分类群的名称、图像、描述、同源植物、分子信息和药用价值的联机检索数据库。

三、植物分类的单位

（一）植物分类的单位和阶层系统

植物分类的单位也称阶元，主要由界（kingdom）、门（division，phylum）、纲（class）、目（order）、科（family）、属（genus）、种（species）等为主体构成的阶层系统，其中界是最大的分类单位，种是基本的分类单位。有时在各阶元之下分别加入亚门（subdivision）、亚纲（subclass）、亚目（suborder）、亚科（subfamily）、族（tribus）、亚族（subtribus）、亚属（subgenus）、组（sectio）、系（series）、亚种（subspecies）等。每一阶元都有相应拉丁词和一定词尾。表5－1以人参为例示植物分类阶元。

表5－1　植物分类单位（等级、阶元）和阶层系统

分类等级			植物分类举例		
中文名	拉丁名	英文名	中文名	拉丁名	拉丁词词尾
界	Regnum	Kingdon	植物界	Regnum vegetabile	
门	Divisio（phylum）	Division	被子植物门	Angiospermae	－phyta
亚门	Subdivisio	Subphylum			
纲	Classis	Class	双子叶植物纲	Dicotyledoneae	－opsida

续表

分类等级			植物分类举例		
中文名	拉丁名	英文名	中文名	拉丁名	拉丁词词尾
亚纲	Subclassis	Subclass	离瓣花亚纲	Archichlamydeae	
目	Ordo	Order	伞形目	Umbellales	-ales
亚目	Subordo	Suborder			
科	Familia	Family	五加科	Araliaceae	-aceae
亚科	Subfamilia	Subfamily			
族	Tribus	Tribe	人参族	Panaceae	-eae
亚族	Subtribus	Subtribe			
属	Genus	Genus	人参属	*Panax*	
亚属	Subgenus	Subgenus			
种	Species	Species	人参	*Panax ginseng* C. A. Mey	

此外，尚有8个科经国际植物分类协会（IAPT）协商同意保留其习用科名，也可用规范化的科名，见表5-2。

表5-2　8个科的保留科名和规范化科名

科名	习用名	规范名	科名	习用名	规范名
十字花科	Cruciferae	Brassicaceae	唇形科	Labiatae	Lamiaceae
豆科	Leguminosae	Fabaceae	菊科	Compositae	Asteraceae
藤黄科	Guttiferae	Hypercaceae	棕榈科	Palma	Arecaceae
伞形科	Umbellifera	Apiaceae	禾本科	Gramineae	Poaceae

（二）分类阶元的应用

1. 种的概念　物种是自然界生物与环境的相互作用中，在时间和空间上都表现出高度多样性的生命有机体的集群。即具有相同的形态学、生理学特征和具有一定自然分布区域的种群（居群）。ICBN定义“种”是专业生物学家根据所有获得信息而定义并便于利用的分类单位。种具有双重含义：其一，种是一个自然发生群体的集合，是进化过程中的基本单位；其二，在命名法规所支配的分类等级系统中，种是分类的一个基本单位。但植物学家对种的理解不完全相同，主要有：①严格按生殖隔离标准来划分的“生物学种”（biological species），生殖隔离的形成是类群独立发展进化的起点，是造成生物多样性的根本原因。②按形态学标准，即以形态特征的相关与间断［种内连续性，种外（间）间断性］划分的“分类学种”（taxonomical species，也称形态学种morphological species），这是分类鉴定活动中一个实用的单位，这种凭视力能辨认的物种概念具有较强直观效果，满足了多种用途分类的需要。

与种相关的概念有：①居群（population）是物种的结构单元，个体组成居群，居群组成物种；每一物种都有一定的空间结构，在其分散的、不连续的生长地所形成大小不等的群体，其中所有成员共有一个基因库，称居群。居群是物种在自然界存在的基本形式，但居群不等于多个个体的简单相加，它具有个体没有的新质。②生态宗（ecological race）指在同一地区适应不同生境，遗传上和表型上有区别，但互交能育的种内类群。常表现为邻近同域分布，这些宗在种的整个分布区内无数接触地带互交繁殖，但它们在各自的生境中则保持其不同宗的特性。这些在生态上彼此替代，形态上可以识别的种下分类群相当于分类学上的变种。③地理宗（geographical race）指种内在地理分布上各有其不同的区域，在形态上又有一定区别的类群。分类学上常把地理宗定为亚种，即地理亚种。④地形梯度变异（topocline）种内变异除了生态宗和地理宗形式的分化外，还有与地形条件相联系的渐次变化系列或梯度变异式样。

因此，正确地鉴定一个物种，其分类鉴别的对象不应仅凭个别标本的特征，而是要多收集标本，通过统计分析种内变异幅度，再确定其属哪个分类等级，这样可避免分类上的主观性而引起混乱。

2. 种下分类等级 ICBN 承认的种下分类等级有亚种、变种、亚变种、变型和亚变型 5 种，其中亚种、变种和变型被广泛应用。

（1）亚种（subspecies）：一个地理区域中一些生物型构成的居群，它们多少形成了一个种内的地域特色。生长在不同地区的同种居群，它们若形态相区别，但可杂交，彼此间只存在地理、或生态上、或季节上的隔离，这样的居群可视为亚种。

（2）变种（variety 或 varietas）：某地方某些生物型的居群，它们或多或少形成一个种的本地特色。形态变异比较稳定，其分布的范围比亚种小得多，几个变种常在一个亚种范围内识别。因此，变种也是一个种的地方宗（localrace）。

（3）变型（form 或 forma）：可视为靠一个或几个相关特征来区分的零星分布的个体。无一定的分布区。变型依据极小或随机的变异几乎没有分类意义。

（4）品种（cultivar，缩写为 cu.）：栽培植物种内变异的居群。通常是形态上或经济价值上的差异，如色、香、味、形状、大小、植株高矮和产量等的不同，如菊花的栽培品种有亳菊、滁菊、贡菊、杭菊等，地黄的栽培品种有金状元、新状元、北京1 号等。如果品种失去了经济价值，那品种就没有存在意义而被淘汰。中药领域的“品种”含义不一，主要的含义有：①既指分类学上的“种”，有时又指栽培的药用植物品种；②指中药药味数目；③指配方饮片的数目；④指处方和剂型的总数；⑤药材商品的规格、种类数目的总和。

3. 属 是一个或是几个亲缘关系很近种的集合，通过确定的间断性与另一个属区分开来。划分标准应考虑以下几点：①该类群应尽可能是一个自然类群，即单系类群。②属不应该仅具一个识别特征，而是一组特征的总和。③属的大小无限制，唯一的重要标准是两个属间的种必须具有决定性差别，一个属只有一个种，称单型属。

4. 科 是一个或是几个相近属的集合。科应是单元发生的类群，可包括单一的属，也可含多个属。大多数科已被分类学家广泛接受，这些科使分类保持相对稳定。

四、药用植物的命名

研究或利用药用植物时，首先必须对其命名。世界各国由于语言、文字和生活习惯的不同，在不同的国家或地区，即使在同一个国家的不同民族、不同地区，同一种植物常各有其习用名称。如我国称“白头翁”的植物有 10 多种，分属毛茛科、蔷薇科等。“同物异名”或“异物同名”现象普遍存在，妨碍了科学普及与交流。因此，药用植物命名时，首先必须遵从 ICBN 和 ICNCP，给每种分类群制定出各国能统一使用的科学名称，即学名（scientific name）。其次，用该地区官方语言拟定一个常用名称，作当地使用的习用名。

（一）植物种的名称

ICBN 规定，植物学名必须用拉丁词或其他文字拉丁化来形成。种的命名采用林奈倡导的“双名法”（Binominal nomenclature），即每个植物学名由两个拉丁词组成，前者是属名，第二个是种加词，起着标志某一植物“种”的作用，最后附上命名人的姓名缩写。完整的植物学名构成一般包括以下三个部分，见表5-3。

表5-3 完整的植物学各的构成

属名 +	种加词 +	命名人
名词主格（首字母大写）	形容词（性、数、格同属名）或名词（主格、属格）（全部字母小写）	姓氏或姓名缩写（每个词的首字母大写）

例如：厚朴的学名 *Magnolia officinalis* Rehd. et Wils.，属名 *Magnolia*（木兰属），种加词 *officinalis*（药用的），命名人 Rehd. 和 Wils. 两人，其中“et”表示“和”的意思。

1. 属名 是植物各分类等级中最重要的名称，是植物学名的主体，不仅是种加词依附的支柱，也是科名构成的基础。属名用拉丁名词的单数主格，首字母须大写。属名来源有表示形态特征、生活习性、用途、地方俗名、神话传说等的单词。如桔梗属 *Platycodon* 源自希腊语 platys（宽广）+kodon（钟），表示其花冠呈宽钟形；石斛属 *Dendrobium* 源自希腊语 dendron（树木）+bion（生活），表示其附生树干上；人参属 *Panax*，拉丁语 panax 是能治百病的，表示其用途；荔枝属 *Litchi* 源自广东俗名；芍药属 *Paeonia* 源自希腊神话的医生名 paeon。

2. 种加词 植物的种加词用以区别同属中不同种，多用形容词，也有用主格名词或属格名词，种加词首字母小写。

（1）形容词：形容词作为种加词时，其性、数、格要与属名一致。常用表示该植物形态特征、生长环境、产地等的形容词。如掌叶大黄 *Rheum palmatum* L.，种加词来自 *palmatus*（掌状的），表示该植物叶掌状分裂，与属名同为中性、单数、主格；黄花蒿 *Artemisia annua* L.，种加词 annua（一年生的），与属名同为阴性、单数、主格；当归 *Angelica sinensis*（Oliv.）Diels，种加词 *sinensis*（中国的），表示产中国，与属名同为阴性、单数、主格。

（2）主格名词：种加词为一个和属名同格名词时，通常表示特征，其数、格与属名一致，而性则不必一致。如薄荷 *Mentha haplocalyx* Briq.，种加词 *haplocalyx* 为阳性单数主格，而 *mentha* 为阴性单数主格；樟树 *Cinnamomum camphora*（L.）Presl.，种加词 *camphora* 为阴性单数主格，而 *cinnamomum* 为中性单数主格。

（3）属格名词：用名词表示特征或纪念人。①用名词属格作种加词不必与属名性一致，但数与属名一致，如洋葱 *Allium cepa* L.，*allium* 为中性，*cepa* 为阴性名词；②表示姓名的名词，男性人名：词尾是“a”加“e”，“a”以外的元音加“i”；词尾为“er”加“i”，非“er”的辅音加“ii”，如掌叶覆盆子 *Rubus chingii* Hu，纪念植物学家秦仁昌，姓氏词尾为辅音，加 -*ii* 而成 *chingii*；如三尖杉 *Cephalotaxus fortunei* Hook. f.，为纪念英国植物采集家 Robert Fortune，姓氏词尾为元音，加 -*i* 而成 *fortunei*。女性人名：词尾不是“a”的先加“a”或“ia”后再加“e”，如小叶蔷薇 *Rosa willmottiae*，是纪念园艺家 Ellen Willmott，词尾加“iae”而成。

3. 命名人 一个完整、精确、容易验证的植物学名必须有首次合格发表它的作者名。作者名常采用缩写形式，并用拉丁字母拼写，且每个词的首字母必须大写。中国人的姓氏统一用汉语拼音拼写。命名者姓氏较长时，用缩写，缩写之后加缩略号“.”；如银杏 *Ginkgo biloba* L.，L. 是 Carolus Linnaeus 的缩写。共同命名的植物，用 et 联结不同作者；如紫草 *Lithospermum erythrorhizon* Sieb. et Zucc. 由德国 P. F. von Siebold 和 J. G. Zuccarini 共同命名发表。当某一植物的名称为某研究者所创建，但未合格发表，特征描述者在发表该名称时，仍把原提出该名称的作者作为该名称的命名者，引证时在两作者之间用 ex（从、自）连接，如缩短引证，正式描述者姓氏应予保留。如延胡索 *Corydalis yanhusuo* W. T. Wang ex Z. Y. Su et C. Y. Wu，该名称由王文采创建，苏志云和吴征镒在整理紫堇属植物时，描记其特征并合格发表，故在 W. T. Wang 之后用 ex 相连。

（二）植物种以下分类群的名称

植物种下分类群有亚种（subspecies，缩写为 subsp. 或 ssp.）、变种（varietas，缩写为 var.）或变型（forma，缩写为 f.）。这些分类群的名称是在原种学名后面加上各类群符号缩写，其后再加上亚种、变种或变型的加词，最后附以命名人名。

例如：鹿蹄草 *Pyrola rotundifolia* L. ssp. *chinensis* H. Andres（亚种）；长叶地榆 *Sanguisorba officinalis* L. var. *longifolia*（Bertol.）Yü et Li（变种）；重齿毛当归 *Angenica pubescens* Maxim. f. *biserrata* Shan et Yuan（变型）。

（三）学名的重新组合

重新组合指由一个属转录到另一个属或由亚种、变种升为种，或降级处理等。这是植物学分类研究中经常出现的现象。重新组合时应保留原种加词和原命名人，并将原命名人加括号以示区别。如射干 *Belamcanda chinensis*（L.）DC. 原命名人 Linnaeus 将射干命名为 *Iris chinensis* L.，后来经 De Candolle 研究归入射干属 *Belamcanda*；凹叶厚朴 *Magnolia biloba*（Rewhd. et Wils.）Cheng 是由 *Magnolia officinalis* Rehd. et Wils. var. *biloba* Rehd. et Wils. 经郑万钧将其升为种的重新组合。

（四）栽培植物的名称

栽培植物的命名必须遵从 ICNCP 的规定，ICNCP 是处理农业、林业和园艺上使用特殊植物类别命名的独立文件。ICNCP 定义了品种（cultivar），并规定了品种加词（cultivar epithet）的构成和使用。栽培品种名称是在种加词后加栽培品种加词，首字母大写，外加单引号，后不加命名人。如菊花 *Dendranthema morifolium*（Ramat.）Tzvel. 经栽培后，培育出不同的药用品种，形成了不同商品药材，分别被命名为亳菊 *Dendranthema morifolium* ‘*Boju*’、滁菊 *Dendranthema morifolium* ‘*Chuju*’、贡菊 *Dendranthema morifolium* ‘*Gongju*’、湖菊 *Dendranthema morifolium* ‘*Huju*’、小白菊 *Dendranthema morifolium* ‘*Xiaobaiju*’、小黄菊 *Dendranthema morifolium* ‘*Xiaohuangju*’ 等。

按 ICBN 规定所发表名称的种加词，当该类群的地位合适于品种时，可作 ICNCP 中的品种加词使用。如日本十大功劳 *Mahonia japonica* DC.，作为品种被命名为 *Mahonia* ‘*Japonica*’；百合 *Lilium brownii* F. E. Brown. var. *viridulum* Backer 作为品种处理时，可命名为 *Lilium brownii* ‘*Viridulum*’。

知识拓展

国际植物命名法规简介

“国际植物命名法规”（ICBN）是由国际植物学大会（IBC）通过，由 ICBN 委员会根据大会精神拟定，并在每 6 年 1 届的国际植物学会议后加以修订补充。1900 年在巴黎举行了第一届国际植物学大会，2005 年在奥地利维也纳举行了第十七届大会，2011 年在澳大利亚墨尔本召开了第十八届大会，第十九届大会于 2017 年在中国深圳举行。2007年出版了最新中文版的《国际植物命名法规（维也纳法规）》。

ICBN独立于动物命名法，其规则和辅则普遍适用于传统称为植物类群的命名，是各国植物学者命名工作所共同遵循的文献和规章。其要点如下。

（1）一个分类群的名称应用由命名模式来决定。科或科以下各级新类群的发表，必须指明其命名模式。如新科应指明模式属；新属应指明模式种；新种应指明模式标本。

（2）一个分类群的命名基于其发表的优先权。

（3）每个具有特定范围、位置和等级的分类群只能有1个正确名称，即最早发表并符合各项规则的那个名称。如一植物见有两个或两个以上的学名，应以最早发表的名称（不早于1763年林奈《植物志种》发表年代），并且是按"法规"正确命名者，方为合用名称，其他只能作异名或废弃名。例如：西伯利亚蓼 *Polygonum sibiricum* Laxm. 发表于1773年，而Murr. 将此植物命名为 *P. hastatum* Murr. 发表于1774年，后者比前者晚，故应以前者有效，后者为异名（synonym）。若一植物的属名已改（如重新组合时种加词不变），种加词未变动时，原学名为基本异名（basionym）。如白头翁［*Pulsatilla chinensis*（Bge.）Regel］的基本异名是 *Anemone chinensis* Bge.。

（4）分类群的名称无论其词源如何均需处理为拉丁文；一个植物合法有效的拉丁学名，必须具有效发表的拉丁语或英语描述。

模式标本即将种（或种以下分类群）的拉丁学名与一份或一份以上选定的植物标本相联系。这种选定的标本作为发表新种的根据，称模式标本。因此模式标本对于鉴别植物具有重要价值。我国大部分的模式标本都收藏在国外，给现在鉴定植物带来不便。模式标本有7类。

（1）全模式标本（syntype；正模式标本或主模式标本，holotype；模式标本，type specimen）：由命名人指定的模式标本，用作新种的描述、命名、绘图和发表的依据。

（2）同号模式标本（isotype）：与全模式标本同一采集号的标本，只有一份为全模式标本，其余为同号模式标本。

（3）合用模式标本（syntype）：当命名人未指定模式标本，或有两号以上的模式标本（如一号为雌株，另一号为雄株）时，凡是命名人所引用的标本均称为合用模式标本。

（4）同举模式标本（paratype）：命名人在原描述中，除模式标本外同时指出的同种标本。

（5）选定模式标本（lectotype）：原描述中没有指定模式标本时，由后来的学者在其原始材料中选用一号符合原始描述特征的标本作为模式标本。

（6）原产地模式标本（topotype）：当得不到某种植物的模式标本时，根据记载到该植物模式标本产地采集的同种植物标本，并选出一份标本代替模式标本。

（7）新模式标本（neotype）：当某种植物所有的原始标本都丧失时，重新选定标本作模式标本。

扫码"学一学"

第二节　药用植物分类的证据和方法

一、药用植物分类的证据

植物分类学家长期不断地收集植物类群之间的各种信息，通过分析处理这些信息，力图阐释植物类群间亲缘关系。目前主要有以下获得植物分类信息的途径和方法。

1. 形态学资料 形态学资料是人类最早用于识别植物和进行分类的主要标准。一般指在裸视或放大镜下观察植物根、茎、叶、花、果实和种子获得的形态学特征，其中花形态学特征是主要的分类标准。通过对植物形态特征的比较、分析和归纳，建立分类系统或进行分类系统的修订。如在芍药属牡丹组64个居群考察、取样和形态学分析的基础上修订了各分类群。但相同形态学特征对不同分类群的意义不同，如鳞茎是葱属植物分类的重要标准，树皮是松属分种的依据。因此，以形态学资料建立的分类系统存在争议，有争议的类群常需采用其他特征对其修订，重建更合理的分类系统。

2. 解剖学资料 解剖学资料是利用显微镜观察植物内部的构造特征，在阐明系统发育关系中具有重要作用。包括木质部解剖特征（管胞和导管、节部解剖）、叶解剖特征、花解剖特征、毛状体（腺毛和非腺毛）、表皮特征、分泌结构和后含物等都具有分类价值，其中木质部解剖特征在被子植物系统分类中尤为重要。如维管植物有35种气孔器类型，是维管植物分类有价值的指标；毛状体是十字花科分类的重要指标；分泌腔形态结构、分布位置和密度等特征在芸香科各亚科和各属的亲缘关系研究中具有重要价值。

3. 胚胎学资料 胚胎学资料主要包括小孢子发生、胚珠的发育和结构、胚囊的发育、胚和胚乳发育等重要的胚胎学特征，在植物亲缘关系研究中处于相对次要的地位。如芍药科原为毛茛科的一个属，后从毛茛科划分出来，得到了胚胎学特征的支持，雄蕊离心发育，独特的胚发育方式，种子具假种皮等。

4. 孢粉学资料 孢粉学是将孢子和花粉粒的形态特征应用于植物分类。孢粉是植物发育中较保守的器官，其变异程度标志着进化水平。较高分类单元之间孢粉结构差异较大，较低分类单元之间差异较小。研究孢粉的形态不仅为植物分类鉴定和化石孢粉鉴定提供依据，也为植物系统发育提供证据。被子植物中，双子叶植物花粉粒常具3个萌发孔，单子叶植物常具单个萌发孔；孢粉特征能为科、属分类提供有意义的资料。

5. 微形态学和超微结构资料 微形态学是运用扫描电子显微镜（SEM）探测植物外部的精细构造特征，如叶、种子和果实表面特征；表皮细胞的排列和形状（初生雕纹）、表皮纹饰（次生雕纹）、角质层分泌物（三生雕纹）等都有极其多样的形态特征。超微结构是利用透射电子显微镜（TEM）探测的细胞内部结构，其中筛分子质体、P－蛋白质、核蛋白质晶体等常作为分类证据。但同一植物器官不同位置上，超微结构可能会有差异，需要定位比较。微形态与超微结构在修订科以下分类群中有一定的意义。如种皮超微结构为兰科植物的分类提供了证据，叶表皮细胞排列式样有助于禾本科的分类。

6. 染色体资料 染色体是遗传信息的携带者，在植物进化研究中具有重要价值。染色体的数量、结构和行为特征是分类的重要信息。数量特征指染色体数目的多少，包括整倍性变异和非整倍性变异。结构特征包括染色体的核型和带型，核型指染色体的长度、着丝点的位置、随体的有无等，常以核型图表示；带型指染色体经特殊染色显带后，显示出带的颜色深浅、宽窄和位置顺序等，反映常染色质和异染色质分布差异；行为特征指减数分裂时染色体配对和它们随后分离的能力。根据染色体特征，可进行分类群修订。如芍药属原在毛茛科，但该属染色体 $X=5$，与毛茛科其他属 $X=6\sim9$ 不同，结合其他特征，将芍药属独立成芍药科。

7. 化学分类学资料 人类早在区分植物是否可食时，化学证据就运用于植物分类。植物体含有丰富多样的化合物，常分为小分子和大分子两大类物质，小分子物质包括初生代谢产物（柠檬酸、乌头酸、氨基酸等）和次生代谢产物（蛋白质、氨基酸、苯酚类、生物碱、萜类、硫代葡萄糖苷等）；大分子物质包括非信息载体大分子（淀粉、纤维素等）和信息载体（核酸和蛋白质），信息载体大分子将在分子系统学介绍。其中，次生代谢产物的产生和分布常具种属、器官、组织以及生长发育时期的特异性，是研究植物分类和系统演化方面具有价值的特征，可解决从种下等级到目级水平的分类问题。如人参属从形态上可分为两组，对其化学成分研究发现，一组（具短而直立的根状茎和肉质根，分布区狭小而间断）以达玛烷型四环三萜成分为主，另一组（具长而匍匐的根状茎，无肉质根，分布区连续）以齐墩果烷型五环三萜为主，佐证了人参属分组的合理性。

8. 分子系统学资料　信息大分子直接体现了基因水平的变化，通过检测生物大分子包含的遗传信息，定量描述、分析这些信息在植物分类、系统发育和进化上具有重要意义。分子系统分类学采用的分子数据资料主要来自蛋白质和 DNA 水平的数据，在分子水平上解释植物的生物多样性、系统发育及进化规律。

（1）蛋白质水平的标记与检测手段：主要包括同工酶和等位酶电泳，以及蛋白质立体结构测定；尤以等位酶技术的应用更为广泛，如在种内遗传多样性分析、系统发育重建、遗传变异与地理分布关系等研究方面都取得了有意义的成果。

（2）DNA 水平的标记与检测手段：主要来自细胞核基因组、叶绿体基因组和线粒体基因组，其中叶绿体 DNA 和线粒体 DNA 主要由母系遗传，细胞核 DNA 为双亲遗传。线粒体基因组经历了大量的重组，以致同一细胞内都存在线粒体基因的变异，故线粒体基因组在阐述植物系统发育关系上价值不大。叶绿体基因组和细胞核基因组不仅在同一个细胞内相当稳定，在种内也很稳定，所以是分类研究中的常用工具。目前常用的方法有：①分子标记技术，包括 RFLP（Restriction Fragment Length Polymorphism）、RAPD（Random Amplified Polymorphic DNA）、AFLP（Amplification Fragment Length Polymorphism）、SSR（Simple Sequence Repeat）、ISSR（Inter - simple Sequence Repeat）、SNP（Single Nucleotide Polymorphism）、EST（Expressed Sequence Tag）等。②核酸序列测定，通过测定核酸中核苷酸序列组成来比较同源分子之间相关性的方法。目前植物 cpDNA 的 *mat*K 基因和 *rbc*L 基因序列，以及 nrDNA 的 ITS 区序列常作为重要的分子性状被广泛用于不同分类阶元药用植物分子进化与系统发生研究。但选取研究序列时应注意，变异太快的序列和在不同科中变异速率不一样的序列，一般不适于科以上水平的系统发育研究，如植物查尔酮合酶（CHS）基因外显子 2 更合适科以下分类等级的研究。植物和中草药 DNA 条形码（DNA barcoding）鉴定技术研究方兴未艾，目前已建立 ITS_2 为主体条形码的中草药鉴定体系，从基因层面鉴别中药材与其常见混伪品。但植物中尚未建立广泛认同的条形码，当前研究重点是选择合适片段并对其评价。单靠某 1 个片段不太可能对所有物种进行准确鉴定，研究者相继提出了不同的组合方案，如 ITS + *trn*H - *psb*A、*rpo*C1 + *rpo*B + *mat*K、*rpo*C1 + *mat*K + *trn*H - *psb*A、*rbc*L + *trn*H - *psb*A、*mat*K + *atp*F - *atp*H + *psb*K - *psb*I、*mat*K + *atp*F - *atp*H + *trn*H - *psb*A 等。

二、药用植物分类的方法

植物分类的方法有人为分类和自然分类两类方法，人为分类主要是按照用途、习性、形态进行分类，建立的系统称人为分类系统（artificial system），如我国古“本草”著作中的分类和林奈的生殖器官分类系统。自然分类是力求客观地反映自然界生物的亲缘关系和演化发展规律所建立的系统，也称系统发育分类系统（phylogenetic system）或称自然分类系统。过渡期的分类系统以德国植物学家 A. W. Eichle（1839～1887）系统、A. Engler（恩格勒，1844～1930）和 K. Prantl（柏兰特，1849～1893）系统为代表；人为系统发育分类系统以美国植物学家 C. A. Bessey（柏施，1845～1915）、Hans Hallier（1868～1932）、John Hutchinson（哈钦松，1884～1972）和 Lyman Benson 等为代表。现代系统发育分类系统以赞同被子植物单系起源，双子叶植物较单子叶植物原始等为特点，如塔赫他间（Armen Takhtajan，1910）、克朗奎斯特（Arthur Cronquist，1919～1992）、C. R. de Soo（1975）、Robert Thorne（1920）、Rolf Dahlgren（1932～1987）和“APG 分类系统”等（详见十二章）。

药用植物分类中常使用的方法有经典分类方法（methods of classical taxonomy）、数量分类学方法（numerical taxonomy）和分支系统学方法（methods of cladistic systematics），其中经典分类方法是最基础和常用的方法。经典分类方法是以植物形态特征为决定性分类标准的分类方法，工作内容一般包括鉴定、描述、命名和分类。数量分类学方法是将数学、统计学和计算机技术结合解决植物鉴定和分类问题，使分类研究从定性描述到定量的综合分析。并综合利用植物形态学以及生态学、古生物学、细胞学、生物化学和分子生物学等提供的资料，更客观反映植物间的相似程度和进化关系。数量分类既不产生新的数据，也不创立新分类系统，而是一种整理数据的方法，旨在确定有机体间或分类群间的表征关系。分支系统学方法是以系统发育数据为基础对植物类群进行分析和分类，并在此基础上构建树系图（即分支图或系统发育树），以此描述分类群间谱系关系，旨在客观分析系统发育数据的一种方法。该方法以简约性原则为基础，以共同祖先的近度为衡量分类群间亲缘关系的唯一标准，通过对同源共有性状或衍征相似性的分析，恢复和建立生物之间的分支演化关系，进而重建系统发育树，以形成严格的单系分类系统。

三、药用植物鉴定的程序

1. 标本准备 药用植物经过采集、压制、干燥、装订（上台纸）、贴标签，制成 1 份可供保存的标本，才能符合鉴定分类工作的要求。完全处理好的标本可在一定时期保持植物的基本特征，为之后进行科学研究，包括编纂中草药志、药用植物志和撰写分类学专著等提供实物凭证。

2. 标本馆工作方法 标本在压制干燥后上台纸装订，贴上标签，在标本馆中按一定顺序排列保存。每个机构的标本馆都拥有一个名称，并有各自的标本排列顺序。物种及其存在凭证的重要原始材料是保藏在标本馆中的植物标本以及植物园中栽培保育的活植物。这些材料是植物分类学、资源学、物种动态监测、实施保护和可持续利用，以及其他生物学基础研究最重要的原始材料和基本信息。全球有标本馆约 2639 个，每标本馆都有其缩写字母名称。我国的标本馆建设历史较短，收藏的标本主要采自中国，国外标本很少。

3. 标本鉴定方法

（1）形态观察：活体或比较完整的植物标本，首先应对根、茎、叶、花、果实和种子等部位进行观察，特别注意其繁殖器官（花、果实或孢子囊、子实体等）特征。微小特征如腺点、茸毛、花的构造等，用放大镜或体视显微镜观察。若为新鲜标本，应抓紧观察，绘制花的解剖图并做好详细的观察记录，同时还需压制出具代表性的腊叶标本。如果一些标本特征不全，还需深入产区，采集实物及标本，以便进一步鉴定。

（2）核对文献：根据观察到的植物形态特征，结合分类学知识和经验，首先确定其大的分类等级，如门、纲和科等。若不具备此能力，则必须要查阅分门、分纲和分科检索表。确定了科就可进一步查阅植物分类专著，如《中国高等植物科属检索表》、《中国植物志》、《中国高等植物》及各省、地区植物志，或植物分类研究的期刊，结合观察详细的植物特征，鉴定出种及种下分类群，确定其正确的学名。

（3）核对标本：因植物生长环境不同、分布区不同，以及采集的季节差异等原因，植物形态变异很大。文献记述常是典型的植物特征，这与所需鉴定的标本有一定的差异。若有条件应到有关植物标本馆（室）核对已定学名的标本，以进一步确定需鉴定标本的正确名称。但标本馆（室）标本鉴定的准确性与鉴定者的分类学水平有直接关系，仅仅用标本核对的办法鉴定植物也有其局限性。

（4）观察植物生长过程：植物在不同季节、不同年龄的形态差异很大。如能观察了植物生长的全过程，就可较为准确地鉴定出该植物。因此，如果有植物园可利用，则需常到园里观察植物不同生长期的变化，还可把野外采集回的植株栽培在植物园内进行动态观察，以提高鉴别植物的水平。

鉴别植物过程中，如遇到疑难问题时，有的则需要进一步查阅原始文献，即第一次发现该分类群作者进行特征描述的文献和模式标本。

四、检索表的编制和应用

植物检索表是识别鉴定药用植物的钥匙，检索表的编制采用二歧分类原则。在充分了解要编制检索表中容纳的所有植物形态特征的基础上，选用一对或以上显著不同的特征，分成两类，并赋予相对应的相同序号；然后从每类中再找出相对的特征再区分为两类，赋予下一级序号；如此类推，直至所需要的分类单位（如科、属、种等）出现。检索表常用表达方式有定距（等距）式、平行式和连续平行式3种。

1. 定距式检索表　定距式检索表是最常用的一种，编制时每对相对特征，编同样序号，并列在左边等距离处，每对相同序号仅能使用一次，下一级序号比上级序号右移一个字符，如此编排下去，直到编制终点为止。定距式检索表便于查阅，但浪费篇幅。如表5－4所示：

表5－4　植物界部分药用植物检索表（定距式）

1.植物体无根、茎、叶的分化，无胚。
　2.植物体内含叶绿素，自养式生活 ……………… 海带 *Laminaria japonica* Aresch.
　2.植物体内无叶绿素，异养式生活 ……………… 冬虫夏草 *Cordyceps sinensis* (Berk.) Sacc.
1.植物体有根、茎、叶的分化，有胚。
　3.无花，用孢子进行繁殖 ……………… 粗茎鳞毛蕨 *Dryopteris crassirhizoma* Nakai
　3.有花，用种子进行繁殖。
　　4.胚珠裸露，无果实 ……………… 银杏 *Ginkgo biloba* L.
　　4.胚珠被心皮包被，形成果实。
　　　5.维管束环列，具形成层，子叶2枚。
　　　　6.花冠分离。
　　　　　7.多年生木质藤本，离生心皮雌蕊 ……………… 五味子 *Schisandra chinensis* (Turcz.) Baill.
　　　　　7.多年生宿根草本，合生心皮雌蕊 ……………… 人参 *Panax ginseng* C.A.Meyer
　　　　6.花冠连合，杠杆雄蕊 ……………… 丹参 *Salvia miltiorrhiza* Bunge
　　　5.维管束散列，无形成层，子叶1枚 ……………… 川贝母 *Fritillaria cirrhosa* D.Don

2. 平行式检索表 编排时每对相对的特征描述内容并列在相邻的两行中，两两平行，便于比较；数字号码均写在左侧第一格中，每行后面为分类群名或数字；若为数字，则另起一行，与另一对相对应特征平行排列，直到编制的终点为止。如表5-5所示。

表5-5 高等植物分门检索表（平行式）

1.植物体有茎、叶，而无真根	苔藓植物门
1.植物体有茎、叶和真根	2
2.植物以孢子繁殖	蕨类植物门
2.植物以种子繁殖	3
3.胚珠裸露，不为心皮包被	裸子植物门
3.胚珠被心皮构成的子房包被	被子植物门

3. 连续平行式检索表 编制时将每对相对的特征分列在检索表的不同位置，具有相同特征的分类群在空间上临近排列，依照排列顺序为特征编号，每对特征用两个不同的序号表示，其中后一序号加括号，以表示是相对比的项目。如表5-6所示。

表5-6 高等植物分门检索表（连续平行式）

1.（2）植物体有茎、叶，而无真根	苔藓植物门
2.（1）植物体有茎、叶和真根。	
3.（4）植物以孢子繁殖	蕨类植物门
4.（3）植物以种子繁殖。	
5.（6）胚珠裸露，无果实	裸子植物门
6.（5）胚珠包被于子房内，有果实	被子植物门

植物检索表有分科、分属、分种检索表三种。要正确检索一种药用植物，首先要有完整的检索表资料；其次要掌握检索对象的详细特征，并能正确理解检索表中使用的各专业术语，如有差错就难以获得正确的答案。因此，利用植物检索鉴定的过程需要细心和耐心，同时也是学习和掌握分类知识的过程。

扫码“学一学”

第三节 植物界的基本类群

目前，对生物各类群尚未完全统一认识（见绪论），本教材采用恩格勒系统将植物界分为16门（图5-1）。通常按植物是否产生种子分为不产生种子的孢子植物（spore plant，也称隐花植物 cryptogamia）和产生种子的种子植物（seed plant，显花植物 phanerogams），前者包括藻类（8门）、菌类（3门）、地衣、苔藓和蕨类植物，后者包括裸子植物和被子植物；依据是否有根、茎、叶分化，分为原植体植物（thallophyte）和茎叶体植物，前者包括藻类、菌类、地衣，后者包括其余各类植物；按合子是否发育成胚，分为无胚植物（non-embryophyte）和有胚植物（embryophyte），前者包括藻类、菌类、地衣，后者包括其余各类植物；按植物体内有无维管组织分化，分为维管植物（vascular plant）和非维管植物（non-vascular plant），而苔藓、蕨类植物在有性生殖过程中，配子体上产生多细胞结构的精子器和颈卵器，又称颈卵器植物。茎叶植物或有胚植物又称高等植物（higher plant）；原植体植物或无胚植物又称低等植物（lower plant）。

- 植物界
  - 低等植物（无胚植物）
    - 藻类植物
      - 蓝藻门
      - 裸藻门
      - 绿藻门
      - 轮藻门
      - 金藻门
      - 甲藻门
      - 红藻门
      - 褐藻门
    - 菌类植物
      - 细菌门
      - 黏菌门
      - 真菌门
    - 地衣植物门
  - 高等植物（有胚植物）
    - 苔藓植物门
    - 蕨类植物门
    - 裸子植物门
    - 被子植物门

（藻类植物、菌类植物、地衣植物门、苔藓植物门、蕨类植物门：孢子植物（隐花植物））

（苔藓植物门、蕨类植物门、裸子植物门：颈卵器植物）

（蕨类植物门、裸子植物门、被子植物门：维管植物）

（裸子植物门、被子植物门：种子植物（显花植物））

图5-1　植物的分门

第四节　植物界的发生与演化

扫码“学一学”

植物界发生和演化是一个漫长的历史过程，与自然条件的改变紧密相关，每次环境的巨大变迁，必然导致某些不适应变化的植物衰退、绝迹或形成化石，也必然会出现某些生命力强的植物，适应了变化的环境，进一步发展和繁盛。

一、低等植物的发生与演化

（一）藻类植物的发生和演化

太古代（约34亿年前）出现了原核生物细菌和蓝藻，元古代晚期（15亿~14亿年前）出现了真核藻类；古生代寒武纪和奥陶纪出现了褐藻、红藻等高等海生藻类，古生代志留纪是地球上海洋分布最广，海藻最繁盛时期。一般认为，真核藻类由原核藻类进化而来。单细胞真核藻类逐渐演化出单细胞群体、多细胞体和丝状体的类型。真核藻类可能经三条演化路线：①叶绿素a+d路线（红蓝路线），红藻可能是由原核蓝藻演化而来，或二者有共同祖先。其他真核藻类可能是从原鞭藻类演化而来。②叶绿素a+c（杂色路线），可能原鞭藻先演化出中核藻类，再进化到真核藻类。③叶绿素a+b（绿色路线），可能原鞭藻演化出原绿藻类，再进化到其他含叶绿素a、b的真核藻类，古代绿藻、轮藻可能演化出苔藓和蕨类。

（二）菌类和地衣的发生和演化

化石证据表明，前寒武纪就已出现了真菌，但其起源尚无定论，许多学者认为由藻类等多元演化而来。黏菌因兼有动物的某些特性，其化石更为罕见。菌藻共生体的地衣化石较少，2005年在我国贵州省瓮安磷矿（产生于约6亿年前）的黑色磷块岩石中，发现了球状蓝藻和真菌组成的地衣化石。

二、高等植物的发生与演化

（一）苔藓植物的发生和演化

苔藓植物是地位最低的陆生高等植物，可能在泥盆纪早期出现。其发生有两种观点：①苔藓植物由绿藻演化而来。因两者具有多种相似性特征，如苔藓植物与绿藻都含有叶绿素a、叶绿素b，孢子萌发时先发育成分枝原丝体与绿藻分枝丝状体类似；游动精子具有两条等长顶生鞭毛与绿藻精子相似。②苔藓植物由裸蕨类逐步退化演变而来。因裸蕨类角蕨属（*Hornea*）、鹿角蕨属（*Platycerium*）和孢囊蕨属（*Sporogonites*）的很多结构特征与苔藓具有相似性。但不能解释退化过程中孢子体如何由独立生活变为寄生在配子体上。

目前，多数人赞同苔藓植物和裸蕨植物都直接来源于水生绿藻，并在很早阶段就各自发展成为一个独立类群。苔藓植物沿着改进配子体的方向发展，成为一个独特旁支；裸蕨类则沿着发展孢子体的方向发展，直接或间接演化出了蕨类和种子植物。

（二）蕨类植物的发生与演化

蕨类植物起源于早、中泥盆纪的裸蕨植物，裸蕨类经三条进化路线演化为蕨类植物。①石松类演化路线：石松类是最古老的类群，泥盆纪开始出现，多草本类型；中泥盆纪时，木本种类分布很广；晚泥盆纪继续发展，到石炭纪达到鼎盛；二叠纪逐渐衰退，进入中生代后木本类型已极少见，仅留存少数草本类型。②木贼类演化路线：木贼类与石松类几乎是平行发展，早泥盆纪出现，至石炭纪、二叠纪达到鼎盛，属、种很多，包括大乔木类型；自中生代起，木贼类迅速衰退，在新生代则处于更加微弱，现仅存草本类型。③真蕨类演化路线：泥盆纪早、中期出现，石炭纪趋于繁盛，多树蕨状大型真蕨；在二叠纪、三叠纪之交的世界性干旱气候时期，真蕨类逐渐消失，仅存一些小型类群；至晚三叠纪和早侏罗纪时，地球气候再度变得温暖湿润，少数残存类群中分化出许多新的真蕨植物，很快获得了大发展。真蕨类是现代蕨类中最大的一个类群，部分就是当时产生的种类。但蕨类植物在形态结构和有性生殖过程中仍存在着不少原始性状，如输导组织不完善、产生有鞭毛的精子、受精作用仍不能脱离水、不能适应干燥气候等，因而其发展受到了制约。

（三）裸子植物的发生和演化

种子蕨是最早出现的种子植物，也是苏铁、银杏、松柏类等裸子植物的祖先，在泥盆纪出现，白垩纪绝灭。这类植物树干不分枝，顶端有类似蕨类植物大型羽状分裂的叶，植物体上生有裸露的种子。古生代末期二叠纪时，大陆气候由温暖、潮湿变为寒冷、干燥，大量蕨类不能适应这一巨大变化而衰亡。而裸子植物多为针叶且具种子，具高度防止蒸腾和耐干旱性能。因此，裸子植物替代蕨类植物而发展起来，中生代是裸子植物繁盛期。但裸子植物叶的可塑性小，适应光照变化能力差；木质部只有管胞，输水能力不及导管；种子裸露等较保守性状限制了其自身的发展，故逐渐被适应能力更强的被子植物替代。

（四）被子植物的发生和演化

被子植物是植物界中种类最多、进化水平最高的类群。由于化石证据不足，有关被子植物的祖先、发生时间、地点及演化问题仍处于探索阶段。

1. 被子植物的祖先 被子植物的祖先尚无定论，主要有三种观点。①多元论（多系起源）：认为被子植物来源于许多不相亲近的祖先类群，如维兰（G. R. Wieland，1929）、胡先骕（1950）和米塞（Meeuse）等是多元论的代表。②二元论（双系起源）：认为被子植物来源于两个无直接关系的祖先类群，如 Lam 和 Engler 是二元论的代表。③单元论（单系起源）：认为被子植物来源于一个共同的祖先，由种子蕨发展而来；如哈钦松、塔赫他间、克朗奎斯等，现代多数植物分类学家赞同该观点。

2. 被子植物的发生时间　多数学者认同被子植物起源于种子蕨类，而种子蕨类在古生代晚泥盆纪出现，二叠纪达到鼎盛，三叠纪开始走向衰退，侏罗纪已趋灭绝。因此，被子植物的发生时间应在种子蕨灭绝之前。

3. 被子植物的发生地点　普遍认同被子植物应发生在赤道或附近的某些中、低纬度地区。化石资料表明，被子植物出现在中、低纬度的时间较高纬度地区早。现代被子植物分布地理格局，同样也说明被子植物起源于中、低纬度地区，如现存的 400 多科中，有半数以上仍集中在中、低纬度地区，特别是较原始的被子植物更是如此。这些现象表明中、低纬度的热带和亚热带地区是被子植物的起源中心，从这里逐渐向高纬度地区扩展。

三、植物界系统演化的规律

（一）由简单到复杂

营养体结构和组成方面：由单细胞个体到群体、丝状体、片状体、再到茎叶体，最后发展成具根、茎、叶的多细胞个体；从无组织分化到有组织分化；植物体中各细胞功能，从无分工到分工精细。生活史中，由无核相交替到有核相交替再到世代交替，世代交替又由配子体占优势的异型世代交替向孢子体占优势的异型世代交替发展。生殖方面：由营养繁殖到无性生殖，进而演化出有性生殖，有性生殖又由同配生殖到异配生殖，最后演化到卵式生殖；从无胚到有胚等。

（二）由水生到陆生

生命最早发生于水中，最原始的植物生活在水中。在地球沧海桑田的变迁中，植物也由水域向陆地发展。植物体形态结构也逐渐发生了适应陆地生活的转变，如从无根到有根再到出现真根，从无输导组织到输导组织形成及进一步完善，这些都利于植物在陆生环境中对水分的吸收和输导；机械组织加强，使植物体成功直立于地面；分化出保护组织，对调控水分蒸腾有重要作用；叶面积的发展，有利于营养物质的制造和积累；高等种子植物的精子失去鞭毛及形成花粉管，使受精作用不再受水的限制。孢子体逐渐发达和配子体逐渐简化，也是对陆生环境的适应，能在短暂而有利时间内发育成熟，并完成受精作用；由合子发育成的孢子体，获得双亲的遗传性，具有较强的生活力，能更好适应多变的陆地环境。因此，进化的陆生植物有着更为发达而完善的孢子体和愈加简化的配子体。但绝不能把植物界的发展机械地理解成简单的、直线上升的演化过程。

重点小结

分类鉴定是药用植物研究中产生最早和最基本的内容，分类的目标就是确定具体药用植物的系统地位，这需要鉴定、描述、命名以及确立其亲缘关系，以便不同领域的研究者利用。药用植物分类有人为分类、自然分类、表征分类、系统发育分类、进化分类等，其中进化分类学、数值分类学、分支系统学是目前流行的三大分类学派。采用界、门、纲、目、科、属、种等主体构成的阶层系统，其中界是最大的分类单位，种是基本的分类单位。

物种是自然界生物与环境的相互作用中，在时间和空间上都表现出高度多样性的生命有机体的集群。药用植物的命名应采用“双名法”，并遵从ICBN和ICNCP和规定。分类检索表是鉴定植物的重要工具，编制和应用分类检索表也是药用植物工作的基本技能之一；分类检索表采用二歧归类方法进行编制，常见的有定距式、平行式和连续平行式3种。药用植物分类鉴定包括采用形态学、解剖学、胚胎学、孢粉学、微形态学和超微结构、染色体、化学分类学和分子系统学等资料，工作程序包括标本准备、标本馆工作和标本鉴定。

植物界分门有不同分法，人们习惯将具有某种共同特征的门归为更大的类群，如藻类植物、菌类植物、颈卵器植物、维管植物、孢子植物、种子植物、低等植物、高等植物等。本教材采用恩格勒系统，分为16个门：蓝藻门、裸藻门、绿藻门、轮藻门、金藻门、甲藻门、红藻门、褐藻门、细菌门、黏菌门、真菌门、地衣植物门、苔藓植物门、蕨类植物门、裸子植物门、被子植物门。植物界发生与演化是一个漫长的历史过程，演化的基本规律由简单到复杂、由水生到陆生；但绝不能把植物界的发展机械地理解成简单的、直线上升的演化过程。

思考与探索

1. 药用植物分类的基本内容有哪些？为什么要进行药用植物分类？如何开展分类工作？
2. 目前药用植物分类的证据资料有哪些？方法有哪些？各有何优缺点？
3. 查阅资料，总结药用植物的命名有哪些方法？哪种是科学的命名方法？
4. 观察校园药用植物，并编制校园20种常见植物的分类检索表。
5. 植物界有哪些类群？是如何进化的？其规律有哪些？

扫码“练一练”

（张　瑜　许　亮）

第六章 藻类植物 Algae

要点导航

1. 掌握藻类植物的特征及分类。
2. 熟悉常见药用藻类。
3. 了解藻类的经济用途。

第一节 藻类植物的概述

扫码“学一学”

藻类植物是一群没有根、茎、叶分化，含有叶绿素等光合色素的低等自养植物（autotrophic plant），也称原植体植物。藻类并非一个自然类群，但有以下共同特点。

一、藻体形态结构

藻类植物体大小差异很大，最小者仅几微米，大者则可达100m以上，如太平洋生长的巨藻科植物。藻体形态有单细胞、多细胞群体、丝状体、管状体、叶状体或枝状体等，有些褐藻种类还有“叶片”、柄和固着器的分化，但都没有真正的根、茎、叶的分化，体内也无维管组织。如小球藻是常见单细胞藻类，水绵是多细胞丝状体，海带、昆布、裙带菜等是多细胞叶状体，马尾藻、海蒿子、石花菜等是多细胞枝状体。

二、细胞结构

藻类的细胞有原核细胞（绿藻和蓝藻）和真核细胞（其余藻类）两类，细胞内除含有叶绿素、胡萝卜素、叶黄素外，尚含藻蓝素、藻红素、藻黄素、藻褐素等色素，各种色素构成了藻类特有的色素体（载色体），不同藻类色素体的形状、大小均不同。因色素成分及比例不同，使植物体呈现不同颜色。藻类光合作用产物和贮藏的营养物质也不同，如蓝藻贮存蓝藻淀粉（cyanophycean starch）、蛋白质粒，绿藻为淀粉、脂肪，红藻为红藻淀粉（floridean starch）、红藻糖（floridose），褐藻为褐藻淀粉（laminarin）、甘露醇等。

三、繁殖和生活史

藻类的繁殖方式有营养繁殖、无性生殖和有性生殖。营养繁殖是藻类主要的繁殖方式，有细胞分裂、藻体断裂或营养繁殖小枝、珠芽等。无性生殖产生各种类型的孢子，如游动孢子（zoospore）、不动孢子（aplanospore）、拟亲孢子（autospore）、四分孢子（tetraspore）、单孢子和果孢子（carpospore）。产生孢子的一种囊状结构的细胞称孢子囊（sporangium），一个孢子发育成一个新个体。有性生殖产生配子（gamete），产生配子的囊状结构细胞叫配子囊（gametangium）。配子两两结合产生合子（zygote），合子脱离母体后进行有丝分裂直接产生新植株，或减数分裂产生孢子再发育成新一代植株，合子均不发育成胚。藻类的生活史有三种类型（图6－1）。

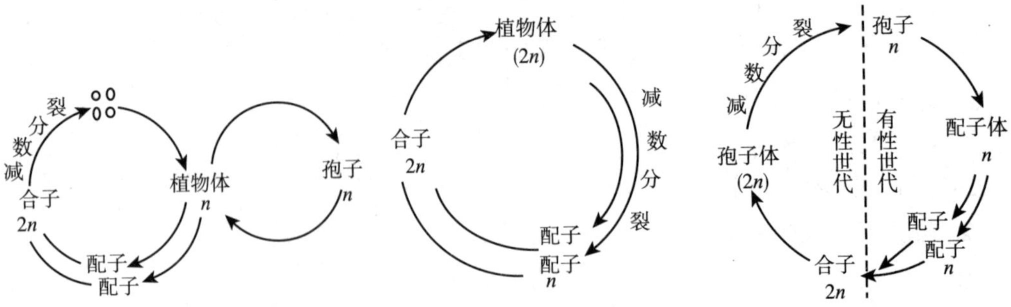

合子型生活史（1个单倍体植物体）　配子型生活史（1个2倍体植物体）　孢子型生活史

图6－1　藻类植物生活史的类型

四、生境与分布

藻类有3万多种，分布于世界各地。大多数生活在水体中，少数生于潮湿的土壤、树皮、石头和墙垣等上。水生藻类又有浮游于水中，也有固着在水中岩石上或附着于它物上。有些海藻生活于100m深的海底，也有些藻类生活在南、北极或终年积雪的高山，有些蓝藻能生活在高达85℃的温泉中，有些藻类与真菌共生。

知识拓展

赤潮和水华

“赤潮”（red tide）是在特定环境条件下，由海水中某些浮游藻类、原生动物或细菌爆发性增殖或高度聚集而引起水体变色的一种有害生态现象。赤潮并不一定都是红色，有时也呈黄、绿、褐色等颜色。赤潮会造成渔业减产。“水华”（water bloom）是在营养丰富的淡水中，一些漂浮性蓝藻在夏秋季节迅速大量繁殖，在水体表形成一层具腥味的浮沫。出现水华将极度降低水体的含氧量，导致鱼类等水生生物大量死亡。不少水华死后分解产生毒素，给水生动物、人、畜等带来危害。

第二节　藻类植物的分类

扫码“学一学”

藻类根据细胞内所含色素种类、贮存营养物质，以及植物体形态构造、细胞壁成分、鞭毛数目、着生位置和类型、繁殖方式和生活类型等不同，分为蓝藻门、裸藻门、绿藻门、轮藻门、金藻门、甲藻门、红藻门、褐藻门。其中蓝藻门的生物学研究意义较大，绿藻门、红藻门、褐藻门的药用价值大。

一、蓝藻门 Cyanophyta

蓝藻门是一类地球上出现最早、构造简单的光合自养原核生物，植物体多呈蓝绿色，又称蓝绿藻（blue green algae）。藻体有单细胞、非丝状群体或丝状体等，不具鞭毛；细胞壁主要成分是肽葡聚糖（peptidoglycan），外面具果胶酸和黏多糖构成的胶质鞘。蓝藻原生质体分化为中心质（centroplasm）和周质（periplasm）两部分；中心质在细胞中央，又称中央体（central body），含有裸露的环状 DNA，无核膜和核仁，但有核的功能，故称原核（prokaryon）或拟核（nuclevid）。周质又称色素质（chromatoplasm），位于细胞壁内侧，没有载色体等的分化。电镜下周质中可见许多由膜形成的扁平囊状结构，称类囊体（thylakoid），光合色素均存在于类囊体表面。有叶绿素 a、β 胡萝卜素、叶黄素等光合色素和藻蓝蛋白、藻红蛋白。细胞中贮藏的营养物主要是藻蓝淀粉（cyanophycean starch）和蓝藻颗粒体（cyanophycin granules），分散在周质中。有些蓝藻细胞周质中有气泡，充满气体，是适应于浮游生活的一种细胞器，显微镜下呈黑色、红色或紫色。

蓝藻的繁殖有营养繁殖和无性生殖，以营养繁殖为主。营养繁殖包括直接分裂，或从异型胞处断裂或藻殖段（homogonium）细胞分裂形成新丝体；无性生殖时有些细胞增大、壁增厚、细胞内充满营养物质形成厚垣孢子（厚壁孢子）（akinete）后休眠，条件适宜时细胞壁破裂，细胞分裂形成新丝体。单细胞和非丝状群体的蓝藻主要靠细胞分裂、群体破裂繁殖；丝状体是以藻殖段的方式繁殖，极少进行孢子繁殖。

蓝藻门现存 1 纲，3 目 4 科，160 多属，1 500 余种；我国有 106 属，759 种。从两极到赤道均有分布。主要生活在淡水中，有水生、气生、寄生、共生等多种生活习性。蓝藻中有 60 多种有比较好的固氮能力，我国报道过 10 多种具有固氮能力的蓝藻。

【药用植物】葛仙米 *Nostoc commune* Vauch.（图 6－2）念珠藻科。植物体由许多圆球形细胞组成不分枝的单列丝状体，形如念珠。丝状体外有一个共同的胶质鞘，形成片状或团块状的胶质体。在丝状体上相隔一定距离产生一个异型胞，壁厚，与营养细胞相连的内壁为球状加厚，称节球。在两个异型胞之间，或由于丝状体中某些细胞死亡，将丝状体分成许多小段，每小段即形成藻殖段（连锁体）。分布于全国各地。民间习称“地木耳”，供食用和药用，藻体能清热、收敛、明目。

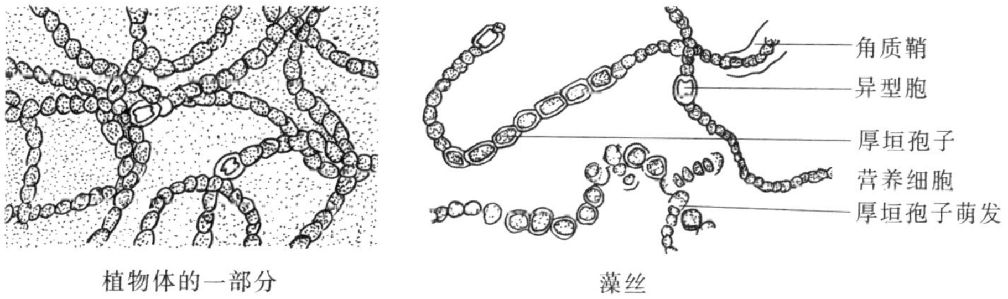

植物体的一部分　　藻丝

图 6－2　念珠藻属

钝顶螺旋藻 *Spirulina platensis*（Nordst.）Geitl. 颤藻科。藻体卷曲状，富含蛋白质、维生素等多种营养物质，能防治营养不良和增强免疫力，是生产保健品的重要原料。目前许多国家和地区已进行人工养殖。

常见药用植物还有：海雹菜 *Brachytrichia quoyi*（C. Ag.）Born. et. Flah. 藻体能解毒、利水。发菜 *Nostoc flagilliforme* Born. et Flah. 产我国西北地区，藻体食用或药用。

二、绿藻门 Chlorophyta

植物体由真核细胞组成，藻体形态有单细胞、群体、丝状体、叶状体和管状等，游动或静生。细胞壁有两层，内层主要是纤维素，外层是果胶质，常黏液化；细胞中具有与高等植物叶绿体结构类似的载色体，呈杯状、环带状、星状、螺旋带状、网状等多种形状，含有叶绿素 a、叶绿素 b、α－胡萝卜素、β－胡萝卜素和叶黄素等光合色素，多数载色体中有 1 至多个蛋白核（pyrenoid），也称淀粉核。贮藏的营养物主要是淀粉、蛋白质和油脂。一些种类的营养体和大多数种类的孢子或配子具有 2 或 4 条顶生等长的鞭毛，少数 1、8 条或多数或尾鞭型。

绿藻的繁殖方式多种，单细胞绿藻以细胞分裂产生各种孢子进行繁殖，如衣藻产生的游动孢子，小球藻产生的不动孢子等；多细胞丝状体直接断裂形成片段，再长成独立的新个体。有性生殖由配子结合形成合子，合子直接萌发成新个体，或经减数分裂形成孢子，发育形成新个体。不少种类存在明显的世代交替现象。水绵、新月藻等有接合生殖现象。

绿藻有 430 多属，8600 余种，常分为绿藻纲（Chlorophyceae）和结合藻纲（Conjugatophyceae），是种类最多的一门藻类。约 90% 的种类分布在淡水或潮湿的土表、墙垣、岩石、树干等处；海产种类仅占 10% 左右，多分布于近海沿岸；少数种类生长在终年积雪处，一些绿藻能寄生于动物体内或与真菌共生。

【药用植物】蛋白核小球藻 *Chlorella pyrenoidosa* Chick.（图 6－3）小球藻科。淡水生单细胞藻类，只能随水浮沉。藻体微小，圆球形或卵圆形，细胞壁薄，壁内有细胞质、细胞核、似杯状的载色体 1 个和淀粉核 1 个。小球藻只能无性繁殖，繁殖时原生质体在壁内分裂 1～4 次，产生 2～16 个拟亲孢子（孢子和母细胞相似，但小一些）。孢子成熟后，母细胞壁破裂散于水中，长成与母细胞大小的小球藻。分布很广，多生于小河、沟渠、池塘中。藻体富含蛋白质、维生素 C、维生素 B 和抗生素（小球藻素），可作营养剂，防治贫血、水肿、肝炎等，同时又是研究光合作用的实验材料。

蛋白核小球藻体的结构　　拟亲孢子的形成　　拟亲孢子的释放

图 6－3　蛋白核小球藻

石莼 *Ulva lactuca* L.（图 6－4）石莼科。藻体为 2 层细胞的膜状体，黄绿色，边缘波状，基部具多细胞固着器。无性生殖产生具 4 条鞭毛的游动孢子。有性生殖产生具 2 条鞭毛的配子，配子结合形成合子，合子直接萌发成新个体。由合子萌发成的藻体只产生孢子，称孢子体（sporophyte）；由孢子萌发的藻体，只产生配子，称配子体（gametophyte）。配子体是单倍体（n），孢子体是 2 倍体（$2n$）。生活史为同形世代交替。分布于沿海海湾，供食用，俗称“海白菜”或“海青菜”。藻体能软坚散结、清热解毒、祛痰、利水。

水绵 *Spirogyra nitida*（Dillw.）Link. 双星藻科。植物体为 1 列细胞构成的、不分枝的丝状体，细胞圆柱形。有性生殖比较特殊，生殖时在丝状体之间进行梯形接合、侧面接生或直接侧面接合。分布在小河、池塘、水田或沟渠中。藻体能治疮疡、烫伤。

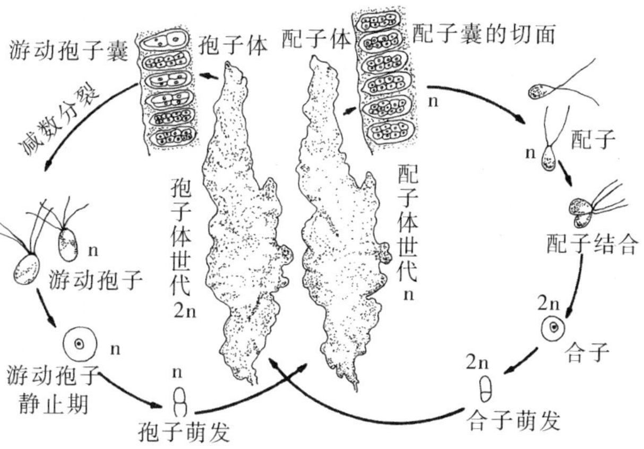

图6-4 石莼的形态构造和生活史

三、红藻门 Rhodophyta

植物体常为多细胞体，稀为单细胞类型。藻体呈丝状体、片状体、壳状或树枝状体等，多数种类呈红色至紫色，少为蓝绿色。藻体常较小，高约10cm左右，少数达1m以上，如紫菜可达数米。细胞壁两层，外层为果胶质，内层为纤维素。载色体1至多个，含藻红素、叶绿素a和b、β-胡萝卜素、叶黄素、藻蓝素等光合色素，常以藻红素占优势，故藻体多呈紫色或玫瑰红色。细胞中贮藏的营养物为红藻淀粉和红藻糖。

红藻的繁殖有营养繁殖、无性生殖和有性生殖。营养繁殖以分裂繁殖为主。无性生殖由营养细胞直接产生，1个营养细胞产生1个孢子囊，1个孢子囊产生1个单孢子，有的经减数分裂产生四分孢子，均是不动孢子。有性生殖为卵式生殖，配子体上产生单细胞的雄性生殖结构——精子囊（spermattangium），内含无鞭毛的不动精子；雌性生殖结构为单细胞长颈烧瓶状的果胞（carporgonium），内含1卵子，其细长部分称受精丝（trichogyne）。低等红藻类，受精卵有丝分裂产生果孢子（2*n*），果孢子萌发产生孢子体。高等红藻中，受精卵的核转移到邻近的支撑细胞中，并与其周围的细胞共同发育成果孢子体（2*n*）（carposporophyto），也称囊果（cystocarp），寄生在配子体上，成熟时从果孢子体上产生多数产孢丝，并形成子果孢子囊，囊内产生果孢子（2*n*）。多数红藻为孢子减数分裂，具有世代交替；多数是配子体、果孢子体和孢子体3种植物体的世代交替；少数为配子体和孢子体2种植物体的世代交替。

红藻门约有558属，4000余种，分为红毛藻纲（Bangiophyceae）和红藻纲（Rhodophyceae）。绝大多数分布于海水中，常固着于岩石等物体上。

【药用植物】石花菜 *Gelidium amansii* Lamx.（图6-5）石花菜科。藻体扁平直立，丛生，4~5羽状分枝，小枝对生或互生。藻体紫红色或红棕色。分布于渤海、黄海、台湾北部。藻体能清热解毒、缓泻，也是提取琼胶（琼脂）的原料。

甘紫菜 *Porphyra tenera* Kjellm.（图6-5）红毛菜科。雌雄同体，藻体为叶状体，高20~30cm，宽10~18cm；藻体形态变化较大，有薄叶片状、卵形、竹叶形、不规则圆形等，基部楔形、圆形或心形，边缘多少皱褶，紫红色或微带蓝色。分布于辽东半岛至福建沿海，现有大量栽培。藻体能清热利尿、软坚散结、消痰，也供食用。

常用药用植物还有：琼枝 *Eucheuma gelatinae*（Esp.）J. Ag. 藻体能清热解毒、缓泻、降脂，也可作微生物培养基或食用；鹧鸪菜（美舌藻）*Caloglossa leprieurii*（Mont.）J. Ag.，藻体能驱蛔、消痰、化食，含美舌藻甲素及海人藻素。海人藻 *Digenea simplex*（Wulf.）C. Ag.（图 6 -5）藻体能驱蛔虫、鞭虫、绦虫。

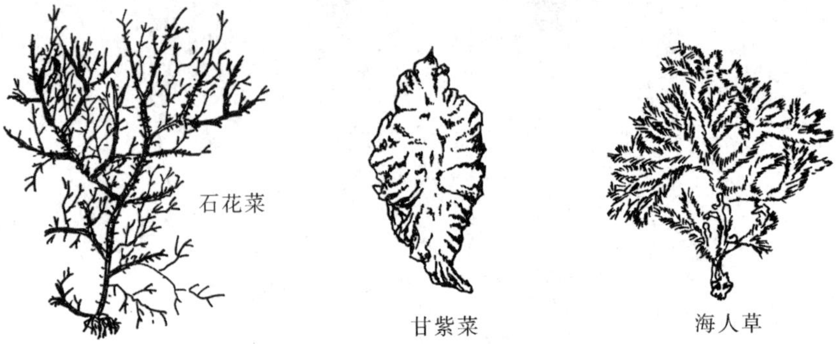

图 6 -5　常见的药用红藻

四、褐藻门 Phaeophyta

褐藻是多细胞真核藻类，藻体形态、大小差异很大，形态上有分枝或不分枝的丝状体、叶状体、管状体或囊状体等，有的外形上有类似“茎叶”的分化；小的藻体高 1 ~2cm，大型的如海带可长达 4 ~5m，且藻体可明显分为“带片”、柄和固着器三部分。进化水平高的藻体内部构造比较复杂，组织已分化为表皮层、皮层和髓部，特别是海带髓部的喇叭丝在形态和功能上有些类似筛管。藻体细胞，除生殖细胞外，都具有明显的内、外两层细胞壁，外层由褐藻胶构成，能使藻体保持润滑；内层由纤维素构成，比较坚固。载色体常为小盘状，也有管状等；内含叶绿素 a、叶绿素 c，但也常含胡萝卜素等黄色色素和 6 种叶黄素，叶黄素中以墨角藻黄素含量最大，故使藻体呈褐色。细胞中贮藏的营养物为褐藻淀粉、甘露醇、油类等。褐藻的生殖方式基本与绿藻相似。藻体的营养体均无鞭毛。

褐藻约 250 属 1500 余种，常分为等世代纲（Isogeneratae）、不等世代纲（Heterogeneratae）和无孢纲（Cyclosporae），绝大多数生活在海水中。从潮间线一直分布到低潮线下约 30m 处，是构成海底“森林”的主要类群，经济价值也大。

【药用植物】海带 *Laminaria japonica* Aresch.（图 6 -6）海带科。植物体有孢子体和配子体两种。孢子体较大，褐色，长 2 ~4 m，由带片、带柄和固着器组成（图 6 -6A）。固着器二叉分枝如根状、固着于岩石或其他物体上，带柄长 5 ~6cm，扁圆柱形，带片宽 20 ~50cm，带片和带柄均分化出表皮层、皮层、髓部 3 部分（图 6 -6B），带片和柄部连接处的细胞具有分生能力，表皮、皮层的细胞具有载色体，髓部由细长丝状细胞和喇叭状丝状细胞组成，具有输导作用。营养繁殖以藻体断裂方式繁殖；有性生殖是在夏末初秋，由生长到第二年孢子体的带片两面均产生多数棒状的单室孢子囊，外观上呈深褐色斑块状。孢子囊之间夹生有许多细长的隔丝，隔丝顶端有无色透明的胶质冠。孢子囊内的孢子母细胞（$2n$）经过减数分裂和有丝分裂，产生 32 个具侧生不等长双鞭毛的游动孢子。孢子成熟后，囊壁破裂散出孢子，附在岩石上萌发成微小的丝状体，即单性配子体。雄配子体细胞较小，数目较多，分枝多，分枝的顶端形成 1 个精子囊，每囊产生 1 个具 2 条侧生鞭毛的游动精子；雌配子体细胞较大，数目较少，不分枝，顶端膨大发育为卵囊，每囊产生 1 个圆形不能游动的卵，成熟时附于卵囊顶端，游动精子与卵结合成合子，合子萌发形成新的孢子体，细小的孢子体在短短几个月内即成为具有带片、带柄和围着器的植物体。分布于辽宁、河北、山东沿海，现人工养殖已扩大到广东沿海。叶状体（昆布）能消痰、软坚散结、利水消肿；也供食用和防治缺碘性甲状腺肿大，也是提取碘和褐藻淀粉的原料。翅藻科植物昆布 *Ecklonia kurome* Okam. 的藻体与海带同等入药作昆布使用。

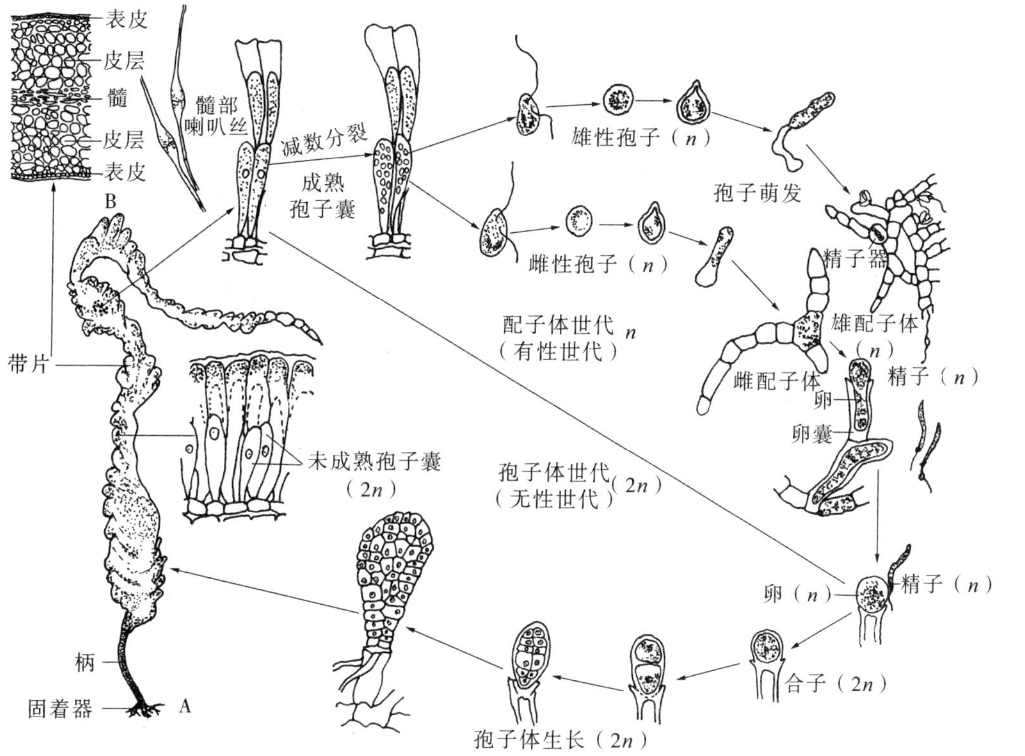

图 6-6　海带属植物生活史

海蒿子 *Sargassum pallidum*（Turn.）C. Ag.（图 6-7）马尾藻科。藻体高 30～60cm，褐色。固着器盘状，主干多单生，圆柱形，两侧有羽状分枝。藻“叶”形态变化较大，初生“叶”披针形至倒披针形，长 5～7cm，宽 2～12cm，边缘具疏锯齿；次生“叶”线形至披针形，有时羽状分裂。侧枝自次生“叶”的叶腋间生出，枝上又生出狭线形“叶”，其“叶”腋又长出具丝状“叶”的小枝，小枝末端常有圆球形的气囊。生殖托单生或成总状排列于生殖小枝上，长卵形至棍棒状。分布于我国黄海、渤海沿岸，生于潮线下 1～4m 的的岩石上。藻体（海藻）能软坚散结、消痰、利水，药材称“大叶海藻”。羊栖菜 *S. fusiforme*（Harv.）Setch. 分布于辽宁至海南，长江口以南沿海较多；藻体与海蒿子同等

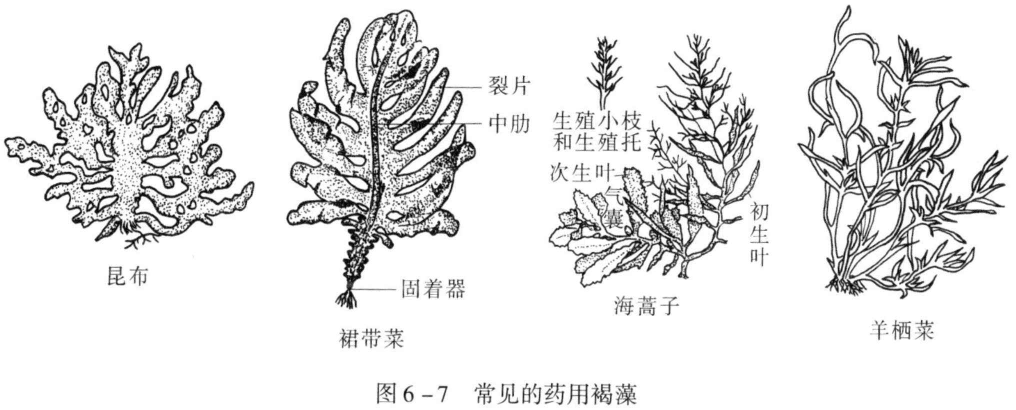

图 6-7　常见的药用褐藻

入药，药材称“小叶海藻”。

此外，裙带菜 *Undaria pinnatifida*（Harv.）Suringar（翅藻科）分布于辽宁、山东、浙江、福建沿海地区，部分地区习作“昆布”药用。

知识拓展

藻类的经济用途

藻类正日益成为食品、药品、精细化工等重要的原料。许多藻类含有蛋白质、氨基酸、维生素、矿物质等丰富的营养成分，常供食用，如蓝藻门的葛仙米、发菜，绿藻门的小球藻、石莼，红藻门的甘紫菜，褐藻门的海带等。有些藻类具有明显的抗肿瘤、抗菌、抗病毒等活性。从褐藻和红藻中提取的藻胶酸、琼脂、卡拉胶等，常用作人造纤维和食品添加剂。有些藻类还用于废水净化。

重点小结

藻类又称原植体植物，它们形体较小而构造简单，常为单细胞、多细胞群体、丝状体、叶状体或枝状体，没有真正的根、茎、叶的分化，仅少数具有组织分化和类似根、茎、叶的构造。藻类各门植物的主要特征见表6-1。《中国药典》收载的药用植物有4种，常用中药有昆布和海藻。

表6-1 藻类植物各门的主要特征比较

分类	蓝藻门	绿藻门	红藻门	褐藻门
植物类型	原核生物	真核生物	真核生物	真核生物
主要色素	叶绿素，藻蓝素，胡萝卜素，叶黄素	叶绿素，胡萝卜素，叶黄素	藻红素，叶绿素，叶黄素，藻蓝素	叶绿素，胡萝卜素，墨角藻黄素
贮藏物质	蓝藻淀粉	淀粉	红藻淀粉，红藻糖	褐藻淀粉，甘露醇，油类
繁殖方式	营养繁殖，无性生殖	营养繁殖，无性生殖，有性生殖（同配，异配，卵配）	营养繁殖，无性生殖，有性生殖（卵配）	营养繁殖，无性生殖，有性生殖（同配，异配，卵配）
生境	多生于淡水中	多生于淡水中	多生于海水中	多生于海水中
药用植物	葛仙米，钝顶螺旋藻，发菜，海雹菜	蛋白核小球藻，石莼，水绵	石花菜，甘紫菜，琼枝，海人藻，鹧鸪菜	海带，昆布，裙带菜，海蒿子，羊栖菜

思考与探索

1. 藻类植物的形态构造有哪些特点？
2. 藻类植物的繁殖方式有哪些？
3. 蓝藻门、绿藻门、红藻门、褐藻门各有什么特征？有哪些常用药用植物？
4. 通过查阅资料，分析藻类开发健康产品的途径、现状和前景。

扫码“练一练”

（杜 勤）

第七章　菌类 Fungi

要点导航

1. 掌握真菌门的形态、细胞结构、营养方式和生殖方式；真菌的发育过程和特殊构造。

2. 熟悉细菌、黏菌和真菌的区别；子囊菌亚门和担子菌亚门的区别以及常见药用真菌。

3. 了解真菌的药用情况。

第一节　黏菌、真菌和地衣的区别

扫码“学一学”

菌类（fungi）是一类无组织器官分化，构造简单，绝大多数不含光合色素，不能进行光合作用，异养（heterotrophy）生活的低等生物。他们主要有寄生（parasitism）、腐生（saprophytism）和共生（symbiosis）三种营养方式，具有形体微小、生长旺盛、繁殖快、代谢类型多、适应能力强、易变异、种类多和分布广等特点。目前已知菌类大约有 10 万余种。在两界分类系统中，菌类分为细菌门 Bacteriophyta、真菌门 Eumycophyta、黏菌门 Myxomycophyta，并与地衣（Lichens）和藻类一起称原植体植物。但在四、五界系统中，它们从植物中分立出来，分属原核生物界、真菌界和原生生物界。

黏菌是介于真菌和原生动物之间的真核生物。黏菌在生长期或营养期为裸露的无细胞壁、多核的原生质团（plasmodia），不含叶绿素，细胞质流动使黏菌呈现类似变形虫状的运动状态，但在繁殖期产生具纤维素细胞壁的孢子，孢子再发育成新的个体。黏菌营养期的结构、行动和以吞噬方式摄食的特征与原生动物相似，其繁殖方式又与真菌类似。

地衣是真菌与藻类结合发展成的共生体，真菌控制着地衣共生体的形态，地衣中的真菌是专化性很强的共生菌，它们从外界吸收水分和无机盐，藻类可以进行光合作用，为共生体提供有机养料。地衣门将在第八章介绍，下面将介绍细菌和真菌。

第二节　细菌门 Bacteriophyta

扫码“学一学”

细菌（bacteria）与蓝藻同属原核生物。绝大多数细菌都不含叶绿素，营养方式有异养和自养两种，异养包括寄生和腐生，自养包括化能自养（如硝化细菌、硫细菌等）和光合自养（如着色杆菌、外硫红螺菌、紫色非硫细菌等）。细菌按基本形态分为球菌（coccus）、杆菌（bacillus）和螺旋菌（spirilla）。杆菌是自然界最常见的细菌；螺旋菌种类较少。细菌按细胞壁组成差异可分为革兰阳性菌和革兰阴性菌。广布于空气、土壤、水和其他生物的体内外。细菌的相关知识微生物学课程中会介绍，这里介绍药品生产中常使用的放线菌。

一、放线菌的特征

放线菌（actinomyces）是一类主要呈丝状生长和以孢子繁殖的原核生物。放线菌的菌体形态和繁殖方式类似于真菌，而其细胞的结构和细胞壁化学组成与细菌相似，是一类革兰阳性细菌。放线菌细胞呈丝状分枝，其菌丝分为基内菌丝（substrate mycelium，又称营养菌丝或一级菌丝）、气生菌丝（aerial mycelium，又称二级菌丝）和孢子丝（spore - bearing mycelium）。基内菌丝匍匐在培养基表面或深入其内部吸取营养和排泄废物，部分基内菌丝延伸到空气中，分化成颜色较深、直径较粗的分枝菌丝，即气生菌丝。当放线菌进入繁殖阶段，大部分气生菌丝分化形成孢子丝，通过横分裂在其顶端形成一至数个分生孢子，分生孢子再萌发形成新的菌丝（图7－1）。

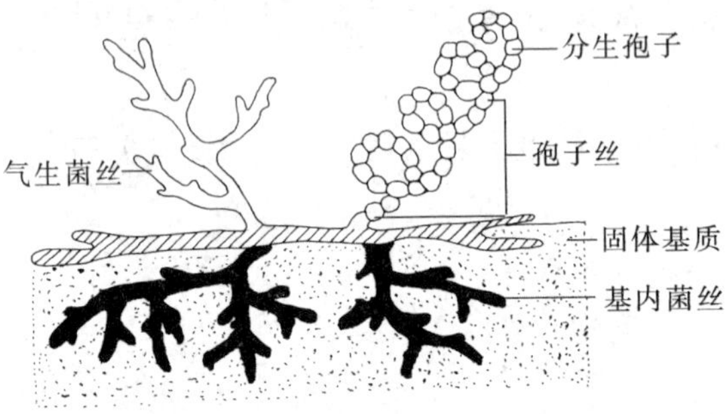

图7－1　链霉菌的一般形态和构造

二、常见的放线菌

迄今已知抗生素中约有70% 由放线菌所产生。如临床用于细菌感染的红霉素由红霉素链霉菌 *Streptomyces erythreus* Waksman et Henrici 产生，链霉素由灰色链霉菌 *S. griseus*（Krainsky）Waksman et Henrici 产生，氯霉素由委内瑞拉链霉菌 *S. venezuelae* Ehtlich et Al. 产生，卡那霉素由卡那霉素链霉菌 *S. kanamyceticus* Okami et Umezawa 产生，金霉素由金色链霉菌 *S. aureofaciens* Duggar 产生，达托霉素由玫瑰孢链霉菌 *S. roseosporus* 产生，万古霉素由东方拟无枝酸菌 *Amycolatopsis orientalis* 产生；抗真菌药制霉菌素由诺尔斯链霉菌 *S. noursei* 产生，两性霉素 B 由结节链霉菌 *S. nodosus* 产生。近年来，还从放线菌的次生代谢产物中筛选出一些抗癌剂、酶抑制剂、免疫抑制剂等，如抗癌药物新生霉素（浑球链霉菌 *S. sphaeroides* 产生）、博莱霉素（轮枝链霉菌 *S. reticillus* 产生）、丝裂霉素 C（头状链霉菌 *S. caespitocus* 产生），免疫抑制剂雷帕霉素（吸水链霉菌 *S. hygroscopicus* 产生）等。

第三节　真菌门 Eumycophyta

扫码“学一学”

一、主要特征

真菌是一类异养的真核生物，常呈分枝繁茂的多细胞丝状体，大多具有坚硬的由几丁质（甲壳素）组成的细胞壁。但真菌细胞壁的成分极其复杂，可随年龄和环境条件而变化。有些真菌的细胞壁因含物质种类不同，使细胞壁呈黑色、褐色或其他颜色，因此菌体也呈现各种颜色。真菌营养体除大型菌外，分化很小，高等大型真菌有定形的子实体。

1. 营养体　绝大多数真菌的营养体由纤细的管状菌丝（hypha）构成，组成一个菌体的全部菌丝称菌丝体（mycelium）；酵母和一些低等壶菌的营养体是单细胞类型。菌丝按结构不同分为有隔菌丝（septate hypha）和无隔菌丝（nonseptate hypha），前者在菌丝内形成横隔膜（septum）将菌丝分成多个细胞，每细胞有 1 至多个细胞核，是高等真菌的菌丝类型；无隔菌丝是 1 个多核的长管状细胞，是低等真菌的菌丝类型（图 7－2）。

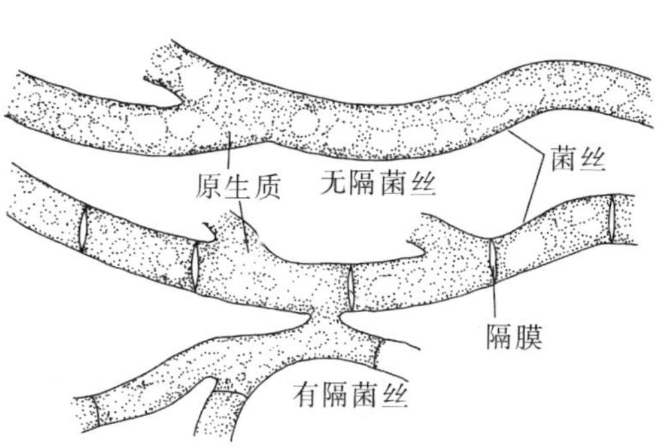

图 7－2　有隔菌丝和无隔菌丝

有些真菌在发育的某个阶段，菌丝体变成比较疏松或紧密交织的组织，与通常组成菌体的疏松菌丝不同，称密丝组织（plectenchyma）（图 7－3）。这些组织构成了许多真菌不同类型的营养结构和繁殖结构，常见有以下几种。

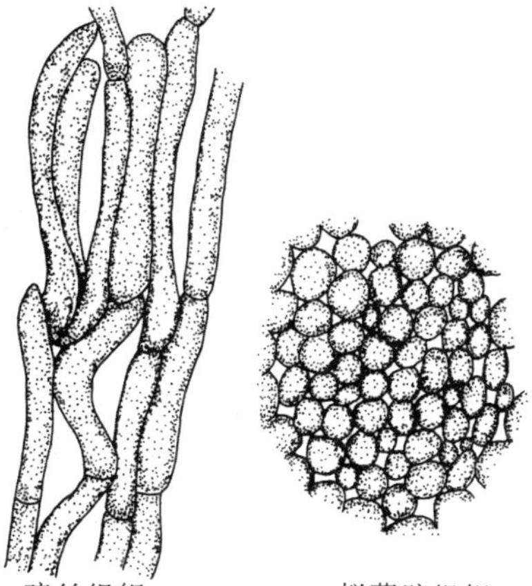

图 7－3　真菌的密丝组织

（1）根状菌索（rhizomorph，funiculus）：由大量菌丝聚集成的绳索状的长束，外形似根，具有促进菌体蔓延和抵御不良环境的功能，一般生于树皮下或地下。在引起木材腐朽的担子菌中根状菌索最普遍。

（2）菌核（sclerotium）：由菌丝聚集和黏附形成的质地坚硬的核状休眠体。对干燥和高温、低温度耐受力强，有助于菌体渡过不良环境，条件适宜时又可萌发为菌丝体或产生子实体。如中药茯苓、猪苓、雷丸就是来源于菌核。

（3）子实体（fruiting body，sporophore）：是高等真菌在繁殖期形成的具有一定形态和结构、能够产生孢子的菌丝体，如蘑菇的子实体呈伞状。

（4）子座（stroma）：是容纳子实体的褥座，真菌从营养阶段到繁殖阶段的一种过渡形式，常呈垫状、柱状、棒状等。子座形成以后，其上产生许多子囊壳，其内产生子囊和子囊孢子。

2. 营养方式　多数真菌营腐生或寄生生活，部分真菌属于共生真菌，少数为捕食真菌。

3. 细胞结构　真菌细胞由细胞壁、细胞膜、细胞质、细胞核组成，细胞质中分散着线粒体、核糖体、内质网、高尔基体、液泡、溶酶体等多种细胞器。细胞壁的主要成分为己糖或氨基己糖构成的多糖，如几丁质、纤维素、葡聚糖、甘露聚糖、半乳聚糖等。此外，还有一些特殊构造，如鞭毛、膜边体、微体、壳质体（几丁质酶体）、伏鲁宁体等。

4. 真菌的繁殖　真菌的繁殖方式有营养繁殖、无性生殖和有性生殖。

（1）营养繁殖：少数单细胞真菌能通过营养细胞分裂产生子代；有些真菌细胞的一定部位形成一个突起，产生芽孢子（blastospore），称出芽生殖。也有些是营养菌丝断裂形成节孢子（arthrospore）；同时真菌菌丝断裂片段也能产生新个体。

（2）无性生殖：真菌产生大量的无性孢子如游动孢子（zoospore）、孢囊孢子（sporangiospore）和分生孢子（conidium）等进行无性生殖（图 7－4）。游动孢子是水生真菌产生的借水传播的孢子，孢囊孢子是在孢子囊（sporangium）内形成借气流传播的不动孢子，分生孢子是由分生孢子囊梗的顶端或侧面产生借气流或动物传播的孢子。

（3）有性生殖：有游动配子配合、配子囊接触交配、配子囊交配、性孢子配合和体细

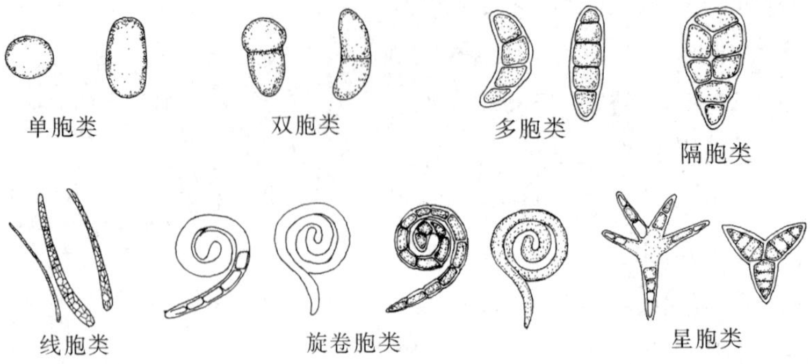

图7－4　各种类型的分生孢子

胞配合等形式，以细胞核的结合为特征。低等真菌为配子配合，有同配生殖和异配生殖；有些真菌形成卵囊和精囊，由卵和精子配合形成卵孢子（oospore）。接合菌的有性孢子产生接合孢子（zygospore）。子囊菌的有性生殖，形成子囊，子囊内产生子囊孢子（ascospore）。担子菌的有性生殖，形成担子，担子上形成担孢子（basidiospore）。子囊孢子和担孢子是有性结合后产生的有性孢子。

5. 真菌的分布　广布于世界各地，从大气、土壤、水体到动植物及其残体均有其踪迹。目前已知约12万种，其中药用真菌药约500种，危害人类健康的真菌有300多种。

二、真菌的主要分类群

真菌分类常依据形态学、细胞学、生理学和生态学等特征，尤其是有性繁殖阶段的形态特征。真菌分类系统较多，本教材采用Ainsworth等（1973）系统将真菌分为鞭毛菌亚门Mastigomycotina、接合菌亚门Zygomycotina、子囊菌亚门Ascomycotina、担子菌亚门Basidiomycotina、半知菌亚门Deuteromycotina。各亚门的区别见检索表（表7－1），药用真菌多属子囊菌和担子菌亚门，少数为半知菌亚门，以下介绍这三个亚门。

表7－1　真菌亚门检索表

1. 有能动孢子（游动孢子）；有性阶段的孢子典型的为卵孢子 …………	鞭毛菌亚门
1. 无能动孢子。	
2. 具有性阶段。	
3. 有性阶段孢子为接合孢子；无隔菌丝 …………	接合菌亚门
3. 无接合孢子；有隔菌丝。	
4. 有性阶段孢子为子囊孢子 …………	子囊菌亚门
4. 有性阶段孢子为担孢子 …………	担子菌亚门
2. 缺（目前尚未发现）有性阶段 …………	半知菌亚门

（一）子囊菌亚门 Ascomycotina

子囊菌是最繁盛的真菌类群，全世界有2720余属，28650余种。除少数低等子囊菌为单细胞外，绝大多数是有隔菌丝组成的菌丝体。子囊菌区别于其他真菌的一个重要特征是产生子囊（ascus）。子囊是一个含有一定数量子囊孢子的袋状结构。子囊孢子（ascospore）由核配和减数分裂后产生，不同真菌的子囊孢子数目不等，通常8个（图7－5）。低等子囊菌的子囊单独存在，高等子囊菌的子囊被包围在一包被内形成子实体，也称子囊果（ascocarp)。子囊果的外壁由营养菌丝交织形成，子囊之间的菌丝，称为侧丝（paraphysis）。子囊果是子囊菌分类的重要依据。

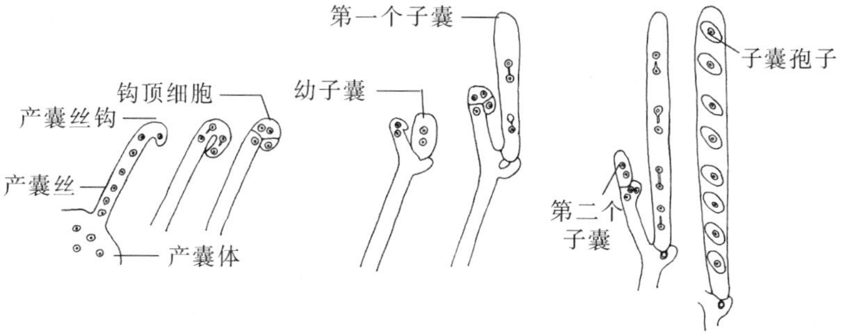

图 7-5　子囊发育的细胞学特征

除半子囊菌纲的子囊裸生，不具子囊果外，其余子囊菌的子囊果有 3 种类型：①闭囊壳（cleistothecium），子囊果球形，无孔口而完全封闭；②子囊壳（perithecium），子囊果球形或瓶状，顶端具孔口；③子囊盘（apothecium），子囊果盘状或杯状开口，子囊与侧丝平行排列在一起形成子实层（hymenium）（图 7-6）。

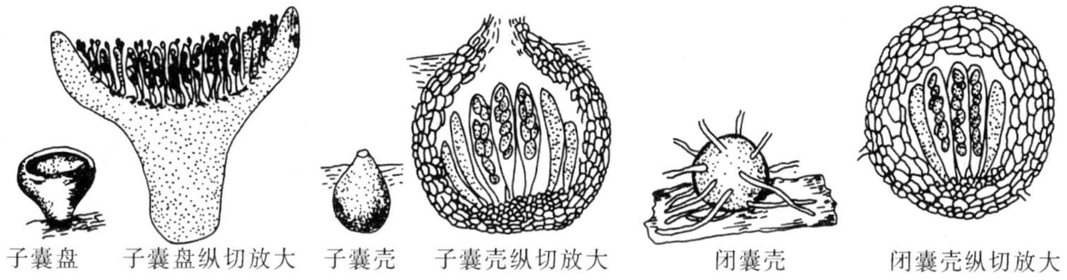

图 7-6　子囊果类型

【药用真菌】酿酒酵母 *Saccharomyces cerevisiae* Hansen（图 7-7）酵母菌科。单细胞，球形或卵形，无性繁殖方式为芽殖。有性繁殖阶段可形成子囊和子囊孢子。除传统用于酿酒、制作面包和馒头等外，其菌体可制成酵母菌片治疗消化不良，或用以提取核酸、谷胱甘肽、细胞色素 C、烟酰胺腺嘌呤二核苷酸等。

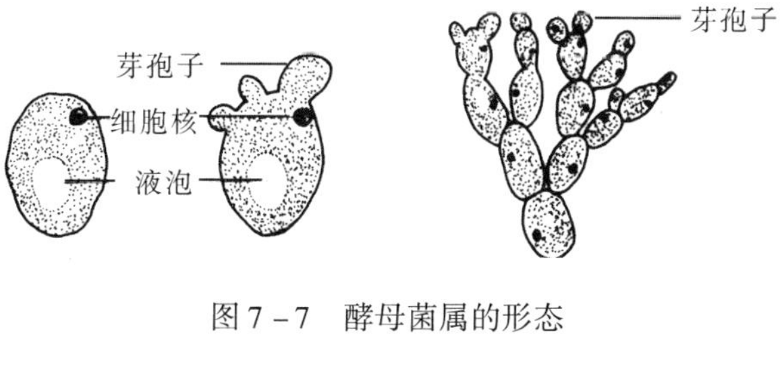

图 7-7　酵母菌属的形态

麦角菌 *Claviceps purpurea*（Fr.）Tul.（图 7-8）麦角菌科。寄生在禾本科植物的子房内，菌核形成时伸出子房外，呈紫黑色，坚硬，角状，故称麦角。麦角落地过冬，春季寄主开花时，菌核萌发产生具长柄的子座。一个菌核生出 20～30 个子座，其头部近圆形，纵切面可见沿外层有一层排列整齐的子囊壳，子囊壳瓶状，孔口外露，子囊长圆柱形，内含 8 枚针形子囊孢子。子囊孢子散发后，借助气流、雨水或昆虫传到麦穗上，萌发后侵入子房，长出菌丝，菌丝充满子房，产生分生孢子，以蜜汁状液体分泌于子房外，昆虫采蜜时，将分生孢子带至其他麦穗。菌丝体继续生长，最后不再产生分生孢子，形成麦角。主产西班牙等地。我国主要分布于东北、西北、华北等地，寄主涉及禾本科 35 属 70 余种植物，以及莎草科、石竹科、灯心草科等植物。麦角含麦角毒碱、麦角胺、麦角新碱等多种活性成分，其制剂常用作子宫收缩和内脏器官出血的止血剂，麦角胺可治疗偏头痛和放射病。

冬虫夏草 *Cordyceps sinensis*（Berk.）Sacc.（图 7－9）麦角菌科。寄主为鳞翅目蝙蝠蛾科昆虫的幼虫。夏秋季子囊孢子侵入寄主幼虫体内，发育成菌丝体，染病幼虫钻入土中越冬，菌丝继续生长并充满虫体，在虫体内菌丝形成菌核。翌年夏初，从虫体头部长出有柄的棒状子座，伸出土层，子座上部膨大，表层下生有一层子囊壳，壳内生有许多长形的子囊，子囊各产生 8 个线形多细胞的子囊孢子，子囊孢子散发后，断裂成许多节段，重新侵染其他寄主幼虫。分布于我国青藏高原，海拔 3000m 以上的高山草甸。带子座的菌核（冬虫夏草）能补肺益肾，止血化痰。

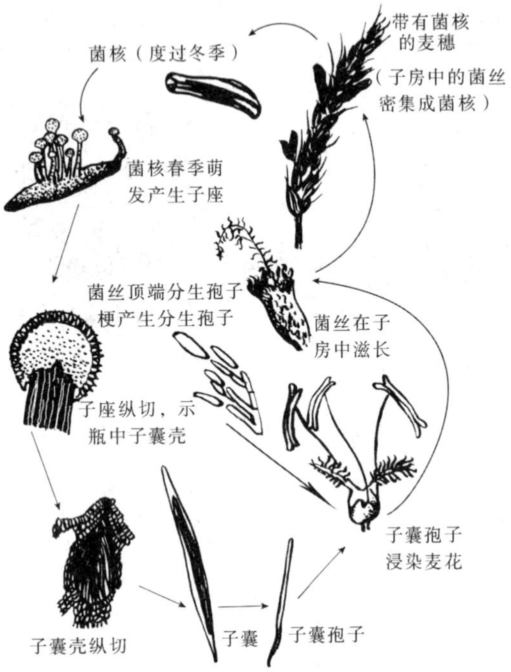

图 7－8　麦角菌生活史

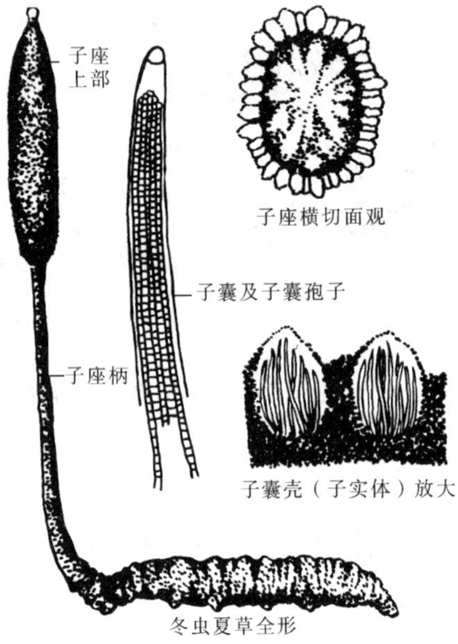

图 7－9　冬虫夏草

此外，虫草属有 400 余种，我国约 110 种，其中蛹草 *C. militaris*（L.）Link.、凉山虫草 *C. liangshanensis* Zang, Liu et Hu 和亚香棒虫草 *C. hawkesii* Gray 等带子座的菌核与冬虫夏草有相似活性；目前从冬虫夏草中获得的蝙蝠蛾拟青霉，经液体发酵培养，生产了多种增强免疫、预防心脑血管疾病的制剂。蝉花菌 *C. sobolifera* Hill Berk. et Br. 带子座的菌核（蝉花）能散风热，退翳障，透疹；竹黄 *Shiraia bambusicola* P. Henn. 的菌核能祛风除湿、活血舒筋；红曲 *Monascus purpureus* Went. 能活血止痛，健脾消食、和胃。

（二）担子菌亚门 Basidiomycotina

担子菌是一类高等真菌，全球约 1100 属，2 万余种。它是食用和药用菌的重要来源，也是筛选抗肿瘤药物的重要资源。绝大多数担子菌具发达的菌丝体，菌丝有隔，并有初生菌丝体（primary mycelium）、次生菌丝体（secondary mycelium）、三生菌丝体（teriary mycelium）之分。初生菌丝是由担孢子萌发形成的单核单倍体菌丝体，生活时间短。次生菌丝体是初生菌丝进行质配而不进行核配形成的双核菌丝体，生活期长，是担子菌主要营养体，也是担子菌的特征之一。三生菌丝体是由次生菌丝体特化形成，其营养菌丝仍为二核菌丝，由其形成各类子实体，也称担子果（basidiocarp）。

担子菌的有性阶段形成担子（basidium）和担孢子（basidiospore），担孢子、典型的双核菌丝、锁状连合是担子菌三个明显特征。双核菌丝细胞分裂前，在两核之间的细胞壁一侧形成一个喙状突起，突起向下弯曲，其中1核移入突起中之后，两核同时分裂形成4个子核，新分裂产生的2个子核移动到细胞的一端，细胞产生横隔，将上、下两个细胞隔开，同时突起基部产生一个隔膜，突起向下与原细胞壁融合沟通，并将留在突起中的1个子核移入下面的细胞。此时，一个双核细胞产生两个双核细胞，此过程即为锁状连合（clamp connection）（图7-10）。绝大多数担子菌以锁状连合方式发育成繁茂的次生菌丝体，子实体成熟后，双核菌丝顶端膨大成为担子，担子顶端伸出4个小梗，减数分裂产生的4个单倍体的核进入小梗，发育成4个担孢子。担子菌产生子实层（担子和担孢子等）的高度组织化的结构，称为担子果（basidiocarp），担子果的大小、形态、质地、颜色差异很大，其特征是担子菌分类的重要依据之一。

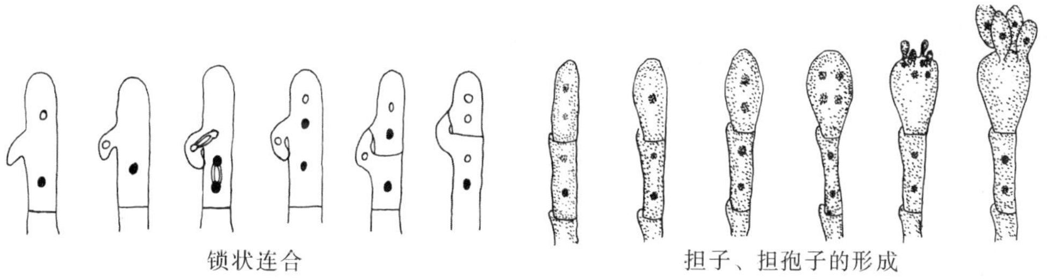

图7-10 锁状连合、担子、担孢子的形成

担子菌亚门常分3个纲：冬孢菌纲 Teliomycetes；层菌纲 Hymenomycetes，如银耳、黑木耳、灵芝等；腹菌纲 Gasteromycetes，如马勃、地星、鬼笔等。许多食用和药用的大型担子菌多属层菌纲，最常见的是伞菌类。伞菌的担子果主要包括菌盖、菌褶、菌柄等结构（图7-11）。菌盖（pileus）是伞菌担子果最明显的部分，形状多样，常见有伞状、半球形、斗笠形等。菌盖下面辐射状排列的片状结构称菌褶（gills），菌褶上布满了子实层，子实层内有担子、担孢子、侧丝（担子间的菌丝）等。菌盖下面的柄称菌柄（stipe），部分伞菌子实体幼小时，菌盖边缘与菌柄之间连有一层菌膜，称内菌幕或菌环（annulus）；另一类群在幼小子实体外面包被有一层膜，称外菌幕（universal veil），当子实体扩大，菌柄伸长时，外菌幕破裂，在菌柄基部留下一个杯状的菌托（volva）。这些结构特征是鉴别伞菌的重要依据。

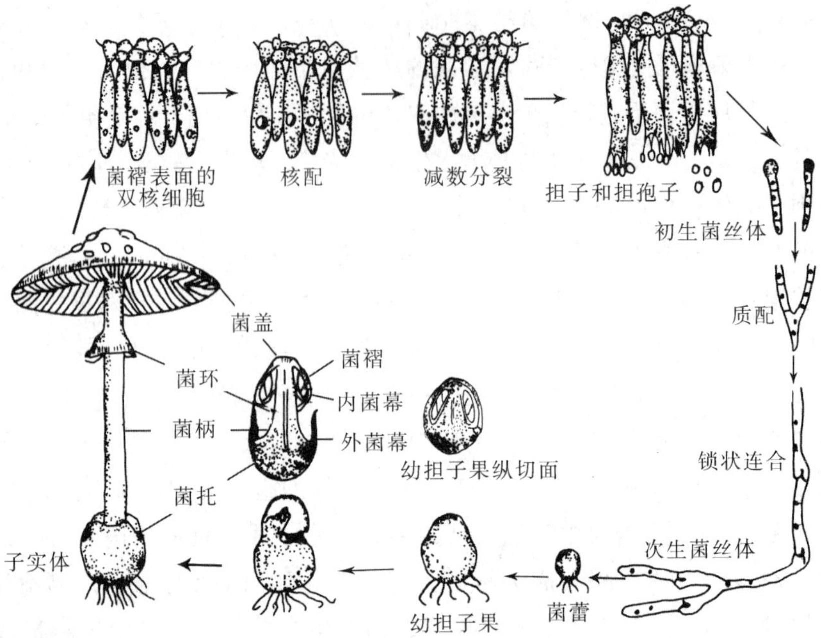

图 7－11　伞菌的形态和生活史

图 7－12　灵芝

【药用真菌】灵芝 *Ganoderma lucidum*（Leyss ex Fr.）Karst.（图 7－12）多孔菌科。子实体木栓质。菌盖半圆形或肾形，初生为黄色后渐变成红褐色，有漆样光泽，具环状棱纹和辐射状皱纹，子实层生于菌盖下的菌管内。菌柄近圆柱形，侧生或偏生，与菌盖同色，具光泽。担孢子卵形，褐色，内壁有许多小疣。分布于全国多省区，生阔叶树木基部，现已人工栽培。子实体（灵芝）能补气安神，止咳平喘。紫芝 *G. sinense* Zhao Xu et Zhang 分布于浙江、江西、福建、湖南、广东、广西，子实体与赤芝同等入药。

茯苓 *Poria cocos*（Schw.）Wolf.（图 7－13）多孔菌科。菌核球形或不规则块状，大小不一，表面粗糙，呈瘤状皱缩，灰棕色或黑褐色，内部白色或淡棕色，粉粒状。子实体平伏，伞形，生于菌核表面成一薄层，幼时白色，成熟后浅褐色；菌管单层，孔为多角形，担孢子长椭圆形至近圆柱形，壁表面平滑，无色。全国广布，寄生在松属植物根上，现已人工栽培。菌核（茯苓）能利水渗湿，健脾宁心。

猪苓 *Polyporus umbellatus*（Pers.）Fr.（图 7－14）属多孔菌科。菌核呈长块状或不规则块状，表面凹凸不平，皱缩或有瘤状突起，灰色、棕黑色或黑色。子实体常多数合生，菌柄基部相连成一丛菌盖，菌盖伞形或伞状半圆形，表面浅褐色至茶褐色；菌管口微小，呈多角形，担孢子卵圆形。分布于全国多省区，寄生在枫、槭、柞、桦、椴等树根上。菌核（猪苓）能利水渗湿和抗肿瘤。

图 7－13　茯苓的菌核

图 7－14　猪苓

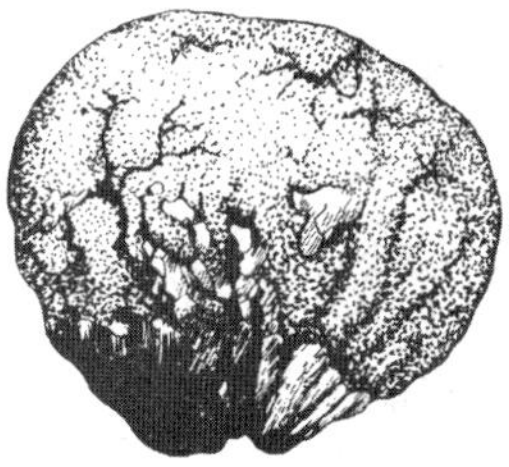

图 7－15　脱皮马勃子实体

脱皮马勃 *Lasiosphaera fenzlii* Reich.（图 7－15）属马勃科。子实体近球形或长圆形，成熟时浅褐色。外包被薄，成熟时呈碎片状剥落，内包被纸状，成熟后消失，遗留成团的孢体。孢体紧密，有弹性，灰褐色至淡烟色。孢子球形，褐色，外具小刺。分布于全国多省区。子实体（马勃）能清肺利咽，止血。同科植物大马勃 *Calvatia gigantean*（Batsch ex Pers.）Lloyd、紫色马勃 *C. lilaciana*（Mont. et Berk.）Lloyd 的子实体与脱皮马勃同等入药。

常用药用真菌还有：多孔菌科真菌彩绒革盖菌 *Coriolus versiolor*（LexFr.）Quel 的子实体（云芝）能健脾利湿，清热解毒，其云芝多糖具抗肿瘤、增强免疫力和保肝活性；白蘑科真菌雷丸 *Omphalia lapidescens* Schroet. 的菌核（雷丸）能消积，杀虫；木耳科真菌木耳 *Auricularia auricula*（L. ex Hook.）Underw. 是著名药食两用菌，子实体能补气益血，润肺止血；银耳科真菌银耳 *Tremella fuciformis* Berk. 是著名的滋补品，子实体能滋阴、养胃、润肺、生津、益气和血；齿菌科真菌猴头菌 *Hericium erinaceus*（Bull. ex Fr.）Pers. 的子实体能利五脏、助消化、滋补、抗癌，是猴头菌健胃胶囊的原料；鬼笔科真菌长裙竹荪 *Dictyophora indusiata*（Vent. Pers.）Fisch 的子实体能补气养阴、润肺止咳、清热利湿；白蘑科真菌蜜环菌 *Armillariella mellea*（Vahl. ex Fr.）Karst. 是天麻的共生菌，子实体能明目、利肺、益肠胃。

（三）半知菌亚门 Deuteromycotina

半知菌亚门是一类尚未发现其有性繁殖阶段，仅以分生孢子进行无性繁殖的真菌，故称半知菌（fungi imperfecti）。半知菌具有隔菌丝，菌丝体发达，一旦发现有性阶段，将其重新归属到所属类群，已发现有性阶段的半知菌多属子囊菌。凡已发现有性阶段的半知菌，可分别使用无性阶段和有性阶段两个名称。半知菌分类常依据分生孢子的颜色、形态和产生方式等特征。目前有 1880 属，约 26000 种，许多是动、植物的寄生菌。

【药用真菌】曲霉 *Aspergillus*（Micheli）Link.，丛梗孢科，现属子囊菌。菌丝具隔膜，多分枝，无色或有明亮的颜色。分生孢子梗从特化了的壁厚而膨大的菌丝细胞（足细胞）垂直生出，无横隔，顶部膨大形成棍棒状、椭圆形、半球形的顶囊（vesicle）。顶囊表面产生很多放射状排列的小梗（sterigma），小梗单层或双层，分生孢子自小梗顶端相继形成，多呈球形，单细胞，有各种颜色和纹饰（图 7－16）。

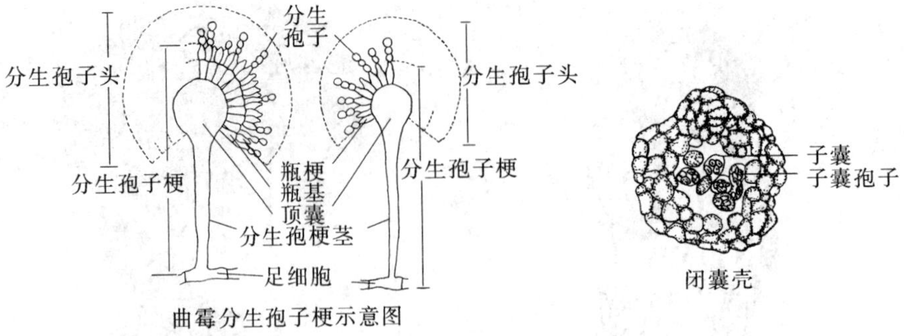

图7-16 曲霉

曲霉广泛分布于空气、土壤、谷物和各种有机物上，是酿造工业和食品工业的重要菌种。有些种类则对农作物和人类产生极大危害，如黑曲霉 *Aspergillus niger* Van Tieghen. 能够引起粮食和中药霉变，烟曲霉 *A. fumigatus* Fresen. 可引起人、畜和禽类的肺曲霉病，杂色曲霉 *A. versicolor*（Vuill.）Tirab. 产生的杂色曲霉素可致肝坏死，黄曲霉 *A. flavus* Link 所产生的黄曲霉素则可引起肝癌。

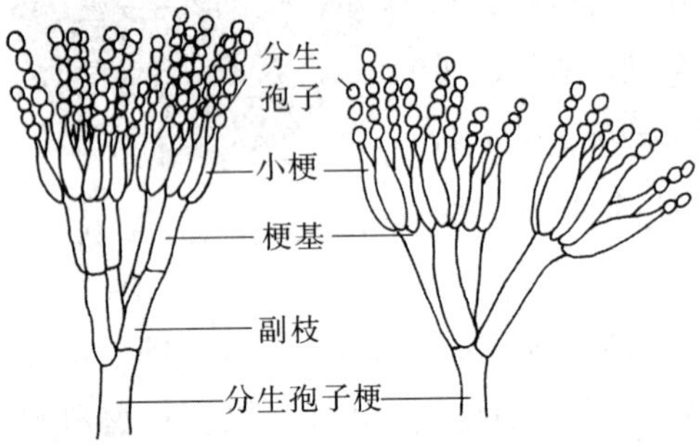

图7-17 青霉分生孢子梗示意图

青霉 *Penicillium* Link，丛梗孢科，现属子囊菌。菌丝具横隔，无色、淡色或颜色鲜明。分生孢子梗具横隔，光滑或粗糙，顶端生有扫帚状分枝，称帚状枝。帚状枝由单轮或两轮至多轮分枝系统构成，最顶端的小梗上产生分生孢子。分生孢子球形、椭圆形或短柱形，多呈蓝绿色，有时无色或呈其他淡色（图7-17）。

青霉种类多，分布广泛，与人类生产生活密切相关。最著名的是青霉素产生菌，包括产黄青霉 *P. chrysogenum* Thom、特异青霉 *P. notatum* Westling 等，以及抗真菌药灰黄霉素的产生菌——展青霉 *P. patulum* Bainier。有些种类用于生产柠檬酸、延胡索酸、葡萄糖酸等有机酸和酶制剂；另一些又常常危害工业产品、食品等，如黄绿青霉 *Penicillium citreo viride* Biourge、橘青霉 *P. citrinum* Thom、岛青霉 *P. islandicum* Sopp 能引起大米霉变，产生“黄变米”，所产生的毒素损害动物的神经系统和肝、肾脏器。

此外，球孢白僵菌 *Beauveria bassiana*（Bals.）Vuill.，寄生于家蚕幼虫体内，使家蚕病死，干燥后的尸体（僵蚕）能祛风定惊，化痰散结。

知识拓展

菌物的研究进展

2550年前，我们的祖先就使用豆腐上生长的真菌治疗疮痈，《神农本草经》已记载有灵芝、茯苓、猪苓、雷丸等，《本草纲目》载有茯苓、猪苓、灵芝、木耳等20多种药用真菌。我国现记录有约1万种，估计有20万~25万种，已报道的食药菌1000余种，药用真菌近500种，《中国药典》收载的菌物有12种，常用中药有冬虫夏草、灵芝、云芝、茯苓、猪苓、马勃、雷丸等。

从真菌中寻找抗癌药物已为世界瞩目，已发现许多抗肿瘤活性成分，如云芝多糖、香菇多糖、猪苓多糖、猴头菌多糖等，其中云芝多糖、裂褶多糖、猪苓多糖作为抗肿瘤免疫治疗药物用于临床。真菌在降血脂、降血糖以及保肝健胃方面的作用及活性研究，也取得了长足进步。如灵芝多糖、虫草多糖具有降血糖作用；木耳多糖、灵芝多糖、灰树花多糖、香菇多糖具降血脂作用。从红曲米中分离得到了降脂效果优于洛伐他丁的 Mevinolinic acid，并以红曲为原料研发出了降血脂药脂必妥和血脂康。此外，云芝多糖对慢性肝炎、乙型肝炎皆有防治作用，香菇多糖、茯苓多糖具保肝解毒作用；猴头菌多糖用于治疗慢性萎缩性胃炎、十二指肠溃疡。猴头菌片、胃乐冲剂、云芝肝泰冲剂、亮菌片、肝必复、安络解痛片等真菌中成药形成系列产品。真菌多糖的免疫系统调节作用，抗病毒、抗辐射作用也已为大家所认知。

青霉素发现和利用以后，抗生素工业兴起，虽然现有抗生素多由放线菌产生，但真菌在抗生素研发领域占有重要地位。如由顶头孢霉 *Cephalosporium acremonium* Corda 产生的头孢菌素类是常用抗生素；侧耳属真菌产生截短侧耳素的衍生物沃尼妙林是全球广泛使用的兽用抗生素。

同时许多真菌味道鲜美，营养丰富。近年来真菌在保健品、化妆品、石油化工、环境保护领域的应用日益增多。随着科技水平的提高，菌物研究者和药物研究者的深入合作，将使我国丰富的菌物资源优势转化为经济优势，为人类健康作出贡献。

重点小结

菌类是一般不具光合作用色素的异养生物，是自然界的分解者，在地球物质循环中有着重要作用，其营养方式包括寄生、腐生和共生。菌类种类繁多，并不是一个自然类群，常分为细菌门、真菌门和黏菌门。细菌门是单细胞原核生物，以裂殖或芽殖的方式繁殖，依据形态特征分为球菌、杆菌和螺旋菌，按细胞壁组成和染色不同分为革兰阳性菌和阴性菌。放线菌是介于细菌和真菌之间的中间类型，是目前抗生素的主要产生菌。黏菌是介于真菌和原生动物之间的真核生物，其行动和捕食方式似原生动物，繁殖与真菌相似。

真菌门已知约 12 万种，其中危害人类健康的有 300 多种，常分为 5 个亚门。鞭毛菌亚门和接合菌亚门是低等真菌，营养体为单细胞或无隔多核菌丝；子囊菌亚门和担子菌亚门是高等真菌，子囊菌亚门除少数为单细胞外，多为有隔菌丝组成，产生子囊孢子；担子菌亚门为有隔菌丝组成，产生担子孢子；半知菌亚门的营养体为有隔菌丝组成，尚未发现其有性阶段。真菌的无性生殖发达，有性生殖产生卵孢子、接合孢子、子囊孢子和担孢子。真菌细胞结构特殊，包括由几丁质构成的细胞壁、膜边体、微体、壳质体、伏鲁宁体等。真菌的营养体大多是丝状体，根状菌索、菌核、子实体、子座等是真菌特殊的营养结构和繁殖结构。《中国药典》收载的菌物有 12 种，常用中药有冬虫夏草、灵芝、云芝、茯苓、猪苓、马勃、雷丸等。

思考与探索

1. 真菌的繁殖方式有哪几种？分别通过怎样的方式实现？
2. 通常所说的“蘑菇”就是担子菌吗？
3. 怎样认识真菌和人类的关系？真菌药物的开发前景如何？
4. 查阅资料总结出常见的药用真菌和药用部位，介绍其药用价值。
5. 查阅资料总结出具有标准收载的药用真菌的入药部位和功效与应用情况。

扫码“练一练”

（庞 蕾）

第八章　地衣 Lichens

要点导航

1. 掌握地衣植物的特征。
2. 熟悉药用地衣的类群。
3. 了解地衣的应用概况。

扫码“学一学”

第一节　地衣植物概述

地衣（Lichens）是一类由共生藻（photobiont）和共生菌（mycobiont）形成的共生体，无论在形态、构造、生理和遗传上都形成一个独立的、固定的复合有机体。地衣分泌的地衣酸对岩石风化和土壤形成有促进作用，通常认为地衣是自然界的先锋植物。

一、地衣的组成和营养关系

多数地衣由1种真菌和1种藻类形成共生体，少数由1种真菌和2种藻类共生。共生菌大多数为子囊菌的盘菌类和核菌类，少数为担子菌，极少为半知菌；共生藻包括蓝藻和绿藻的20余属，绿藻占大多数；其中绿藻的共球藻属（*Trebouxia*）、橘色藻属（*Trentepohlia*）和蓝藻的念珠藻（*Nostoc*）占地衣共生藻的90%。

地衣体中的真菌菌丝缠绕包围藻细胞，并决定地衣的形态。真菌从外界吸收水分、无机盐、二氧化碳供给藻细胞；藻类进行光合作用制造养料，除自身生长发育外，也为共生菌提供营养。单独培养时，共生藻能独立生长，而共生真菌则死亡；说明地衣中的藻和菌是一种特化关系，它们形成地衣后已不同于一般的藻类和真菌。参与地衣的真菌是主导部分，地衣的子实体实际是真菌的子实体。绝大多数地衣生长极缓慢，每年仅长几毫米，干旱时即进入休眠状态，水分充足时，很快恢复生长。

二、地衣的形态与结构

地衣体的形态和生长状态一般分为三种基本类型（图8－1）。

（1）壳状地衣（crustose lichen）　地衣体呈现各种颜色的壳状物，紧贴基质表面，无下皮层结构，菌丝直接伸入基质，难以剥离。约占全部地衣的80%。常见的有生于岩石上的茶渍衣属（*Lecanora*）和生于树上的文字衣属（*Graphis*）等。

（2）叶状地衣（foliose lichens）　地衣体呈叶片状，下面有菌丝形成的假根或脐固着在基质上，易剥离。常见的有梅衣属（*Parmelia*）和地卷衣属（*Peltigera*）等。

（3）枝状地衣（fruticose lichens）　地衣体呈树枝状或须根状，直立或下垂，仅基部固

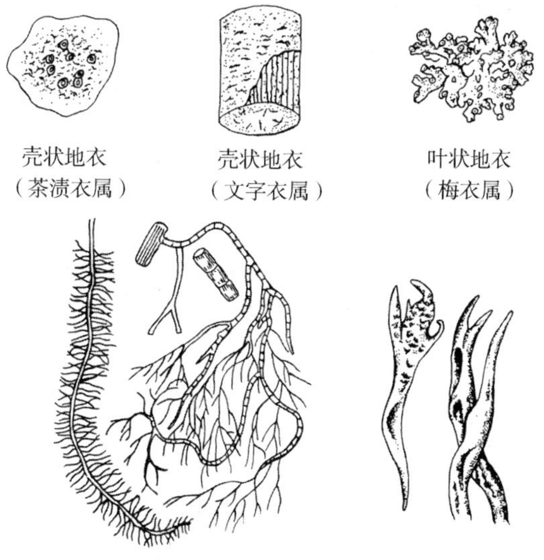

图 8-1　地衣的形态

着在基质上。常见的有石蕊属（*Cladonia*）和松萝属（*Usnea*）等。

地衣体组成菌丝和藻细胞的排列方式和结构类型不完全相同。横切面观，从上至下可分上皮层、藻胞层（或藻层）、髓层和下皮层（图 8-2）。上皮层和下皮层是由菌丝紧密交织而成，也称假皮层；藻胞层在上皮层之下，由藻类细胞集中排列而成；髓层是由菌丝疏松、交织排列而成。藻细胞在上皮层之下集中排列一层，形成明显藻胞层的地衣称异层地衣（heteromerous lichen）；藻细胞与菌丝混合交织而不集中排列为 1 层的地衣称同层地衣（homoeomerous lichen）。叶状地衣常为异层型，壳状地衣多无皮层，或仅具上皮层，髓层菌丝直接与基物密切紧贴；枝状地衣常为异层型，与异层叶状地衣的构造基本相似，但各层排列成圆环状，中央具 1 条中轴（如松萝属）或中空（如地茶属）。

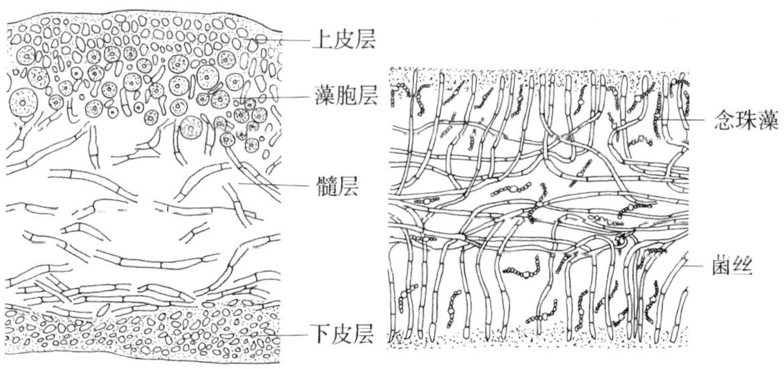

图 8-2　异层地衣和同层地衣

三、地衣的繁殖

营养繁殖是地衣常见的繁殖方式，由地衣体的藻、菌同时进行，主要有地衣体断裂或产生粉芽、珊瑚芽和碎裂片等，在适宜条件发育成新个体。无性生殖由地衣体的藻、菌分别进行，菌类产生分生孢子，孢子萌发出菌丝后并遇到适合的藻类即可发育成新的地衣，否则死亡；藻类在地衣体内进行无性生殖，以增加其数量。有性生殖仅共生真菌进行，由真菌发育出子实体，子实体产生有性孢子（子囊孢子或担孢子），孢子被释放后萌发出菌丝并遇到适合的藻类才能发育成新的地衣体。藻类则以细胞分裂增殖为主。

四、生境和分布

全球广布，在树干、树叶、地表、岩石等表面均有生长。在沼泽、沙漠、高山、冻土带及地球两极也有大量分布。但对 SO_2 敏感，大城市及工业区很少有地衣生长。

扫码“学一学”

第二节　地衣植物的分类

地衣大约500余属，25000余种。按共生真菌的类型，可将地衣分为子囊衣纲（Ascolichens）、担子衣纲（Basidiolichens）及不完全衣纲（Lichens imperfecti）。

一、子囊衣纲 Ascolichens

共生真菌为子囊菌，本纲地衣占地衣总数量的99%。

【药用地衣】松萝 *Usena diffracta* Vain.（图8－1）松萝科。颜色黄绿；植物体丝状下垂，长15～30cm，成二叉式分枝，基部分枝少，先端分枝多；中央有韧性丝状轴，易与皮剥离。分布于全国大部分地区。全草能止咳平喘、活血通络、清热解毒，西南地区常作“海风藤”入药；含有菘萝酸、环萝酸、地衣聚糖。长松萝 *U. longissima* Ach.，全株细长不分枝，长可达1.2m，两侧密生细而短的侧枝。分布和功效同松萝。

石耳 *Umbilicaria esculenta*（Miyoshi）Minks，石耳科。地衣体叶状，近圆形，边缘波状浅裂，直径2～15cm。表面褐色，平滑或有剥落粉屑状小片，下面灰棕黑色至黑色，自中央伸出短柄（脐）。分布我国中部及南部。全草能清热、止咳、利尿，也供食用。

常见药用地衣还有：石蕊 *Cladonia rangiferina*（L.）Web. 全草能祛风，镇痛，凉血止血；冰岛衣 *Cetraria islandica*（L.）Ach. 全草能调肠胃，助消化；肺衣 *Lobaria pulmonaria* Hoffm. 全草能健脾、利水、败毒、止痒。

二、担子衣纲 Basidiolichens

共生真菌为担子菌，藻类为蓝藻。真菌多属伏革菌科（Corticiaceae），其次是口蘑科（Tricholomataceae）的亚脐菇属（*Omphalina*），以及珊瑚菌科（Clavariaceae）菌类；多分布于热带，我国未见记录。

三、不完全衣纲 Lichens imperfecti

按其构造和化学成分属子囊衣，但未见到子囊和子囊孢子，是一类无性地衣。

【药用植物】地茶 *Thamnolia vermicularis*（Sw.）Ach. Ex Schaer. 地茶科。地衣体树枝状，白色至灰白色，长期保存则变橘黄色；常聚集成丛，长圆条形或扁带形。生于高寒山地或积雪处，分布于四川、陕西、云南等省。全草（雪茶）能清热解毒、平肝、养心明目。

知识拓展

地衣的研究进展

大多数地衣记载的主要功效有抗炎、安神、驱虫等作用。现代研究表明，地衣所含地衣多糖、异地衣多糖、半乳甘露聚糖和葡糖甘露聚糖具有抗肿瘤、抗病毒和抗细胞毒作用；而地衣缩酚酸类及其衍生物、蒽醌类、脂肪酸类等具有抗菌、抗氧化、抗辐射等作用。此外，地衣也用于大气污染监测。

重点小结

地衣是一类特殊类型的植物，根据地衣体形态特征，可分为枝状地衣、叶状地衣和壳状地衣；按内部结构，可分为同层地衣和异层地衣。地衣的繁殖有营养繁殖、无性生殖和有性生殖。按地衣体中共生真菌的类型，地衣常分为子囊衣纲（Ascolichens）、担子衣纲（Basidiolichens）及不完全衣纲（Lichens imperfectii）。常见药用植物有松萝、地茶、石耳、肺衣等，但地衣类无常用中药。

思考与探索

1. 为什么说地衣植物体是复合有机体？
2. 地衣植物门有哪些常见的药用植物？分属何种类型地衣？
3. 通过查阅资料，总结目前对地衣的应用情况。

扫码“练一练”

（李国栋）

第九章　苔藓植物 Bryophyta

要点导航

1. 掌握苔藓植物的主要特点；苔藓与低等植物和其他高等植物的区别。
2. 熟悉苔纲和藓纲的区别；代表性药用苔藓类群。
3. 了解苔藓植物的应用现状。

扫码“学一学”

第一节　苔藓植物概述

苔藓植物（Bryophyta）出现了类似茎、叶的分化，称“拟茎叶体”；生殖器官为多细胞结构，受精卵发育成胚。已能初步适应陆生生活，但仅具假根，缺乏维管组织，受精过程离不开水等，大多数种类仍需生活在潮湿环境，是从水生到陆生的过渡类型，也是最原始的陆生高等植物。苔藓植物的孢子体寄生在配子体上，是配子体占优势的异形世代交替，也是它们区别于其他植物的主要特征之一。

一、苔藓植物的形态结构

苔藓植物的生活史中有配子体和孢子体两种类型的植物体。配子体为小型绿色自养的单倍体植株，最大者仅 30～40cm；进化程度较低的类群常为扁平的叶状体，较进化的类群多为有茎叶分化的“拟茎叶体”；但仅有由单细胞或单列细胞形成的假根，植物体内没有形成维管束，只有在较高级类群中，有具输导作用的细胞群。孢子体由基足、蒴柄和孢蒴组成，孢蒴是产生孢子的器官；孢子体完全寄生在配子体，由基足伸入配子体组织并从中吸取配子体的营养，不能独立生活。

二、生殖器官和生殖过程

苔藓植物配子体上产生的有性生殖器官具有多细胞结构和多个不育细胞构成的保护壁层，雌、雄生殖器官分别称颈卵器（archegonium）和精子器（antheridium）（图9－1）。颈卵器状若长颈烧瓶，上部细狭部分称颈部（neck），中间有 1 条沟称颈沟（neck canal），颈沟内有 1 列颈沟细胞，周围 1 层细胞；下部膨大部分称腹部（archegonium），腹部内有 1 卵细胞，卵细胞上方有 1 个腹沟细胞（ventral canal cell）。受精前颈沟细胞和腹沟细胞解体，颈沟变成精子进入颈卵器腹部的通道。精子器呈棒状、卵形或球形，外层为 1 层细胞构成的精子器壁，其内精原细胞各自发育成长形弯曲并具两条鞭毛的精子。无性生殖器官——孢蒴也是多细胞结构。

苔藓植物的有性生殖均为卵式生殖，但受精过程中精子需在水环境下借水游到颈卵器，从颈沟进入与腹部的卵结合，受精卵不经休眠即刻进行分裂，在颈卵器内首先形成胚（embryo），所以苔藓植物属于高等植物。

三、生活史

苔藓植物的生活史中，从孢子萌发到形成配子体，配子体产生雌雄配子，这一阶段为有性世代（配子体世代），从受精卵发育成胚，由胚发育形成孢子体的阶段称为无性世代（孢子体世代）。世代交替过程中，配子体占优势，孢子体寄生在配子体上，由配子体供给营养。这是它与其他高等植物最主要的区别之一（图 9-1）。

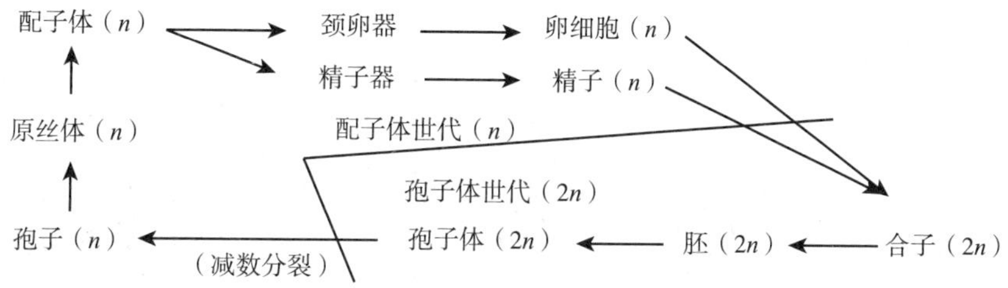

图 9-1 苔藓植物生活史简图

四、生境和分布

苔藓植物分布范围甚广，绝大多数陆生，在热带、温带和寒冷的地区（如南极洲和格陵兰岛）均有分布。但多生长于阴湿地表或林中的树皮、树枝及朽木上，在阴湿的森林中常形成森林苔原。但对 SO_2 敏感，可作大气污染的监测植物。

第二节 苔藓植物的分类

扫码“学一学”

苔藓植物一般分为苔纲（Hepaticae）和藓纲（Musci），也有分为苔纲、角苔纲（Anthocerotae）和藓纲等三纲，甚至分成三个门。约 23000 种，广布世界各地；我国约 2800 种，已知 21 科，50 余种药用，但苔藓植物也是迄今缺乏常用药材的植物类群。本教材沿用两纲的分类系统进行相关类群的介绍。

一、苔纲 Hepaticae

苔纲（Hepaticae）植物营养体为配子体，多为扁平的叶状体，少为茎叶体，多呈两侧对称，有背腹之分。茎通常不分化出中轴，叶多数只有 1 层细胞，不具中肋。孢子体的蒴柄不发达，常短缩；孢蒴无蒴齿，其发育在蒴柄延伸生长之前，孢蒴成熟后多呈四瓣纵裂，孢蒴内多无蒴轴，除形成孢子外，还形成弹丝，以助孢子的散放。孢子萌发形成原丝体，原丝体阶段不发达，每 1 原丝体通常只发育成 1 个植株。

【药用植物】地钱 *Marchantia polymorpha* L.（图 9-2），地钱科。植物体（配子体）呈扁平二叉分枝的叶状体，匍匐生长，生长点在二叉分枝的凹陷中，叶状体分为背腹两面，背面深绿色。背部生有突出的圆形杯状体，称胞芽杯（gemmacup），杯中产生若干枚绿色带柄的胞芽（gemma），胞芽脱落后能发育成新植物体。腹部表皮生有假根鳞片，具有吸收、固着和保持水分的作用。

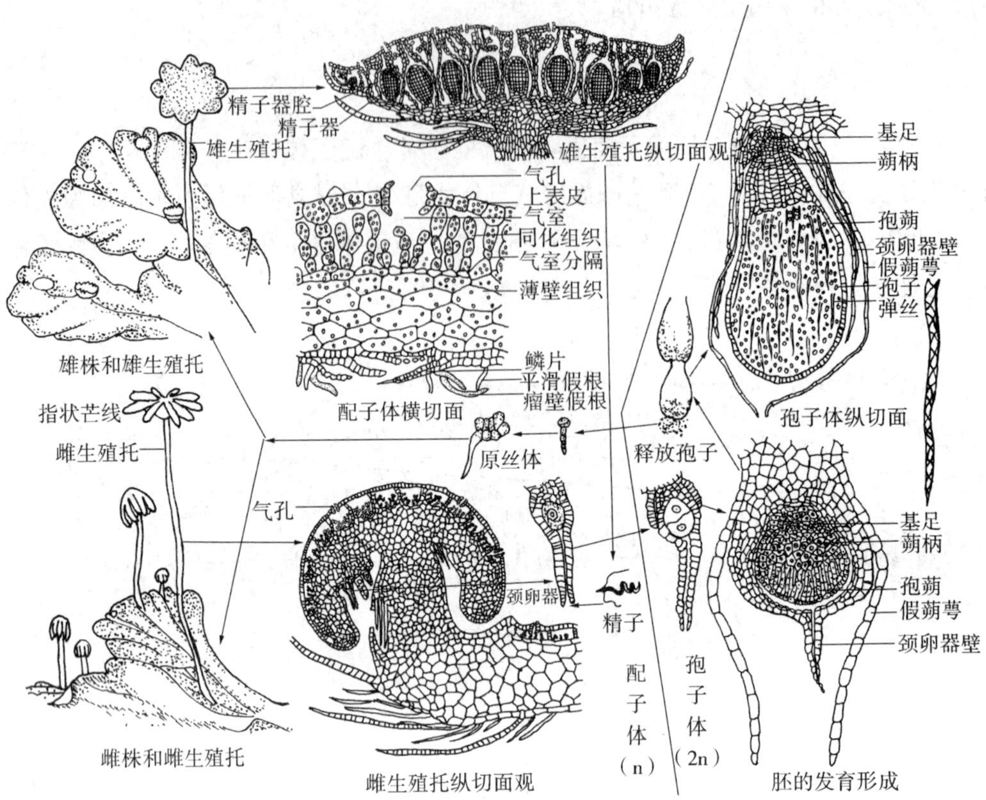

图 9－2　地钱的雌生殖托、雄生殖托与生活史

地钱雌雄异株，有性生殖时，雌配子体的背部生出雌生殖器托，雄配子体的背部生出雄生殖器托。雄生殖器托（雄托）呈圆盘状，边缘浅裂，在盘状体背面生有许多小腔，每一个小腔里有一个卵圆形精子器，其内有许多顶端具有两根等长鞭毛的游动精子。雌生殖器托（雌托）伞形，具柄，边缘深裂，呈星芒状，腹面倒悬许多颈卵器（图 9－2）；卵受精后在颈卵器内发育成胚，胚进一步发育成具短柄的孢子体。孢蒴内的孢原组织一部分细胞形成四分孢子；另一部分细胞伸长、细胞壁呈螺纹加厚，在不同湿度条件下能发生伸屈运动，有弹散孢子的作用，称弹丝。孢子体成熟时蒴柄伸长，孢蒴裂开，孢子借弹丝的力量散出，孢子落地萌发成原丝体。原丝体再分别发育成雌、雄配子体。分布于我国大部分地区，全草能解毒、祛瘀生肌。

苔纲的药用植物还有：蛇苔 *Conocephalum conicum*（L.）Dum. 的全草能清热解毒、消肿止痛。石地钱 *Reboulia hemisphaerica*（L.）Raddi. 的全草能消肿、止血。

二、藓纲 Musci

藓纲（Musci）植物是有茎、叶分化的茎叶体。叶在茎上呈螺旋状排列，植物体为辐射对称，无背腹之分；较进化类群茎内多有中轴分化，叶常具中肋。假根由单列细胞构成，分枝或不分枝。孢子体通常有坚挺的蒴柄，孢蒴的发育在蒴柄延伸生长之后。孢蒴外常有蒴帽覆盖，成熟的孢蒴多盖裂，常有蒴齿构造。孢蒴内常有蒴轴，只形成孢子而无弹丝。原丝体通常发达，每 1 原丝体常发育成多个植株。

【药用植物】葫芦藓 *Funaria hygrometrica* Hedw.（9－3）葫芦藓科。植物体（配子体）

高 1cm 左右，直立、丛生，有茎、叶分化。茎细而短，基部分枝，下生有多细胞假根。叶小而薄，具中肋，生于茎上。配子体雌雄异枝，雌、雄性生殖器官分别生于不同枝顶。生有精子器的枝顶周围密生较大的叶片，形如花蕾状，称雄苞。精子器棒状丛生在雄苞内，内有许多精子，精子呈螺旋状弯曲，前端具有两根鞭毛。在精子器的周围生长许多隔丝，隔丝顶端常膨大呈球形。生有颈卵器的枝顶称雌苞，叶片较窄并紧密包被，形状如芽。雌苞内生有许多颈卵器，其间生有隔丝；颈卵器呈花瓶状，构造与地钱相似。

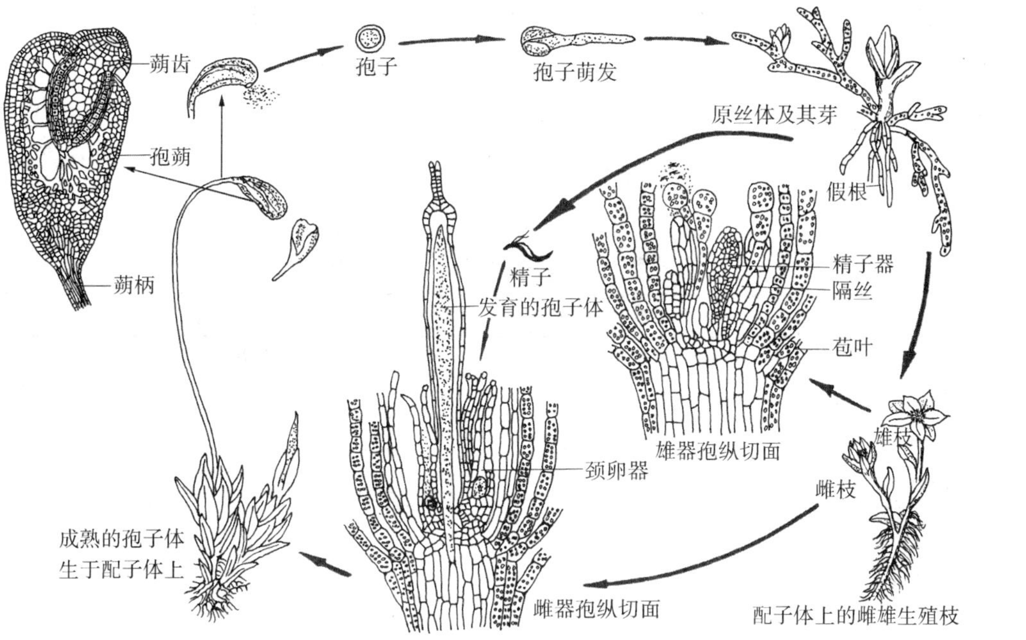

图 9－3　藓的孢子体、配子体及生活史

受精卵在颈卵器内发育成胚，胚继续生长分化形成孢子体。孢子体生长过程中颈卵器腹部断裂。基足伸入配子体植株茎顶组织中吸取养料和水分，蒴柄伸长，孢蒴的构造比较复杂，其内的孢子母细胞经减数分裂形成孢子。孢子成熟时孢蒴开裂，孢子散出。全国均有分布，习见于田园、庭园、路旁。全草能除湿、止血。

藓纲的药用植物还有：大金发藓 *Polytrichum commune* L. ex Hedw. 全草能清热解毒、凉血止血；暖地大叶藓 *Rhodobryum giganteum*（Schwaegr.）Par. 的全草（回心草）能清心明目、安神；尖叶提灯藓 *Mnium cuspidatum* Hedw. 的全草能清热、止血；仙鹤藓 *Atrichum undulatum*（Hedw.）P. Beauv. 的全草能抗菌消炎。

知识拓展

苔藓植物对大气污染检测中的应用

苔藓植物的叶仅具 1 层细胞（中肋除外），体表无角质层，体内无维管组织。植物体对污染物因子反应灵敏，且容易取材，调查简便等优点，可作为一类环境污染的指示植物。用苔藓植物监测大气污染物主要有 SO_2、HF、O_3、NO、CO_2，以及 Pb、Cd、Cu、Ni、Zn 等重金属；监测方法很多，如化学分析法、生态调查法、移植法、忍耐指数测定、大气净度指数法、苔藓测定仪和苔袋法等。其中直接采集调查区分布最广泛藓种进行化学分析和藓袋法是最常用的方法。影响苔藓植物对大气污染监测的因素主要包括：①苔藓植物的种类；②污染物的类型；③在大气中的暴露时间；④苔藓植物的含水量；⑤基质状况。可见，苔藓用于大气环境监测有待进一步完善和发展。

重点小结

苔藓是小型的绿色植物，植物体是配子体，为扁平叶状体或有茎、叶分化的茎叶体，无真根，体内无维管组织。配子体在世代交替中占优势；孢子体寄生在配子体上，这与其他高等植物均以孢子体占优势的异形世代交替不同。一般生长在潮湿和阴暗的环境中，它们是从水生到陆生过渡形式的代表。根据植物体的形态结构，苔藓植物门分为苔纲和藓纲，其主要区别见表9-1。

表9-1 苔纲和藓纲主要特征的比较

	苔纲	藓纲
配子体	叶状体；单细胞的假根	有茎、叶分化；单列细胞的假根
孢子体	孢蒴内有弹丝；不规则开裂	无弹丝；盖裂
原丝体	无芽体；1个原丝体形成1个新植株	多个芽体；1个芽体形成1个新植株
药用植物	地钱、蛇苔等	大金发藓、葫芦藓等

思考与探索

1. 苔藓植物生活史有何特点？
2. 如何区别苔纲与藓纲？
3. 为什么说苔藓植物是高等植物中比较低等的类群？
4. 苔藓植物和藻类、地衣植物比较，其进化的特征有哪些？

扫码“练一练”

（李国栋）

第十章　蕨类植物 Pteridophyta

要点导航

1. 掌握蕨类植物孢子体、配子体的形态、结构及生殖特点；维管组织和中柱类型；蕨类植物的主要特征及主要分类群。
2. 熟悉蕨类植物的生活史；蕨类植物的进化特征；常用药用蕨类。
3. 了解蕨类植物应用概况。

第一节　蕨类植物的主要特征

扫码"学一学"

蕨类植物（Pteridophyta）又称羊齿植物，孢子体远较配子体发达，具有真正的根、茎、叶，体内具有维管组织分化，这些有别于苔藓植物和真核藻类，但又不产生种子，故有别于种子植物；蕨类的有性生殖器官是颈卵器和精子器。孢子体和配子体各自独立生活，孢子体占优势的异形世代交替明显。因此，蕨类植物是介于苔藓植物和种子植物之间的类群，它既是高等的孢子植物，又是原始的维管植物。

蕨类植物与藻类都具有二叉分枝，在世代交替、多细胞性器官、具鞭毛的游动精子、叶绿素和储藏淀粉类物质等方面也相似。因此多数学者认为蕨类植物起源于绿藻类型，古生代志留纪晚期开始出现，古生代泥盆纪、石炭纪繁盛；当时多有高大乔木如鳞木、封印木、芦木等；二叠纪至三叠纪时，大都灭绝，大量埋入地下形成化石植物或煤层。

一、孢子体

蕨类植物孢子体发达，大多数是多年生草本，常具真正的根、茎、叶的分化。

1. 营养器官的形态

（1）根：主根不发育，常为不定根，须根状，吸收能力较强；极少数仅具假根。

（2）茎：根状茎为主，少数具高大直立的地上茎，如苏铁蕨、桫椤等；少数原始类群具地上的气生茎（aerial stem）或兼具根状茎。原始类群无毛和鳞片，进化类群常有毛而无鳞片，高等蕨类具鳞片，如真蕨类的石韦、槲蕨等（图 10－1）。

（3）叶：按起源及形态特征，分为小型叶（microphyll）和大型叶（macrophyll）。小型叶较原始，源于茎表皮突出形成，仅具 1 条叶脉，无叶隙（leaf gap）和叶柄（stipe）。大型叶属进化类型，由多数顶枝经过扁化形成，有叶柄和叶隙，叶脉分支形成各种脉序，仅真蕨类为大型叶；幼时拳卷，成长后分化出叶柄和叶片，叶片单一或一回至多回羽状分裂；叶片中轴称叶轴，第 1 次分裂出的叶片称羽片（pinna），羽片的中轴称羽轴（pinna rachis），从羽片分裂出的叶片称小羽片，小羽片的中轴称小羽轴，最末次裂片上的中肋称主

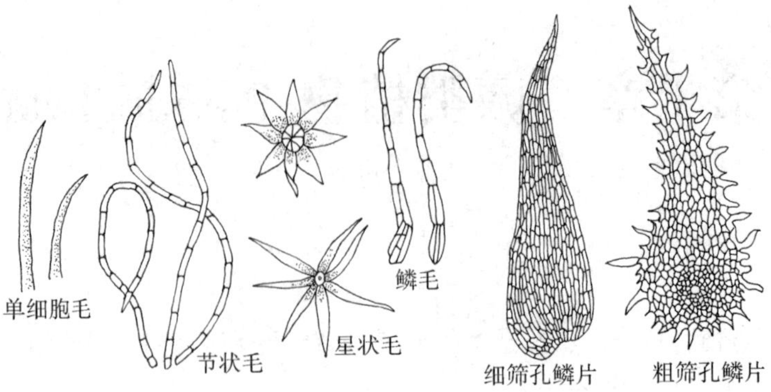

图 10－1　蕨类植物毛和鳞片的类型

脉或中脉。

按叶的功能分为营养叶（foliage leaf）与孢子叶（sporophyll）。营养叶仅进行光合作用而不产生孢子囊和孢子，又称不育叶（sterile frond）；孢子叶能产生孢子囊和孢子，又称能育叶（fertile frond）。有些蕨类植物无营养叶和孢子叶之分，形状相同，称同型叶（homomorphic leaf）或一型叶；也有孢子叶和营养叶形状完全不同，称异型叶（heteromorphic leaf）或二型叶；异型叶较同型叶进化（图 10－2）。

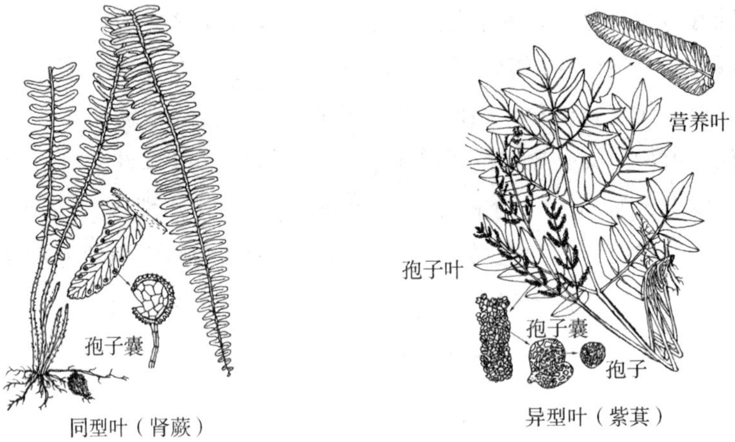

图 10－2　蕨类的同型叶和异型叶

2. 维管组织和中柱　蕨类植物体内维管组织分化、形成了各种类型的中柱，主要有原生中柱（protostele）、管状中柱（siphonostele）、网状中柱（dictyostele）和散状中柱（atactostele）等。原生中柱是原始类型，网状、散状中柱是最进化的类型（图 10－3）。

中柱类型是蕨类植物鉴别依据之一。如贯众类药材中，绵马鳞毛蕨 *Dryopteris crassirhizoma* Nakai. 的叶柄横切面有 5～13 个大小相似维管束，排列成环；荚果蕨 *Matteuccia struthiopteris*（L.）Todaro. 为 2 个条状维管束，排成八字形；狗脊蕨 *Woodwardia japonica*（L. f.）Sm. 是 2～4 个肾形维管束，排成半圆形；紫萁 *Osmunda japonica* Thunb. 是 1 个呈 U 字形维管束；可借以鉴别不同基原的“贯众”（图 10－4）。

3. 孢子囊和孢子　孢子囊是蕨类孢子体上产生孢子的多细胞无性生殖器官，孢子囊群的发育、着生方式、形态与结构都是鉴别蕨类植物的重要特征。

（1）厚孢子囊和薄孢子囊：厚孢子囊由孢子叶的一群原始细胞发育产生，成熟时常具

图 10－3　蕨类植物中柱类型图解

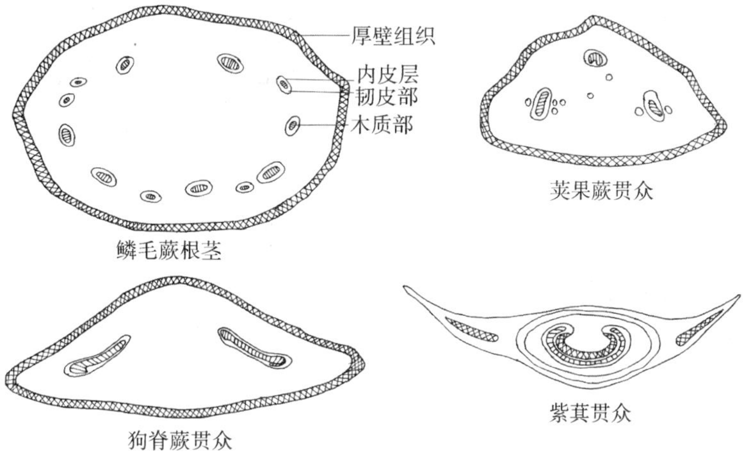

图 10－4　四种贯众药材的叶柄横切面简图

多层囊壁，孢子囊较大，孢子较多，属较原始类型；小型叶蕨类和大型叶蕨类中的原始类群属此类型。薄孢子囊由孢子叶上一个原始细胞发育产生，成熟时仅有 1 层囊壁，属较进化类型；大型叶蕨类大部分类群属此类型。

（2）孢子囊着生位置：小型叶类型蕨类的孢子囊单生于孢子叶近轴面的叶腋或基部，孢子叶常紧密或疏松地集生在枝顶形成球状或穗状，称孢子叶穗（sporophyll spike）或孢子叶球（strobilus），如石松、木贼等。大型叶蕨类的孢子生于孢子叶背面、边缘或集生于特化的孢子叶上，常不形成孢子叶穗，由许多孢子囊聚集成不同形状的孢子囊群或孢子囊堆（sorus），进化种类常具膜质的囊群盖（indusium）（图 10－5）。孢子囊壁由不均匀的增厚形成环带，环带的着生位置有顶生环带、横行中部环带、斜行环带、纵行环带等各种类型（图 10－6），孢子囊开裂方式与环带有关，环带对孢子的散布有重要作用。

（3）孢子：蕨类植物的孢子都是在孢子囊中经减数分裂产生的单倍体单细胞结构，其形状、大小和结构因种类而异。绝大多数蕨类同一植株产生形态大小相同的孢子，称孢子同型（isospore），孢子萌发成两性的配子体。部分蕨类同一植株有大、小两种孢子囊，大孢子囊产生较大而少的大孢子（macrospore），小孢子囊产生小而多的小孢子（microspore），称孢子异型（heterospore）；大孢子萌发产生雌配子体，小孢子萌发产生雄配子体；如水生真蕨类和卷柏属等。无论孢子同型或异型，形态上都分两类：一类是肾形、单裂缝、两侧对称的二面型孢子；一类是圆形或钝三角形、三裂缝、辐射对称的四面型孢子（图 10－7）。孢子壁上常具突起或纹饰，有的孢壁上具弹丝。

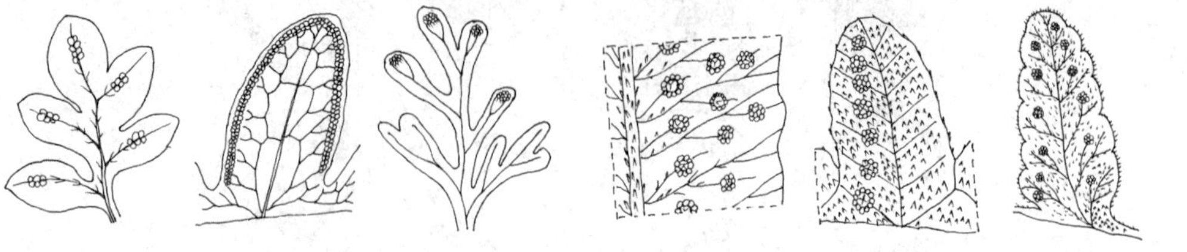

无盖孢子囊群　边生孢子囊群　顶生孢子囊群　有盖孢子囊群　脉背生孢子囊群　脉端生孢子囊群

图 10－5　孢子叶上孢子囊群的着生位置

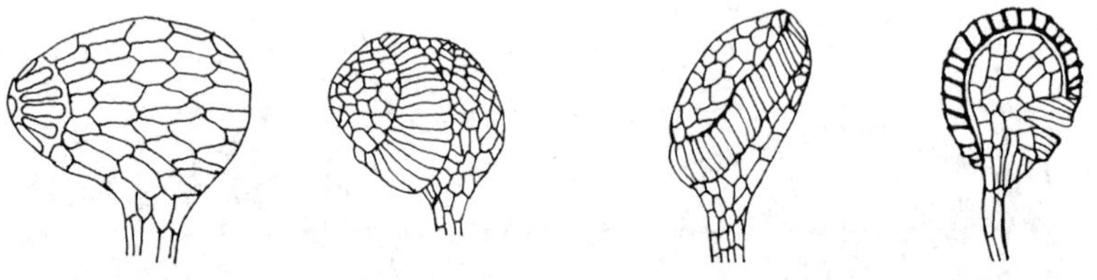

顶生环带（海金沙属）　横行中部环带（芒萁属）　斜行环带（金毛狗脊属）　纵行环带（水龙骨属）

图 10－6　孢子囊群的环带

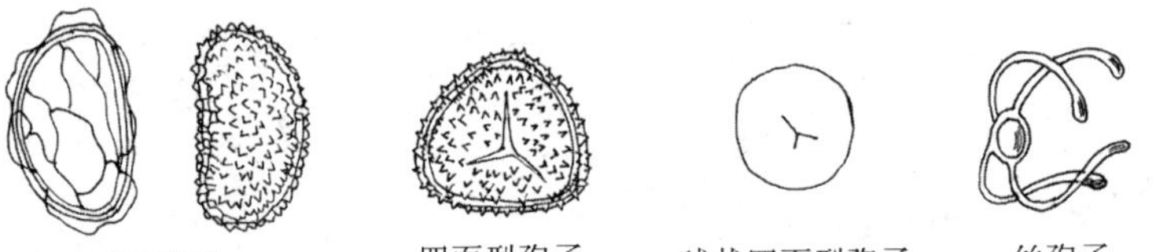

两面孢子（鳞毛蕨属）　四面型孢子（海金沙属）　球状四面型孢子（瓶尔小草属）　丝孢子（木贼属）

图 10－7　孢子的类型

二、配子体

蕨类植物的成熟孢子在适宜环境里直接萌发成配子体，又称原叶体（prothallus）。配子体细小，形状各异，无根、茎、叶分化，具单细胞假根，生于潮湿的环境，生活期短。营养方式有两类，一类是异养型，埋与地下，从共生的真菌获得营养，如松叶蕨类；另一类型为光合自养型，能独立生活，大多数蕨类属此类型。绝大多数真蕨类的配子体为绿色的、具背腹性，具假根，能独立生活的叶状体。

大多数蕨类植物在同一配子体的腹面产生多细胞的有性生殖器官——球形的精子器和瓶状的颈卵器。精子器内生有具鞭毛的精子，颈卵器内有 1 个卵细胞，精、卵成熟后，精子从精子器逸出，借水为媒介进入颈卵器内与卵结合，受精卵发育成胚，幼时孢子体暂寄生在配子体上，配子体不久死亡，孢子体即行独立生活。蕨类的有性生殖属卵式生殖，受精过程必须在有水环境下才能完成。

三、生活史

蕨类植物的生活史均具有世代交替，孢子减数分裂（图 10－8），但与苔藓植物不同，蕨类是孢子体发达的异型世代交替，配子体虽小，但大多数可短时独立生活。

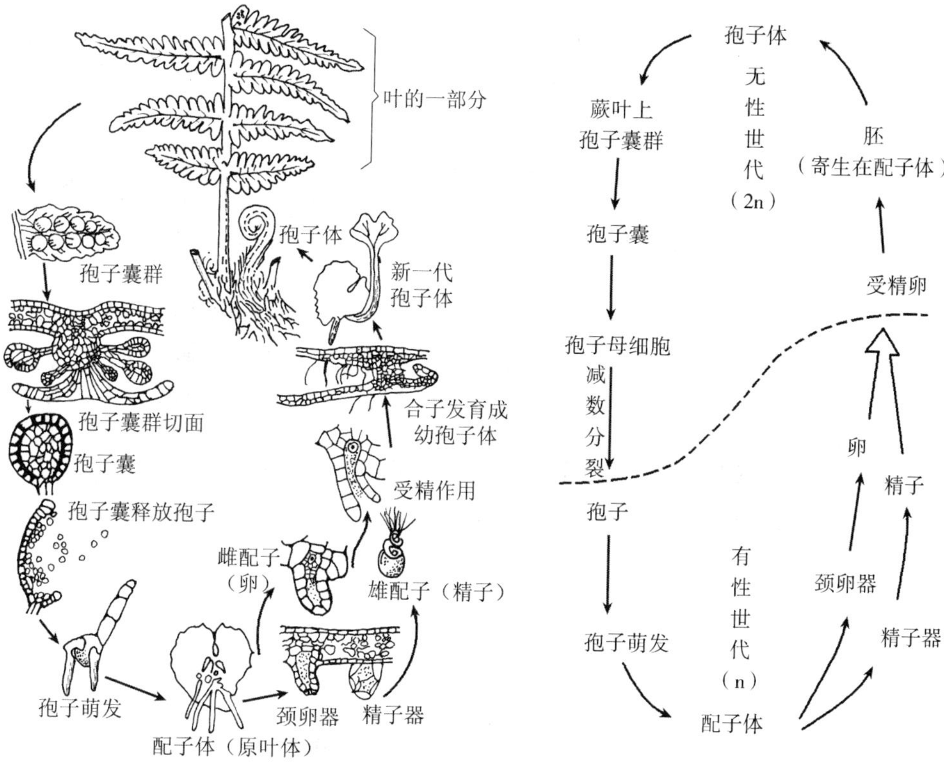

图 10－8　蕨类植物的生活史图解

四、化学成分特征

蕨类植物的化学成分趋于复杂多样，但较被子植物简单。其中的黄酮类、酚类、甾体类是其有分类价值的成分。

1. 黄酮类　蕨类植物广泛存在黄酮类成分，常见有芹菜素（apigenin）、芫花素（genkwanin）和木犀草素（luteolin）等；普遍存在黄烷－3－醇和游离的二氢黄酮，真蕨类常见黄酮醇，小型叶蕨类常见双黄酮类，黄酮类的 C－糖苷普遍。

2. 酚类化合物　蕨类分布有羟基桂皮酸类成分，如咖啡酸（caffcic acid）、阿魏酸（ferulic acid）和绿原酸（chlorogenic acid）等；该类成分具抗菌、止痢、止血及升高白细胞等作用。丁酰基间苯三酚类在鳞毛蕨属（*Dryopteris*）普遍存在，如绵马酸类（filicic acids）、粗素蕨类（dryocrassin），此类化合物的驱虫活性较强，但毒性较大。

3. 生物碱类　小叶型蕨类普遍含生物碱类成分，如石松属（*Lycopodium*）植物含石松碱（lycopodine）、石松毒碱（clavatoxine）、垂穗石松碱（lycocernuine）等，金不换碱（kimpakaine）具镇痛活性；石杉科千层塔 *Huperzina serrata*（Thunb.）Trev. 等含石杉碱（huperzine）类成分，其中石杉碱甲（huperzine A）是治疗阿尔茨海默病的药物。

4. 三萜类和甾体化合物　石松含有石杉素（lycoclavinin）、石松醇（lycoclavanol）等，蛇足石杉含千层塔醇（tohogenol）、托何宁醇（tohogininol）等三萜类化合物。昆虫变态蜕皮激素是一类有价值的甾体化合物，存在于紫萁、狗脊蕨、多足蕨等植物中。

此外，蕨类植物尚含有香豆素、二萜类、鞣质和挥发油等化合物，以及多种微量元素、硅及硅酸，其中某些成分值得深入研究开发利用。

五、生境与分布

现代蕨类植物约12000种，全球广布，以热带、亚热带为多。我国有2600余种，以西南地区和长江流域以南地区种类较丰富；仅云南就有1000多种，素有“蕨类王国”之称。蕨类多生于林下、山野、溪旁、沼泽等阴湿环境，常为森林草本层的重要组成部分，部分种群可作环境指示植物。已知记录有39科，400余种药用蕨类；常见有贯众、金毛狗脊、海金沙、石杉、石松、卷柏、石韦、骨碎补等。

扫码“学一学”

第二节　蕨类植物的分类

蕨类分类鉴定常依据下列特征：①茎、叶的外部形态与内部构造；②孢子囊壁细胞层数及孢子形状；③孢子囊环带的有无及其位置；④孢子囊群形状、生长部位及有无囊群盖；⑤叶柄基部有无关节，叶柄中维管束排列方式；⑥根状茎上有无毛、鳞片等附属物及形状特征。目前蕨类植物的分类存在不同的意见，本教材采用中国学者秦仁昌的分类系统，将现代蕨类作1个门，下设5个亚门，即松叶蕨亚门、石松亚门、水韭亚门、楔叶亚门、真蕨亚门（表10－1）。前4个亚门均是小叶型蕨类。

表10－1　蕨类植物分亚门检索表

1. 植物体无真根，仅具假根，2～3个孢子囊形成聚囊	松叶蕨亚门
1. 植物体具真根，不形成聚囊，孢子囊单生或聚集成孢子囊群。	
2. 茎具明显的节与节间，叶退化成鳞片状，不能进行光合作用，孢子具弹丝	楔叶亚门
2. 植物体非如上状，叶绿色，小型叶或大型叶，能进行光合作用，孢子不具弹丝。	
3. 小型叶，幼叶无拳卷现象。	
4. 茎常二叉分枝，叶鳞片状，孢子叶穗生枝端，精子具2条鞭毛	石松亚门
4. 茎粗短块状，叶长条形，不形成孢子叶穗，孢子异型，精子多鞭毛	水韭亚门
3. 大型叶，幼叶拳卷，孢子囊在孢子叶背面或边缘聚集成孢子囊群	真蕨亚门

一、松叶蕨亚门 Psilophytina

孢子体无真根，在匍匐根状茎表面具毛状假根；气生茎二叉分枝，原生中柱。小型叶。厚孢子囊2或3个聚生于叶基，孢子同型。配子体柱状，与真菌共生，异养型；精子螺旋形，鞭毛多条。仅存1科2属3种，广布于热带和亚热带地区。

1. 松叶兰科 Psilotaceae

【形态特征】科的特征与亚门相同。有2属，我国仅松叶蕨属（*Psilotum*）1种。

【药用植物】松叶蕨 *P. nudum*（L.）Griseb（图10－9），茎直立或下垂，高15～80cm，小枝三棱形。叶退化，较小，厚革质。孢子囊球形，蒴果状，腋生。分布于台湾、四川、云南、海南。附生于树干或石缝中。全草能祛风湿，舒筋活血。

二、石松亚门 Lycophytina

孢子体发达，有根、茎、叶的分化。茎具二叉式分枝，原生中柱或管状中柱。小型叶，常螺旋状排列。厚孢子囊生于孢子叶腋的基部，孢子叶球顶生。孢子同型或异型，周壁有弹丝。配子体形状不一，异养型与真菌共生或绿色自养；精子具 2 条鞭毛。现存石松目和卷柏目，3 科，8 属，1100 余种。

2. 石松科 Lycopodiaceae

【形态特征】陆生或附生草本。主茎长而匍匐，具根状茎和不定根。叶小，钻形、线形至披针形，有中脉，螺旋状或轮状排列。孢子叶穗圆柱形或不明显，孢子囊圆球状肾形，无柄；孢子同型，球状四面形。

【微观特征】原生中柱或中柱为片状。染色体：$X=13$，17，23。

【化学特征】普遍含黄酮、生物碱类成分。黄酮类化合物，如芹菜素、芫花素和木犀草素等；生物碱类如石松碱、石松毒碱、垂穗石松碱、金不换碱等。

【分布】7 属，约 60 余种，广布世界各地。我国 5 属，14 种，分布华东、华南、西南等地。已知 4 属 9 种药用。

【药用植物】石松 *Lycopodium japonicum* Thunb.（图 10－10）多年生常绿草本，具匍匐茎和直立茎，二叉分枝。叶线状钻形，长 3～4mm。孢子枝高出营养枝，孢子叶穗有柄，常 2～6 个生于孢子枝顶端；孢子囊肾形，孢子淡黄色，外壁有网纹。分布于东北、内蒙古、河南、长江流域及以南地区。全草（伸筋草）能祛风散寒，舒筋活血，利尿通经。

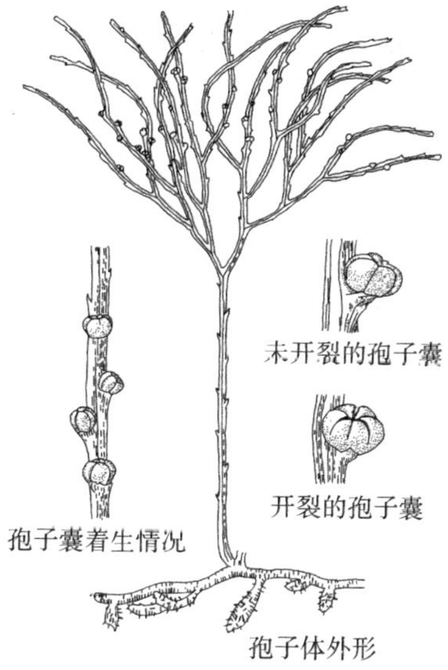

图 10－9　松叶蕨

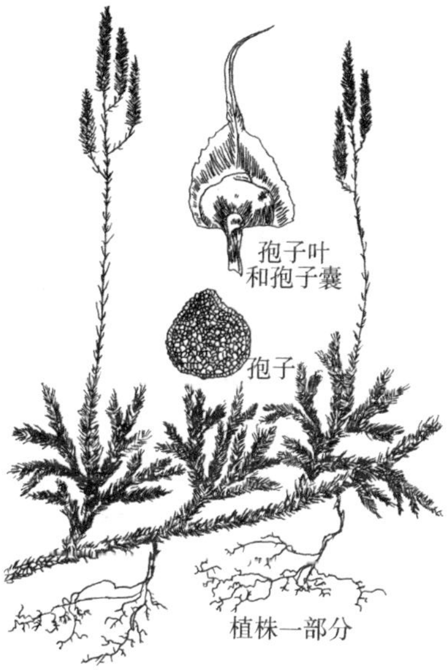

图 10－10　石松

垂穗石松 *L. cernuum* L. 分布于华东、华南、西南等地；地刷子石松 *L. complanatum* L. 分布于东北、华东、华南、西南等地，以上 2 种在产地也习作"伸筋草"药用。

知识拓展

石杉科（Huperziaceae）曾归属于石松科，Rothmaler（1994 年）列为一个独立的科。与石松科的区别是：茎直立或斜生，有规律地等位二叉分枝，具星芒状中柱，孢子叶与营养叶同形，不形成明显的孢子叶穗。我国 2 属，40 余种，重要的药用植物有蛇足石杉 *Huperzia serratum* Thunb.。同属多种植物均含有石杉碱甲（huperzine A）。

3. 卷柏科 Selaginellaceae

【形态特征】陆生草本。茎常背腹扁平，横走或直立。单叶，鳞片状，无柄，背腹各 2 列，交互对生，腹面基部有 1 叶舌。孢子叶穗四棱柱形或扁圆形。孢子囊单生孢子叶基部；孢子异型，大孢子常 4 枚，小孢子多数，均为球状四面形。

图 10－11　卷柏

【微观特征】原生中柱或管状中柱。染色体：$X=8$，9，10。

【化学特征】普遍含双黄酮，如穗花杉双黄酮、扁柏双黄酮和异柳杉素等。

【分布】1 属，700 余种，分布于全球。我国 50 余种，已知 25 种药用。

【药用植物】卷柏（还魂草）*Selaginella tamariscina*（Beauv.）Spring（图 10－11）常绿草本。主茎短，下生多数须根，上部分枝多而丛生，莲座状。中叶（腹叶）斜向上，侧叶（背叶）斜展，交互排成 4 列。孢子叶穗顶生，四棱形，孢子囊圆肾形。分布于全国各地。全草（卷柏）生用能活血通经，炒炭能化瘀止血。垫状卷柏 *S. pulvinata*（Hook. et Grev.）Maxim. 的全草与卷柏同等入药。

常用药用植物还有：翠云草 *S. uncinata*（Desv.）Spring 分布于长江流域及福建、台湾，全草能清热解毒、利湿通络、止血生肌；深绿卷柏 *S. doederleinii* Hieron. 的全草能祛风、消肿；江南卷柏 *S. moellendorfii* Hieron. 全草能清热、止血、利湿。

三、水韭亚门 Isoephytina

植物体具真根。茎粗短块状，原生中柱。小型叶，细长条形，丛生，近轴面具叶舌。厚孢子囊生于孢子叶的特化小穴中，大孢子囊生于外围叶上，小孢子囊生于内部叶上。孢子异型。配子体孢子囊内发育；精子螺旋形，具多条鞭毛（图 10－12）。现仅存水韭科（Isoetaceae），水韭属（*Isoetes*），约 70 种。染色体：$X=11$。绝大多数分布于温带、热带，水生或沼泽地生长。我国有 3 种，均为国家一级保护植物，常见的中华水韭 *Isoetes sinensis* Palmer 分布于长江流域下游地区。

四、楔叶亚门（木贼亚门）Sphenophytina

植物体有根、茎、叶分化，具真根。具根状茎和气生茎，节和节间明显，节间中空，具纵肋，管状中柱。小型叶，鳞片状，轮生，侧面彼此联合成鞘齿。5～10 个厚孢子囊生于特化的孢子叶（称孢囊柄）六角形盘状体下面，孢囊柄聚集枝端成孢子叶球（穗）。孢子同型或异型，周壁具弹丝。配子体绿色，垫状，自养；精子螺旋形，具多条鞭毛。古生代石炭纪时繁盛，有高大木本。现仅存木贼科，2 属，约 30 种；生于沼泽多水地区。

4. 木贼科 Equisetaceae

【形态特征】多年生草本。根状茎横走，茎细长，分枝或不分枝，节明显，节间中空，表面粗糙，富含硅质，纵脊多条。孢子叶盾形，小枝顶端排成穗状；孢子圆球形，表面具十字形弹丝4条。

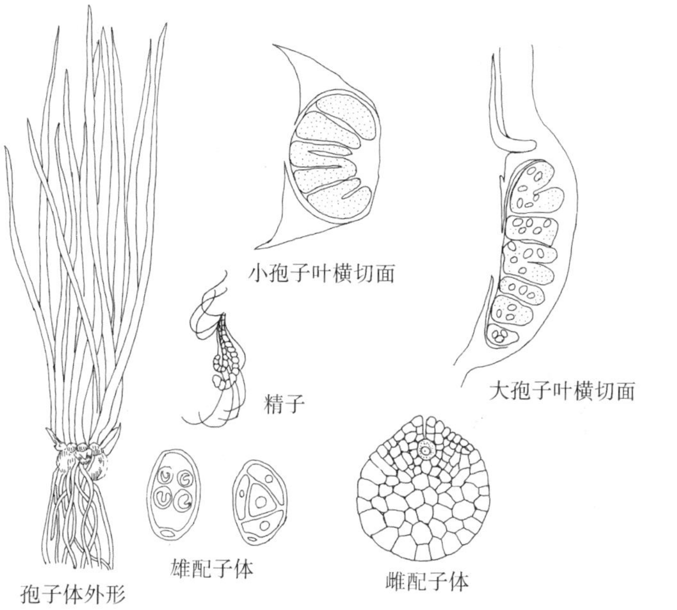

图10-12 水韭

【微观特征】具节中柱，表皮细胞外壁具硅质瘤状突起。染色体：$X=9$。

【化学特征】普遍含黄酮类化合物，山柰酚-3-双葡萄糖苷是木贼属特征性成分，槲皮素和山柰酚-7-双葡萄糖苷是问荆属特征性成分。

【分布】2属，约30种，分布于热、温、寒三带。我国有2属，10种，全国广布。已知8种药用。

【药用植物】木贼 *Equisetum hyemale* L.（图10-13）地上茎不分枝，棱脊20~30条，粗糙。叶鞘基部和鞘齿成黑色2圈。孢子叶穗顶生，长圆形，无柄；孢子同型。分布于东北、华北、西北及四川。全草（木贼）能散风热、退目翳，是复方木贼汤的原料药材。

常用药用植物还有：笔管草 *E. ramosissimum Desf. subsp. debile*（Roxbex Vauch.）Hauke 茎分枝，叶鞘基部有黑色圈，鞘齿非黑色；节节草 *E. ramosissima* Desf. 茎多分枝，叶鞘基部无黑色圈，鞘齿黑色；二者的全草能疏风止泪退翳、清热利尿、祛痰止咳。问荆 *Equisetum arvense* L. 全草能清热凉血、止咳、利尿。

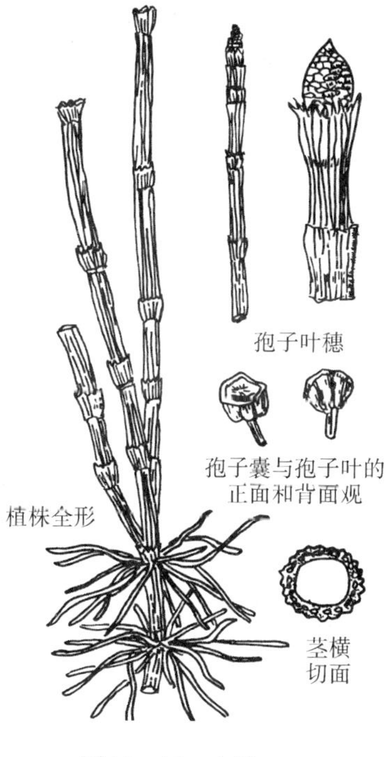

图10-13 木贼

五、真蕨亚门 Filicophytina

除树蕨等具木质气生茎外，仅具根状茎，被各式鳞片或毛；幼叶拳卷，叶型多样，脉序各式。多为薄孢子囊，集成各式囊群，着生叶背或背缘，具囊群盖。孢子同型，少异型。配子体绿色自养，呈背腹性心形，性器官在腹面；精子螺旋形，具多条鞭毛。

真蕨类是现存最多的蕨类植物，约1万余种，广布全球，尤以热带、亚热带为多。

5. 紫萁科 Osmundaceae

【形态特征】根茎粗短直立，被叶柄残基，无鳞片。叶片幼时被棕色腺状绒毛，老时脱落，1至2回羽状，叶脉2叉分枝。薄孢囊壁1层，生于强烈收缩变形的孢子叶羽片边缘，顶端具几个增厚的细胞（盾状环带），自腹面纵裂。孢子圆球状四面形。

【微观特征】分体中柱环列，周韧型维管束。染色体：$X=11$。

【化学特征】普遍含昆虫变态激素类化合物，如尖叶土杉甾酮A（ponasteroneA）、脱皮甾酮（ecdysterone）、脱皮酮（ecdysone）等。

【分布】3属22余种；分布于温带、热带。我国1属，9种。已知6种药用。

【药用植物】紫萁 *Osmunda japonica* Thunb.（图10－2）多年生草本。根状茎短块状。叶丛生，营养叶三角状阔卵形，顶部以下2回羽状；孢子叶小羽片狭窄，卷缩成线状，沿主脉两侧密生孢子囊，成熟后枯死。分布于秦岭以南温带及亚热带地区。根状茎及叶柄残基（紫萁贯众）能清热解毒、止血杀虫，有小毒，是贯众散的原料药材。

6. 海金沙科 Lygodiaceae

【形态特征】陆生缠绕植物。根状茎横走，有毛而无鳞片。叶轴无限生长，细长，缠绕攀援，沿叶轴相隔一定距离具互生的短枝（距），顶上具一被毛茸的休眠小芽，从其两侧生出一对开向左右的羽片。羽片1~2回分裂，近2型；不育羽片生于叶轴下部，能育羽片位于上部。孢子囊生于能育羽片小脉顶端，呈流苏状孢子囊穗。孢子囊梨形，横生短柄上。环带顶生。孢子四面形。原叶体绿色，扁平。

【微观特征】原生中柱；气孔器直轴式或不定式。染色体：$X=7$，8，15，29。

【化学特征】普遍含黄酮类，以及萜类、香豆酸和肉豆蔻酸、棕榈酸等。

【分布】1属，45种，分布于热带、亚热带。我国10种，已知5种药用。

【药用植物】海金沙 *Lygodium japonicum*（Thunb.）Sw.（图10－14）根茎被黑褐色节毛。能育叶羽片卵状三角形，不育叶羽片三角形。孢子囊穗暗褐色；孢子表面有疣状突起。分布于长江流域及以南各省区。孢子（海金沙）能清利湿热、通淋止痛，是海金沙散的原料药材。根状茎（海金沙根）和地上部分（海金沙藤）能清热解毒、利湿消肿。

7. 蚌壳蕨科 Dicksoniaceae

【形态特征】植株小树状，主干粗大，直立或短而平卧，密被金黄色长柔毛，无鳞片。叶大型，3至4回羽状；叶柄长而粗。孢子囊群生叶背面，囊群盖2瓣开裂，形似蚌壳状，革质；孢子囊梨形，环带稍斜生，具柄；孢子四面形。

【微观特征】网状中柱，双韧型维管束。染色体：$X=13$，17。

【化学特征】根茎含甾醇、原儿茶醛、金粉蕨亭；地上部分含蕨素（pterosin）等。

【分布】5属，40余种；分布热带及南半球。我国1属，2种。已知1种药用。

【药用植物】金毛狗脊 *Cibotium barometz*（L.）J. Sm.（图10－15）植株高2~3m。根状茎粗壮肥大，密被金黄色长茸毛。叶3回羽裂全裂，末回羽片边缘具粗锯齿。孢子囊生于裂片下面小脉顶端，囊群盖2瓣裂。分布于华东、华南及西南地区。根状茎（狗脊）能祛风湿、补肝肾、强腰膝，是金毛狗脊丸的原料药材。

8. 凤尾蕨科 Pteridaceae

【形态特征】草本。根状茎直立或横走，被有关节毛或鳞片。叶同型或近2型，叶1~

2 回羽状分裂；叶脉分离；与茎之间无关节相连。孢子囊群生于叶背边缘或缘内。囊群盖膜质，线形，宿存；孢子囊有长柄；孢子四面形或两面形。

【微观特征】管状中柱或网状中柱。染色体：$X=12$，(24)，29。

【化学特征】含二萜、黄酮及其苷类、倍半萜、挥发油、多糖等。

【分布】13 属，约 300 种，分布于热带和亚热带。我国 3 属，100 种，全国各地均有分布。已知 1 属 21 种药用。

【药用植物】井栏边草（井口边草）*Pteris multifida* Poir.（图 10－16）多年生常绿草本。根状茎直立，顶端被钻形黑色鳞片。叶 2 型，能育叶 1 回羽状，不育叶羽片及小羽片较宽，边缘具不整齐的尖锯齿。孢子囊群线形，沿叶边连续分布。分布于我国华东、中南、西南等地。全草（凤尾草）能清热利湿、凉血止痢。

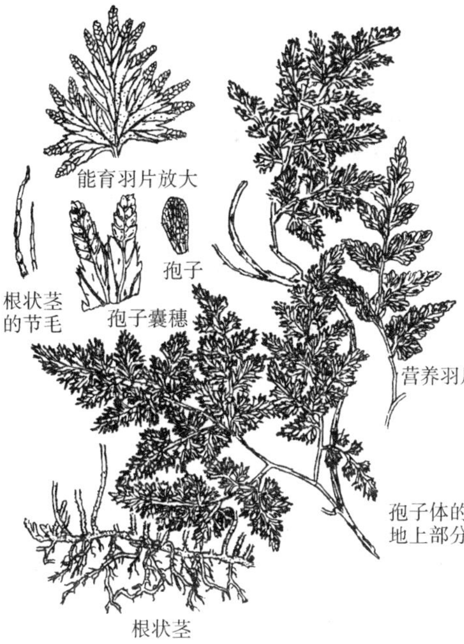

图 10－14　海金沙

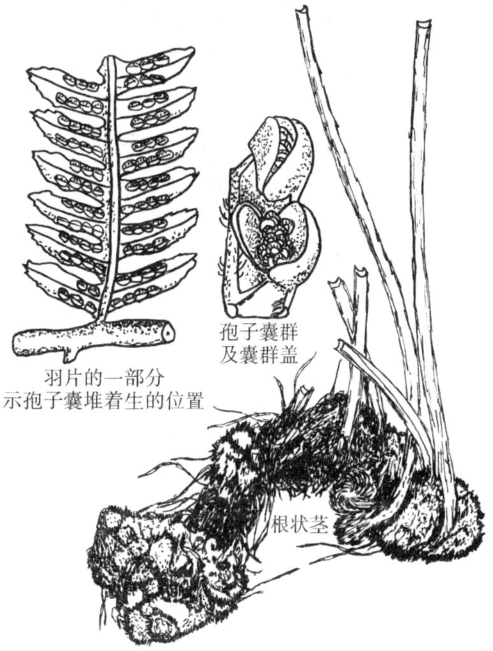

图 10－15　金毛狗脊

9. 中国蕨科 Sinopteridaceae

【形态特征】草本。根状茎直立或斜生，被栗褐色至红褐色鳞片。叶簇生，1～3 回羽状分裂；叶柄栗色或褐黑色。孢子囊群圆形或长圆形，沿叶缘小脉顶端着生，被叶缘反折形成的膜质囊群盖所包被；孢子囊球状梨形；孢子球形、四面形或两面形。

【微观特征】管状中柱。染色体：$X=15$，(30)，29。

【化学特征】普遍含黄酮类化合物，如山柰酚（kaempfeml）及其苷类。

【分布】14 属，300 余种，分布于亚热带地区。我国 9 属，60 种，全国各地均有分布。已知 6 属 16 种药用。

【药用植物】野雉尾金粉蕨 *Onychium japonicum*（Thunb.）Kunze.（图 10－17）常绿草本。根状茎横走，被披针形棕色鳞片。叶 2 型，4～5 回羽状深裂，裂片先端短尖。孢子囊群生裂片背面边缘的横脉上；囊群盖膜质，与中脉平行。分布于长江流域各地，北至河北、河南、秦岭等地。全草（野鸡尾）能清热解毒、利尿、退黄、止血。

10. 鳞毛蕨科 Dryopteridaceae

【形态特征】草本。根状茎粗短，直立或斜生，连同叶柄多被鳞片。叶丛生，叶 1 型，

1至多回羽状。孢子囊群圆形，背生或顶生于小脉，囊群盖盾形或圆形，有时无盖。孢子两面形，表面具疣状突起或有翅。

【微观特征】网状中柱，周韧维管束；部分种有间隙腺毛。染色体：$X=41$。

【化学特征】普遍含黄酮醇和二氢黄酮类，以及多酚类、三萜类和有机酸等。丁酰基间苯三酚类如绵马酸类化合物是鳞毛蕨属（*Dryopteris*）特征性成分。

【分布】14属，1700余种，分布于温带、亚热带。我国13属，700余种，分布于全国各地。已知5属，60余种药用。

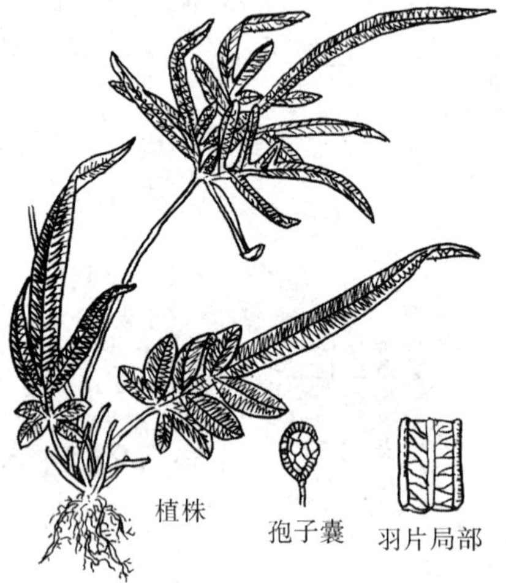

图10－16　井栏边草

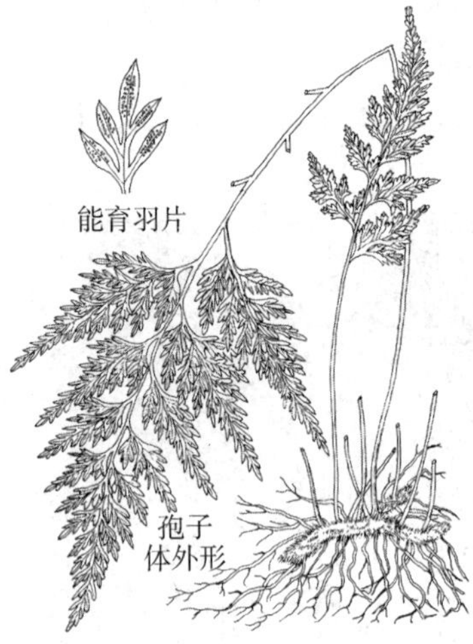

图10－17　野鸡尾

【药用植物】粗茎鳞毛蕨 *Dryopteris crassirhizoma* Nakai（图10－18）多年生草本。根状茎粗壮，直立，连同叶柄密生棕色大鳞片。叶簇生，2回羽状全裂，裂片紧密。孢子囊群着生于叶片中部以上的羽片下面；囊群盖肾圆形，棕色。分布于东北及河北。根状茎及叶柄残基（绵马贯众）能清热解毒、驱虫、止血，有小毒，是贯众散的原料药材。

贯众 *Cyrtominium fortunei* J. Sm. 根状茎短，斜生或直立。叶丛生，叶1回羽状，羽片镰状披针形；叶柄密被黑褐色大鳞片。孢子囊群圆形。分布于华北、西北及长江以南各地。根状茎及叶柄残基习作“贯众”药用，能清热解毒、杀虫。

11. 水龙骨科 Polypodiaceae

【形态特征】陆生或附生。根状茎横走，被阔鳞片。叶同型或2型；全缘，或羽状半裂至1回羽状分裂；网状脉；叶柄与根状茎有关节相连。孢子囊群圆形或线形，或有时布满叶背，无囊群盖；孢子囊梨形或球状梨形；孢子两面型。

【微观特征】网状中柱，周韧维管束；鳞片卵状盾形、卵状钻形和披针形，星状毛。染色体：$X=7$，12，13，23，25，26，35，37。

【化学特征】普遍含黄酮类如芒果苷、山柰酚等；尚含芒果酸、绿原酸等。

【分布】50属，600余种，主要分布于热带。我国27属，150余种，主要分布于长江流域及以南各地。已知18属，约86种药用。

【药用植物】石韦 *Pyrrosia lingua*（Thunb.）Farwell（图10－19）常绿草本，高10～30cm。根状茎长而横走，密生褐色披针形鳞片。叶近2型，远生；叶片阔披针形，革质，叶背密生淡棕色或硅红色星状毛。孢子囊群在侧脉间紧密而整齐地排列，无囊群盖。分布于长江以南各地。叶（石韦）能清热止血、利尿通淋，是石韦散和复方石韦片的原料药材。庐山石韦 *P. sheareri*（Bak.）Ching 根状茎粗短，叶基常不对称；分布于长江以南。有柄石韦 *P. petilosa*（Christ.）Ching 根状茎细长，不育叶长为能育叶的 2/3～1/2；分布于东北、华北、西南、长江中下游。二者的叶与石韦同等入药。

图 10－18　绵马鳞毛蕨

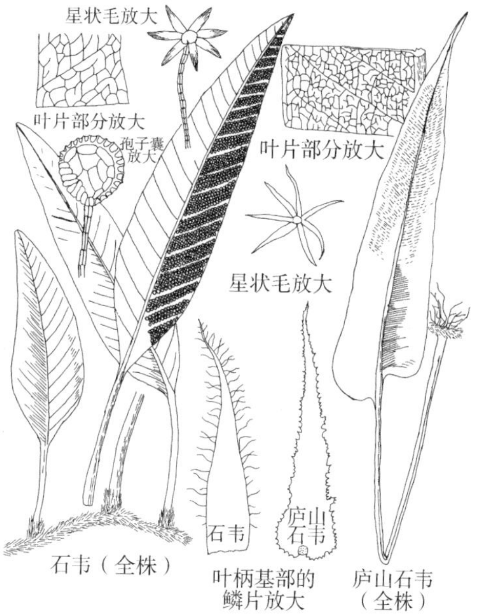

图 10－19　石韦和庐山石韦

日本水龙骨 *Polypodiodes niponica*（Mett）. Chiny 根状茎长而横走，黑褐色。叶远生，羽状深裂几达叶轴。分布于长江流域及以南各地。根状茎能清热解毒、祛风除湿、止咳。

12. 槲蕨科 Drynariaceae

【形态特征】附生植物。根状茎横走，粗壮，肉质，被大而狭长的鳞片；鳞片基部盾状着生，边缘具睫毛状锯齿。叶常 2 型，基部无关节；叶片深羽裂或羽状，叶脉粗而明显，1～3 回形成四方形的网眼。孢子囊群圆形，无盖。孢子囊梨形；孢子四面型。

【微观特征】穿孔的网状中柱。染色体：$X=36$，37。

【化学特征】普遍含黄酮类如柚皮苷（naringin），富含何帕烷型、羊齿烷型五环三萜及环劳顿醇型四环三萜，如环木菠萝固醇－乙酸酯（cycloardenyl acetate）等。

【分布】8 属，32 种，分布于亚洲的热带、马来西亚、菲律宾至澳大利亚。我国 4 属，12 种，分布于长江以南各地。已知 2 属，7 种药用。

图 10－20　槲蕨

【药用植物】槲蕨 *Drynaria fortunei*（Kze.）J. Sm.（图 10－20）附生草本。根状茎密被钻状披针形鳞片。叶 2 型；营养叶枯黄色，革质，羽状浅裂，无柄；孢子叶纸质，绿色，羽状深裂。孢子囊群圆形，生叶背主脉两侧，排成1行，无囊群盖。分布于秦岭以南等；附生于岩石上或树干上。根状茎（骨碎补）能疗伤止痛、补肾强骨，外用消风祛斑，是钙骨宁胶囊的原料药材。同属植物秦岭槲蕨 *D. Sinica* Diels、团叶槲蕨 *D. bonii* Christ、石莲姜槲蕨 *D. propinqua*（Wall.）J. Sm. 的根状茎在产地也习作"骨碎补"入药。

知识拓展

蕨类对环境指示作用及应用

蕨类植物常能够敏感地反映环境条件，也属环境指示植物。①气候指示：如桫椤、观音座莲、金毛狗脊等的生长区域表示为热带或亚热带气候区，巢蕨、车前蕨的生长表示为高湿度的气候环境，旱蕨属和粉背蕨属生长区域表示为干旱环境。②土壤指示：石松、芒萁、紫萁、半边旗、扇叶铁线蕨、乌毛蕨等为酸性土壤的指示植物，蜈蚣草、凤尾蕨、半边铁角蕨、单芽狗脊、贯众、银粉背蕨等为强钙质土壤的指示植物，石松为铝矿指示植物，木贼科植物为金矿指示植物。因此，利用蕨类对环境指示作用，预测环境状况，利于药用植物引种栽培和资源发现，以及地质勘查工作。

重点小结

蕨类植物的孢子体发达，常有真正的根、茎、叶的分化。根多为不定根，茎常为根状茎，叶可分为小型叶和大型叶、孢子叶和营养叶。蕨类的维管组织形成各种类型的中柱。蕨类植物的配子体称原叶体，大多数能独立生活。蕨类植物的生活史是孢子体占优势的异型世代交替。其主要分类群的特征和代表药用植物见表10－2。《中国药典》收载11种蕨类植物，常用中药有贯众、木贼、狗脊、海金沙、石韦等。

表10－2 蕨类常见科的主要特征及常见药用植物

科名	孢子体形态特征	孢子囊（群）特征	常见药用植物
松叶兰科	无真根，气生茎二叉分枝	孢子囊2或3个聚生于叶基，孢子同型	松叶兰
石松科	主茎长，具根状茎和不定根 叶小型，单叶	孢子叶穗圆柱形或不明显，孢子同型	石松、垂穗石松
卷柏科	茎常背腹扁平。叶小型，单叶	孢子叶穗四棱柱形或扁圆形。孢子囊2型，孢子异型	卷柏、垫状卷柏、翠云草
木贼科	茎常中空。叶小，鳞片状，轮生，基部连合成鞘状	孢子叶穗。孢子同型或异型，表面着生弹丝4条	木贼、笔管草、节节草、问荆
紫萁科	叶2型或同一叶上羽片有能育叶和不育叶之分	孢子囊生于强度收缩变形的孢子叶羽片边缘	紫萁
海金沙科	叶近2型，不育叶羽片生叶轴下部，能育叶羽片生于上部	孢子囊穗于能育叶羽片边缘的小脉顶端排成流苏状	海金沙
蚌壳蕨科	根茎密被金黄色长柔毛，叶片大型，3～4回羽状	孢子囊群生于叶背面，囊群盖两瓣开裂，形似蚌壳状	金毛狗脊

续表

科名	孢子体形态特征	孢子囊（群）特征	常见药用植物
凤尾蕨科	叶同型或近2型，叶片1～2回羽状分裂	孢子囊群生于叶背边缘或缘内。囊群盖由变形的叶缘反卷而成	井栏边草
中国蕨科	根状茎直立或斜生，被栗褐色至红褐色鳞片。叶簇生	孢子囊群沿叶缘小脉顶端着生，为反卷的膜质叶缘所形成的囊群盖包被	野鸡尾
鳞毛蕨科	根状茎粗短，具丛生叶，连同叶柄多被鳞片	孢子囊群顶生或背生于小脉，囊群盖盾形、圆形或无	粗茎鳞毛蕨、贯众
水龙骨科	根状茎横走。叶同型或2型，以关节着生于根状茎上	孢子囊群圆形或线形，或有时布满叶背，无囊群盖	石韦、庐山石韦、有柄石韦、水龙骨
槲蕨科	根状茎肉质。叶常2型	孢子囊群圆形，无囊群盖	槲蕨、团叶槲蕨

思考与探索

1. 蕨类植物的叶从来源和功能上可分为哪些类型？

2. 蕨类植物与真核藻类相比有何进步特征？它们在形态结构和适应陆地生活上比苔藓植物有哪些进一步的发展和完善？

3. 真蕨亚门有何特点？松叶兰科、石松科、卷柏科、木贼科、紫萁科、海金沙科、蚌壳蕨科、凤尾蕨科、中国蕨科、鳞毛蕨科、水龙骨科、槲蕨科各有哪些主要特征？各科常见的药用植物有哪些？

4. 查阅文献资料，总结我国目前的药品标准收载药用蕨类情况，以及中国各民族使用蕨类药用植物的现状。蕨类资源的开发利用应开展哪些方面的研究工作？

扫码“练一练”

（杜　勤）

第十一章　裸子植物 Gymnospermae

要点导航

1. 掌握裸子植物的主要特征；苏铁科、银杏科、松科、柏科、粗榧科、红豆杉科、麻黄科以及买麻藤科的特征。
2. 熟悉各科代表性药用植物。
3. 了解裸子植物的生活史。

扫码“学一学”

第一节　裸子植物的主要特征

裸子植物（Gymnospermae）既保留有颈卵器，又能产生种子，但种子无果皮包被。因此，裸子植物较蕨类植物进化水平更高，是介于蕨类植物与被子植物之间的类群。大约在3亿5千万年前的古生代泥盆纪出现，从古生代二叠纪到中生代白垩纪早期，约1亿年间，是裸子植物最繁盛时期。裸子植物出现至今，地史气候发生了多次重大变化，其种系也多次演变更替，现代裸子植物有不少种类是从250万年前至6500万年前之间的新生代第三纪出现，又经过第四纪冰川时期所遗留的种类。

一、形态特征

1. 孢子体发达　裸子植物均是木本，绝大多数为高大乔木，少灌木、亚灌木（如麻黄）或藤本（如买麻藤）；多常绿，极稀落叶性（如银杏和落叶松）；主根发达，形成强大的根系；维管系统发达，茎内维管束环状排列，具形成层和次生生长。但木质部仅有管胞，而无导管（除买麻藤纲外），韧皮部只有筛胞而无筛管和伴胞。叶针形、条形或鳞形，极少数为扁平的阔叶；在长枝上螺旋状排列，在短枝顶簇生。

2. 胚珠裸露，产生种子　裸子植物的胚珠裸露，不为大孢子叶（心皮）所包被，胚珠经过传粉、受精后发育成种子。种子由胚、胚乳和种皮组成，包含3个不同的世代：胚来自受精卵，是新的孢子体世代（$2n$）；胚乳来自雌配子体，是配子体世代（n）；种皮来自珠被，是老的孢子体世代（$2n$）。种子出现是植物进化过程中的一个里程碑，为生殖体（胚）提供了很好的营养和保护。首先是种皮能使胚免受外界环境的损伤，延长种子的寿命，并增加了散播的机会；其次是胚乳为胚萌发提供了丰富的营养保证，因而能成功繁衍。但胚珠裸露，没有子房，种子裸露无果皮包被，这是与被子植物的重要区别特征。

3. 孢子叶聚生成球花　裸子植物的花单性，同株或异株，无花被，仅麻黄科、买麻藤科有类似花被的盖被（假花被）。孢子叶（sporophyll）大多聚生成球果状（strobiliform），称孢子叶球（strobilus）或称球花（cone），单生或多个聚生成各种球序，通常单性。小孢子叶（雄蕊）聚生成小孢子叶球（staminate strobilus）或称雄球花（male cone），每个小孢子叶下面生有贮满小孢子（花粉）的小孢子囊（花粉囊）。大孢子叶（心皮）丛生或聚生而成大孢子叶球（ovulate strobilus）或称雌球花（female cone），大孢子叶羽状（如苏铁），或常变态为珠鳞（ovuliferous scale）（如松柏类）、珠领或珠座（如银杏）、珠托（如红豆杉）、套被（如罗汉松）；大孢子叶近轴面（腹面）或边缘生 1 至多枚胚珠，因大孢子叶不包卷形成子房，故胚珠裸露。

4. 配子体退化，寄生在孢子体上　裸子植物的雄配子体（成熟花粉粒）是由小孢子（单核花粉粒）在小孢子囊（花粉囊）内发育而成的 4 核花粉，包括 2 个退化的原叶体细胞、1 个生殖细胞和 1 个管细胞；常借助风力到达胚珠，经珠孔进入珠被，在珠心上方萌发产生花粉管，吸取珠心营养继续发育成成熟的雄配子体；即前期在花粉囊里，后期在胚珠中，而不能独立生活。雌配子体（成熟胚囊）由大孢子（单核胚囊）在大孢子囊（珠心）内发育而成，除百岁兰属（*Welwitschia*）和买麻藤属（*Gnetum*）外，成熟雌配子体的近珠孔端均产生 2 至多个颈部露在胚囊外面的颈卵器，但结构简单，埋于胚囊中，无颈沟细胞，仅 2 或 4 个颈壁细胞露在外面，颈卵器内有 1 个卵细胞和 1 个腹沟细胞，比蕨类植物的颈卵器更简化。雌、雄配子体均完全寄生在孢子体上，不能独立生活。

5. 形成花粉管，受精作用不再受水的限制　裸子植物的成熟花粉粒（雄配子体）常借助风力传播到达胚珠，经珠孔进入珠被，在珠心上方萌发产生花粉管，进入胚囊，将花粉管中生殖细胞分裂产生的 2 个精子送到颈卵器内，其中 1 个精子与成熟卵细胞结合，完成受精作用。因此，受精作用摆脱了对水媒的依赖，这是植物进化史上一个新的里程碑。但苏铁属（*Cycas*）、银杏（*Ginkgo biloba*）等少数种类的精子仍有多数鞭毛可游动，由此也表明裸子植物是一群介于蕨类植物与被子植物之间的维管植物。

6. 具有多胚现象　裸子植物普遍存在多胚现象（polyembryony），其产生途径有两种：一种是简单多胚现象（simple polyembryony），是由 1 个雌配子体上的几个颈卵器中卵细胞分别受精，各自发育成 1 个胚，形成多个胚，即原生多胚；另一种是裂生多胚现象（cleavage polyembryony），是由 1 个卵受精，在发育过程中原胚分裂成几个胚，即裂生多胚。

此外，裸子植物的花粉粒为单沟型，有时具有气囊，无 3 沟、3 孔沟或多孔沟的花粉粒，也是裸子植物的特征。

二、化学成分特征

裸子植物的化学成分类型较多，主要有黄酮、萜类、生物碱和挥发油等。

1. 黄酮类　裸子植物普遍分布有黄酮类化合物，类型多以羟基取代为主，少有 O – 苷化、O – 甲基化、O – 异戊烯化；双黄酮、黄酮、黄烷酮、黄酮醇和黄烷醇等成分具分类价值，其中双黄酮是裸子植物特征性成分。常见有槲皮素（quercetin）、山柰酚（kaempferol）、杨梅树皮素（myrcene）、芸香苷（rutin）等黄酮类。双黄酮类多分布于银杏科、柏科、杉科，特别是穗花杉双黄酮（amentoflavone）较普遍分布在裸子植物中，但在松科和倪藤目中未见报道；柏科植物含柏双黄酮（cupressuflavone），杉科及柏科植物含扁柏双黄酮（hinokiflavone）、桧黄素（hinokiflavone），银杏叶中含银杏双黄酮（ginkgetin）、异银杏双黄酮（isoginkgetin）等，这些黄酮类和双黄酮类化合物大部分具有扩张动脉血管的活性。

2. 生物碱　生物碱在裸子植物中分布不普遍，现知仅在三尖杉科、红豆杉科、罗汉松科、麻黄科及买麻藤科。但这些生物碱大多具有很高的药用价值，如三尖杉酯碱（harringtonine）、高三尖杉酯碱（homoharrgtonine）、紫杉醇（taxol），以及麻黄碱、伪麻黄碱类有机胺类生物碱。

3. 萜类及挥发油 裸子植物中较普遍存在萜类及挥发油，挥发油中含有蒎烯、苧烯、小茴香酮（fenchone）、樟脑等。松科、柏科等多种植物富含挥发油及油树脂。

此外，裸子植物中还分布有树脂、有机酸、木脂素类、昆虫蜕皮激素等。

扫码"学一学"

第二节 裸子植物的生活史

现以松科（Pinaceae）的松属（*Pinus*）为例介绍裸子植物的生活史。

一、孢子体和球花

松属植物为常绿乔木，具长枝和短枝；长枝上生鳞叶，腋内生短枝。球花单性同株。雄球花从新生长枝条基部的鳞片腋中生出，每雄球花由许多小孢子叶螺旋状排列在球花的轴上而成，每枚小孢子叶背面（远轴面）有1对长形小孢子囊。小孢子囊内每个小孢子母细胞经减数分裂，形成4个小孢子（单核花粉粒），小孢子具两层壁，外壁向两侧突出形成气囊，以便风力传播。

雌球花1或数个生当年生长枝近顶端，初生时呈红色或紫红色，后变绿，成熟时变褐色。每雌球花由许多珠鳞（ovuliferous scale）（大孢子叶）螺旋状排列在球花的轴上而成，其远轴面基部尚有1枚较小的薄片称苞鳞（bract scale）。每1珠鳞近轴面基部着生2枚胚珠。胚珠仅1层珠被，在胚珠的顶端形成珠孔。珠心中有1个细胞发育成大孢子母细胞，经减数分裂，形成4个大孢子，其中合点端的1个大孢子发育成雌配子体，其余3个退化。

二、雄配子体

小孢子是雄配子体的第1个细胞，在小孢子囊内发育，经连续3次不等分裂，形成具4个细胞的花粉粒，即雄配子体。第1次不等分裂产生1个大的胚性细胞和1小的第1原叶体细胞（prothallial cell）；胚性细胞再2分裂，产生1个小的第2原叶体细胞和1个大的精子器原始细胞（antheridial），精子器原始细胞再2分裂，产生1个较小的生殖细胞（generative cell）和1个大的管细胞（tube cell），此时花粉粒含有4个细胞，即2个原叶体细胞、1个管细胞和1个生殖细胞。2个原叶体细胞不久退化，随后小孢子囊破裂，花粉粒即散出（图11-1）。

三、雌配子体

珠心内的大孢子先体积增大并产生中央大液泡，细胞核分裂，形成16~32枚游离核，并均匀分布在细胞质中；冬季来临时，雌配子体即进入休眠期。第二年春天，雌配子体重新活跃起来，游离核继续分裂，数目显著增多，逐渐由周围向心地形成细胞壁，此时靠近珠孔端的几个细胞明显膨大，发育成颈卵器原始细胞（archegonial initial cell），经系列分裂，形成颈卵器，每个颈卵器常仅具4个颈沟细胞、1个腹沟细胞和1个卵细胞。成熟的雌配子体包含2~7个颈卵器和大量的胚乳（图11-2）。

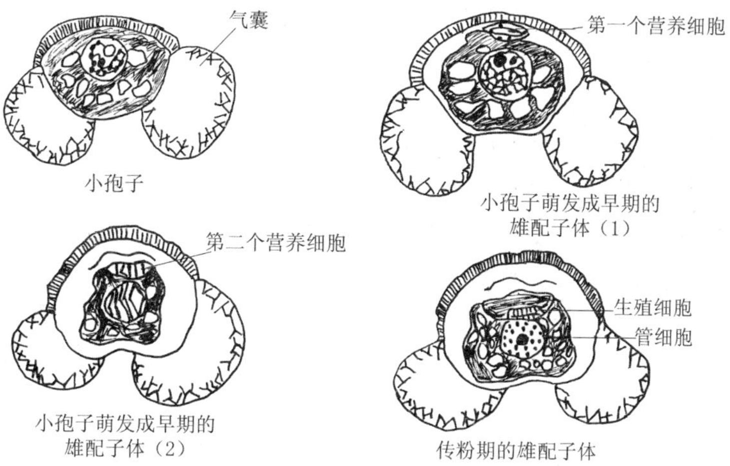

图 11－1 松属雄配子体的发育图解

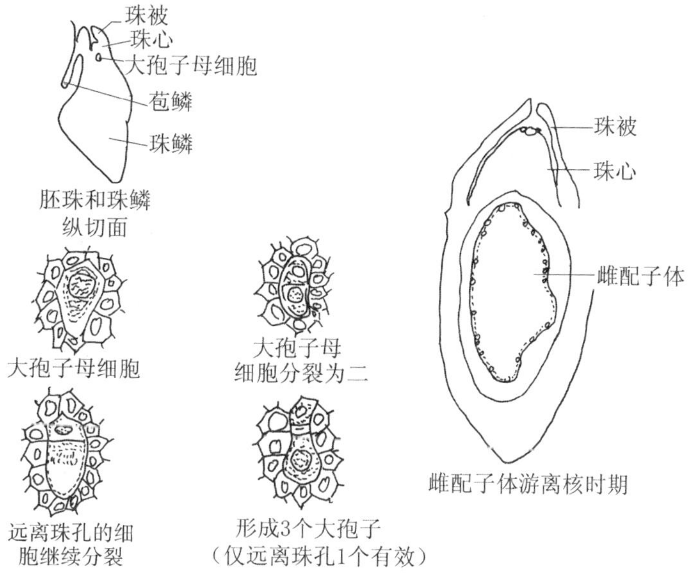

图 11－2 松属雌配子体的发育图解

四、传粉和受精

晚春进行传粉，此时雌球花轴稍微伸长，使幼嫩的苞鳞及珠鳞略微张开。花粉粒借助风力传播，飘落在珠孔端并黏到珠孔溢出的传粉滴中，并随液体干涸而被吸入珠孔。进入珠孔后花粉粒中的生殖细胞分裂为 2，形成 1 个柄细胞和 1 个体细胞（精原细胞），而管细胞则开始伸长，迅速长出花粉管，当花粉管进入珠心一定距离后暂时停止生长，开始休眠，直到第 2 年春季或夏季颈卵器分化形成后再继续伸长，这时体细胞再分裂为 2 个大小不等的精子。当花粉管伸长至颈卵器时，先端即行破裂，2 个精子、管细胞及柄细胞一并流入卵细胞的细胞质中，其中 1 个具有功能的精子与卵核结合形成受精卵。受精完成后，较小的精子、管细胞和柄细胞最后解体。

五、胚胎发育与成熟

受精卵经分裂和分化，到胚发育成熟过程一般分为原胚阶段、胚胎选择阶段、胚组织分化成熟、种子形成等四个阶段。从受精卵开始，经4次分裂形成由4层共16个细胞组成的原胚，称原胚阶段。原胚初生胚柄层的4个细胞伸长使胚细胞层穿过颈卵器壁进入雌配子体组织，初生胚柄层继续延伸，同时胚细胞层横分裂，其产生与初生胚柄层相连的细胞也伸长发育成次生胚柄，初生胚柄和次生胚柄组成多回卷曲的胚柄系统；不久次生胚柄细胞彼此分离，其顶端的胚细胞也彼此分离，并各自在次生胚柄顶端发育成1胚，共形成4个胚；但各个胚之间发生生理上竞争，即胚胎选择，其结果常仅1幼胚正常分化、发育成为种子的正常胚。胚进一步发育成为具胚根、胚轴、胚芽和数枚至十余枚子叶的成熟胚；随着胚发育成熟，胚周围的雌配子体组织发育为胚乳，珠被发育为种皮，三者构成种子。

松属植物生活史经历的时间长，即第1年7~8月形成花原基，冬季休眠；第2年3~5月开花传粉后，花粉粒在珠心组织中萌发伸出花粉管，同时大孢子形成并开始发育，冬季休眠；第3年3月起继续发育，6月初受精，到10月，球果和种子成熟。可见松的生活史经历26个月，跨越3个年头。松属的生活史可图解如下（图11-3）。

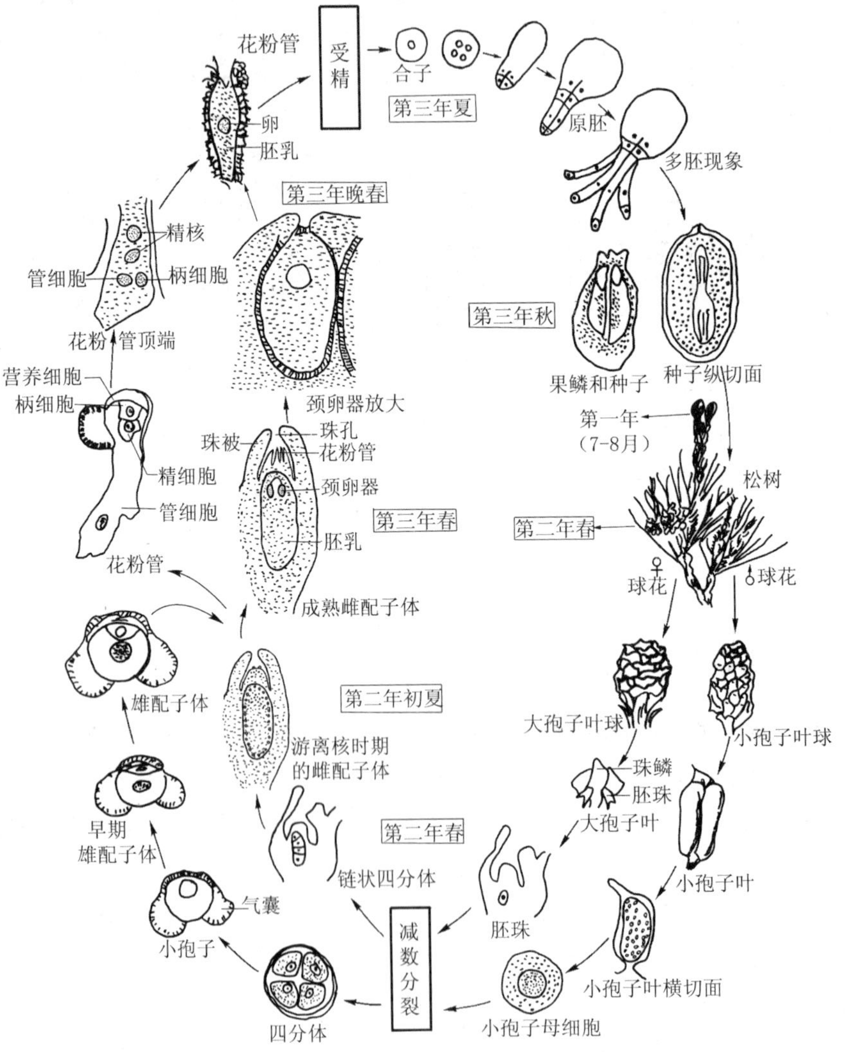

图11-3 松属的生活史图解

第三节　裸子植物的分类

扫码“学一学”

裸子植物广泛分布全球，尤其在北半球亚热带高山地区及温带至寒带地区，常成大面积森林。现代仅有800余种，分属12科71属。我国是裸子植物种类最多、资源最丰富的国家，有11科，41属，236种；引种栽培的有1科7属51种。其中不少是中国特产种，或者是第三纪孑遗植物，也称“活化石植物”，如银杏（*Ginkgo biloba* L.）、银杉（*Cathaya argyrophylla* Chun et Kuang）、水杉（*Metasequoia glyptostroboides* Hu. et Cheng）、粗榧、水松、油松、金钱松、侧柏等。已知10科，25属，100余种药用。

裸子植物的分类意见分歧很大。本教材采用5纲分类，即苏铁纲（铁树纲）、银杏纲、松柏纲（球果纲）、红豆杉纲（紫杉纲）及买麻藤纲，分纲检索表见表11－1。

表11－1　裸子植物分纲检索表

1. 花无假花被；茎的次生木质部无导管；乔木或灌木。	
2. 叶为大型羽状深裂，聚生于茎顶，茎不分枝	苏铁纲
2. 叶为单叶，不聚生于茎顶端。茎有分枝。	
3. 叶扇形，二叉状脉序；花粉萌发时产生2个有纤毛的游动精子	银杏纲
3. 叶针形或鳞片状，非二叉状脉序；花粉萌发时不产生游动精子。	
4. 大孢子叶两侧对称，常集成球果状；种子有翅或无	松柏纲
4. 大孢子叶特化成珠托或套被，不形成球果；种子有肉质的假种皮	红豆杉纲
1. 花有假花被；茎的次生木质部有导管；亚灌木或木质藤本	买麻藤纲

一、苏铁纲 Cycadopsida

常绿木本。茎干粗壮，常不分枝。叶羽状深裂，集生茎顶。球花顶生，雌雄异株，游动精子具多数鞭毛。现存1科，9属约110种，分布于热带和亚热带地区。

1. 苏铁科 Cycadaceae

【形态特征】茎干粗壮，不分枝。叶羽状深裂，坚硬，丛生茎顶。雌雄异株；雄球花为1木质长棒状，具多数鳞片状或盾状雄蕊（小孢子叶），下生多数球状1室花药，精子具多数纤毛；大孢子叶（雌蕊）中上部扁平羽状，中、下部柄状，边缘着生2～8个胚珠，丛生茎顶。种子核果状。胚乳丰富，子叶2枚。

图11－4　苏铁

【微观特征】网状中柱，内始式木质部，管胞具多列圆形纹孔。染色体：$X=11$。

【化学特征】含氰苷和双黄酮类化合物，如苏铁苷（cycasin）等。

【分布】9属，110余种，分布于热带和亚热带地区。我国仅有苏铁属，8种，分布于台湾、华南和西南地区。已知4种药用。

【药用植物】苏铁 *Cycas revoluta* Thunb.（图11－4）羽状裂片100对以上，条形，坚硬，边缘明显向下反卷，先端有刺状尖头；种子核果状。分布于我国南方，各地常栽培。种子能理气止痛、益肾固精；叶能收敛、止痛、止痢，根能祛风活络。

常见药用植物还有：华南苏铁 *C. rumphii* Miq. 的根治无名肿毒；云南苏铁 *C. siamensis* Miq. 的根治黄疸型肝炎，茎、叶治慢性肝炎、难产、癌症。

二、银杏纲 Ginkgopsida

落叶乔木，多分枝，有长、短枝之分。单叶扇形，二叉脉序。雌雄异株；精子多纤毛。种子核果状。仅1目1科1种，中国特产种，现大多数国家有引种栽培。

2. 银杏科 Ginkgoaceae

【形态特征】落叶乔木，枝有顶生营养性长枝和侧生生殖性短枝。单叶，扇形，两面淡绿色，具长柄，叶在长枝上螺旋状散生，常2裂，短枝上3~5叶簇生，常具波状缺刻。雌雄异株，稀同株，球花单生短枝叶腋；雄球花成葇荑花序状，雄蕊多数，各具2花药；雌球花有长柄，柄端有2个杯状扩大的珠领，上面各生1枚直生胚珠。种子核果状，外种皮肉质，有臭味，成熟时橙黄色；中种皮骨质，白色，常具2（3）纵棱；内种皮膜质，淡红褐色。子叶2枚。

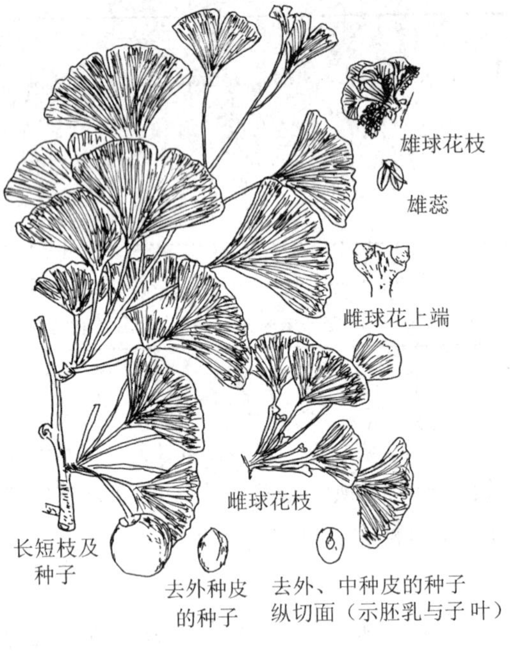

图11-5　银杏

【微观特征】网状中柱，韧皮部具分泌细胞及分泌腔。染色体：$X=12$。

【化学特征】含黄酮、双黄酮、二萜内酯和酚酸类成分，白果酸类有毒。

【分布】野生种群仅存浙江天目山，各地多有引种栽培。

【药用植物】银杏 *Ginkgo biloba* L.（图11-5），中生代孑遗树种。单叶，扇形。去肉质外种皮的种子（白果）能敛肺定喘、止带缩尿；叶能活血化瘀、通络止痛、敛肺平喘、化浊降脂，是银杏叶提取物（EGB）的原料。

三、松柏纲 Coniferopsida

木本。茎多分枝，常有长、短枝之分，具树脂道。叶单生或成束，针形、钻形、鳞片形或条形。孢子叶常排成球果状。单性同株或异株。精子无纤毛。4科44属400余种；我国有3科23属约150种，富有特有属、种和第三纪孑遗植物，另引入栽培1科7属50种。分布几遍全国，多数种类为常见庭园绿化及造林树种。

3. 松科 Pinaceae

【形态特征】常绿乔木，稀落叶性（落叶松）。叶针形或条形，针形叶2~5针一束，生于极度退化短枝上；条形叶在长枝上螺旋状散生，短枝上簇生。雌雄同株；雄球花腋生或多数集生短枝顶端，雄蕊（小孢子叶）多数，各具2药室，花粉有气囊或无气囊；雌球花由多数螺旋状着生的珠鳞和苞鳞所组成，苞鳞与珠鳞分离，珠鳞腹面有2枚倒生胚珠。

花后珠鳞增大发育成种鳞，多数种鳞和种子聚成木质球果；种子上端常具一膜质翅，有胚乳，胚具2~16枚子叶。

【微观特征】网状中柱，多有树脂道，气孔器深陷。染色体：$X=12$，13，22。

【化学特征】常含树脂和挥发油，以及黄酮类、多元醇、生物碱等成分。

【分布】10属，230余种，以北半球最多，占裸子植物种类约1/3。我国10属，113种，占全球种类1/2左右，全国均有分布，其中金钱松属、银杉属（*Cathaya*）是单种属和孑遗植物；已知8属48种药用。

【药用植物】马尾松 *Pinus massoniana* Lamb.（图11-6）常绿乔木。叶2针1束，细长柔软，长12~20cm，横切面半圆形，树脂道4~8个边生，维管束2条。鳞脐微凹无刺。分布于长江流域及以南各地，北可达河南、陕西。花粉（松花粉）能燥湿、收敛、止血；树枝的瘤状节（松节）能祛风除湿、活血止痛，是生产松节油的原料；树干的油树脂除去挥发油后留存的固体部分（松香）能燥湿祛风、生肌止痛；树皮能收敛生肌；叶能明目安神、解毒；种子能润肺滑肠。油松 *P. tabulaeformis* Carr. 叶2针1束，粗硬，长10~15cm，叶鞘淡黑褐色，宿存；球果种鳞的鳞盾肥厚，鳞脐突起具尖刺；分布于东北、华北、西北及四川等地；其各部位与马尾松同等入药。

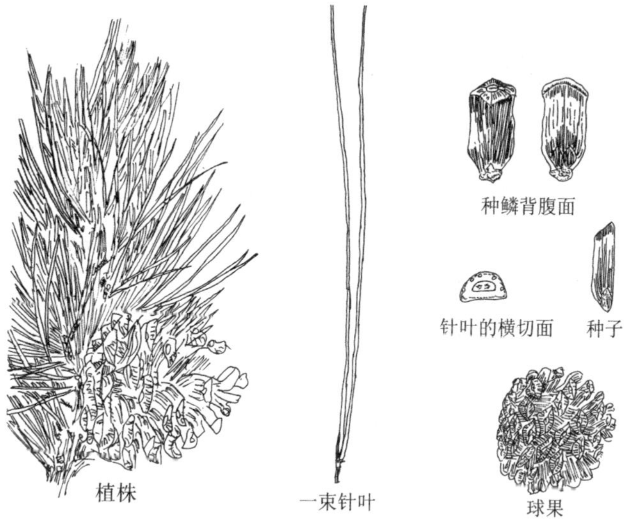

图11-6 马尾松

常用药用植物还有：红松 *Pinus koraiensis* Sieb. et Zucc.，分布于东北长白山区及小兴安岭以南，其松节、树脂能舒筋止痛、祛风除湿，种子能润肺滑肠、滋补强壮；云南松 *P. yunnanensis* Franch.，分布于西南地区，用途同马尾松。金钱松 *Pseudolarix amabilis*（Nelson）Rehd.，叶条形，柔软；分布于长江以南各地，根皮（土荆皮）能杀虫、止痒。

4. 杉科 Taxodiaceae

【形态特征】常绿或落叶乔木。叶条形、披针形、钻形或鳞片状，叶同型或2型。雌雄同株；雄球花小，单生或簇生枝顶，雄蕊3~4（2~9）花药，花粉无气囊；雌球花顶生，珠鳞与苞鳞大部分结合仅顶端分离（半合生），能育珠鳞具2~9枚直立或倒生胚珠。球果当年或翌年成熟；种子周围或两侧有窄翅。

【微观特征】表皮细胞垂周壁弯曲、波状或平直。染色体：$X=11$，10，13。

【化学特征】普遍含挥发油、双黄酮类、木脂素等。

【分布】10 属，约 16 种，分布于北温带。我国 7 属 7 种，引入栽培 4 属 7 种，主要分布于长江流域。已知 4 属 5 种药用。

【药用植物】杉木 *Cunninghamia lanceolata*（Lamb.）Hook.（图 11－7）常绿乔木。叶条状披针形，下面具 2 条粉白气孔带；球果苞鳞大，具锯齿，种鳞小，生苞鳞腹面下部，能育种鳞有种子 3 枚。分布于秦岭以南地区，广为栽培。树皮能祛风止痛、燥湿、止血，种子能散瘀消肿，枝干结节能祛风止痛、散瘀止血。

常见药用植物还有：柳杉 *Cryptomeria japonica*（Thunb. ex L. f.）D. Don，造林栽培树种，树皮能解毒、杀虫，外用治疮痈、疥癣；水杉 *Metasequoia glyptostroboides* Hu et Cheng，中国特有种，现世界各地有引种栽培。球果和叶能清热解毒、止痛。

5. 柏科 Cupressaceae

【形态特征】常绿乔木或灌木。叶鳞片状或刺状，对生或轮生。雌雄同株或异株。雄球花具 3～8 对交互对生的雄蕊，雄蕊具 2～6 花药，花粉无气囊；苞鳞与珠鳞完全合生，珠鳞交互对生或 3～4 片轮生。球果木质或革质，或肉质合生呈浆果状，发育种鳞具 1 至多枚种子。种子周围具窄翅或无翅，具胚乳，子叶 2 枚。

【微观特征】气孔器椭圆形；叶表皮细胞覆盖角质和蜡质。染色体：$X=11$。

【化学特征】普遍含挥发油，双黄酮类、树脂、生物碱及香豆素等。

【分布】22 属，约 150 种；分布南北两半球。我国 8 属，29 种，7 变种，全国分布。已知 6 属 20 种药用。

【药用植物】侧柏 *Platycladus orientalis*（L.）Franco（图 11－8）常绿乔木。小枝扁平，排成一平面。鳞片状叶，交互对生。球花单性同株，球果当年成熟，种鳞木质，开裂。除新疆、青海外，大部分地区有分布；中国特产种。枝叶（侧柏叶）能凉血止血、化痰止咳；种子（柏子仁）能养心安神、润肠通便，是柏子养心丸的原料药。

常见药用植物还有：柏木 *Cupressus funebris* Endl.，分布于华东、中南、西南以及甘肃、陕西等地，其枝叶能凉血、祛风安神；圆柏 *Sabina chinensis*（L.）Ant.，分布于华北、东北、西南和西北，其枝、叶、树皮能祛风散寒、活血消肿、解毒、利尿。

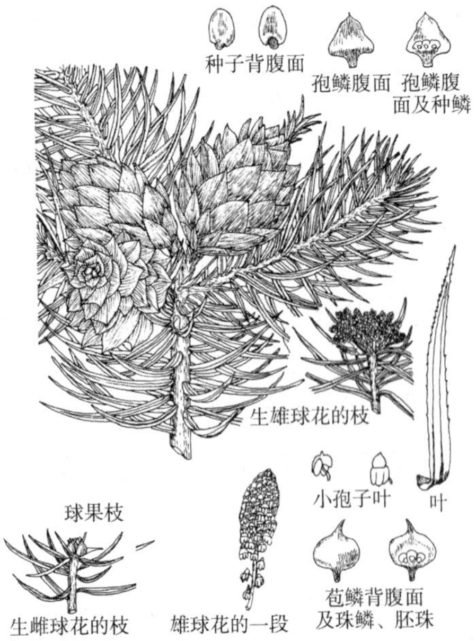

图 11－7　杉木

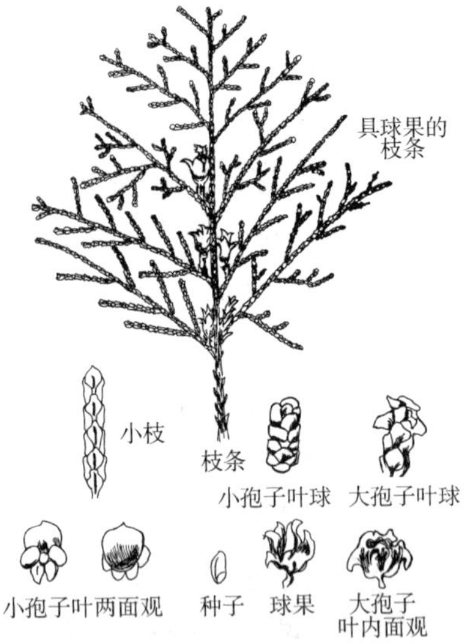

图 11－8　侧柏

四、红豆杉纲 Taxopsida

常绿乔木或灌木。叶条形或条状披针形，稀鳞形状钻形或阔叶状。球花单性异株，稀同株。大孢子叶特化为珠托或套被。不形成球果。种子具肉质假种皮或外种皮。

6. 紫杉科 Taxaceae

【形态特征】常绿乔木或灌木。叶披针形或条形，螺旋状着生或交互对生，基部常扭曲排成 2 列，叶上面中脉凹陷，下面中脉两侧各有 1 条气孔带。球花单性异株；雄球花单生叶腋或集成穗状花序状顶生，雄蕊多数；雌球花单生或成对，胚珠 1 枚，基部具盘状或漏斗状珠托。种子核果状或坚果状，包于肉质假种皮中。

【微观特征】管胞螺纹，木射线单列，无树脂道。染色体：$X=11$，12。

【化学特征】含二萜生物碱如紫杉醇（taxol），紫杉烷二萜、双黄酮、挥发油等。

【分布】5 属，23 种，分布于北半球。我国 4 属，12 种。已知 3 属 10 种药用。

【药用植物】红豆杉 *Taxus chinensis*（Pilger）Rehd.（图 11－9）叶条形，长 1～3cm，宽 2～4 mm，上面深绿色，下面淡黄绿色。雌球花单生叶腋，胚珠 1 枚，基部有杯状假种皮。种子卵圆形，有 2 棱，成熟时假种皮红色肉质。分布于甘肃南部至两广和西南，中国特有树种。叶能治疥癣，种子能消积，树皮和枝叶是提取紫杉醇的原料。

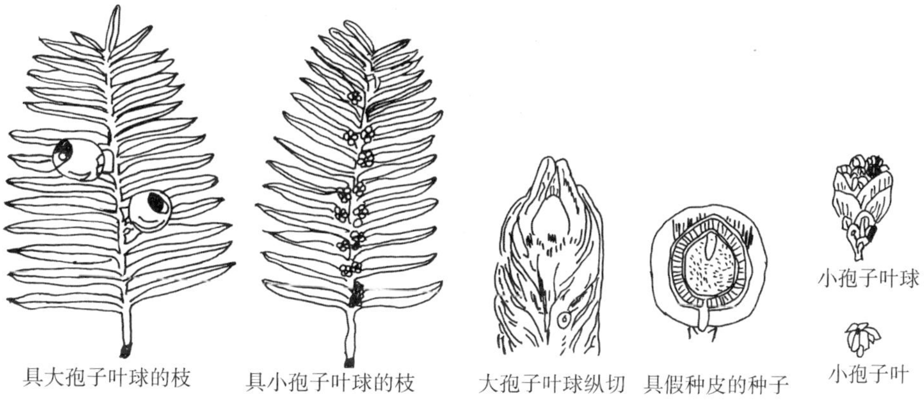

图 11－9　红豆杉

红豆杉属约 11 种，分布于北半球。我国 4 种 1 变种，西藏红豆杉 *Taxus wallichian* Zucc.、东北红豆杉 *T. cuspidata* Sieb. et Zucc.、云南红豆杉 *T. yunnanensis* Cheng et L. K. Fu、红豆杉 *T. chinensis*（Pilg.）Rehd.、南方红豆杉 *T. chinensis* var. *mairei* Cheng et L. K. Fu，以及引种栽培的曼地亚红豆杉 Taxus × media 均可作提取紫杉醇的原料。

榧树 *Torreya grandis* Fort. ex Lindl.（图 11－10）叶先端有凸起的刺状短尖头，基部圆或微圆，分布于华东、湖南、贵州等地。种子（榧子）能杀虫消积，润燥通便。榧属植物约 10 种，我国 4 种和多个变种、栽培变种。其中香榧 *T. grandis* Fort. cv. Merrilli 主产长江下游地区；种子能驱虫、消积，润肠通便，也是著名的干果。

7. 三尖杉科（粗榧科）Cephalotaxaceae

【形态特征】常绿乔木或灌木。叶条形或条状披针状，交互对生或近对生，侧枝上叶常基部扭转成 2 列，上面中脉凸起，下面具两条白色气孔带。球花单性异株；雄球花 6～11 聚生成头状，腋生，基部苞片多数，每雄球花具雄蕊 4～16，花粉无气囊；雌球花有长柄，

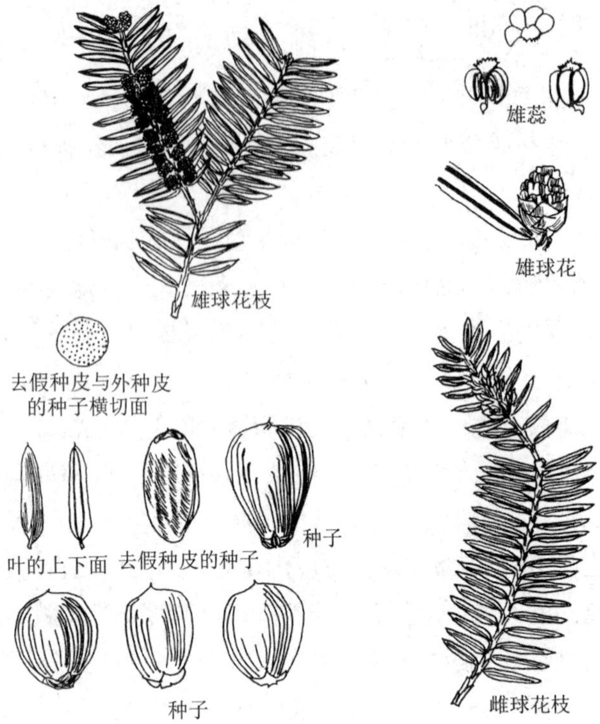

图 11－10 榧树

生于小枝基部苞片的腋部，苞片数对交互对生，每苞片腋生 2 枚胚珠，仅 1 枚发育。种子核果状，全部包于由珠托发育成的肉质假种皮中。

【微观特征】髓部具有树脂道，射线常单列，管胞的纹孔单列。染色体：$X=12$。

【化学特征】含生物碱、双黄酮类，生物碱主要有粗榧碱类（cephaiotaxine）和高刺桐类（homoerythrine）两类。本科植物是提取抗癌成分三尖杉酯碱的资源。

【分布】仅 1 属。我国 7 种 3 变种，分布于黄河以南及西南各地。已知 6 种，3 变种药用。

【药用植物】三尖杉 *Cephalotaxus fortunei* Hook. f.（图 11－11）乔木。叶条状披针状，宽 3.5～4.5mm，气孔带被白粉。雄球花具明显的总梗。种子核果状，椭圆状卵形，长约 2.5cm，成熟时假种皮紫色或紫红色。分布于长江流域及以南各地，中国特有树种。种子能润肺，消积，杀虫；枝叶是提取三尖杉碱的原料。粗榧 *C. sinensis*（Rehd. et Wils.）Li、海南粗榧 *C. hainanensis* Li、篦子三尖杉 *C. oliveri* Mast 和台湾三尖杉 *C. wilsoniana* Hayata 等与三

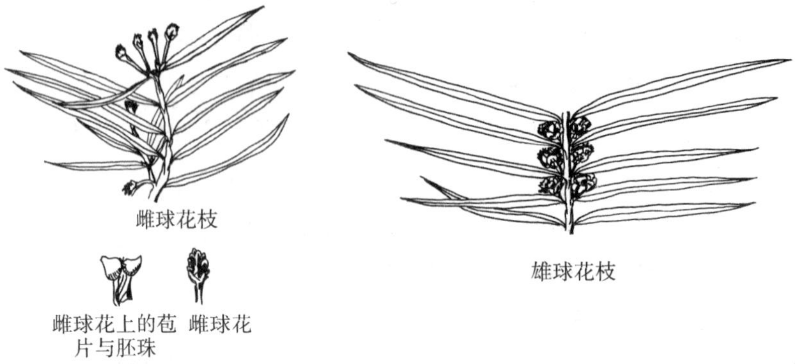

图 11－11 三尖杉

尖杉功用相似。

五、买麻藤纲（倪藤纲）Gnetopsida［盖子植物纲 Chlamydosper mopsida］

灌木或木质藤本。次生木质部具导管，无树脂道。叶对生或轮生，鳞片状或阔叶状，少肉质带状。雌雄异株或同株，有类似花被的盖被，也称假花被。胚珠 1 枚，珠被 1 层，上端向外延长成珠孔管（micropylar tube），精子无鞭毛；雌配子体无颈卵器（除麻黄目外）。种子包于由盖被发育而来的假种皮中。有 3 目 3 科 3 属，约 80 种；中国有 2 科 2 属。

8. 麻黄科 Ephedraceae

【形态特征】小灌木或亚灌木。小枝对生或轮生，绿色，节和节间明显。叶鳞片状，对生或轮生，基部合生成鞘。球花单性异株，稀同株；雄球花序单生或簇生，具2～8 对膜质苞片，每苞片腋部有 1 雄球花，每球花有 2～8 雄蕊，花丝合成一束，外包有膜质盖被，2～4 裂；雌球花具 2～8 对交互对生或轮生苞片，仅顶端 1～3 枚苞片生有胚珠，每胚珠包被有 1 层顶端开口的囊状革质盖被，珠被 1 层，膜质，上部延长成充满液体的珠孔管，从盖被开口处伸出。种子成熟时，盖被发育成革质假种皮，雌球花的苞片随胚珠发育增厚成肉质、红色或橘红色，呈浆果状，俗称“麻黄果”。

【微观特征】茎具下皮纤维束和皮层纤维，环髓纤维；木质部具导管和草酸钙晶体；气孔的保卫细胞呈哑铃形。染色体：$X=7$。

【化学特征】普遍含有麻黄碱类多种生物碱，以及挥发油、黄酮和有机酸等。

【分布】仅 1 属，约 40 种，分布于亚洲、美洲、欧洲东部及非洲北部的干旱、荒漠地区。我国 12 种 4 变种，分布于西北、东北、华北及西南。已知 15 种药用。

【药用植物】草麻黄 *Ephedra sinica* Stapf.（图 11－12）草本状灌木。高 20～40cm；木质茎短或匍匐状，小枝节间长 3～4 cm。叶 2 裂，鞘占全长 1/3～2/3，裂片锐三角形，先端急尖。球花多顶生或侧生，具梗，雄球花多成复穗状；雌球花单生，成熟时苞片肉质红色。种子常 2 枚。分布于辽宁、吉林、内蒙古、河北、山西、河南西北部及陕西等地。草质茎（麻黄）能发汗解表、止咳平喘、利尿，是小青龙颗粒、麻杏颗粒等的原料药，也是提取麻黄碱的原料；根（麻黄根）能收敛止汗。

中麻黄 *E. intermedia* Schr. ex. Mey.（彩图 3）小灌木。小枝细，节间长 3～6cm；叶 3 和 2 裂并存；种子 3 枚。木贼麻黄 *E. equisetina* Bunge.，节间长 1～1.5cm；雌球花 2 个对生；种子 1 枚。上述二种与草麻黄同等入药。此外，丽江麻黄 *E. likiangensis* Florin.、膜果麻黄 *E. przewalskii* Stapf 在产地也作“麻黄”药用。

9. 买麻藤科 Gnetaceae

【形态特征】常绿木质藤本。茎节关节状膨大。单叶对生，全缘，革质，具羽状网脉。球花单性异株，稀同株，呈细长穗状，具多轮合生的环状总苞（由多数轮生苞片合生而成）；雄球花穗单生或数穗组成聚伞状，每轮总苞具多数雄球花，排成 2～4 轮，上端常有 1 轮不育雌花，雄球花具肉质杯状假花被，雄蕊常 2 枚，伸出假花被之外；雌球花穗侧生在老枝上，每轮总苞有雌球花 4～12，雌球花具 2 层盖被，紧包胚珠，外层较厚、囊状，珠被 2 层，内珠被顶端延长成珠被管，伸出盖被，外珠被分化成肉质外层与骨质内层，外层与假花被共同发育成假种皮，雌配子体无颈卵器。种子核果状，包于红色或橘红色肉质假种皮中，胚乳丰富，肉质，子叶2枚。

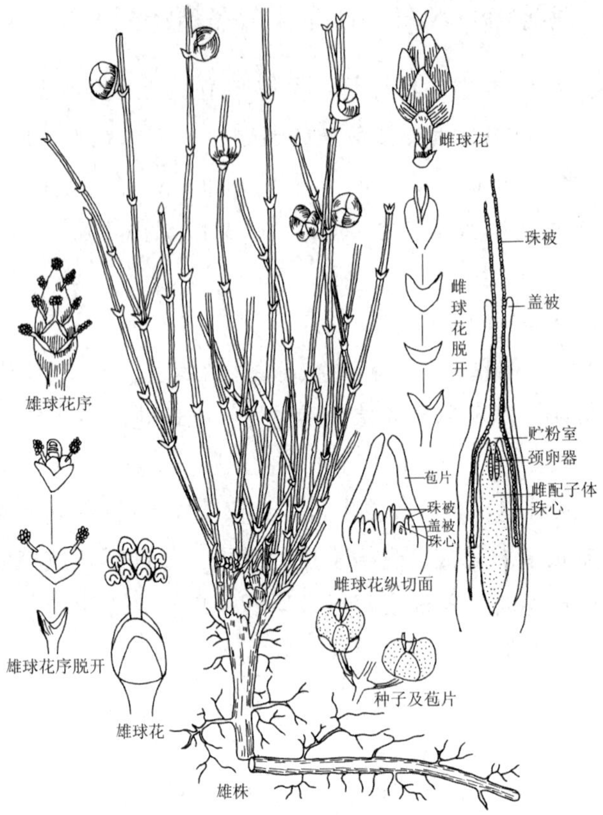

图11－12　草麻黄

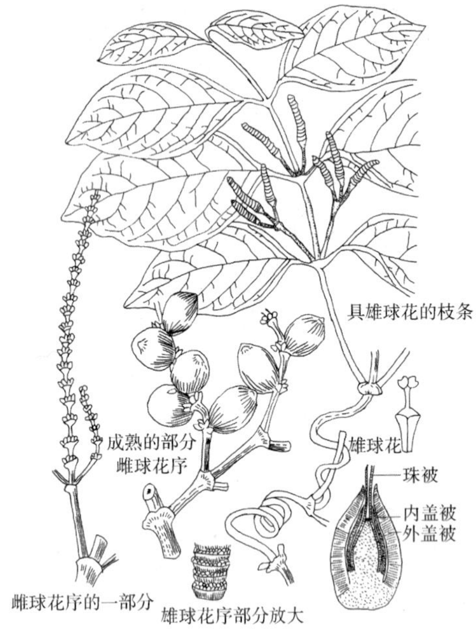

图11－13　小叶买麻藤

【微观特征】次生木质部具管胞和导管，射线宽，有黏液沟。染色体：$X=11$。

【化学特征】含芪丙素类，如买麻藤定（gnetins）和买麻藤叶林（gnetifolin）。

【分布】仅1属，35种，分布于亚洲、非洲及南美洲。我国7种，分布于福建、江西南部、湖南南部、广东、广西、贵州、云南、西藏东南部。已知8种药用。

【药用植物】小叶买麻藤 *Gnetum parvifolium* (Warb.) C. Y. Cheng ex Chun（图11－13）叶椭圆形至狭椭圆形或倒卵形，长4～10cm。球花单性同株；雄球花穗短小，具5～10轮杯状总苞。种子核果状，无柄，肉质假种皮红色或黑色，长不足2 cm。分布于福建、广东、广西及湖南。藤、根（麻骨风）能祛风活血、消肿止痛。买麻藤 *G. montanum* Markger. 叶较大、较长，雌雄异株，种子具短柄。分布与广东、广西、云南。功效似小叶买麻藤。

重点小结

裸子植物多乔木或灌木，既有颈卵器又有种子。木质部无导管（麻黄科、买麻藤科除外），韧皮部无筛管及伴胞。胚珠无子房壁包被，种子裸露于心皮上，多数种类具有多胚现象，是较原始的种子植物类群。双黄酮类是裸子植物特征性成分，生物碱类常具有抗肿瘤活性。《中国药典》收载的药用植物有15种，其中白果、松花粉、麻黄、麻黄根是常用中药材，银杏叶、红豆杉、麻黄是重要的天然药物。其代表性的科特征和代表植物见表11－2。

表11－2　裸子植物门的分科特征

纲名	科名	主要特征	代表药用植物
苏铁纲	苏铁科	叶羽状深裂，丛生茎顶；雌雄异株；种子核果状	苏铁
银杏纲	银杏科	落叶乔木；叶扇形；雌雄异株；种子核果状	银杏
松柏纲	松科	叶条形或针形；雌雄同株；苞鳞与珠鳞分离；种子上端具一膜质翅	马尾松、油松
	杉科	叶条形、披针形、钻形或鳞片状；珠鳞与苞鳞半合生；种子周围或两侧有窄翅	杉木、柳杉、水杉
	柏科	叶鳞形或刺形；苞鳞与珠鳞完全合生；种子周围具窄翅或无翅	侧柏、圆柏
红豆杉纲	紫杉科	叶披针形或条形；种子包于假种皮中	红豆杉、榧树
	粗榧科	叶条形或披针状条形；核果状种子包于肉质假种皮中	三尖杉
买麻藤纲	麻黄科	灌木，具导管；小枝绿色；叶鳞片状；每个胚珠均由1个特别增厚的囊状盖被（外珠被）包围着；种子呈浆果状	草麻黄、中麻黄、木贼麻黄
	买麻藤科	藤本，具导管；单叶对生，羽状或网状脉；大孢子叶球具2层盖被（假花被）；种子核果状	小叶买麻藤

思考与探索

1. 裸子植物与苔藓植物和蕨类植物相比，在适应陆生生活方面有哪些进步的特征？三者间的最主要的区别是什么？
2. 裸子植物的种子在结构和来源上与被子植物的种子有何异同？
3. 查阅资料，指出松属植物的生活史与被子植物生活史的区别。
4. 比较松科、柏科和杉科的主要区别有哪些？
5. 查阅资料，试述裸子植物中含生物碱的植物开发利用的现状和建议。

扫码“练一练”

（樊锐锋）

第十二章　被子植物 Angiospermàe

要点导航

1. 掌握被子植物的主要特征，分类原则和分类方法；30~40 个重点科，20 属的特征及相关代表性药用植物。

2. 熟悉被子植物常见 20~30 个科的识别特征及代表性药用植物。

3. 了解当前几个影响较大的被子植物分类系统的特点；重点科属的分布、微观特征和化学成分特征。

扫码“学一学”

第一节　被子植物的一般特征

被子植物是目前植物界种类最多、分布最广的类群。现知被子植物有 1 万多属，25 万余种，约占植物界的一半。我国有 2700 多属，2.5 万余种，据第三次全国中药资源普查结果表明，我国有药用被子植物 213 科，1957 属，1 万余种，约占药用植物总数的 90%，占中药资源总数的 78.5%。被子植物种类如此繁多，适应性广泛多样，这与其结构复杂化、完善化密不可分，特别是繁殖器官结构和生殖过程的特点，赋予它适应、抵御各种不良环境的内在条件，使其在生存竞争和自然选择过程中不断产生新的变异，产生新物种，而在地球上占绝对优势。与裸子植物相比，被子植物主要表现出以下更加进化的特征。

1. 具有真正的花和果实　被子植物典型的花由花被（花萼、花冠）、雄蕊群、雌蕊群等组成，各部分在数量和形态上都有着极其多样的变化。花被的出现既加强了保护作用，又增强了传粉效率，提供了异花传粉的条件。雌蕊的心皮构成子房，胚珠包藏在子房内，得到子房的保护，防止了昆虫咬噬和失水。子房受精后发育成果实，胚珠发育成种子。果实具有不同的色、香、味和多种开裂方式；果皮常具有各种钩、刺、翅、毛等，这些特点在保护种子成熟和帮助其散布中具有重要意义，也有利于物种繁衍和进化。

2. 具有双受精现象和新型胚乳　双受精现象是指 2 个精细胞由花粉管送入 8 核胚囊后，1 个与卵细胞结合形成合子，将来发育成 $2n$ 的胚；另 1 个与 2 个极核结合，发育形成 $3n$ 的胚乳，这种具有双亲特性的胚乳，为幼胚发育提供营养，使下一代具有更旺盛的生命力。

3. 孢子体高度发达和分化　孢子体在形态、结构和生活型等方面，比其他植物类群更具多样化和完善性。有水生、沙生、石生和盐碱地生长植物；有乔木、灌木、草本和藤本之分；有高达 156m 的杏仁桉，微细如沙粒的无根萍；果实有仅具 1 枚种子而重达 25kg 的大王椰子，也有轻如尘埃的附生兰（50000 颗种子仅 0.1g）种子；有生命周期仅 3 周的十字花科植物，也有寿命长达 8000 年的龙血树。在构造上，被子植物的木质部出现了导管，韧皮部出现了筛管和伴胞，输导组织的完善使植物体内水分和营养物质运输更加快捷有效。

4. 配子体进一步简化　被子植物的雌、雄配子体不仅是终生寄生在孢子体上，而且到达了最简单的程度，均无独立生活能力。雄配子体由单核花粉粒发育而成，成熟时是仅具 2 核或 3 核花粉粒；雌配子体为胚珠内由大孢子发育成的胚囊，成熟时常为 8 核 7 细胞结构，即 3 个反足细胞、1 个中央细胞（具 2 个极核）、2 个助细胞、1 个卵细胞，助细胞和卵细胞合称卵器。雌、雄配子在结构上比裸子植物更简单、更进化。

5. 营养和传粉方式多样化　大多数被子植物为自养型，但也有寄生（如菟丝子属植物）、半寄生（如桑寄生属植物）和腐生（如兰科植物天麻）等；被子植物还与细菌、真菌形成了广泛的共生关系，如兰科植物的菌根，豆科的根瘤菌等，增强了对环境的适应性。同时，被子植物花的结构在与环境和传粉媒介的协同演化中，出现了蜜腺、花盘、艳丽的颜色、强烈的气味和特殊的花部结构，以适应风媒、虫媒、鸟媒、水媒等多种传粉媒介。传粉方式的多样化，成为被子植物种类繁多的重要原因之一。

被子植物的上述特征，使它在适应陆生环境中具备了优越于其他植物类群的生存条件，并使其在地球上得到飞速发展，成为地球上最繁茂的类群；也使地球第一次出现色彩鲜艳、类型繁多、花果丰茂的景象。随被子植物花形态结构的发展，果实和种子中贮存的高能产物，使直接或间接地依赖植物为生的动物（尤其是昆虫、鸟类和哺乳类），获得了相应的发展，迅速地繁盛起来，构成了生机蓬勃的地球生命世界。

第二节　被子植物的分类原则和演化趋势

被子植物的分类，不仅要把 25 万多种植物安置在一定的位置上（纲、目、科、属、种），而且还要建立起一个能反映出它们之间亲缘关系的系统。被子植物分类工作以形态学特征为主要分类依据，尤以花、果的特征，而解剖学、孢粉学等其他性状则作为辅助依据加以综合考虑。因在距今 1.4 亿年前的白垩纪，地球上被子植物几乎同时兴起，这就难以根据化石年龄论定谁比谁更原始；其次，几乎找不到任何花的化石，而花部特点又是被子植物分类的重要依据，这就使难以推断各类群之间的演化关系。表 12－1 是大多数学者赞同的被子植物形态构造演化规律。

表 12－1　被子植物形态特征的主要演化规律

	初生的性状特征	次生的性状特征
根	主根发达（直根系）	主根不发达（须根系）
茎	乔木、灌木	多年生或一二年生草本
	直立	藤本
	无导管，有管胞	有导管
	环纹、螺纹导管，梯纹穿孔，斜端壁	网纹、孔纹导管，单穿孔，平端壁
叶	单叶	复叶
	互生或螺旋排列	对生或轮生
	常绿	落叶

续表

	初生的性状特征	次生的性状特征
花	单生	形成花序
	各部螺旋排列	各部轮生
	重被花	单被花或无被花
	各部离生	各部合生
	各部多数而不固定	各部有定数（3、4 或 5）
	辐射对称	两侧对称或不对称
	子房上位	子房下位
	两性花	单性花
	雌雄同株	雌雄异株
	花粉粒具单沟	花粉粒具 3 沟或多孔
	虫媒花	风媒花
果实	单果、聚合果	聚花果
	蓇葖果、蒴果、瘦果	核果、浆果、梨果
种子	种子多（花期胚珠多）	种子少（花期胚珠少）
	胚小、有发达胚乳	胚大、无胚乳
	子叶 2 枚	子叶 1 枚
生活型	多年生	一或二年生
	绿色自养植物	寄生、腐生植物

以上 26 条是植物形态演化的一般规律，是判断某类植物进化地位和分类的原则。但值得注意的是，不能孤立、片面地根据一二条原则进行判别，应当联系各条进行综合分析，这是因为：①某一植物的形状特征并非同步演化，常常有的特征已相当进化，而有的性状还保留在原始状态，如唇形科植物花冠联合、不整齐、雄蕊 2～4 枚等都表现出是高级虫媒植物协同进化的结果，但子房又是比较原始的子房上位。②同一性状，在不同植物中进化意义不是绝对的，如对一般植物而言，两性花、胚珠多数、胚小是原始形状，而在兰科植物中，恰恰是它的进化标志。③分类上各种性状的价值不等，进行植物分类时，人们习惯把某些性状看得比另一些性状重要些，如认为生殖器官比营养器官性状重要些。因此，评价一个类群时，必须全面、综合地进行分析比较，才有可能得出正确的结论。

第三节　被子植物系统演化与分类系统

一、假花学说与真花学说

被子植物的系统演化研究，首先要确定植物的原始类型和进化类型，而形成真正的花是被子植物区别于其他植物类群的最主要特征。花从何发展而来？目前存在两种不同观点，即假花学说（Pseudanthium theory）和真花学说（Euanthium theory）（图 12－1）。

1. 假花学说　恩格勒（A. Engler）学派的韦特斯坦（Wettstein）建立了假花学说，该学说认为被子植物的花是由裸子植物的单性孢子叶球穗演化而来，设想被子植物是来自裸子植物中早已绝灭的买麻藤类如弯柄麻黄 *Ephedra campylopoda* 等，并设想小孢子叶球（雄花）的苞片演变成花被，大孢子叶球（雌花）的苞片演变为心皮；每个小孢子叶球的小苞片简化消失后，只剩下一细长的柄，柄顶端具数个小孢子囊；而大孢子叶球的小苞片消失后仅剩下胚珠，着生子房基部。因裸子植物，尤其是麻黄和买麻藤等都是以单性花为主，故设想原始的被子植物具单性花（图 12－1）。这种观点称假花学说。据此现代被子植物的原始类型，应具有单性花、无被花、风媒花和木本的葇荑花序类植物，如木麻黄目、胡椒目、杨柳目等。现在多数学者不赞成上述看法。

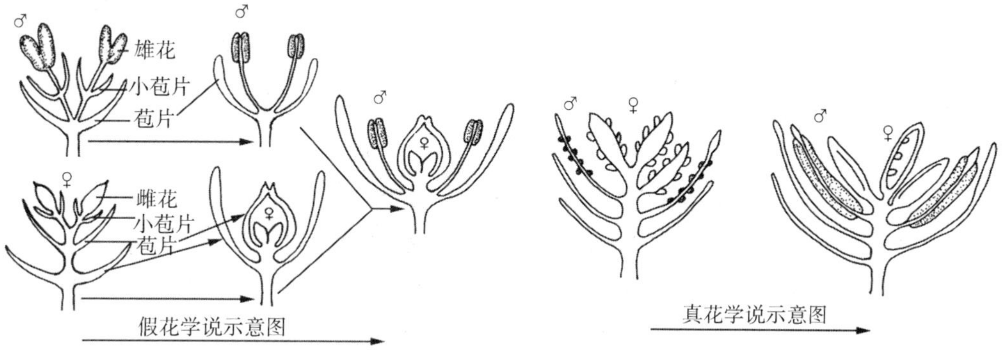

图 12－1 假花学说与真花学说

2. 真花学说 柏施（Bessey）提出了真花学说，该学说认为被子植物的花是由裸子植物两性孢子叶球演化而来，设想被子植物来自裸子植物中早已灭绝的本内苏铁目，特别是拟苏铁（Cycadeoidea），其孢子叶球基部的苞片演变成花被，小孢子叶演变为雄蕊，大孢子叶演变为雌蕊（心皮），孢子叶球的轴则缩短演变为花轴或花托，即本内苏铁植物的两性球花演化成被子植物的两性花，单性花由两性花演变而来，这种观点称真花学说。据此现代被子植物中的多心皮类，尤其是木兰目植物为原始类群，即两性花、重被花和虫媒花是原始的特征；单性花、单被花、风媒花是进步的次生特征。目前赞同该学派的人较多，如哈钦松、塔赫他间、克朗奎斯特等。

知识拓展

中华古果化石的发现

2002 年 5 月，我国学者孙革等在 *Science* 发表论文宣布，在中国辽西 1.45 亿年前的湖相地层中发现了“可能是世界上最完整、也是最古老的被子植物”化石。该化石被称“中华古果”的水生植物类群很可能就是现今世界上所有花果和谷物的祖先。中华古果化石标定被子植物起源时间为早白垩纪（距今约 1.45 亿年），被子植物祖先花的式样并不像现在的花，而是一个松散的可育枝条式样。该被子植物的形态特征十分特殊，不是真、假花学说提出的木本植物，而是一种小的、细嫩水生植物，更像是草本植物。被子植物独有的花托构造还没有形成，花被和营养性的叶子也没有区别。雄蕊和雌蕊比较接近现在的花。被子植物的雄蕊式样和形态，与多数裸子植物的雄蕊相似，说明是早发生的。中华古果的心皮式样，则是裸子植物没有的特征，应该是新发生的，并代表了定义被子植物的最基本特征。中华古果心皮的结构已经比较接近现代式样，说明中华古果是迄今最早的被子植物化石，但心皮特征表明，它还不是最早的被子植物。

同时，也不能因为中华古果不是最早的被子植物，就推测被子植物起源时间更早，因为心皮从未闭合演化到心皮闭合的演化线时间可能非常短暂。

二、被子植物的分类系统概要

按照植物之间的亲缘关系，建立一个反映植物自然演化过程的系统，说明被子植物间的演化关系，一直是植物系统学家孜孜不倦追求的目标。虽自 19 世纪以来，分类学家们依据不同的系统发育理论，结合古植物学和其他现有资料，提出了数十个分类系统。但由于被子植物的起源、演化的证据不足。迄今，还没有一个比较完善的被子植物分类系统。20 世纪中叶以后，提出或修订过的分类系统主要有 10 个，即恩格勒（A. Engler）系统、克朗奎斯特（A. Cronquist）系统、佐恩（R. F. Thorne）系统、塔赫他间（A. Takhtajan）系统、哈钦松（J. Hutchinson）系统、索奥（C. R. Soo）系统、达格瑞系统、买希尔（H. Melchior）系统、吴征镒系统和张宏达系统，这些系统中应用最广泛的仍然是恩格勒系统和哈钦松系统，颇受推崇影响较大的是克朗奎斯特系统和塔赫他间系统。下面进行简要介绍。

1. 恩格勒系统 德国植物学家 A. Engler（恩格勒）于 1892 年编制的一个分类系统，在他与 K. Prantl（勃兰特）合著的《植物自然分科志》（Die Natürichen Pflanzen – familien）和他自己编著的《植物分科志要》中采用了该系统。这是分类学史上第一个比较完整的系统，它以假花学说为理论基础，在《植物分科志要》第 12 版（1964）中，将植物界分成 16 门，并将被子植物独立为被子植物门；被子植物门共有 62 目，344 科，其中双子叶植物 48 目，291 科，单子叶植物 14 目，53 科；将双子叶植物移至单子叶植物之前。迄今，除英国、法国以外，大部分国家采用该系统。我国的《中国植物志》、多数地方植物志和大多数标本馆（室），以及《中国药典》《中国药用植物志》和中草药著作都采用恩格勒系统。

2. 哈钦松系统 英国植物学家 J. Hutchinson（哈钦松）在《有花植物科志》（The Families of Flowering Plants Ⅰ，Ⅱ）中发表了该系统。在 1973 年修订的第 3 版中，共有 111 目，412 科，其中双子叶植物 82 目，343 科，单子叶植物 29 目，69 科。哈钦松系统以真花学说为理论基础，认为多心皮的木兰目、毛茛目是被子植物中原始类群，单子叶植物比双子叶植物进化，起源于双子叶植物中的毛茛目；双子叶植物以木兰目和毛茛目为起点，由木兰目演化出木本植物一支，毛茛目演化出草本植物一支。导致许多亲缘关系很近的科在系统位置上相隔很远，如草本伞形科和木本山茱萸科、五加科，草本唇形科和木本马鞭草科等，因此受到多数分类学专家的反对。该系使用较少，而北京大学、华南植物研究所、广西植物研究所、昆明植物研究所等的标本馆，以及由上述 3 所编写的《广州植物志》《广东植物志》《广西植物志》和《云南植物志》采用该系统。

3. 塔赫他间系统 苏联植物学家 A. Takhtajan（塔赫他间）在《被子植物起源》中发表了该系统。塔赫他间系统以真花学说为理论基础，广泛采用了解剖学、孢粉学、植物细胞分类学和化学分类学等的资料，认为木兰目是最原始的被子植物，草本由木本演化而来。首次打破了传统把双子叶植物分为离瓣花亚纲和合瓣花亚纲的概念，增加了亚纲的数目，使各目的排列更合理。在分类等级的亚纲和目之间，增设了“超目”一级分类单元，特别对目、科的范围和安排上进行了重大的变动。该系统经过多次修订，在 1997 修订后包含 2 纲，17 亚纲，64 超目，212 目，591 科。其中双子叶植物（木兰纲）有 11 亚纲，55 超目，175 目，458

科；单子叶植物（百合纲）有6亚纲，9超目，37目，133科，但该系统显得较烦琐。

4. 克朗奎斯特系统 美国学者 A. Cronquist（克朗奎斯特）发表在《双子叶植物科、目新系统纲要》（Outline of a new system of families and orders of dicotyledons）中。克朗奎斯特系统接近于塔赫他间系统，把被子植物门分成木兰纲和百合纲，但取消了“超目”一级分类单元，科的划分也少于塔赫他间系统。该系统在各级分类的安排上比前几个系统似乎更合理。经多次修订后的系统包含2纲，11亚纲，83目，383科。其中双子叶植物（木兰纲）有6亚纲，64目，318科；单子叶植物（百合纲）有5亚纲，19目，65科。我国师范类院校教材常采用该系统。

知识拓展

被子植物种系发生学组（APG）

APG（Angiosperm Phylogeny Group）是非正式国际植物分类学组织。该组织试图将分子生物学原理应用到被子植物的分类中，以求得能为多数学者所共识的分类方法。在1998年发表了“APG分类系统”，主要依据植物三大基因组的DNA序列，以亲缘分支方法分类。虽主要依据分子生物学数据，但也参照其他方面的理论，如根据花粉形态学将真双子叶植物分支和其他原来分到双子叶植物纲中的种类区分。该机构又发表了“APGⅡ分类系统”和“APGⅢ分类系统”，2016发表了APGIV分类方法。

该分类法首先是着眼于“目”一级，其次才是“科”级。“目”级便于研究“科”的系统关系，并可置放一些系统位置尚不明确的“属”。认为前人确认的“目”，并非都是单系类群，而现今迫切需要的是以“科”为基本单位的单系集合类群，以作为交流知识之用。目前APGIV将被子植物分为64目416科。

第四节 被子植物的分类

本教材考虑到被子植物演化关系以及与其他学科间的知识衔接，采用恩格勒系统（1964）将被子植物门划分为2纲，62目，344科。其中双子叶植物纲（Dicotyledoneae）48目，290科；单子叶植物纲（Monocotyledoneae）14目，54科。主要区别如表12－2。

表12－2 双子叶植物纲和单子叶植物纲的基本区别

	双子叶植物纲	单子叶植物纲
根	直根系	须根系
茎	维管束成环状排列，有形成层	维管束成星散状排列，无形成层
叶	具网状脉	具平行脉或弧形脉
花	各部分基数为5或4 花粉粒具3个萌发孔	各部分基数为3 花粉粒具单个萌发孔
胚	具子叶常2枚	具子叶常1枚

上述区别点是相对的，常有交错现象。如双子叶植物纲的毛茛科、睡莲科、罂粟科、伞形科、报春花科中有些植物的子叶为1枚，毛茛科、车前科、菊科部分植物具有须根系，

樟科、木兰科中许多植物的花为 3 基数；而单子叶植物纲中天南星科、百合科中部分植物具网状脉，眼子菜科、百合科中有些植物花为 4 基数。

一、双子叶植物纲 Dicotyledoneae

双子叶植物纲（Dicotyledoneae）也称木兰纲（Magnoliopsida），主要特征：子叶 2 枚，稀 1 枚或较多；茎具中央髓部，木本植物茎具年轮；常具网状脉；花常 5 或 4 数。花粉粒常 3 萌发孔类型或 3 萌发孔类型的衍生类型，一些较古老类群为单萌发孔类型。

扫码“学一学”

（一）离瓣花亚纲 Choripetalae［原始花被亚纲 Archichlamydeae］

花两性到单性，无花被、单被、同被或重被，花瓣分离；雄蕊着生花托上；珠被常 2 层，种子多少有胚乳，从风媒演进到虫媒。

1. 杨柳科 Salicaceae ♂ $P_0A_{2\sim\infty}$； ♀ $P_0\underline{G}_{(2\sim4:1:\infty)}$

【形态特征】木本。单叶互生；托叶常早落。花单性，常先叶开放，雌雄异株；柔荑花序；小花具膜质苞片，无花被；雄花具杯状花盘，内生雄蕊 2 至多数；雌蕊无杯状花盘，2 心皮合生，1 室，侧膜胎座。蒴果，瓣裂。种子细小，基部有丝状白长毛。

【微观特征】富含黏液细胞；叶表皮细胞垂周壁平直至弓形、浅波状或波状，气孔平轴式、不定式、环式等。花粉无沟（杨属）或 3 沟（柳属）。染色体：$X=19$，22。

【化学特征】水杨苷是本科植物的特征性成分，普遍分布黄酮类、酚类及其苷类。

【分布】3 属，约 450 种，主要分布于北温带。我国 3 属，200 余种，分布于南北各地。已知 3 属 33 种药用。

【药用植物】毛白杨 *Populus tomentosa* Carr.（图 12－2）乔木。树皮青白色，小枝有灰色绒毛。叶三角状卵形，叶光滑，叶背密被灰色毡毛。雄蕊多数；子房卵形。蒴果。分布于西北、华北、华东及辽宁等地。花序（杨树花）能清热利湿，祛痰，止痢。

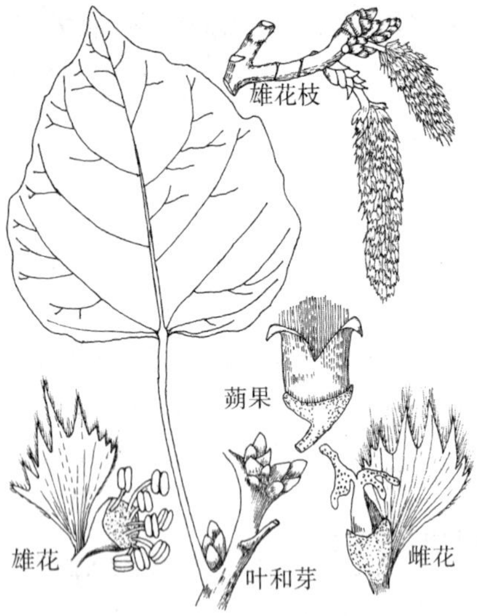

图 12－2　毛白杨

垂柳 *Salix babylonica* L. 全国各地普遍栽培。根（柳根）能利水通淋，泻火除湿；枝叶能消肿散结，利水，解毒透疹；茎皮能祛风利湿，消肿止痛。

2. 杜仲科 Eucommiaceae ♂ $P_0A_{5\sim10}$；♀ $P_0\underline{G}_{(2:1:2)}$

【形态特征】落叶乔木。枝、叶折断后有银白色胶丝。单叶互生。花单性异株，无花被；雄蕊 5～10，常 8；子房上位，2 心皮合生，仅 1 心皮发育，1 室。翅果。

【微观特征】韧皮部具石细胞环带，石细胞常类长方形。染色体：$X=17$。

【化学特征】含木脂素类、苯丙素类化合物、环烯醚萜类、黄酮类、杜仲胶。

【分布】1 属，1 种。我国特产种，分布于长江中游各省。供药用的 1 种。

【药用植物】杜仲 *Eucommia ulmoides* Oliv.（图 12－3）树皮（杜仲）能补肝肾、强筋骨，安胎；叶能补肝肾、强筋骨。

3. 桑科 Moraceae

♂$P_{4\sim6}A_{4\sim6}$；♀$P_{4\sim6}\underline{G}_{(2:1:1)}$

【形态特征】木本，稀草本；常具乳汁。单叶互生，稀复叶；托叶早落。花小，单性，雌雄同株或异株；常集成头状、葇荑、穗状或隐头花序；单被花，常4～6数；雄蕊与花被片同数且对生；雌花花被有时肉质，子房上位，2心皮合生，常1室，1胚珠。瘦果或核果，常与花被或花轴等形成肉质复果（聚花果）。

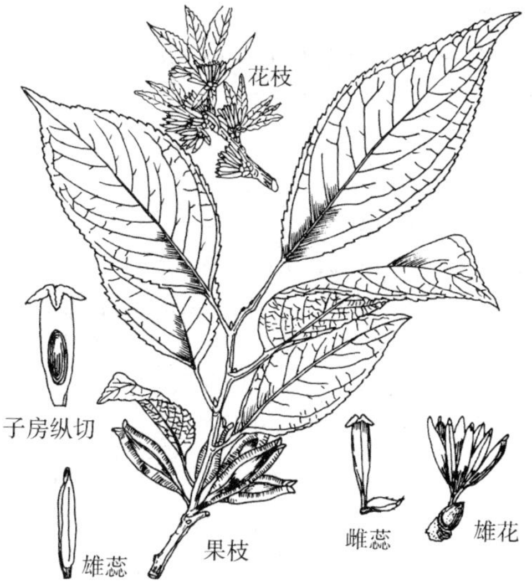

图12－3　杜仲

【微观特征】具无节乳汁管，钟乳体。花粉3孔。染色体：$X=7$，8，10，13～16。

【化学特征】含黄酮类、强心苷、昆虫变态激素、生物碱、三萜类、皂苷和酚类化合物。黄酮类如桑色素（morin）、桑皮素（mulberrin）等，强心苷如见血封喉苷（antiarins），生物碱如榕碱（ficine），昆虫变态激素如牛膝甾酮（inokosterone），皂苷如无花果皂苷元（ficusogenin），酚类如大麻酚（cannabinol）、大麻酚酸（cannabinolic acid）、四氢大麻酚类（tetrahydrocannabinols）等，其中四氢大麻酚类是致幻的毒品成分。

【分布】53属，1400种，分布于热带和亚热带。我国12属，153种，全国各省区均有分布，但以长江以南较多。已知12属，约80种药用。

【药用植物】桑 *Morus alba* L.（图12－4）落叶乔木。叶广卵形至卵形，叶背脉腋具毛。花单性，腋生或生芽鳞腋内，与叶同出；雄花序下垂，花被4，花丝在芽时内折；雌花无梗，无花柱，柱头内侧具乳头状突起。聚花果卵状椭圆形。分布全国各地，栽培或野生。根皮（桑白皮）能泻肺平喘，利水消肿；嫩枝（桑枝）能祛风湿，利关节；叶（桑叶）能疏风清热，清肝明目；果穗（桑葚）能滋阴养血，生津润燥。

图12－4　桑

无花果 *Ficus carica* L.（图12－5）落叶灌木。叶厚纸质，倒卵形或近圆形，表面粗糙，3～5裂。隐头花序单生叶腋，梨形，成熟时紫黑色。原产地中海沿岸，我国中、南部均有栽培。隐头果（无花果）能润肺止咳，清热润肠；根、叶散瘀消肿，止泻。

大麻 *Cannabis sativa* L.（图12－6）一年生高大草本。叶互生或下部对生，掌状全裂，裂片披针形。花单性，雌雄异株；雄花花序圆锥状；雌花丛生于叶腋。瘦果扁卵形。原产亚洲西部，我国各地有栽培。种仁（火麻仁）能润燥滑肠、通便。

常用药用植物还有：构树 *Broussonetia papyrifera*（L.）Vent. 的果实（楮实子）能补肾，清肝明目，利尿；根皮（楮树白皮）能行水，止血；叶凉血，利水；白色乳汁治癣疾。薜

荔 *Ficus pumila* L. 的隐花果（薜荔果）能补肾固精，活血，催乳；茎叶（薜荔络石藤）能祛风利湿，活血解毒。柘树 *Cudrania tricuspidata*（Carr.）Bur. 的根皮（穿破石）能祛风通络，清热除湿，解毒消肿。葎草 *Humulus scandens*（Lour.）Merr. 的全草（葎草）清热解毒，利尿消肿。啤酒花 *Humulus lupulus* L. 未成熟果穗能健胃消食，安神，利尿。

图 12－5　无花果

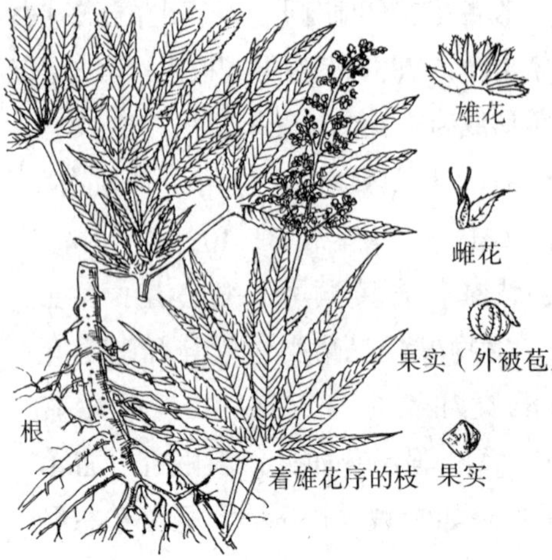

图 12－6　大麻

4. 桑寄生科 Loranthaceae　　$♀ * P_{3\sim6}A_{3\sim6}\overline{G}_{(3\sim6:1:1\sim\infty)}$

【形态特征】寄生或半寄生灌木。叶对生，革质或鳞片状，全缘，无托叶。花两性或单性；花被片 3～6，离生或下部合生成冠管；雄蕊与花被片同数且对生；子房下位，3～6 心皮合生，1 室，无胚珠，仅具胚囊细胞。浆果，稀核果。种子常 1 枚，无种皮。

图 12－7　桑寄生

【微观特征】茎具环髓纤维，草酸钙方晶、簇晶，石细胞，叠生星状毛。花粉 3 合沟，刺状、条状纹饰或颗粒状纹饰。染色体：$X=8\sim12$，14，15。

【化学特征】普遍含黄酮、三萜、外源凝集素和肽类化合物等，黄酮类如槲皮素、萹蓄苷（avicularin）、槲寄生新苷（viscumneoside）、高圣草酚（homoeriodictyol）等，三萜类如齐墩果酸、β－榄香烯、β－榄香烯棕榈酸酯等，外源凝集素（lectins）、槲寄生毒肽（viscotoxins）具有抗肿瘤活性。寄生植物的成分受寄主的影响较大。

【分布】约 65 属，1300 种，主要分布于热带地区，温带分布较少。我国 11 属，约 64 种，大多数分布于华南和西南。已知 10 属，44 种药用，主要在桑寄生属和槲寄生属。

【药用植物】桑寄生 *Taxillus chinensis*（DC.）Danser（图 12－7）常绿小灌木。嫩枝和叶密被褐色或红褐色星状毛。叶对生，厚纸质，卵形至长卵形。伞形花序腋生，具花 1～4 朵；花冠狭管状，紫红色，裂片 4；子房下位，1 室；花柱线形，柱头头状。浆果椭圆形或近球形。分布于福建、广东、广西、云南、四川等地，寄生于桑树、榆树、木棉、构树、槐树等多种植物上。带叶茎枝（桑寄生）能祛风湿，补肝肾，强筋骨，安胎，是天麻钩藤颗粒、平肝舒络丸等的原料药材。

常用药用植物还有：槲寄生 *Viscum coloratum*（Komar.）Nakai，分布于我国大部分省区，寄生于榆、杨、柳、桦、栎等树上；带叶茎枝（槲寄生）能祛风湿，补肝肾，强筋骨，安胎，是正心泰胶囊、复方羚角降压片等的原料药材。四川桑寄生 *Taxillus sutchuenensis*（Lec.）Dans. 分布在长江流域及以南地区，枫香槲寄生 *Viscum liquidambaricolum* Hayata 分布在长江流域及以南地区、西藏南部和东南部、甘肃、陕西南部，在产区常作桑寄生的地方习用品。

5. 蓼科 polygonaceae　　$⚥ * P_{3\sim6,(3\sim6)}A_{3\sim9}\underline{G}_{(2\sim3:1:1)}$

【形态特征】草木，稀灌木；茎节常膨大。单叶互生，节部具膜质托叶鞘。花序穗状、总状或圆锥状，顶生或腋生；花两性，整齐，单被花；花被片 3～6，花瓣状，常两轮，宿存；雄蕊 3～9，与花被片对生；子房上位，3（2）心皮，1 室，1 胚珠。瘦果双凸镜状、三棱形或近圆形，常包在宿存的花被内。种子有胚乳。

【微观特征】筛管分子质体 S 型，植物体含草酸钙簇晶，根状茎和根有时存在异型维管束。花粉 3～4 孔沟、散孔或散沟。染色体：$X=6\sim20$。

【化学特征】普遍含蒽醌类、黄酮类、鞣质和吲哚苷等。蒽醌类如大黄素（emodin）、大黄酚（chrysophanol），黄酮类如槲皮苷、芸香苷（rutin）、萹蓄苷（avicularin）。

【分布】50 属，1150 种，世界性分布，主产北温带。我国有 13 属，235 种，37 变种，全国各地均有分布。已知 10 属，136 种药用（表 12－3）。

表 12－3　蓼科部分属检索表

1. 瘦果无翅。	
2. 花被片 6，柱头画笔状；果时内轮花被片增大	酸模属 *Rumex*
2. 花被片 5 或 4，柱头头状；果时内花被片常不增大。	
3. 瘦果包裹在宿存的花被内或略超出。	
4. 花被片 5（稀 4、6），果时常不增大或增大成浆果，或背部生翅	蓼属 *Polygonum*
4. 花被片 4，果时不增大；花柱 2，果时变硬成钩状，宿存	金线蓼属 *Antenorum*
3. 瘦果长为花被片的 1～2 倍；花被片 5	荞麦属 *Fagopyrum*
1. 瘦果具翅；花被片 6，果时不增大；大型草本	大黄属 *Rheum*

【药用植物】

（1）大黄属 *Rheum* L. 粗大草本。根及根状茎粗壮，断面黄色。基生叶宽大，具长柄，托叶鞘长筒状。圆锥花序，花白绿色或紫红色；花被片 6，2 轮，果时不增大；雄蕊 9；花柱 3，柱头头状或近盾状。瘦果具 3 棱，棱缘翅状。该属中叶浅裂、深裂到条裂的类群（掌叶组）均具有泻下作用，而叶全缘或波状的类群泻下作用不明显。掌叶大黄 *Rheum palmatum* L.（图 12－8）基生叶宽卵形或近圆形，长宽近相等，掌状浅裂到半裂，裂片成较窄三角形；花较小，红紫色或带红色，花蕾倒金字塔形；果枝聚拢。主产甘肃、四川、青海、西藏和陕西，野生或栽培。根及根状茎（大黄）能泻热通便，凉血解毒，逐瘀通经，是大承气汤、活血丸、四季三黄丸等的原料药材。

唐古特大黄 *R. tanguticum* Maxim. ex Balf.（图 12－8）叶小裂片窄披针形，花序多分枝，花多红紫色，花被片全缘；主产青海、甘肃、四川、西藏。药用大黄 *R. officinale* Baill.（图 12－8）叶浅裂，裂片大齿形或宽三角形，花较大，白色，果枝开展；主产陕西、重庆、湖北、四川、云南。二者的根及根状茎与掌叶大黄同等入药。

（2）蓼属 *Polygonum* L. 草本，少灌木。单叶互生，托叶鞘状膜质。花被 5 裂，稀 4 裂，宿存；雄蕊3～9，常8；花柱2～3。瘦果三棱或双凸镜状，包藏于宿存的花被内。何首乌 *P. multifloraum Thunb*.（图12－9）多年生草质藤本，茎多分枝，基部木化；块根肥大，红褐色或黑褐色，断面有异型维管束形成的"云锦花纹"。叶卵状心形，托叶鞘短筒状。大型圆锥花序；花白色，花被5深裂，外部3片背部有翅。瘦果黑褐色三棱形。分布于全国各地。块根（何首乌）能解毒、润肠通便、消痈；炮制后（制首乌）能补肝肾、强筋骨、益精血、乌须发，是平肝疏络丸、乌发丸等的原料药材；茎（首乌藤、夜交藤）能养血、安神、祛风通络；叶可治疮肿、疥癣。

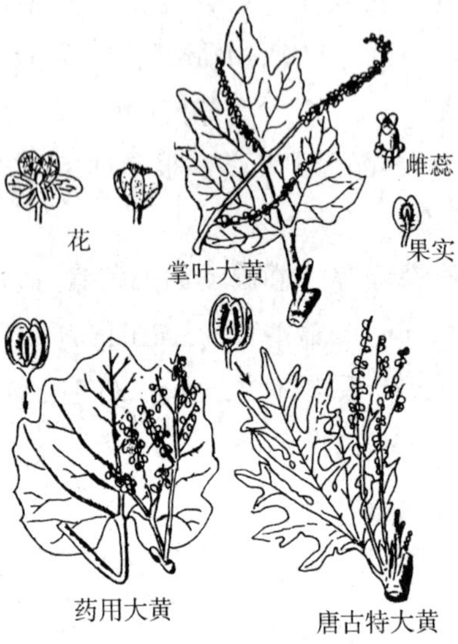

图12－8 大黄属植物

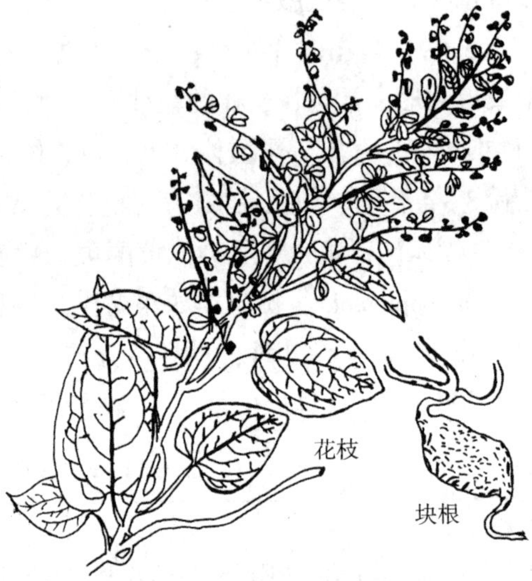

图12－9 何首乌

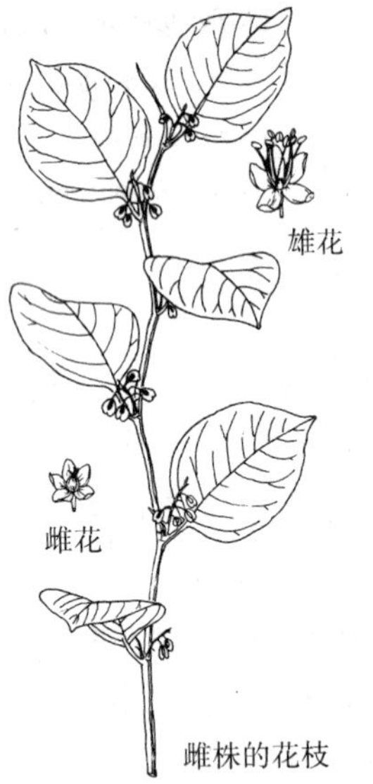

图12－10 虎杖

虎杖 *P. cuspidatum* Sieb. et Zucc.（图12－10）粗壮草本。根状茎粗壮，横走；茎直立中空，散生紫红色斑点。叶阔卵形，柄短；托叶鞘短筒状；雌雄异株；花被片5，外轮3片果时增大；雄蕊8，花柱3。瘦果卵形，具3棱。分布于长江流域及以南各地。根状茎和根（虎杖）能祛风利湿，散瘀定痛，是伤湿镇痛膏、和络疏肝片的原料药材。

常用药用植物还有：拳参 *Polygonum bistorta* L. 根状茎（拳参）能清热解毒，消肿，止血。红蓼 *P. orientale* L 果实（水红花子）能活血消积，健脾利湿。蓼蓝 *P. tinctorium* Ait. 叶（蓼大青叶）能清热解毒，凉血消斑。萹蓄 *P. aviculare* L. 全草（萹蓄）能利尿通淋，杀虫，止痒。金荞麦 *Fagopyrum dibotrys*（D. Don）Hara. 根状茎（金荞麦）能清热解毒，活血消肿，祛风除湿。羊蹄 *Rumex japonicus* Houtt. 根能清热解毒，凉血止血，通便。

知识拓展

《中国药典》和药学文献通常将何首乌、虎杖放在蓼属，但《中国植物志》将学名变更成：

何首乌 *Fallopia multiflora*（Thunb.）Harald.，虎杖 *Reynoutria japonica* Houtt.。

6. 商陆科 Phytolaccaceae

$⚥ * P_{4\sim5}A_{4\sim5\ or\ \infty}\underline{G}_{1:\infty,(1:\infty)}$

【形态特征】草本或灌木。单叶互生，全缘。花两性，辐射对称；总状花序或聚伞花序；花被4~5裂，宿存；雄蕊4~5，或多数；雌蕊由1至多个分离或合生的心皮组成；子房上位，胚珠单生于每心皮内。浆果、蒴果或翅果。

【微观特征】根具同心环状异形维管束，草酸钙晶体。染色体：$X=9$。

【化学特征】含三萜皂苷、生物碱等。

【分布】17属，120余种；广布热带至温带地区，主要分布热带美洲、非洲南部。我国2属，5种（包括引入种），分布于华北、华中、华南及西南。已知1属3种药用。

【药用植物】商陆 *Phytolacca acinosa* Roxb.（图12－11）宿根草本，全株无毛。根肥厚肉质，圆锥形。叶互生，椭圆形或卵状椭圆形，全缘。总状花序顶生或侧生；花两性，花被片5，白绿色，花后反折；雄蕊8~10；心皮8~10，离生。果序直立，浆果扁球形，熟时黑色。分布于全国各地，生于疏林、沟边等湿地。根（商陆）能逐水消肿，通利二便，解毒散结。美洲商陆 *P. amreicana* L. 的根与商陆同等入药。

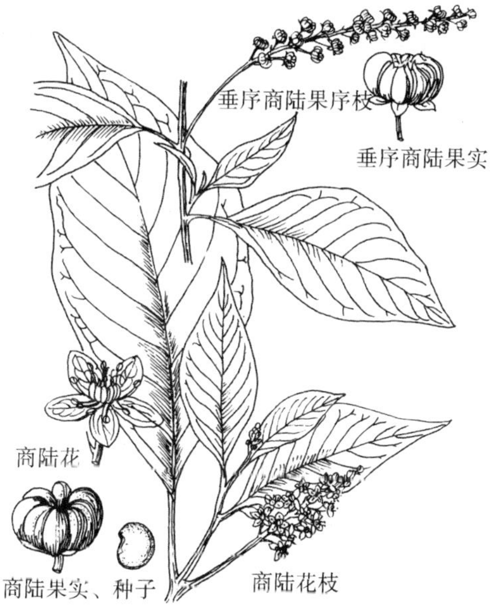

图12－11　商陆和垂序商陆

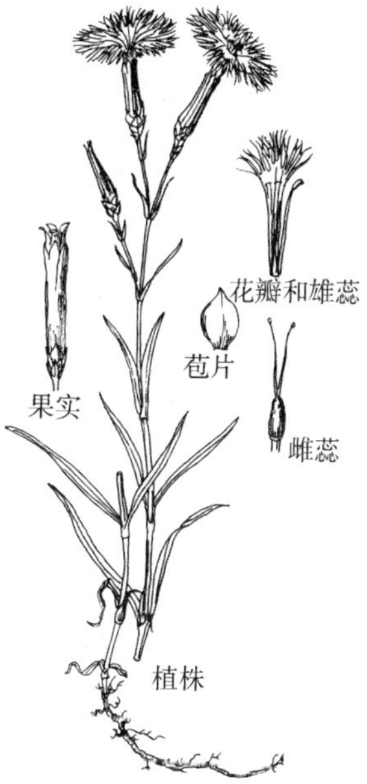

图12－12　瞿麦

7. 石竹科 Caryophyllales

$⚥ * K_{5\sim4,(5\sim4)}C_{5\sim4,0}A_{10,8}\underline{G}_{(2\sim5:1:\infty)}$

【形态特征】草本。茎节常膨大。单叶对生或轮生，基部常连合。花两性，辐射对称；花单生或集成聚伞花序；萼片4~5，离生或合生成筒状，宿存；花瓣4~5，常具爪，稀无瓣；雄蕊常为花瓣倍数；子房上位，2~5心皮，合生，特立中央胎座。蒴果，顶端裂瓣或齿裂，稀瘦果或浆果；种子多数，稀1枚。

【微观特征】含草酸钙簇晶和砂晶；气孔器直轴式。花粉球形，散孔，表面颗粒状。染色体：$X=5\sim19$。

【化学特征】含皂苷、黄酮类和挥发油，皂苷类如丝石竹皂苷元（gypsogenin）等。

【分布】80属，2000余种；广布全球，主要分布北半球的温带及寒带地区。我国约30属，388种，58变种，8变型，分布南北各地。已知21属106种药用。

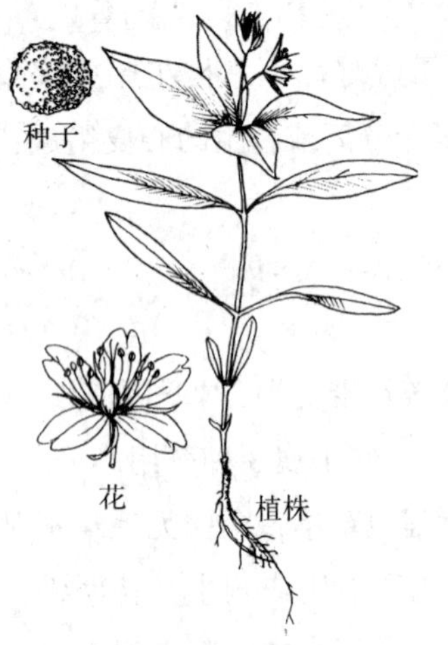

图12-13　孩儿参

【药用植物】瞿麦 *Dianthus superbus* L.（图12-12）多年生草本。叶条状披针形或披针形。花萼圆筒形，基部具长爪，喉部有须毛；花瓣紫色或粉紫色，先端深细裂成丝状；雄蕊10。蒴果长于萼筒，4齿裂。全国大部分地区均有分布。地上部分（瞿麦）能利尿通淋，破血通经。石竹 *D. chinensis* L. 花瓣先端边缘有细齿，地上部分与瞿麦同等入药。

孩儿参 *Pseudostellaria heterophylla*（Miq）Pax（图12-13），块根长纺锤形，肉质。茎顶部2对叶大形并排呈十字形。花二型，开花受精花1~3朵，萼片5，花瓣5，长倒卵形，白色；闭花受精花，萼片4，无花瓣。蒴果宽卵形，种子长圆状肾形。分布于东北、华北、西北和华中地区。块根（太子参）能益气健脾，生津润肺。

常用药用植物还有：麦蓝菜 *Vaccaria segetalis*（Neck）Garcke，分布于我国东北、华北、华东、西北及西南各地，种子（王不留行）能活血调经、下乳消肿，是肾石通冲剂的原料药材。银柴胡 *Stellaria dichotoma* L. var. *lanceolata* Bge. 根（银柴胡）能清热凉血，除疳热。

8. 苋科 Amaranthaceae　⚥ $* P_{3\sim5}A_{3\sim5}\underline{G}_{(2\sim3:1:1\sim\infty)}$

【形态特征】多草本。单叶对生或互生，全缘，无托叶。花小，两性，辐射对称；聚伞或圆锥花序，腋生；单被花，花被片3~5，每花有苞片1枚和小苞片2枚，干膜质；雄蕊与花被同数对生；心皮2~3，子房上位，1室，1胚珠。胞果，稀浆果、瘦果或坚果，果皮薄膜质，不裂、不规则开裂或顶端盖裂。

【微观特征】根中常有环状排列的异型维管束，含草酸钙针晶。花粉近球形，散孔。染色体 $X=6\sim9$，16，17，18，24。

【化学特征】含皂苷、蜕皮素和生物碱。昆虫蜕皮素如蜕皮甾酮（ecdysterone）、牛膝甾酮（inokosterone）、杯苋甾酮（cyasterone）；生物碱如甜菜碱、倒扣草碱。

【分布】约65属，900种，分布于热带和亚热带。我国13属，39种，南北均产。已知9属28种药用。

【药用植物】牛膝 *Achyranthes bidentata* L.（图12-14）宿根草本。根长圆柱形。茎四棱形，节膨大。叶对生，全缘。穗状花序顶生或腋生；花被片5；雄蕊5，花丝下部合生。胞果长圆形或矩圆形，包于宿萼内，向下折贴近花序轴。全国均有分布，河南等地栽培品的根（牛膝，怀牛膝）能补肝肾，强筋骨，逐瘀通经。

川牛膝 *Cyathula officinalis* Kuan（图12-15）宿根草本。根圆柱形。茎中部以上四棱形，疏被糙毛。花小，绿白色，由多数聚伞花序密集成圆球状；苞片顶端刺状。主产四川西南部，栽培或野生。根（川牛膝）能逐瘀通经，通利关节，利尿通淋。

常用药用植物还有：青葙 *Celosia argentea* L. 的种子（青葙子）能清肝火，明目，退翳；鸡冠花 *Celosia cristata* L. 的花序（鸡冠花）能收涩止血，止痢。土牛膝 *Achyranthes aspera* L. 和柳叶牛膝 *A. longifolia* Makino 的根（土牛膝）能清热解毒，利尿。

图 12－14　牛膝

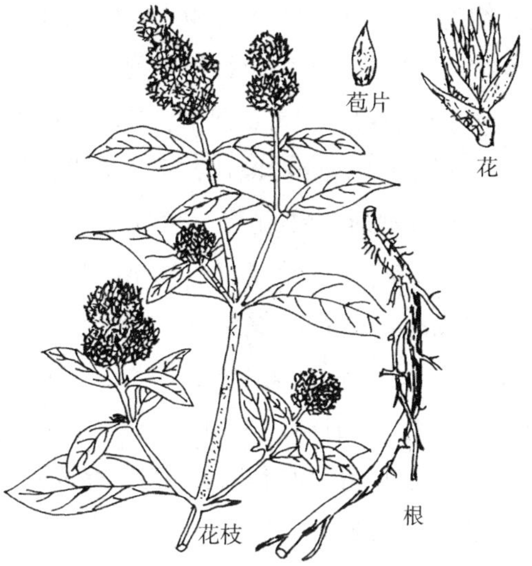

图 12－15　川牛膝

9. 木兰科 Magnoliaceae　　♀ * $P_{6\sim\infty}A_{\infty}\underline{G}_{\infty:1:1\sim2}$

【形态特征】木本，具油细胞，有香气。单叶互生，托叶有或缺，托叶包被幼芽，早落，在节处留一环状托叶痕或无托叶。花单生，两性，稀单性，辐射对称；花被片多数，有时分化成萼片和花瓣，每轮 3 枚；雄蕊多数，离生，螺旋状排列在花托下半部；心皮多数，离生，螺旋状排列在花托上半部，每心皮胚珠 1～2 枚。聚合蓇葖果或聚合浆果。

【微观特征】常有油细胞、石细胞和草酸钙方晶；叶表皮细胞不规则，垂周壁波状弯曲；下表皮具平列式气孔器。单沟花粉粒。染色体：$X=19$。

【化学特征】普遍含异喹啉类生物碱、木脂素、倍半萜和挥发油。生物碱类，如木兰花碱（magnoflorine）、木兰箭毒碱（magnocurarine）等；木脂素类，如厚朴酚（magnolol）、和厚朴酚（honokiol）、五味子素（schizandrin）、戈米辛（gomisin）等。

【分布】18 属，335 种，主要分布于亚洲东南部和南部。我国 14 属，165 种，主要分布于东南部和西南部，向北渐少。已知 9 属，91 种，9 亚种、变种或变型药用（表 12－4）。

表 12－4　木兰科部分属检索表

1. 木质藤本；叶纸质或近膜质，罕革质；花单性，雌雄异株或同株；聚合浆果（五味子亚科）。	
2. 果期花托不伸长，聚合果排成近球状或椭圆体状	南五味子属 *Kadsura*
2. 果期花托伸长，聚合果排成穗状	五味子属 *Schisandra*
1. 乔木或灌木；叶革质或纸质，全缘；花两性；聚合蓇葖果。	
3. 托叶包被幼芽；小枝具环状托叶痕；雄蕊和雌蕊螺旋状排列于伸长的花托上（木兰亚科）。	
4. 花顶生，雌蕊群无柄或具柄。	
5. 每心皮具 3～12 胚珠	木莲属 *Manglietia*
5. 每心皮具 2 胚珠	木兰属 *Magnolia*
4. 花腋生，雌蕊群具明显的柄	含笑属 *Michelia*
3. 无托叶，芽具多枚芽鳞；雄蕊和雌蕊轮状排列于花托上（八角亚科）	八角属 *Illicium*

【药用植物】

（1）木兰属 *Magnolia* L. 木本，小枝具环状托叶痕。单花顶生；花 3 基数，花被片 9～15；雄蕊和雌蕊多数，雌蕊群无柄；每心皮 2 胚珠；聚合蓇葖果。种子成熟时外种皮肉质红色，悬挂在细丝状的种柄上。厚朴 *M. officinalis* Rehd. et Wils.（图 12－16，彩图 5）落叶乔木，芽无毛。叶大，革质，集生于枝顶，倒卵形，基部楔形；花白色，内轮花被片直立；蓇葖果基部圆。分布于陕西、甘肃、河南、湖北、湖南、四川、重庆、贵州等地；多栽培。干皮、根皮和枝皮（厚朴）能燥湿消痰，下气除满，是四正丸、半夏厚朴汤、承气汤等的原料药材；花蕾（厚朴花）能芳香化湿，理气宽中。凹叶厚朴 *M. officinalis* var. *biloba*（Rehd. et Wils.）Law 叶先端凹缺，主要在浙江、福建、湖南、江西等地栽培，与厚朴同等入药。

望春玉兰 *M. biondii* Pamp.（图 12－17）落叶乔木。叶椭圆状披针形，基部不下延。花先叶开放；萼片 3，近线形；花瓣 6，匙形，白色，外面基部带紫红色。聚合蓇葖果圆柱形，稍扭曲。分布陕西、甘肃、河南、湖北、四川等地。花蕾（辛夷）能散风寒，通鼻窍，是辛夷散、辛夷鼻炎丸等的原料药材。玉兰 *M. denudata* Desr.、武当玉兰 *M. sprengeri* Pamp. 的花蕾与望春花同等入药。

图 12－16　厚朴和凹叶厚朴

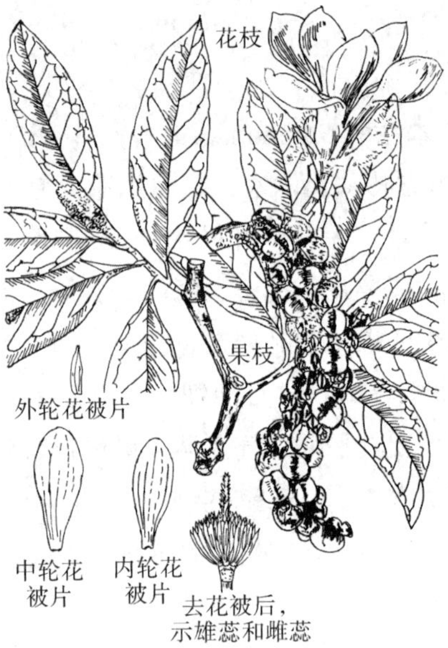

图 12－17　望春玉兰

（2）五味子属 *Schisandra* Michx. 木质藤本。叶纸质，边缘常具腺齿，无托叶。雌雄异株，稀同株；花被片 5～12（20），2～3 轮，中轮最大；雄蕊 4～60 枚；心皮 12～120 枚。坐果时花托延长，聚合浆果排列成长穗状。五味子 *S. chinensis*（Turcz.）Baill.（图 12－18）叶阔椭圆形或倒卵形。花被 6～9，乳白色至粉红色；雄花托短圆柱形，雄蕊 5；心皮 17～40。聚合浆果红色。分布于东北、华北及宁夏、甘肃、山东。果实（五味子，习称北五味子）能收敛固涩，益气生津，补肾宁心，是生脉饮、四神丸、石斛夜光丸等的原料药材。

同属植物华中五味子 *S. sphenanthera* Rehd. et Wils. 分布于山西、陕西、甘肃、华中和西南，果实（南五味子）能收敛固涩，益气生津，补肾宁心。

（3）八角属 *Illicium* L.，常绿乔木或灌木。全株无毛，具香气。花两性；花被片数轮；雄蕊 4 至多数；心皮 7～15，离生，排成 1 轮。蓇葖果单轮排列呈星状。八角 *I. verum* Hook. f.（图 12－19）叶革质，倒卵状椭圆形至椭圆形。单花腋生或顶生，粉红至深红色；心皮常 8 枚。蓇葖果饱满平直，常 8 个排成八角形。分布于广西西部和南部，其他地区也有引种。果实（八角茴香）能温阳散寒，理气止痛，是八角橘核丸、“达菲”等的原料药材。

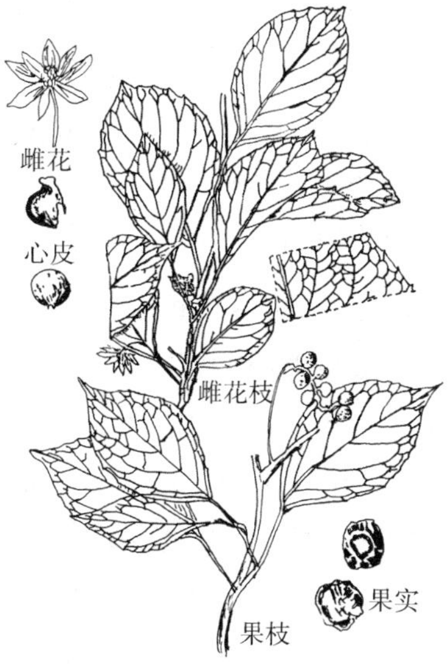

图 12－18 五味子

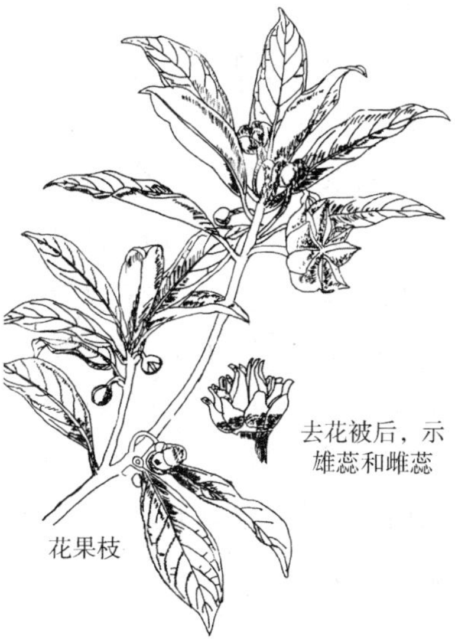

图 12－19 八角

同属植物多有毒，如莽草 *I. lanceolatum* A. C. Smith、红茴香 *I. henryi* Diels 等的果实，外形与八角相似，常因误用而中毒。

常用药用植物还有：地枫皮 *Illicium difengpi* K. I. B. et K. I. M. 树皮（地枫皮）能祛风除湿，行气止痛；内南五味子 *Kadsura interior* A. C. Smith 干燥藤茎（滇鸡血藤）能活血补血，调经止痛，舒筋通络；木莲 *Manglietia fordiana*（Hemsl.）Oliv. 果实能通便，止咳；白兰 *Michelia alba* DC. 花能化湿，行气，止咳；南五味子 *Kadsura longipedunculata* Finet et Gagn. 根或根皮（红木香）能理气止痛，祛风通络，活血消肿。

知识拓展

木兰科在恩格勒系统、哈钦松系统、克朗奎斯特和塔赫他间系统中均划分成 3 个科，即木兰科 Magnoliaceae、八角科 Illiciaceae 和五味子科 Schisandraceae。但本教材考虑与《中国药典》、《中国植物志》等工具书和其他学科知识的衔接，仍归并在一起。

10. 樟科 Lauraceae

$⚥ * P_{3+3,3+3+3}A_{3+3+3,3+3+3+3}\underline{G}_{(3:1:1)}$

【形态特征】木本。具油细胞，有香气，稀缠绕性寄生草本（无根藤属 *Cassytha*）。单叶，常互生，全缘，羽状脉或三出脉，革质，无托叶。花两性，稀单性，辐射对称，圆锥花序、总状花序或丛生成束；花小，单被，芳香；花萼 6～9，3 基数；雄蕊 3～12，常 9，排成 3～4 轮，花药 2～4 室，瓣裂，外面 2 轮内向，第 3 轮外向，花丝基部具 2 腺体或无，第 4 轮为退化雄蕊；雌蕊 3 心皮合生，子房上位，1 室，具 1 顶生胚珠。核果或呈浆果状，基部有时被宿存花被形成的肉质果托包围。种子无胚乳。

【微观特征】常有油细胞和黏液细胞。花粉无沟。染色体：$X=7$，12。

【化学特征】普遍含异喹啉类生物碱、缩合鞣质和挥发油。挥发油集中在樟属、山胡椒属、木姜子属，其中樟脑（camphor）、芳樟醇（linalool）、柠檬醛（citral）、桂皮醛（cinnamialdehyde）等具重要药用价值。异喹啉类生物碱以阿朴菲型分布最广泛。

【分布】45属，2000~2500种，分布于热带、亚热带地区。我国20属，400余种，多分布于长江以南各省区。已知13属125种药用。

【药用植物】肉桂 *Cinnamomum cassia* Presl.（图12-20）常绿乔木。叶革质，长椭圆形或近披针形，离基三出脉，横脉波状。圆锥花序腋生或近顶生。花小，白色。果实椭圆形，黑紫色，果托浅杯状。产华南地区和云南，多栽培。树皮（肉桂）能补火助阳，引火归元，散寒止痛，温通经脉，是金匮肾气丸、右归丸、丹桂香颗粒等的原料药材；嫩枝（桂枝）能发汗解肌，温经通脉，助阳化气，是桂枝汤等的原料药材。

樟 *Cinnamomum camphora*（L.）Presl（图12-21）常绿乔木。叶卵状椭圆形，离基三出脉，脉腋具腺体。圆锥花序腋生；萼片6；雄蕊4轮，最内轮退化；果球形，紫黑色。分布于长江以南及西南各省。全株各部分均供药用，能祛风散寒，消肿止痛。全株可提取樟脑和樟油，樟脑是正金油、正骨水等的原料药材。

图12-20 肉桂

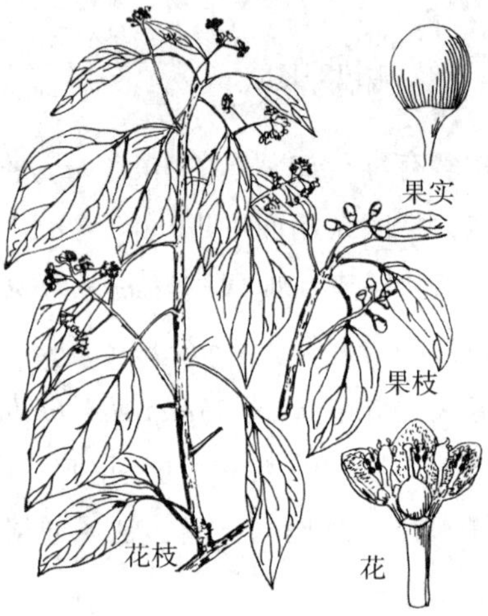

图12-21 樟

常用的药用植物还有：乌药 *Lindera aggregata*（Sims）Kosterm. 块根（乌药）能行气止痛，温肾散寒；山鸡椒 *Litsea cubeba*（Lour.）Pers. 果实（荜澄茄）能温中散寒，行气止痛。

11. 毛茛科 Ranunculaceae

⚥ $* \uparrow K_{3\sim\infty}C_{3\sim\infty,0}A_{\infty}\underline{G}_{1\sim\infty:1\sim\infty}$

【形态特征】草本，少藤本或亚灌木。叶互生，少对生；叶掌状或羽状分裂，少复叶；无托叶。花单生或排成聚伞、总状或圆锥花序；花两性，辐射对称或两侧对称；萼片3至多数，常瓣状；花瓣3至多数或缺；雄蕊和心皮常多数，离生，螺旋状排列在多少隆起的花托上；子房上位，1室。聚合蓇葖果或聚合瘦果，少浆果或蒴果。

【微观特征】草本茎具散生维管束，导管单穿孔；藤本茎髓射线宽；根和根状茎中具皮层厚壁细胞。黄连属、铁线莲属、唐松草属和银莲花属等具维管柱鞘厚壁细胞（石细胞或纤维），有时成连续环带。花粉2~3沟，多孔。染色体：$X=6\sim10$，13。

【化学特征】毛茛苷（Ranunculin）是其特征性成分，苄基异喹啉类生物碱如木兰花碱、小檗碱、厚果唐松草碱、唐松草新碱等也是其重要的一类成分；二萜类生物碱，如乌头碱；三萜类及其皂苷类、强心苷等。

【分布】约50属2000种，主要分布于北温带及寒温带。我国有42属，约800种，全国各省区均有分布。已知30属500余种药用（表12-5）。

表 12 – 5　毛茛科部分属检索表

1. 草本；叶互生或基生。
  2. 花两侧对称，上面萼片呈盔状 ………………………………………… 乌头属 *Aconitum*
  2. 花辐射对称。
    3. 蓇葖果，每心皮具 2 枚以上胚珠。
      4. 叶互生；萼片无爪；花排成穗状或圆锥花序 ………………………… 升麻属 *Cimicifuga*
      4. 叶基生；萼片有爪；花数朵生于花茎上 ……………………………… 黄连属 *Coptis*
    3. 瘦果，每心皮具 1 胚珠。
      5. 花梗无苞片；叶基生或茎生。
        6. 有花瓣，花少而显著 ………………………………………… 毛茛属 *Ranunculus*
        6. 无花瓣，花多而小 ………………………………………… 唐松草属 *Thalictrum*
      5. 花梗有苞片；叶全部基生。
        7. 果期花柱不延长 ………………………………………… 银莲花属 *Anemone*
        7. 果期花柱强烈伸长成羽毛状 ………………………………… 白头翁属 *Pulsatilla*
1. 藤本；复叶对生 …………………………………………………… 铁线莲属 *Clematis*

【药用植物】

（1）毛茛属 *Ranunculus* L. 直立草本。叶基生兼茎生。花两性，黄色，萼片、花瓣均 5，花瓣基部具蜜腺；雄蕊与心皮多数，离生，螺旋状着生在花托上。聚合瘦果。毛茛 *R. japonicus* Thunb.（图 12 – 22），全体被粗毛。叶 3 深裂，中裂片又 3 浅裂，侧裂片 2 裂。花瓣亮黄色，基部有蜜槽。聚合瘦果近球形。分布于全国，生于山沟、湿草地、水田边。全草（毛茛）能利湿消肿，止痛，退翳，截疟杀虫。

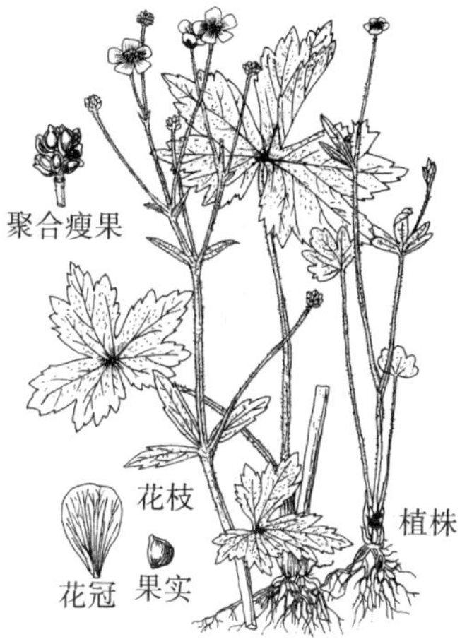

图 12 – 22　毛茛

（2）乌头属 *Aconitum* L. 草本。常具块根。叶掌状分裂。总状花序；花两侧对称；萼片 5，瓣状，多蓝紫色；上萼片呈盔状或圆筒状；花瓣 2，特化成蜜腺叶，由距、唇、爪三部分组成；雄蕊多数；心皮 3 ~ 5，聚合蓇葖果。乌头 *A. carmichaeli* Debx.（图 12 – 23）宿根草本；块根圆锥形，黑色，母根旁生 1 ~ 2 枚膨大不定根的更新芽，称"附子"；萼片 5，蓝紫色，上萼片盔帽状。分布于长江中、下游地区，北达秦岭和山东东部，南至广西北部；生于山坡草地、灌丛中；块根剧毒，须炮制后入药。四川、陕西、云南等地栽培品的母根（川乌）能祛风除湿，温经散寒，止痛；旁生膨大不定根的更新芽（附子）能回阳救逆，补火助阳。

同属植物北乌头 *A. kusnezoffii* Reichb. 分布于东北、华北各地，块根（草乌）能祛风除湿，温经散寒，止痛；叶（草乌叶）能清热解毒、止痛。黄花乌头 *A. coreanum*（Lévl.）Raipaics 分布于东北及河北北部；块根（关白附）能祛寒湿、止痛。短柄乌头 *A. brachypodum* Diels，分布于四川、云南；块根（雪上一枝蒿）能祛风止痛。

（3）黄连属 *Coptis* Salisb. 常绿草本。根状茎黄色，须根多数。叶基生，3 或 5 全裂。萼片 5，瓣状，花瓣比花萼短；雄蕊多数；心皮 5 ~ 14，基部具细柄。聚合蓇葖果。黄连 *C. chinensis* Franch.（图 12 – 24）根状茎分枝簇生；叶片 3 全裂，中裂片具细柄，卵状菱形；花瓣线状披针形，中央有蜜腺。分布于陕西、湖北、湖南、贵州、四川、重庆等地；

生长于海拔 500 ~ 2000m 间山地林下阴湿处，多为栽培；根状茎（黄连）能清热燥湿，泻火解毒。三角叶黄连 *C. deltoidea* C. Y. Cheng et Hsiao 和云南黄连 *C. teeta* Wall. 的根状茎与黄连同等入药；商品药材分别称“味连”“雅连”和“云连”。

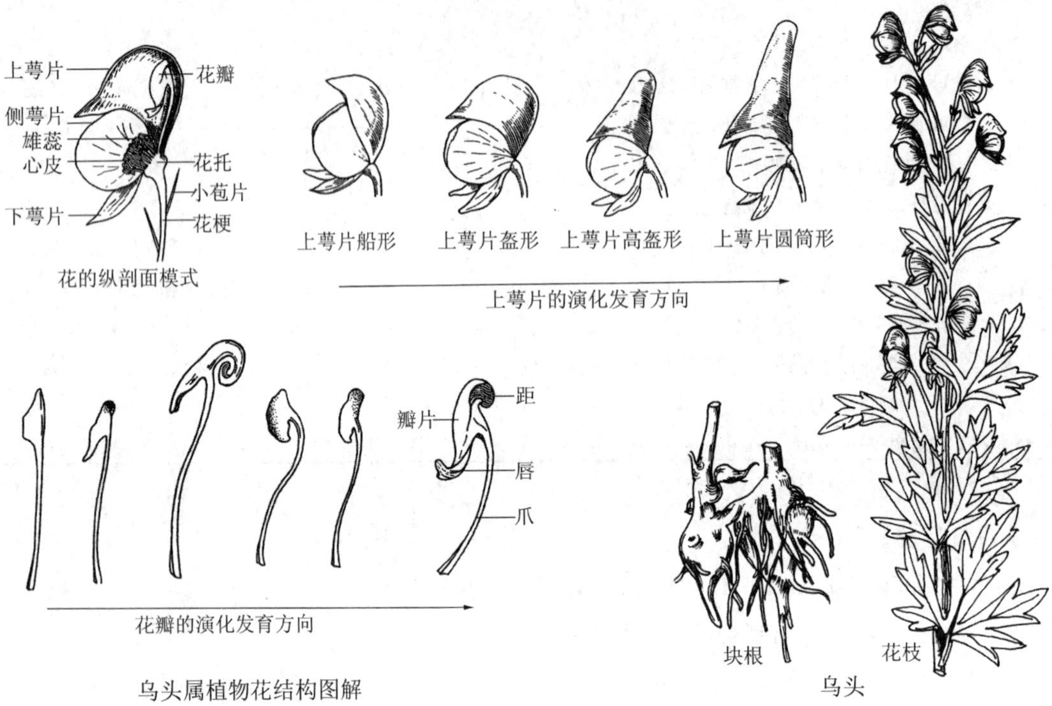

图 12 – 23　乌头属植物花的结构图解及乌头

（4）铁线莲属 *Clematis* L. 藤本或直立草本。叶对生，羽状复叶或单叶全缘。萼片 4 ~ 5，花瓣状，无花瓣。瘦果具宿存的羽毛状的花柱，聚成头状。威灵仙 *C. chinensis* Osbeck（图 12 – 25）藤本，茎叶干后变成黑色。羽状复叶对生，小叶 5，狭卵形。圆锥花序；萼片 4，白色，矩圆形，外面具短柔毛。分布于长江中、下游及以南各省区；生于林边或灌丛中。根及根状茎（威灵仙）祛风除湿，通络止痛。棉团铁线莲 *C. hexapetala* Pall 和东北铁线莲 *C. manshurica* Rupr. 与威灵仙同等入药。

图 12 – 24　黄连

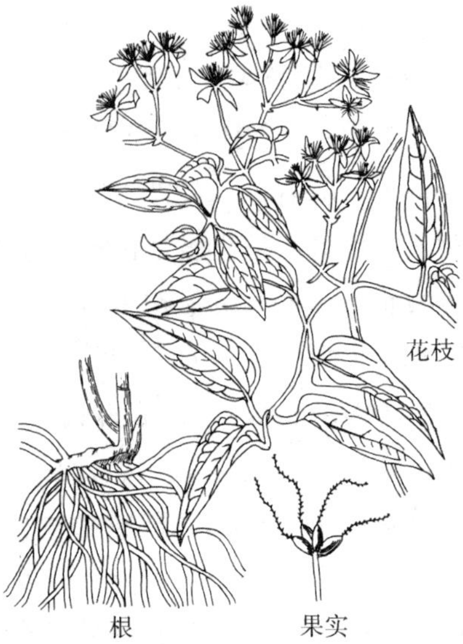

图 12 – 25　威灵仙

同属植物小木通 *Clematis armandii* Franch. 分布于华中、华南、西南地区；绣球藤 *C. montana Buch.* Ham. 分布于华东、西南和河南、陕西、甘肃等地；二者的茎藤（川木通）能清热利尿、通经下乳。同属多种植物的茎藤在产区也作“川木通”。

常用的药用植物还有：白头翁 *Pulsatilla chinensis*（Bge.）Regel. 的根（白头翁）清热解毒，凉血止痢。升麻 *Cimicifuga foetida* L.、大三叶升麻 *C. heracleifolia* Kom. 和兴安升麻 *C. dahurica*（Turcz.）Maxim. 的根状茎（升麻）能清热解毒，升阳透疹。

12. 芍药科 Paeoniaceae　　$⚥ * K_5 C_{5\sim10} A_{\infty} \underline{G}_{2\sim5:1:\infty}$

【形态特征】草本或亚灌木。根肥大，数条。叶互生，常一至二回三出羽状复叶，无托叶。花大，整齐，顶生或腋生；萼片 5，革质，宿存；花瓣 5～10（栽培品常重瓣），覆瓦状，颜色各异；雄蕊多数，离心发育；花盘杯状或盘状，不同程度包裹心皮；心皮 2～5，离生。聚合蓇葖果。种子具假种皮，胚小，胚乳丰富。

【微观特征】维管束周韧型，梯纹或具缘纹孔导管；草酸钙簇晶散在或在延长而具分隔的薄壁细胞中。花粉粒大，3 孔沟。染色体：$X=5$。

【化学特征】含芍药苷（paeoniflorin），牡丹组含丹皮酚（paeonoside）及其衍生物。

【分布】1 属，约 35 种，分布亚欧大陆、北美西部等温带地区。我国 17 种，分布东北、华北、西北、西南及长江流域。国产种类全部药用。

图 12－26　芍药

【药用植物】芍药 *Paeonia lactiflora* Pall.（图 12－26）宿根草本。根粗壮，圆柱形。茎下部为二回三出复叶，小叶狭卵形，叶缘具骨质细乳突。花白色、红色或粉红色，顶生或腋生；花盘肉质，仅包裹心皮基部；心皮 2～5 枚，离生。蓇葖果先端钩状外弯的喙。全国各地均有栽培；野生者多见北方，生于山坡草丛。栽培品刮去外皮，经水煮后的干燥根称“白芍”，能平肝止痛、养血调经、敛阴止汗，是归芍六君丸、妇康宁等的原料药材；野生不去皮直接干燥的根称“赤芍”，能清热凉血、散瘀止痛。川赤芍 *P. veitchii* Lynch 的根与和野生芍药同等作赤芍入药；此外草赤芍 *P. obovata* Maxim 的根也作赤芍入药。

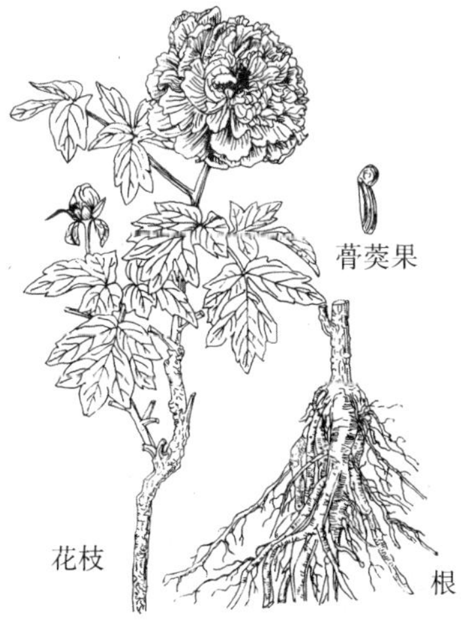

图 12－27　牡丹

牡丹 *P. suffruticosa* Andr.（图 12－27），落叶灌木。根皮厚，表面灰褐色至紫棕色。叶常二回三出复叶，顶生小叶宽卵形，3 裂至中部，侧生小叶不等 2 浅裂。单花顶生，白色、红紫色或黄色；花瓣 5 或重瓣；花盘杯状，革质，包裹心皮。蓇葖果卵形，密生褐黄色毛。分布于河北、河南、山东、四川、陕西、甘肃等地，多栽培于向阳的土壤肥沃处或庭园。根皮（牡丹皮）能清热凉血、活血化瘀，是六味地黄丸等的原料药材。本种为《中国药典》收载牡丹皮的法定基原植物，而牡丹皮的道地产区安徽铜陵和南陵所栽培的药用牡丹，有学者认为是同属植物凤丹 *P. ostii* T. Hong et J. X. Zhang。

知识拓展

芍药科仅1属，原属毛茛科芍药属。经研究认为，它与毛茛科的其他类群明显不同：如芍药属的雄蕊是离心发育，有花盘，染色体大，基数5，不含毛茛苷和木兰花碱，因此从毛茛科独立出来，但所放置的位置有一定差异。《中国药典》仍将其放在毛茛科。

13. 小檗科 Berberidaceae ⚥ $* K_{3+3}C_{3+3}A_{3\sim9}\underline{G}_{(1:1:1\sim\infty)}$

【形态特征】灌木或草本。叶互生，无托叶。花两性；萼片与花瓣相似，2至数轮，每轮3枚，离生，早落；雄蕊3~9，对瓣生，花药瓣裂或纵裂；子房上位，1心皮，1室，胚珠多数，花柱短，柱头盾状。浆果、蒴果或蓇葖果；胚小，胚乳丰富。

【微观特征】木本类群含草酸钙方晶，草本类群含有草酸钙簇晶。花粉具3沟，6~12沟或螺旋状萌发孔。染色体：$X=6$，7，8，10，14。

【化学特征】含生物碱、三萜皂苷、鬼臼素类木脂素、黄酮类、蒽醌、香豆素等。

【分布】17属，约650种，分布于北温带和亚热带高山地区。我国11属，约320种；分布全国，以西南地区为多。已知11属，约140种药用。

【药用植物】

（1）小檗属 *Berberis* L. 灌木。茎内皮黄色，枝常具刺。单叶，叶片和叶柄连接处有关节。花黄色，萼片、花瓣、雄蕊常6，花药活瓣状开裂。浆果。约500种，主产北温带，中国约250种，主产西部和西南部。根皮和茎皮可提取小檗碱。匙叶小檗 *Berberis vernae* Schneid.（图12-28）叶纸质，匙状倒披针形，先端圆钝，基部渐狭，叶缘全缘，偶具1~3刺齿。穗状总状花序具15~35朵花；花黄色；萼片2轮；花瓣先端近急尖，基部缩略呈爪，具2枚分离腺体；雄蕊药隔先端平截；浆果顶端不具宿存花柱，不被白粉。分布于甘肃、青海、四川。根（三颗针）能清热燥湿、泻火解毒。金花小檗 *B. wilsonae* Hemsl.、细叶小檗 *B. poiretii* Schneid. 和拟豪猪刺 *B. soulieana* Schneid. 的根与匙叶小檗同等入药。

（2）十大功劳属 *Mahonia* Nuttall 灌木。茎内皮黄色，枝无刺；羽状复叶。其余特征似小檗属。约60种，中国约35种；根皮和茎皮常可作提取小檗碱的原料。

（3）淫羊藿属 *Epimedium* L. 草本。根状茎横生。单叶或1至3回羽状复叶，革质，小叶不分裂，具齿；花瓣4，通常呈距状。约50种，中国约40种。箭叶淫羊藿 *Epimedium sagittatum*（Sieb. et Zucc.）Maxim.（图12-29）常绿草本。一回三出复叶；小叶基部心形，侧生小叶不对称。圆锥花序顶生；花小，白色；萼片2轮，外萼片4枚，内轮瓣状，白色；花瓣4，囊状，淡棕黄色，有矩；雄蕊4。蓇葖果卵形。分布于长江以南各地，以及陕西、甘肃。地上部分（淫羊藿）能补肾阳，强筋骨，祛风湿。淫羊藿 *E. brevicornu* Maxim.、柔毛淫羊藿 *E. pubescens* Maxim.、巫山淫羊藿 *E. wushanense* T. S. Ying 和朝鲜淫羊藿 *E. koreanum* Nakai 的地上部分与箭叶淫羊藿同等入药。

图 12－28　匙叶小檗

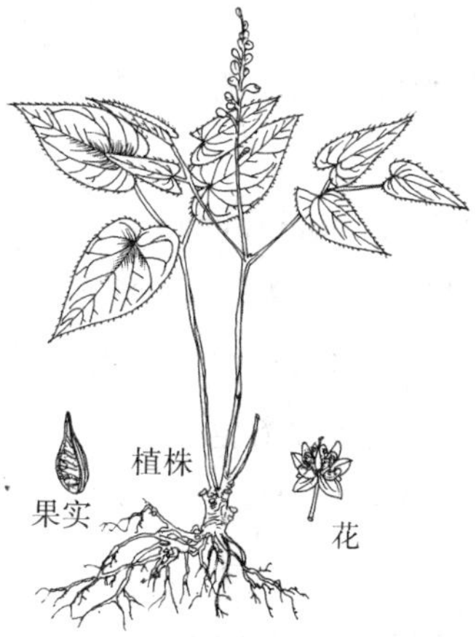

图 12－29　箭叶淫羊藿

常用药用植物还有：八角莲 *Dysosma versipellis*（Hance）M. Cheng ex Ying、六角莲 *D. pleiantha*（Hance）Woodson 的根状茎能化痰散结，祛瘀止痛，清热解毒。蠔猪刺 *Berberis julianae* Schneid.、黄芦木 *B. amurensis* Rupr. 的根、茎能清热燥湿，泻火解毒。阔叶十大功劳 *Mahonia bealei*（Fort.）Carr.、十大功劳 *M. fortunei*（Lindl.）Fedde. 和华南十大功劳 *M. japonica*（Thunb.）DC. 的全株清热解毒。南天竹 *Nandina domestica* Thunb. 根、茎、叶清热除湿、通经活络，果实（南天竹子）止咳平喘。鲜黄连 *Plagiorhegma dubia* Maxim. 根和根状茎能清热燥湿，凉血止血。桃儿七 *Sinopodophyllum hexandrum*（Royle）Ying 的果实（小叶莲）能调经活血，根和根状茎（桃儿七）能祛风除湿，活血解毒，止咳，止痛；根和根状茎也是提取抗癌药“鬼臼毒素”的原料。

14. 防己科 Menispermaceae　　♂ $* K_{3+3}C_{3+3}A_{6\sim8,\infty}$；♀ $* K_{3+3}C_{3+3}\underline{G}_{3\sim6:1:1}$

【形态特征】藤本。单叶互生，叶柄两端常肿胀；无托叶。花小，单性异株；聚伞花序或圆锥花序；萼片、花瓣各常 6，每轮 3 枚；雄蕊 6～8 枚，分离或合生；心皮3～6，分离，子房上位，1 室，胚珠 2，1 枚早期退化。核果，核常呈马蹄形或肾形。

【微观特征】常见环状排列的异型维管束；髓射线明显。草酸钙结晶类型多样。叶表皮细胞多边形或不规则形，垂周壁平直或波状；气孔器尤规则型、环列型、十字型、辐射型和不等。染色体：$X=12$，13，19。

【化学特征】富含生物碱，集中在双苄基异喹啉类、原小檗碱类（proto－berberine alkaloids）和阿朴啡类（aporphine alkaloids），以及皂苷、苦味素、挥发油等。

【分布】65 属，350 余种，分布热带和亚热带地区，温带很少。我国 19 属，约 80 种，分布于长江流域及其以南各地。已知药用 15 属 67 种（包括 4 变种）药用。

【药用植物】粉防己 *Stephania tetrandra* S. Moore（图 12－30）草质藤本。根圆柱形，长而弯曲。叶三角状阔卵形，全缘，盾状着生。聚伞花序集成头状；雄花的萼片、花瓣、雄蕊均 4，花丝合生成柱状体；雌花的萼片、花瓣均 4，心皮 1，花柱 3。核果球形，核马蹄形，具瘤状突起和横槽纹。分布于我国东部及南部；生于山坡、林缘及草丛。根（粉防己）能利水消肿，祛风止痛。

常用药用植物还有：青牛胆 *Tinospora sagittata*（Oliv）Gagnep. 和金果榄 *T. capillipes* Gagnep 的块根（金果榄）能清热解毒，利咽，散结，消肿；蝙蝠葛 *Menispermum dauricum* DC.

的根茎（北豆根）能清热解毒，祛风止痛；木防已 *Cocculus trilobus*（Thunb.）DC. 的根（木防己）能祛风止痛，利尿消肿，降压；金线吊乌龟 *Stephania cepharantha* Hayata 块根（白药子）能散瘀消肿，止痛。

15. 睡莲科 Nymphaeaceae $⚥* \ \mathbf{K}_{3-\infty}\ \mathbf{C}_{3-\infty}\ \mathbf{A}_{\infty}\ \underline{\mathbf{G}}_{3-\infty,(3-\infty)}$ **or** $\overline{\mathbf{G}}_{3-\infty,(3-\infty)}$

【形态特征】水生草本。根状茎横走，粗大。叶两型，出水叶心形或盾状。花单生，常大而美丽；两性，辐射对称，浮于或挺出水面；萼片 3 至多数；花瓣 3 至多数；子房上位或下位；心皮 3 至多数离生或合生。坚果埋于海绵质花托内或为浆果状。

【微观特征】维管束散生，无形成层。$X=8$，14，17，29。

【化学特征】含生物碱，如莲碱（roemerine）、莲心碱和荷叶碱（nuciferine）。

【分布】8 属，约 100 种，广布全球。我国有 5 属，13 种。已知 5 属 8 种药用。

【药用植物】莲 *Nelumbo nucifera* Gaetn.（图 12－31）叶片圆盾形，柄长，有刺毛。萼片 4～5，早落；花瓣多数，粉红色或白色；雄蕊多数，离生。坚果椭圆形。我国各地均有栽培。根状茎的节部（藕节）能止血，消瘀；种子（莲子）能补脾止泻，止带，益肾涩精，养心安神；种子的幼叶及胚根（莲子心）能清心安神，涩精止血；花托（莲房）能化瘀止血；干燥雄蕊（莲须）固肾涩精；叶片（荷叶）能清暑化湿。

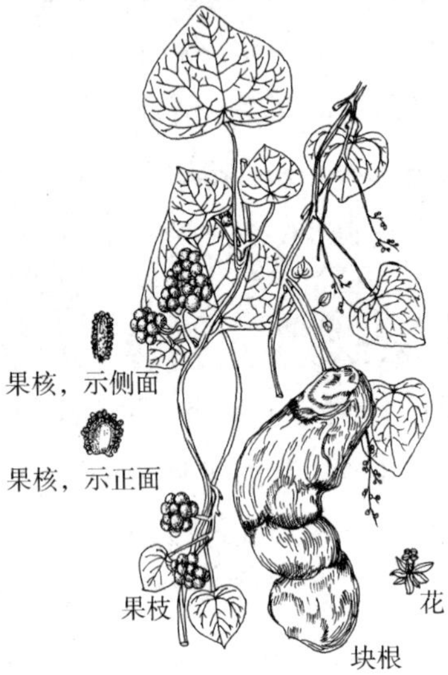

图 12－30　粉防己

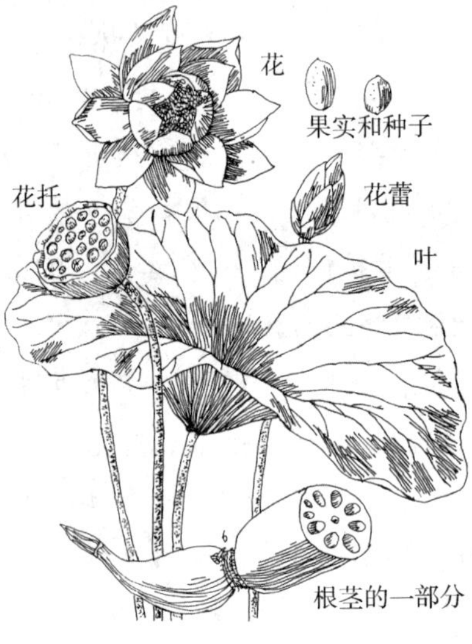

图 12－31　莲

芡实 *Euryale ferox* Salisb，一年生草本。叶盾圆形或盾状心形，上面多皱折，脉上有刺。花萼宿存，外面密生钩状刺。果实浆果状，密生硬刺；种子球形，黑色。分布于我国南北各地；生于湖塘池沼中。种仁（芡实）能益肾固精，补脾止泻，除湿止带。

16. 三白草科 Saururaceae $⚥* \ \mathbf{P}_0\mathbf{A}_{3\sim8}\underline{\mathbf{G}}_{3\sim4:1:2\sim4,(3\sim4:1:\infty)}$

【形态特征】多年生草本。单叶互生，托叶与叶柄合生或缺。穗状或总状花序，基部常有总苞片；花小，两性，无花被；雄蕊 3～8；心皮 3～4，离生或合生，每离生心皮有胚珠 2～4，或心皮合生成 1 室子房，侧膜胎座，胚珠多数。蒴果或浆果。

【微观特征】常具油细胞、腺毛、分泌道。染色体：$X=9$，11，12，22。

【化学特征】含挥发油，主要含甲基正壬酮（mehtyl－nnonylketone）、肉豆蔻醚（myristicin）等，以及槲皮素、槲皮苷、金丝桃苷（hyperoside）等黄酮类。

【分布】4 属，约 7 种，分布于东亚和北美。我国有 3 属，4 种，主产中部以南各省区。均药用。

【药用植物】蕺菜 *Houttuynia cordata* Thunb.（图 12－32）全株具鱼腥气。叶心形，具腺点；托叶下部与叶柄合生。穗状花序顶生，总苞片 4，白色瓣状；雄蕊 3，花丝下部与子房合生；雌蕊 3 心皮合生，子房上位。分布于长江以南各地。全草（鱼腥草）能清热解毒，消痈排脓，利尿通淋，是鱼腥草注射液等的原料药材。

三白草 *Saururus chinensis*（Lour.）Baill. 根状茎白色多节。叶长卵形，茎梢 2～3 叶在开花时常呈白色。总状花序顶生，雄蕊 6 枚，雌蕊 4 心皮合生，子房上位。蒴果，3～4 瓣裂。分布于长江以南各省区。地上部分（三白草）能利尿消肿，清热解毒。

17. 胡椒科 Piperaceae ♂ $P_0\ A_{1\sim 10}$；♀ $P_0\ \underline{G}_{(2\sim 5:1:1)}$；⚥ $P_0\ A_{1\sim 10}\ \underline{G}_{(2\sim 5:1:1)}$

【形态特征】藤本、灌木或草本。常有辛辣香气。单叶互生，稀对生或轮生，全缘；托叶与叶柄合生或缺。穗状花序或再排成伞形花序，与叶对生或腋生；花小，无花被，两性、单性异株或间有杂性；雄蕊 1～10，花丝离生；心皮 2～5，合生，子房上位，1 室，有直立胚珠 1 颗。浆果小，果皮肉质、薄或干燥。种子具丰富的外胚乳。

【微观特征】茎具星散状排列的无限外韧型维管束。花粉无孔或单孔。$X=8,\ 11,\ 12$ 或更多。

【化学特征】含挥发油和生物碱，如胡椒碱（Piperine）、胡椒新碱等。

【分布】8 或 9 属，约 3 100 种，分布于热带和亚热带温暖地区。我国有 4 属，70 余种，产台湾地区及东南至西南部各省区。已知 2 属 34 种药用，集中于胡椒属（*Piper*）和草胡椒属（*Peperomia*），大多数能温中散寒，活血止痛。

【药用植物】胡椒 *Piper nigrum* L.（图 12－33），攀援藤本。节膨大，常具不定根。叶阔卵形至卵状长圆形。花单性异株；穗状花序与叶对生；苞片匙状长圆形，腹面贴生于花序轴上，仅边缘和顶部分离；雄蕊 2。浆果球形，成熟时红色。原产东南亚，我国海南、广西、台湾、云南等地有栽培。未成熟果实干后变黑色，称黑胡椒；成熟果实除去果皮后呈白色，称白胡椒。胡椒能温中散寒，下气，消痰；也是常用调料。

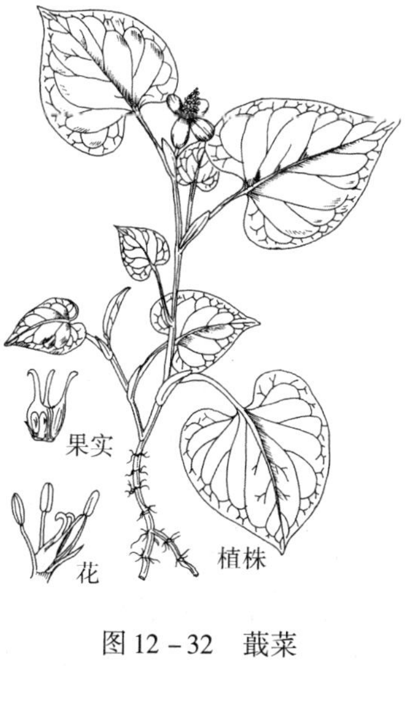

图 12－32 蕺菜

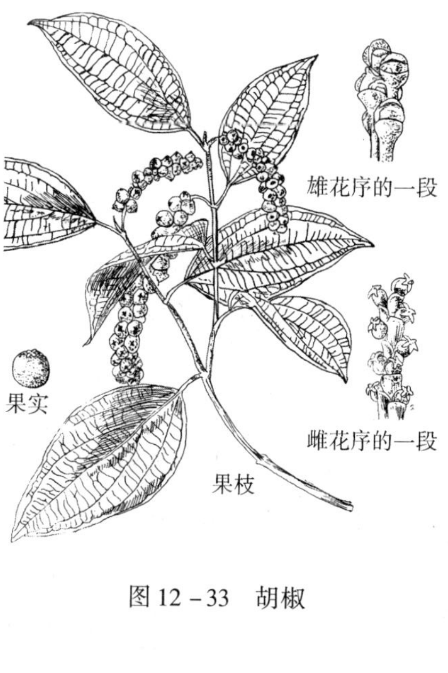

图 12－33 胡椒

常用药用植物还有：荜茇 *Piper longum* L. 主产印度尼西亚、菲律宾、越南；我国云南有野生，广东、广西、福建有栽培；干燥近成熟或成熟果穗（荜茇）能温中散寒，下气止痛。风藤 *P. kadsura*（Choisy）Ohwi 干燥茎藤（海风藤）能祛风湿，通经络，止痹痛。石南藤 *P. wallichii*（Miq.）Hand. -Mazz. 茎能祛风湿，强腰膝，补肾壮阳。

18. 金粟兰科 Chloranthaceae

⚥ $* \mathbf{P_0 A_{(1\sim3)}} \overline{\mathbf{G}}_{(1:1:1)}$

【形态特征】草本或灌木，茎节常膨大。单叶对生，叶柄基部常联合；托叶小。花小，单性或两性，排成穗状、头状或圆锥花序。两性花无花被；雄蕊 1 ~ 3 枚合生，花丝极短；单雌蕊，子房下位，1 顶生胚珠。单性花：雄花多数，雄蕊 1 枚；雌花少数，具浅杯状 3 齿裂萼管。浆果状核果。

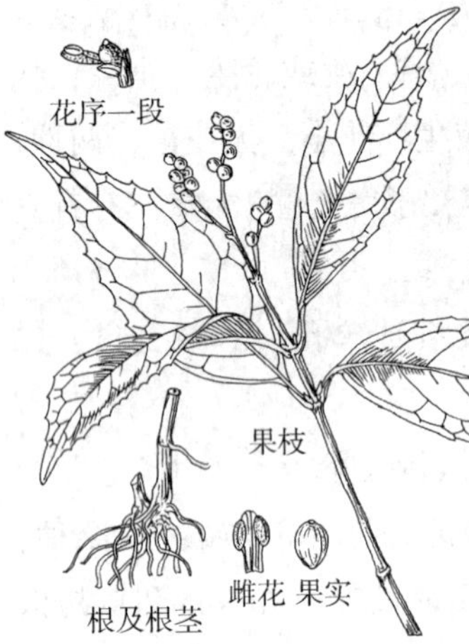

图 12 - 34　草珊瑚

【微观特征】茎具环状的维管束，单叶隙节，中脉常为二重维管束；草珊瑚属（*Sarcandra*）具管胞而无导管。单沟花粉粒或有多沟。染色体：$X=15$（8，14）。

【化学特征】含挥发油和倍半萜内酯、有机酸和黄酮类化合物。金粟兰 *Chloranthus spicatus*（Thunb.）Makino 的根状茎可提取芳香油，花是熏茶的香料。

【分布】5 属，70 种，分布热带和亚热带。我国 3 属 16 种。已知 2 属 15 种药用。金粟兰属（*Chloranthus* Swartz）和草珊瑚属多种植物能清热解毒、消肿止痛。

【药用植物】草珊瑚 *Sarcandra glabra*（Thunb.）Nakai（图 12 - 34）常绿半灌木。叶卵状披针形或卵状椭圆形，边缘具粗锯齿，齿端有腺体；托叶鞘状。穗状花序顶生，雄蕊 1。浆果球形，熟时鲜红色。分布于华中、华南、西南以及台湾等地。全草（肿节风）能清热凉血，活血消斑，祛风通络，也用于治疗肿瘤。

19. 马兜铃科 Aristolochiaceae

⚥ $* \mathbf{P_{(3)} A_{6\sim12}} \overline{\mathbf{G}}_{(4\sim6:4\sim6:\infty)} \underline{\overline{\mathbf{G}}}_{(4\sim6:4\sim6:\infty)}$

【形态特征】草本或藤本。单叶互生，叶基常心形，无托叶。总状、聚伞花序，或花单生；花两性，单被，辐射或两侧对称，常具腐肉臭气，下部合生并膨大成管状、球状、钟状或瓶状，顶端 3 裂或向一侧延伸成舌状；雄蕊 6 ~ 12，花丝短，分离或与花柱合生；心皮 4 ~ 6，合生，子房下位或半下位，中轴胎座。蒴果。

【微观特征】茎髓射线宽而长，使维管束彼此分开。花粉粒无萌发孔，稀单槽，表面网状或负网状，粗糙或具颗粒状突起。$X=6$，7，8，12，13。

【化学特征】含生物碱、挥发油和硝基菲类化合物。生物碱类有木兰花碱（Magnoflorine）；挥发油类主要含甲基丁香酚（Methyl eugenol）、细辛醚（Asaricin）、黄樟醚（Safrole）等，其中黄樟醚具致癌作用；硝基菲类如马兜铃酸（Aristolochic acid）及其同系物是本科的特征成分，具肾毒性和潜在的致癌作用，以马兜铃属植物的含量较高。

【分布】约 8 属，600 种，分布于热带和亚热带，以南美洲较多。我国有 4 属，71 种，6 变种，4 变型，除华北和西北干旱地区外，全国均有分布。已知 3 属 70 种药用。

【药用植物】马兜铃 *Aristolochia debilis* Sieb. et Zucc.（图 12 - 35）草质藤木。根圆柱形，有香气。叶三角状卵形。单花腋生，花被管稍弯曲，基部球形，上部扩大成斜喇叭状。雄蕊 6，几无花丝；子房下位，6 室。分布于黄河以南各省区。果实（马兜铃）能清肺降气，止咳平喘，清肠消痔；地上部分（天仙藤）能行气活血，通络止痛；根（青木香）能平肝止痛，行气消肿。北马兜铃 *A. contorta* Bge. 叶三角状心形；花数朵簇生于叶腋，花被片顶端具线形长尖尾。其果实、根、茎与马兜铃同等入药。

辽细辛（北细辛）*Asarum heterotropoides* Fr. Schmidt var. *mandshuricum*（Maxim.）Kitag.（图 12－36）多年生草本。根状茎横走，根多而细长，气味辛辣。叶基生，常 2 枚，叶片心形至肾状心形，下表面密被短柔毛。单花腋生；花被壶状，紫褐色，顶端 3 裂向下反卷；雄蕊 12；子房半下位，花柱 6。蒴果半球形。分布于吉林、辽宁、黑龙江等省；生于山坡林下、灌丛阴湿处。根及根状茎（细辛）能解表散寒，祛风止痛，通窍，温肺化饮。汉城细辛 *A. sieboldii* Miq. var. *seoulense* Nakai 和华细辛 *A. sieboldii* Miq. 的根及根状茎同等入药。

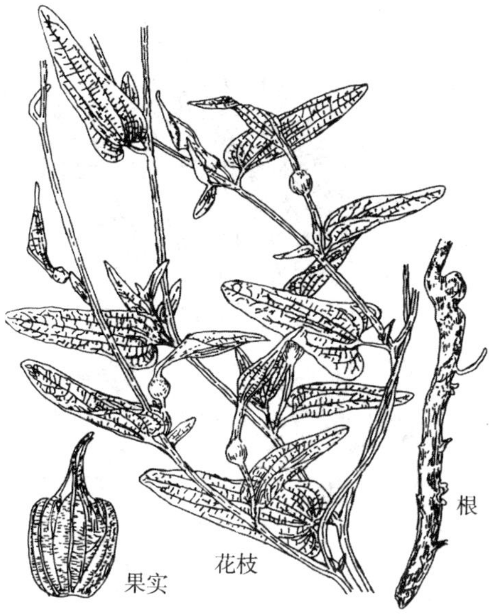

图 12－35 马兜铃

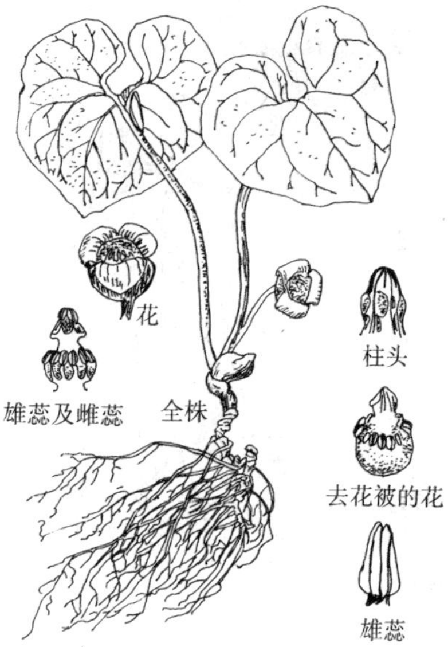

图 12－36 辽细辛

20. 罂粟科 Papaveraceae

$⚥ * \uparrow K_{2\sim3}C_{4\sim6}A_{\infty,4\sim6}\underline{G}_{(2\sim\infty:1:\infty)}$

【形态特征】草本。常具乳汁或有色汁液。单叶基生或互生，无托叶。花单生或成总状、圆锥花序；花两性，辐射对称或两侧对称；萼片 2～3，早落；花瓣 4～6，覆瓦状排；雄蕊多数，离生，或 4、6 枚合成 2 束；子房上位，心皮 2 至多枚，1 室，侧膜胎座，胚珠多数，花柱短，柱头盾状或头状。蒴果，瓣裂或顶孔开裂；种子胚小，胚乳丰富。

【微观特征】常具有节乳管或特殊的乳囊组织；气孔器不定式；木质部导管群常排成“V”字形，导管具单纹孔或螺纹。花粉 2～9 沟或具圆孔。$X = 5 \sim 11$，16，19。

【化学特征】富含异喹啉类生物碱（isoquinolinetype alkaloids），如前鸦片碱（protopine）、异紫堇碱（isocorydine）、罂粟碱（papaverine）、吗啡（morphine）等。

【分布】38 属，700 余种；主产北温带。我国 18 属，362 种，南北均产，以西南部最为集中。已知 15 属 130 种（包括 2 亚种、12 变种、7 变型）药用。

【药用植物】罂粟 *Papaver somniferum* L.（图 12－37）一年生或二年生大草本，具白色乳汁。叶互生，长椭圆形或卵状椭圆形，基部抱茎，边缘具粗齿或缺刻。花大，单生；萼片 2，早落；花瓣 4，绯红色、白色或紫红色；雄蕊多数；心皮多数，1 室，侧膜胎座，胚珠多数，无花柱。蒴果卵状球形，孔裂。原产南欧，严禁非法种植。我国相关单位有栽培，用于科研和药品生产。未成熟果实割取乳汁可制造毒品鸦片，乳汁中含吗啡等生物碱；已割取乳汁的成熟果壳（罂粟壳）能敛肺、涩肠、止痛。

延胡索 *Corydalis yanhusuo* W. T. Wang ex Z. Y. Su et C. Y. Wu（图 12 – 38）多年生草本。块茎球状。叶二回三出全裂，二回裂片近无柄或具短柄，末回裂片披针形。总状花序顶生；苞片全缘或有少数牙齿；花萼 2，极小，早落；花冠两侧对称，花瓣 4，紫红色，外面 1 片基部有长距；雄蕊 6 枚，花丝联合成 2 束；2 心皮，侧膜胎座。蒴果条形。分布于安徽、江苏、浙江、湖北、河南；生于丘陵草地，各地有栽培。块茎（延胡索）能行气止痛，活血散瘀。同属植物东北延胡索 *C. ambigua* Cham. et Schlecht. 和齿瓣延胡索 *C. remota* Fisch. ex Maxim. 等块茎在产地也习作延胡索入药。

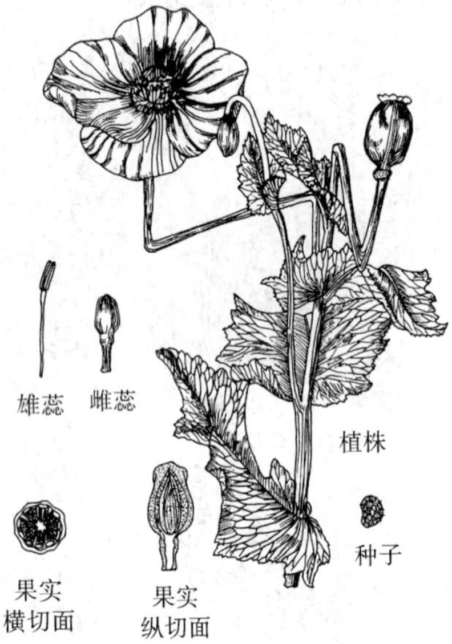

图 12 – 37　罂粟

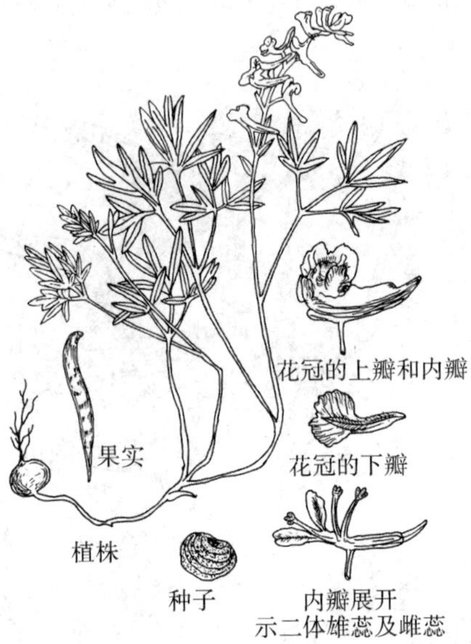

图 12 – 38　延胡索

常用药用植物还有：伏生紫堇 *Corydalis decumbens*（Thunb.）Pers. 的块茎（夏天无）祛风湿，行气活血，止痛降压；布氏紫堇 *C. bungeana* Turcz. 的全草（苦地丁）能清热解毒；博落回 *Macleaya cordata*（Willd.）R. Br. 的全草能消肿，止痛，杀虫；血水草 *Eomecon chionantha* Hance 根茎及全草能清热解毒；白屈菜 *Chelidonium majus* L. 的全草能镇痛、止咳、消肿毒；虞美人 *Papaver rhoeas* L. 的花瓣能镇咳，果能止泻。

知识拓展

恩格勒系统的罂粟科在哈钦松系统和克朗奎斯特系统分成罂粟科 Papaveraceae 和紫堇科 Fumariaceae；塔赫他间分成罂粟科、紫堇科和角茴香科 Hypecoaceae。

21. 十字花科 Cruciferae　$⚥ * K_{2+2}C_4A_{2+4}\underline{G}_{(2:1\sim2:1\sim\infty)}$

【形态特征】草本。单叶互生，无托叶。总状花序；花两性，辐射对称；萼片 4，2 轮；花瓣 4，有爪，十字形排列；花托的蜜腺与萼片对生；雄蕊 6，四强雄蕊；子房上位，心皮 2，1 室，侧膜胎座，由假隔膜分隔成假 2 室。长角果或短角果，常 2 瓣开裂。

【微观特征】气孔器不等式；叶表皮细胞多边形、不规则形，单生毛、分叉毛或星状毛；花粉3沟。常有分泌细胞。染色体：$X=4\sim15$，多数种是$6\sim9$。

【化学特征】富含有硫苷，也分布有吲哚苷、强心苷、脂肪酸、酚性物质（槲皮素及山奈酚）、黄酮醇、芸香苷等。种子富含脂肪油。

【分布】约350属，3200种，广布世界各地，主产北温带。我国96属，420余种，分布于南北各地。已知30属103种药用。

【药用植物】菘蓝 *Isatis indigotica* Fort.（图12－39）一至二年生草本，全株光滑无毛，主根圆柱形。基生叶长圆状椭圆形；茎生长圆形或长圆状披针形，基部半抱茎。复总状花序顶生；花黄色。短角果，1室，不开裂。种子1枚，长圆形。各地均有栽培。根（板蓝根）能清热解毒、凉血消肿，叶（大青叶）能清热解毒、凉血止血、消癍。

莱菔（萝卜）*Raphanus sativus* L.（图12－40）二年生草本，直根肉质粗壮。基生叶和茎下部叶大头羽状半裂。花白色或紫红色。长角果圆柱形，不裂，种子间收缩成节，具海绵状横隔。全国各地均栽培。种子（莱菔子）能消食导气，降气化痰；老根（莱菔头）能清肺利咽，散瘀消肿，消食理气；鲜根能消食化痰，下气，解渴，利尿。

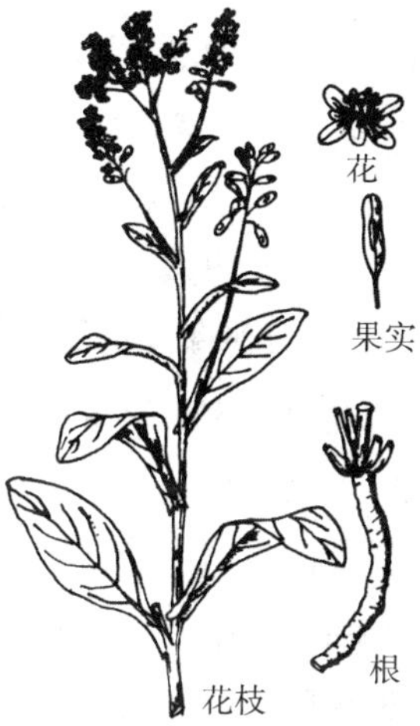

图12－39 菘蓝

图12－40 莱菔

常用药用植物还有：白芥 *Sinapis alba* L. 原产欧洲，我国有栽培，种子（白芥子）能化痰逐饮、散结消肿、通络止痛；独行菜 *Lepidium apetalum* Willd. 种子（北葶苈子）能祛痰平喘，利水消肿；播娘蒿 *Descurainia sophia*（L.）Webb. ex Prantl 种子（南葶苈子）能祛痰平喘，利水消肿；荠菜 *Capsella bursa pastoris*（L.）Medic. 全草能清热利湿，平肝明目，凉肝止血；菥蓂 *Thlaspi arvense* L. 全草（菥蓂）能清热解毒，利水消肿；蔊菜 *Rorippa indica*（L.）Hiern 全草能祛痰止咳，解表散寒，利湿退黄，活血解毒。

22. 金缕梅科 Hamamelidaceae ⚥ $*\mathbf{K}_{(4\sim5)}\mathbf{C}_{4\sim5}\mathbf{A}_{4\sim5,0}\overline{\mathbf{G}}_{(2:2:\infty)}$，$\overline{\underline{\mathbf{G}}}_{(2:2:\infty)}$

【形态特征】乔木或灌木。单叶互生，有托叶。花两性或单性同株；头状、穗状或总状花序；萼筒与子房多少合生或分离，萼4～5裂，镊合状或覆瓦状排列；花瓣与萼裂片同数或缺，线形、匙形或鳞片状；雄蕊4～5，或多数；子房半下位或下位，2心皮基部合生，2室。蒴果，常室间及室背裂开成4片，外果皮木质或革质。种子具翅。

【微观特征】常具星状毛；导管分子细长，多为梯状穿孔。花粉3沟、孔状或多条短沟。$X=5, 8, 12, 15, 16$。

【化学特征】含黄酮类、三萜、固醇类、环烯醚萜类和鞣质等。

【分布】27属，约140种，分布于亚热带和温带。我国约17属76种，分布于西南、华中、华南至台湾地区。已知11属32种药用。

【药用植物】枫香树 *Liquidambar formosana* Hance（图12－41）落叶乔木。叶掌状3裂，基部心形，边缘有锯齿；托叶早落。雄花序由短穗状排成总状，雄蕊多数，花丝不等长；雌花序头状；萼齿4~7，针形；子房下半部藏于头状花序轴内，花柱先端卷曲。头状果序圆球形，木质。分布于我国秦岭及淮河以南各省。果序（路路通）能祛风活络，利水通经；树脂（枫香脂）能解毒生肌，止血止痛；根能祛风止痛。

常用药用植物还有：苏合香树 *Liquidambar orientalis* Mill. 分布于小亚细亚南部，树脂（苏合香）能开窍避秽、开郁豁痰、行气止痛；檵木 *Loropetalum chinensis*（R. Br.）Oliv. 根、叶、花能清热止血，止痛生肌，活血祛瘀；半枫荷 *Semiliquidambar cathayensis* H. T. Chang 根、茎枝能祛风除湿，舒筋活血。

23. 景天科 Crassulaceae $⚥ * K_{4\sim5,(4\sim5)}C_{4\sim5}A_{4\sim5,8\sim10}\underline{G}_{4\sim5:1:\infty}$

【形态特征】肉质草本或亚灌木。单叶互生、对生或轮生，无托叶。花两性，少单性异株，辐射对称；花萼与花瓣4~5，分离或合生；雄蕊与花瓣同数或2倍；子房上位，心皮4~5，分离或基部合生，基部各具1鳞片状腺体，胚珠多数。聚合蓇葖果。

【微观特征】地下茎具异型维管束。叶肉组织分化完全，气孔器不等式。花粉粒近球形至长球形，3孔沟，表面网状。染色体：$X=4\sim12$，$14\sim16$，17。

【化学特征】普遍含黄酮类、香豆素类、苷类、生物碱和挥发油等。

【分布】35属，1 600余种，全球广布，主要分布于北半球。我国10属，260余种，全国分布；已知8属68种药用，主要集中在红景天属（*Rhodiola*）和景天属（*Sedum*）。

【药用植物】垂盆草 *Sedum sarmentosum* Bunge（图12－42）多年生肉质草本。全株无毛。茎匍匐生长。叶片肉质，3枚轮生。聚伞花序顶生；花瓣5，黄色；雄蕊10，2轮；心皮5。聚合蓇葖果。分布我国大部分地区。全草（垂盆草）能利湿退黄、清热解毒，是垂盆草颗粒等的原料药材。

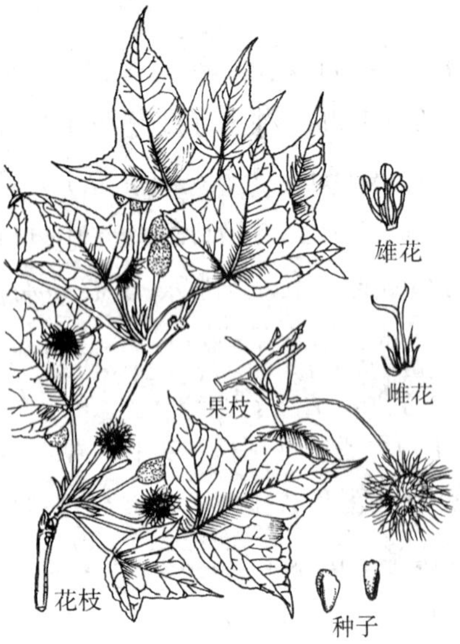

图12－41　枫香树

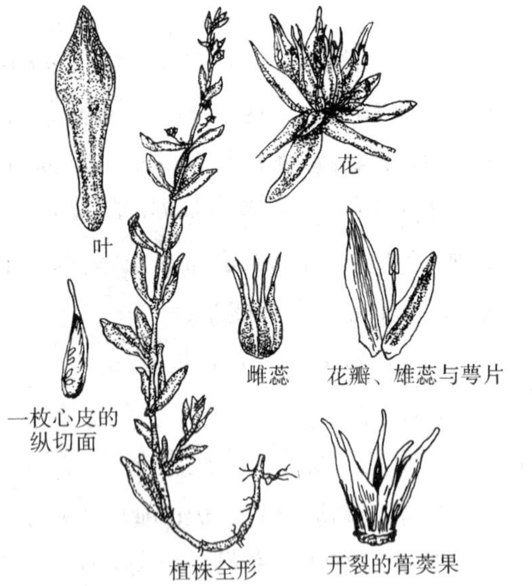

图12－42　垂盆草

常用药用植物还有：圣地红景天 *Rhodiola sacra*（Prain ex Hamet）S. H. Fu 分布于西藏、云南西北部、四川西部，根和根茎（红景天）能益气活血、通脉平喘，是诺迪康的原料药材；景天三七 *Sedum aizoon* L. 全草（景天三七）能散瘀止痛、宁心安神；瓦松 *Orostachys fimbriatus*（Turcz.）Berg. 地上部分能凉血止血、解毒、敛疮。

24. 虎耳草科 Saxifragaceae

$⚥ * \uparrow \mathbf{K}_{4\sim5}\mathbf{C}_{4\sim5,0}\mathbf{A}_{4\sim5,8\sim10}\underline{\mathbf{G}}_{(2\sim5:2\sim5:\infty)}$；$\overline{\mathbf{G}}_{(2\sim5:2\sim5:\infty)}$

【形态特征】草本或木本。叶常互生，无托叶。花序多种，花两性，常辐射对称，稀两侧对称；花萼与花瓣4或5，或缺；雄蕊与花瓣同数或其倍数，生花瓣上；心皮2~5，全部或基部合生，子房上位至下位，中轴胎座多室，或侧膜胎座1室，胚珠多数。蒴果、浆果、蓇葖果或核果。种子具丰富胚乳，稀无胚乳；胚乳为细胞型，稀核型；胚小。

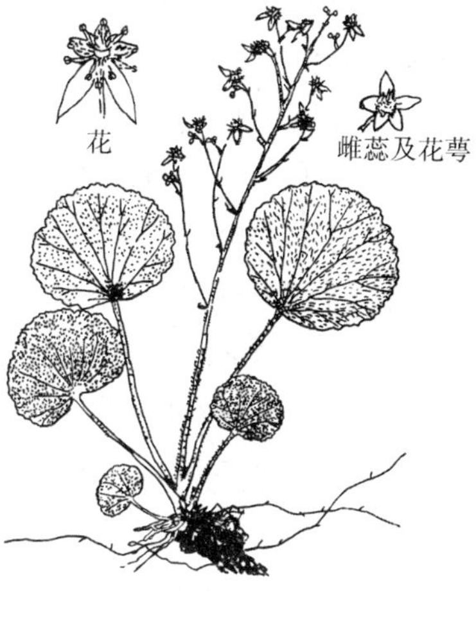

图12-43 虎耳草

【微观特征】木本类群具梯状穿孔板导管，草本类群则常为单穿孔板；部分根状茎髓部具散生维管束；草酸钙针晶或簇晶。花粉粒多样，多3孔沟。染色体：$X=6\sim18$，21。

【化学特征】普遍含黄酮类、香豆素类、鞣质、环烯醚萜类、三萜类、生物碱类等。

【分布】17亚科，80属，1200余种，分布极广，几遍全球，主产温带。我国7亚科，28属，约500种，南北均产，主产西南。已知24属155种药用。

【药用植物】虎耳草 *Saxifraga stolonifera* Curt.（图12-43）常绿草本，匍匐枝细长。单叶基生，肾状心形，被长柔毛。圆锥花序；花5数，雄蕊10；雌蕊2心皮合生。蒴果。分布河南、陕西及长江以南地区。全草（虎耳草）能疏风清热、凉血解毒。

常用药用植物还有：落新妇 *Astibe chinensis*（Maxim.）Franch. et Sav. 根状茎（红升麻）能祛风除湿、散瘀止痛、止咳；岩白菜 *Bergenia purpurascens*（Hook. f. et Thoms.）Engl. 全草能清热解毒，止血调经，止咳；常山 *Dichroa febrifuga* Lour. 根（常山）能涌吐痰涎、截疟。

25. 蔷薇科 Rosaceae

$⚥ * \mathbf{K}_5\mathbf{C}_5\mathbf{A}_\infty\underline{\mathbf{G}}_{1\sim\infty:1:1\sim\infty}$；$\overline{\mathbf{G}}_{(2\sim5:2\sim5:2)}$

【形态特征】木本或草本。常具刺。单叶或复叶，多互生，常具托叶。花序各样；花两性，整齐，常5数，雄蕊多数，花被、花丝的基部与花托愈合成一碟状，杯状、坛状或壶状的结构，称被丝托或托杯（hypanthium），萼片、花瓣和雄蕊均着生在托杯的边缘；花瓣和雄蕊均分离；心皮1至多数，分离或结合，子房上位或下位，每室1至多数胚珠；花柱与心皮同数。聚合蓇葖果、聚合瘦果或聚合核果、梨果、核果。

【微观特征】具单细胞非腺毛，草酸钙簇晶和方晶，不定式气孔；花粉粒球形或超长球形，3孔沟，少6孔沟（地榆属），表面条纹状或网状。染色体：$X=7\sim9$，17。

【化学特征】普遍含酚类、有机酸、氰苷、三萜、生物碱类等，酚类如仙鹤草酚（agrimophol）、熊果酚苷（arbutin）等，氰苷如苦杏仁苷（amygdalin）等。

【分布】124属，3300余种，全球广布，以北温带较多。我国51属，1100余种，全国分布；已知48属400余种药用；也有许多果树、花卉和精油植物。

根据托杯的形状、花部位置、心皮数目、子房位置和果实类型，分为绣线菊亚科、蔷薇亚科、苹果亚科（梨亚科）和梅亚科（李亚科）4个亚科（表12－6，图12－44）。

表12－6　蔷薇科的亚科及主要植物属检索表

1. 果开裂；心皮1－5；常无托叶 …………………… **绣线菊亚科 Spiraeoideae 绣线菊属 *Spiraea***

1. 果不开裂，有托叶。

　2. 子房上位。

　3. 心皮通常多数，分离；聚合瘦果或聚合核果；萼宿存；多为复叶……蔷薇亚科 Rosoideae

　　4. 雌蕊由杯状或坛状的被丝托包围。

　　　5. 雌蕊多数，果实成熟时被丝托肉质而有色泽，灌木 …………………… 蔷薇属 *Rosa*

　　　5. 雌蕊1～3，果实成熟时被丝托干燥坚硬，草本。

　　　　6. 有花瓣，花萼裂片5，被丝托上部有钩状刺毛 …………………… 龙芽草属 *Agrimonia*

　　　　6. 无花瓣，花萼裂片4，被丝托上无钩状刺毛 …………………… 地榆属 *Sanguisorba*

　　4. 雌蕊生于平坦或隆起的被丝托上。

　　　7. 心皮内着生两枚胚珠，聚合核果，植株有刺 …………………… 悬钩子属 *Rubus*

　　　7. 心皮内着生1枚胚珠，瘦果，分离，植株无刺。

　　　　8. 花柱顶生或近顶生，在果期延长 …………………… 路边青（兰布政）属 *Geum*

　　　　8. 花柱侧生，基生或近基生，在果期不延长。

　　　　　9. 果实成熟时被丝托干燥 …………………… 委陵菜属 *Potentilla*

　　　　　9. 果实成熟膨大被丝托肉质。

　　　　　　10. 花白色，副萼片比萼片小 …………………… 草莓属 *Fragaria*

　　　　　　10. 花黄色，副萼片比萼片大 …………………… 蛇莓属 *Duchesnea*

　3. 心皮常1，稀2或5；核果；萼不宿存；单叶 …………………… **梅亚科（李亚科）Prunoideae**

　　11. 果实有沟。

　　　12. 侧芽3，两侧为花芽，具顶芽；核常有孔穴 …………………… 桃属 *Amygdalus*

　　　12. 侧芽1，顶芽缺；核常光滑。

　　　　13. 子房和果实常被短绒毛，花先叶开放 …………………… 杏属 *Armeniaca*

　　　　13. 子房和果实均光滑无毛，花叶同开 …………………… 李属 *Prunus*

　　11. 果实无沟 …………………… 樱属 *Cerasus*

　2. 子房下位或半下位 …………………… **苹果亚科（梨亚科）Maloideae**

　　14. 果实成熟时内果皮骨质，果实含1～5小核 …………………… 山楂属 *Crataegus*

　　14. 果实成熟时内果皮革质或纸质，每室子房含1至多数种子。

　　　15. 伞房花序或总状花序，有时单生

　　　16. 每室子房含1～2枚种子 …………………… 梨属 *Pyrus*

　　　16. 每室子房含3至多枚种子 …………………… 木瓜属 *Chaenomeles*

　　15. 复伞房花序或圆锥花序

　　　17. 心皮全部合生，子房下位；叶常绿 …………………… 枇杷属 *Eriobotrya*

　　　17. 心皮部分合生，子房半下位；常绿或落叶 …………………… 石楠属 *Photinia*

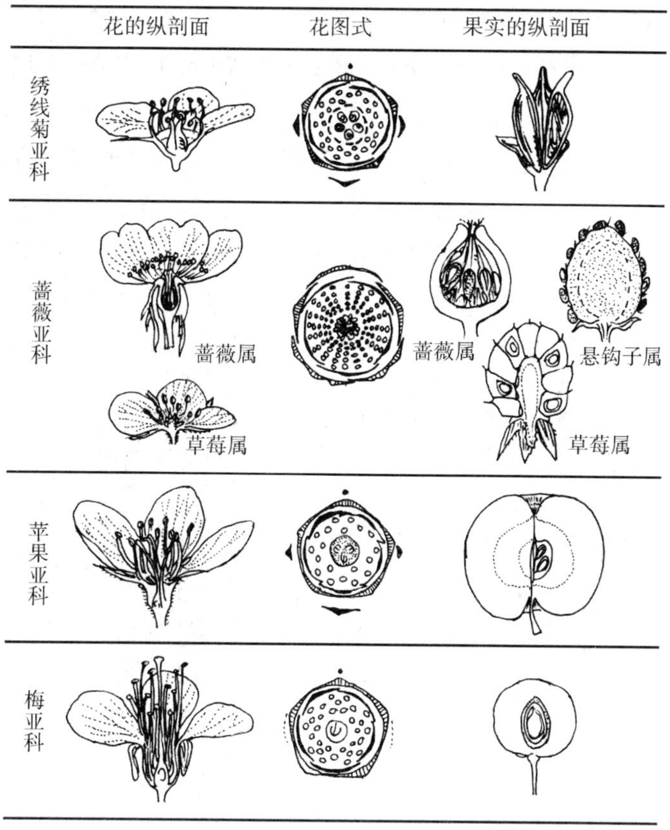

图 12－44　蔷薇科四亚科花、果的比较图

【药用植物】

（1）绣线菊亚科 Spiraeoideae 灌木。多单叶，互生，常无托叶。心皮 1～5（－12），离生；子房上位，聚合蓇葖果，稀蒴果。

绣线菊 *Spiraea salicifolia* L. 灌木。叶长圆状披针形至披针形，边缘具锯齿。花瓣粉红色。聚合蓇葖果，常具反折裂片。分布于东北、华北。全株能通经活血、通便利水。

（2）蔷薇亚科 Rosoideae　灌木或草本。常具羽状复叶，有托叶。被丝托壶状或凸起；心皮多数，离生，子房上位，周位花；萼宿存。瘦果、聚合瘦果或聚合核果。其中蔷薇属植物花的被丝托壶状，形成的聚合瘦果，特称蔷薇果。

金樱子 *Rosa laevigata* Michx.（图 12－45）常绿攀援有刺灌木。羽状三出复叶，小叶椭圆状卵形，近革质。花大，白色，单生侧枝顶端。蔷薇果倒卵形，密生直刺，顶端具宿存萼片。分布于华东、华中及华南地区，生长于向阳山野。果实（金樱子）能固精缩尿、固崩止带、涩肠止泻，是首乌丸、古汉养生精颗粒等的原料药材。

龙牙草 *Agrimonia pilosa* Ledeb.（图 12－46）多年生草本，全株密生长绒毛。间断奇数羽状复叶，小叶 3～4 对，各小叶大小相间排列；托叶近卵形。圆锥花序顶生；被丝托外方有槽和柔毛，顶端有一圈钩状刺毛；花瓣 5，黄色；雄蕊 10；子房上位，心皮 2。瘦果。分布于全国各地；生于山坡、草地、路边。地上部分（仙鹤草）能收敛止血、补虚，是复方仙鹤草肠炎胶囊、平消颗粒等的原料药材；冬芽（鹤草芽）能驱虫。

常用药用植物还有：掌叶覆盆子 *Rubus chingii* Hu 分布于江苏、安徽、浙江、江西、福建等省，生长于山坡林边或溪边；果实（覆盆子）能益肾固精缩尿、养肝明目，是强阳保肾丸、五子衍宗丸等的原料药材。地榆 *Sanguisorba officinalis* L. 分布于全国大部分地区，生长于山坡、草地；根（地榆）能凉血止血、解毒敛疮，是地榆槐角丸、痔宁片等的原料药材；长叶地榆 *S. officinalis* L. var *longifolia*（Bertol.）Yu et Li 的根与地榆同等入药。月季 *Rosa chinensis* Jacp. 全国各地有栽培，花（月季花）能活血调经、疏肝解郁；玫瑰 *R. rugosa* Thunb. 分布于我国北部，各地有栽培，花蕾（玫瑰花）能行气解郁、活血止痛，是乳癖散结胶囊等的原料药材。委陵菜 *Potentilla chinensis* Ser. 分布于全国大部分地区，全草（委陵菜）能清热解毒、凉血止痢；翻白草 *P. discolor* Bge. 分布于全国大部分地区，全草（翻白草）能清热解毒、止痢、止血。

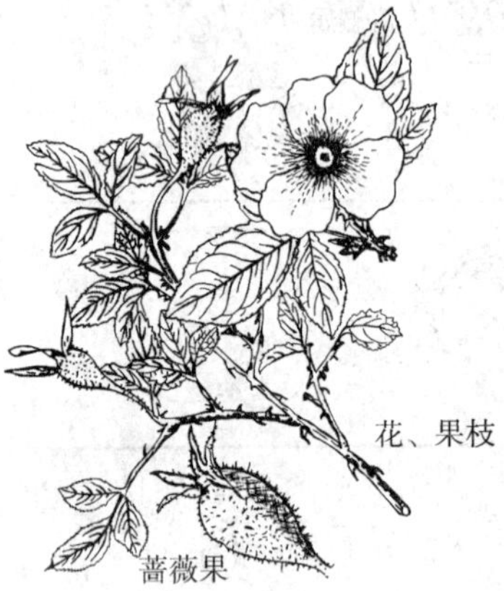

图 12-45　金樱子

图 12-46　龙牙草

（3）苹果亚科（梨亚科）Maloideae 灌木或乔木。单叶或复叶；有托叶。心皮 2~5，多数与被丝托内壁愈合；子房下位，2~5 室，每室具 2 枚胚珠。梨果。

山楂 *Crataegus pinnatifida* Bge.（图 12-47）落叶乔木，小枝紫褐色，常有刺。叶宽卵形至菱状卵形，羽状深裂，边缘有尖锐重锯齿；托叶较大，镰形。伞房花序；花瓣白色。梨果近球形，成熟时深红色，直径 1~1.5cm。分布于东北、华北及陕西、河南、江苏，生长于山坡边缘；果实（山楂）能消食健胃、行气散瘀、化浊降脂，是大山楂丸、山楂化滞丸等的原料药材；叶片（山楂叶）能活血化瘀、理气通脉、化浊降脂，是益心酮片等的原料药材。山里红 *C. pinnatifida* Bge. var. *major* N. E. Br. 果形较大，成熟时深亮红色，直径可达 2.5cm；其果实和叶片与山楂同等入药。

贴梗海棠 *Chaenomeles speciopsa*（Sweet）Nakai（图 12-48）落叶灌木。枝有刺。叶卵形至长椭圆形，叶缘有尖锐锯齿；托叶大型，肾形或半圆形。花先叶开放，猩红色、稀淡红色或白色，3~5 朵簇生；花梗粗短；被丝托钟状。梨果球形或卵圆形，成熟时黄色或黄绿色，直径 4~6cm，芳香。分布于华东、华中及西南各地，多栽培。近成熟果实（木瓜）能舒筋活络、和胃化湿，是木瓜丸、舒筋活络酒等的原料药材。

常用药用植物还有：枇杷 *Eriobotrya japonica*（Thunb.）Lindl. 常栽种果树；叶（枇杷叶）能清肺止咳、降逆止呕，是川贝枇杷糖浆、枇杷叶膏等的原料药材。野山楂 *Crataegus cuneats* Sieb. et Zucc. 果实（南山楂）能消食健胃、行气散瘀。木瓜 *Chaenomeles sinensis*（Thouin）Koehne 多有栽培；果实（光皮木瓜）能平肝舒筋，和胃化湿。石楠 *Photinia serrulata* Lindl. 多栽培；叶（石楠叶）能祛风湿、强筋骨、益肝肾。梨属的白梨 *Pyrus bretschneideri* Rehd.、沙梨 *P. pyrifolia*（Burm. f.）Nakai、秋子梨 *P. ussuriensis* Maxim. 等栽培果树，果实能清肺止咳。

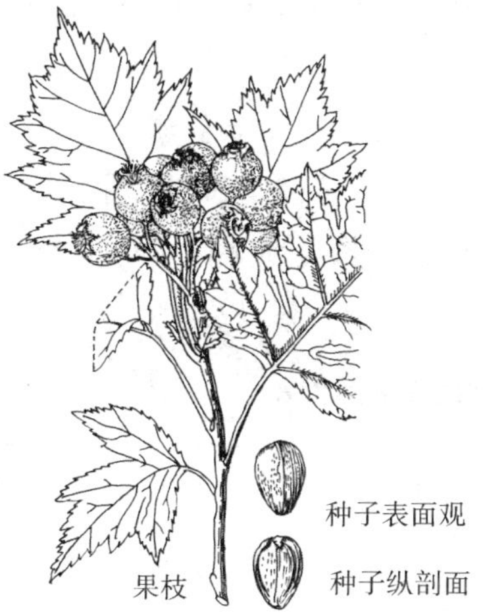

图 12－47 山楂

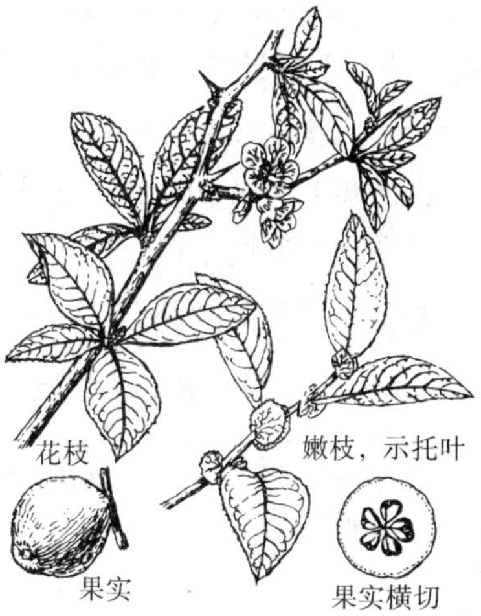

图 12－48 贴梗海棠

（4）梅亚科（李亚科）Prunoideae 木本。单叶，有托叶。花 5 数，子房上位，1 心皮，1 室，2 胚珠。核果。

杏 *Prunus armeniaca* L.（图 12－49）落叶乔木。单叶互生；叶片卵圆形或宽卵形。先叶开花，单花顶生；白色或浅粉红色。核果球形。种子1，卵状心形。全国各地均有栽培。种子（苦杏仁）能降气止咳平喘、润肠通便，是杏仁止咳糖浆、杏苏止咳颗粒等的原料药材。山杏 *P. armeniaca* L. var. *ansu* Maxim.、西伯利亚杏 *P. sibirica* L.、东北杏 *P. mandshurica*（Maxim.）Koehne 的种子与杏同等入药。

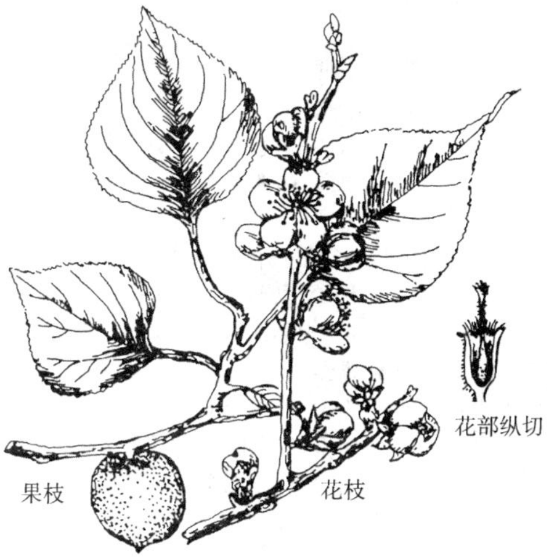

图 12－49 杏

常用药用植物还有：梅 *Prunus mume*（Sieb.）Sieb. et Zucc. 全国各地多栽培；近成熟果实（乌梅）能敛肺、涩肠、生津、安蛔，是乌梅丸、参芪消渴胶囊等的原料药材。桃 *Prunus persica*（L.）Batsch 各地均有栽培，种子（桃仁）能活血祛瘀、润肠通便、止咳平喘，是产复康颗粒、前列欣胶囊等的原料药材；山桃 *P. davidiana*（Carr.）Franch. 的种子与桃同等入药。郁李 *Prunus japonica* Thunb.、欧李 *P. humilis* Bge.、长梗扁桃 *P. pedunculata* Maxim.，三者的种子（郁李仁）能润肠通便、下气利水。

26. 豆科 Leguminosae，Fabaceae ⚥ * ↑ $K_{5,(5)}C_5A_{(9)+1,10,\infty}\underline{G}_{1:1:1\sim\infty}$

【形态特征】草本、木本或藤本。叶互生，常复叶，有托叶。花两性，两侧对称或辐射对称；萼 5 裂；花瓣 5，常蝶形或假蝶形；雄蕊 10，二体雄蕊，少分离或下部合生，稀多数；心皮 1，子房上位，胚珠 1 至多数，边缘胎座。荚果。种子无胚乳。

【微观特征】含分泌细胞或腔，草酸钙方晶，晶鞘纤维；导管单穿孔。单粒花粉，3 孔沟；含羞草亚科为复合花粉。染色体：$X=5\sim16$，18，20，21。

【化学特征】化学成分复杂，类型多样；普遍含黄酮、生物碱、萜类、香豆素、蒽醌、鞣质类化合物。黄酮类如甘草苷（liquiritin）、葛根素（puerain）、芸香苷等，生物碱如苦参碱（matrine）、毒扁豆碱（physostigmine）等，萜类如甘草甜素（glycyrrhizin）、黄芪甲苷（astragaloside）等，香豆素类，如补骨脂素（psoralidin）等。

【分布】约650属，18000种，是被子植物第3大科，广布全球。我国172属，1539种，分布全国；已知109属600余种药用，其中甘草属、黄芪属和槐属种类较多。

依据花冠形态与对称性、花瓣排列方式、雄蕊数目与类型等，分为含羞草亚科、云实亚科（苏木亚科）和蝶形花亚科（表12－7）。

表12－7　豆科各亚科和主要属检索表

1. 花辐射对称，花瓣镊合状排列，雄蕊多数或有定数 ………… 含羞草亚科 Mimosoideae
　2. 雄蕊多数，荚果成熟时不裂为数节。
　　3. 花丝连合成管状 ………… 合欢属 *Albizia*
　　3. 花丝分离 ………… 金合欢属 *Acacia*
　2. 雄蕊5或10，荚果成熟时裂为数节 ………… 含羞草属 *Mimosa*
1. 花两侧对称，花瓣覆瓦状排列，雄蕊常为10。
　4. 花冠假蝶形，旗瓣小并位于最内方，雄蕊分离……云实亚科（苏木亚科）*Caesalpinioideae*
　　5. 单叶。………… 紫荆属 *Cercis*
　　5. 偶数羽状复叶。
　　　6. 植株有刺。
　　　　7. 花杂性或单性异株，小叶边缘有齿 ………… 皂荚属 *Gleditsia*
　　　　7. 花两性，小叶全缘 ………… 云实属 *Caesalpinia*
　　　6. 植株无刺 ………… 决明属 *Cassia*
　4. 花冠蝶形，旗瓣大并位于在最外方 ………… 蝶形花亚科 Papilionoideae
　　8. 雄蕊分离或仅基部合生 ………… 槐属 *Sophora*
　　8. 雄蕊合生成单体或二体。
　　　9. 单体雄蕊。
　　　　10. 三出复叶，藤本。
　　　　　11. 花萼钟形，具块根 ………… 葛属 *Pueraria*
　　　　　11. 花萼二唇形，不具块根 ………… 刀豆属 *Canavalia*
　　　　10. 单叶，草本。
　　　　　12. 荚果不肿胀，常含1枚种子，成熟时不开裂………… 补骨脂 *Psoralea*
　　　　　12. 荚果肿胀，含种子2枚以上，成熟时开裂 ………… 猪屎豆属 *Crotalaria*
　　　9. 二体雄蕊。
　　　　13. 三出复叶。
　　　　　14. 小叶边缘有锯齿，托叶与叶柄连合 ………… 葫芦巴属 *Trigonella*
　　　　　14. 小叶全缘或具裂片，托叶不与叶柄连合。
　　　　　　15. 花序轴无节无瘤 ………… 大豆属 *Glyine*
　　　　　　15. 花序轴于花着生处常凸出为节，或隆起如瘤
　　　　　　　16. 花柱不具须毛。
　　　　　　　　17. 旗瓣大于翼瓣和龙骨瓣。枝条有刺 ………… 刺桐属 *Erythrina*
　　　　　　　　17. 所有花瓣长度近相等。枝条无刺 ………… 密花豆属 *Spatholobus*
　　　　　　　16. 花柱上部具须毛，或柱头周围具毛茸。
　　　　　　　　18. 柱头倾斜，其下方具须毛 ………… 豇豆属 *Vigna*
　　　　　　　　18. 柱头顶生，其周围或下方具须毛 ………… 扁豆属 *Dolichos*
　　　　13. 奇数羽状复叶。
　　　　　19. 木质藤本，圆锥花序 ………… 崖豆藤属 Millettia
　　　　　19. 草本，总状、穗状或头状花序。
　　　　　　20. 花药等大；荚果通常肿胀，常因背缝线深延而纵隔为2室…黄芪属 *Astragalus*
　　　　　　20. 花药不等大；荚果通常有刺或瘤状突起，1室 ………… 甘草属 *Glycyrrhiza*

【药用植物】

（1）含羞草亚科 Mimosoideae 乔木或灌木，稀藤本或草本。一至二回羽状复叶。花辐射

对称；萼下部合生；花瓣镊合状排列，基部合生；雄蕊多数，稀与花瓣同数，花丝离生或合生，伸出花冠外。荚果横裂或不裂。

合欢 *Albizia julibrissin* Durazz.（图 12－50）落叶乔木，皮孔椭圆形横向。二回偶数羽状复叶，小叶镰刀状。头状花序呈伞房状排列；萼小，筒状；花冠漏斗状，淡红色；雄蕊下部合生，花丝细长伸出冠外，淡红色。分布于全国。树皮（合欢皮）能解郁安神、活血消肿，是夜宁糖浆的原料药材；花序或花蕾（合欢花）能解郁、安神。

常用药用植物还有：含羞草 *Mimosa pudica* L. 全草（含羞草）能安神、散瘀止痛；儿茶 *Acacia catechu*（L. f.）Willd. 在浙江、台湾、广东、广西、云南有栽培，心材和去皮枝干的干燥煎膏（儿茶）能活血止痛、止血生肌、收湿敛疮、清肺化痰。

（2）苏木亚科（云实亚科）Caesalpinioideae 乔木或灌木，少藤本，稀草本。单叶或复叶，互生。花两侧对称；萼 5，常分离；花冠假蝶形；雄蕊 10，多分离。

决明 *Cassia obtusifolia* L.（图 12－51）一年生草本。偶数羽状复叶；小叶 3 对，倒卵形或倒卵状长圆形。花黄色，成对腋生；雄蕊 10，发育雄蕊 7。荚果细长，近四棱形，长 15～20cm。种子多数，菱柱形，淡褐色，光亮。全国各地多栽培或野生。种子（决明子）能清热明目、润肠通便，是血脂宁丸、正心降脂片等的原料药材。同属植物小决明 *C. tora* L. 的种子与决明同等入药。

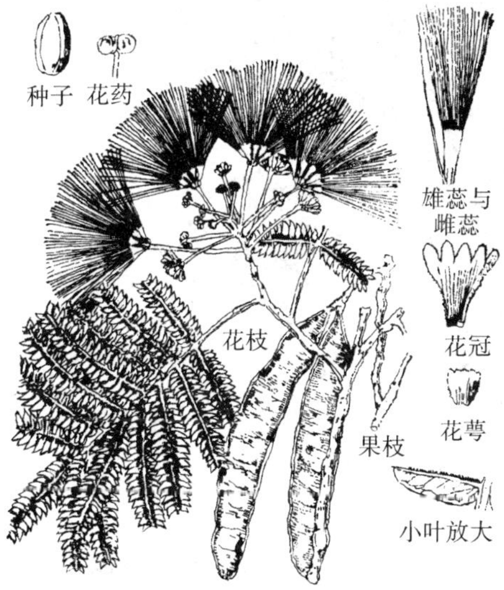

图 12－50　合欢

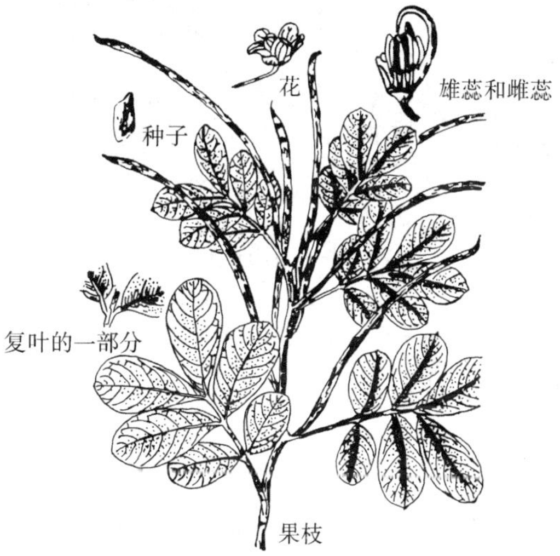

图 12－51　决明

常用药用植物还有：皂荚 *Gleditsia sinensis* Lam. 多栽培，不育果实（猪牙皂）能祛痰开窍、散结消肿，是通关散、暑症片等的原料药材；棘刺（皂角刺）能消肿托毒、排脓、杀虫，是乳块消胶囊等的原料药材。苏木 *Caesalpinia sappan* L. 有栽培；心材（苏木）能活血祛瘀、消肿止痛。狭叶番泻 *Cassia angustifolia* Vahl 和尖叶番泻 *C. acutifolia* Delile 分布于热带非洲和埃及，小叶（番泻叶）能泻热行滞、通便、利水。云实 *Caesalpinia decapetala*（Roth）Alston 种子（云实）能解毒消积、止咳化痰、杀虫。

（3）蝶形花亚科 Papilionoideae 草木或木本。羽状复叶或三出复叶，稀单叶，有时具叶卷须；有托叶。花两侧对称；蝶形花冠；雄蕊 10，二体雄蕊，稀分离。

膜荚黄芪 *Astragalus membranaceus*（Fisch.）Bge.（图 12－52）多年生草本。主根粗

长，圆柱形。奇数羽状复叶，小叶 9～25 枚，椭圆形或长卵圆形，两面被白色长柔毛。总状花序腋生；花黄白色；子房被柔毛。荚果膨胀，膜质，卵状矩圆形，被黑色短柔毛。主产东北、华北及西北，生于向阳山坡、草丛或灌丛，已引种栽培。根（黄芪）能补气升阳、固表止汗、利水消肿、生津养血、行滞通痹、托毒排脓、敛疮生肌，是北芪五加片、补中益气丸、醒脑再造胶囊等的原料药材。蒙古黄芪 *A. membranaceus*（Fisch.）Bge. var. *mongholicus*（Bge.）Hsiao 的根与膜荚黄芪同等入药。

甘草 *Glycyrrhiza uralensis* Fisch.（图 12－53）多年生草本。主根粗长，外皮红棕色或暗棕色；全株被白色短毛及刺毛状腺体。奇数羽状复叶，小叶 7～17，卵形或宽卵形。总状花序腋生；花冠蓝紫色。荚果呈镰刀状或环状弯曲，密被刺状腺毛及短毛。主产东北、华北、西北，根和根状茎（甘草）能补脾益气、清热解毒、祛痰止咳、缓急止痛、调和诸药，是胃舒宁颗粒、四逆汤等的原料药材。同属植物胀果甘草 *G. inflate* Bat. 和光果甘草 *G. glabra* L. 的根和根状茎与甘草同等入药。

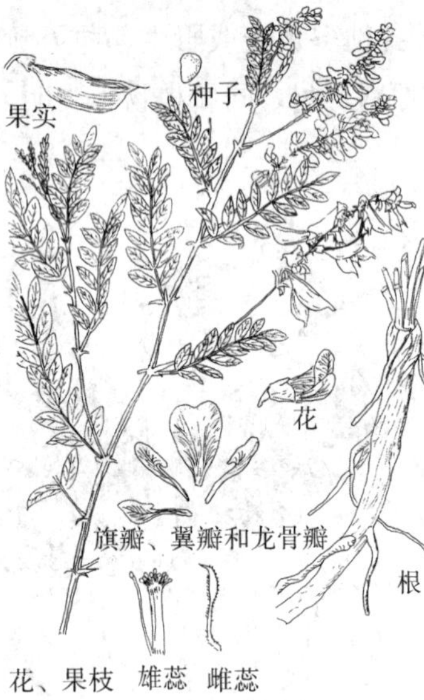

图 12－52　膜荚黄芪

图 12－53　甘草

野葛 *Pueraria lobata*（Willd.）Ohwi（图 12－54）藤本。根粗壮肥大。全株密被黄色长硬毛。三出复叶，顶生小叶菱状卵形。总状花序腋生；花密集，花冠紫红色。荚果条形，扁平，密生黄色长硬毛。分布几遍全国，生于山坡、草丛及疏林。根（葛根）能解肌退热、生津止渴、透疹、升阳止泻、通经活络、解酒毒，是愈风宁心胶囊、葛根芩连丸等的原料药材；花（葛花）能解酒毒、止渴。同属植物甘葛藤 *P. thomsonii* Benth. 的根（粉葛）与野葛的根（葛根）功效近同。

苦参 *Sophora flavescens* Ait.（图 12－55）落叶半灌木。根圆柱状，粗大，外皮黄白色。奇数羽状复叶。总状花序顶生，花淡黄白色；雄蕊 10，花丝分离。荚果呈不明显的串珠状，疏生短柔毛。全国各地均有分布，生于沙地或向阳山坡草丛及溪沟边。根（苦参）能清热燥湿、杀虫、利尿，是复方苦参肠炎康片、妇康消炎栓等的原料药材。

常用药用植物还有：扁茎黄芪 *Astragalus complanatus* R. Br. 种子（沙苑子）能补肾助阳、固精缩尿、养肝明目，是强阳保肾丸、补益蒺藜丸等的原料药材。槐 *Sophora japonica*

L. 花及花蕾（槐花）能凉血止血、清肝泻火，果实（槐角）能清热泻火、凉血止血，是脏连丸等的原料药材。补骨脂 *Psoralea corylifolia* L. 果实（补骨脂）能温肾助阳、纳气平喘、温脾止泻，是四神丸、固肾定喘丸等的原料药材；外用消风祛斑，是白癜风胶囊等的原料药材。密花豆 *Spatholobus suberectus* Dunn 藤茎（鸡血藤）能活血补血、调经止痛、舒筋活络，是活血通脉片、养血荣筋丸、新血宝胶囊等的原料药材。柔枝槐（越南槐）*Sophora tonkinensis* Gagnep. 根和根茎（山豆根）能清热解毒，消肿利咽。广东相思子 *Abrus cantoniensis* Hance 全株（鸡骨草）能利湿退黄、清热解毒、舒肝止痛。刀豆 *Canavalia gladiata*（Jacq.）DC. 种子（刀豆）能温中，下气，止呃。降香檀 *Dalbergia odorifera* T. Chen 心材（降香）能化瘀止血、理气止痛。扁豆 *Dolichos lablab* L. 种子（白扁豆）能健脾化湿、和中消暑。赤小豆 *Vigna umbellate* Ohwi et Ohashi 和赤豆 *V. angularis* Ohwi et Ohashi，种子（赤小豆）能利水消肿、解毒排脓。

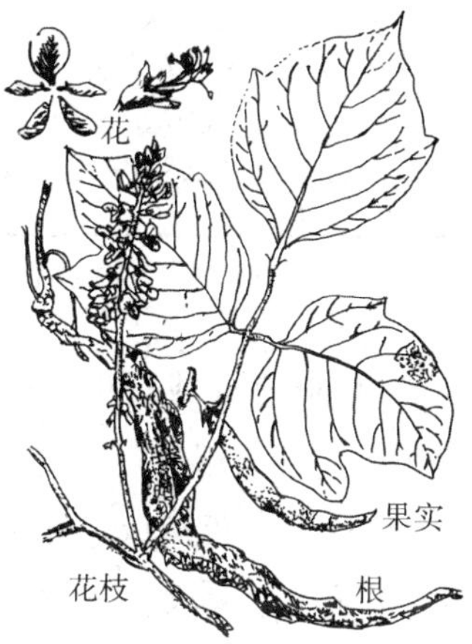

图 12－54　野葛

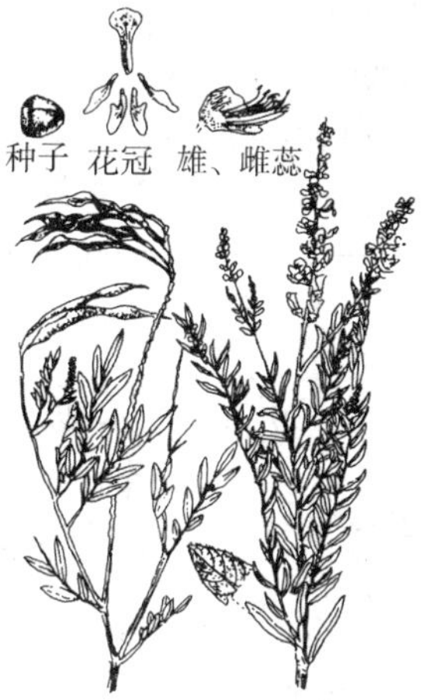

图 12－55　苦参

知识拓展

恩格勒系统的豆科在哈钦松、克朗奎斯特和塔赫他间系统中均划分成含羞草科 Mimosaccac、苏木科（云实科）Caesalpiniaceae 和蝶形花科 Fabaceae 等 3 个科。

27. 大戟科 Euphorbiaceae　　$♂ * \mathbf{K}_{0\sim5}\mathbf{C}_{0\sim5}\mathbf{A}_{1\sim\infty}$；$♀ * \mathbf{K}_{0\sim5}\mathbf{C}_{0\sim5}\underline{\mathbf{G}}_{(3:3:1\sim2)}$

【形态特征】乔木、灌木或草本，具乳汁。单叶互生，有时叶基部或顶端具1～2 枚腺体；托叶早落或缺。花单性，同株或异株，聚伞或杯状聚伞花序或单花；单被或无花被，少具花冠，有时具花盘或退化成腺体；雄蕊 1 至多枚，分离或合生；子房上位，3 心皮，3 室，中轴胎座，每室胚珠 1～2。蒴果或浆果状，或核果。种子胚乳丰富。

【微观特征】有节乳管。花粉粒多样，有 3 孔沟（大戟属、乌桕属）、多沟（叶下珠属）或无萌发孔（巴豆属），表面网状或穴状。染色体：$X=6\sim14$。

【化学特征】化学成分类型复杂，主要有生物碱、氰苷、硫苷、萜类和毒蛋白等。

【分布】约 300 属，8000 余种，广布于全球，主产热带和亚热带地区。我国约 66 属，近 400 种，分布于全国各地，主产西南。已知 39 属 160 余种药用（表 12－8）。

表 12-8　大戟科部分属检索表

1. 杯状聚伞花序	大戟属 *Euphorbia*
1. 非杯状聚伞花序。	
2. 有花瓣。	
3. 花萼不整齐 2~3 裂	油桐属 *Vernicia*
3. 萼片 5，少数为 4 或 6。	
4. 多年生草本	地构叶属 *Speranskia*
4. 木本	巴豆属 *Croton*
2. 无花瓣。	
5. 叶片盾状着生	蓖麻属 *Ricinus*
5. 叶片非盾状着生。	
6. 花丝分离或仅基部合生。	
7. 花单生或簇生于叶腋	叶下珠属 *Phyllanthus*
7. 花排列成总状、穗状或圆锥状花序。	
8. 雄蕊 3 枚以下	乌桕属 *Sapium*
8. 雄蕊通常 8 枚	铁苋菜属 *Acalypha*
6. 花丝联合成柱状	算盘子属 *Glochidion*

【药用植物】

（1）大戟属 *Euphorbia* L. 草本或木本。乳汁白色。叶互生或对生，全缘叶，常无叶柄和托叶。杯状聚伞花序（即大戟花序）单生或组成复花序，每大戟花序由 1 雌花和多雄花构成，雌花位于花序中央，雌、雄花均无花被；雄花仅 1 雄蕊，花丝与花柄相接处有关节；雌花仅 1 雌蕊，具子房柄，3 心皮，3 室，每室 1 胚珠，花柱 3，分离或基部合生，柱头 2 裂或不裂；花序外由 4~5 枚苞片联合成花萼状总苞，常具腺体。蒴果裂成 3 个分果。约 2000 种，是被子植物中特大属之一，我国 80 种，其中引种和归化 14 种。

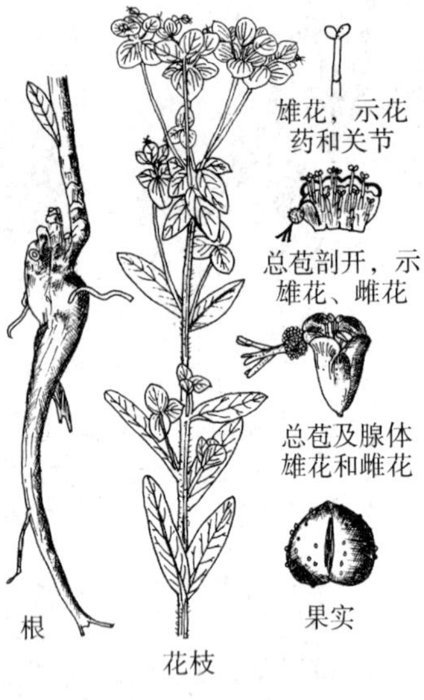

图 12-56　大戟

大戟 *E. pekinensis* Rupr.（图 12-56）草本。根长圆锥状。茎上部分枝，被白色短柔毛。单叶互生。总花序常有 5 伞梗，基部具 5 枚卵形或卵状披针形的苞片；每伞梗又作 1 至数回分叉，最后小伞梗顶端着生 1 杯状聚伞花序；杯状总苞顶端 4 裂，腺体 4。蒴果表面有疣状突起。分布全国各地，生于山坡及田野。根（京大戟）能泄水逐饮，消肿散结，有毒。

（2）叶下珠属 *Phyllanthus* L. 草本或灌木。无乳汁。叶互生，常在侧枝上排成 2 例，呈羽状复叶状；托叶 2，早落。花小，单性同株或异株；无花瓣，单生叶腋或排成聚伞花序；花萼 4~6，覆瓦状排列；花盘呈腺体状；雄蕊 2~6，花丝分离或基部合生；子房常 3 室，每室胚珠 2 枚。蒴果常扁球形。种子三棱形，无假种皮和种阜。

叶下珠 *Phyllanthus urinaria* L.（图 12-57）一年生小草本。茎带紫红色，有纵棱。叶片长椭圆形，全缘，几无柄。雌雄同株，无花瓣；雄花簇生叶腋，雌花单生。果圆球状，表面具凸刺或瘤体。分布长江流域及以南地区。全草能清热利尿，明目、消疳止痢。

常用药用植物还有：巴豆 *Croton tiglium* L. 主产四川；种子（巴豆）有大毒；生品外用蚀疮；炮制品（巴豆霜）能峻下冷积，逐水退肿，豁痰利咽，是胃肠安丸、妇科通经丸等的原料药材。余甘子 *Phyllanthus emblica* L. 果实（余甘子）能清热凉血，消食健胃，生津止渴，是二十五味珍珠丸、十五味沉香丸等的原料药材。狼毒大戟 *Euphorbia fischeriana* Steud. 根（狼毒）能散结，杀虫，有毒；月腺大戟 *E. ebracteolata* Hayata 的根与狼毒大戟同等入药。甘遂 *E. kansui* T. N. Liou ex S. H. Ho 的根（甘遂）能泄水逐饮，消肿散结，有毒。续随子 *E. lathyris* L. 种子（续随子）能逐水消肿，破血消癥。地锦 *E. humifusa* Willd. 和斑地锦 *E. maculata* L. 全草（地锦草）能清热解毒，凉血止血。飞扬草 *E. hirta* L. 全草（飞扬草）能清热解毒，利湿止痒，通乳。龙脷叶 *Sauropus spatulifolius* Beille 的叶（龙脷叶）能润肺止咳，通便。蓖麻 *Ricinus communis* L. 种子（蓖麻子）能泻下通滞，消肿拔毒。

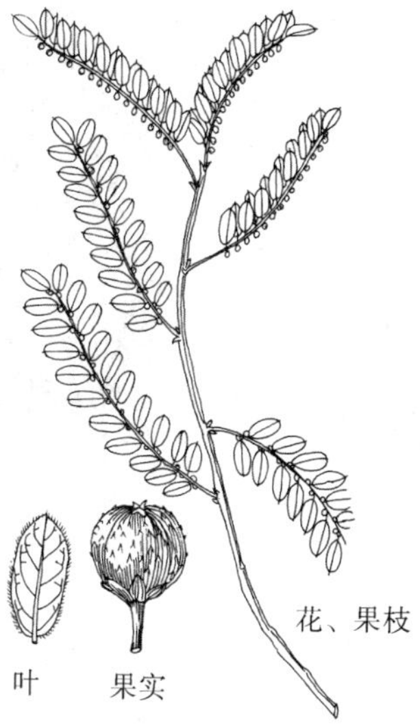

图 12－57　叶下珠

28. 芸香科 Rutaceae

$⚥ * K_{4\sim5}C_{4\sim5}A_{4\sim\infty}\underline{G}_{(2\sim\infty:2\sim\infty:1\sim2)}$

【形态特征】木本，稀草本。叶互生；羽状复叶或单身复叶，少单叶；无托叶；叶、花、果常具透明腺点。花单生或排成各式花序；花两性或杂性，辐射对称；萼片、花瓣 4 或 5，萼合生，花瓣分离；雄蕊与瓣同数或其倍数；心皮 2～5 或更多，常合生，子房上位，生蜜腺盘上，每室 1 至多胚珠。柑果、蓇葖果、核果、蒴果，稀翅果。

【微观特征】具油室或分泌细胞，草酸钙方晶、棱晶、簇晶；环管纤维成环或成束，部分植物具晶鞘纤维；果皮中常具橙皮苷结晶。花粉粒具 2 核或少数 3 核，花粉具 2～3，6～8 孔沟，以 3 孔沟为主。染色体：$X=7$，8，9，11，13，16。

【化学特征】普遍含挥发油、香豆素、黄酮类；而喹啉类生物碱、三萜类的苦味素是其化学特征；生物碱如黄柏碱（phellodendrine）、木兰花碱和小檗碱（berberine）等，黄酮类如橙皮苷（hesperidin），三萜类如柠檬苦素（limonoids）等。

【分布】约 150 属，1600 种；主要分布热带、亚热带，少数温带。我国 28 属，约 150 种；已知 23 属约 105 种药用。

【药用植物】酸橙 *Citrus aurantium* L.（图 12－58）常绿乔木，有长刺。单身复叶，互生，革质，有透明油点。花单生或数朵聚生；萼 5 裂；花瓣 5，白色，浓香；雄蕊 20 以上；雌蕊短于雄蕊。柑果近球形，熟时橙黄至朱红色，表面粗糙。长江流域以南均有栽培。幼果（枳实）能破气消积，化痰散痞，是枳实导滞丸、枳实消痞丸等的原料药材；近成熟果实（枳壳）能理气宽中，行滞消胀。

黄檗 *Phellodendron amurense* Rupr.（图 12－59）落叶乔木。树皮木栓层发达，内皮鲜黄色。奇数羽状复叶对生，小叶 5～13 枚，卵形或卵状披针形，中脉基部具长柔毛。圆锥聚伞花序顶生，花小，黄绿色，单性异株。浆果状核果，紫黑色。分布于东北及华北地区。除去栓皮的树皮（关黄柏）清热泻火，燥湿解毒，是黄连解毒汤等的原料药材。黄皮树 *P. chinensis* Schneid. 树皮木栓层薄，树皮（川黄柏），功效同关黄柏。

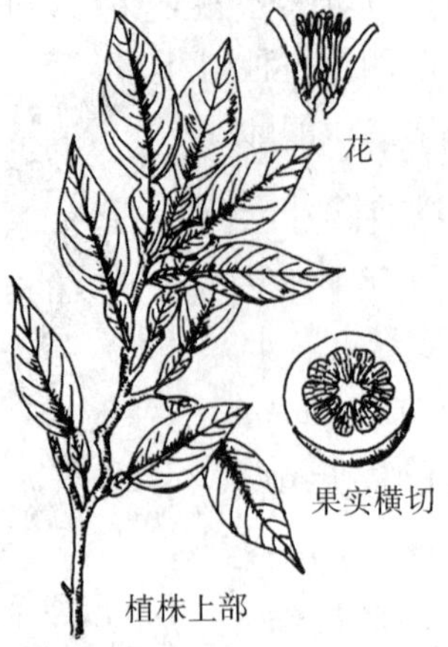

图 12－58　酸橙

图 12－59　黄檗

吴茱萸 *Evodia rutaecarpa*（Juss.）Benth.（图 12－60）落叶灌木或小乔木。幼枝、叶轴及花序均被黄褐色长绒毛，有特殊臭气。奇数羽状复叶对生，小叶椭圆形至卵形，两面密被长毛。单性异株，花小，白色，圆锥花序顶生。蓇果开裂呈蓇葖果状，紫红色，有粗大油腺点。分布于秦岭以南各地（除海南外），多栽培。近成熟果实（吴茱萸）能散寒止痛，降逆止呕，是左金丸、吴茱萸汤等的原料药材。石虎 *E. rutaecarpa*（Juss.）Benth. var. *officinalis*（Dode）Huang 和疏毛吴茱萸 *E. rutaecarpa*（Juss.）Benth. var. *bodinieri*（Dode）Huang 的近成熟果实与吴茱萸同等入药。

常用药用植物还有：花椒 *Zanthoxylum bungeanum* Maxim. 常栽培，栽培品种较多；成熟果皮（花椒）能温中止痛、杀虫止痒，种子（椒目）能利水消肿；青椒 *Z. schinifolium* Sieb. et Zucc. 的果皮草绿色或暗绿色，与花椒同等入药；两面针 *Z. nitidum*（Roxb.）DC. 根（两面针）能活血化瘀，行气止痛，祛风通络，解毒消肿。橘 *Citrus reticulata* Blanco 常见栽培果树，果皮（陈皮）能理气化痰、和胃降逆，中果皮及内果皮间的维管束群（橘络）能通络化痰，种子（橘核）能理气止痛散结，叶（橘叶）行气、散结，幼果皮（青皮）能破气散积、疏肝止痛；柚 *C. grandis*（L.）Osbeck 和化州柚 *C. Grandis*（L.）Osbeck "*tomentosa*" 的成熟果皮（橘红）能燥湿祛痰，健胃消食，前者习称"青光橘红"，后者习称"毛橘红"或"化橘红"；香橼 *C. wilsonii* Tanaka 成熟果实（香圆）理气宽中，化痰；佛手 *C. medica* L. var. *sarcodactylis*（Noot.）Swingle 果（佛手）能行气，开郁化痰；代代花 *C. aurantum* L. var. *amara* Engl. 幼果和未成熟果实亦习作枳实和枳壳。白鲜 *Dictamnus dasycarpus* Turcz. 根皮（白鲜皮）能清热解毒，燥湿，祛风止痒。

29. 楝科 Meliaceae　　⚥ $* K_{(4\sim5),(6)} C_{4\sim5,3\sim10} A_{(8\sim10)} \underline{G}_{(2\sim5:2\sim5:1\sim2)}$

【形态特征】木本。叶互生，羽状复叶；无托叶。聚伞或圆锥花序；花两性，辐射对称；萼片、花瓣 4～5，离生或合生；雄蕊 8～10，花丝合生成管；心皮 2～5 合生，子房上位，中轴胎座，每室 1 至多胚珠。蒴果、浆果或核果。种子具假种皮。

【微观特征】分泌细胞散生，具草酸钙方晶、簇晶，有晶鞘纤维；导管端壁单纹孔。花粉以 4 孔沟为主。染色体：$X = 11 \sim 14$。

【化学特征】普遍含三萜类、生物碱类，三萜类如川楝素（toosendanin）、洋椿苦素（cedrolone）等；生物碱类如米仔兰碱（odorine）、米仔兰醇碱（odorinol）等

【分布】约 50 属，1400 种；分布于热带、亚热带地区，温带极少。我国 18 属，65 种；主要分布于长江以南各省。已知 13 属 30 种药用。

【药用植物】楝 *Melia azedarach* L.（图 12 - 61）落叶乔木。叶互生，二至三回奇数羽状复叶，幼时被星状毛，小叶卵形至椭圆形，具钝齿。圆锥花序野生或顶生，与叶近等长；花淡紫色，芳香；萼片、花瓣均 5；雄蕊 10，花丝连合成管状；子房 5 ~ 6 室。核果较小，长不足 2cm。分布于黄河以南各地，多栽培。树皮（苦楝皮）有小毒，能清热，燥湿，杀虫。

图 12 - 60　吴茱萸

图 12 - 61　楝

川楝 *M. toosendan* Sieb. et Zucc. 形似苦楝，但小叶近全缘或具不明显的钝齿；花序长约为叶的一半，子房 6 ~ 8 室；果较大，长约 3mm。根皮和茎皮与楝同等入药，果实（川楝子）有小毒，能舒肝，行气，止痛，杀虫，是金铃子散的主要原料药材。

香椿 *Toona sinensis*（A. Juss.）Roem. 野生或栽培，嫩芽作蔬菜，果实（香铃子）能祛风、散寒、止痛，根皮与树皮能清热燥湿、涩肠、止血、止带、杀虫。

30. 远志科 Polygalaceae　　⚥ $\uparrow\ K_5C_{3,5}A_{(4\sim8)}\underline{G}_{(1\sim3:1\sim3:1\sim\infty)}$

【形态特征】草本或木本。单叶互生、对生或轮生，全缘，无托叶。总状或穗状花序；花两性，两侧对称；萼片 5，不等长，内面 2 呈花瓣状；花瓣 5 或 3，不等长，中间 1 枚呈龙骨状，顶端常具鸡冠状附属物；雄蕊 4 ~ 8，花丝常合生成鞘，花药顶孔开裂；1 ~ 3 心皮合生，子房上位，常 2 室，每室胚珠 1 枚。蒴果、坚果或核果。

【微观特征】草酸钙簇晶。染色体：$X=5$，8，12，14，15，17。

【分布】13 属，近 1000 种，分布于温带和热带地区。我国 4 属，51 种和 9 变种，分布全国。已知 3 属，27 种，3 变种药用。

【化学特征】含皂苷、生物碱和屾酮类。皂苷类如远志皂苷（tenuigenin）、远志皂苷 A ~ G（presenegenin A ~ G），生物碱类如远志碱（tenuidine）等。

【药用植物】远志 *Polygala tenuifolia* Willd.（图 12 - 62）多年生小草本；根圆柱形，微弯；叶互生，线状披针形至线形，全缘，无柄。总状花序；花淡蓝紫色；瓣状萼 2，绿白色，宿存；花瓣 3，淡紫色，龙骨状花瓣先端流苏状。蒴果倒心形，扁平，边缘有窄翅。分布于东北、华北、西北等地。根（远志）能祛痰利窍、安神益智，是归脾丸、天王补心丸等的原料药材。西伯利亚远志 *P. sibirica* L. 与远志同等入药。

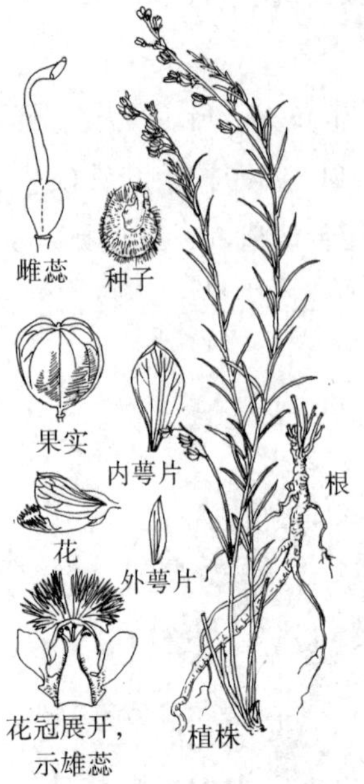

图 12-62　远志

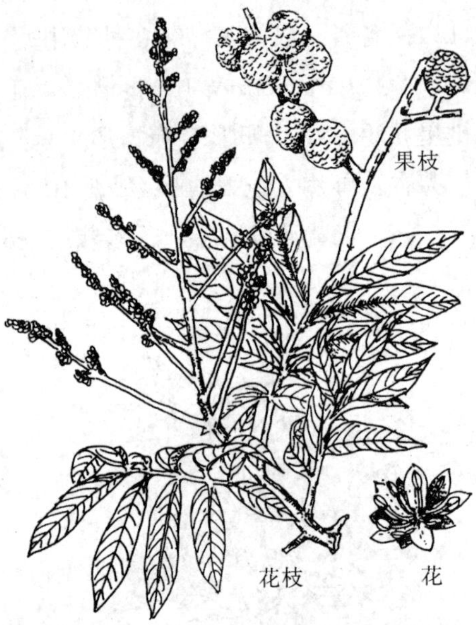

图 12-63　龙眼

常用药用植物还有：瓜子金 *Polygala japonica* Houtt. 全草能祛痰止咳，散瘀止血，安神；黄花远志 *P. arillata* Buch. – Ham. ex D. Don 根能祛风除湿，补虚消肿，调经活血；蝉翼藤 *Securidaca inappendiculata* Hassk. 根茎能活血化瘀，消肿止痛，清热利尿。

31. 无患子科 Sapindaceae　　⚥ $* \uparrow K_{4\sim5} C_{4\sim5,0} A_{5\sim10} \underline{G}_{(2\sim4:2\sim4:1\sim2)}$

【形态特征】乔木或灌木。叶互生，羽状复叶或掌状复叶；无托叶。花小，雌雄异株或同株，稀两性或杂性，花 4 ~5 数；聚伞圆锥花序；萼离生或合生；花瓣离生或缺；花盘肉质；雄蕊 5 ~10，常 8 枚；2 ~4 心皮合生，子房上位，中轴胎座，常 3 室，每室胚珠 1 或 2，稀侧膜胎座。核果、蒴果、浆果或翅果。种子常具假种皮。

【微观特征】具黏液细胞和异型维管束。染色体：$X=11\sim16$。

【化学特征】三萜皂苷是本科特征性成分，尚含鞣质、黄酮和脂肪酸和生物碱等。

【分布】约 150 属，2000 种，分布热带、亚热带，少数分布于温带。我国有 25 属，56 种，主要分布于长江以南。已知 11 属 19 种药用。

【药用植物】龙眼（桂圆）*Dimocarpus longan* Lour.（图 12-63）常绿乔木。偶数羽状复叶，小叶 4 ~5 对，长椭圆形至矩圆状披针形。圆锥花序，密被锈色星状柔毛；花小，杂性，黄白色；花 5 数；雄蕊 8；子房 2 ~3 室，常仅 1 室发育。果近球形，核果状，黄褐色或灰黄色，外面具扁平瘤点；种子被肉质假种皮包裹。主要在华南、西南地区栽培。假种皮（龙眼肉）能益脾，健脑，养血安神，是归脾汤等的原料药材。

常用药用植物还有：荔枝 *Litchi chinensis* Sonn. 种子（荔枝核）理气、散结、止痛，假种皮能生津、补脾。无患子 *Sapindus mukorossi* Gaertn. 果实清热解毒，止咳化痰。

32. 冬青科 Aquifoliaceae　　♂ $* K_{(3\sim6)} C_{4\sim5,(4\sim5)} A_{4\sim5}$；♀ $* K_{(3\sim6)} C_{4\sim5,(4\sim5)} \underline{G}_{(3\sim\infty:3\sim\infty:1\sim2)}$

【形态特征】乔木或灌木。单叶互生，托叶早落。花小，整齐，单性异株，稀杂性；萼 3 ~6 裂，宿存；花瓣 4 ~5，分离或基部合生；雄蕊与花瓣同数互生；子房上位，3 至多数心皮合生，3 至多室，每室胚珠 1 ~2 枚。浆果状核果；种子胚乳丰富。

【微观特征】含草酸钙簇晶。花粉粒长球形、近球形或扁球形，3 孔沟，沟较宽，外壁表面具明显的瘤（棒）状纹饰。染色体：$X=18$，20。

【化学特征】含β－香树脂型和齐墩果烷型三萜酸及其皂苷，并含黄酮类、鞣质等。

【分布】3 属，400 多种，分布于亚洲、美洲的热带、亚热带及温带地区，少数分布于欧洲、非洲和大洋洲。我国只有冬青属 1 属，约 200 种。已知药用 44 种。

图 12－64　枸骨

【药用植物】枸骨 *Ilex cornuta* Lindl. ex Paxt.（图 12－64），常绿灌木。叶四角状长圆形而具宽刺齿。花单性异株，4 数，子房 4 室。核果红色，分核 4 枚。分布于长江流域及以南地区。叶（枸骨叶）能清热养阴，平肝益肾；嫩叶加工成“苦丁茶”。

常用药用植物还有：冬青 *Ilex chinensis* Sims 叶（四季青）能清热解毒，消肿祛瘀；铁冬青 *I. rotunda* Thunb. 树皮（救必应）能清热解毒，利湿止痛；大叶冬青 *I. latifolia* Thunb 叶能清热解毒、清头目，嫩叶加工成“苦丁茶”；毛冬青 *I. pubescens* Hook. et Arn. 根、叶能活血通络，清热解毒。

33. 卫矛科 Celastraceae　　⚥ * $\mathbf{K}_{(4\sim5)}\mathbf{C}_{4\sim5}\mathbf{A}_{4\sim5}\underline{\mathbf{G}}_{(2\sim5:2\sim5:2)}$

【形态特征】灌木或乔木。单叶互生或对生。聚伞或总状花序；花两性，少单性，辐射对称；萼 4～5 裂，宿存；花瓣 4～5；雄蕊与瓣同数且互生；子房上位，2～5 室，与花盘分离或藏其内，花柱短或缺。蒴果、核果、翅果或浆果。种子具红色假种皮。

【微观特征】茎皮具白色胶丝，薄壁细胞含草酸钙簇晶。花粉粒扁球形或近球形，具 3 孔沟，表面网状。染色体：$X=8$，10，12，17，23，40。

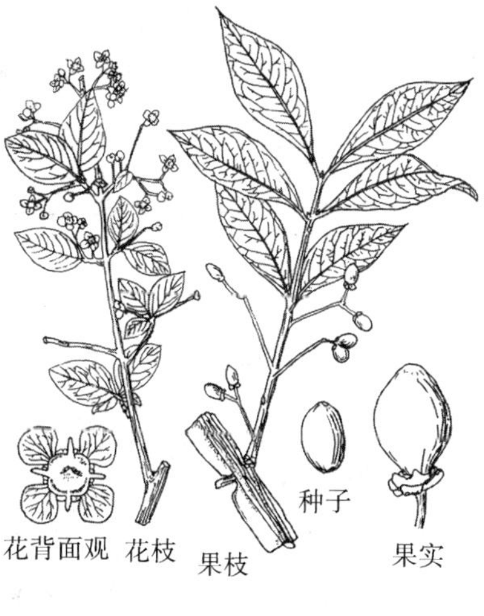

图 12－65　卫矛

【化学特征】普遍含二萜内酯和大环生物碱，以及橡胶类物质；二萜内酯如雷公藤素甲（triptolide）、雷公藤素乙，大环生物碱如美登木碱（maytansine）等。

【分布】约 60 属，850 余种，分布于温带、亚热带和热带地区。我国 12 属，200 余种，分布于长江流域及以南。已知 9 属 99 种药用。

【药用植物】卫矛（鬼箭羽）*Euonymus alatus* (Thunb.) Sieb.（图 12－65）灌木。小枝具 2～4 条木栓质阔翅。叶对生，倒卵形或椭圆形。花 4 数；花盘肥厚方形；雄蕊花丝短。蒴果 4 瓣裂，假种皮肉质，红色或黄色。带翅的枝（鬼箭羽）能破血通经、杀虫。

常用药用植物还有：雷公藤 *Tripterygium wilfordii* Hook. f. 根（雷公藤），有大毒，能祛风、解毒、杀虫，是雷公藤多苷片和雷公藤片的原料。昆明山海棠 *T. hypoglaucum*（Lévl.）Hutch. 分布和效用似雷公藤。美登木 *Maytenus hookeri* Loes. 根、茎、果含美登木碱类。

34. 鼠李科 Rhamnaceae　　⚥ * $\mathbf{K}_{(4\sim5)}\mathbf{C}_{4\sim5}\mathbf{A}_{4\sim5}\underline{\mathbf{G}}_{(2\sim4:2\sim4:1)}$

【形态特征】灌木或乔木，常有枝刺或托叶刺。单叶互生，托叶小或刺状。花小，两性，辐射对称，花 4～5 数，或无花瓣；雄蕊 4～5，对瓣生；2～4 心皮，子房上位，或部分埋藏花盘中，2~4 室，每室 1 胚珠。核果、浆果状核果、蒴果状核果或蒴果。

图 12-66　枣

【微观特征】叶表皮细胞平周壁具皱状或网状纹饰，气孔器仅分布于下面；草酸钙簇晶和方晶。花粉粒近球形至扁球形，3 孔沟。染色体：$X=9$，11，12。

【化学特征】含蒽醌、黄酮、三萜皂苷、环肽和异喹啉生物碱等。

【分布】58 属，约 900 种，广布全球。我国 15 属，130 余种。已知 12 属 77 种药用。

【药用植物】枣 *Ziziphus jujuba* Mill.（图 12-66）落叶小乔木或灌木。托叶刺 2 枚，长刺粗直，短刺下弯。叶卵形，基出三脉。花黄绿色，两性，5 基数；雄蕊 5；子房下部与花盘合生，2 室，每室 1 胚珠。核果矩圆形或卵圆形，熟时红色，后变红紫色，核顶端锐尖。果实（大枣）能补中益气，养血安神，是小建中合剂、阿胶三宝膏的原料药材。

常用药用植物还有：酸枣 *Ziziphus jujuba* Mill. var. *spinosa*（Bunge）Hu ex H. F. Chow 的种子（酸枣仁）能养心补肝，宁心安神，敛汗，生津，是安神宝颗粒、枣仁安神胶囊等的原料药材；枳椇 *Hovenia dulcis* Thunb. 果梗连同果实能健胃补血，种子（枳椇子）能止渴除烦、清湿热、解酒毒；鼠李 *Rhamnus dahurica* Pall. 树皮能清热通便，果能消炎、止咳；铁包金 *Berchemia lineata*（L.）DC. 根能祛风利湿，活血止血。

35. 葡萄科 Vitaceae　　⚥ $* K_{(4\sim5)}C_{4\sim5}A_{4\sim5}\underline{G}_{(2\sim3:2\sim3:1\sim2)}$

【形态特征】落叶藤本。卷须与叶对生。叶互生，掌状分裂、掌状或羽状复叶，有托叶。聚伞或圆锥花序与叶对生；花小，淡绿色，两性或单性，整齐；萼 4~5 齿裂；花瓣 4~5，镊合状排列，顶端黏合或分离；雄蕊与花瓣同数而对生，生于环状花盘基部；2~3 心皮合生，子房上位，2~3 室，每室 1~2 枚胚珠。浆果。

【微观特征】普遍含黏液细胞，草酸钙针晶和草酸钙簇晶等结晶；气孔器不定式、直轴式、平轴式和环式，常分布在下表皮。染色体：$X=10\sim12$，19。

【化学特征】含有黄酮、萜类、酚酸、固醇、挥发油等。葡萄属（*Vitis*）和蛇葡萄属（*Ampelopsis*）富含聚芪类化合物（oligostilbenes），如虎杖苷（piceid）等。

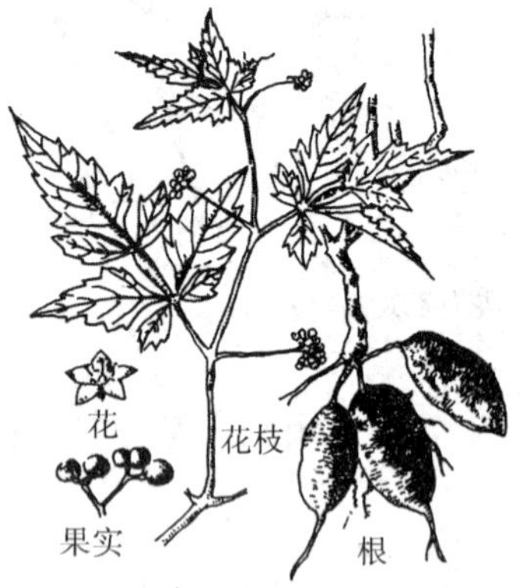

图 12-67　白蔹

【分布】16 属，700 余种，广布于热带及温带地区。我国 9 属，约 150 种，南北各地均有分布。已知 7 属，100 余种药用。

【药用植物】白蔹 *Ampelopsis japonica*（Thunb.）Mak.（图 12-67），攀援藤本，全体无毛。根块纺锤形。掌状复叶，小叶 3~5，小叶羽状分裂或羽状缺刻，叶轴有阔翅。聚伞花序；花小，黄绿色，花 5 数；雌蕊 1，子房 2 室。浆果球形，熟时白色或蓝色。分布于东北南部、华北、华东、中南地区。根（白蔹）能清热解毒，消肿止痛。

常用药用植物还有：葡萄 *Vitis vinifera* L. 茎皮片状剥落，髓褐色；花瓣黏合成帽状脱落；各地均有栽培；果实能解表透疹、利尿；同时食用和酿酒。乌蔹莓 *Cayratia japonica* (Thunb.) Gagnep. 全草能凉血解毒，利尿消肿，凉血散瘀；三叶崖爬藤 *Tetrastigma hemsleyanum* Diels et Gilg 块根能清热解毒、祛风化痰、活血止痛。

36. 锦葵科 Malvaceae

$⚥ * \mathbf{k}_{5,(5)}\mathbf{C}_5\mathbf{A}_{(\infty)}\underline{\mathbf{G}}_{(2\sim\infty:2\sim\infty:1\sim\infty)}$

【形态特征】草本或灌木。幼枝、叶常具星状毛。单叶互生，常为掌状脉；托叶早落。花单生或聚伞花序；花两性，整齐；萼片5，基部常合生，其外常有副萼，萼宿存；花瓣5片，旋转状排列，基部与雄蕊管贴合；单体雄蕊，包围子房和花柱，花药1室；子房上位，2至多室，中轴胎座。蒴果，常几枚果爿分裂；种子肾形或倒卵形。

【微观特征】具黏液细胞，茎韧皮纤维发达；具星状毛、单毛和鳞片状毛，气孔器不定式。花粉粒大，具刺，具3～4孔沟或多孔。染色体：$X=5\sim22$，33，39。

【化学特征】含黄酮苷、生物碱、简单苯丙素、木脂素、香豆素等。

【分布】50属，1000余种，分布于温带和热带。我国16属，80余种，分布于南北各地；已知12属60种药用。

【药用植物】木槿 *Hibiscus syriacus* L.（图12－68）落叶灌木。叶卵形或菱状卵形，常3裂。单花腋生，副萼片6～7，条形；萼钟状，5裂；花瓣5或重瓣，红色或白色；花柱5。蒴果卵圆形，密生星状绒毛。全国各地栽培。根、茎皮（木槿皮）能清热燥湿，杀虫止痒；花（木槿花）能清热，止痢；果实（朝天子）能清肝化痰，解毒止痛。

常用药用植物还有：冬葵（冬苋菜）*Malva verticillata* L. 各地多有栽培，果实（冬葵子）能清热，利尿，消肿；苘麻 *Abutilon theophrasti* Medicus. 的种子（苘麻子）能清热利湿，解毒，退翳；木芙蓉 *Hibiscus mutabilis* L. 的叶、花、根皮能清热凉血，消肿解毒；玫瑰茄 *Hibiscus sabdariffa* L. 花萼能清热解渴，敛肺止咳；草棉 *Gossypium herbaceum* L. 种子（棉籽）能补肝肾，强腰膝，止痛，止血，避孕。

37. 瑞香科 Thymelaeaceae

$⚥ * \mathbf{K}_{(4\sim5),(6)}\mathbf{C}_0\mathbf{A}_{4\sim5,8\sim10,2}\underline{\mathbf{G}}_{(2:1\sim2:1)}$

【形态特征】灌木，少乔木或草本。茎韧皮纤维发达。单叶互生或对生，全缘，无托叶。花两性，整齐；总状花序或头状花序；萼管4～5裂，花瓣状；花瓣缺或退化成鳞片状；雄蕊与萼裂片同数或2倍，稀2枚；子房上位，1～2室，每室胚珠1枚。浆果、核果或坚果，稀蒴果；种子胚乳丰富或无胚乳，胚直立，子叶厚而扁平，稍隆起。

【微观特征】韧皮纤维发达，常具内涵韧皮部（Included phloem）。花粉粒球形，散孔，表面网状。染色体：$X=9$。

【化学特征】普遍含香豆素、黄酮、二萜酯、木脂素和挥发油等化合物。

【分布】50余属，500余种，广布温带及热带地区。我国9属，90余种，全国分布。已知7属40余种药用。

【药用植物】芫花 *Daphne genkwa* Sieb. et Zucc.（图12－69）落叶灌木。幼枝被淡黄色绢毛。单叶对生，椭圆状至卵状披针形。花先叶开放，淡紫色或淡紫红色，簇生；萼管4裂，花瓣状；雄蕊8，2轮，花盘环状；子房1室，密被黄色柔毛。核果。分布于长江流域及山东、河南、陕西。花蕾（芫花）能泻水逐饮，外用杀虫疗疮，有毒。

常用药用植物还有：白木香 *Aquilaria sinensis* (Lour.) Gilg 多栽培；含树脂的木材（沉香）能行气止痛、温中止呕、纳气平喘。黄芫花（黄瑞香）*Daphne giraldii* Nitsche，茎皮和根皮（祖师麻）能麻醉止痛、祛风通络，有小毒；甘肃瑞香 *D. tangutica* Maxim. 和凹叶瑞

香 *D. retusa* Hemsl. 的茎皮、根皮与黄芫花同等入药。狼毒 *Stellera chamaejasme* L. 根（狼毒）能散结、杀虫，有毒。了哥王 *Wikstroemia indica*（L.）C. A. Mey. 全株（了哥王）能消肿散结、泻下逐火、止痛，有毒。

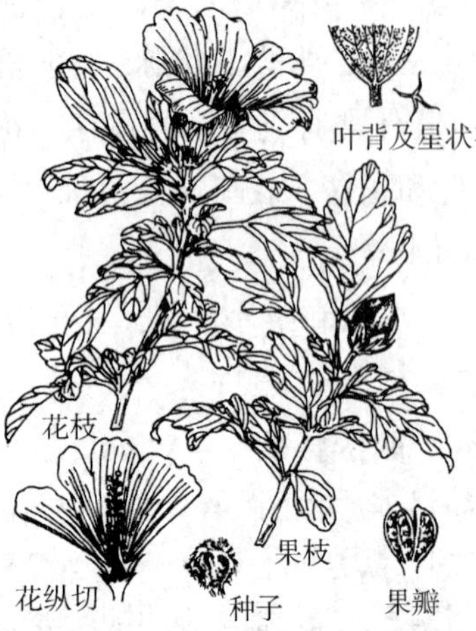

图 12－68　木槿

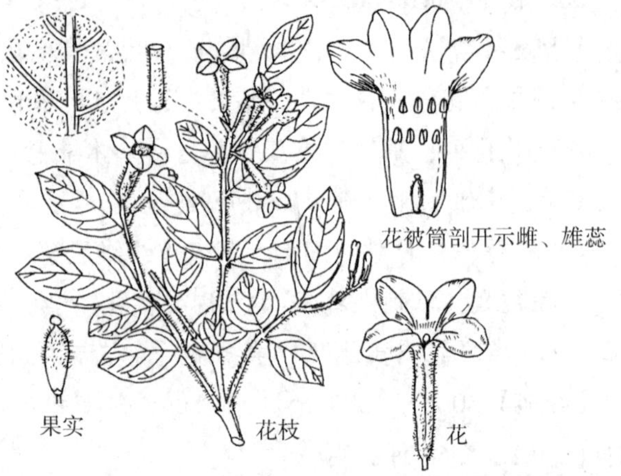

图 12－69　芫花

38. 胡颓子科 Elaeagnaceae　　⚥ $* K_{(2\sim4)}C_0A_{4\sim8}\underline{G}_{(1:1:1)}$

【形态特征】木本。全株被银色或褐色盾状鳞片或星状绒毛。单叶互生，常革质。花两性或单性，辐射对称；雄花花萼 2～4 裂，两性花或雌花花萼管状，2～4 裂，果时变肉质；无花瓣；雄蕊 4～8 枚；子房上位，1 室，胚珠 1，花柱长。瘦果或坚果，包藏肉质花被内。

【微观特征】具鳞毛。花粉粒钝三角形或近圆形。染色体：$X=11$，12，14。

【化学特征】普遍含有黄酮、生物碱、维生素、三萜和甾体类化合物。

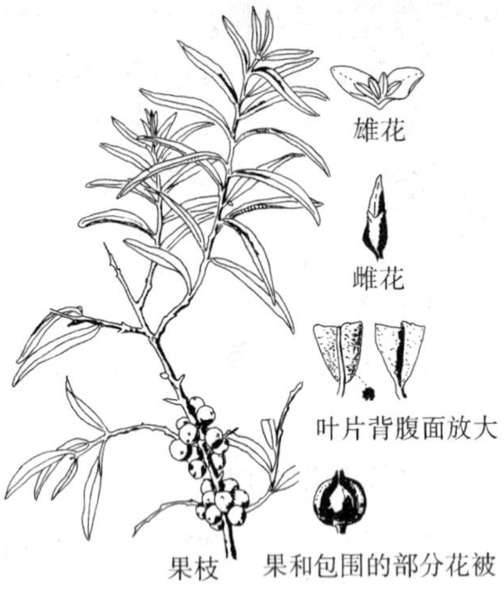

图 12－70　沙棘

【分布】3 属，50 余种，分布于温带和亚热带地区。我国 2 属 41 种，全国分布。已知 2 属 32 种药用。

【药用植物】沙棘 *Hippophae rhamnoides* L.（图 12－70）落叶乔木或灌木，棘刺粗壮，嫩枝密被银色而带褐色的鳞片。叶条形或条状披针形，背面密被白色鳞片。花先叶开放，雌雄异株；花小，淡黄色，花被 2 裂；雄蕊 4。坚果核果状，近球形，橙黄色。分布于东北、华北、西北和四川、云南等地。果实（沙棘）能健脾消食、止咳祛痰、活血散瘀。

常用药用植物还有：西藏沙棘 *H. thibetana* Schlecht. 分布于甘肃、青海、四川、西藏，果实是藏医制取“沙棘膏”的原料；胡颓子 *Elaeagnus pungens* Thunb. 根能祛风利湿、化瘀止血，叶能止咳平喘，花能治皮肤瘙痒，果能消食止痢；沙枣 *E. angustifolia* L. 分布于东北、华北、西北及山东、河南等地，用途似胡颓子。

39. 堇菜科 Violaceae　　⚥ $\uparrow K_{5,(5)}C_5A_5\underline{G}_{(3:1:\infty)}$

【形态特征】草本或灌木。单叶基生或互生，具托叶。花两性，两侧对称，小苞片 2 枚；萼片 5，宿存；花瓣 5，大小相等或下面 1 枚基部囊状或有距；雄蕊 5；子房上位，侧膜胎座 3，1 室，胚珠多数。蒴果室背弹裂或浆果状；种子种皮坚硬。

【微观特征】气孔器为不等式，上表皮细胞内壁常黏液化；薄壁细胞含草酸钙针晶。花粉 3 孔沟或 4～6 孔沟。$X=5$，6，7，11，13，17。

【化学特征】含黄酮类、香豆素、萜类等化合物。黄酮类如山柰酚、槲皮素、异鼠李素及其苷类衍生物，香豆素如七叶内酯、东莨菪内酯，以及齐墩果烷型三萜皂苷类。

【分布】约 22 属，900 余种，广布于温带和热带。我国 4 属，130 余种，南北均有分布，以堇菜属（*Viola*）为主，约 111 种；已知 2 属 50 余种药用。

【药用植物】紫花地丁 *Viola yedoensis* Makino（*V. philippica* Cav.）（图 12－71）草本。根茎短，无地上茎和匍匐枝。叶基生，叶片长圆状卵形，先端圆钝，基部截形或稍呈心形；托叶膜质，1/2～2/3 与叶柄合生。花紫堇色或淡紫色；距短细管状；花柱基部微膝曲，顶部前方具短喙。分布于全国大部分地区。全草（紫花地丁）能清热解毒，凉血消肿。

图 12－71　紫花地丁

堇菜属（*Viola* L.）多数种类有清热解毒、消肿止痛、活血散瘀、止咳等功效，不少种类在产地代替紫花地丁药用，如长萼堇菜 *V. inconspicua* Bl.、戟叶堇菜 *V. betonicifolia* Sm.、浅圆齿堇菜 *V. schneideri* W. Beck. 和早开堇菜 *V. prionantha* Bunge 等。

40. 葫芦科 Cucurbitaceae

$♂ * \mathbf{K}_{(5),5}\mathbf{C}_{(5),5}\mathbf{A}_{5,(3\sim5)};\ ♀ * \mathbf{K}_{(5),5}\mathbf{C}_{(5),5}\overline{\mathbf{G}}_{(3:1:\infty)}$

【形态特征】草质藤本。有卷须。叶互生，掌状分裂或不裂，稀复叶。花单性，同株或异株，整齐；萼片、花瓣均 5，合生或分离；雄蕊 5，分离，或两两联合，1 枚分离，形似 3 雄蕊，花药弯曲成 S 形；子房下位，3 心皮，侧膜胎座，1 室。瓠果。

【微观特征】茎具双韧维管束；钟乳体、针晶、石细胞。花粉 3 孔或 3～5 孔沟。染色体：$X=7\sim14$。

【化学特征】普遍含葫芦素类四环三萜、达玛烷型四环三萜、齐墩果烷型五环三萜、木脂素类及酚性化合物等，其中葫芦素类四环三萜是本科特征性成分。

【分布】110 属，700 余种，主要分布于热带和亚热带。我国 32 属，150 余种，分布于南北各地；已知 25 属 92 种药用。

【药用植物】栝楼 *Trichosanthes kirilowii* Maxim.（图 12－72a）多年生藤本。块根圆柱状，肥厚，淡棕黄色。叶近心形，3～5 浅裂至中裂；卷须 2～3 分枝。雌雄异株；花冠白色，中部以上细裂成流苏状。瓠果卵圆形或圆形，熟时橙黄色、橘红色或橘黄色。种子卵状椭圆形，扁平，浅棕色。分布于华北、华中、华东及辽宁、陕西等地。成熟果实（瓜蒌）能清热化痰，宽胸散结，润燥滑肠；果皮（瓜蒌皮）能清肺化痰，利气宽胸；种子（瓜蒌子）能润肠通便，润肺化痰；块根（天花粉）能生津止渴，降火润燥。中华栝楼（双边栝楼）*T. rosthornii* Harms（图 12－72b）叶常 5 深裂几达基部；种子极扁平，较大，深棕色，距边缘稍远处有一圈明显的棱线；分布于陕西、甘肃、山东、江西、湖北、广东、广西、四川、重庆、贵州、云南等地，与栝楼同等入药。

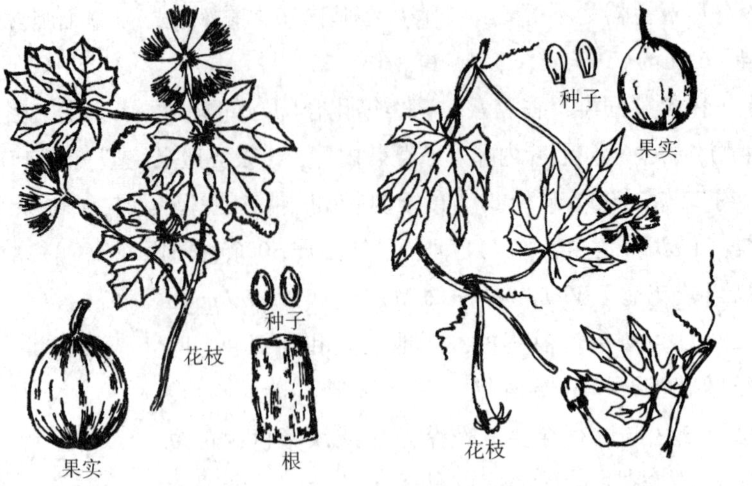

（a）瓜楼　　（b）中华瓜楼

图 12－72　瓜楼和中华瓜楼

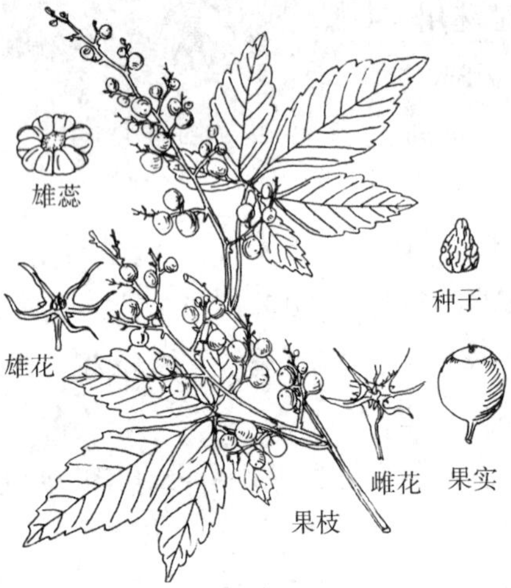

图 12－73　绞股蓝

绞股蓝 *Gynostemma pentaphyllum*（Thunb.）Makino（图 12－73）常绿藤本。卷须二叉，腋生。鸟足状复叶，小叶 5～9。雌雄异株；花小，花丝短，联合成柱，柱头 2 裂。瓠果球形，熟时黑色。分布于陕西南部和长江以南各地。全草（绞股蓝）能清热解毒，止咳祛痰；含有多种人参皂苷类成分。

常用药用植物还有：雪胆 *Hemsleya chinensis* Cogn. ex Forbes et Hemsl. 块根（雪胆）能清热解毒，散结，止痛；罗汉果 *Siraitia grosvenorii*（Swingle）C. Jeffrey ex Lu et Z. Y. Zhang 果实（罗汉果）能清肺止咳，润肠通便，清热解暑。木鳖 *Momordica cochinchinensis*（Lour.）Spreng 种子（木鳖子）能散结消肿，有小毒；丝瓜 *Luffa cylindrical*（L.）Roem. 成熟果实的维管束（丝瓜络）能清热解毒，活血通络，利尿消肿；冬瓜 *Benincasa hispida*（Thunb.）Cogn. 外层果皮（冬瓜皮）能清热利尿、消肿，种子（冬瓜子）能润肺、化痰、排脓消肿、利湿；王瓜 *Trichosanthes cucumeroides*（Ser.）Maxim. 根（王瓜根）能清热解毒、利尿消肿、散瘀止痛，有小毒，果实（王瓜）能清热、生津、消瘀、通乳，种子清热凉血。

41. 桃金娘科 Myrtaceae　$⚥ * K_{(4\sim5)} C_{4\sim5} A_{(2\sim\infty)} \overline{G}_{(2\sim5:1\sim5:\infty)}$

【形态特征】常绿木本。叶对生，全缘，具透明腺点，无托叶。单花腋生或各式花序；花两性，辐射对称；萼筒与子房合生，4～5 裂；花瓣 4～5，覆瓦状或黏合成帽状体；雄蕊多数，生花盘边缘；子房下位或半下位，心皮 2～5，1 至多室。浆果、蒴果。

【微观特征】具分泌腔，双韧型维管束。花粉 3 孔沟。染色体：$X=6\sim9$，11。

【化学特征】普遍含挥发油和黄酮类化合物，丁香油、桉叶油等都是重要的化工原料。

【分布】约 100 属 3000 余种，分布于热带和亚热带地区。我国 9 属，126 种，分布于长江以南地区；已知 10 属 31 种药用。

【药用植物】丁香 *Eugenia caryophyllata* Thunb.（图 12－74）常绿乔木。单叶对生，叶

片密布油腺点。花萼肥厚，筒状；花冠短管状，4 裂，白色，稍带淡紫；子房下位。浆果长倒卵形，红棕色。原产印度尼西亚，我国广东、广西、云南有栽培。花蕾（丁香）能温中降逆，补肾助阳，是小儿腹泻外敷散、妙济丸、人参再造丸的原料药材。

常用药用植物还有：桃金娘（岗稔）*Rhodomyrtus tomentosa*（Ait.）Hassk. 根能祛风活络、收敛止泻、止血；大叶桉 *Eucalyptus robusta* Smith. 叶能疏风清热、止痒，又是提取桉叶油的原料；蓝桉 *E. globulus* Labill. 叶能疏风清热、止痒；白千层 *Melaleuca leucadendra*（L.）L. 树皮、叶及提取的挥发油（玉树油）能安神镇静、祛风止痛。

图 12－74　丁香

42. 山茱萸科 Cornaceae

$⚥ * K_{4\sim5,0}C_{4\sim5,0}A_{4\sim5}\overline{G}_{(2:1\sim4:1)}$

【形态特征】乔木或灌木，稀草本。单叶对生，少互生或轮生。花两性或单性异株，聚伞、圆锥或伞形花序顶生，有时具苞片或总苞片；花萼 4～5 裂或缺；花瓣 4～5 或缺；雄蕊与花瓣同数且互生；子房下位，1～4 室，每室胚珠 1。核果或浆果状核果。

【微观特征】导管纹孔或梯纹，具草酸钙簇晶和聚糖。花粉粒长球形至近球形，具 3 孔沟，外壁外层具细网状或刺状雕纹。染色体：$X=8\sim14$，19。

【化学特征】普遍含环烯醚萜苷类，尚含有鞣质、黄酮类、有机酸等。

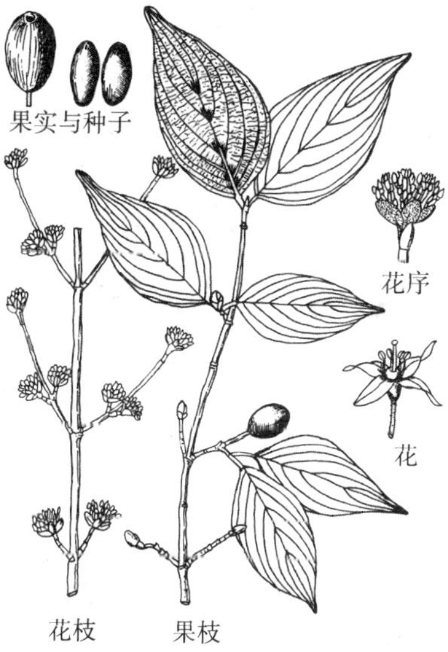

图 12－75　山茱萸

【分布】15 属，119 种，分布于温带和热带地区。我国 9 属，约 60 种，分布于南北各地；已知 6 属 44 种药用。

【药用植物】山茱萸 *Cornus officinalis* Sieb. et Zucc.（图 12－75）落叶小乔木。叶卵状披针形或椭圆形，叶背脉腋具黄色锈毛。花先叶开放，总苞 4 枚；萼裂片和花瓣 4 片；子房下位，2 室。核果长椭圆形，红色至紫红色。河南、陕西、四川有栽培。果肉（山茱萸）能补益肝肾，收涩固脱，是归芍地黄丸、二宝胶囊等的原料药材。

常用药用植物还有：青荚叶 *Helwingia japonica*（Thunb.）Dietr. 茎髓（小通草）能清热、利尿、下乳。西南青荚叶 *H. himalaica* Hook. f. et Thoms. ex C. B. Clarke 和中华青荚叶 *H. chinensis* Batal. 的用途同青荚叶。

43. 五加科 Araliaceae

$⚥ * K_5C_{5\sim10}A_{5\sim10}\overline{G}_{(2\sim15:2\sim15:1)}$

【形态特征】木本，少草本。茎常具刺。掌状或羽状复叶，互生，少单叶；托叶常与叶柄基部合生。花小，两性，整齐，稀单性或杂性；伞形花序或集成总状或圆锥花序；萼筒与子房合生，边缘 5 小齿；花瓣 5～10，离生；雄蕊 5～10，着生花盘边缘；花盘上位；心皮 2～15，子房下位，2～15 室，每室 1 胚珠，顶生。浆果或核果。

【微观特征】皮层、韧皮部常有树脂道，常见草酸钙簇晶。染色体：$X=11$，12。

【化学特征】普遍含三萜皂苷、黄酮、香豆素等。三萜皂苷主要有达玛烷型四环三萜皂苷如人参皂苷（Ginsenosides），以及齐墩果烷型五环三萜皂苷如楤木皂苷（Aralosides）等；尚含挥发油和多糖类，如人参挥发油、人参多糖等。

【分布】共80属，900多种，广布于热带和温带。我国23属，172种，除新疆外的大部分地区均有分布；已知114种（包括20变种，1变型）药用（表12－9）。

表12－9 五加科部分属检索表

1. 叶轮生；掌状复叶；草本 …………………………………………………………………… 人参属 *Panax*
1. 叶互生；木本。
  2. 大型羽状复叶，有托叶；茎和叶常具皮刺；木本或多年生草本 ……………………………… 楤木属 *Aralia*
  2. 单叶或掌状复叶。
    3. 单叶，或同时具有单叶和掌状复叶。
      4. 叶片掌状分裂。
        5. 植物体无刺；花柱离生，子房2室；有托叶 ………………………………………… 通脱木属 *Tetrapanax*
        5. 植物体有刺；花柱合生成柱状；无托叶 ……………………………………………… 刺楸属 *Kalopanax*
      4. 叶片不分裂，或在同株上有不分裂、分裂和掌状复叶三种叶片 ……………………… 树参属 *Dendropanax*
    3. 掌状复叶，具皮刺 ……………………………………………………………………………… 五加属 *Acanthopanax*

【药用植物】

（1）人参属 *Panax* L. 多年生草本。根状茎年生一节称“年节”，根茎短而直立时根粗壮肉质，或根状茎匍匐呈竹鞭状或串珠状，肉质根不发达。茎单生。掌状复叶轮生茎顶。伞形花序顶生，花两性或杂性；花萼、花瓣、雄蕊均5；花盘环状肉质。核果状浆果。

图12－76 人参

人参 *Panax ginseng* C. A. Meyer（图12－76，彩图7）根状茎短而直立或斜生（习称“芦头”）。主根圆柱形或纺锤形，肉质肥大，黄白色，须根上有瘤状凸起（习称“珍珠疙瘩”）。3～6枚掌状复叶轮生茎顶，幼株的叶和小叶数较少。花小，淡黄绿色；子房2室。浆果状核果扁圆形，熟时鲜红色。主产我国东北，多栽培。根及根状茎（人参）能大补元气，复脉固脱，补脾益肺，生津养血，安神益智，是生脉饮、人参健脾丸、四君子汤、八珍汤等的原料药材；叶（人参叶）能补气，益肺，祛暑，生津。

同属植物西洋参 *P. quinquefolium* L. 原产北美，我国引种成功，根（西洋参）益肺阴、清虚火、生津止渴；三七 *P. notoginseng*（Burk）F. H. Chen ex C. Chow 主产于云南、广西，根（三七）活血散瘀、消肿止痛，是云南白药的原料药材；竹节参 *P. japonicus* C. A. Mey. 根状茎（竹节参）散瘀止血、消肿止痛、补虚强壮；珠子参 *P. japonicus* var. *major*（Burk）C. Y. Wu et K. M. Feng 或羽叶三七 *P. japonicus* var. *bipinnatifidus*（Seem.）C. Y. Wu et K. M. Feng 根状茎（珠子参）能补肺养阴、祛瘀止痛、止血。

（2）五加属 *Acanthopanax* Miq. 灌木或小乔木。常具皮刺。掌状复叶。花两性或杂性；萼5裂；花瓣5（4）；雄蕊与瓣同数；子房下位，2～5室。核果浆果状。

细柱五加 *A. gracilistylus* W. W. Smith（图12－77）灌木。小枝无刺或叶柄基部单生扁平刺。小叶5枚，无毛或仅脉上疏生刚毛。花黄绿色。浆果状核果，熟时黑色。分布黄河以南大部分地区。根皮（五加皮）能祛风除湿，补益肝肾，强筋壮骨，利水消肿。

同属植物刺五加 *A. senticosus*（Rupr. et Maxim）Harms，分布于东北、华北及山西等地，根和根茎（刺五加）能益气健脾、补肾安神；无梗五加 *A. sessiliflorus*（Rupr. et Maxim）Seem.，功用似细柱五加。

（3）楤木属 *Aralia* L. 木本或草本，常有刺。二至三回羽状复叶，小叶片边缘具锯齿、细锯齿、重锯齿，稀波状或深缺刻。花5数，花柱离生或基部合生。楤木 *A. chinensis* L. 有刺，木本。小叶卵形至长卵形，背面有短柔毛或黄棕色粗绒毛；圆锥花序密生黄棕色或灰色短柔毛。广布种，根皮能活血散瘀、健胃、利尿。同属植物土当归 *A. cordata* Thunb. 的根和根茎（九眼独活）能祛风除湿、舒筋活络、散寒止痛。

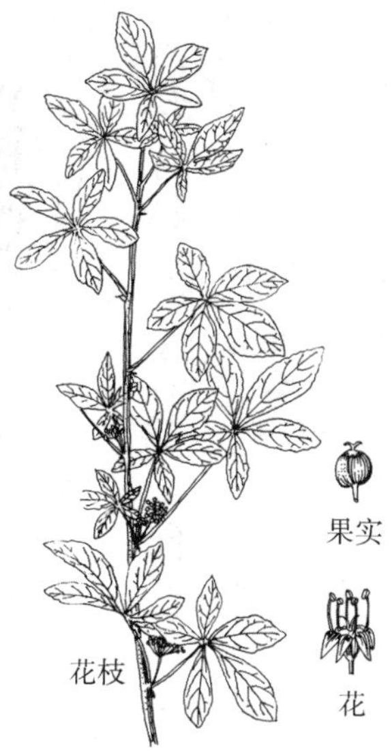

图12－77 细柱五加

本科常用药用植物还有：通脱木 *Tetrapanax papyrifera*（Hook）K. Koch. 茎髓（通草）能清热利尿，通气下乳；树参 *Dendropanax dentiger*（Harms）Merr. 的根状茎能祛风湿，散瘀血，强筋骨；刺楸 *Kalopanax septemlobus*（Thunb.）Koidz 的根皮与茎皮（川桐皮）能祛风利湿，活血止痛。

44. 伞形科 Umbelliferae $⚥ * K_{(5),0}C_5A_5\overline{G}_{(2:2:1)}$

【形态特征】芳香草本。茎中空，有纵棱。叶互生，分裂或羽状复叶，稀单叶；叶柄基部常膨大呈鞘状，无托叶。复伞形花序，具总苞或缺，小伞形花序柄称伞辐，其下有小总苞，稀单伞形或成头状；花小，两性或杂性，辐射对称；萼和子房贴生，萼齿5或几不明显；花瓣5，先端钝圆或有内折小舌片；雄蕊5，与瓣互生；子房下位，2心皮，2室，每室1胚珠，顶部具盘状或短圆锥状的花柱基（stylopodium），花柱2。双悬果，成熟时裂为2个由1心皮柄连接的分果瓣，分果外面有5条主棱（1条背棱，2条中棱，2条侧棱），主棱之间沟槽处有时发育出4条次（副）棱，而主棱不发育，主棱下面有维管束，棱槽内和合生面具纵向油管1至多条。种子胚小，胚乳丰富。果实压扁方式、主棱和次棱发育程度及油管数目和形状是分属种的特征（图12－78、图12－79）。

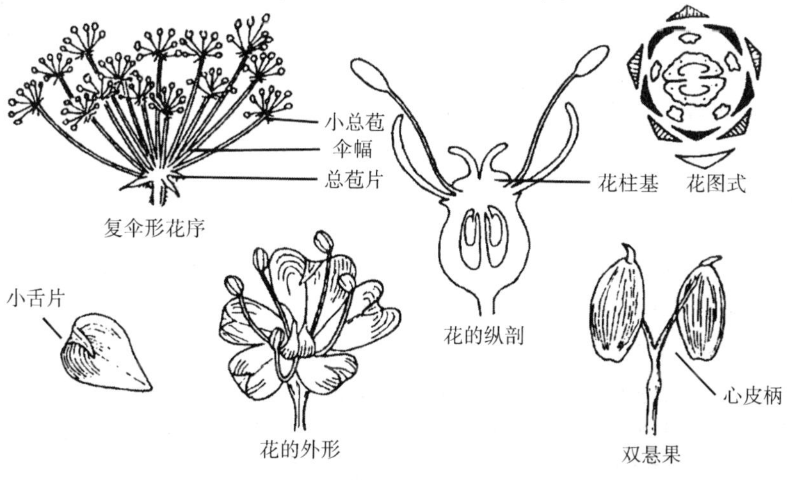

图12－78 伞形科花、果模式图

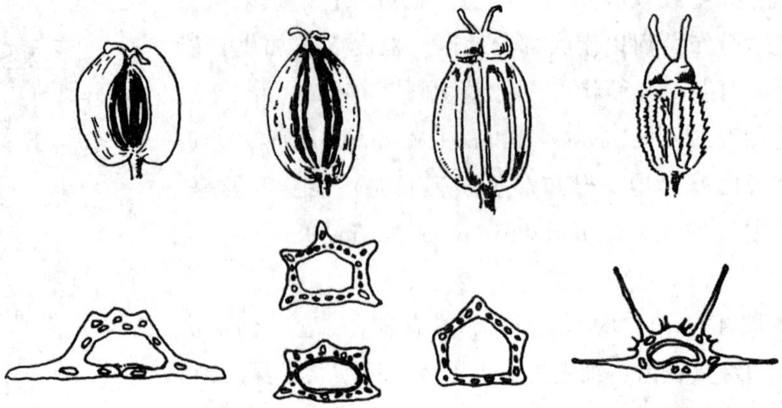

当归属　　藁本属　　柴胡属　　野胡萝卜属

图 12－79　伞形科四属植物果实及横切面

【微观特征】根和茎内具油管；偶见草酸钙晶体。花粉粒有近菱形、近圆形、卵形、近长方形、赤道收缩形等 5 种类型。染色体：$X=6$，7，8，10，11。

【化学特征】成分类型复杂，主要有苯丙酸类衍生物（香豆素、黄酮和色原酮）、挥发油、三萜类皂苷、聚炔类、酚性成分和生物碱；其中聚炔类、三萜类皂苷、香豆素和黄酮等具分类价值，香豆素衍生物和呋喃骈香豆素衍生物是其特征性成分。

【分布】275 属，约 2800 种，广布于北温带、亚热带或热带高山。我国有 95 属，约 600 种，全国广布。已知 55 属 236 种（包括 27 变种、9 变型、2 栽培变种）药用（表 12－10）。

表 12－10　伞形科部分属检索表

1. 单叶，叶圆肾形；伞形花序单生；内果皮木质；棱槽内无油管 ………………… 天胡荽亚科 Hydrocotyloideae
　2. 花瓣在花蕾时镊合状排列；果棱间无明显小横脉，表面不呈网状 ……………………… 天胡荽属 *Hydrocotyle*
　2. 花瓣在花蕾时覆瓦状排列；果棱间有小横脉，表面具网状纹 ……………………………… 积雪草属 *Centella*
1. 羽状全裂或羽状复叶，少单叶；复伞形花序；内果皮不木化，油管在主棱或棱槽内。
　3. 单叶，掌状分裂至缺刻；内果皮为薄壁组织 ………………… 变豆菜亚科 Saniculoideae 变豆菜属 *Sanicula*
　3. 羽状全裂或羽状复叶，单叶则为弧形脉；内果皮具纤维层 ……………………………………… 芹亚科 Apioideae
　　4. 单叶，叶片披针形或条形，全缘，弧形脉；直立草本；复伞形花序 ……………………… 柴胡属 *Bupleurum*
　　4. 羽状全裂或羽状复叶。
　　　5. 果有刺或小瘤。
　　　　6. 果有刺。
　　　　　7. 苞片较多，羽状分裂 ……………………………………………………………… 胡萝卜属 *Daucus*
　　　　　7. 苞片较少或缺 ………………………………………………………………………… 窃衣属 *Torilis*
　　　　6. 果有小瘤；小叶半裂 ……………………………………………………………… 防风属 *Saposhnikovia*
　　　5. 果无刺或瘤
　　　　8. 果有绒毛；叶近革质；滨海植物 ……………………………………………………… 珊瑚菜属 *Glehnia*
　　　　8. 果无绒毛；叶非革质；非滨海植物。
　　　　　9. 果无棱或不明显。
　　　　　　10. 一年生草本；果皮薄而硬，心皮不分离，无油管 ……………………… 芫荽属 *Coriandrum*
　　　　　　10. 二至多年生；果皮薄而柔软，心皮成熟后分离，油管明显。
　　　　　　　11. 3 至 4 回羽状细裂；花金黄色；果棱尖锐，具茴香气味 …………… 茴香属 *Foeniculum*
　　　　　　　11. 三出式 2 至 3 回羽状分裂；果棱不明显，无茴香气味 …………… 明党参属 *Changium*

续表

9. 果有棱。
12. 果实全部果棱有狭翅或侧棱无翅。
13. 花柱短；果棱无翅或非同形翅。
14. 萼齿明显；背棱和中棱有翅，侧棱有时无翅 ………………… 羌活属 *Notopterygium*
14. 萼齿不明显；棱翅薄膜质；总苞片或小总苞片发达……………… 藁本属 *Ligusticum*
13. 花柱较长，较花柱基长 2~3 倍；果棱有同形翅……………………………… 蛇床属 *Cnidium*
12. 果实背棱、中棱具翅或不具翅，侧棱的翅发达。
15. 果实背腹扁平，背棱有翅。
16. 侧棱的翅薄，常与果体的等宽或较宽，分果的翅不紧贴…………… 当归属 *Angelica*
16. 侧棱的翅稍厚，较果体窄，分果的翅紧贴，熟后分离 ………… 前胡属 *Peucedanum*
15. 果实背腹极压扁，背棱条形，无翅，或不明显 …………………………… 阿魏属 *Ferula*

【药用植物】

（1）天胡荽亚科 Hydrocotyloideae Drude 匍匐草本。单叶，叶片肾形或心状圆形。伞形花序单生或有花序梗 3~6，生 2 枚叶状苞片间。果实两侧扁压，内果皮木质，无分离的心皮柄。油管无或在主棱内部，而不在棱槽内。我国有积雪草属（1 种）、天胡荽属（10 余种）和马蹄芹属（1 种）。

积雪草 *Centella asiatica*（L.）Urban（图 12－80）茎匍匐细长，节上生根。叶圆形、肾形或马蹄形，边缘有钝锯齿，基部阔心形。伞形花序梗 2~4，聚生叶腋；每 1 伞形花序着花 3~4，聚集呈头状，花无柄或柄短。果实两侧扁压，圆球形。分布于黄河以南地区，生于阴湿的草地或水沟边。全草（积雪草）能清热利湿，解毒消肿。

天胡荽 *Hydrocotyle sibthorpioides* Lam. 匍匐草本。有香气。叶圆形或肾圆形；叶柄无毛或顶端有毛。伞形花序与叶对生，着花 5~18；花无柄或柄极短，花瓣绿白色。果实略呈心形，两侧扁压，中棱极隆起。全草能清热、利尿、消肿、解毒。

（2）变豆菜亚科 Saniculoideae Drude 直立草本。单叶，边缘常有锐锯齿、缺刻或掌状分裂。伞形花序单生或集成总状或头状各式；萼齿卵形以至刺毛状。果实表面有鳞片、瘤或皮刺；内果皮为薄壁组织；油管明显或不明显，在主棱或棱槽内。我国有变豆菜属（16 种）和刺芹属（2 种）。

薄片变豆菜 *Sanicula lamelligera* Hance 矮小草本。根茎短，茎直立。基生叶圆心形或近五角形，掌状 3 裂。小伞形花序中央的两性花 1 朵，花瓣白色、粉红色或淡蓝紫色；果表面直生鳞片状皮刺；油管 5。全草治疗风寒感冒、咳嗽、经闭。

（3）芹亚科 Apioideae Drude 复叶，稀单叶。复伞形花序，少单伞形花序，伞辐多数而明显。花柱位于花柱基之上，内果皮除薄壁细胞外，紧贴表皮下面，有纤维层。油管幼果时在棱槽内，然后以各种形式分散出现。我国约 6 族，90 属。

当归属 *Angelica* L. 大型草本。直根圆锥状。叶三出羽状分裂或羽状多裂；叶鞘膨大成囊状；复伞形花序，具总苞片和小总苞片。果背腹压扁，背棱及主棱条形，侧棱有宽翅；分果横切面半月形，每棱槽内油管 1 至数个；合生面 2 至数个。我国约 26 种 5 变种，主产东北、西北和西南地区；有当归、白芷、独活等常用中药。当归 *Angelica sinensis*（Oliv.）Diels（图 12－81）全株有香气；主根短粗，下部有数条支根。基生叶二至三回三出式羽状分裂；囊状叶鞘紫褐色。复伞形花序，总苞 1~2 或缺，伞辐 9~30，小苞片 2~4。花白色。双悬果椭圆形，侧棱具宽翅。主产甘肃、云南、四川、湖北，多栽培。根（当归）补血活血，调经止痛，是四物汤、当归补血汤等的原料药材。

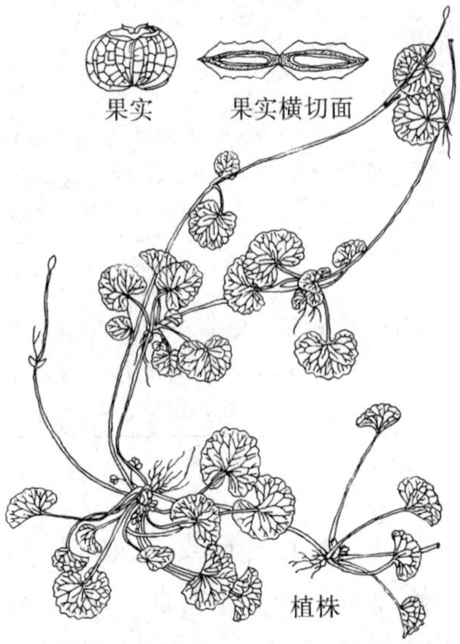

图 12－80　积雪草

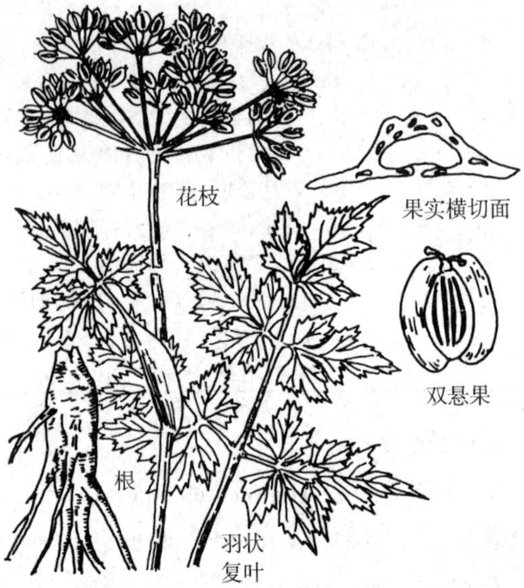

图 12－81　当归

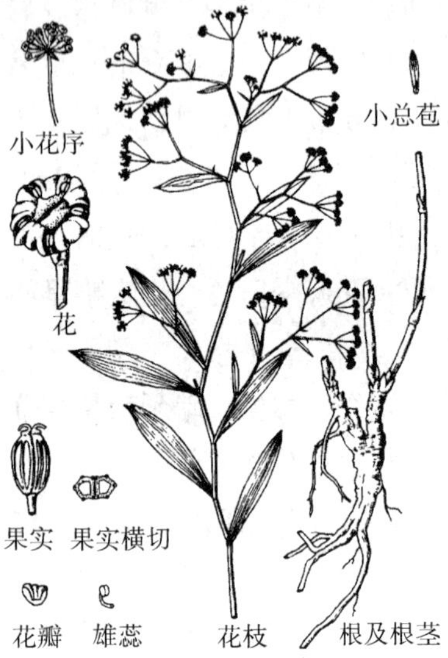

图 12－82　柴胡

杭白芷 *Angelica dahurica*（Fisch. ex Hoffm.）Benth. et Hook. var. *formosana*（Boiss）Shan et Yuan 主产浙江、四川，栽培；根（杭白芷、川白芷）祛风解表、消肿止痛，是白芷葱豉汤、白芷散等的原料药材。白芷 *A. dahurica*（Fisch. ex Hoffm.）Benth. et. Hook f. 根与杭白芷同等入药。

柴胡属 *Bupleurum* L. 单叶，全缘，弧形脉；具叶鞘。复伞形花序，疏松，具总苞和小总苞；花黄色。双悬果椭圆形或卵状长圆形，两侧稍扁平；分果横剖面圆形或近五边形；每棱槽内有油管 1～3，合生面 2～4～6。我国有 36 种 17 变种，多种在不同地区作"柴胡"使用。柴胡 *B. chinense* DC.（图12－82）根多分枝，坚硬，表面黑褐色。茎直立，多丛生，上部多分枝，略呈"之"字形。叶披针形，平行脉 7～9 条，下面具粉霜。果棱狭翅状，棱槽内有油管 3，合生 4。分布东北、华北、西北、华东、华中等地。根（北柴胡）能疏肝解郁、解表升阳，为小柴胡汤、柴胡桂枝汤的原料药材。狭叶柴胡 *B. scorzonerifolium* Willd. 的根与柴胡同等入药。

前胡属 *Peucedanum* L. 宿根草本。根长圆柱形或长圆锥形；根茎短粗，常具纤维状叶鞘残迹和环状叶痕。叶羽状分裂，茎生叶鞘稍膨大；复伞形花序顶生或侧生；萼齿无或不显，花瓣白色。果实背腹扁压，中棱和背棱丝线形稍突起，侧棱扩展成较厚的窄翅，合生面紧紧契合，不易分离。我国 30 余种，各地均产。白花前胡 *Praeruptorum* Dunn. 根圆锥形，粗大，有分枝。基生和茎下部叶二至三回三出羽状分裂；复伞形花序，无总苞片，伞辐 12～18；花白色。双悬果椭圆形或卵形，背棱和中棱线状，侧棱呈翅状。根（前胡）能宣散风热，止咳祛痰，是前胡散等的原料药材。

常用药用植物还有：防风 *Saposhnikovia divaricata*（Turcz.）Schischk. 根（防风）能祛风

解表，胜湿止痉。川芎 *Ligusticum chuanxiong* Hort. 根状茎（川芎）活血化瘀，行气止痛；藁本 *L. sinense* Oliv 根茎和根（藁本）能发表散寒，祛湿止痛；辽藁本 *L. Jeholense*（Nakai et Kitag.）Nakai et Kitag 根茎与藁本同等入药；珊瑚菜 *Glehnia littoralis* F. Schmidt ex Miq. 根（北沙参）能养阴润肺，益胃生津；茴香 *Foenicnlum vulgare* Mill. 果实（小茴香）能温中健胃，理气止痛；野胡萝卜 *Daucus carota* L. 果实（南鹤虱）能杀虫消积；羌活 *Notopterygium incisum* Ting et H. T. Chang 根和根茎（羌活）能祛风散寒，除湿止痛；蛇床子 *Cnidium monnieri*（L.）Cuss. 果实（蛇床子）能温肾壮阳，燥湿，祛风，杀虫。

知识拓展

伞形科与五加科相似。两科均有伞形花序，花 5 基数，子房下位，上位花盘。但五加科多木本植物，伞形花序，植物体无挥发油，果实为浆果或核果；而伞形科多为草本植物，多复伞形花序，植物体常含挥发油，果实为双悬果。

（二）合瓣花亚纲 Sympetalae［后生花被亚纲，Metachlamydeae］

花瓣多少连合，出现了适应昆虫传粉以及增强对雄蕊和雌蕊保护的各式连合花冠类型，如漏斗状、钟状、唇形、舌状等，由辐射对称发展到两侧对称。花部轮数趋向减少，由 5 轮（花萼、花瓣各 1 轮，雄蕊 2 轮，心皮 1 轮，如杜鹃花科、柿树科）减为 4（花萼、花瓣、雄蕊、心皮各 1 轮，如木犀科、忍冬科等），各轮数目也逐步减少，如雄蕊从与花冠裂片同数，由 5 轮（旋花科、茄科、报春花科）减为 4～2 轮（唇形科、葫芦科），心皮由 5 枚（杜鹃花科）减为 2 枚（4 轮花的心皮常 2 枚）。常无托叶，胚珠仅 1 层珠被。

扫码“学一学”

45. 杜鹃花科 Ericaceae

$⚥ * K_{(4\sim5)} C_{(4\sim5)} A_{(8\sim10,4\sim5)} \underline{G}_{(4\sim5:4\sim5:\infty)}$

【形态特征】常绿木本。单叶互生，对生或轮生，革质，全缘。花两性，整齐或稍两侧对称；萼 4～5 裂，宿存；花冠 4～5 裂；雄蕊常为冠裂片 2 倍，花药 2 室，孔裂，具芒或尾状附属物；子房上位，稀下位，心皮 4～5，中轴胎座。蒴果，少浆果或核果。

【微观特征】盾状腺毛或非腺毛。花粉具 3 孔沟。染色体：$X=7$，8，11～13。

【化学特征】黄酮类和简单酚类是本科的特征性成分，木藜芦烷类是本科一类心脏－神经系统毒性成分。棉黄素（gossypetin）和杜鹃黄素（azaleatin）是杜鹃花属特征性成分，杨梅苷（myricitrin）和棉籽皮亭在杜鹃花属具有分类价值。

【分布】103 属，3350 余种，世界广布，主产温带和亚寒带，以亚热带山区为多。我国 15 属，700 余种，全国分布，以云南、四川、西藏最丰富；已知药用 12 属 127 种。

【药用植物】兴安杜鹃 *Rhododendron dahuricum* L.（图 12－83）半常绿灌木。分枝多，小枝具鳞片和柔毛。叶集生小枝上部，椭圆形或长圆形，下面密被鳞片。先花后叶，1～2 朵生枝端，紫红或粉红色；雄蕊 10，花丝下部有毛。蒴果长圆形。分布于黑龙江、内蒙古、吉林等省区。叶（满山红）能祛痰、止咳；根用治疗肠炎和痢疾。

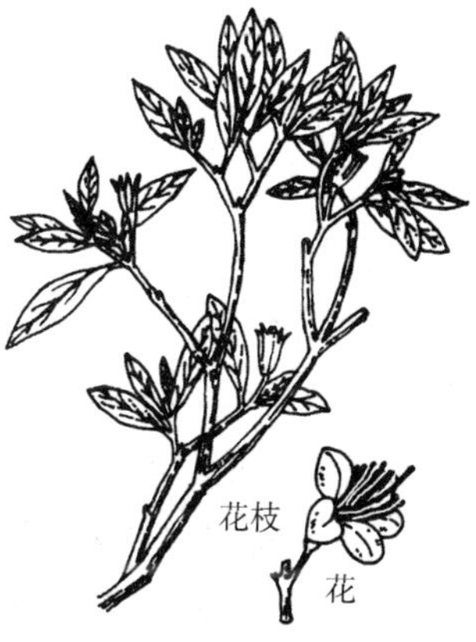

图 12－83　兴安杜鹃

常用药用植物还有：羊踯躅 *Rhododendron molle*（Bl.）

G. Don 花（闹羊花）能祛风除湿、镇痛、活血，有大毒；果实（八厘麻子）能定喘、止泻、止痛。照山白 *R. micranthum* Turcz. 枝、叶和花有大毒，能祛风、通络止痛、化痰止咳；烈香杜鹃 *R. anthopogonoides* Maxim. 叶能祛痰、止咳、平喘；岭南杜鹃 *R. mariae* Hance 带叶嫩枝能止咳、祛痰；杜鹃 *R. simsii* Planch. 花（杜鹃花）能活血、调经、祛风湿，叶（杜鹃花叶）能清热解毒、止血。滇白珠 *Gaultheria leucocarpa* Bl. var. *crenulata*（Kurz）T. Z. Hsu 全株能祛风除湿，活血通络，止痛。南烛 *Vaccinium bracteatum* Thunb. 果实（南烛子）能益肾固精、强筋明目，叶（南烛叶）能益精气、强筋骨、明目、止泻。

46. 紫金牛科 Myrsinaceae $⚥ * \mathbf{K}_{(4\sim5)}\mathbf{C}_{(4\sim5)}\mathbf{A}_{4\sim5}\underline{\mathbf{G}}_{(4\sim5:1:1\sim\infty)}$

【形态特征】灌木或乔木，稀藤本。单叶互生，具腺点或腺状条纹。花序各样；花两性，辐射对称，4 或 5 数；萼宿存；花冠合生，常有腺点或腺状条纹；雄蕊冠生，与花冠裂片同数且对生；子房上位，稀半下位或下位，心皮 4 ~ 5，中轴胎座或特立中央胎座，胚珠多数，常仅 1 枚发育；花柱 1，宿存。浆果核果状，内果皮坚脆。

【微观特征】茎、叶皮层及髓部常有分泌组织，内含红棕色树脂样物质；薄壁细胞含草酸钙簇晶。花粉 3 孔沟。染色体：$X=10$，12，23。

【化学特征】含香豆素、黄酮类、醌类、三萜皂苷等。香豆素类如岩白菜素，是紫金牛属（*Ardisia*）的止咳成分；烃基苯醌和二羟基苯衍生物具抑菌活力。

【分布】约 35 属，1000 余种，主要分布于热带和亚热带地区。我国 6 属，129 种，主产于长江流域以南各省区，以云南种类最多；已知 5 属 72 种药用，集中在紫金牛属。

【药用植物】紫金牛 *Ardisia japonica*（Thunb.）Bl.（图 12 – 84）常绿矮灌木，根茎匍匐，茎不分枝。叶对生或集生茎顶，椭圆形至倒卵状椭圆形，边缘具细锯齿。花序近伞形腋生，3 ~ 5 花；花冠粉红色或白色；子房上位，1 室。核果球形，鲜红色。分布于陕西及长江流域以南各地。全株（矮地茶）能化痰止咳、清利湿热、活血化瘀。

常用药用植物还有：朱砂根 *Ardisia crenata* Sims 全株能祛风止痛，清热解毒，活血散瘀；百两金 *A. crispa*（Thunb.）A. DC. 根、叶能清热利咽，祛痰止咳，活血止痛；虎舌红 *A. mamillata* Hance 全株能清热利湿，活血化瘀，祛风除湿；铁仔 *Myrsine africana* L. 根或全株能活血，祛风，利湿，止咳平喘。

47. 报春花科 Primulaceae $⚥ * \mathbf{K}_{(5),5}\mathbf{C}_{(5),0}\mathbf{A}_{5}\underline{\mathbf{G}}_{(5:1:\infty)}$

【形态特征】草本。常有腺点和白粉。叶基生或茎生，单叶全缘或具齿，无托叶。花两性，整齐；萼 5 裂，宿存；冠 5 裂；雄蕊着生冠管内，与冠裂片同数且对生；子房上位，1 室，特立中央胎座，胚珠多数；花柱异长（同种植物短柱花和长柱花）。蒴果。

【微观特征】具长柄的头状腺毛。花粉粒长球形到扁球形，3 ~ 4 或 3 ~ 10 孔沟，有时形成合沟或副合沟。染色体：$X=5$，8 ~ 15，17，19，22，以 9 ~ 11 最普遍。

【化学特征】含黄酮类、三萜及其苷类、挥发油、有机酸、固醇和酚类化合物。

【分布】22 属，1000 余种，广布全球。我国 13 属，534 种，全国分布，大部种类分布在西南和西北地区；已知 7 属 119 种药用。

【药用植物】过路黄 *Lysimachia christinae* Hance（图 12 – 85）多年生匍匐草本。节上生根。叶、花萼和花冠具点状及条状黑色腺体。叶对生，心形或阔卵形。单花腋生，两两相对；花冠 5 裂，黄色。蒴果球形。分布长江流域及以南各地。全草（金钱草）能利湿退黄、利尿通淋、解毒消肿，是利胆排石颗粒、乙肝宁颗粒等的原料药材。

常用药用植物还有：灵香草 *Lysimachia foenum－graecum* Hance 带根全草（灵香草）能祛风寒、避秽浊；点地梅（喉咙草）*Androsace umbellate*（Lour.）Merr. 全草能清热解毒、消肿止痛；聚花过路黄 *Lysimachia congestiflora* Hemsl. 全草治疗风寒感冒。

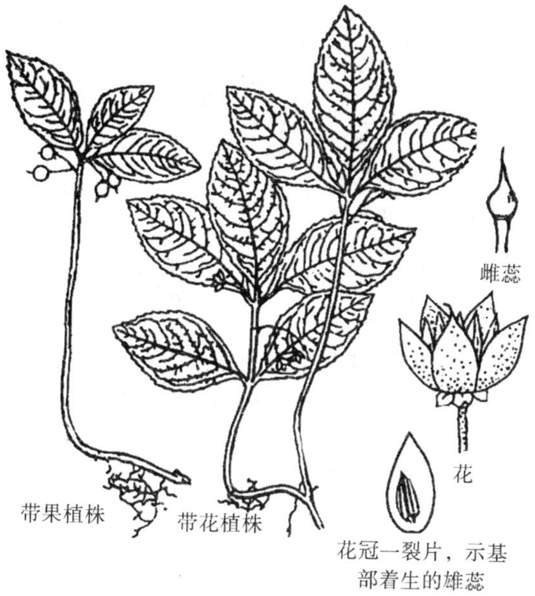

图 12－84 紫金牛

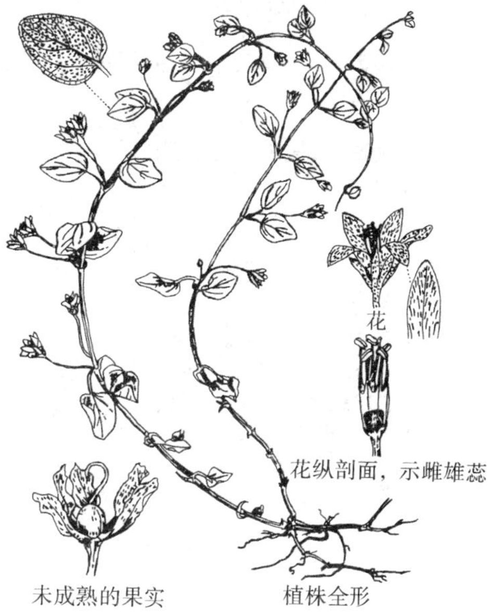

图 12－85 过路黄

48. 木犀科 Oleaceae $⚥ * K_{(4)}C_{(4),0}A_2\underline{G}_{(2:2:2)}$

【形态特征】灌木或乔木。叶对生，稀互生，单叶或复叶；无托叶。聚伞花序排列圆锥花序状，稀单生；花小，两性，稀单性异株，整齐；花萼、花冠常 4 裂，稀无瓣；雄蕊 2；2 心皮，子房上位，2 室，每室常 2 枚胚珠。核果、蒴果、浆果、翅果。

【微观特征】普遍具盾状毛，气孔器不定式，叶肉中常具厚壁的异型细胞，草酸钙针晶和棱晶。花粉常具 3 沟。染色体：$X=11\sim24$。

【化学特征】含香豆素、苦味素、酚类、木脂素和芳香油。香豆素类如秦皮苷（fraxin）、秦皮乙素（esculetin）、七叶树苷（aesculin），木脂素类如连翘苷（forsythin）。

【分布】29 属，600 余种，分布于温带、亚热带地区。我国 12 属，200 余种，各地均有分布；已知 8 属约 90 种药用。

【药用植物】连翘 *Forsythia suspensa*（Thunb.）Vahl（图 12－86）落叶灌木。小枝具 4 棱，中空。叶对生，单叶或三出复叶。春季花先叶开放，1～3 朵簇生叶腋；花冠黄色。蒴果卵形，木质，表面散生瘤点。种子具翅。除华南地区外，各地均有栽培。果实（连翘）能清热解毒、消肿散结，是双黄连系列制剂、银翘解毒丸等的原料药材。

女贞 *Ligustrum lucidum* Ait.（图 12－87）常绿乔木，全体无毛。单叶对生，革质，卵形或卵状披针形，全缘。花小，白色，大型圆锥花序状顶生。花冠 4 裂；雄蕊 2；核果矩圆形，一侧稍凸，熟时紫黑色，被白粉。分布于长江流域及以南各地。果实（女贞子）能滋补肝肾、明目乌发，是二至丸等的原料药材。

常用药用植物还有：白蜡树（梣）*Fraxinus chinensis* Roxb.，多栽培，以放养白蜡虫生产白蜡；枝皮或干皮（秦皮）能清热燥湿、收涩、明目，是白头翁汤的原料药材。尖叶白蜡树 *F. szaboana* Lingelsh.、苦枥白蜡树 *F. shynchophylla* Hance 和宿柱白蜡树 *F. stylosa* Lingelsh. 的树皮与白蜡树同等入药。

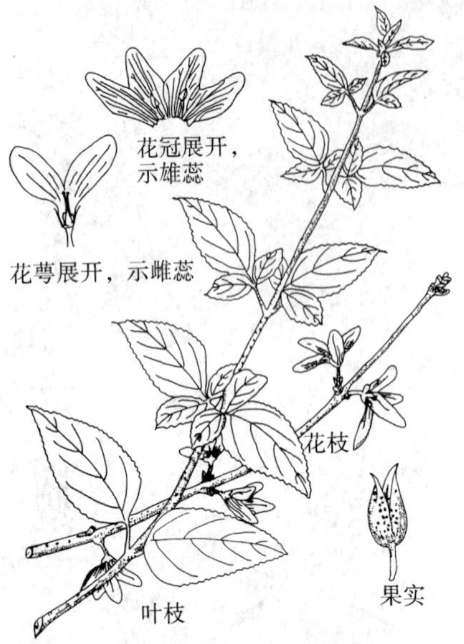

图 12-86 连翘

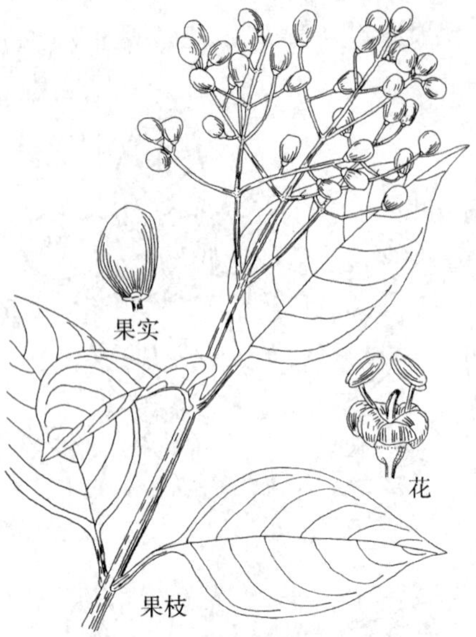

图 12-87 女贞

49. 龙胆科 Gentianaceae $⚥ * \mathbf{K}_{(4-5)}\mathbf{C}_{(4-5)}\mathbf{A}_{4-5}\underline{\mathbf{G}}_{(2:1:\infty)}$

【形态特征】草本。单叶对生，稀轮生，全缘，无托叶。聚伞花序顶生或腋生；花两性，整齐，4~5 数；萼筒状、钟状或辐状；花冠漏斗状、辐状或筒状，裂片在蕾中右向旋转排列，有时具距；雄蕊冠生，与花冠裂片同数且互生；子房上位，2 心皮，1 室，侧膜胎座，胚珠多数。蒴果 2 瓣裂。种子小，常多数，胚乳丰富。

【微观特征】茎内具双韧维管束，根内皮层常由多层细胞组成；常见草酸钙针晶、砂晶。花粉具 2~4 孔沟。染色体 $X=10$，11，12，13。

【化学特征】普遍含环烯醚萜和裂环烯醚萜苷、屾酮苷、黄酮类、三萜和挥发油，前二类是其特征性成分，如龙胆苦苷（gentiopicroside）、当药苷（sweroside）等。

【分布】约 80 属，900 余种，广布全球，尤以北温带最丰富。我国 19 属，350 余种，绝大多数的属和种集中于西南山岳地区；已知 15 属 105 种药用。

【药用植物】

（1）龙胆属 *Gentiana*（Tourn.）L.，草本。茎四棱形，直立或斜升。单叶对生，无叶柄，基部常相连。萼管 5 裂；花冠管状钟形，5 裂，裂片回旋状，有褶；雄蕊 5，冠生，内藏。子房 1 室，花柱短或长丝状；腺体轮生于子房基部。蒴果 2 裂；种子具网纹。我国有 79 种，以西南山区最集中，常用中药有龙胆、秦艽，藏药龙胆花、秦艽花。

龙胆 *G. scabra* Bunge（图 12-88）根细长，簇生，味苦。叶主脉 3~5 条。花蓝紫色，长钟形，5 浅裂。分布于东北及华北等地。根及根状茎（龙胆）能清热燥湿、泻肝胆火，是龙胆泻肝汤的原料药材。条叶龙胆 *G. manshurica* Kitag.、三花龙胆 *G. triflora* Pall. 和坚龙胆 *G. rigescens* Franch. ex Hemsl. 的根和根状茎与龙胆同等入药。

秦艽 *G. macrophylla* Pall. 主根细长、扭曲。茎基部具纤维状叶残基。叶主脉 5 条。花冠蓝紫色。分布于西北、华北、东北及四川等地。根（秦艽）能祛风湿、清湿热、止痹痛、退虚热，是秦艽汤的原料药材。麻花秦艽 *G. straminea* Maxim.、粗茎秦艽 *G. crassicaulis* Duthie ex Burk. 和小秦艽 *G. dahurica* Fisch. 的根与秦艽同等入药。

（2）獐牙菜属 *Swertia* L. 草本。主根常明显。聚伞花序或单花；花 4 或 5 数，辐状；萼筒甚短；花冠深裂近基部，裂片基部或中部具腺窝或腺斑；雄蕊生冠筒基部；子房 1 室，花柱短，柱头 2 裂。蒴果常包被于宿存花被中，2 瓣裂，果瓣近革质。我国有 79 种，常用有川西獐牙菜等“蒂达”类藏药、中药有青叶胆、紫花当药等。川西獐牙菜 *S. mussotii* Franch.（图 12－89）一年生草本。主根明显。茎四棱形，棱上有窄翅。叶卵状披针形至狭披针形，基部略心形，半抱茎。聚伞圆锥花序；花萼绿色；花冠暗紫红色，裂片披针形，基部具 2 个沟状腺窝。蒴果种子深褐色，椭圆形，表面具细网状突起。主产于西藏、云南（德钦）、四川西北部、青海西南部。全草（川西獐牙菜）能清肝利胆、退诸热，“蒂达”胶囊、藏茵陈片等的原料药材。

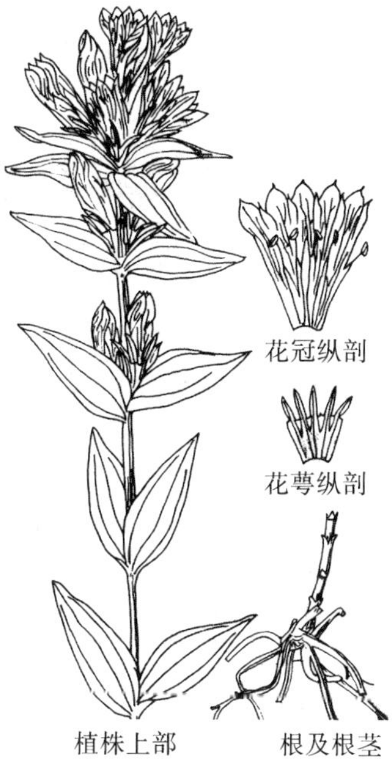

图 12－88　龙胆

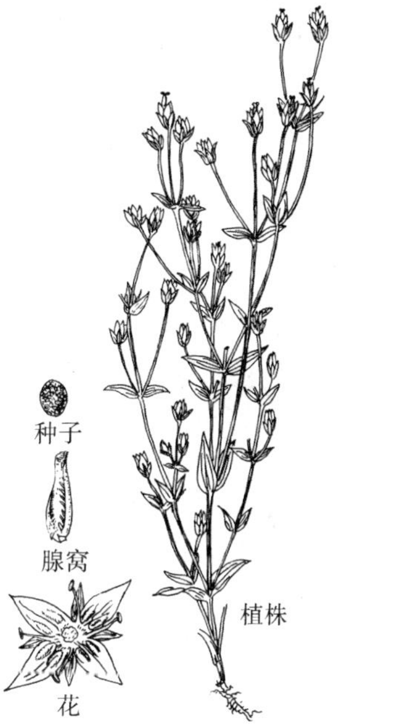

图 12－89　川西獐牙菜

常用药用植物还有：青叶胆 *Swertia mileensis* T. N. Ho et W. L. Shi 全草能利胆除湿；瘤毛獐牙菜 *S. pseudochinensis* Hara. 全草能清热利湿、健脾；椭圆叶花锚 *Halenia elliptica* D. Don 全草能清热利湿；双蝴蝶 *Tripterospermum chinense*（Migo）H. Smith 全草能清肺止咳，解毒消肿。

50. 夹竹桃科 Apocynaceae　　⚥＊ $\mathbf{K_{(5)}C_{(5)}A_5\underline{G}_{(2:1-2:1-\infty)}}$

【形态特征】灌木、藤本或草本，稀乔木。具白色乳汁或水液。单叶对生或轮生，全缘，托叶退化成蜜腺或无。二歧、单歧聚伞或圆锥花序，或花单生；花两性，整齐，5 数，稀 4；萼合生成筒状或钟状，基部内侧具腺体；花冠高脚碟状、漏斗状、坛状或钟状，裂片旋转排列，喉部具附属体（鳞片或膜质或毛状）或副花冠；雄蕊着生冠筒或冠喉部，花药长圆形或箭头状，花粉颗粒状；具花盘；子房上位，2 心皮离生或合生，1～2 室，中轴或侧膜胎座，胚珠 1 至多数。蓇葖果双生，稀核果、浆果或蒴果。种子一端具毛或膜翅。

【微观特征】茎常具双韧维管束，乳汁管。花粉颗粒状，有散孔、3～4 孔沟或(1～4)萌发孔。染色体：$X=8\sim12$。

【化学特征】含生物碱、强心苷、倍半萜和 C_{21} 甾苷类等，其中吲哚类生物碱和强心苷是其特征性成分；生物碱类如利血平（reserpine）、蛇根碱（serpentine）、长春新碱（vincristine）等，强心苷如夹竹桃苷、羊角拗苷、D－毒毛旋花子苷、黄夹苷等。

【分布】250 属，2000 余种，分布于热带、亚热带地区，少数在温带地区。我国 46 属，176 种，分布于长江以南及台湾等地；已知 35 属 95 种药用。

【药用植物】萝芙木 *Rauvolfia verticillata*（Lour.）Baill.（图 12－90）小灌木，具乳汁。单叶对生或 3～5 叶轮生，长椭圆状披针形。二歧聚伞花序顶生；花冠高脚碟状，白色；雄蕊 5；心皮 2，离生。核果卵形，离生，熟时由红变黑色。分布于华南、西南地区。全株能镇静、降压、活血止痛、清热解毒，也是提取降压灵和利血平的原料。

长春花 *Catharanthus roseus*（L.）G. Don（图 12－91）多年生草本，具水液。叶对生。花冠红色。蓇葖果双生。种子具小瘤状突起。原产非洲，我国中南、华东、西南等地有栽培。全株有毒，是提取长春碱和长春新碱的原料。

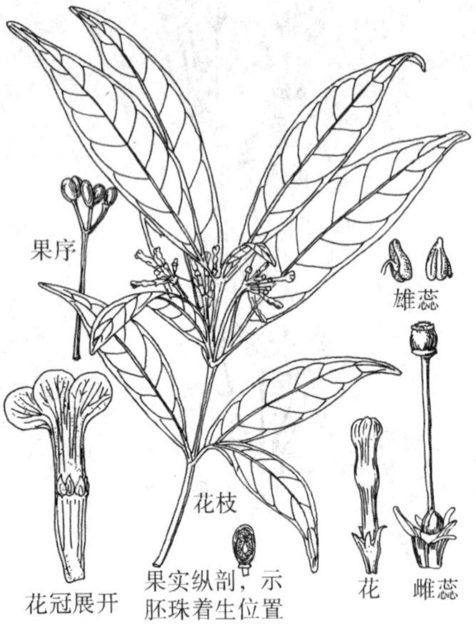

图 12－90　萝芙木

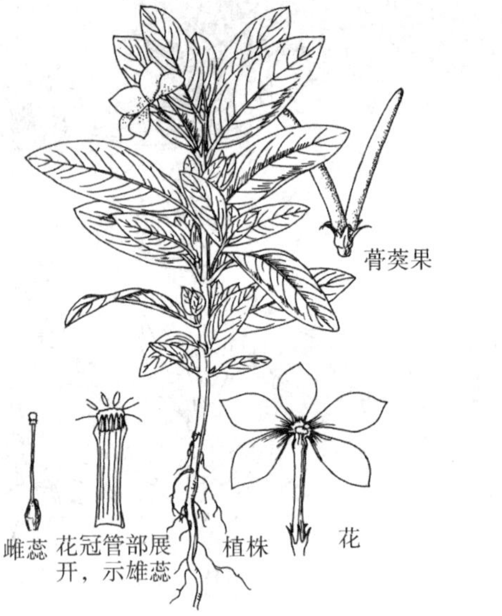

图 12－91　长春花

常用药用植物还有：罗布麻 *Apocynum venetum* L. 叶（罗布麻叶）能平肝安神、清热利水；络石 *Trachelospermum jasminoides*（Lindl.）Lem. 茎叶（络石藤）能祛风通络、活血止痛；羊角拗 *Strophanthus divaricatus*（Lour.）Hook. et Arn. 种子提取羊角拗苷的原料；杜仲藤 *Parabarium micranthum*（A. DC.）Pierre 树皮能祛风活络、强筋壮骨；黄花夹竹桃 *Thevetia peruviana*（Pers.）K. Schum. 种子有毒，可提取黄夹苷（强心灵）。

51. 萝藦科 Asclepiadaceae

⚥ $* K_{(5)}C_{(5)}A_{(5),5}\underline{G}_{2:1:\infty}$

【形态特征】草本、藤本或灌木，具乳汁。单叶对生，少轮生，全缘；叶柄顶端常具丛生腺体；无托叶。聚伞花序；花两性，整齐，5 基数；萼筒短，内面基部常有腺体；花冠辐状或坛状，裂片旋转状、覆瓦状或镊合状排列，常由 5 枚裂片或鳞片组成副花冠，生于冠管、雄蕊背部或合蕊冠上；雄蕊 5，与雌蕊贴生成中心柱，称合蕊柱；花丝合生成具蜜腺的筒包围雌蕊，称合蕊冠，或花丝离生；花药黏生成一环而紧贴于柱头基部，药隔顶端具阔卵形而内弯的膜片；花粉粒联合包在 1 层软韧薄膜内而成块状，称花粉块，经花粉块柄而系结于着粉腺上，每花药具 2 或 4 花粉块，或花粉器匙形，直立，其上部为载粉器，内藏四合花粉，载粉器下面有1载粉器柄，基部有1黏盘，黏于柱头上，与花药互生；无花盘；子房上位，2心皮，离生；花柱2，合生，柱头顶端常与花药合生；胚珠多数。蓇葖果双生，或因一个不育而单生。种子多数，顶端具丛生的白色绢丝状毛（图12－92）。

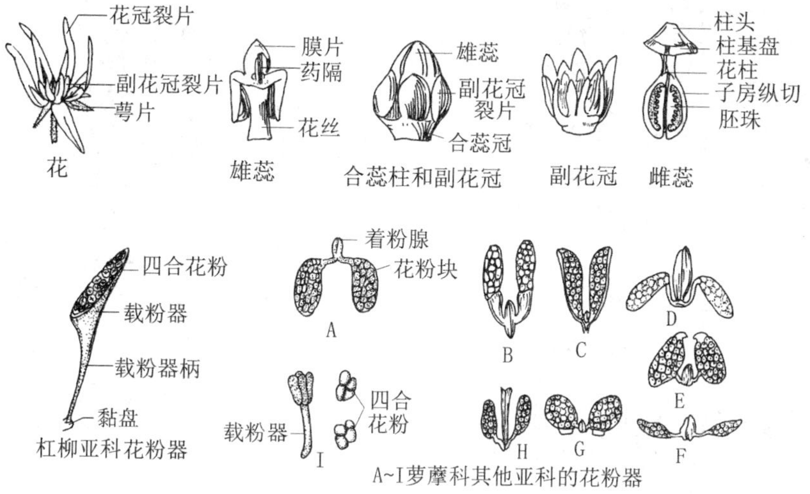

图12－92　萝藦科花及花粉器的形态和结构

【微观特征】茎具双韧维管束。染色体：$X=9\sim12$。

【化学特征】含C_{21}甾体苷、生物碱、强心苷、皂苷和黄酮类化合物；强心苷分布较广，是有毒成分，如杠柳毒苷（periplocin）、马利筋苷（asclepin）、牛角瓜苷等。

【分布】约180属，2200种，分布于热带、亚热带地区，少数在温带。我国45属，约245种，全国均有分布，以西南、华南最丰富；已知33属112种药用。

【药用植物】

（1）鹅绒藤属 *Cynanchum* L. 灌木或草本。直立或攀援。聚伞花序呈伞形状，花小形；萼5深裂，基部内面小腺5～10个或无；副花冠筒状或杯状，顶端条裂或齿状；花药顶端的膜片内向；花粉块每室1个，下垂；柱头基部膨大，顶端全缘或2裂。蓇葖果双生或1个，长圆形或披针形，平滑。我国53种，12变种，主要分布于西南各省区；常用中药有白薇、白前、徐长卿等。白薇 *C. atratum* Bunge.（图12－93）多年生草本，全株被绒毛。聚伞花序无梗；花紫红色。蓇葖果单生。分布于全国多数地区；根及根茎（白薇）能清热凉血，利尿通淋，解毒疗疮。蔓生白薇 *C. versicolor* Bge. 的根和根茎与白薇同等入药。

同属植物徐长卿 *C. paniculatum*（Bunge）Kitag. 根及根茎（徐长卿）能祛风化湿、止痛止痒；柳叶白前 *C. stauntonii*（Decne.）Schltr ex Lévl. 根及根茎（白前）能祛痰止咳、泻肺降气；耳叶牛皮消 *C. auriculatum* Royle ex Wight 块根（隔山消）能健脾益气、补肝肾、益精血；泰山白首乌 *C. bungei* Decne 块根（白首乌）能补肝肾、益精血、强筋骨。

（2）杠柳属 *Periploca* L. 藤状灌木，具乳汁。叶对生，具柄，羽状脉。聚伞花序；萼5深裂，裂片内面基部腺体5；花冠辐状，冠筒短，裂片5，被柔毛；副花冠异形，环状，着生在花冠基部；雄蕊5，花丝短，离生；花粉器匙形，四合花粉藏在载粉器内，基部的黏盘黏在柱头上；花柱极短，柱头盘状。蓇葖2，叉生，长圆柱状。我国4种，分布于东北、华北、西北、西南、中南等地。杠柳 *P. sepium* Bunge（图12－94）落叶蔓生灌木。叶披针形，膜质。花萼裂片内面基部各有2腺体。花冠紫红色。蓇葖果双生。分布于长江以北地区及西南各地。根皮（香加皮）能利水消肿，祛风湿，强筋骨。

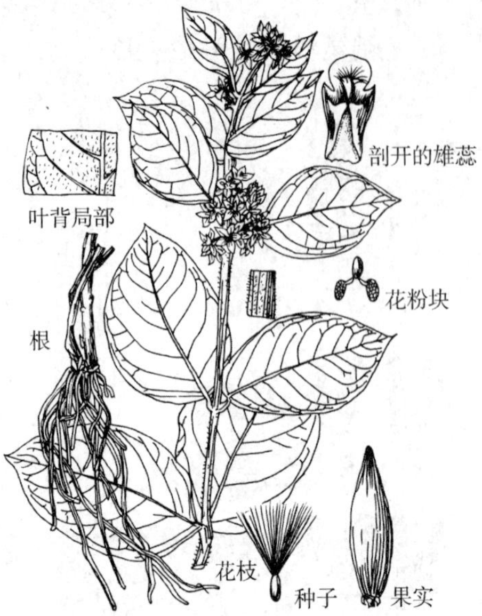

图 12－93　白薇

图 12－94　杠柳

常用药用植物还有：娃儿藤 *Tylophora ovata*（Lindl.）Hook. ex Steud. 根或全草能祛风除湿、散瘀止痛、止咳定喘、解蛇毒；马利筋 *Asclepias curassavica* L. 全株含强心苷（马利筋苷），有毒，能清热解毒，活血止血，消肿止痛。

知识拓展

萝藦科和夹竹桃科相近，但萝藦科具花粉块或四合花粉、合蕊柱，在叶柄顶端（即叶片基部与叶柄相连处）有丛生腺体。而夹竹桃科没有花粉块和合蕊柱，腺体在叶腋内或叶腋间。萝藦科也是“一个较大的自然科”，目前对其分类不一完全致，有些学者将杠柳亚科独立成杠柳科，其余为萝藦科，而 APG 系统主张将萝藦科（含杠柳亚科）和夹竹桃科合并为夹竹桃科，将萝藦科作为夹竹桃科的一个亚科。

52. 旋花科 Convolvulaceae

⚥ * $K_5C_{(5)}A_5\underline{G}_{(2:1-4:1-2)}$

【形态特征】草质或木质藤本。有乳汁。单叶互生，无托叶。聚伞花序或单生；花两性，整齐；萼片 5，宿存；花冠漏斗状或钟状，花蕾时旋转状；雄蕊 5，冠生；2 心皮，子房上位，具花盘，1～2 室，或由假隔膜隔成 4 室，每室 1～2 胚珠。蒴果，稀浆果。

【微观特征】茎具双韧维管束，具乳汁管。花粉 2～4 沟。染色体：$X=7\sim15$。

【化学特征】含黄酮、香豆素、莨菪烷类生物碱、萜类和树脂苷等。

【分布】56 属，1800 种，全球广布，尤以美洲和亚洲热带、亚热带地区为多。我国 22 属，128 种，以西南和华南地区分布最集中；已知 16 属 54 种药用。

【药用植物】牵牛 *Pharbitis nil*（L.）Choisy（图 12－95）一年生缠绕草本。单叶互生，掌状 3 裂。花单生或 2～3 朵腋生；花冠漏斗状，浅蓝色或紫红色；子房 3 室，每室胚珠 2。蒴果球形，种子卵状三棱形。分布于我国大部分地区，野生或栽培。种子（牵牛子）黑色者称黑丑，淡黄白色者称白丑，能逐水消肿、杀虫，是麻黄牵牛汤、甘遂牵牛子丸的原料药。圆叶牵牛 *P. purpurea*（L.）Voigt. 的种子与牵牛同等入药。

菟丝子 *Cuscuta chinensis* Lam.（图 12－96）一年生寄生草本。茎缠绕，黄色。叶退化成鳞片状。花簇生成球形；花冠壶状、黄白色。分布于华北、东北、西北、华东、华中等地区，常寄生在豆科、藜科、蓼科、菊科等草本植物上。种子（菟丝子）能补益肝肾、固精缩尿、安胎、明目、止泻，外用消风祛斑，是菟丝子散、固精明目菟丝子丸的原料药材。南方菟丝子 *C. australis* R. Br. 的种子与菟丝子同等入药。

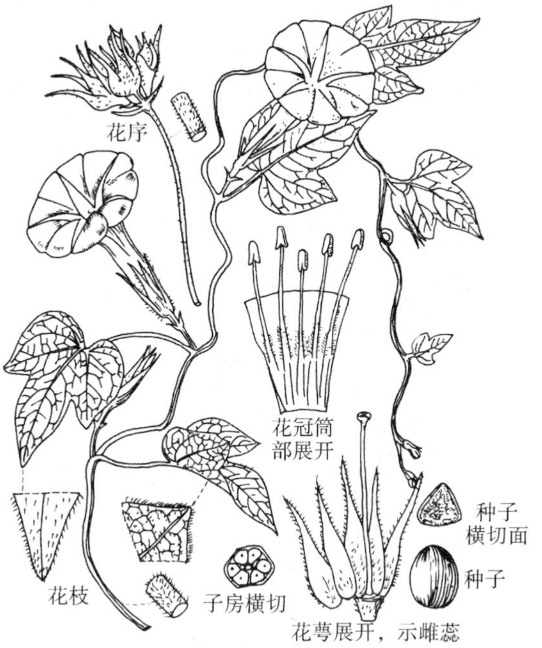

图 12－95　牵牛

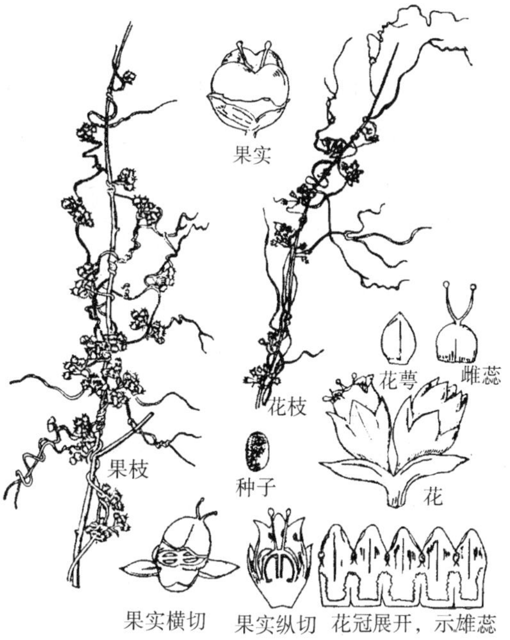

图 12－96　菟丝子

常用药用植物还有：丁公藤 *Erycibe obtusifolia* Benth. 茎藤有小毒，能祛风除湿、消肿止痛；光叶丁公藤 *Erycibe schmidtii* Craib 的藤茎与丁公藤同等入药；甘薯 *Ipomoea batatas*（L.）Lam. 块根能益气健脾、养阴补肾；金灯藤 *Cuscuta japonica* Choisy 种子能补益肝肾、固精缩尿；马蹄金 *Dichondra repens* Forst. 全草清热利湿、解毒消肿。

53. 茄科 Solanaceae　　⚥ * $K_{(5)}C_{(5)}A_{5,4}\underline{G}_{(2:2:\infty)}$

【形态特征】草本或灌木，稀小乔木。单叶互生，无托叶。聚伞花序或花单生；花两性，整齐，5 基数；萼宿存，果时常增大；花冠辐状、钟状、漏斗状或高脚碟状；雄蕊 5，冠生，花药纵裂或孔裂；2 心皮，子房上位，2 室，或因假隔膜分隔成不完全 4 室，中轴胎座，胚珠多数；柱头头状或 2 浅裂。蒴果或浆果；种子盘状或肾形。

【微观特征】茎具双韧维管束，草酸钙砂晶。花粉 3～6 沟。染色体：$X=12$，36。

【化学特征】托品类、甾体类和吡啶类生物碱是其特征性成分，托品类生物碱如阿托品（atropine）、东莨菪碱（scopolamine）等，甾体类生物碱如龙葵碱（solanine）等；吡啶类生物碱如烟碱（nicotine）、葫芦巴碱（trigonelline）等。

【分布】约 80 属，3000 余种，分布于温带至热带，尤以美洲中部和南部最集中。我国 26 属，115 种，全国各地均有分布；已知 25 属 84 种药用。

【药用植物】白花曼陀罗 *Datura metel* L.（图 12－97）一年生草本。叶卵形或广卵形。

花单生；花萼筒长圆筒状，先端5裂，宿存；花冠漏斗状或喇叭状，白色，上部5浅裂，裂片具短尖。蒴果近球形，疏生短刺，成熟后不规则4瓣开裂。分布于华南和江苏、浙江等地，栽培或野生。全株及种子有毒，花（洋金花）能平喘镇咳、麻醉止痛，是麻沸散的原料药材，全株是提取东莨菪碱的原料。毛曼陀罗 *D. innoxia* Mill. 和曼陀罗 *D. stramonium* L. 的花也习作洋金花药用，也是提取东莨菪碱的原料。

宁夏枸杞 *Lycium barbarum* L.（图12－98）有刺灌木。叶互生或短枝上簇生，长椭圆状披针形。花数朵簇生，粉红色或淡紫色；萼2中裂；冠筒部明显长于裂片，裂片无缘毛。浆果，长1～2cm，熟时红色。分布于宁夏、甘肃、青海、新疆、内蒙古、河北等地，栽培或野生。果实（枸杞子）能补肝益肾、益精明目，是杞菊地黄丸的重要原料药材；根皮（地骨皮）凉血除蒸、清肺降火，是左归丸的重要原料药材。枸杞 *L. chinense* Mill. 分布于全国大部分地区，根皮与宁夏枸杞同等入药。

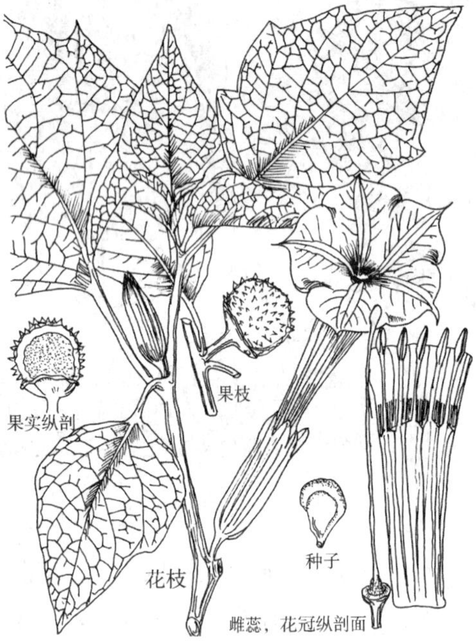

图12－97　白花曼陀罗

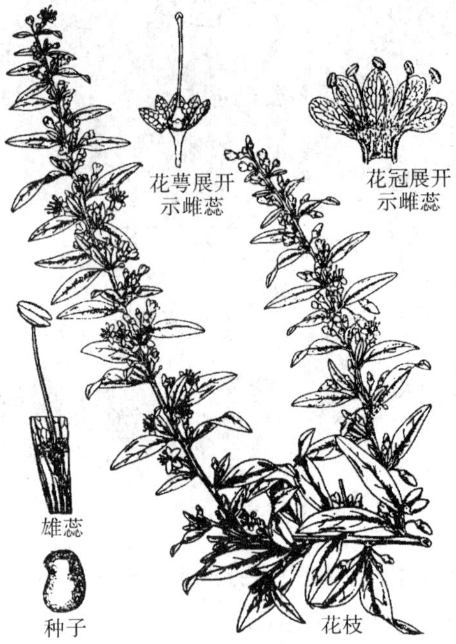

图12－98　宁夏枸杞

常用药用植物还有：颠茄 *Atropa belladonna* L. 全草是生产颠茄浸膏、颠茄酊的原料，也可提取阿托品；莨菪 *Hyoscyamus niger* L. 种子（天仙子）能解痉止痛、平喘、安神，全草是提取莨菪碱的原料；马尿泡 *Przewalskia tangutica* Maxim. 的根能解痉、镇痛、消肿，是提取托品类生物碱的原料；山莨菪 *Anisodus tanguticus*（Maxim.）Pasch.，全株有毒，根能麻醉镇痛，是提取莨菪碱和东莨菪碱的原料；华山参 *Physochlaina infundibularis* Kuang 的根（华山参）能安神、补虚、定喘，有毒；酸浆 *Physalis alkekengi* L. var. *franchetii*（Mast.）Makino 的宿萼或带果实的宿萼（锦灯笼）能清热解毒、利咽化痰；龙葵 *Solanum nigrum* L. 全草能清热解毒、活血、利尿、消肿；白英 *S. lyratum* Thunb. 全草能清热解毒、祛风湿。

54. 紫草科 Boraginaceae　　⚥ $* \ K_{5,(5)}C_{(5)}A_5\underline{G}_{(2:2:2)}$

【形态特征】草本，少木本，常密被粗硬毛。单叶互生，全缘。蝎尾状聚伞花序或聚伞花序，顶生；花两性，整齐，稀两侧对称，5数；萼分离或基部合生；花冠管状、辐状或漏斗状，喉部常具附属物；雄蕊5，冠生；2心皮合生，子房上位，2室，每室2胚珠，或4深裂而成假4室，每室1胚珠；花柱顶生或基生。核果或4枚小坚果。

【微观特征】毛基细胞瘤状，坚硬，有钟乳体类似物。花粉3（2~12）孔沟。染色体：$X=4\sim10$，$10\sim12$。

【化学特征】含萘醌类色素如紫草素类（shikonin），吡咯里西啶类生物碱等。

【分布】约100属，2000余种，分布于温带和热带地区，以地中海区域较多。我国51属，210种，全国各地均产，以西北、西南地区种类较多；已知22属62种药用。

【药用植物】新疆紫草 *Arnebie euchroma* (Royle) Johnst.（图12-99）多年生草本。株高15~40cm。全株被白色或淡黄色粗毛。花冠紫色。小坚果具瘤状突起。分布于甘肃、新疆、西藏。根（紫草，软紫草）能清热凉血、活血解毒、透疹消斑，是紫草快斑汤、紫草饮的原料药材。内蒙紫草 *A. guttata* Bunge 的根与新疆紫草同等入药。

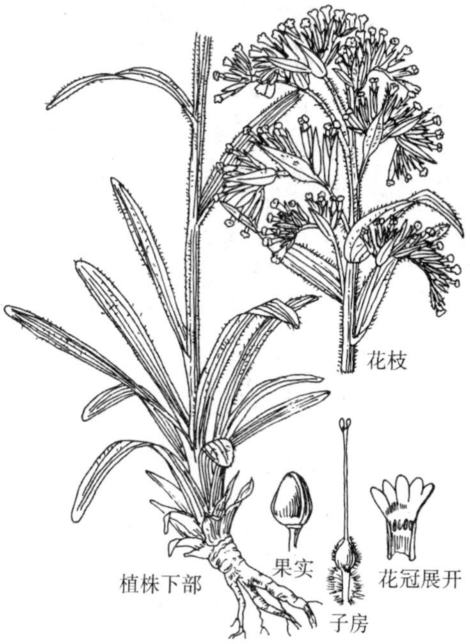

图12-99　新疆紫草

常用药用植物还有：紫草 *Lithospermum erythrorhizon* Sieb. et Zucc. 根（硬紫草）功效同新疆紫草；附地菜 *Trigonotis peduncularis* (Trev.) Benth. 的全草能温中健脾、消肿止痛、止血；鹤虱 *Lappula myosotis* V. Wolf. 的果实能杀虫消积。

55. 马鞭草科 Verbenaceae

⚥ ↑ $K_{(4\sim5)}C_{(4\sim5)}A_4\underline{G}_{(2:2\sim4:1)}$

【形态特征】木本，稀草本。常具特殊气味。叶对生，稀轮生或互生，单叶或复叶。花序各式；花两性，两侧对称；萼4~5裂，宿存；花冠二唇形或不等4~5裂；2强雄蕊，稀5或2，冠生；2心皮合生，子房上位，常2~4室，或因假隔膜分成4~10室，每室1胚珠，花柱顶生，柱头2裂。核果、浆果状核果或裂为4枚小坚果。

【微观特征】气孔器不定式；腺毛和非腺毛各式，毛基部周围或顶端细胞普遍具钟乳体。花粉2~3~5沟，3孔沟。染色体：$X=5\sim9$，$11\sim18$。

【化学特征】普遍含环烯醚萜类和酚醛糖类化合物，以及黄酮、二萜、三萜和挥发油等，其中环烯醚萜苷和黄酮类成分具有分类价值。

【分布】80余属，约3000余种，主要分布于热带和亚热带地区。中国20属，约174种，以长江以南地区种类较多；已知15属101种药用。

【药用植物】马鞭草 *Verbena officinalis* L.（图12-100）多年生草本。茎四方形。叶卵圆形至矩圆形，常分裂。穗状花序细长，顶生或腋生；花冠淡紫色或蓝色，5裂，略二唇形；雄蕊2强；子房4室，每室1胚珠。蒴果成熟时裂成4枚小坚果。分布于全国各地。全草（马鞭草）能活血散瘀、解毒、利水、退黄、截疟，是马鞭草散的原料药材。

海州常山 *Clerodendrum trichotomum* Thunb.（图12-101）灌木或小乔木。枝内白色髓中具淡黄色横隔。叶椭圆形至宽卵形。花冠白色或粉红色。核果蓝紫色，包藏宿萼内。叶（臭梧桐叶）能祛风除湿、止痛、降血压，是豨梧丸的原料药；根、茎能祛风除湿。

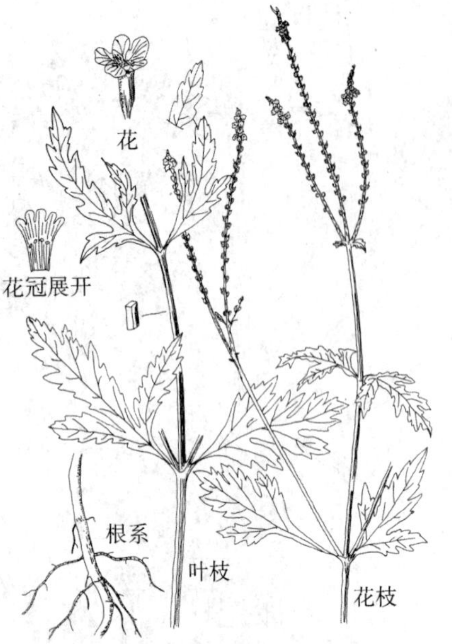

图 12－100　马鞭草

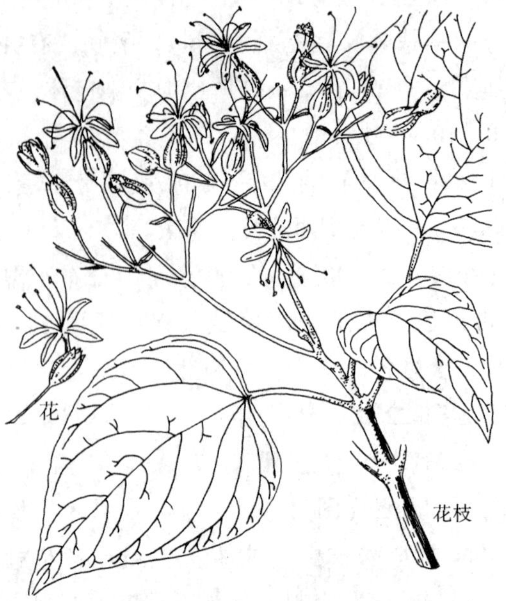

图 12－101　海州常山

常用药用植物还有：单叶蔓荆 *Vitex trifolia* L. var. *simplicifolia* Cham. 果实作（蔓荆子）能疏散风热、清利头目，是防风蔓荆子丸、无比蔓荆子汤的原料药；蔓荆 *V. trifolia* L. 的果实与单叶蔓荆同等入药。牡荆 *V. negundo* L. var. *cannadifolia*（Sieb. et Zucc.）Hand. – Mazz. 的叶（牡荆叶）能祛风解表、止咳祛痰，也是提取牡荆油的原料，果实（牡荆子）能祛痰下气、平喘止咳、理气止痛；黄荆 *V. negundo* L. 的根、茎能清热止咳，化痰截疟。杜虹花 *Callicarpa formosana* Rolfe 的根、茎、叶能清热解毒、凉血止血；大青 *Clerodendrum cyrtophyllum* Turcz. 的根、茎、叶能清热解毒、消肿止痛，叶习作"大青叶"药用；兰香草 *Caryopteris incana*（Thunb.）Miq. 全草能祛风除湿、散瘀止痛；三花莸 *Caryopteris terniflora* Maxim. 全草能宣肺解表；马缨丹（五色梅）*Lantana camara* L. 根能解毒、散结、止痛，枝、叶能祛风止痒、解毒消肿，有小毒。

56. 唇形科 Labiatae，Lamiaceae　　⚥ $\uparrow K_{(5)}C_{(5)}A_{4,2}\underline{G}_{(2:4:1)}$

【形态特征】草本或灌木，具芳香气。茎常四棱形。叶对生或轮生，单叶或复叶。轮伞花序腋生，常集成各式复合花序；花两性，两侧对称；花萼 5 或 4 裂，宿存；花冠 5 或 4 裂，2 唇形，少单唇形（无上唇，下唇 5 裂，如草石蚕属 *Teucrium*），或假单唇形（上唇很短，2 裂，下唇 3 裂，如筋骨草属 *Ajuga*）；2 强雄蕊，或退化成 2 枚，贴生花冠管上，花药纵裂；具花盘；心皮 2，子房上位，常深裂成假 4 室，每室 1 胚珠；花柱 1，生子房基部；柱头 2 裂。果实裂成 4 枚小坚果的分果，稀核果状（图 12－102）。

【微观特征】毛状体各式，有非腺毛、腺毛、腺鳞，偶有间隙腺毛；气孔直轴式；茎角隅处具厚角组织；具油室、油管。染色体：$X=8$，9，10，12，16，17，18。

【化学特征】普遍含二萜类、黄酮类、生物碱类和挥发油。二萜类如丹参酮（tanshinone）等；黄酮类如黄芩苷（baicalin）；生物碱类如益母草碱（leonurine）、水苏碱（stachydrine）等；挥发油类如薄荷油、荆芥油、广藿香油、紫苏油等。

【分布】约 221 属，3500 余种，主要分布地中海和小亚细亚。我国约 99 属，800 余种，分布于全国各地。已知 75 属 436 种药用（表 12－11）。

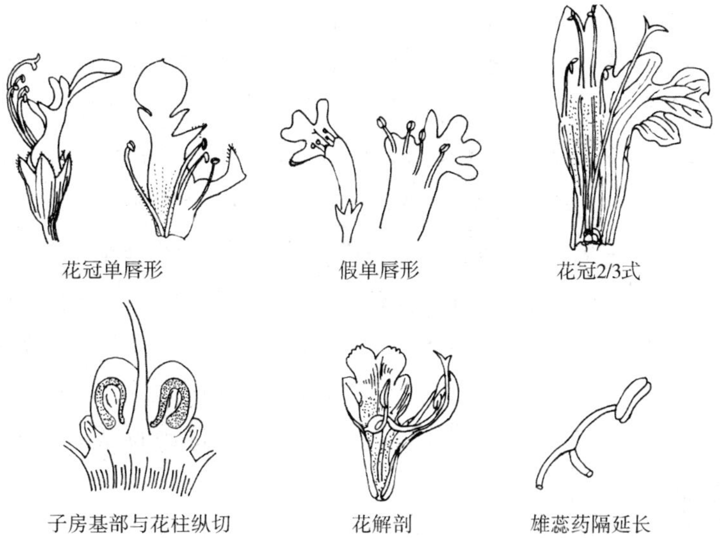

图 12－102　唇形科花解剖

表 12－11　唇形科部分分属检索表

1. 花冠单唇形或假单唇型。
2. 花冠单唇，上唇很短，2 裂，下唇 3 裂，花冠管内具毛状环。叶全缘 ………………………… 筋骨草属 *Ajuga*
2. 花冠假单唇，下唇 5 裂，花冠管内平滑。叶缘有齿 ………………………… 香科属（草石蚕属）*Teucrium*
1. 花冠二唇形或整齐。
3. 花萼唇形，裂片宽钝，全缘，上萼片具盾状附属物，花冠上唇盔瓣状…………………… 黄芩属 *Scutellaria*
3. 花萼常 4～5 裂，或二唇形，无附属物。
4. 花冠下唇舟形，不分裂和外折，上唇 4 圆裂片，花冠管基部为囊状 ………………… 香茶菜属 *Rabdosia*
4. 花冠下唇片非舟形。
5. 花冠管包于萼内；花柱顶端等分成 2 钻状裂片。单叶不分裂 ……………………………… 罗勒属 *Ocimum*
5. 花冠管不包于萼内。
6. 花药非球形，药室平行或开叉，在药室顶不贯通；花粉散出后药室不展平。
7. 花冠为明显二唇形，有不相等的裂片；上唇盔瓣状、镰刀形或弧形等。
8. 雄蕊 4，花药卵形。
9. 后对（上侧）雄蕊比前对（下侧）雄蕊长。
10. 药室初平行，后叉开；后对雄蕊下倾；花序密穗状 ………………… 藿香属 *Agustache*
10. 药室初略叉开，以后叉开；
11. 后对雄蕊直立；叶有缺刻或分裂……………………………… 裂叶荆芥属 *Shizonepeta*
11. 4 枚雄蕊均上升；叶肾形或肾状心形，边缘有齿 ……………… 活血丹属 *Glechoma*
9. 后对雄蕊比前对雄蕊短。
12. 萼二唇形，果熟时闭合，上唇顶端截形，具 3 短齿 ……………… 夏枯草属 *Prunella*
12. 萼非二唇形，果熟时张开，上唇上部不凹陷。
13. 小坚果多少呈三角形，顶平截。
14. 花冠上唇穹窿成盔状；萼齿顶端无刺；叶不分裂 ………… 野芝麻属 *Lamium*
14. 花冠上唇直立；萼齿顶有刺；叶有裂片或缺刻 …………… 益母草属 *Leonurus*
13. 小坚果倒卵形，顶端钝圆；顶生假穗状花序 …………………… 水苏属 *Stachys*
8. 雄蕊 2 枚，药隔延长，和花丝有关节相连；花冠二唇形 …………………… 鼠尾草属 *Salvia*
7. 花冠近辐射对称；有上唇则扁平或略弯隆。
15. 雄蕊 4，近相等，非二强雄蕊。
16. 能育雄蕊 2，生前边，药室略叉开 …………………………… 地瓜儿苗属 *Lycopus*
16. 能育雄蕊 4，药室平行 ……………………………………………… 薄荷属 *Mentha*
15. 雄蕊 2 或二强雄蕊。
17. 能育雄蕊 4 ……………………………………………………………… 紫苏 *Perilla*
17. 能育雄蕊 2 …………………………………………………………… 石荠苧属 *Mosla*
6. 花药球形，药室平叉分开，药室顶贯通，花粉散出后则平展 …………… 香薷属 *Elsholtzia*

【药用植物】

（1）鼠尾草属 *Salvia* L. 草本。花冠 2 唇形；能育雄蕊 2 枚，成杠杆雄蕊（花药裂片被延长的药隔分离，以花丝和药隔连接处为支点，像“杠杆”一样摆动，一个裂片不育，一

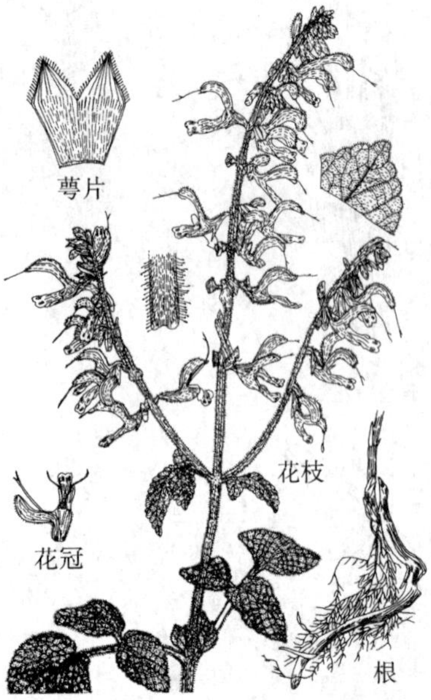

图 12－103　丹参

个可育）；退化雄蕊呈棒状或不存在。小坚果卵状三棱形。约 700～1050 种，生于热带或温带。我国 84 种，药用 53 种；常用中药有丹参、甘西鼠尾草、云南丹参等。丹参 *S. miltiorrhiza* Bunge（图 12－103）宿根草本。全株被腺毛。根肥厚，外赤内白。奇数羽状复叶对生。轮伞花组成假总状花序；花冠紫蓝色。小坚果椭圆形，黑色。全国大部分地区有栽培，根和根状茎（丹参）能祛瘀止痛、活血通络、清心除烦，是复方丹参片、复方丹参滴丸、丹红注射液等的原料药材；南丹参 *S. bowleyana* Dunn、甘西鼠尾草 *S. przewalskii* 等 9 种植物的根及根茎在部分地区代替丹参药用。

（2）黄芩属 *Scutellaria* L. 草本或亚灌木。苞叶与茎叶同形或向上成苞片。花成对腋生，组成顶生或侧生总状或穗状花序，花偏向一侧；花萼 2 唇形，上裂片背上有圆形、鳞片状的盾片或呈囊状突起，宿存，果时唇片闭合。果扁球形或卵圆形，具瘤或被毛。约 300 种，世界广布，但热带非洲少见。我国 100 余种，南北均产，常用中药有黄芩、半枝莲。黄芩 *S. baicalensis* Georgi（图 12－104）宿根草本。根肥厚，断面黄色。叶披针形，全缘，两面密被黑色腺点。总状花序顶生；花冠紫色、紫红色至蓝紫色。主产东北、华北。根（黄芩）能清热燥湿、泻火解毒、止血、安胎，是葛根黄芩黄连汤、黄芩清肺汤、双黄连系列制剂的原料药材。滇黄芩 *S. amoena* C. H. Wright、黏毛黄芩 *S. viscidula* Bunge、甘肃黄芩 *S. rehderiana* Diels 和丽江黄芩 *S. likiangensis* Diels 的根在不同的地区习作黄芩入药。

（3）益母草属 *Leonurus* L. 草本。下部叶宽大，掌状分裂，上部茎叶及花序上的苞叶渐狭，全缘，具缺刻或 3 裂。轮伞花序多花密集，腋生，多数排成长穗状花序。小坚果锐三棱形。约 20 种，分布于欧洲、亚洲温带。我国 12 种 2 变型，南北各地均产。益母草 *L. japonicus houtt.*（图 12－105），一年或两年生草本。叶二型，基生叶近卵形，具长柄；茎生叶掌状 3 深裂成线性，近无柄。花冠粉红至淡紫色，下、上唇约等长。全国各地均有分布。地上部分（益母草）能活血调经、利尿消肿，也是益母草颗粒等的原料药材；种子（茺蔚子）能活血调经、清肝明目，是茺蔚子散的原料药材；幼苗（童子益母草）能活血调经、补血。全国 12 种，在分布地也习作“益母草”药用。

（4）夏枯草属 *Prunella* L. 多年生草本。叶具锯齿或羽状分裂。轮伞花序 6 花，聚集成卵圆状穗状花序，其下具宽大苞片；雄蕊 4，前对较长；花柱等 2 裂。小坚果圆形、卵形至长圆形，基部有一锐尖白色着生面。约 15 种，广布欧亚温带地区及热带山区。我国 4 种 3 变种，其中引种 1 种。夏枯草 *P. vulgaris* L.（图 12－106）叶对生，卵状矩圆形。轮伞花序密集排列成粗的顶生假穗状花序；花冠紫、蓝紫或红紫。全国分布。果穗（夏枯草）能清火明目、散结消肿，是夏枯草口服液等的原料药材。

（5）薄荷属 *Mentha* L. 芳香草本，叶背有腺点。轮伞花序常腋生；花两性或单性，雄花有退化子房，雌花有退化的短雄蕊，同株或异株；花冠漏斗形，整齐或稍不整齐，4 裂；雄蕊 4，近等大，明显伸出冠外。我国有 12 种，其中野生种 6 种。薄荷 *M. haplocalyx* Briq.

（图 12-107）多年生草本，清凉浓香。叶披针状椭圆形、卵状矩圆形，具柄。轮伞花序腋生；花冠淡紫，上裂片较大，顶端 2 裂，其余 3 片近等大。小坚果卵球形，褐色。全国分布。地上部分（薄荷）能宣散风热、清头目、透疹，是逍遥丸的原料药材，也是提取薄荷油和薄荷脑的原料。同属植物留兰香 *M. spicata* L. 全草能祛风散寒、止咳、消肿解毒。

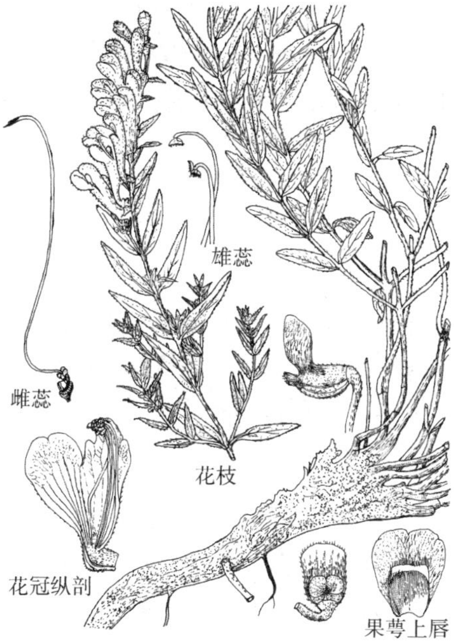

图 12-104　黄芩

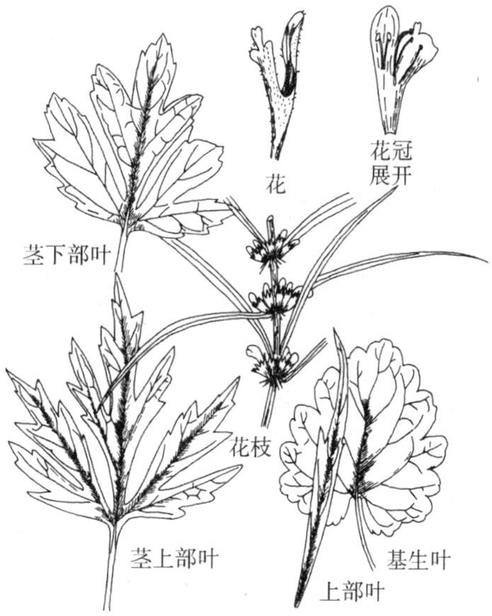

图 12-105　益母草

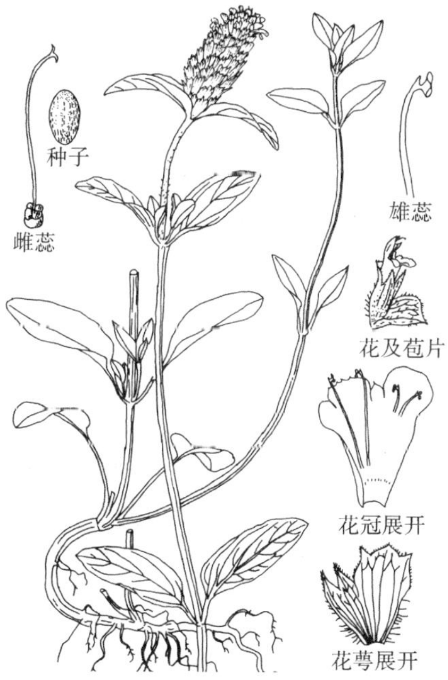

图 12-106　夏枯草

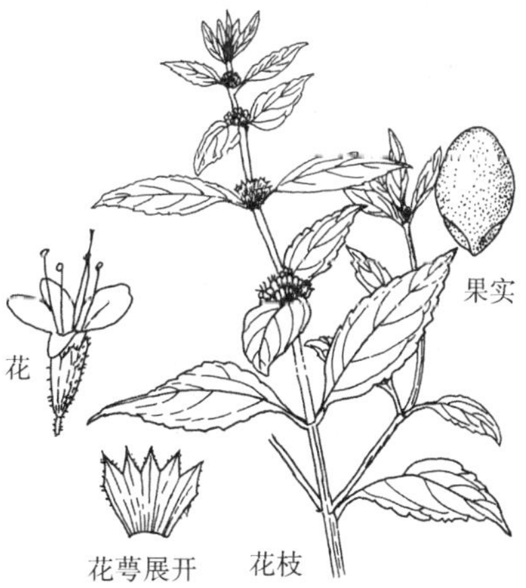

图 12-107　薄荷

常用药用植物还有：广藿香 *Pogostemon cablin*（Blanco）Benth. 茎、叶（藿香）能芳香化浊、开胃止呕、发表解暑，是藿香正气散、藿香清胃胶囊的原料药材；藿香 *Agastache rugosus*（Fisch. et Meyer.）O. Ktze. 主要作调味品，全草能健胃、化湿、止呕、清暑热；紫苏 *Perilla frutescens*（L.）Britt. var. *arguta*（Benth.）Hand. -Mazz. 的叶（苏叶）能解表散寒、

行气和胃，茎（苏梗）能理气宽中、止痛、安胎，果实（苏子）能降气消痰、平喘、润肠；荆芥 *Schizonepeta tenuifolia* Briq. 地上部分（荆芥）能解表散风、透疹（生用）、止血（炒炭用）；连钱草 *Glechoma longituba*（Nakai）Kupr. 全草能利尿排石、清热解毒；筋骨草 *Ajuga decumbens* Thunb. 全草活血止痛、清热解毒；半枝莲 *Scutellaria barbata* D. Don 全草（半枝莲）能清热解毒、活血消肿；碎米桠 *R. rubescens*（Hemsl.）Hara 地上部分（冬凌草）能清热解毒、活血止痛；海州香薷 *Elsholtzia pscudo－cristata* Lévl. 全草能发汗解表、利湿消肿；地瓜儿苗 *Lycopus lucidus* Turcz. var. *hirtus* Regel. 地上部分（泽兰）能活血通络、利尿。

知识拓展

克朗奎斯特系统将盖裂寄生科（Lennoaceae）、紫草科、马鞭草科、唇形科 4 科归属于唇形目。紫草科茎圆形，叶互生，花辐射对称。马鞭草科花柱顶生，子房不深四裂，不形成轮伞花序，果实为核果或蒴果状。玄参科、爵床科中有时具对生叶和四棱茎等与唇形科外表相似的特征；但子房非深 4 裂，果实非小坚果，与唇形科不同。

57. 玄参科 Scrophulariaceae　$⚥\uparrow K_{(4\sim5)}C_{(4\sim5)}A_{4,2}\underline{G}_{(2:2:\infty)}$

【形态特征】草本，少灌木或小乔木。叶互生或对生，少轮生；无托叶。总状或聚伞花序；花两性，两侧对称，少辐射对称；萼 4～5 裂，宿存；花冠多少 2 唇裂，裂片 4～5；2 强雄蕊，生冠管上，少 2 或 5；花盘环状或一侧退化；2 心皮合生，子房上位，2 室，中轴胎座，每室多胚珠；花柱顶生，宿存。蒴果，稀为浆果。种子多而细小。

【微观特征】茎具双韧维管束；花粉具 2～7 孔，3～4 沟，3 孔沟。染色体：$X=6\sim16$，18，20～26，30。

【化学特征】含环烯醚萜苷、强心苷、黄酮、蒽醌和生物碱类，环烯醚萜苷如哈巴俄苷（hanpagoside）、胡黄连苷（kurroside）等，强心苷如洋地黄毒苷（digitoxin）、地高辛（digoxin）、毛花洋地黄苷 C（lanatoside）等，黄酮类如柳穿鱼苷（pectolinarin）。

【分布】约 200 属 3000 种，分布于温带至热带地区，尤以非洲多样性最丰富。我国约 60 属，634 种，南北各地均有分布，以西南最丰富；已知 45 属，233 种药用（表 12－12）。

表 12－12　玄参科部分属检索表

1. 雄蕊 2 枚。
  2. 萼齿 5 个，近于相等 ……………… 腹水草属 *Veronicastrum*
  2. 萼齿 4 个，如有 5 个时则后方 1 个以退化状态存在 ……………… 婆婆纳属 *Veronica*
1. 雄蕊 4 枚，如有 2 枚时则在花冠前方有 2 枚退化雄蕊。
  3. 花冠基部具距或基部突出呈囊状。
    4. 花冠基部有长距 ……………… 柳穿鱼属 *Linaria*
    4. 花冠基部呈囊状 ……………… 金鱼草属 *Antirrhinum*
  3. 花冠基部无距及并不突出呈囊状。
    5. 花冠上唇呈盔状。
      6. 单叶全缘 ……………… 山萝花属 *Melampyrum*
      6. 羽状分裂。
        7. 花下具 2 枚小苞片 ……………… 阴行草属 *Siphonostegia*
        7. 花下无苞片 ……………… 松蒿属 *Phtheirospermum*
    5. 花冠上唇不为盔状。
      8. 能育雄蕊 2 枚，花冠前方有 2 枚退化雄蕊；生水边或湿地 ……………… 水八角属 *Gratiola*
      8. 能育雄蕊 4 枚；陆生。
        9. 花序顶生。
          10. 圆锥花序 ……………… 玄参属 *Scrophularia*
          10. 总状花序。

续表

11. 花冠大，长超过3cm ·· 毛地黄属 *Digitalis*
11. 花冠小，长不超过2cm ·· 通腺草属 *Mazus*
9. 花单生叶腋。
12. 全株有腺点；沉水叶轮生，羽状全裂 ································ 石龙尾属 *Limnophila*
12. 全株无腺点；叶对生，全缘或有锯齿 ································ 母草属 *Lindernia*

【药用植物】玄参 *Scrophularia ningpoensis* Hemsl.（图12-108）草本。根肥大，数条，纺锤状，干后变黑。茎方形。下部叶对生，上部叶有时互生，叶片卵形至披针形。聚伞圆锥花序大而疏散；花冠紫褐色。分布华北、华东、中南、西南各地，常栽培。根（玄参）能凉血滋阴、泻火解毒，是清膈丸、清喉利咽合剂等的原料药。北玄参 *S. buergeriana* Miq. 花序紧缩或穗状；花冠黄绿色，主产北方，其根也习作"玄参"药用。

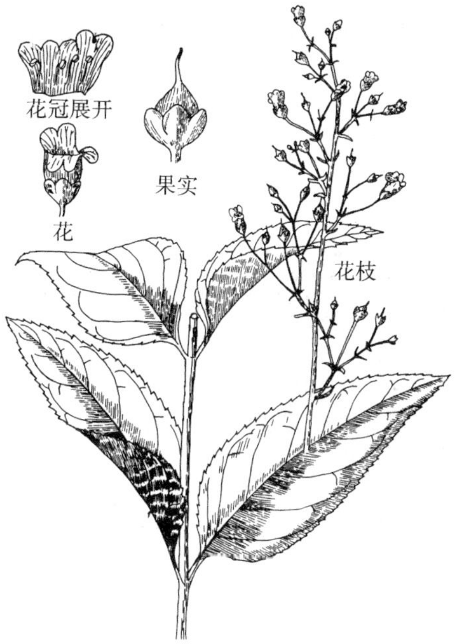

图12-108　玄参

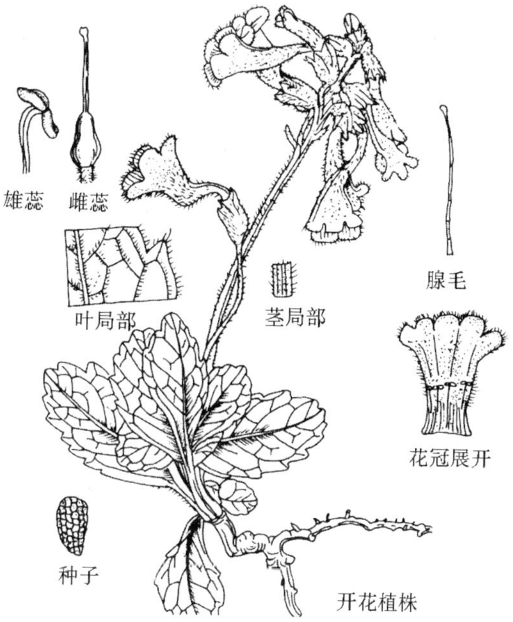

图12-109　地黄

地黄 *Rehmannia glutinosa*（Gaertn.）Libosch.（图12-109）多年生草本。全株密被白色长柔毛及腺毛。根状茎肥大肉质，鲜时黄色。叶多基生，倒卵形。总状花序顶生；花下垂；萼钟状，5裂；花冠管状，紫红色，2唇形。主产河南、山西、陕西。新鲜的根状茎（鲜地黄）能清热生津、凉血止血，干燥品（生地黄）能清热凉血、养阴生津，炮制品（熟地黄）能滋阴补血、益精填髓，是六味地黄丸系列制剂的原料药材。

胡黄连 *Picrorhiza scrophulariiflora* Pennell.（图12-110）多年生草本。根状茎粗壮，节密集。叶基生呈莲座状，匙形至卵形。花葶直立，穗状花序；花冠深紫色，上唇前弯作盔状，下唇3裂；雄蕊略2强。蒴果4瓣裂。分布于西藏南部、云南西北部、四川西部，根状茎（胡黄连）能退虚热、除疳热、清湿热，是肥儿丸等的原料药材。

常用药用植物还有：阴行草 *Siphonostegia chinensis* Benth. 全草（北刘寄奴）能活血祛瘀、利尿消肿；紫花洋地黄 *Digitalis purpurea* L. 叶提取强心苷的原料。

58. 紫葳科 Bignoniaceae　　$⚥ \uparrow K_{(5)} C_{(5)} A_{4,2} \underline{G}_{(2:1\sim2:\infty)}$

【形态特征】乔木、灌木或藤本，稀草本。叶对生，稀互生；单叶或复叶。花序总状或圆锥状，或单生；花大，两性，两侧对称；萼管先端平截或5齿裂；花冠5裂，常2唇形；能育雄蕊常4，退化雄蕊1，或能育雄蕊2，退化雄蕊3；花盘肉质；子房上位，2心皮，2室，稀1室，胚珠多数。蒴果，少浆果状。种子扁平，常具翅或毛。

【微观特征】茎髓部具异型维管束，具内生韧皮部和内生木质部。花粉具3孔沟，2～12沟，无萌发孔。染色体：$X=20$。

【化学特征】含环烯醚萜苷、黄酮、生物碱和萘醌类化合物，生物碱主要是单萜类和大环精胺类，环烯醚萜苷如梓醇（catalpol），黄酮类如黄芩素（baicalein）等。

【分布】约120属，650余种。分布于热带和亚热带地区。我国22属，49种，大部分种类集中于南方；已知11属25种药用。

【药用植物】木蝴蝶 *Oroxylum indicum*（L.）Vent.（图12－111）乔木，叶痕大而明显。3～4回羽状复叶，对生。总状花序顶生；花冠钟状。蒴果扁平，木质。种子具白色半透明薄翅。分布于西南和华南。种子（木蝴蝶）能清肺利咽、疏肝和胃，也是广东凉茶的主要原料。

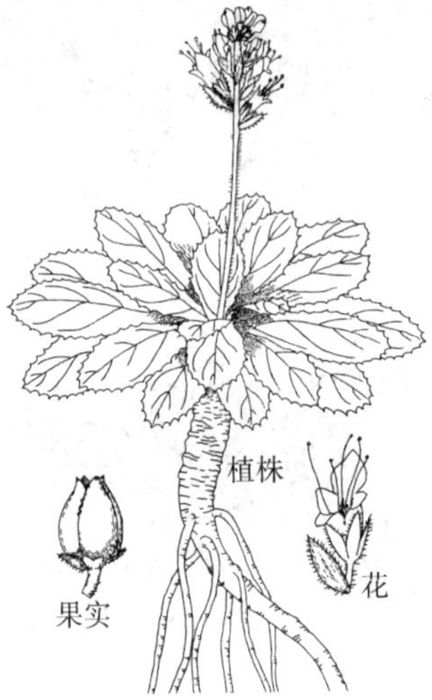

图12－110　胡黄连

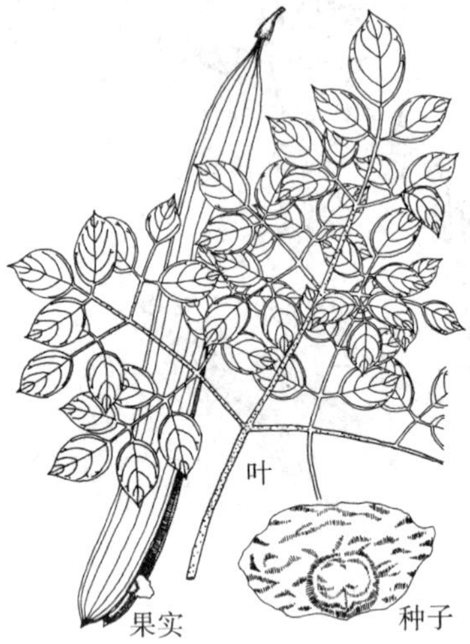

图12－111　木蝴蝶

常用药用植物还有：凌霄 *Campsis grandiflora*（Thunb.）K. Schum、美洲凌霄 *C. radicans*（L.）Seem. 的花（凌霄花）能活血化瘀、祛风凉血，是凌霄散的原料药材。梓树 *Catalpa ovata* G. Don 果实（梓实）能利尿消肿，根皮及茎皮能清热利湿、降逆止呕、杀虫止痒，叶能清热解毒、杀虫止痒。菜豆树 *Radermachera sinica*（Hance）Hemsl. 根、叶及果实能清热解毒、散瘀止痛。

59. 爵床科 Acanthaceae $\female \uparrow K_{(4\sim5)}C_{(4\sim5)}A_{4,2}\underline{G}_{(2:2:1\sim\infty)}$

【形态特征】草本或灌木。茎节常膨大。单叶对生，稀互生；无托叶。聚伞或总状花序，每花常具1苞片和2小苞片，苞片花瓣状；花两性，两侧对称；花萼5～4裂；花冠2唇形或近等5裂；雄蕊4，2强，或仅2；子房上位，2心皮，2室，中轴胎座，每室1至多。蒴果，室背开裂，常借助珠柄钩（也称种钩）将种子弹出。

【微观特征】茎和叶表皮细胞常含钟乳体；单叶隙节；导管端壁简单。花粉2至多孔，3～8沟或孔沟。染色体：$X=7\sim18$，$20\sim21$。

【化学特征】含环烯醚萜、黄酮、生物碱、二萜内酯和木脂素，二萜内酯如穿心莲内酯

(Andrographolide)，生物碱类如菘蓝苷，木脂素如爵床素（Justicin）等。

【分布】约250属，2500余种，广布热带和亚热带地区。我国61属，178种，多分布于长江以南各地；已知32属70余种药用。

【药用植物】穿心莲 *Andrographis paniculata*（Burm. f.）Nees（图12－112）一年生草本。茎四棱形。叶片卵状长圆形至披针形。总状花序集成大型圆锥花序；花冠2唇形，白色；雄蕊2。蒴果。原产东南亚地区，我国有栽培；地上部分（穿心莲）能清热解毒、凉血消肿，是穿心莲内酯滴丸等的原料药材。

马蓝 *Baphicacanthus cusia*（Nees）Bremek（图12－113）多年生草本。常对生分枝。叶卵圆形至长矩圆形。花冠5浅裂，淡紫色；2强雄蕊。蒴果棒状。分布于华南、西南及台湾、湖南。根状茎及根（南板蓝根）能清热解毒、凉血消斑，是南板蓝根颗粒的原料药材；叶在产地习作"大青叶"入药，也是生产"青黛"的原料药材。

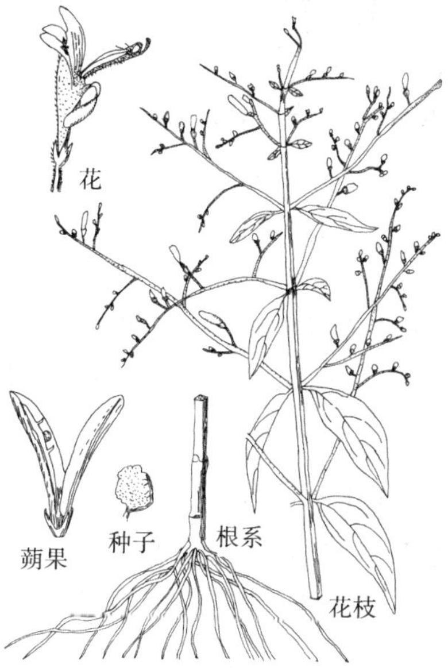

图12－112　穿心莲

图12－113　马蓝

常用药用植物还有：爵床 *Rostellularia procumbens*（L.）Nees 全草清热解毒、利尿消肿；九头狮子草 *Peristrophe japonica*（Thunb.）Bremek. 全草发汗解表、解毒消肿；白接骨 *Asystasiella neesiana*（Wall.）Lind. 全草止血祛瘀、清热解毒；水蓑衣 *Hygrophila salicifolia*（Vahl）Nees 全草能清热解毒、化瘀止痛；孩儿草 *Rungia pectinata*（L.）Nees 全草能清肝明目、消积；狗肝菜 *Dicliptera chinensis*（L.）Nees 全草能清热解毒、凉血利尿。

60. 茜草科 Rubiaceae

⚥ $* K_{(4\sim5)} C_{(4\sim5)} A_{4\sim5} \bar{G}_{(2:2:1\sim\infty)}$

【形态特征】草本，灌木或乔木，或攀援状。单叶对生或轮生，全缘；托叶生叶柄间或叶柄内，常2枚，宿存或脱落。二歧聚伞花序排成圆锥状或头状，少单生；花两性，整齐；萼4～5（6）裂；花冠4～5（6）裂；雄蕊与花冠裂片同数且互生；2心皮合生，子房下位，常2室，每室胚珠1至多枚。蒴果、浆果或核果。种子有胚乳。

【微观特征】常具分泌组织，含砂晶、针晶、簇晶等。花粉3至多沟，2～4孔沟。染色体：$X=6\sim17$，常11，次为9和12。

【化学特征】生物碱、环烯醚萜类及蒽醌类是其特征性成分。喹啉类生物碱如奎宁

(quinine)，苯并喹诺里西啶类如吐根碱（emetine），吲哚类如钩藤碱（rhynchophylline），嘌呤类如吗啡碱（coffeine）；环烯醚萜类如栀子苷（geniposide）等。

【分布】500 属，6000 余种，广布于热带和亚热带，少数分布至温带。我国 98 属，676 种，其中 5 属为引种，主要分布于西南至东南部；已知 59 属 220 余种药用。

【药用植物】

（1）金鸡纳亚科 Cinchonoideae Raf. 子房每室有胚珠 2 至多数。国产 58 属 372 种。

栀子 *Gardenia jasminoides* Ellis（图 12－114）常绿灌木。叶革质，椭圆状倒卵形，全缘，上面光亮；托叶在叶柄内合成鞘状。花大，白色，芳香，单生枝顶；花冠高脚碟状；子房下位，侧膜胎座 2～6 个。果卵形、近球形、椭圆形或长圆形，黄色或橙红色，长 1.5～3cm，有翅状纵棱 5～9 条。分布于我国中部和南部。果实（栀子）能泻火解毒、清利湿热、利尿，是龙胆泻肝汤、茵陈蒿汤的原料药材，也可提取天然着色剂。

钩藤 *Uncaria rhynchophylla*（Miq.）Miq. ex Havil. 木质藤本。小枝四棱形，叶腋有钩状枝。叶对生，托叶 2 深裂。头状花序腋生；花 5 数，花冠黄色。蒴果。分布于中南、西南及华南地区。带钩的茎枝（钩藤）能清热平肝、熄风定惊，是天麻钩藤饮的原料药材。大叶钩藤 *U. macrophylla* Wall.、毛钩藤 *U. hirsuta* Havil.、华钩藤 *U. sinensis*（Oliv）Havil.、无柄果钩藤 *U. sessilifructus* Roxb. 的带钩茎枝与钩藤同等入药。

常用药用植物还有：金鸡纳树 *Cinchona ledgeriana* Moens 树皮能截疟、解热镇痛，也是提取奎宁的原料；白花蛇舌草 *Hedyotis diffusa* Willd. 全草能清热解毒、消肿。

（2）茜草亚科 Rubioideae（Coffeoideae）K. Schum. 子房每室有 1 颗胚珠。国产约 11 族，40 属，304 种，全国均有分布。

茜草 *Rubia cordifolia* L.（图 12－115）多年生攀援草本。根丛生，橙红色。茎四棱，棱上具倒生刺。叶 4 枚轮生，具长柄，卵形至卵状披针形。花小，5 数，黄白色；子房 2 室。浆果球形，橙黄色。分布于东北、华北、西北和四川（北部）及西藏。根及根状茎（茜草）能凉血止血、祛瘀通经，是茜草通脉汤的原料药材。

图 12－114　栀子

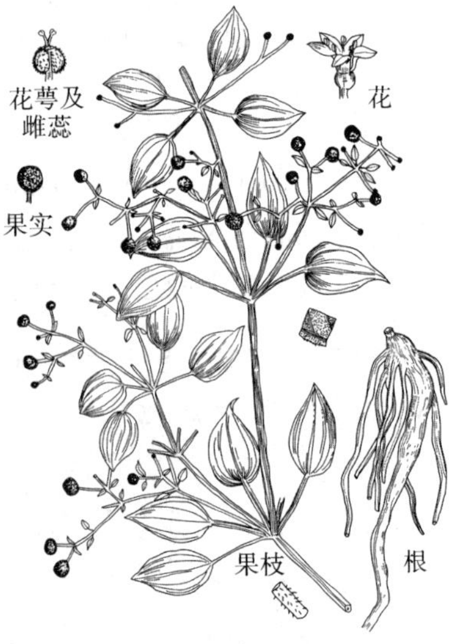

图 12－115　茜草

常用药用植物还有：红大戟 *Knoxia valerianoides* Thorel ex Pitard 块根（红大戟）能泻火逐饮、攻毒消肿、散结；巴戟天 *Morinda officinalis* How 根（巴戟天）能补肾壮阳，强筋骨，祛风湿，是补益巴戟天丸的原料药材；鸡矢藤 *Paederia scandens*（Lour.）Merr. 全草（鸡矢藤）能消食化积、祛风利湿、止咳、止痛；咖啡 *Coffea Arabica* L. 果实能兴奋、强心、利尿、健胃；虎刺 *Damnacanthus indicus*（L.）Gaertn. f. 根能祛风利湿、活血止痛；白马骨 *Serissa serissoides*（DC.）Druce 全株能疏风解表、清热利湿、舒筋活络。

61. 忍冬科 Caprifoliaceae　　⚥ $* \uparrow \mathbf{K}_{(4\sim5)}\mathbf{C}_{(4\sim5)}\mathbf{A}_{4\sim5}\overline{\mathbf{G}}_{(2\sim5:1\sim5:1\sim\infty)}$

【形态特征】木本，稀草本。叶对生，单叶，少复叶；常无托叶。聚伞花序或再组成其他花序；花两性，辐射对称或两侧对称；萼与子房贴生，4～5 裂；花冠管状或轮状，常 5 裂，有时 2 唇形；雄蕊和花冠裂片同数而互生，生冠管上；2～5 心皮，子房下位，1～5 室，常 3 室，每室常 1 胚珠或多数，或仅 1 室发育。浆果、核果或蒴果。

【微观特征】叶具单细胞非腺毛和多细胞腺毛，腺毛由数十个细胞组成腺头，腺柄 1～7 个细胞；气孔不定式；草酸钙簇晶、砂晶。染色体：$X=8\sim12$，常 8 或 9。

【化学特征】环烯醚萜类和黄酮类是其特征性化学成分；环烯醚萜类的结构类型在各属中存在较大的差异；黄酮类主要是槲皮素、山柰酚、木犀草素、芹菜素等及其苷类衍生物，在各属中存在较大差异；以及酚性成分如绿原酸（chlorogenic acid）等。

【分布】15 属，约 500 种，主要分布于北温带。我国 12 属，260 余种，多分布于华中和西南各地；已知 9 属，106 种药用（表 12－13）。

表 12－13　忍冬科部分属检索表

1. 花冠辐状，花柱短。	
2. 单叶，有时羽状分裂；核果，种子 1 枚	荚蒾属 *Viburnum*
2. 羽状复叶；浆果状核果，种子 3～5 枚	接骨木属 *Sambucus*
1. 花冠管状，近两侧对称，花柱长。	
3. 雄蕊 4；子房 1 室，发育胚珠 1 枚	六道木属 *Abelia*
3. 雄蕊 5；子房 2～3 室，发育胚珠 2 至多枚。	
4. 蒴果开裂，聚伞花序腋生	锦带花属 *Weigela*
4. 浆果，花成对生，腋生或轮生	忍冬属 *Lonicera*

【药用植物】忍冬 *Lonicera japonica* Thunb.（图 12－116）藤本。幼枝密生毛。单叶对生，宽披针形至卵状椭圆形，幼时两面被短毛。花成对腋生，叶状苞片较大；萼 5 裂；花冠 2 唇形，初开白色，后变黄色，习称"金银花"，芳香，外被柔毛和腺毛，上唇 4 裂，直立，下唇反卷不裂。浆果，熟时黑色。各地有栽培。花蕾或带初开的花（金银花）能清热解毒、疏散风热，是银翘解毒丸的原料药，也是岭南凉茶的原料；茎枝（忍冬藤）能清热解毒，疏风通络。同属植物灰毡毛忍冬 *L. macranthoides* Hand.－Mazz.、红腺忍冬 *L. hypoglauca* Miq.、华南忍冬 *L. confusa* DC. 和黄褐毛忍冬 *L. fulvotomentosa* Hsu et S. C. Cheng 等的花蕾（山银花）能清热解毒，疏散风热。

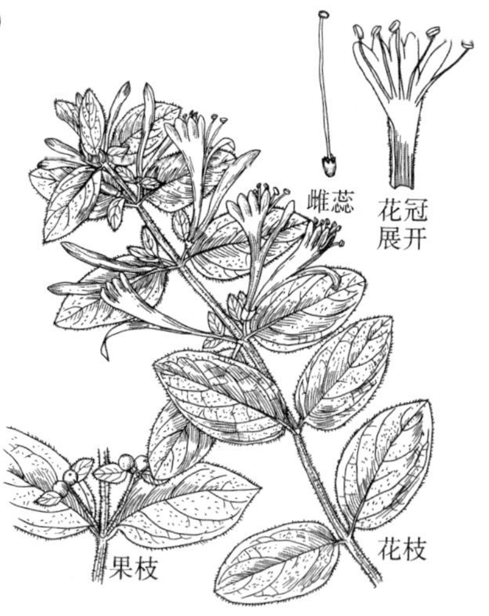

图 12－116　忍冬

常用药用植物还有：接骨木 *Sambucus williamsii* Hance 分布于东北、华北及内蒙古等地区，茎枝能祛风通络、消肿止痛；陆英 *S. chinensis* Lindl. 全草、根能祛风消肿，舒筋活络；荚蒾 *Viburnum fordiae* Hance. 枝、叶能清热解毒、疏风解表，根能祛瘀消肿。

知识拓展

茜草科与忍冬科有一系列共同特征：如叶对生；花冠合瓣；雄蕊着生在花冠管上，且与花冠裂片同数而互生；子房下位；有胚乳；无内生韧皮部。但茜草科托叶生在叶柄间或叶柄内，子房常2室，每室1至多胚珠；而不同于忍冬科无托叶，子房常3室，每室1胚珠。

62. 败酱科 Valerianaceae

⚥↑ $K_{5\sim15,0}C_{(3\sim5)}A_{3,4}\overline{G}_{(3:3:1)}$

【形态特征】草本。根状茎和根具强烈气味。叶全缘或羽状分裂。聚伞花序组成伞房花序；花小，两性，稍不整齐；萼齿小，或裂片羽毛状，宿存；花冠筒基部常有偏突的囊或距，3～5裂；雄蕊3或4，或退化成1～2，冠生；子房下位，3心皮，3室，仅1室发育，胚珠1。瘦果，顶端具宿萼，并贴生于果时增大的膜质苞片上呈翅果状。

【微观特征】有时具木间木栓。花粉3～4孔沟。染色体：$X=7$，8，9，11；常9。

【化学特征】普遍含三萜皂苷类、黄酮类化合物和挥发油，其中倍半萜类和黄酮类是其分属的化学依据；黄酮类化合物均有分布，以槲皮素、山柰酚、异鼠李素、木犀草素、洋芫荽素（diosmetin）和刺槐素（acacetin）及其苷类衍生物为主等。

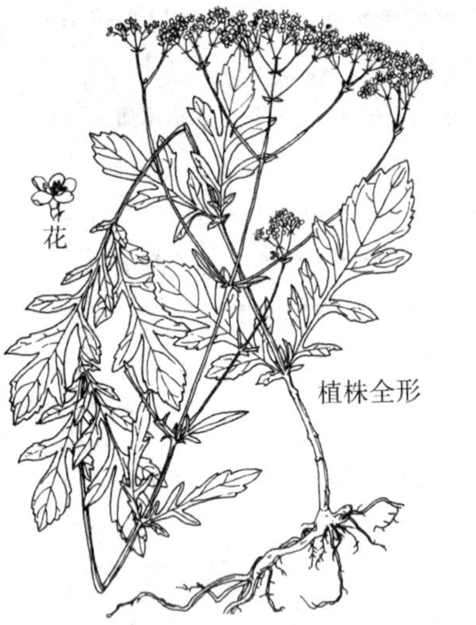

图 12－117　黄花败酱

【分布】13属，约400种，主要分布于北温带。我国3属，40余种，南北均有分布；已知3属24种药用。

【药用植物】黄花败酱 *Patrinia scabiosaefolia* Fisch. ex Trev.（图12－117）草本。根状茎粗壮，具强烈气味。基生叶丛生不裂或羽状分裂；茎生叶羽状深裂或全裂。花冠黄色，雄蕊4。瘦果无翅状苞片。分布几遍布全国。全草（败酱草）能清热解毒，消肿排脓，祛痰止咳。白花败酱 *P. villosa*（Thunb.）Juss. 与黄花败酱同等入药。

常用药用植物还有：甘松 *Nardostachys chinensis* Batal. 生于高山草地、河边等；根及根茎（甘松）能理气止痛、开郁醒脾。异叶败酱 *Patrinia heterophylla* Bunge. 的全草能消肿排脓、祛瘀止痛；缬草 *Valeriana officinalis* L. 根状茎及根能安神、理气、止痛。

63. 川续断科 Dipsacaceae

⚥ * $K_{(4\sim5)}C_{(4\sim5)}A_4\overline{G}_{(2:1:1)}$

【形态特征】草本，被长毛或刺毛。单叶对生，稀羽状复叶。头状花序有总苞或间断的穗状轮伞花序；花小，两性；萼管与子房合生，边缘具针刺状或羽状刚毛；花冠漏斗状，4～5裂，2唇形；雄蕊4，稀2，冠生；2心皮合生，子房下位，1室，1倒生胚珠。瘦果包藏小总苞内，顶端宿存萼裂常呈羽毛状、降落伞状或具钩刺。

【微观特征】含草酸钙簇晶；花粉3沟孔，表面有刺。染色体：$X=7\sim10$。

【化学特征】含三萜皂苷及其酯苷类、环烯醚萜类、生物碱类等。如川续断皂苷Ⅵ

(asperosaponin Ⅵ)，环烯醚萜类如匙羹藤皂苷（sylvestroside Ⅲ）等。

【分布】12 属，约 300 种，分布于地中海、亚洲及非洲南部。我国 5 属，约 28 种，分布于东北、华北、西北、西南和台湾；已知 5 属 18 种药用。

【药用植物】川续断 *Dipsacus asperoides* D. Y. Cheng et T. M. Ai（图 12－118），草本。根数条，圆柱形，稍肉质。基生叶和茎中下部叶羽状深裂。头状花序球形，总苞叶状；花小，淡黄色或白色；花冠管基部狭缩成细管。瘦果包藏小总苞内。分布于我国中南和西南地区；根（续断）能行血消肿，生肌止痛，续筋接骨。中华续断 *D. chinensis* Ratalin 部分地区习作“续断”入药；果实（巨胜子）能补肾，活血化瘀，镇痛。

匙叶翼首草 *Pterocephalus hookeri*（C. B. Clarke）Hoeck（图 12－119）多年生无茎草本。全株被白色柔毛。叶匙形或条状匙形。头状花序径 3cm，小总苞倒卵形；花冠 5 裂。果序球形，外层总苞苞片长卵形，宿萼具 20 条细软羽毛状毛。分布于云南、四川、西藏东部和青海南部。全草（翼首草）能解毒除瘟、清热止痢、祛风通痹，常用藏药，是十二味翼首散、洁白丸、二十五味翼甘子丸的原料药材。

常用药用植物还有：刺参 *Morina nepalensis* D. Don、青海刺参 M. kokonorica Hao 的根（刺参）能补气血、接筋骨。大花双参 *Triplostegia grandiflora* Gagnep.、双参 *T. glandulifera* Wall. ex DC. 的根（白都啦）能活血调经、益肾补血，是常用彝药。

图 12－118　川续断

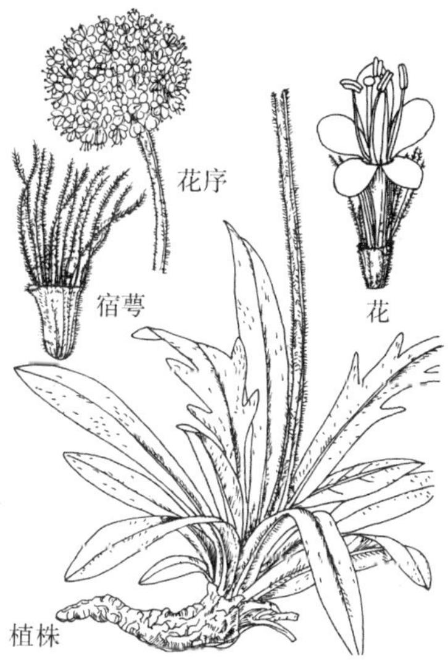

图 12－119　匙叶翼首草

64. 桔梗科 Campanulaceae　　$⚥ * \uparrow K_{(5)} C_{(5)} A_5 \overline{G}_{(2\sim5:2\sim5:\infty)} \overline{\underline{G}}_{(2\sim5:2\sim5:\infty)}$

【形态特征】草本，稀灌木。常具乳汁。单叶互生，少对生或轮生。总状或圆锥花序，或单生；花两性，稀单性，辐射对称或两侧对称；萼 5 裂，宿存；花冠常钟状、管状或辐状，5 裂；雄蕊 5，与花冠裂片互生；3 心皮合生，稀 2 或 5，子房下位或半下位，稀上位，常 3 室，稀 2 或 5，中轴胎座，胚珠多数。蒴果，少浆果。

【微观特征】具乳汁管，含菊糖，无淀粉。花粉 4～10 沟或 3～6 孔沟。染色体：$X=6\sim17$。

【化学特征】含皂苷、多糖及生物碱。皂苷如桔梗皂苷（platycodin）；多糖如党参多糖、菊糖；生物碱如山梗菜碱（lobeline）、党参碱（codonopsine）等。

【分布】60 属，约 2 000 余种，多分布于温带和亚热带地区。我国 16 属，170 余种，全国分布，以西南地区最丰富。已知 13 属 111 种药用。

【药用植物】

（1）桔梗属 *Platycodon* A. DC. 宿根草本。具白色乳汁。根长圆锥形，肉质。叶轮生至互生。花萼宿存；花冠阔钟形，蓝紫色；雄蕊 5，离生，花丝基部扩大成片状；无花盘；子房半下位，中轴胎座，5 室；柱头 5 裂。蒴果 5 瓣裂。种子黑色，一端斜截，一端急尖。本属仅 1 种，桔梗 *P. grandiflorum*（Jacq.）A. DC.（图 12－120）根（桔梗）能宣肺祛痰、排脓消肿，是桔梗甘草防风汤、清瘟败毒饮的原料药材。

（2）沙参属 *Adenophora* Fisch. 宿根草本。具白色乳汁。根肉质肥大。花冠钟状、漏斗状，紫色或蓝色，浅裂；雄蕊 5，花丝下部片状扩大，边缘密生长绒毛，镊合状排列成筒状，包着花盘；子房下位，3 室；柱头 3 裂，裂片狭长而卷曲。蒴果基部 3 孔裂。约 50 种，我国约 40 种，以四川至东北一带最多；多数药用。沙参 *A. stricta* Miq.（图 12－121）叶无柄；花序假总状或狭圆锥状，花梗短，萼多被毛，裂片长钻形而全缘。分布于西南、华中、华东地区及河南和陕西。根（南沙参）养阴清肺、益胃生津、化痰、益气，是沙参麦门冬汤的原料药材。轮叶沙参 *A. tetraphylla*（Thunb.）Fisch. 的根与沙参同等入药。轮叶沙参、荠苨 *A. trachelioides* Maxim. 和宽裂沙参 *A. hunanensis* Nannf. 等的根产地也习作“南沙参”入药。

图 12－120　桔梗

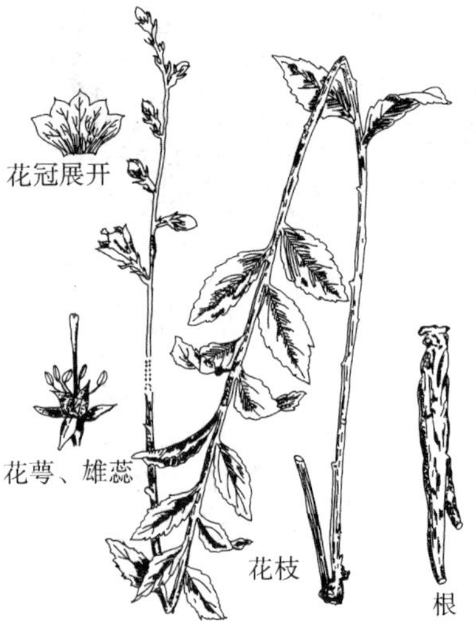

图 12－121　沙参

（3）党参属 *Codonopsis* Wall. 缠绕藤本或直立。具特殊气味。根肥大。单花腋生或顶生；花绿紫色或白色；花萼、花冠钟状均 5 裂；雄蕊 5，花丝基部常扩大，花盘无腺体；子房下位或半下位，柱头 3 ~ 5 裂。蒴果室背开裂。约 40 余种，分布于亚洲东部和中部；我国约 39 种，全国均产，主产西南各省区；多数种类药用。党参 *C. pilosula*（Franch.）Nannf.（图 12－122）缠绕藤本。根肉质，圆柱状，长约 30cm，具多数瘤状茎痕。叶互生，长卵形，老时仍两面具柔毛。花冠浅黄绿色，宽钟状，内面有紫点；子房半下位，3 室。蒴果 3 瓣裂。分布于秦巴山区、东北、华北地区及河南。根（党参）能补中益气，健脾益肺。素花党参 *C. pilosula* Nannf. var. *modesta*（Nannf.）L. T. Shen 和川党参 *C. tangshen* Oliv. 的根与党参同等入药。管花党参 *C. tubelosa* Kom. 的根也习作“党参”入药。

（4）半边莲属 *Lobelia* L. 草本或灌木。叶互生。单花腋生，或总状、圆锥花序顶生；花两性，稀单性；花萼筒宿存；花冠两侧对称，背面纵裂至基部或近基部，檐部二唇形或近二唇形；子房下位或半下位，2 室，胚珠多数。蒴果，成熟后顶端 2 裂。全属 350 余种，我国 19 种，以长江流域以南各地较多；大多数药用。半边莲 *L. chinensis* Lour.（图 12－123）小草本。具白色乳汁。主茎平卧，分枝直立。叶互生，近无柄，狭披针形。花单生叶腋；花冠粉红色，2 唇形，裂片偏向一侧；花丝分离而花药合生成一管，环绕花柱；子房下位，2 室。分布于长江中下游及以南地区。全草（半边莲）能清热解毒，利尿消肿。

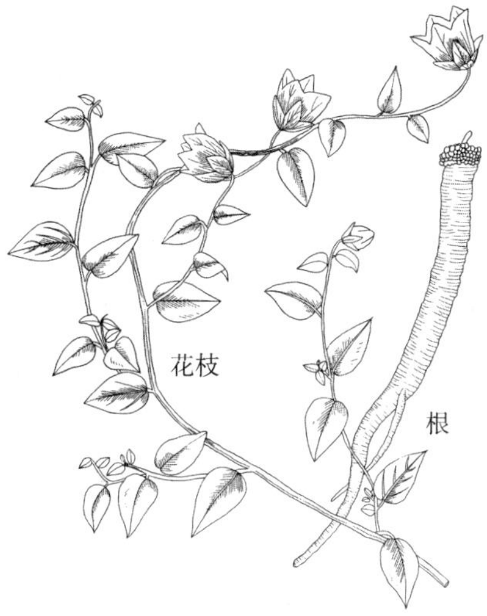

图 12－122　党参

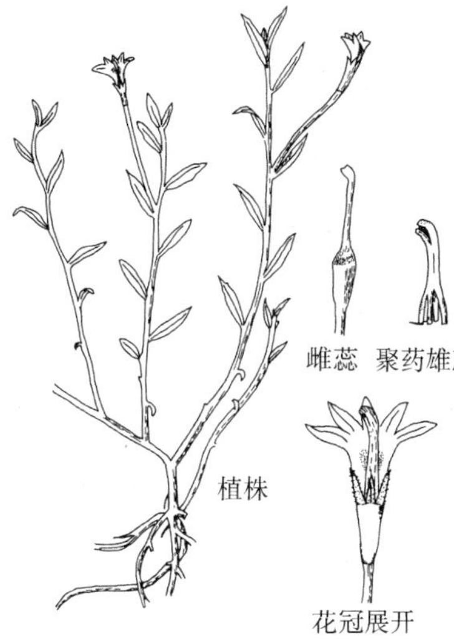

图 12－123　半边莲

常用药用植物还有：羊乳 *Codonopsis lanceolata*（Sieb. et. Zucc）Trautv. 根能滋阴润肺、排脓解毒；铜锤玉带草 *Pratia nummularia*（Lam.）A. Br. et Aschers. 全草能活血祛瘀、除风利湿；蓝花参 *Wahlenbergia marginata*（Thunb.）A. DC 根或全草能益气、祛痰、截疟。

65. 菊科 Compositae，Asteraceae　⚥ $* \uparrow \mathbf{K}_{0,\infty}\mathbf{C}_{(3\sim5)}\mathbf{A}_{(4\sim5)}\overline{\mathbf{G}}_{(2:1:1)}$

【形态特征】草本，少灌木，稀乔木。有乳汁、树脂道或无。叶互生，少对生或轮生，单叶或复叶。头状花序外有 1 至数层总苞片组成的总苞，单生或再排成各式花序；花序轴极度缩短成凸起或扁平的花序托，每花基部有 1 小苞片称托片，或毛状的托毛，或缺；花小，两性，稀单性或无性，萼片常变态为冠毛状、刺毛状、鳞状或缺，宿存；花冠管状、舌状或假舌状（先端 3 齿、单性）、少 2 唇形或漏斗状；头状花序中小花同型（全为管状花或舌状花）或异型（外围为雌性或无性的舌状、假舌状或漏斗状花，称缘花，中央为两性或无性管状花，称盘花）；雄蕊 5，稀 4，花丝分离，花药合生成管状环绕花柱（聚药雄蕊）；2 心皮合生，子房下位，1 室，1 基生胚珠，柱头 2 裂。连萼瘦果（又称菊果），顶端冠以糙毛、羽状毛或鳞片状冠毛。

【微观特征】普遍含菊糖，不含淀粉；舌状花亚科具乳管；管状花亚科可见油室、油管等分泌结构。花粉多型，3 孔沟，3 孔，3 拟孔沟。染色体：$X=2\sim19$ 或更多。

【化学特征】天然产物类型较多，主要有黄酮、生物碱、聚炔、香豆素、倍半萜内酯、有机酸、多糖和挥发油等；黄酮类普遍分布在各族中，生物碱类有吡咯里西啶生物碱和喹啉生物碱，如水千里光碱（aquaticine）、野千里光碱（campestrine）和大千里光碱（macrophylline）等吡咯里西啶生物碱多具肝脏毒性和致癌性等。

【分布】约1000属，25000～30000种，占有花植物的1/10，是被子植物第一大科；全球广布，温带和亚热带种类较多。我国227属2300余种，分布于南北各地；已知155属778种药用，占我国分布菊科植物种类约1/3（表12－14）。

表12－14　菊科部分属检索表

1. 头状花序小花异型或同型管状花，中央非舌状花；植株无乳汁 ……………………… **管状花亚科 Carduoideae**
  2. 头状花序仅有管状花（两性或单性）。
    3. 叶对生，或上部互生；每花序常有5朵管状花；瘦果具冠毛 ……………………… 泽兰属 *Eupatorium*
    3. 叶互生，总苞片2至多层。
      4. 无冠毛。
        5. 头状花序单性，雌花序仅有2朵小花，总苞外多钩刺 ……………………… 苍耳属 *Xanthium*
        5. 头状花序外层雌花，内层两性花，头状花序排成总状或圆锥状 ……………………… 蒿属 *Artemisia*
      4. 有冠毛。
        6. 叶缘有刺。
          7. 冠毛羽状，基部连合成环。
            8. 花序基部有叶状苞1～2层，羽状深裂；果被柔毛 ……………………… 苍术属 *Atractylodes*
            8. 花序基部无叶状苞；花序全为两性花；果无毛 ……………………… 蓟属 *Cirsium*
          7. 冠毛呈鳞片状或缺，总苞片外轮叶状，边缘有刺，花红色 ……………………… 红花属 *Carthamus*
        6. 叶缘无刺。
          9. 根具香气。
            10. 高大草本；基生叶互生，上面具短糙毛，下面无毛 ……………………… 云木香属 *Aucklandia*
            10. 矮草本；茎缩短，叶莲座状丛生，两面被糙伏毛 ……………………… 川木香属 *Vladimiria*
          9. 根不具香气。
            11. 总苞片顶端呈针刺状，末端钩曲；冠毛多而短，易脱落 ……………………… 牛蒡属 *Arctium*
            11. 总苞片顶端无钩刺；冠毛长，不易脱落 ……………………… 祁州漏芦属 *Rhaponticum*
  2. 头状花序有管状花和舌状花（单性或无性）。
    12. 冠毛较果长，有时单性花无冠毛或极短。
      13. 舌状花、管状花均为黄色，冠毛1轮；总苞片数层，舌状花较多 ……………………… 旋覆花属 *Inula*
      13. 舌状花白色或蓝紫色，管状花黄色，冠毛1～2轮，外轮短，膜片状 ……………………… 紫菀属 *Aster*
    12. 冠毛较果短，或缺。
      14. 叶对生，冠毛缺。
        15. 舌状花1层，先端3裂；外轮总苞5枚，线状匙形，有黏质腺 ……………………… 豨莶草属 *Siegesbeckia*
        15. 舌状花2层，先端全缘或2裂；总苞片数层 ……………………… 鳢肠属 *Eclipta*
      14. 叶互生，总苞片边缘干膜质。花序轴顶端无托片；果有4～5棱 ……………………… 菊属 *Dendranthema*
1. 头状花序全为舌状花；植物通常有乳汁 ……………………… **舌状花亚科 Cichorioideae，Liguliflorae**
  16. 冠毛有细毛，瘦果粗糙或平滑，有喙或无喙部。
    17. 头状花序单生花葶上，瘦果有向基部渐厚的长喙 ……………………… 蒲公英属 *Taraxacum*
    17. 头状花序排成伞房或伞房圆锥花序，果上端狭窄，无喙部 ……………………… 苦苣菜属 *Sonchus*
  16. 冠毛有糙毛、瘦果极扁或近圆柱形。
    18. 瘦果极扁平或较扁，具两个较强的侧肋或翅；顶端有羽毛盘 ……………………… 莴苣属 *Lactuca*
    18. 瘦果近圆柱形，果腹背稍扁。
      19. 瘦果具不等形的纵肋，常无明显的喙部 ……………………… 黄鹌菜属 *Youngia*
      19. 瘦果具10翅；花序少，总苞片显然无肋 ……………………… 苦荬菜属 *Ixeris*

【药用植物】

（1）管状花亚科 Carduoideae Kitam.（Asteroideae，Tubuliflorae）植物体无乳汁。头状花序全为同形的管状花，或有异形小花（缘花舌状，盘花管状）。

菊 *Chrysanthemum morifolium* Ramat.（图12－124）多年生草本。基部木质，全体被白色绒毛。头状花序直径2.5～20mm；总苞片多层；缘花舌状、雌性、形色多样；盘花管状、两性、黄色，具托片。瘦果无冠毛。全国各地均有栽培。头状花序（菊花）能散风清热、平肝明目，是桑菊饮、杞菊地黄丸的原料药材。因品种、产地和加工方法不同分为：浙江北部产者称“杭菊”，安徽亳州、滁县、歙县等地产者分别称“亳菊”“滁菊”“贡菊”，河南焦作产者称“怀菊”。

白术 *Atractylodes macrocephala* Koidz.（图12－125）多年生草本。根状茎肥大，块状。

叶3裂，稀羽状5深裂，裂片边缘具锯齿。苞片叶状，羽状分裂，裂片刺状；全为管状花，紫红色。瘦果密被柔毛，冠毛羽状。各地多有栽培；根状茎（白术）能健脾益气、燥湿利水、止汗、安胎，是参苓白术散、补中益气汤等的原料药材。

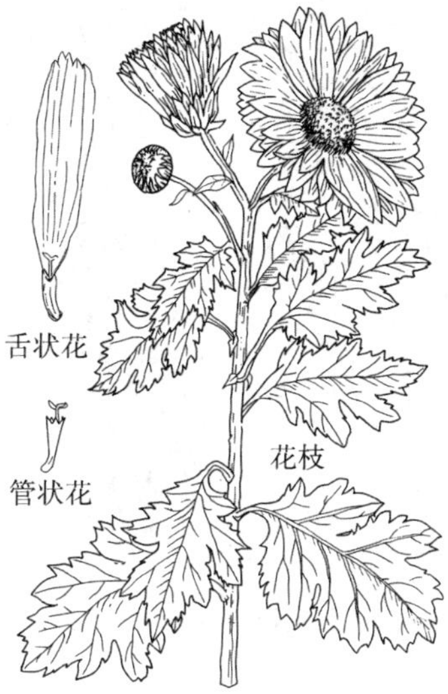

图 12－124　菊

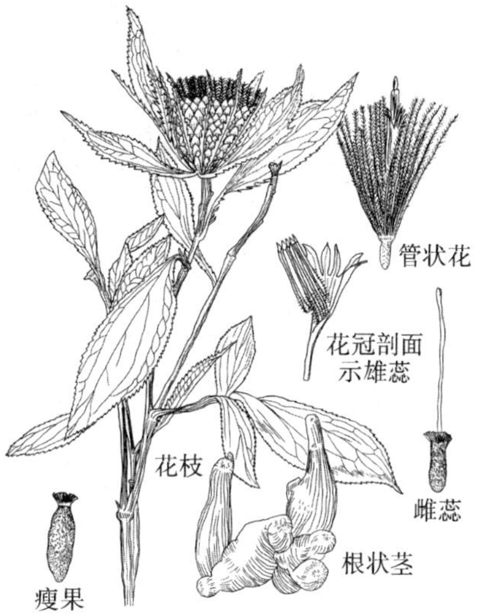

图 12－125　白术

苍术 *Atractylodes lancea*（Thunb.）DC.（图 12－126）根状茎粗壮，结节状，横断面有红棕色油点，具香气。叶无柄，下部叶常3裂。头状花序直径1～2cm；花冠白色。分布于华东、中南及西南地区，生山坡较干燥处及草丛中。根状茎（苍术、茅苍术）能燥湿健脾，祛风散寒，明目，是四制苍术丸、苍术胜湿汤、苍术防风汤等的原料药材。北苍术 *A. chinensis*（DC.）Koidz. 分布于黄河以北，其根状茎与苍术同等入药。

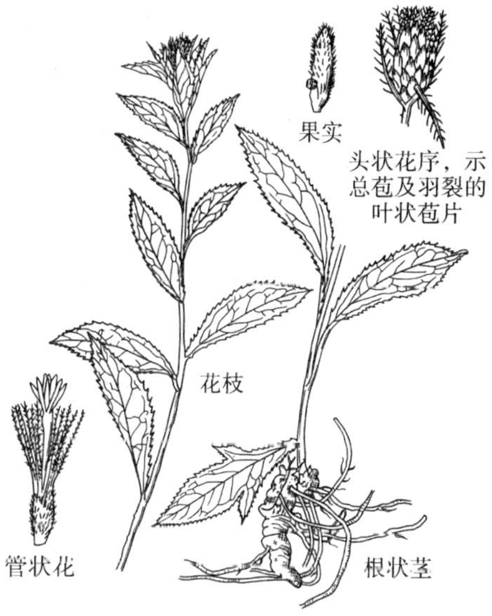

图 12－126　苍术

红花 *Carthamus tinctorius* L.（图 12－127）一年生草本。叶互生，叶缘齿端有尖刺。头状花序，总苞片数层，外侧2～3层总苞片叶状，上部边缘具锐刺，内侧数层卵状椭圆形，白色，膜质；花序全由管状花组成，初开时黄色，后转橘红色。瘦果无冠毛。原产中亚地区，我国各地有栽培，主产四川、河南和新疆。管状花花冠（红花）能活血通经，散瘀止痛，是桃红四物汤、红花当归饮等的原料药材。

木香 *Aucklandia lappa* Decne.［*Saussurea costus*（Falc.）Lipech.］（图 12－128）多年生草本。主根粗壮，干后芳香。基生叶大，三角状卵形，边缘不规则浅裂或波状，基部下延成翅，叶柄长；茎生叶较小。总苞片约10层；托片刚毛状；全为管状花，暗紫色。瘦果具肋，冠毛羽状。原产克什米尔，四川、重庆、西藏南部、陕西、湖北等地有栽培。根（木香）能行气止痛，健脾消食，是木香槟榔丸、九味木香丸的原料药材。

图 12－127　红花

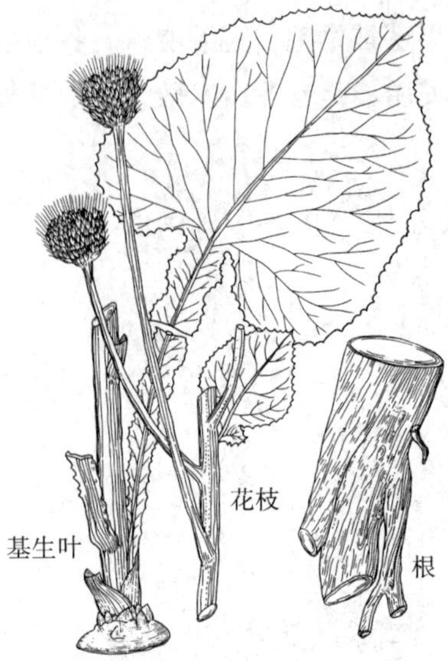

图 12－128　木香

常用药用植物还有：野菊 *Chrysanthemum indicum* L. 头状花序（野菊花）能清热解毒，泻火平肝；牛蒡 *Arctium lappa* L. 广泛栽培，果实（牛蒡子）能疏散风热、宣肺透疹、解毒利咽，荆防牛蒡汤、葛根牛蒡子汤等的原料药材；根、茎叶能清热解毒、活血止痛。黄花蒿 *Artemisia annua* L. 地上部分（青蒿）能清热解暑、除蒸、截疟，是青蒿鳖甲汤、青蒿煎丸等的原料药材，也是提取青蒿素的原料；茵陈 *A. capillaris* Thunb.、滨蒿 *A. scoparia* Waldst. et Kit. 的幼苗（绵茵陈）和地上部分（茵陈蒿）能清热利湿、利胆退黄；艾 *A. argyi* Lévl. et Vant. 的叶（艾叶）能驱寒止痛、温经止血、平喘，也是制作灸条的原料；紫菀 *Aster tataricus* L. f. 的根（紫菀）能润肺、祛痰、止咳；旋覆花 *Inula japonica* Thunb. 的头状花序（旋覆花）能止咳化痰、平喘；豨莶 *Siegesbeckia orientalis* L. 的全草（豨莶草）能祛风湿、通络；鳢肠 *Eclipta prostrata* L. 的全草（旱莲草）能凉血止血、滋阴补肾；佩兰 *Eupatorium fortunei* Turcz. 的全草（佩兰）能化湿开胃、解暑热；大蓟 *Cirsium japonicum* DC.、小蓟（刺儿菜）*C. setosum*（Willd.）MB. 的全草分别为“大蓟”、“小蓟”能清热解毒、凉血止血；苍耳 *Xanthium sibiricum* Patr. et Widd. 的带总苞果实（苍耳子）能发汗解表、通鼻窍；祁州漏芦 *Rhaponticum uniflorum*（L.）DC. 的根（漏芦）能清热解毒、排脓通乳；天名精 *Carpesium abrotanoides* L. 的果实（鹤虱）能杀虫消积；款冬 *Tussilago farfara* L. 的干燥头状花序（款冬花）能润肺下气，化痰止嗽；千里光 *Senecio scandens* Buch.－Ham. 的全草能清热解毒、凉血明目、杀虫止痒；水飞蓟 *Silybum marianum*（L.）Gaertn. 的果实能解毒保肝；鼠曲草 *Gnaphalium affine* D. Don 的全草能化痰止咳，祛风除湿，解毒；一枝黄花 *Solidago decurrens* Lour. 的全草能疏风泄热，解毒消肿。

（2）舌状花亚科 Cichorioideae Kitam. 植物体具乳汁；头状花序全为舌状花。

蒲公英 *Taraxacum mongolicum* Hand.－Mazz. 多年生莲座状草本，有乳汁。莲座状叶倒披针形，羽状深裂，顶裂片较大。花葶数个，外层总苞片先端常有小角状突起，内层总苞片远长于外层，先端有小角；全为黄色舌状花。瘦果先端具细长的喙，冠毛白色。南北各地均有分布。全草（蒲公英）能清热解毒，消肿散结。碱地蒲公英 *T. borealisinense* Kitam.

或同属数种植物的全草可与蒲公英同等入药。

常用药用植物还有：苦荬菜 *Ixeris denticulata*（Houtt.）Stebb. 的全草能清热解毒、消痈散结；苦苣菜 *Sonchus oleraceus* L. 的全草能清热解毒、凉血；黄鹌菜 *Youngia japonica*（L.）DC. 的全草能清热解毒、利尿消肿、止痛；山莴苣 *Lactuca indica* L. 的嫩茎能清热解毒、利尿、通乳。

二、单子叶植物纲 Monocotyledoneae

单子叶植物纲又称百合纲（Liliopsida），主要特征是：子叶 1 枚，顶生；花 3 数，稀 4～5 数；草本，少木本（如竹类、棕榈悯类）；须根系，茎内维管束散生，常无形成层，叶脉多平行或弧形，稀网状或羽状（如马蹄莲属 *Zantedeschia*）。

扫码“学一学”

66. 泽泻科 Alismataceae　⚥ $* \ P_{3+3} \ A_{6\sim\infty} \ \underline{G}_{6\sim\infty:1:1}$；♂ $* \ P_{3+3} \ A_{6\sim\infty}$；♀ $* \ P_{3+3} \ \underline{G}_{6\sim\infty:1:1}$

【形态特征】草本。水生或沼生；具根状茎、块茎或球茎。单叶基生，叶柄长，基部鞘状。轮生总状或圆锥花序；花两性或单性，辐射对称，同株或异株；花被片 6，2 轮，外轮 3 枚萼状，宿存，内轮 3 枚瓣状，白色；雄蕊 6 或多数，花药 2 室；心皮 6 至多数，分离，轮状或螺旋状排列，胚珠 1 枚，花柱宿存。聚合瘦果；种子无胚乳。

图 12－129　泽泻

【微观特征】块茎常为周木型维管束。花粉 2～12 孔。染色体：$X=5\sim10\sim13$。

【化学特征】含原萜烷型三萜类如泽泻萜醇（alisol）A、B、C，以及二萜类与倍半萜类等成分。此外，尚含生物碱、氨基酸、糖类、有机酸、苷类化合物等。

【分布】13 属，约 100 种，多分布于北半球温带至热带地区。我国 5 属，20 余种，南北均有分布。已知 2 属 12 种药用。

【药用植物】泽泻 *Alisma orientale*（Sam.）Juzep.（图 12－129）沼生草本。块茎类球形、椭圆形或卵圆形。基生叶具长柄，长椭圆形至卵状椭圆形，5～7 条弧形脉。圆锥花序顶生；瘦果扁平，多数，狭倒卵形。福建、江西、四川等地有栽培。块茎（泽泻）能利水渗湿、泄热、化浊降脂，是六味地黄丸、桂附地黄丸等的原料药材。泽泻 *A. plantago－aquatica* L. 块茎在产区习作“泽泻”药用。

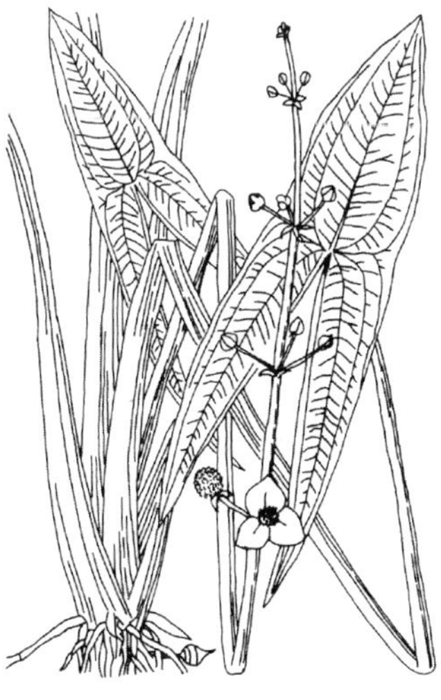
图 12－130　慈菇

慈菇 *Sagittaria trifolia* L. var. *sinensis*（Sims）Makino（图 12－130）匍匐茎末端膨大呈球茎，球茎卵圆形或球形。叶基生，卵形至宽卵形，先端钝圆，基部箭形。大型圆锥花序，花 3～5 朵轮生；花单性，雌花生于花序下部，雄花着生在花序上部。聚合瘦果腹背有翅。我国长江以南广为栽培。球茎供食用，能清热止血、行血通淋、消肿散结。

67. 百合科 Liliaceae ⚥ * $P_{3+3,(3+3)}$ A_{3+3} $\underline{G}_{(3:3:1\sim\infty)}$

【形态特征】草本，稀灌木或藤本。具根状茎、鳞茎、块茎或块根。茎直立、攀援状或成叶状枝。单叶互生或基生，少对生、轮生或退化成鳞片状。花单生或排成总状、穗状、圆锥或伞形花序；花两性，稀单性，整齐；花被片6，花瓣状，2轮，离生，每轮3枚，或合生，顶端6裂；雄蕊6，2轮，花药基生或丁字状着生，药室2，纵裂；子房上位，3心皮，3室，中轴胎座，稀子房半下位。蒴果或浆果（图12－131）。

图12－131　百合科的花

【微观特征】根的髓部明显；含黏液细胞，草酸钙针晶、棱柱晶；气孔平轴式。花粉1沟、3沟、3孔，或无孔、沟。染色体：$X=5\sim16$，23。

【化学特征】化学成分多样，生物碱如炉贝碱（fritiminine）、藜芦碱（jevine）、秋水仙碱（colchicine），强心苷如铃兰毒苷（convallatoxin）等，甾体皂苷如知母皂苷（timosaponine）、七叶一枝花皂苷（pariphyllin），蒽醌类如萱草根素（hemerocallin）等。

【分布】约230属，4000余种，全球分布，以亚热带及温带地区较多。我国60属，570多种，全国各地均有分布，以西南地区种类较多；已知52属374种药用（表11－15）。

表11－15　百合科部分属检索表

1. 植株具根状茎或块根。
  2. 叶轮生茎顶端，雄蕊8～12枚 ………………………… 重楼属 *Paris*
  2. 叶基生或茎生，雄蕊6枚。
    3. 叶退化，具叶状枝 ………………………… 天门冬属 *Asparagus*
    3. 叶正常，不具叶状枝。
      4. 成熟种子小核果状。
        5. 子房上位 ………………………… 山麦冬属 *Liriope*
        5. 子房半下位 ………………………… 麦冬属 *Ophiopogon*
      4. 浆果或蒴果。
        6. 叶肉质肥厚 ………………………… 芦荟属 *Aloe*
        6. 叶非肉质。
          7. 攀援灌木，具托叶卷须，花单性 ………………………… 菝葜属 *Smilax*
          7. 草本，无托叶卷须，花两性。
            8. 雄蕊3枚 ………………………… 知母属 *Anemarrhena*
            8. 雄蕊6枚。
              9. 蒴果 ………………………… 萱草属 *Hemerocallis*
              9. 浆果 ………………………… 黄精属 *Polygonatum*
1. 植株具鳞茎。
  10. 具有被鳞茎；植株常具葱蒜味；伞形花序 ………………………… 葱属 *Allium*
  10. 具无被鳞茎；植株无葱蒜味。
    11. 花被片基部有蜜腺窝，花药基部着生 ………………………… 贝母属 *Fritillaria*
    11. 花被片基部无蜜腺窝，花药丁字着生 ………………………… 百合属 *Lilium*

【药用植物】

（1）百合属 *Lilium* L. 无被鳞茎，鳞叶肉质，多数。单叶互生，全缘。花单生或总状花序；花被常漏斗状，色彩艳丽；花被6，2轮，基部有蜜槽；雄蕊6，丁字着药；子房上位，

3心皮，3室。蒴果革质，种子多数。约80种，国产39种，以西南和华中最多。百合 *L. brownii* *F.* E. Brown var. *viridulum* Baker（图12－132）鳞茎球形。叶倒卵状披针形。花喇叭形，有香气，乳白色，稍带紫色；子房圆柱形，柱头3裂。蒴果矩圆形，有棱。分布于华北、华南、中南、西南，及陕西、甘肃等地。肉质鳞叶（百合）能养阴润肺、清心安神，是百合固金汤等的原料药材。卷丹 *L. lancifolium* Thunb. 肉质鳞叶与百合同等入药。

图12－132　百合

（2）贝母属 *Fritillaria* L. 无被鳞茎，肉质鳞叶较少。茎生叶对生、轮生或散生。花钟状俯垂，花被片6，分离，基部具蜜腺窝；雄蕊6，花药近基生或背着；子房上位，3心皮，3室。蒴果6棱，棱上有翅。约60种，地中海区域、北美洲和亚洲中部最集中。国产20多种，多数药用；主要有川贝母、浙贝母、平贝母、伊贝母和湖北贝母。川贝母 *F. cirrhosa* D. Don（彩图10）叶常对生，少互生或轮生，先端卷曲。花常1～3朵，紫色至淡黄绿色，具紫色斑点或小方格；叶状苞片3枚；蜜腺窝在背面明显凸出；雄蕊长约为花被片的3/5。主要分布于西藏、四川和云南接壤地区，有栽培。鳞茎（川贝母）清热润肺、化痰止咳、散结消痈，是川贝枇杷糖浆、蛇胆川贝散等的原料药材。暗紫贝母 *F. unibracteata* Hsiao et K. C. Hsia 分布于四川西北部及青海东南部，甘肃贝母 *F. przewalskii* Maxim. 分布于甘肃、四川、青海接壤地区，梭砂贝母 *Fritillar delavayi Franch.* 分布于西藏、青海、云南及四川，太白贝母 *F. taipaiensis* P. Y. Li 分布于陕西、四川、重庆接壤地区，瓦布贝母 *F. unibracteata* Hsiao et K. C. Hsia var. *wabuensis*（S. Y. Tang et S. C. Yue）Z. D. Liu, S. Wang et S. C. chen 分布于四川西北部。上述5种的鳞茎与川贝母同等入药；药材按性状不同分别习称“松贝”“青贝”“炉贝”和“栽培品”，其中“炉贝”来源于梭砂贝母，“栽培品”主要来源于太白贝、瓦布贝母。

同属植物浙贝母 *F. thunbergii* Miq. 主产浙江，鳞茎（浙贝母）能清热化痰止咳、解毒、散结消痈，是强力枇杷糖浆等的原料药材；湖北贝母 *F. hupehensis* Hsiao et K. C. Hsia. 产湖北、重庆，鳞茎（湖北贝母）能清热化痰、止咳、散结；新疆贝母 *F. walujewii* Regel 和伊犁贝母 *F. pallidiflora* Schrenk，主产新疆，鳞茎（伊贝母）能清热润肺、化痰止咳；平贝母 *F. ussuriensis* Maxim. 主产东北，鳞茎（平贝母）能清热润肺、化痰止咳。

（3）黄精属 *Polygonatum* Mill. 根状茎长。叶互生、对生或轮生。花腋生，花被合生成管状，顶端6裂，裂片顶端常具乳突状毛；雄蕊6；子房上位，3心皮3室。浆果。约40种，广布北温带；国产31种，常用中药有黄精、玉竹。黄精 *P. sibiricum* Delar. ex Red.（图12－133）根状茎结节状膨大。叶4～6枚轮生，条状披针形，先端卷曲。花2～4朵腋生，下垂；花被乳白色至淡黄色。分布于东北、华北、西北、华东等。根状茎（黄精）能补气养阴、健脾、润肺、益肾，是藿黄合剂等的原料药材。滇黄精 *P. kingianum* Coll. et Hemsl.、多花黄精 *P. cyrtonema* Hua 的根状茎与黄精同等入药。

玉竹 *P. odoratum*（Mill.）Druce 根状茎扁圆柱形。叶互生，椭圆形至卵状矩圆形，背面灰白色，叶柄基部扭曲成二列状。花 1 ~ 3 朵腋生。分布于东北、西北、华东、华中及台湾。根状茎（玉竹）能养阴润燥、生津止渴，是加减葳蕤汤等的原料药材。

（4）重楼属 *Paris* L. 根状茎肉质，圆柱状，具环节。叶 4 至多枚，轮生茎顶。花单生叶轮中央；花被片离生，宿存，2 轮，每轮 4 ~ 10 枚；外轮花被片叶状，绿色；内轮花被片条形；雄蕊与花被片同数，1 ~ 2 轮，花药基着；子房 4 ~ 10 室。蒴果或浆果状蒴果。约 10 种，分布于欧亚温带和亚热带地区；国产 7 种和 8 变种，多数作重楼药用。华重楼（七叶一枝花）*Paris polyphylla* Smith var. *chinensis*（Franch.）Hara（图 12 – 134）叶 5 ~ 8 枚轮生，常 7 枚。花单生，外轮花被片绿色，狭卵状披针形，内轮花被片狭条形；雄蕊 8 ~ 10 枚，药隔突出部分长 1 ~ 1.5mm。分布于华东、华南及西南等。根状茎（重楼）能清热解毒、消肿止痛、凉肝定惊，是抗病毒冲剂、小儿退热颗粒等的原料药材。云南重楼 *P. polyphylla* Smith var. *yunnanensis*（Franch.）Hand. – Mazz. 的根状茎与华重楼同等入药。

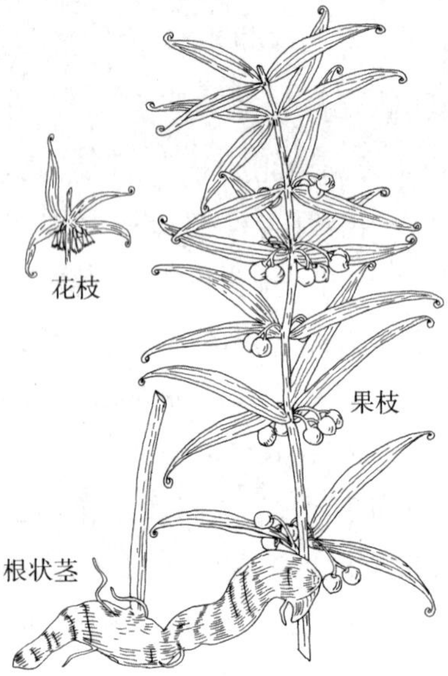

图 12 – 133　黄精

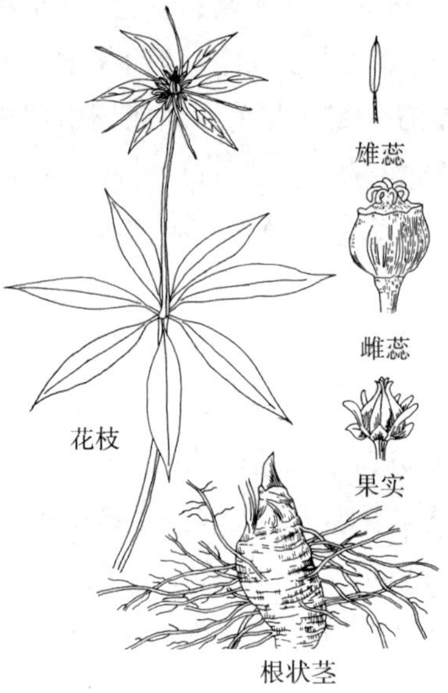

图 12 – 134　重楼

（5）沿阶草属 *Ophiopogon* Ker – Gawl. 多年生草本。块根肉质。叶基生成丛或散生茎上，叶狭如禾草，或呈矩圆形、披针形，叶鞘膜质。总状花序生花葶顶端；花单生或 2 ~ 7 朵簇生；花被片 6，2 轮；雄蕊 6，生花被基部，花丝短于花药；子房半下位，3 室，每室 2 胚珠；花柱三棱柱状或细圆柱状。外果皮早期破裂露出种子，种子浆果状，球形或椭圆形，早期绿色，成熟后呈暗蓝色。国产 33 种，分布于华南、西南。麦冬 *O. japonicus*（L. f.）Ker – Gawl.（图 12 – 135）块根椭圆形或纺锤形。叶基生成丛，条形。总状花序；花被片稍下垂而不展开，白色或淡紫色；子房半下位。全国大部分地区均有分布。块根（麦冬）能养阴生津、润肺清心，是生脉饮、天王补心丸等的原料药材。

（6）葱属 *Allium* L. 多年生草本。具特殊的葱蒜气味；鳞茎具薄膜包被。叶基生，条形或圆筒形，实心，少空心。花葶从鳞茎基部长出，下部包于叶鞘内，伞形花序生于花葶顶端，开放前为一闭合的总苞所包，开放时总苞破裂；花被片 6，2 轮；雄蕊 6，2 轮；子房上位，3 室，每室 1 至数胚珠。蒴果室背开裂；种子黑色。约 500 种，分布于北半球；国产 110 种，分布在东北、华北、西北、和西南地区。包括小根蒜 *A. macrostemon* Bge.、薤 *A. chinense* G. Don 栽培或野生，鳞茎（薤白）能通阳散结、行气导滞。大蒜 *Allium sativum*

L. 全国各地均有栽培，主产山东、江苏等地，鳞茎（大蒜）能解毒消肿、杀虫、止痢。

（7）菝葜属 *Smilax* L. 攀援或直立小灌木。根状茎块状，茎常有刺。叶互生，叶柄两侧具翅状鞘，鞘的上方有 1 对卷须或无卷须。伞形花序腋生；花小，单性异株；花被片 6，离生，2 轮；雄花 6，或更多；子房上位，3 室，每室有 1 ~ 2 胚珠。浆果。约 300 种，广布于全球热带地区；国产 60 余种，大多数分布于长江以南各地。光叶菝葜 *S. glabra* Roxb.（图 12 - 136）攀援灌木。根状茎肥厚。叶狭椭圆状披针形至狭卵状披针形，革质，叶下面粉白色，具托叶卷须。伞形花序。浆果紫黑色。分布于长江流域以南各地。根状茎（土茯苓）能解毒、除湿、通利关节，是妙济丸的原料药材。菝葜 *S. china* L. 根状茎（菝葜）能祛风利湿、解毒散瘀；部分地区也习作"土茯苓"药用。

图 12 - 135　麦冬

图 12 - 136　光叶菝葜

本科常用药用植物还有：天冬 *Asparagus cochinchinensis*（Lour.）Merr. 块根（天冬）能养阴润燥、清肺生津，是河车大造丸等的原料药材；知母 *Anemarrhena asphodeloides* Bge. 根状茎（知母）能清热泻火、滋阴润燥；阔叶山麦冬 *Liriope muscari*（Decne.）Baily 块根（山麦冬）能养阴生津、润肺清心；湖北麦冬 *L. spicata*（Thunb.）Lour. var. *prolifera* Y. T. Ma 块根与阔叶山麦冬同等入药；库拉索芦荟 *Aloe barbadensis* Miller 我国南方常见栽培，叶汁浓缩干燥物（芦荟）能泻下通便、清肝泻火、杀虫疗疳，是阿魏化痞膏等的原料药材；藜芦 *Veratrum nigrum* L. 鳞茎（藜芦）能涌吐、杀虫、有毒；剑叶龙血树 *Dracaena cochinchinensis*（Lour.）S. C. Chen 树脂（国产血竭）能活血化瘀、止痛，外用能止血、生肌、敛疮。

知识拓展

恩格勒系统的百合科，在其他不同的系统中划分范围不同，常被分成了 10 多个科，通常有重楼科 Trillaceae、菝葜科 Smilacaecea、铃兰科 Convallariaceae、天门冬科 Asparagaceae、龙血树科 Dracaenaceae、龙舌兰科 Agavaceae、山菅兰科 Phormiaceae、芦荟科 Asphodelaceae（Aloaceae）、吊兰科 Anthericaeae、知母科 Anemarrhenaceae、萱草科 Hemerocallidaceae、玉簪科 Hostaceae、风信子科 Hyacinthaceae、葱科 Alliaceae 等。

68. 石蒜科 Amaryllidaceae　　⚥ $* \ \mathbf{P}_{(3+3),3+3}\ \mathbf{A}_{(3+3),3+3}\ \overline{\mathbf{G}}_{(3:3:\infty)}$

【形态特征】草本，稀木本。鳞茎具膜被或根状茎、块茎。叶基生，条形。花单生或排成伞形花序，有1至数枚干膜质总苞；花两性，辐射对称或两侧对称；花被片6，花瓣状，2轮，离生或下部合生；雄蕊6，花丝分离，少数基部扩大合生成管状的副花冠；3心皮，子房下位，3室，中轴胎座，每室胚珠多数。蒴果，稀浆果状。

【微观特征】含黏液细胞和草酸钙针晶。花粉1~2沟，3至多孔。染色体：$X=6\sim23$。

【化学特征】普遍含生物碱和甾体皂苷，生物碱如石蒜碱（lycorine）、加兰他敏（galathamine）等；甾体皂苷有海柯皂苷元（hecogenin）、替告皂苷元（tigogenin）。

【分布】100余属，约1200多种；主要分布在温带、亚热带和热带。我国17属，140余种，全国各地均有分布；已知10属29种药用。

【药用植物】仙茅 *Curculigo orchioides* Gaertn.（图12－137）根状茎粗壮，直生。叶基生，线形、线状披针形或披针形。花葶极短，总状花序略呈伞房状；花黄色，柱头3裂，子房狭长，顶端具长喙。浆果。分布于长江流域及以南各地。根状茎（仙茅）能补肾阳、强筋骨、祛寒湿，是更年安片、二仙汤等的原料药材。

石蒜 *Lycoris radiate* Herb.（图12－138）鳞茎近球形。秋季出叶，叶狭带状。伞形花序具4~7花，花鲜红色，总苞2，披针形；花被裂片狭倒披针形，强度皱缩和反卷；雄蕊显著伸出花被外。全国大部分地区有分布。鳞茎能解毒消肿、催吐、杀虫；有毒，也是提取加兰他敏的原料。

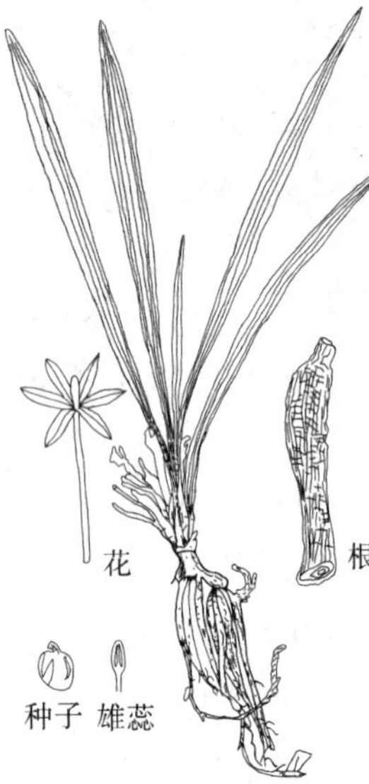

图12－137　仙茅

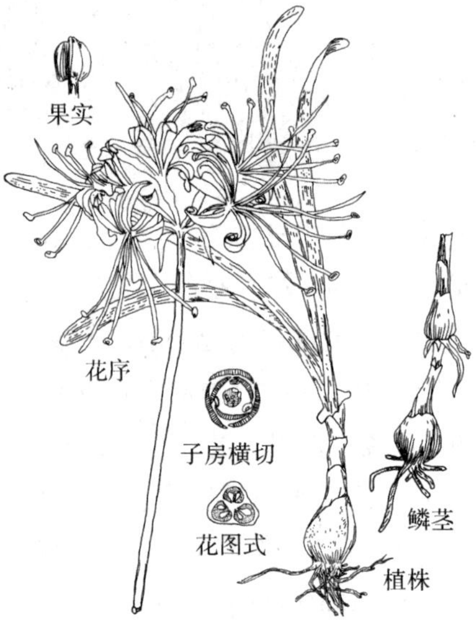

图12－138　石蒜

69. 鸢尾科 Iridaceae　　⚥ $* \ \uparrow \ \mathbf{P}_{(3+3)}\ \mathbf{A}_3\ \overline{\mathbf{G}}_{(3:3:\infty)}$

【形态特征】多年生草本。有根状茎、球茎或鳞茎。叶多基生，条形或剑形，基部套折叶鞘，相互套叠排列2列。花大而美丽，蝎尾状或二歧聚伞花序，稀单生；花或花序具1至数枚苞片；花两性，辐射对称或两侧对称；花被片6，2轮，花瓣状；雄蕊3；3心皮，子房下位，3室，中轴胎座，胚珠多数，花柱3裂，有时瓣状。蒴果。

【微观特征】维管束周木型，有限外韧型；草酸钙结晶，如射干有柱晶，番红花有方晶和簇晶。花粉1~2沟、孔或无孔。染色体：$X=3\sim18$，22。

【化学特征】异黄酮、屾酮是其特征性成分。异黄酮类如鸢尾黄酮新苷（iristectorin）、鸢尾苷（shekanin）、野鸢尾苷（iridin），黄酮类如芒果苷（mangiferin），苯醌类如马蔺甲素（pallason）；此外，尚含有番红花苷（crocin）。

【分布】约60属，800余种，分布于热带、亚热带及温带地区，尤以南非、地中海和热带美洲最丰富。我国9属，50多种，南北各省均有分布；已知8属39种药用。

【药用植物】射干 *Belamcanda chinensis*（L.）DC.（图12-139）多年生草本。根状茎，断面黄色。叶剑形。二歧聚伞花序顶生；花橙色，散生深红色斑点；内轮裂片较外轮裂片略小；柱头3裂，裂片边缘向外翻卷。蒴果。全国大部分地区均有分布。根状茎（射干）等清热解毒、消痰、利咽，是鹭鸶咯丸等的原料药材。

番红花 *Crocus sativus* L.（图12-140）多年生草本。球茎外被黄褐色的膜质包被。叶基生，条形；叶丛基部包有4~5片膜质的鞘状叶。花茎自球茎发出，着花1~2朵，淡蓝色、红紫色或白色，有香味；花被6，花被管细管状；花柱上部3分枝，分枝弯曲而下垂，柱头3，略扁，顶端楔形，有浅齿，橙红色。原产欧洲南部，国内有栽培。柱头（西红花）能活血化瘀、凉血解毒、解郁安神。

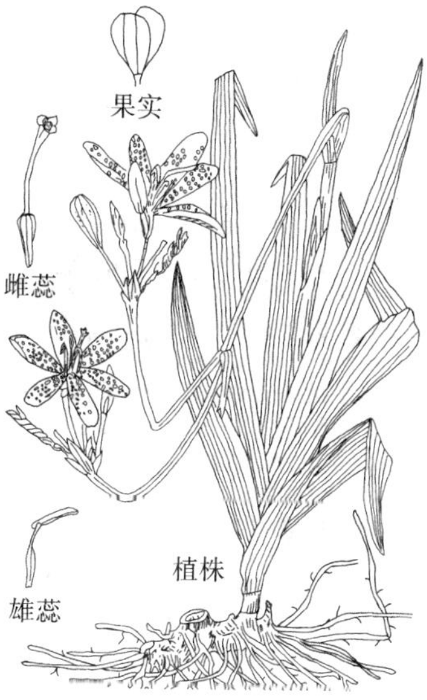

图12-139　射干

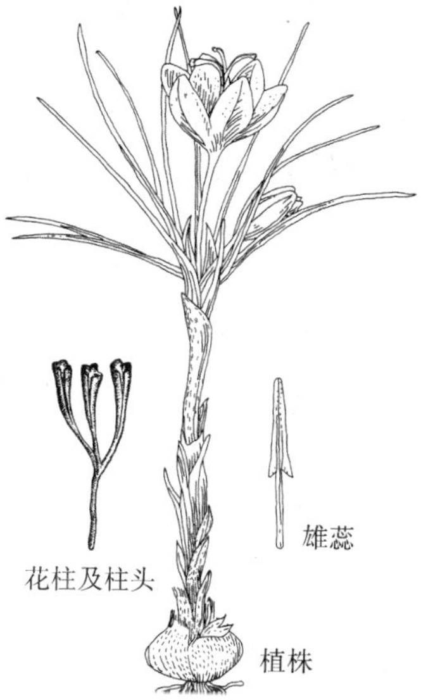

图12-140　番红花

常用药用植物还有：鸢尾 *Iris tectorum* Maxim. 根状茎（川射干）能清热解毒、祛痰、利咽；马蔺 *I. lactea* Pall. var. *chinensis*（Fisch.）Koidz. 种子（马蔺子）能凉血止血、清热利湿，种皮是提取抗癌药马蔺子甲素（pallasone）的原料。

70. 百部科 Stemonaceae　$⚥ * P_{2+2}\ A_{2+2}\ \underline{G}_{(2:1:2\sim\infty)},\ \overline{G}_{(2:1:2\sim\infty)}$

【形态特征】直立或攀援草本，稀亚灌木。具肉质块根。单叶互生、对生或轮生，全缘，基出脉、平行脉和横脉均明显。花序腋生或贴生于叶片中脉；花两性，整齐；花被片4，2轮，花瓣状；雄蕊4，花丝极短，花药2室，药隔常明显伸长，呈钻状线形或线状披针形；子房上位或半下位，2心皮，1室；胚珠2至多数。蒴果2瓣裂。

【微观特征】根具有根被；茎具周木型维管束；草酸钙柱晶。染色体：$X=7$。

【化学特征】含生物碱和甾体类化合物。生物碱如百部碱（stemonine）、蔓生百部碱（stemonamine）、直立百部碱（sessilistemonine）等。

【分布】3 属，约 30 种，分布于亚洲、美洲和大洋洲的亚热带地区。我国 2 属，11 种，分布于秦岭以南各地；已知 2 属 6 种药用。

【药用植物】直立百部 *Stemona sessilifolia*（Miq.）Miq.（图 12－141）直立半灌木。块根纺锤状，粗约 1cm。叶 3～4 枚轮生，主脉 3～7。花柄常出自茎下部鳞片腋内；花被片 4，淡绿色，内侧 1/3 紫红色，具披针形黄色附属体，药隔伸长部分钻状披针形；子房上位。分布于浙江、江苏、安徽、江西、山东、河南等。块根（百部）能润肺下气止咳、杀虫灭虱，是小儿百部止咳糖浆等的原料药材。蔓生百部 *S. japonica*（Bl.）Miq.、对叶百部 *S. tuberosa* Lour. 的块根与直立百部同等入药。

71. 薯蓣科 Dioscoreaceae

$♂ * \mathbf{P}_{3+3,(3+3)}\mathbf{A}_{3+3}$；$♀ * \mathbf{P}_{3+3}\overline{\mathbf{G}}_{(3:3:2)}$

【形态特征】缠绕草质藤本。具根状茎或块茎。叶多互生，少对生或轮生，单叶或掌状复叶，基出脉掌状，侧脉网状。花小，单性异株或同株，辐射对称；花被 6，2 轮，离生或基部合生；雄蕊 6，或 3 枚退化；3 心皮合生，子房下位，3 室，每室胚珠 2；花柱 3。蒴果具 3 棱形的翅，成熟后顶端开裂。种子常有翅。

【微观特征】含黏液细胞和草酸钙针晶。染色体：$X=5$，6，9。

【化学特征】普遍含甾体皂苷和生物碱类，甾体皂苷如薯蓣皂苷（dioscin）、纤细薯蓣皂苷（gracillin）等。生物碱类如薯蓣碱（dioscorine）、山药碱（batatasine）等。

【分布】约 10 属，650 多种，分布于热带和温带地区。我国 1 属，约 49 种，主要分布于西南至东南各地；已知 1 属 37 种药用。

【药用植物】薯蓣 *Dioscorea opposita* Thunb.（图 12－142）根状茎长圆柱形；茎右旋。叶茎下部互生，中部以上对生，叶片卵状三角形至宽卵形，基部宽心形；叶腋内常有珠芽（零余子）。花单性异珠；雄蕊 6。蒴果三棱状扁圆形或三棱状圆形。主产河南、湖南、江西、贵州等。根状茎（山药）能补脾养胃、生津益肺、补肾涩精，是六味地黄丸等的原料药材。

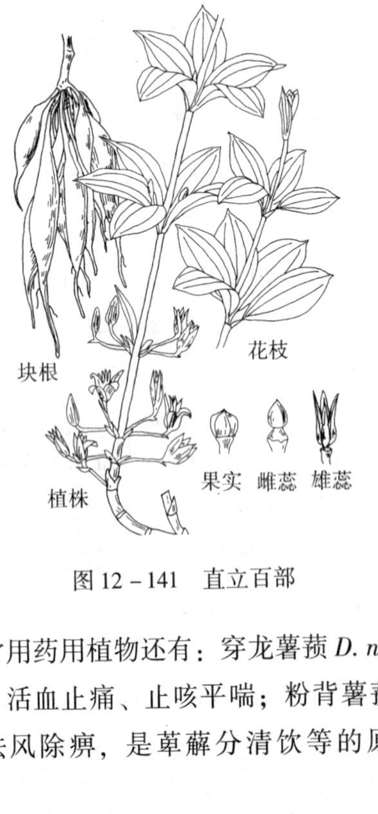

图 12－141　直立百部

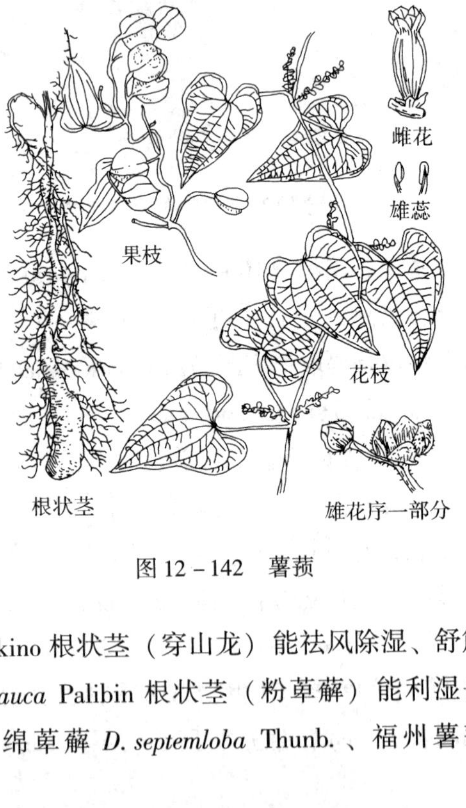

图 12－142　薯蓣

常用药用植物还有：穿龙薯蓣 *D. nipponica* Makino 根状茎（穿山龙）能祛风除湿、舒筋通络、活血止痛、止咳平喘；粉背薯蓣 *D. hypoglauca* Palibin 根状茎（粉萆薢）能利湿去浊、祛风除痹，是萆薢分清饮等的原料药材；绵萆薢 *D. septemloba* Thunb.、福州薯蓣

D. futschauensis Uline ex R. Kunth 的根状茎（绵萆薢）能利湿去浊、祛风通痹；黄独 *D. bulbifera L.* 的块茎（黄药子）能化痰消瘿、清热解毒、凉血止血。盾叶薯蓣 *D. zingiberensis* C. H. Wright 根状茎能消肿解毒；黄山药 *D. panthaica* Prain et Burk. 根状茎（黄山药）能理气止痛、解毒消肿，二者是提取薯蓣皂苷元的原料。

72. 禾本科 Gramineae（Poaceae） ⚥ * $P_{2\sim3}A_{3,1\sim6}\underline{G}_{(2\sim3:1:1)}$

【形态特征】草本或木本。具根状茎、匍匐茎或蔓生茎。地上茎特称秆（culm），竹类称竿；节与节间明显，节间中空，少实心，节处之内存在横隔板（diaphragm）；节处可见鞘环（sheath - node）和鞘环上方的秆环（culm - node），同一节此两环之间部位称节内（intranode）。单叶互生，2 列；常由叶鞘（leaf sheath）、叶舌（ligule）和叶片三部分组成，叶鞘包秆，常一侧纵向开裂，竹类的叶鞘包竿者称箨鞘；叶片、叶鞘连接处的近轴面常有膜质薄片，称叶舌，或成鞘口繸毛，稀无叶舌，在叶鞘顶端两侧还可各伸出 1 突出体，称叶耳（auricle）；叶片扁平，常带形或长卵圆形至披针形，有 1 条明显的中脉（midrib）和若干与之平行的纵长次脉（secondary veins），有时具小横脉（crossed veinlet），竹类箨鞘先端的叶片称箨叶。花序以小穗为基本单位，再排成穗状或圆锥状等；小穗轴（花序轴）基部的 2 枚苞片称颖（glume）；花常两性，稀单性，小穗轴上具小花 1 至数朵；小花基部的 2 枚苞片称外稃（lemma）和内稃（palea）；花被缺或退化成 2 ~ 3 枚浆片（鳞被，lodicule）；雄蕊 3，稀 6 或 1 ~ 2，花药丁字形，纵裂；子房上位，1 室，1 胚珠，花柱 2 或 3，柱头羽毛状或帚刷状。颖果；种子富含淀粉质胚乳（图 12 - 143）。

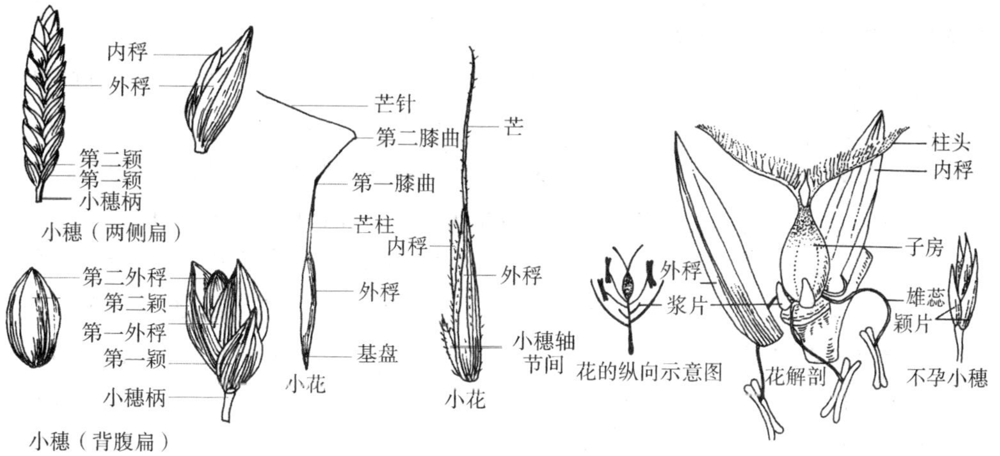

图 12 - 143 禾本科植物小穗、小花及花的构造

【微观特征】表皮细胞平行排列，常含硅质体，上表皮常有泡状细胞；气孔保卫细胞哑铃形；叶脉具维管束鞘，叶片等面叶。花粉 1 孔。染色体：X = 6，7，10，12。

【化学特征】化学成分多样，主要有生物碱类如芦竹碱（gramine）、大麦芽碱（horocenine）等，黄酮类如大麦黄苷（lutonaria）、小麦黄素（tricin）等。

【分布】约 660 属，10000 余种，是被子植物第 4 大科，单子叶植物第二大科；广布全球各地。我国 225 属，1200 多种，南北各地均有分布；已知 85 属 173 种药用（表 12 - 16）。

表 12 - 16 禾本科部分属检索表

1. 植物体木质化，具繁复分枝系统；叶二型，叶片与叶柄连接处具关节 ……………………… 竹亚科 Bambusoideae
   2. 地下茎为单轴散生，具长距离横走的真鞭；竿散生，雄蕊 3 ……………………………… 刚竹属 *Phyllostachys*
   2. 地下茎合轴型，不作长距离横走；竿丛生，雄蕊 6 ……………………………………… 簕竹属 *Bambusa*

续表

1\. 植物体多草质，稀少木质化，秆不分枝或少分枝；叶单型，无叶柄 …………………… 禾亚科 Agrostidoideae
  3\. 秆实心。
    4\. 秆多分枝，丛生状，叶具强烈芳香气；花柱 2，柱头羽毛状 ………………………… 香茅属 *Cymbopogon*
    4\. 秆不分枝，或少分枝，无芳香气。
      5\. 地下茎发达，合轴型或单轴散生；地上茎单生或丛生。
        6\. 根状茎多节而长，长距离横走；秆直立，不分枝，雄蕊 2 枚或 1 枚 ……………… 白茅属 *Imperata*
        6\. 根状茎多节而短，合轴分枝；秆直立，不分枝或少分枝。
          7\. 块根纺锤形；秆直立，不分枝；叶片小横脉明显呈方格状 ……………… 淡竹叶属 *Lophatherum*
          7\. 无块根；秆直立，高大，有分枝；雌小穗包于骨质总苞内 ………………………… 薏苡属 *Coix*
      5\. 地下茎短或无，地上茎单生。
        8\. 小穗单性，雌、雄异序；一年生；秆高大，粗壮；叶带形，颖果大 ……………… 玉蜀黍属 *Zea*
        8\. 小穗雌、雄同序；圆锥花序穗状或总状；叶线形；果实小 ……………………… 狗尾草属 *Setaria*
  3\. 秆中空。
    9\. 地下茎发达，粗大；秆 1.5m 以上，节间长，木化；圆锥花序大型密集，具多数粗分枝。
      10\. 根状茎长而横走，单轴散生；秆散生，沼生草本 ……………………………… 芦苇属 *Phragmites*
      10\. 地下茎合轴型；秆丛生；陆生草本 …………………………………………………… 芦竹属 *Arundo*
    9\. 地下茎不发达，短小；秆节不足 1.5m，节间短，不木化；圆锥花序小型，分枝短小。
      11\. 顶生圆锥花序疏松开展，常下垂；雄蕊 6；小穗含 1 两性小花 …………………………… 稻属 *Oryza*
      11\. 顶生复穗状花序，直立。
        12\. 小穗含 1 小花 ………………………………………………………………… 大麦属 *Hordeum*
        12\. 小穗含 3～9 小花 ……………………………………………………………… 小麦属 *Triticum*

【药用植物】

（1）竹亚科 Bambusoideae Nees 竿木质，灌木或乔木状，多分枝，节间中空。叶二型，竿生叶（箨叶）由箨鞘、箨叶组成，箨鞘大，箨叶小而无中脉；枝生叶（营养叶）常绿性，具短柄，叶片和叶鞘连接处成一关节，叶片易从关节处脱落。

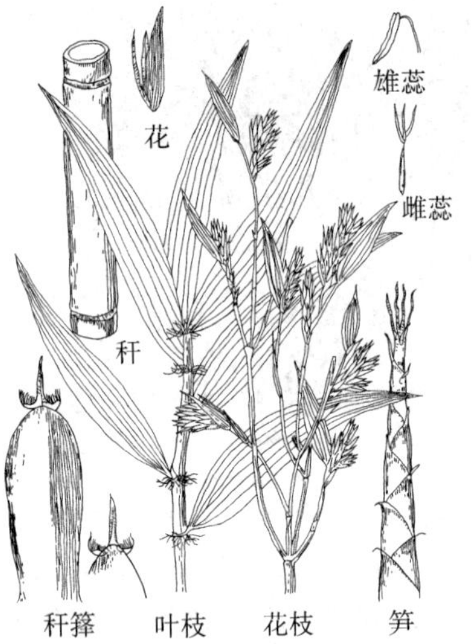

图 12－144　淡竹

淡竹 *Phyllostachys nigra*（Lodd.）Munro var. *henonis*（Mitf.）Stapf ex Rendle（图 12－144）竿高 7～18m，竿壁厚，秆环及箨环明显隆起；箨鞘黄绿色至淡黄色，顶端极少有深褐色微小斑点，箨叶长披针形；枝生叶 1～5 枚，叶狭披针形。分布于黄河流域以南。秆中层（竹茹）能清热化痰、除烦、止呕，是清喉利咽颗粒等的原料药材。青竿竹 *Bambusa tuldoides* Munro 和大头典竹 *Sinocalamus beecheyanus*（Munro）Mcclure var. *pubescens* P. F. Li［*Bambusa beecheyana* var. *pubescens*（P. F. Li）W. C. Lin］茎秆中间层与淡竹同等入药。

（2）禾亚科 Agrostidoideae 一年生或多年生草本。秆常草质，秆生叶即是普通叶，叶片常狭长披针形或线形，中脉明显，常无叶柄，叶鞘明显，叶片与叶鞘连接处无关节，也不易从叶鞘脱落。

薏苡 *Coix lacryma－jobi* L. var. *ma－yuen*（Roman.）Stapf（图 12－145）一年生草本。秆高 1～1.5m，多分枝。叶条状披针形。雄花序位于雌花序上部；雌小穗位于花序下部，为骨质总苞所包被。颖果，包藏于白色光滑的骨质总苞内。分布全国。种仁（薏苡仁）能利水渗湿、健脾止泻、除痹、排脓，是参苓白术散、苇茎汤等的原料药材。

淡竹叶 *Lophatherum gracile* Brongn.（图 12－146）多年生草本。须根中部膨大呈纺锤形的块根。分布于长江流域以南地区。茎叶（淡竹叶）能解表、除烦、宣发郁热，是清瘟解

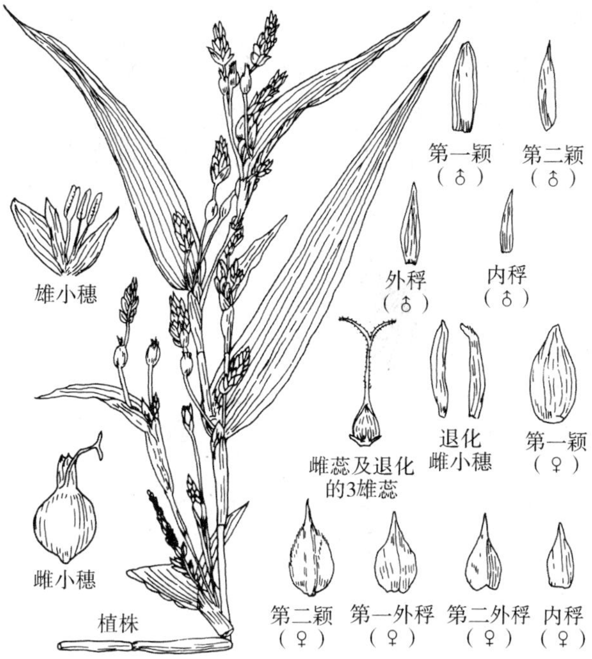

图 12－145　薏苡

毒丸、银翘伤风胶囊、心脑静片等的原料药。

常用药用植物还有：芦苇 *Phragmites communis* Trin. 根状茎（芦根）能清热泻火、生津止渴、除烦、止呕、利尿，是维 C 银翘片等的原料药；白茅 *Imperata cylindrica* Beauv. var. *major*（Ness）C. E. Hubb. 根状茎（白茅根）能凉血止血、清热利尿；大麦 *Hordeum vulgare* L. 果实经发芽后的炮制加工品（麦芽）能行气消食、健脾开胃、回乳消胀；粟 *Setaria italica*（L.）Beauv. 果实经发芽后的炮制加工品（谷芽）能消食和中、健脾开胃；稻 *Oryza sativa* L. 发芽后的果实（稻芽）能消食和中、健脾开胃；芸香草 *Cymbopogon distans*（Nees ex Steud）W. Wats 全草能止咳平喘、祛风散寒；香茅 *Cymbopogon ciratus*（DC.）Stapf 全草能祛风除湿、消肿止痛；小麦 *Triticum aestivum* L. 干瘪轻浮的颖果（浮小麦）能止汗、解毒；玉蜀黍 *Zea mays* L. 花柱（玉米须）能清血热、利尿、消渴。

73. 莎草科 Cyperaceae　　⚥ $* \mathbf{P_0\ A_3\ \underline{G}_{(2\sim3:1:1)}}$；♂ $* \mathbf{P_0\ A_3}$；♀ $* \mathbf{P_0\ \underline{G}_{(2\sim3:1:1)}}$

【形态特征】草本。秆常三棱形，实心，无节，叶 3 列。叶片狭长如禾草叶，叶鞘闭合，无叶舌。小穗单生或集成穗状或头状花序；小穗 2 至多花，或仅 1 花；花两性或单性同株，稀异株；每苞片（称颖片或鳞片）腋内生 1 花；花被缺或退化成鳞片或刚毛；雄蕊 3；2～3 心皮，子房上位，1 室，1 胚珠，柱头 2 或 3 分枝。小坚果或瘦果。

【微观特征】根状茎具内皮层、周木型维管束；具硅质体，气孔保卫细胞哑铃形。花粉 1～4 孔。染色体：$X=5\sim60$。

【化学特征】含黄酮类、生物碱、强心苷和挥发油等。

【分布】约 80 属，4000 余种，全球广布，主要分布于寒温带。我国 31 属，670 余种，南北各地均产；已知 16 属 110 余种药用。

【药用植物】莎草 *Cyperus rotundus* L.（图 12－147）多年生草本。有根状茎和椭圆形块茎。叶基生，叶鞘棕色，常裂成纤维状。穗状花序具 3～10 个小穗；小穗着 8～28 花。小坚果。全国大部分地区均有分布。根状茎（香附）能疏肝解郁、理气宽中、调经止痛，是香附丸、越鞠丸等的原料药。

常用药用植物还有：荆三棱 *Scirpus yagara* Ohwi 分布于东北各省以及江苏、浙江、贵州、台湾等省区，块茎（黑三棱）能破血祛瘀、消积行气。荸荠 *Heleocharis dulcis*（Burm. f.）Trin. 分布于长江流域，球茎能清热生津、开胃解毒。

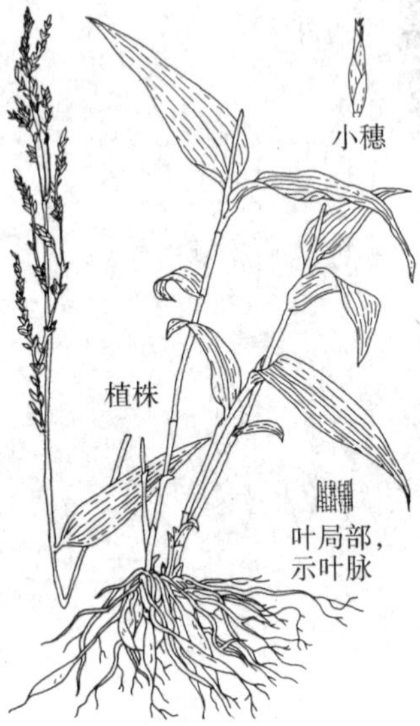

图 12－146　淡竹叶

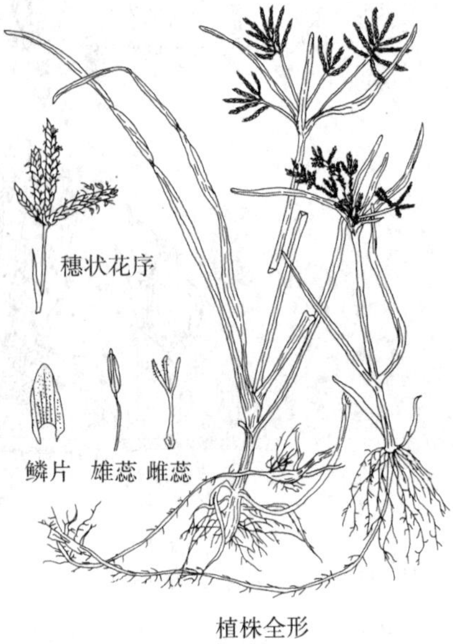

图 12－147　莎草

74. 棕榈科 Palmae　　⚥ * $P_{3+3}A_{3+3}\underline{G}_{(3:1\sim3:1)}$；♂ * $P_{3+3}A_{3+3}$；♀ * $P_{3+3}\underline{G}_{(3:1\sim3:1)}$

【形态特征】常绿乔木或灌木，稀藤本。茎不分枝，具叶痕。叶大型，互生或聚生茎顶，羽状或掌状分裂，芽时折叠；叶柄基部常扩大成具纤维的鞘。肉穗花序大型，包被 1 至数枚鞘状或管状佛焰苞；花两性或单性，雌雄同株或异株；花被片 6，2 轮，离生或合生；雄蕊 6，2 轮；心皮 3，子房上位，1～3 室，柱头 3。核果、浆果或坚果。

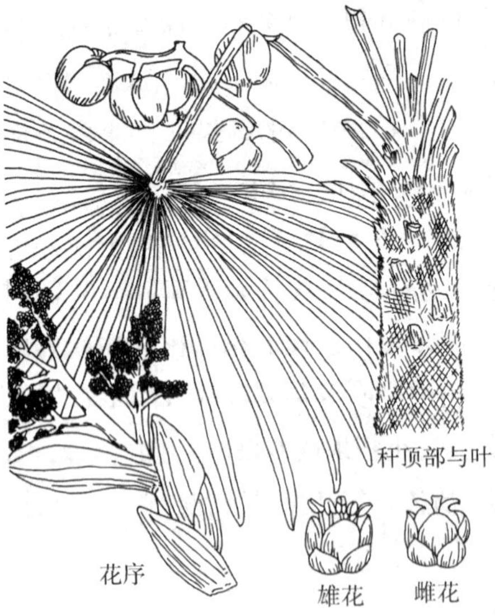

图 12－148　棕榈

【微观特征】维管束具硬质纤维鞘，含硅质体、草酸钙针晶、方晶或砂晶。花粉1～3 沟。染色体：$X=13\sim18$。

【化学特征】含黄酮、生物碱和缩合鞣质等。黄酮类如血竭素（dracorhodin）、血竭红素（dracorubin），生物碱如槟榔碱（arecoline）、槟榔次碱（arecaidine）等。

【分布】217 属，约 2800 种，主要分布于美洲和亚洲的热带、亚热带。我国 28 属，100 余种，分布于西南至东南部各地；已知 16 属 25 种药用。

【药用植物】棕榈 *Trachycarpus fortunei*（Hook. f.）H. Wendl.（图 12－148）常绿乔木。主干不分枝，具环状叶柄残基。叶掌状深裂，裂片 30～50，先端浅 2 裂或具 2 齿。花序多次分枝；花单性异株。果实成熟时淡蓝色，被白粉。分布于长江流域及以南各地。叶柄

（棕榈）能收敛止血，是棕榈石灰散等的原料药材。

槟榔 *Areca catechu* L.（图 12－149）常绿乔木，主干不分枝，具明显的环状叶痕。叶簇生茎顶，羽片多数。雌雄同株，花序多分枝。果实长圆形或卵球形，橙黄色，中果皮厚，纤维质。分布于云南、海南及台湾等地。果皮（大腹皮）能下气宽中、行水消肿，成熟种子（槟榔）能杀虫消积、降气、行水、截疟，是槟榔丸等的原料药。

常用药用植物还有：麒麟竭 *Daemonorops draco* Bl. 分布于印度尼西亚、马来西亚、伊朗等国家，广东、海南有引种栽培，果实渗出的树脂的加工品（血竭）能活血定痛、化瘀止血、生肌敛疮，是梅花点舌丸等的原料药材；椰子 *Cocos mucifera* L. 根能止痛止血，胚乳（椰肉）能益气祛风。

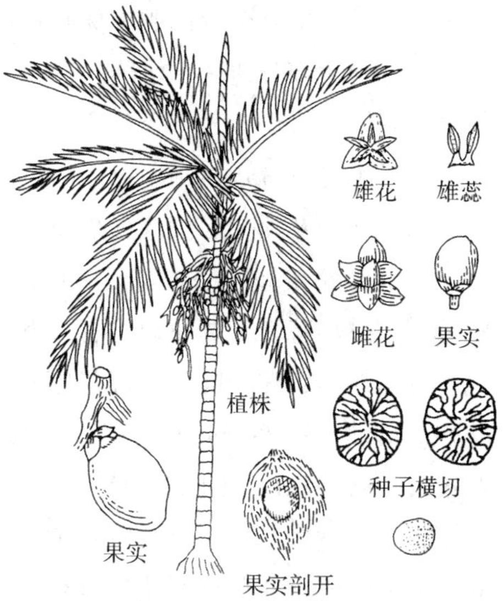

图 12－149 槟榔

75. 天南星科 Araceae ⚥ $* \mathbf{P}_{4\sim6}\ \mathbf{A}_{4\sim6}\ \underline{\mathbf{G}}_{(1\sim\infty:1\sim\infty)}$；♂ $\mathbf{P}_0\ \mathbf{A}_{(2\sim8),\infty}$；♀ $\mathbf{P}_0\ \underline{\mathbf{G}}_{(1\sim\infty:1\sim\infty:1\sim\infty)}$

【形态特征】草本。直立或攀援；具根状茎或块茎；富含苦味水汁。叶常基生，全缘或全裂，网状脉，叶柄基部具膜质鞘。肉穗花序，具佛焰苞；花小，两性或单性；两性花的花被片 4～6，鳞片状，雄蕊与其同数且互生；单性花无被，雌雄同株（同序）或异株，同序者雌花群在下部，雄花群在上部，中间常有中性花相隔，雄蕊 2～8，常愈合成雄蕊柱；子房上位，1～3 室，胚珠 1 至多数。浆果密集于花序轴上。

【微观特征】地下茎具周木型维管束；具黏液细胞，草酸钙针晶；根部导管具梯状端壁，茎、叶无导管。花粉 1～4 沟，3 孔或无沟无孔。染色体：$X=7\sim17$，22。

【化学特征】含生物碱、苷类、脂肪酸和挥发油，挥发性成分如菖蒲酮（acolamone），生物碱类如葫芦巴碱（trigonelline）、秋水仙碱、水苏碱等。

【分布】115 属，2000 余种，分布于热带及亚热带地区。我国 35 属，约 210 种，长江以南各地分布最集中；已知 22 属 106 种药用。

【药用植物】

（1）天南星属 *Arisaema* Mart. 草本。具块茎。叶 1～2（3）枚，掌状 3 裂，或鸟足状或放射状全裂。佛焰苞下部管状，上部开展，花后脱落，附属器仅达佛焰苞喉部；雌雄异株，无花被；雄蕊 2～5，花丝愈合，稀疏排列于花序轴上；雌花密集，子房上位，1 室。浆果红色。约 150 种，国产 82 种（特产 59 种），主产西南各省区。天南星 *A. erubescens*（Wall.）Schott（图 12－150）块茎扁球形。叶 1 枚，叶柄具鞘，叶片放射状全裂，裂片 11～23。佛焰苞绿色或紫色，附属器向两头略狭，长 2～4cm，中部粗 2.5～5mm，下部具中性花。全国大部分地区有分布。块茎（天南星）能燥湿化痰、祛风止痉、散结消肿，是追风透骨丸、玉真散、心脑静片等的原料药。异叶天南星 *A. heterophyllum* Blume、东北天南星 *A. amurense* Maxim. 二者的块茎与天南星同等入药。

（2）半夏属 *Pinellia* Tenore 草本。具块茎。叶基生，叶柄基部常具珠芽；叶 3 深裂、3 全裂或鸟趾状全裂。佛焰苞绿色，内卷成筒状；雌雄同序，无花被；雄花序在于上部，雄蕊 2；下部雌花序与佛焰苞合生，单侧着花，子房 1 室，具 1 胚珠。6 种，分布于亚洲东部；国产5种，分布于南北各地。半夏 *P. ternata*（Thunb.）Breit.（图12－151）块茎球形，较小。幼苗时单叶全缘；成年株叶片3全裂，叶柄有一珠芽；佛焰苞管喉闭合；浆果绿色。分布于全国大部分地区。块茎（半夏）能燥湿化痰、降逆止呕、消痞散结，是香砂六君丸等的原料药。

掌叶半夏 *P. pedatisecta* Schott 块茎较大，周围常具数个小块茎，叶片鸟趾状全裂。分布于华北、华中及西南。块茎（虎掌南星）习作“天南星”入药。

（3）犁头尖属 *Tyohonium* Schott. 草本。块茎小；叶箭状戟形或3～5浅裂、3裂或鸟足状分裂；佛焰苞有1阔而短的管，此管宿存，喉部收缩，檐部卵状披针形或披针形，常紫色，花后脱落；雌雄同序，雌花序短，与雄花序之间有一段较长的间隔，附属器各式，无花被。雄蕊1～3；子房1室，胚珠1～2；约35种，国产13种，南北均有。独角莲 *T. giganteum* Engl.（图12－152）块茎卵球形或卵状椭圆形。叶基生，叶片三角状卵形，基部箭形，叶柄中部以下具膜质叶鞘。佛焰苞紫色，肉穗花序几无梗，雌花与雄花之间为中性花。浆果红色。分布于河北、山东、吉林、辽宁、河南、湖北、陕西、甘肃、四川及西藏。块茎（白附子）能祛风痰、定惊搐、解毒散结、止痛。

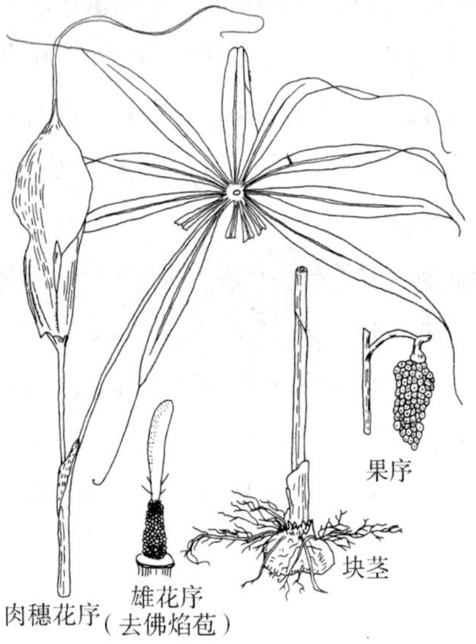

图12－150　天南星

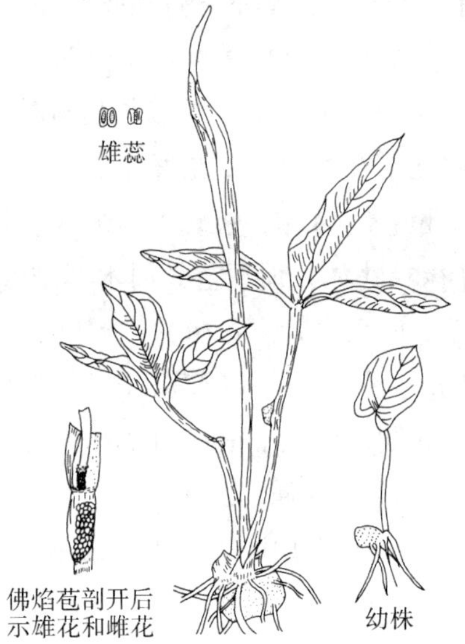

图12－151　半夏

（4）菖蒲属 *Acorus* L. 常绿草本。根状茎肉质，全株芳香。叶2列，基生而嵌列状，无柄，剑形，具叶鞘。佛焰苞叶状，与叶片同形、同色，宿存。肉穗花序圆柱形，上无附属物；花两性，花被6，雄蕊6；子房2～3室，每室胚珠2或更多。4种，我国均有分布。石菖蒲 *A. tatarinowii* Schott（图12－153）根状茎横走，香气浓烈。叶剑状线形，无中肋。叶状佛焰苞长13～25cm，为肉穗花序的2～5倍长。分布于黄河以南。根状茎（石菖蒲）能开窍豁痰、醒神益智、化湿开胃，是菖蒲郁金汤、安神补心丸等的原料药材。同属植物菖蒲 *A. calamus* L. 植株较高，叶片剑状线形，长而宽，中肋明显突起；全国各省均有分布；根状茎（藏菖蒲）能温胃、消炎止痛，是常用藏药。

常用药用植物还有：千年健 *Homalomena occulta*（Lour.）Schott 分布于海南、广西及云南，根状茎（千年健）能祛风湿、壮筋骨。

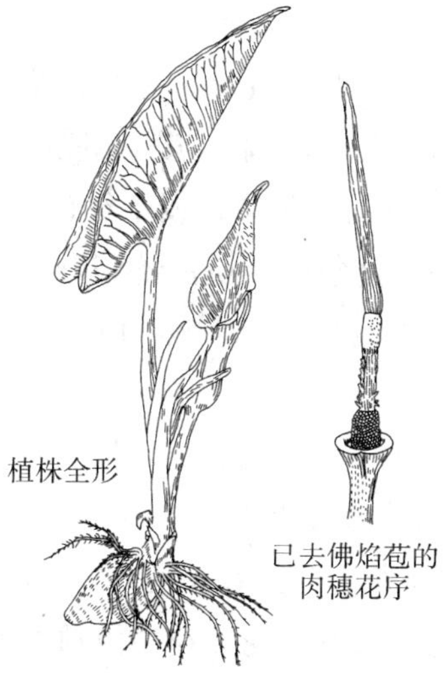

图 12－152　独角莲

图 12－153　石菖蒲

76. 姜科 Zingiberaceae　　⚥ ↑ $\mathbf{P}_{(3+3)}\ \mathbf{A}_1\overline{\mathbf{G}}_{(3:3:\infty)}$

【形态特征】多年生草本。具根状茎或块根，芳香。叶 2 列，有叶鞘、叶片和叶舌，叶片具羽状平行脉。花两性，两侧对称；花单生或穗状、总状或圆锥花序，生于由茎或根茎发出的花葶上；花被片 6，2 轮，外轮萼状，合生成管，一侧开裂，顶端常 3 齿裂，内轮花冠状，基部合生，上部 3 裂，后方 1 枚最大；退化雄蕊 2 或 4，外轮 2 枚（即侧生退化雄蕊）瓣状、齿状或缺，内轮 2 枚合成唇瓣，能育雄蕊 1 枚；3 心皮，子房下位，中轴胎座或侧膜胎座，1 ~ 3 室，胚珠多数。蒴果或浆果状。种子常具假种皮（图 12－154）。

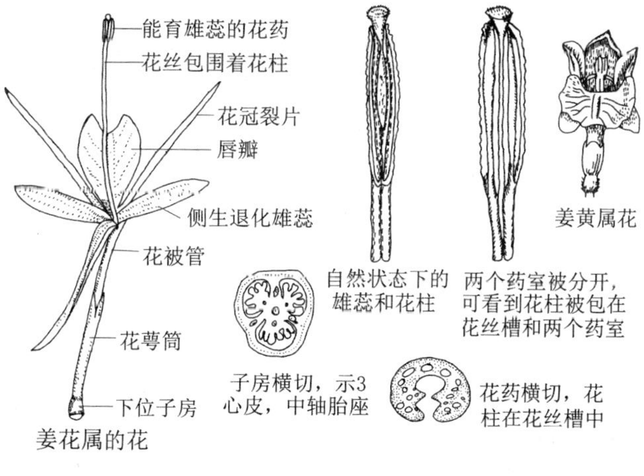

图 12－154　姜黄属和姜花属花的结构

【微观特征】常含油细胞。根状茎具内皮层，具栓化皮层；块根具根被；薄壁组织中淀粉众多。花粉无孔。染色体：$X = 11 \sim 14$，17。

【化学特征】含挥发油，油中主要为单萜和倍半萜，如柠檬烯、樟脑、1，8－桉油精、莪术醇（curcumol）、姜醇（zingibel）；黄酮类如高良姜素（galangin）；色素如姜黄素（curcumin）；甾体皂苷存在闭鞘姜属（*Costus*），苷元为薯蓣皂苷元（diosgenin）。

【分布】50 属，约 1500 种，分布于热带、亚热带地区，主产地为热带亚洲。我国 19

属，150余种，分布于西南、华南至东南；已知15属100余种药用。

【药用植物】

（1）姜属 *Zingiber* Boehm. 根状茎指状分枝，具辛辣味。穗状花序球果状，花葶从根状茎抽出；侧生退化雄蕊与唇瓣联合，3裂，药隔附属体延伸成长喙状。姜 *Z. officinale* Rosc.（图12－155）根状茎肥厚肉质，多分枝。穗状花序球直立；苞片绿色或淡红色，每苞内1至数花；花冠长于苞片，裂片黄绿色；唇瓣中央裂片有紫色条纹及淡黄色斑点。我国大部分地区有栽培。新鲜根状茎（生姜）能解表散寒、温中止呕、化痰止咳、解鱼蟹毒。干燥的根状茎（干姜）能温中散寒、回阳通脉、燥湿消痰。

（2）姜黄属 *Curcuma* L. 根状茎粗短，肉质芳香，须根末端常膨大成块根。花葶从根状茎或叶鞘抽出，苞片大，基部彼此连生成囊状；侧生退化雄蕊花瓣状，基部与花丝合生，唇瓣较大，全缘或2裂，药隔顶端无附属物，花药基部有距。姜黄 *C. longa* L. 根状茎发达，椭圆形或圆柱形，内部橙黄色，具块根。叶两面均无毛。秋季开花，花序由顶部叶鞘内抽出。分布于我国东南部至西南部，常栽培。根状茎（姜黄）能破血行气、通经止痛，是提取姜黄黄色素的原料；块根（黄丝郁金）能破血行气、清心解郁、凉血止血、利胆退黄，是化癌回生片等的原料药。温郁金 *C. wenyujin* Y. H. Chen et C. Ling（图12－156）根状茎肉质，内部淡黄色，芳香。叶两面均无毛，全部绿色，中央无紫色带。春季开花，花序单独由根茎抽出。浙江、福建等地栽培。块根（温郁金）能活血止痛、行气解郁、清心凉血、利胆退黄，是白金丸等的原料药材；根状茎（莪术）能行气破血、消积止痛，是木香槟榔丸、莪术散等的原料药材。广西莪术 *C. kwangsiensis* S. G. Lee et C. F. Liang、蓬莪术 *C. phaeocaulis* Val. 的块根、根茎与温郁金同等入药。三者块根分别称“温郁金”、“绿丝郁金”和“桂郁金”。

图12－155　姜

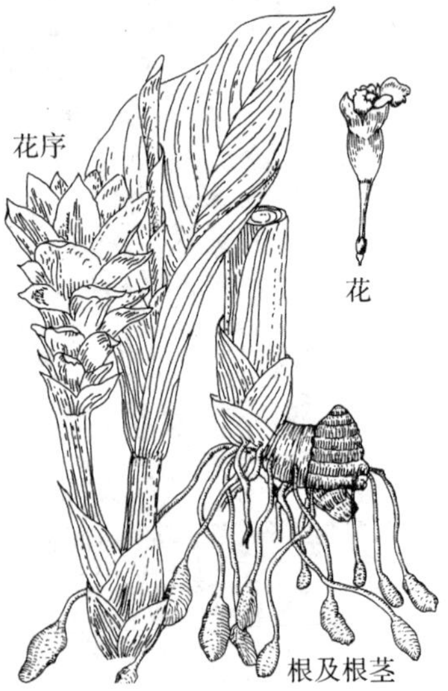

图12－156　温郁金

（3）豆蔻属 *Amomum* Roxb. 根状茎横走，粗壮或细长；茎基部略膨大成球形。花葶自根状茎抽出；侧生退化雄蕊钻状或线形，唇瓣全缘或2～3裂，药隔附属体延长。果实不裂或不规则开裂。种子具辛香味，多角形或椭圆形，基部为假种皮所包藏。阳春砂 *A. villosum* Lour.（图12－157）根状茎匍匐，节上被褐色膜质鳞片。叶长披针形，宽3～7cm，两面无毛；叶舌3～5mm。穗状花序椭圆形；唇瓣白色，先端黄色而染紫红；药隔附属体3裂。蒴果表面密生柔刺，紫红色，干后褐色。种子有浓郁的香气。分布于福建、广东、广西及云南。果实（砂仁）可化湿开胃、温脾止泻、理气安胎，是香砂养胃丸等的原料药材。绿壳砂 *A. villosum* Lour. var. *xanthioides* T. L. Wu et Senjen 主产云南，海南砂 *A. longiligulare* T. L. wu 主产海南，二者的果实与阳春砂同等入药。

常用药用植物还有：白豆蔻 *A. kravanh* Pierre ex Gagnep. 原产柬埔寨、泰国，云南、广东有栽培，果实（豆蔻）能化湿行气、温中止呕、开胃消食，是香砂养胃丸、药艾条等的原料药材；爪哇白豆蔻 *A. compactum* Soland ex Maton 原产印度尼西亚，海南有栽培，果实与白豆蔻同等入药。草果 *A. tsao ko* Crevost et Lemarie 分布于云南、广西、贵州等省区，果实（草果）能燥湿温中、除痰截疟。

（4）山姜属 *Alpinia* Roxb. 根状茎横走，肥厚。地上茎发达，圆锥花序、总状花序或穗状花序，顶生；唇瓣平展或下弯，较阔，侧生退化雄蕊缺或极小，呈齿状，药隔附属体有或无；花丝常较花冠或唇瓣短。蒴果不开裂或不规则裂或3裂。高良姜 *A. officinarum* Hance（图12－158）根茎圆柱形。叶片条形，宽约2cm，基部渐狭，叶缘无毛；叶舌披针形，长1～3cm。总状花序顶生；唇瓣白色而有红色条纹。果球形，熟时红色，果皮上无显露维管束。分布于华南。根状茎（高良姜）能温胃止呕、散寒止痛，是良附丸的原料药材。

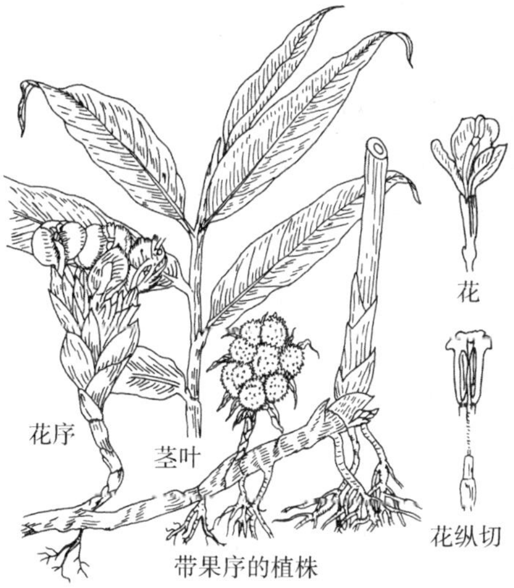

图12－157 阳春砂

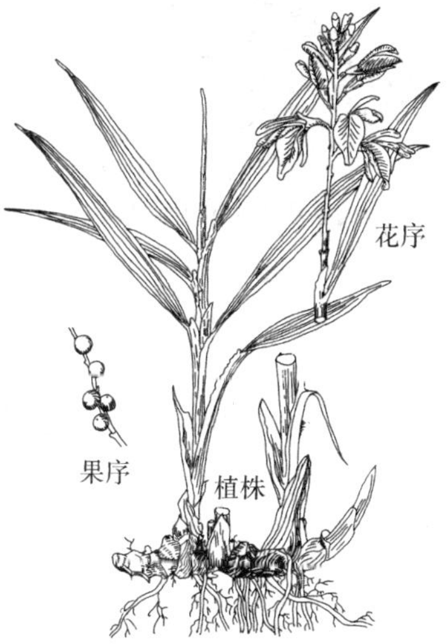

图12－158 高良姜

常用药用植物还有：益智 *A. oxyphylla* Miq. 果实（益智）能暖肾固精缩尿、温脾止泻，摄唾，是缩泉丸等的原料药材。草豆蔻 *A. katsumadai* Hayata 种子团（草豆蔻）可燥湿健脾、温胃止呕；大高良姜 *A. galanga*（L.）Willd. 根状茎（大高良姜）能散寒、暖胃、止痛，果实（红豆蔻）能散寒燥湿、醒脾消食。

知识拓展

恩格勒系统姜科 Zingiberaceae 是一个泛热带分布的大科，全世界约50属，1300种，分为姜亚科和闭鞘姜亚科。克朗奎斯特和塔赫他间系统分为狭义姜科（Zingiberaceae 即广义姜科中的姜亚科）则分布在东亚至东南亚，与南美洲为主分布区的闭鞘姜科 Costaceae 相对应。

77. 兰科 Orchidaceae $⚥ \uparrow P_{3+3} A_{1\sim2} \overline{G}_{(3:1:\infty)}$

【形态特征】陆生、附生或腐生草本。陆生、腐生种类常有根状茎、块茎，附生种类有假鳞茎和气生根，部分种类种子萌发时需与真菌共生。单叶互生，常2列，具叶鞘，有时退化呈鳞片状。花两性，稀杂性或雌雄同株，两侧对称；花单生或总状、穗状或圆锥状花序；花被片6，花瓣状，2轮；外轮3枚称萼片，内轮侧生2片大小相似称花瓣，中央1片较大特化成唇瓣（labellum），稀内轮3片同形而无唇瓣，唇瓣炫丽，有胼胝体、褶片或腺毛等附属物，基部有囊或距；子房扭转180°使唇瓣位于远轴方（下方），稀扭转360°或不扭转；雄蕊、花柱和柱头合生成合蕊柱（columna），与唇瓣对生，花药无柄，2室，花粉粒黏结成花粉块；能育雄蕊常1枚，生合蕊柱顶端，稀2枚生合蕊柱两侧；柱头与花药之间有1舌状物，称蕊喙（rostellum），蕊喙具1个黏垫（称黏盘）黏附花粉块；蕊柱基部有时延伸成足状，称蕊柱足，此时2侧萼片基部生蕊柱足上，形成囊状结构，称萼囊；子房下位，3心皮，1室，侧膜胎座，胚珠多数。蒴果，种子极小而多，无胚乳（图12-159）。

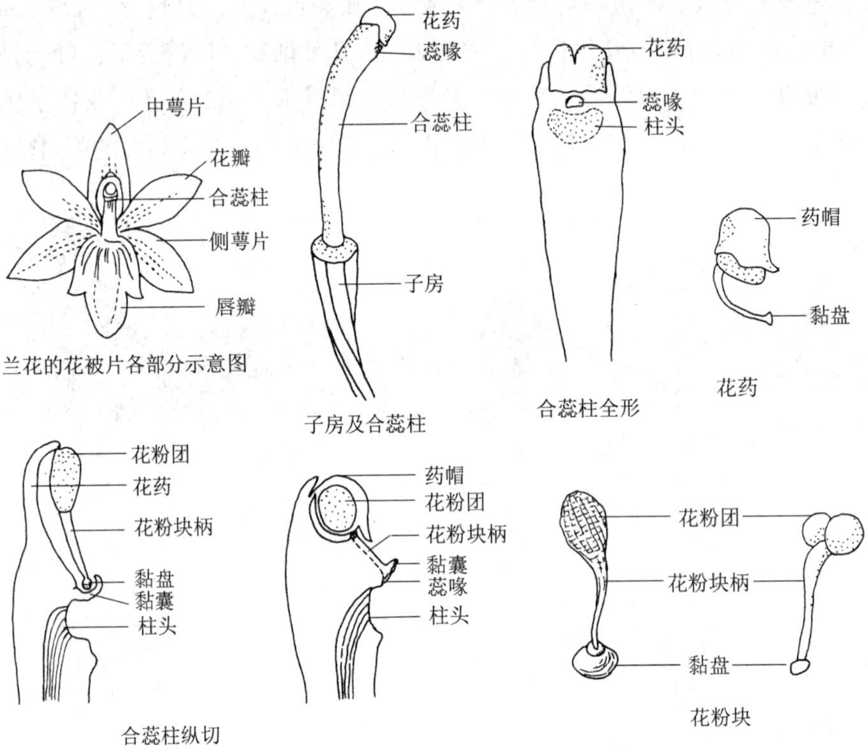

图12-159 兰花的构造

【微观特征】根具明显的髓部，茎具散生周韧或外韧型维管束；具含草酸钙针晶的黏液细胞，气孔平轴式。花粉1~2沟、3~4孔，或无沟、孔。染色体：$X=6\sim29$。

【化学特征】含倍半萜类、生物碱、酚苷和黏液质。倍半萜类生物碱如石斛碱（dendrobine）、毒豆碱（laburnine），酚苷类如天麻苷（gastrodin）、香荚兰苷（vanilloside）；尚含吲哚苷（indican）、黄酮、香豆素、固醇和芳香油等。

【分布】约700余属，20000余种，主产热带及亚热带地区，是被子植物第2大科。我国171属，约1250种，尤以云南、海南、台湾等最为丰富；已知76属287种药用。

【药用植物】

（1）天麻属 *Gastrodia* R. Br. 腐生草本。块茎圆柱状，具节。茎直立，叶退化成鳞叶。

总状花序顶生；萼片与花瓣合生成花被筒。约 20 种，分布于东亚至大洋洲；国产 13 种。天麻 *G. elata* Bl.（彩图 12）腐生草本，与密环菌共生。块茎肉质，节较密。茎淡黄褐色，花淡黄绿色或橙红色。大部分地区均有分布，栽培。块茎（天麻）能熄风止痉、平抑肝阳、祛风通络，是天麻首乌片、天麻丸等的原料药材。

（2）石斛属 *Dendrobium* Sw. 附生草本。节明显；叶互生，基部有关节和抱茎的鞘。总状花序常生茎上部节上；花艳丽，侧萼片宽阔的基部着生在合蕊柱上，与唇瓣合生成萼囊，唇瓣不裂或 3 裂，合蕊柱较短，蕊柱足明显；花药 2 室，花粉块 4，蜡质，无附属物。约 1000 种，分布于亚洲亚热带至大洋洲；国产 74 种，分布于秦岭以南。石斛（金钗石斛）*D. nobile* Lindl.（图 12－160）茎丛生，肉质状肥厚，稍扁圆柱形，干后金黄色。叶长圆形，基部具抱茎的鞘。总状花序，基部被数枚筒状鞘；唇瓣中央具 1 紫红色大斑块。分布于长江以南及西藏等地，多有栽培。茎（石斛）能养阴清热、生津止咳，是石斛夜光丸等的原料药材。鼓槌石斛 *D. chrysotoxum* Lindl.、流苏石斛 *D. fimbriatum* Hook.、束花石斛 *D. chrysanthum* Lindl.、美花石斛 *D. loddigesii* Rolf. 和细茎石斛 *D. moniliforme*（L.）Sw.、霍山石斛 *D. huoshanense* C. Z. Tang et S. J. Cheng 等同属近似种的茎同与石斛等入药。

铁皮石斛 *D. officinale* Kimura et Migo 茎圆柱形；唇瓣密布细乳突状的毛，并且在中部以上具 1 紫红色斑块。分布于安徽、浙江、福建、广西、四川、云南等地，已栽培。茎（铁皮石斛）能益胃生津、滋阴清热。

（3）白及属 *Bletilla* Rchb. f. 陆生草本。块茎具环纹。叶基生于茎基部。总状花序顶生；花较大，唇瓣中部以上常明显 3 裂，花粉块 8，成 2 群，花粉块柄不明显，无黏盘。约 6 种；国产 4 种，分布于北起江苏、河南，南至台湾，东起浙江，西至西藏东南部。白及 *B. striata*（Thunb.）Reichb. f.（图 12－161）块茎扁球形，短三叉状，富黏性。叶狭长圆形或披针形，基部收狭成鞘并抱茎。3～10 朵排成总状花序，花紫红色或粉红色。分布于华中、华南、西南，以及陕西南部和甘肃东南部。块茎（白及）能收敛止血、消肿生肌，是白及膏、内消散等的原料药材。

图 12－160　石斛

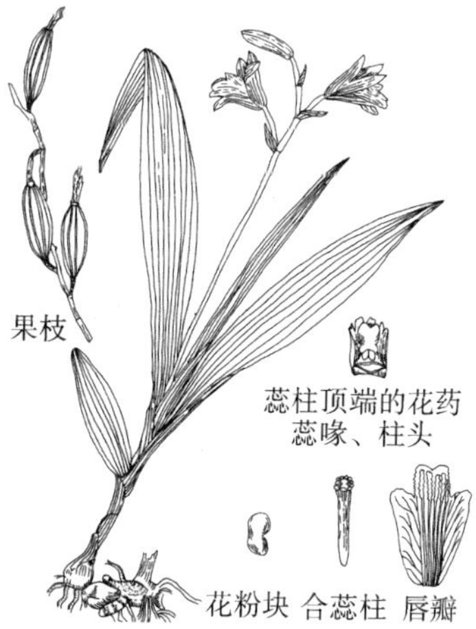

图 12－161　白及

常用药用植物还有：手参 *Gymnadenia conopsea*（L.）R. Br. 块茎（手参）能补益气血、

生津止渴，是常用藏药；盘龙参 *Spiranthes sinensis*（Pers.）Ames 全草（盘龙参）能益阴清热、润肺止咳；石仙桃 *Pholidota chinensis* Lindl. 假鳞茎能养阴清肺、化痰止咳；羊耳蒜 *Liparis nervosa*（Thunb.）Lindl 假鳞茎能活血止血、消肿止痛。

重点小结

被子植物具有真正的花和果实、双受精现象和新型胚乳，孢子体高度发达和分化，配子体进一步简化，营养和传粉方式多样化等特征，使其具有优于其他类群的适应能力。人们在研究的基础上总结出了26条被子植物特征演化的规律。目前被子植物系统数十个，其中影响较大的10多个。在4个影响较大的系统中，恩格勒系统支持二元起源和假花学说；哈钦松系统、塔赫他间系统、克朗奎斯特系统等支持单起源和真花学说。本教材采用恩格勒系统介绍了具有重要药用价值和分类地位的77个科。各科的重点特征如下。

一、双子叶植物纲

（一）离瓣花亚纲：花冠分离，常具托叶

（1）杨柳科：木本，单叶互生，雌雄同株，柔荑花序，侧膜胎座，蒴果，种子具种毛。

（2）杜仲科：枝、叶折断后有银白色胶丝，枝具片状髓；单性异株，无花被；翅果。

（3）桑科：木本，具乳汁，托叶早落，单被花，聚花果。

（4）桑寄生科：寄生或半寄生灌木，叶对生，革质或鳞片状，无胚珠，种子无种皮。

（5）蓼科：草本，节膨大，具膜质托叶鞘，花两性，单被花，宿存，瘦果。

（6）商陆科：草本，单叶互生，花两性，单被花，宿存，浆果。

（7）石竹科：草本，节膨大，单叶对生，二歧聚伞花序，花5数，特立中央胎座，蒴果。

（8）苋科：草本，节膨大，单叶对生，单被花，苞片干膜质，胞果。

（9）木兰科：木本，花大，单生，托叶早落，花3数，雄、雌蕊螺旋状着生，聚合蓇葖果。

（10）樟科：木本，有香气，单叶互生，花单被，花3数，子房1室，1顶生胚珠，具果托。

（11）毛茛科：草本，叶掌状或羽状分裂，无托叶，花5数，雄、雌蕊多数，螺旋状着生，聚合果。

（12）芍药科：叶互生，三出羽状复叶，无托叶，花大，单生，5数，萼片宿存，聚合蓇葖果。

（13）小檗科：草本或灌木，叶互生，无托叶，瓣萼相似，3数，花药瓣裂或纵裂，柱头盾状。

（14）防己科：藤本，叶柄两端常肿胀，雌雄异株，萼、瓣各6，每轮3，果核马蹄形或肾形。

（15）睡莲科：水生草本，根状茎粗大，叶两型，花单生，大而美丽，坚果埋于花托内。

（16）三白草科：草本，单叶互生，托叶与叶柄合生，总苞片白色，花无被，蒴果或浆果。

（17）胡椒科：藤本，具辛辣香气，托叶与叶柄合生，花小，无花被，浆果小，果皮肉质。

（18）金粟兰科：草本或灌木，节膨大，单叶对生，托叶小。花小，单性或两性，浆果状核果。

（19）马兜铃科：草本或藤本，无托叶，单被花，下部合生，具腐肉臭气，中轴胎座，蒴果。

（20）罂粟科：草本，具乳汁，无托叶，萼片 2，早落，侧膜胎座，蒴果，瓣裂或顶孔开裂。

（21）十字花科：草本，单叶，无托叶，十字花冠，4 强雄蕊，角果，2 瓣开裂。

（22）金缕梅科：木本，单叶互生，具托叶，花两性或单性同株，花 4 或 5 数，子房半下位或下位，2 心皮，2 室蓇果，4 瓣裂。

（23）景天科：肉质草本，无托叶，花两性，4 或 5 数，子房上位，聚合蓇葖果。

（24）虎耳草科：草本或木本，无托叶，花两性，5 数，雄蕊瓣生，中轴胎座，蒴果。

（25）蔷薇科：木本或草本，具托叶，花两性，5 数，生萼筒或托杯上，瘦果、核果、梨果、聚合蓇葖果。

（26）豆科：复叶或单叶，具托叶，花两性，5 数，蝶形花冠或假蝶形花冠，荚果。

（27）大戟科：植株具乳汁，单叶互生，花单性，聚伞花序或大戟花序，具花盘或腺体，蒴果 3 裂。

（28）芸香科：木本，具油腺点，无托叶，花 4 或 5 数，具花盘，中轴胎座，柑果、核果或蒴果。

（29）楝科：木本，羽状复叶，无托叶；花 4 或 5 数，花丝合生成管，中轴胎座，种子具假种皮。

（30）远志科：草本或木本，叶全缘，无托叶；内 2 萼瓣状，1 花瓣龙骨状，花丝合生成鞘，蒴果。

（31）无患子科：木本，复叶，无托叶；花 4 或 5 数，花盘肉质，雄蕊 8，核果，种子具假种皮。

（32）冬青科：木本，单叶，托叶早落；雌雄异株，萼 4～6 裂，宿存，子房上位，浆果状核果。

（33）卫矛科：木本，攀援状，单叶；萼 4～5 裂，宿存，蒴果、核果、翅果，种子具红色假种皮。

（34）鼠李科：木本，有刺，单叶；花 4～5 数，具花盘中，每室 1 胚珠，核果、浆果状核果或蒴果。

（35）葡萄科：落叶藤本，卷须与叶对生，有托叶；萼 4～5 齿，花冠帽状，花盘环状，浆果。

（36）锦葵科：草本或灌木，幼枝、叶被星状毛，托叶早落，花 5 数，单体雄蕊，蒴果，常爿裂。

（37）瑞香科：灌木，单叶，无托叶；萼管 4～5 裂，瓣状，花瓣缺或成鳞片状，浆果、核果或坚果。

（38）胡颓子科：木本，全株被银色或褐色盾状鳞片或星状绒毛，瘦果或坚果，包藏肉质花被内。

（39）堇菜科：草本，叶基生或互生，具托叶；花 5 数，1 枚花瓣基部囊状或距，侧膜胎座，蒴果。

（40）葫芦科：草质藤本，有卷须，雌雄同株或异株，花 5 数，3 心皮，侧膜胎座，瓠果。

（41）桃金娘科：常绿木本，叶具透明腺点，无托叶，萼筒与子房合生，4～5 裂，浆果、蒴果。

(42) 山茱萸科：木本，单叶对生；花4~5数或无被，子房下位，每室胚珠1，核果。

(43) 五加科：木本，少草本，茎常具刺，复叶；伞形花序，花5数，花盘上位，浆果或核果。

(44) 伞形科：芳香草本，具叶鞘；复伞形花序，花5数，花盘上位，双悬果。

(二) 合瓣花亚纲：花冠联合，常无托叶

(45) 杜鹃花科：常绿木本，单叶互生，革质；萼4~5裂，宿存，花药孔裂，中轴胎座，蒴果。

(46) 紫金牛科：木本，叶具腺点或腺状条纹；花4或5数，萼宿存，常仅1枚发育，浆果核果状。

(47) 报春花科：草本，常有腺点和白粉，单叶，无托叶；花5数，特立中央胎座，蒴果。

(48) 木犀科：木本，叶对生，无托叶；萼、冠常4裂，雄蕊2，2心皮，核果、蒴果、翅果。

(49) 龙胆科：草本，单叶对生；花4~5数，蕾中右旋转，2心皮，侧膜胎座，蒴果2瓣裂。

(50) 夹竹桃科：全株具乳汁，花5数，冠裂片旋转，花粉颗粒状，蓇葖果双生，种子有种毛。

(51) 萝藦科：全株具乳汁，花5数，具合蕊柱和合蕊冠，花粉块，蓇葖果双生，种毛丛生。

(52) 旋花科：藤本，具乳汁，单叶，无托叶，花5数，萼宿存，花蕾时冠旋转状，蒴果，稀浆果。

(53) 茄科：单叶互生，花5数，整齐，萼果时常增大；花冠辐状，中轴胎座，蒴果或浆果。

(54) 紫草科：草本，密被粗硬毛，花5数，花柱顶生或基生，核果或4枚小坚果。

(55) 马鞭草科：木本，具特殊气味，花5或4数，2强雄蕊，花柱顶生，核果、浆果状核果。

(56) 唇形科：茎方形，叶对生，唇形花冠，2强雄蕊，花柱基生，4枚小坚果。

(57) 玄参科：草本，花5或4数，萼宿存，花冠多少2唇裂，2强雄蕊，花柱顶生，蒴果。

(58) 紫葳科：木本，叶对生，花大，5数，花冠常2唇形，2心皮，蒴果，种子扁平、有翅或毛。

(59) 爵床科：草本或灌木，茎节常膨大，叶对生；花5或4数，冠2唇形或5裂；蒴果，具种钩。

(60) 茜草科：单叶对生或轮生，全缘，托叶2枚，花4~5数，2心皮，子房下位，蒴果、浆果。

(61) 忍冬科：木本，单叶对生；花5或4数；萼与子房贴生，冠管状或轮状，浆果、核果或蒴果。

(62) 败酱科：草本，根状茎和根具强烈气味，花5或4数，瘦果具宿存萼和膜质苞片呈翅果状。

(63) 川续断科：草本，被长毛或刺毛；花4数，萼管与子房合生；瘦果包藏小总苞内，具宿萼。

(64) 桔梗科：草本，具乳汁；花 5 数，3 心皮，常 3 室，中轴胎座；蒴果，少浆果。

(65) 菊科：草本，有乳汁、树脂道或无；头状花序，花 5 数，聚药雄蕊；连萼瘦果，顶端具冠毛。

二、单子叶植物纲

(66) 泽泻科：水生或沼生草本，叶基生，基部鞘状；花被 6，2 轮，心皮多数，分离，聚合瘦果。

(67) 百合科：草本，花被 6，瓣状，2 轮，雄蕊 6，2 轮，3 心皮，3 室，中轴胎座，蒴果或浆果。

(68) 石蒜科：草本，叶基生，条形；总苞膜质，花被 6，2 轮，雄蕊 6，子房下位，蒴果。

(69) 鸢尾科：草本，叶基部相互套叠排列 2 列；花大，花被 6，2 轮，雄蕊 3，子房下位；蒴果。

(70) 百部科：草本，块根肉质，叶脉均明显，花被 4，2 轮，瓣状，雄蕊 4；蒴果 2 瓣裂。

(71) 薯蓣科：草质藤本，基出掌状脉，雌雄异株或同株；花被 6，2 轮，雄蕊 6；蒴果具棱翅。

(72) 禾本科：草本或木本，节与节间明显，节间中空，叶 2 列，由叶鞘、叶舌和叶片组成，复穗状或圆锥状等，花被缺或退化成浆片；雄蕊 3，稀 6，花药丁字形，子房上位；颖果。

(73) 莎草科：草本，秆三棱形，实心，无节，叶鞘闭合，雄蕊 3，子房上位；小坚果或瘦果。

(74) 棕榈科：常绿木本，茎不分枝，具叶痕；佛焰苞 1 至数枚，花 3 数；核果、浆果或坚果。

(75) 天南星科：草本，富含苦味水汁或乳汁，叶柄基部具膜质鞘；肉穗花序具佛焰苞，雌雄同序或异株，雄蕊愈合成雄蕊柱，子房上位；浆果密集于花序轴上。

(76) 姜科：草本，具芳香味，叶 2 列，有叶鞘、叶片和叶舌；花被 6，2 轮，内轮冠状，后方 1 枚花被与 2 枚退化雄蕊合成唇瓣，能育雄蕊 1 枚，子房下位；蒴果或浆果状，具假种皮。

(77) 兰科：陆生、附生或腐生草本，花被 6，瓣状，具唇瓣和合蕊柱，子房下位，常扭转 180°使唇瓣位于下方；蒴果，种子极少而多，无胚乳。

思考与探索

1. 试说明被子植物在地球上如此繁茂的原因。
2. 为什么说毛茛科与木兰科是被子植物中的原始类群？
3. 为什么说禾本科是风媒传粉中最特化的类群？
4. 为什么说兰科是虫媒传粉中最特化的类群？花构造与传粉媒介之间出现了哪些关系？
5. 哪些科具有茎方形、叶对生的特征，这些科间的区别又如何进行区别？
6. 蔷薇科、豆科、伞形科、茜草科、菊科、禾本科分为几个亚科？比较它们各亚科的区别点。
7. 比较毛茛科与木兰科，芍药科与毛茛科，葫芦科与葡萄科，五加科与伞形科，唇形科与玄参科、马鞭草科、爵床科，茜草科和忍冬科，百合科与石蒜科、鸢尾科的异同点。
8. 正确书写木兰科、毛茛科、桑科、蓼科、十字花科、蔷薇科、豆科、大戟科、五加科、伞形科、茄科、唇形科、玄参科、菊科、天南星科、姜科、百合科、兰科、樟科、马兜铃科、小檗科、防己科、罂粟科、芍药科、锦葵科、葫芦科、葡萄科、芸香科、夹竹桃科、萝藦科、马鞭草科、木犀科、桔梗科、茜草科、忍冬科、泽泻科、石蒜科、鸢尾科、百部科、薯蓣科的花程式，列举常用的药用植物。

扫码“练一练”

9. 利用所学的植物分类学知识，观察记录校园内主要的药用植物，并进行鉴定和编目。

（孙稚颖　袁王俊　汪文杰　纪宝玉　刘　勇　刘长利　李　羿　张　坚　张天柱　白吉庆　吴　迪　彭华胜　谷　巍）

第十三章　药用植物与环境

扫码“学一学”

要点导航

1. 掌握与药用植物密切相关的生态因子类型。
2. 熟悉药用植物对不同生态因子的响应方式；药用植物种群特征。
3. 了解各生态因子在药用植物生产上的应用。

第一节　环境的概念

优质植物药材的形成是药用植物的遗传特性和环境因子相互作用的产物，特定的生长环境是优质药材形成的保障，这是“中药品质的环境饰变论”的核心思想。特定的环境条件具有明显的地域性，因此，古人形成了“诸药所生，皆有境界”和“离其本土，则质同而效异”等精辟的论述，用道地药材的概念凸显环境因子对药材品质形成的重要性。

一、生物圈环境

生物圈（biosphere）指地球上所有生物与其环境的整体。环境（environment）指生命系统周围的一切事物的总和，包括空间和其中直接或间接影响生命系统生存和发展的各种因素。构成环境的因素众多、尺度各异、性质不同。按空间尺度可分为全球环境、区域环境、地区环境、生态系统环境、种群环境和生物个体环境；按范围大小可分为生物环境大环境、小环境和生物体内环境；按人类影响程度可分为人工环境、自然环境和半人工环境。

二、人工环境

人工环境是由人类营造的环境。广义概念指基本结构由人建立，有少量的自然成分，如城市、人工湿地等；狭义概念指全部结构由人工建造，如人工气候箱、人工气候室等。人工环境条件确定原则是模拟药用植物在原产地的生理过程，选择其最适的生存条件，除需创造适宜的温度、湿度、微气候、光环境和生长基质等环境外，还需控制药用植物品质形成的关键时期的环境条件，这对改善传统农业结构，促进中药农业产业化、可控化生产具有重要的实用价值。温室（greenhouse）就是一种典型的人工环境，能人工调控室内光照、温度、湿度、空气成分和风速等影响植物生长发育的环境因素，是药用植物进行育苗、生产和品种活体展示的重要设施。该技术在药用植物种苗繁育中已广泛应用，如在川贝母的育苗中，可加提高出苗率、成苗时间和成苗率。

三、生态因子的分类

环境因子（environmental factors）指构成环境的所有要素，其中对植物生长、发育、生殖、行为和分布有直接或间接影响的各种外界环境要素（如热量、水分、地形、气候等）总称生态因子（ecological factor）。而生物生存不可缺少的生态因子称生存因子（或生存条件、生活条件），所有生态因子的综合作用构成生态环境（ecological environment）。植物个体、种群或群落生活地域的生态环境称生境（habitat），包括必需的生存因子和其他对其起作用的生态因子。由此可见，环境因子、生态因子和生存因子是三个既有联系又有区别的概念。生态因子的不同组合就构成了丰富多样的生态环境，为药用植物提供了不同的生存空间。依据不同的划分标准，可将生态因子分成不同的类型。

1. 按因子是否有生命划分 ①非生物因子（abiotic factors）：指生命周围的光、温度、水、气、土壤等理化因子，而生物个体对非生物因子量的响应呈现最低、最适和最高三种情况。②生物因子（biotic factors）：指某一主体生命系统周围各等级层次的生命系统，包括同种类生命系统和异种类生命系统。生物有机体不是孤立生存的，还与其生存环境中甚至其体内的其他生物都存在十分复杂的关系。生物之间的关系，如结构、密度、竞争、捕食、共生、寄生等。生物在长期协同演化中形成了相互依存、相互制约的关系。生物因子能够影响到种群的某些个体，甚至影响种群的密度。

2. 按生态因子的理化性质划分 ①气候因子（climatic factors）：包括光照、温度、降水（湿度）、大气等因子。按各因子的特点和性质，又可细分为若干因子：如光照可分为光照强度、光的性质和光照周期等，温度可分为平均温度、最低温度、最高温度、地温、积温、节律性变温和非节律性变温等，湿度可分为降水性质、降水量、蒸发量和干燥度等，空气因子可分为 CO_2 和 O_2 等。②土壤因子（edaphic factors）：包括土壤物理、化学、土壤肥力和生物学性质等。土壤物理性质可分为土壤的空气、水分、温度和结构等；土壤化学性质可分为土壤酸度、盐碱性和有机质等；土壤生物学性质可分为土壤微生物、藻类、原生动物、环节动物、软体动物等。土壤物理、化学、生物等性质的综合反映为土壤肥力，直接或间接地影响植物生长。③地形因子（topographic factors）：是一种间接起作用的因子，包括地形起伏、海拔、山脉、坡度、坡向、坡位等地貌特征；地形因子对植物没有直接影响，但制约着光照、温度、水分等气候因子和其他因子，间接地影响了药用植物生长。④生物因子（biotic factors）：指在植物、动物和微生物之间，同种或异种生物之间的相互关系，如结构、密度、竞争、捕食、共生、寄生等。一般生物因子只影响到种群的某些个体，通常影响种群的密度；生物在长期协同演化中形成了相互依存、相互制约的关系。此外，人类活动也会对各种生态因子产生影响，被称为人为因子（anthropogenic factors），如耕作、施肥、浇灌、调整物种组成和结构配置、污染物排放等。人类活动的影响远远超过其他各种自然因子，具有其特殊性和重要性，故从生物因子中单列出来。目前纯粹的自然环境已不复存在，因此人类必须与自然因子有机结合，才能发挥更大的良性作用。

3. 按因子的可变性划分 ①稳定因子：指质和量不随时间变化的因子，如地磁、地心引力、太阳辐射常数等。②变动因子：指质和量随时间变化的因子，包括周期性变动因子（如气温昼夜和四季变化）和非周期变化因子（如风、降水、捕食、共生、寄生等）。

第二节 生态因子对药用植物的效应

环境生态因子种类众多，各种生态因子对药用植物生长发育影响的程度各不相同。药用植物生长过程中，其形态结构、过程和功能等都发生与生态环境适应性变化，特别在极端环境下，其结构、过程和功能通常发生改变，这种变化有利于药用植物在新环境下生存和发展。同时，药用植物在其生命活动中也对环境产生改造的生态反作用，其中光照、温度、水分、养分、空气等是药用植物的生存因子。此外，病原微生物、杂草等因子直接影响植物本身，有的（如地形、地貌等）通过影响生存因子而影响药用植物生长发育。

药用植物在各生态因子（包括非生物因子和生物因子）轴上，存在一个能够生存的范围。该范围两端是植物能够耐受的极限，分别为最低点和最高点，中间是生命活动的最适宜点，这三点合称药用植物对生态因子响应的三基点。从最低点到最高点之间的跨度，称生态幅；适宜区到最低或最高点之间的区间称耐受区，此时药用植物生命活动受到一定程度限制，称胁迫；当胁迫超过植物自身调节能力极限时，潜在损伤将发展成不可逆伤害。

一、光因子对药用植物的效应

太阳辐射是一种电磁波，以光的形式投射到地球的表面。光是绿色植物进行光合作用的能量来源，是植物的生存因子。光的存在与否决定高等药用植物幼苗的发育，同时光照强度、日照长短（光照周期）及光的性质（光谱成分）都与植物生长发育密切相关，并影响药用植物品质和产量的形成。

1. 光照强度的适应性 太阳光照强度可用其产生热效应的大小来衡量，垂直于太阳光的单位面积、单位时间的黑体上所获得的太阳总热量，称太阳辐射强度。地球表面太阳辐射的强度受大气层、太阳高度角、纬度、海拔、地形和植被性质等影响。光合产物是药用植物生长发育的物质基础，同时光还能影响细胞分裂，促进细胞、组织和器官的分化。光照强度影响着植物组织和器官的生长和发育速度，并能使植物发育趋于正常。

当其他生态因子恒定时，光合作用合成的有机物刚好与呼吸作用消耗相等时的光照强度称光补偿点。光照强度在补偿点以下，呼吸消耗的能量大于光合作用产生的能量，药用植物不能积累有机物质，反而要消耗贮存的有机物质，长时间会导致植株逐渐枯黄以致死亡；补偿点以上随着光照强度增加，光合作用强度逐渐提高并超过呼吸作用，药用植物体内开始积累有机物质，但当光照强度达到一定水平后，光合产物不再增加或增加很少，此时的光照强度称光饱和点。超过光饱和点以后，光合速率随光照强度增加而降低。常把超出光饱和点的光照强度称强光，植物对强光胁迫会产生形态适应，导致叶绿体中聚集过量的电子，这些电子会产生过量的能量，这些能量必须及时消耗，否则会对植物造成光氧化损伤，影响药用植物生长发育和繁殖进程等；植物体常以叶黄素循环和光呼吸加强等方式消耗过多的能量。而在光强度较低时，许多植物的茎生长更快且开花提前，这两种反应都增加了植物存活的机会。

强光是否会形成胁迫还与空气温度、湿度、CO_2浓度、植株营养水平等环境因子有关，特别与药用植物本身的生物学特性和生长的地理位置等有关。不同种类的药用植物对光照强度需求不一，按植物对光照强度适应生态类型常分为阳性药用植物、阴性药用植物和半阴性药用植物。

（1）阳性药用植物　指强光环境中生长发育健壮，荫蔽和弱光条件下生长发育不良的植物，属阳性植物或称阳地植物（heliophytes）。该类植物光饱和点（LSP）和光补偿点（LCP）均较高，常高于自然条件下的光合有效辐射（PAR）值，不会发生光照过强而引起净光合速率（Pn）下降的情况。但LCP较高不利于有机物积累，因此不耐荫蔽，如蒲公英、甘草、黄芪、白术、芍药、红花、薄荷等。遮蔽的环境中阳性植物的节间和叶柄伸长，植株纤细反之亦然。

（2）阴性药用植物　指在较弱的光照条件下比在强光下生长良好的药用植物，如黄连、人参、细辛等适宜生长在荫蔽的环境中，属阴性植物或称阴地植物（sciophytes）。该类植物全光照下会被晒伤或晒死，可在低于全光照2%条件下生长，光补偿点平均不超过全光照的1%；但当光照强度达不到光补偿点时不能正常生长。阴性药用植物的光合和代谢速率均较低，多生长在潮湿背阳的地方或密林内；它们的叶片平展，并以非重叠的形式排列以能够增加受光面积。

（3）半阴性药用植物　是介于阳性植物和阴性植物之间的药用植物。对光照具有较广的适应能力，也能忍耐适度的荫蔽，如桔梗、黄精、党参等，但全光照下生长最好。一般年龄越小耐阴性越强；环境湿度大，水分充足，土壤肥沃，耐阴性就强；反之就弱。耐阴性与遗传特性有关，不同品种耐阴性也不同。

不论药用植物属哪种类型，阳光充足是植物体正常生长发育的必要条件之一。光照强度高于光饱和点，光合产物积累多，生长发育健壮，产量高，反之亦然。同时光也直接影响有效成分的积累，野生朝鲜淫羊藿 *Epimedium koreanum* Nakai 在强光下总黄酮及淫羊藿苷含量较弱光下高；而石斛 *Dendrobium nobile* Lindl. 在分蘖期，强光照会破坏叶绿素的形成，可溶性蛋白质与总糖的含量相对较低。因此，协调植物不同生长发育时期对光照强度的需求，有利于提高药用植物的产量和有效成分含量，获得高产优质的药材。

2. 日照长短的适应性　地球上日照长短的周期性变化受地球公转与自转的影响，植物花芽分化、开花、结实、分枝习性、地下器官（块茎、块根、球茎、鳞茎等）的形成受日照长短（即光周期）的影响。一些种子需经特定日照长度或间断给予光照才能萌发。按植物对光周期的反应分为长日植物、短日植物、中间型植物。光周期对花的诱导参见第四章。

日照长短对药用植物次生代谢产物的积累也有重要的影响，在一定的条件下，适当延长药用植物的光照时间，有利于提高其药用次生代谢产物的含量。如延长光照时，能显著提高草麻黄 *Ephedra sinica* Stapf 茎枝生物碱的含量；在组织培养中，黄花蒿 *Artemisia annua* L. 芽中青蒿素的含量随光照时间的延长而提高。因此，光周期的调控是提高药用植物品质的途径之一。

二、温度因子对药用植物的效应

温度因子包括平均温度、最低温度、最高温度、地温、积温、节律性变温和非节律性变温等，是药用植物生存因子之一，随海拔、纬度、季节和昼夜等空间和时间的变化而变化。温度的变化也会引起其他生态因子（如湿度、土壤水分和大气移动等）的变化，从而使生态因子的综合作用发生变化，进而影响药用植物的生长发育。

温度对药用植物生长发育的影响主要是通过影响酶的活力来实现，当温度低于最低温度或高于最高温度时，其酶的活力受到强烈的抑制，并对药用植物的细胞产生直接的破坏作用；高于最适温度时，致使蛋白质变性与凝固，甚至使植物死亡。当环境温度超过30℃会对药用植物构成胁迫，高温诱导热激蛋白的表达，这类蛋白质作为分子伴侣可使变性蛋白质重新正确折叠，保护有机体免受严重的伤害，提高植物体耐受温度，并使得细胞及其代谢活动适应高温环境。通常按植物对温度的要求可划分为耐寒药用植物、半耐寒药用植物、喜温药用植物和耐热药用植物四种类型。温度也引起植物叶片形态和结构的改变（参见第二章），参与花诱导和发育（参见第四章）。

1. 耐寒药用植物　指能忍耐－2～－1℃低温，短期内可忍耐－10～－5℃低温，同化作用最适温度为15～20℃，或在冬季地上部分枯死，地下部分越冬能耐0℃以下，甚至－10℃低温的植物。如人参、平贝母、五味子等。

2. 半耐寒药用植物　指短时间内能忍耐－2～－1℃低温，同化作用最适温度17～23℃的植物。如黄连、白芷、知母等。这类植物在长江以南可露地越冬，在华南冬季可露地生长。

3. 喜温药用植物　指种子萌发、幼苗生长、开花结果都要求较高的温度，同化作用最适温度为20～30℃，花期气温低于10～15℃则受粉不良或落花落果的植物。如酸橙、忍冬、川芎等。

4. 耐热药用植物　指生长发育要求温度较高，同化作用最适温度常在30℃左右，个别可在40℃下正常生长的植物。如砂仁、苏木、槟榔、罗汉果等。

药用植物生长发育对温度的要求因物种、品种和生长发育的时期不同而异。通常种子萌发期、幼苗生长期要求温度略低，营养生长期要求温度渐渐增高，生殖生长期要求温度较高。当年平均温度或时段平均温度不能反映年或时段温度的周期性变化和变差时，常用植物生长发育时期所需温度总和即积温（accumulated temperate）来表示药用植物对温度的需求。药用植物各生长发育时期对温度要求的特性，是合理安排播种期和科学管理的依据。

温度变化不仅影响药用植物的生长发育，同时也影响次生代谢产物的积累。通常适宜的温度有利于多糖、淀粉等无氮物质合成；高温却有利于生物碱、蛋白质等含氮物质合成。如高温干旱条件下，颠茄、金鸡纳树等体内生物碱的含量较高。因此掌握温度因子对药用植物的效应，常采用低温沙藏、遮阴、培土覆盖等措施来满足植物在不同生长时期对温度的要求，对实现中药材优质、高产、稳定、高效具有重要意义。

三、水因子对药用植物的效应

水占药用植物体总鲜重的80%～90%。植物进行光合作用，制造有机物质，积累代谢产物，必须有水的参与；土壤中的营养物质，也必须溶解于水中才能被植物根部吸收利用；水也维持着药用植物细胞组织紧张度（膨压）和固有形态，以利于各种代谢的正常运行；水有很高的比热和汽化热，又有较高的导热性，当温度剧烈变动时，能缓和原生质的温度变化，以保护原生质免受伤害，这在一定程度上增强了药用植物的抗逆性。根据植物对水的适应能力和方式，常划分成旱生药用植物、湿生药用植物、中生药用植物和水生药用植物四种类型。

1. 旱生药用植物　指一类具有强的抗旱能力，在干旱的气候和土壤环境下仍能保持体内水分以维持生存的药用植物。旱生植物的外部形态、内部结构和生理功能均表现出对干燥环境的特殊适应性。如麻黄、甘草、库拉索芦荟等。

2. 湿生药用植物 指常生长在河滩、沼泽、山谷等潮湿环境的药用植物。湿生药用植物长期适应潮湿的环境，蒸腾强度大，叶片上下表皮均有气孔分布，其抗旱能力差，抗涝性强，水分不足就会影响植物的生长发育以致萎蔫。按光照强度，又分为阳性湿生药用植物，如蕺菜、半边莲、三白草等；阴性湿生药用植物，如天南星、七叶一枝花、贯众等。

3. 中生药用植物 绝大多数陆生药用植物均属中生药用植物，对水的适应性介于旱生药用植物与湿生药用植物之间，常生长在水湿条件适中的陆地上，不耐旱不耐涝。如丹参、桔梗、白术、地黄、延胡索等。

4. 水生药用植物 此类药用植物能在水中生长，其根系不发达，根的吸收能力很弱，输导组织简单，通气组织发达。按对水深度适应性的不同，分为挺水药用植物，其根和根状茎在水下土壤中，茎、叶露出水面，如芡实、芦苇、莲等；浮水药用植物，其根和根状茎在水中或土壤中，叶片漂浮在水面，如紫萍、满江红、莼菜、槐叶苹等；沉水药用植物，全株都沉没在水下，如海带、昆布等。

水分供应不足时，植物受到干旱胁迫，细胞水分缺乏使植物停止生长，并导致蛋白质变性、细胞膜损伤、膨压丧失和溶质浓度增加等变化。植物体启动应答反应来缓解这些变化，并限制蒸腾作用以减少水分流失，如许多植物体内脱落酸浓度会升高，气孔响应脱落酸信号而关闭，从而减少了蒸腾作用散失水分；一些植物还能合成调节渗透物质降低细胞的水势，从而吸收更多的水分。此外，有些植物在干旱胁迫下会启动独特的新陈代谢机制，即景天酸代谢（CAM），只在夜晚打开气孔，减少了蒸腾水分的流失。

环境水湿的变化也影响药用植物活性成分的积累，如随干旱程度加深，金银花绿原酸含量先迅速升高，而后不断下降；金鸡纳树在雨季不形成奎宁，而在高温干燥条件下奎宁的含量较高，而土壤湿度过大时含量就显著降低，甚至无积累；雨季麻黄体内生物碱含量急剧下降，而在干燥的秋季则上升到最高值。因此了解水因子对药用植物的效应是提高药材产量及实现药材生产的质量稳定、均一、可控的基础之一。

四、土壤因子对药用植物的效应

土壤是陆地生态系统的基础，是具有决定性意义的生命支持系统，其组成部分有矿物质、有机质、土壤水分和土壤空气。土壤因子包括土壤的物理、化学、生物特性、pH、土壤肥力等。土壤条件对药用植物生长发育以及代谢产物的合成、积累都有很大影响。

1. 土壤质地与结构对药用植物的影响 土壤是由固体、液体和气体组成的三相系统，其中固体颗粒是组成土壤的物质基础。大小不同土粒的组合称土壤质地，按土壤质地可分为沙土、壤土和黏土三大类。沙土的沙粒占50%以上，土壤疏松、保水保肥性差、通气透水性强；壤土质地较均匀，粗粉粒含量高，通气透水、保水保肥性能均较好，抗旱能力强；黏土的颗粒以细黏土为主，质地黏重，保水保肥能力较强，通气透水性差。

土壤结构是指固体颗粒的排列方式、孔隙的数量和大小以及团聚体的大小和数量等。土壤质地与结构一般通过影响土壤的物理化学性质来影响药用植物的生长和代谢活动。不同的药用植物对土壤保水性能和通透性的要求有所不同，一般情况下，土壤沙性越强，通透性较好，其根系越发达，适宜栽培以根及根茎类为采收目标的药用植物。土壤结构能够影响药材的品质，如掌叶大黄 *Rheum palmatum* L. 适宜沙质壤土，但土壤过疏松则根分叉多，质地疏松，品性变差；壤土上生长的肉桂 *Cinnamomum cassia* Presl 桂皮柔软，油润，品性佳，而生长在沙砾地的桂皮硬，品性变差。姜黄 *Curcuma longa* L. 在四川犍为的紫色土主要生产药材“姜黄”，而双流灰色潮土主要生产“郁金”。

2. 土壤的理化性质对药用植物的影响

（1）土壤温度：土壤温度除直接影响种子萌发、根系的生长和呼吸强度外，还通过限制养分转化影响根系发生和生长。通常土温过低会降低根系代谢和呼吸强度，抑制根系的生长，降低其吸收能力；过高则促使根系过早成熟，根部木质化加快，减少根系的吸收面积。

（2）土壤水分：土壤水分与盐类组成的土壤溶液参与土壤中物质转化和有机物的分解与合成。土壤干旱或过涝，都不利于药用植物生长。水分还影响土壤微生物的数量和分布。

（3）土壤空气：土壤空气组成与大气不同，土壤中 O_2 的含量常为 10% ~12%，在不良条件下，可降至 10% 以下，此时就可能抑制植物根系的呼吸作用。土壤中 CO_2 浓度则是大气的几十到上千倍，光合作用所需的 CO_2 有 1/2 来自土壤，但土壤中 CO_2 含量过高时（如达到 10% ~15%），根系的呼吸和吸收机能就会受阻，甚至会窒息死亡。

（4）土壤酸碱度：土壤酸碱度与土壤微生物活动、有机质的合成与分解、营养元素的转化与释放、微量元素的有效性、土壤保持养分的能力等密切相关。pH 6 ~7 时，多数矿物质养分的有效性较高；在强酸性土壤中，钾、磷、钙、镁、钼的有效性明显增大，但对植物有毒害的铝离子也同时增多。不同药用植物对土壤酸碱性有不同的要求，除少数植物可在强酸性或强碱性土壤中生长外，多数药用植物在 pH 6 ~7 的土壤才能正常生长。

3. 土壤无机元素对药用植物的影响　植物的必需元素有 C、H、O、N、S、P、K、Ca、Mg、Fe、B、Cu、Zn、Mn、Mo、Cl、Ni 等 17 种，其中 C、H、O、N、S、P、K、Ca、Mg 等 9 种元素达 1000μg/g 或更多，称宏量元素或大量元素；而 Mo、Fe、Cu、Zn、Mn、B、Ni、Cl 等 8 种元素的需要量极微，仅 100μg/g 或更少，称微量元素。宏量元素是构成药用植物体中重要结构物质的部分，如 N、S、P 的主要功能是蛋白质和核酸等的组成物质；而微量元素在调节酶的活力方面起重要作用，如许多微量元素作为酶的辅基或活化剂等。有些元素既是结构成分，又是酶活化剂，如 Mg 既是叶绿素的结构成分，又是许多酶的活化剂。同时所有可溶态的元素，不论是游离或结合态，均起渗透调节剂的作用，如钾离子并不参与结构物质的组成，其主要作用在于维持细胞的渗透势。因此，宏量元素会影响药用植物生长发育和其形成的药材品质。如“钙因子”、“钠因子”是影响虎杖中白藜芦醇含量变化的基础；氮肥、磷肥能不同程度地提高伊贝母生物碱的含量，而钾肥则减少其含量；施氮利于增加丹参产量，磷利于酚酸类和丹参酮ⅡA 的积累。

4. 土壤有机质对药用植物的影响　土壤有机质是泛指以各种形态和状态存在于土壤中的各种含碳有机化合物，为土壤的重要组成物质，也是土壤固相中较为活跃的部分。它是土壤中具有结构和生物学性质的基本物质，既是生命活动的条件，也是生命活动的产物。土壤有机质常分为腐殖物质（humic substance）和非腐殖物质（nonhumic substance）两类，二者总体占土壤有机质的 90%；其中非腐殖物质占土壤有机质的 20% ~30%，腐殖物质约占 60% ~80%。

非腐殖物质是土壤有机质中具有特定物理、化学性质、结构已知的各类有机物，如氨基酸、糖类和类脂化合物等，主要来源生物残体的分解产物，部分来源于植物或微生物的分泌物。其中糖类占土壤有机质的5% ~25%，对增加土壤团聚体稳定性具有重要作用。此外还具含氮化合物（氨基酸、蛋白质）、木质素、树脂、蜡质等物质。而这些物质中的一些小分子物质具有化感作用，也是引起药用植物连作障碍的原因之一。

腐殖质是一类组成和结构均复杂的天然高分子聚合物，是多酚和多醌类物质聚合而成含芳环结构的黄色至棕色的非晶形高分子有机物，是土壤有机质的主体，也是土壤中最难降解的组分，以及土壤养分的主要来源，并对土壤物理、化学、生物学性质都有重要影响，是土壤肥力指标之一，影响着药用植物的生长、发育，进而影响药用植物产量和品质。

五、生物因子对药用植物的效应

1. 菌根 菌根是指由土壤中某些真菌与植物根系形成的共生体。真菌与高等植物共生，能够加强根的吸收能力，有助于植物生长；菌根还能产生植物激素和维生素等刺激根系的发育，分泌水解酶类物质促进根系周围有机物的分解，对高等植物的生长发育具有积极的作用。同时菌根真菌及其共生过程还能影响药用植物的次生代谢，这也是中药道地性形成的因素之一。菌根有三种类型：外生菌根、内生菌根以及内外生菌根。

（1）外生菌根（ectotrophic mycorrhiza）：指菌丝不能侵入细胞内部，常包被在植物幼根外或者仅侵入根皮层细胞间隙中而不能进入细胞内，菌丝替代了根毛的功能，增加了根系的吸收面积，加强根系对矿物元素的吸收能力。具有外生菌根的植物，往往根毛退化或者消失，如马尾松 *Pinus massoniana* Lamb.、榛 *Corylus heterophylla* Fisch.、水青冈 *Fagus longipetiolata* Seem. 等药用植物的根。

（2）内生菌根（endotrophic mycorrhiza）：指菌丝能够通过植物细胞壁进入到表皮和皮层的细胞内，形成丛枝状的分支，具有加强植物吸收机能、促进根部物质运输等作用。具有内生菌根的植物根毛大多正常存在，但是在侵入部位细胞内可见散生的菌丝，如柑橘、胡桃 *Juglans regia* L.、桑属及兰科多种植物均具有内生菌根。

（3）内外生菌根（ecendotrophic mycorrhiza）：菌丝不仅包被根的表面，同时也侵入细胞间隙以及细胞壁内部，如苹果、垂柳 *Salix babylonica* L. 等植物就具有内外生菌根。

2. 根瘤与固氮 根瘤是植物地下部分的瘤状突起，常见于豆科药用植物的根部。根瘤是由土壤中的根瘤菌侵入植物根部形成的一种共生体，不同植物的根瘤性状、大小均有一定差异。根瘤菌穿过根毛细胞的细胞壁侵入根毛，然后沿着根毛向内进入皮层，并在皮层迅速分裂增殖；同时，皮层细胞受到根瘤菌分泌物刺激，也迅速分裂，产生大量新的细胞，根的表面因此形成膨大而凸出的根瘤。

根瘤菌是一类具有固氮能力的短小杆菌，能将空气中游离态氮（N_2）转变为氨（NH_3），并提供给植物体用于合成氨基酸。根瘤菌感受到豆科植物分泌的黄酮类化合物，就会与植物共生并形成根瘤，进行固氮。根瘤菌还可分泌一些含氮化合物到根系周围，或者根瘤自身脱落，可增加根系附近土壤的肥力，从而为其他作物所利用。因此，常用紫云英 *Astragalus sinicus* L.、田菁 *Sesbania cannabina*（Retz.）Poir.、紫苜蓿 *Medicago sativa* L. 等植物作为绿肥，或将豆科作物与其他作物进行间作轮作提高农作物产量。根瘤菌与豆科植物的共生具有选择性，一种豆科植物往往只能与一种或几种特定的根瘤菌形成共生关系，如大豆 *Glycine max*（L.）Merr. 只能与大豆根瘤菌形成根瘤。此外，在自然界中还有100余种植物的根系能与固氮菌形成根瘤，如桤木 *Alnus cremastogyne* Burk.、木麻黄 *Casuarina eq-*

uisetifolia Forst.、杨梅 *Myrica rubra*（Lour.）Sieb.、罗汉松 *Podocarpus macrophyllus*（Thunb.）D. 等。除根瘤菌外，许多蓝细菌也能够与植物根系形成共生关系，但是不会形成根瘤。

3. 植物体内微生物　内生微生物（endophyte）也称内生菌，指那些在其生活史中的某一段时期生活在植物组织内，对植物组织不引起明显病害症状的微生物，包括生活史中的某一阶段营表生的腐生菌、对宿主暂时没有伤害的潜伏性病原菌等。

（1）植物内生细菌：自然界广泛存在细菌与植物共生现象，其中最广泛的共生体系就是前面介绍的根瘤。此外，细菌与植物共生还有其他益处，如植物兼性内生固氮螺菌等在禾本科稻 *Oryza sativa* L.、玉蜀黍 *Zea mays* L.、普通小麦 *Triticum aestivum* L. 和高粱 *Sorghum bicolor*（L.）Moench. 等植物的根圈或根表生活，它们进入植株后的固氮量虽很低，但分泌赤霉素、吲哚乙酸等激素物质，能增强根系对水分和矿物营养的吸收。植物内生细菌还能用于农作物的病害防治以及替代植物生长调节剂。

（2）植物内生真菌（endophytic fungi）：指某一时期生活在植物体内，但是对植物组织不引起明显病害症状的真菌。内生真菌与宿主协同进化，形成了较稳定的共生关系，构成了植物体内的微生态系统，对植物的生长发育和系统演化起着重要的作用。它一方面吸收植物的营养供自己生长，另一方面，能够产生具有植物激素类活性的物质，刺激植物生长发育。同时内生真菌还能改变植物体中糖类库源的关系，内生真菌能迅速地将蔗糖转变成植物不能代谢的糖醇，成为糖类的一个储库，从而减少或阻止对光合作用的反馈抑制，促进植物的光合作用。此外，内生真菌还能提高植物对非生物胁迫（如高温、干旱、重金属污染、紫外线辐射等）和生物胁迫（如昆虫和食草动物、线虫和病原菌等）的抗性。

4. 病原微生物　病原微生物指寄生在植物体上并引起侵染性病害的微生物，包括病毒、细菌、真菌等。在适合的条件下病原微生物能够经不同途径侵入植物体，并在植物体内繁殖，通过产生毒素、水解酶和生长调节因子等物质，干扰植物的正常生产和代谢活动，从而导致植物体的病变或者死亡。每种病原微生物都有一定的寄主范围，同种植物不同品种、品系的抗病能力不同。因此，药用植物病害的发生与否和发生程度都与寄主植物的抗感染性密切相关。病原微生物的繁殖、传播、侵染等过程，还受到环境条件的影响。

病原微生物对植物体本身有害，但是一些药用植物在受到微生物刺激以后，才能被诱导合成出一些特殊的化合物，或是提高某些特殊化合物合成，这些特殊化合物能够抵抗病原微生物所造成的危害。如白木香 *Aquilaria sinensis*（Lour.）Gilg 在受到致病真菌刺激后，会分泌含有挥性成分的树脂，从而结香形成"沉香"药材。

5. 植物与植物的关系　植物之间的相互关系，主要有寄生、共生和化学感应三种（寄生与共生见本章第四节）。化感作用（ allelopathy）指植物通过向环境释放次生代谢产物，抑制或促进邻近植物的生长和发育，这类次生代谢产物称化感物质（allelochemical）。植物化感物质包括小分子机酸类、酚类、萜类、生物碱等。不同植物之间的化感作用称它毒作用，如狭叶花椒 *Zanthoxylum stenophyllum* Hemsl. 茎皮和叶的水浸提物均可延缓莴苣发芽，抑制幼苗生长，并在不同程度上引起畸变。植物个体通过向环境中释放某些化学物质对同种其他个体生长产生直接或间接的有害影响，称自毒作用；如伊贝母的根系分泌物对伊贝母种子萌发和幼苗生长均有抑制作用。化感作用是植物争夺土壤中的养分、空间及竞争生态位而形成的对外界环境的一种适应机制，在自然界中普遍存在，对促进农业可持续发展和生态环境保护有着十分重要的影响。

6. 植物与动物的关系 植物是自然界中的生产者，动物是自然界中的消费者，自养绿色植物能利用阳光的能量将空气中的碳固定，直接和间接的为自然界中的各级消费者提供有机物，从而构成生物链。然而植物与动物之间的关系，并不只有简单的食物与捕食者的关系。地球上能够出现如此纷繁复杂的植物类群，与动植物之间的协同进化密不可分。

许多药用植物的花，需要昆虫的协助，才能够完成传粉，这种植物的传粉方式称为虫媒传粉。在这一过程中，植物往往通过特殊的香气、艳丽的颜色或者甜美的蜜汁来吸引昆虫，然后利用精巧的结构使昆虫在采蜜等过程中完成传粉。例如鼠尾草属 *Salvia* Linn. 植物的杠杆雄蕊结构，榕属 *Ficus* L. 植物的隐头花序，兰科植物花的形状大小、颜色气味、唇瓣与合蕊柱的形态等都是植物与动物协同演化过程中形成适应昆虫传粉的结构。

此外，一些植物也会反过来以动物作为食物，称食虫植物。它们往往生长在土壤贫瘠、氮素匮乏的区域，通过各种特殊的构造来困住昆虫，并分泌蛋白酶来消化虫体，从而获取养分，如茅膏菜 *Drosera* L. 属植物、狸藻 *Utricularia vulgaris* L. 等。

植物在长期演化过程中，也形成了应对昆虫等采食带来危害的不同机制和能力，称植物的抗虫性（pest resistance）。许多植物依靠特殊的结构来保护组织体，如各种绒毛、尖刺等；或依靠自身合成一系列抗生物质来防御动物，如生物碱类、萜类、生氰糖苷类等物质。这些植物体具有保护作用的物质，也常对人体有特殊的生理活性，如红豆杉属 *Taxus* L. 多种药用植物产生的抵御病害的紫杉醇，现在被用于多种人类恶性肿瘤的治疗。

第三节　药用植物种群与环境

种群（population）指在一定时间内占据某一地区的同种植物的个体总和。种群个体通过传粉、受精、繁殖将各自的基因传给后代，并有机地集合在一起。种群是进化的基本单位，同一种群的所有生物共用一个基因库。对种群的研究主要是针对其数量变化与种内关系。

一、种群的年龄结构

种群内各个个体的年龄分布情况称种群的年龄结构，常分为增长型种群、稳定型种群和衰退型种群三种类型。增长型种群（increasing population）是指在种群年龄结构中，幼年个体数量占有最大百分数，老年个体数量少，幼年与中年个体的数量在补充死亡的老年个体之后还有剩余，其特点是种群数量呈上升趋势；稳定型种群（stable population）是指在种群年龄结构中，各个年龄级的个体数量分布较均匀，每一年龄级进入下一年龄级的数量与上一级年龄级进入该年龄级的数量能够基本持平，其个体数量趋于稳定；衰退型种群（declining population）与增长型种群相反，老年个体数目占最大份额，幼年个体数目少，大多数个体过了生殖年龄，其种群数量趋于减少。

二、种群的分布格局

种群的分布格局是指种群内个体空间分布的方式与配置的特点，一般分为三种类型。

1. 随机分布（random dispersion） 指个体分布完全和概率相符合，每个个体都有同等出现的机会。在自然界中，随机分布并不常见。只有当环境因素对许多个体作用接近时，或是某一主要因素自身满足随机分布时，才会导致种群呈现随机分布；在条件比较一致的环境中，也会出现随机分布；通过种子繁殖的植物在新环境中，也会呈现随机分布。

2. 均匀分布（uniform dispersion） 又称为规则分布，是指种群内各个体之间保持一定的均匀距离。当个体能够占有的空间大于其需要的空间时，其分布上受到的阻碍就会较小；当个体能够占有的空间小于其需要的空间时，其分布上受到的阻碍就会较大，这样就使种群中的个体呈现均匀分布。人工种植的植物居群可呈现均匀分布，如各均匀种植的药用植物。但在自然界中，均匀分布非常罕见。病虫害、种内竞争、优势种的均匀分布、地形或土壤的均匀分布和自毒现象等原因可导致药用植物种群出现均匀分布。

3. 团块分布（aggregated dispersion） 也称聚群分布，是指种群内个体分布呈现密集而不均匀的团块。大多数药用植物种群在自然情况下都呈现团块分布。土壤不均匀、种群繁殖特性、植物种子的传播方式以及植物分泌物等是造成种群团块分布的主要原因。

三、种群的数量变化规律

种群数量规律主要与环境最大负荷量有密切关系。若环境资源无限的时候，单种种群数量为指数级增长；当环境资源有限的时候，单种种群数量在开始时随着时间的增加迅速增长，当种群数目增加到环境的最大承载力时，种群数量将停止增长并保持相对稳定的数量。此外，种群数量变化还与该种群的生长率和死亡率密切相关。

自然状态下，种群数目并不能保持一致稳定，而随着时间变化而波动。引起这种波动的原因是多样的：首先种群会对如温度、湿度、养分等环境条件的变化做出响应；其次是种群数量的大小波动可由种群内在的动态反应引起。此外，有些种群数量波动是由生物系统动态的遗传不稳定性引起。

四、种群的遗传与进化

药用植物个体的表现型（phenotype）与基因型（genotypc）和环境作用之间有着紧密的联系。表现型是指个体所表现出的外部形态等特征，是环境作用与个体遗传性共同作用的结果。从受精开始，基因型就一直受到环境的影响。各种药用植物多样的性状特征和活性成分的积累，需要在特定环境条件下才能表现出来，不同环境条件有可能使性状产生差异。如不同产地的丹参，其原植物形态、根部性状以及有效成分含量都存在着较显著的差异，这是基因型和环境相互作用的结果。环境饰变也称非遗传性变异，常常给植物分类带来麻烦。

植物生态型（ecotype）的形成就是植物与环境相互作用的结果。生态型的分化与该物种的地理分布幅度常呈正态相关，凡分布区域广的物种，其生态型也越多，反之亦然。按生态型形成的主导因子，常分为气候生态型、土壤生态型和生物生态型等。如蓖麻 *Ricinus communis* L. 在北方为一年生植物，而在南方一些地区则为多年生植物，属气候生态型；薯蓣 *Dioscorea opposite* Thunb. 在特定的土壤条件栽培能够形成著名的“铁棍山药”，属土壤生态型。

第四节　寄生植物和腐生植物

一、寄生植物

寄生植物不能独立生活，必须依靠从活体寄主植物上夺取水分与养分才能生活，因此寄生会给寄主植物造成危害。寄生植物中，一些具有叶绿素，能够进行光合作用，这类植物称半寄生植物，如桑寄生科、檀香科等类群的植物；另一些植物不具有叶绿素，完全不能进行光合作用，这类植物称全寄生植物，如蛇菰科、列当科等。

寄生植物的种子萌发与生长方式各有不同。一些种子在土壤中萌发，遇到寄主植物后就盘绕而上，生出寄生根并与寄主联合，而后脱离和地面联系，如菟丝子 *Cuscuta chinensis* Lam.，而桑寄生 *Taxillus sutchuenensis*（Lecomte）Danser 等则依靠鸟类将其具有黏性的果实传播到树枝上并萌发；檀香 *Santalum album* L. 在幼苗期必须在特定的寄主植物上过着半寄生生活，以后则能独立生活，而肉苁蓉等的种子需要在寄主的根系分泌物刺激下才能萌发，并过完全寄生生活，在地下积累富含养分的肉质茎，最后花序伸出土壤开花结实。

二、腐生植物

腐生植物是一类没有叶绿素，不能进行光合作用的异养型植物，常靠菌丝分解、吸收动植物残体中的有机物作养料。以低等植物较多，如紫芝、赤芝、猴头菇等属于腐生植物。此外，也有少数维管植物为腐生植物，例如，水晶兰科和部分兰科植物，这类植物常通过共生菌根从腐殖物中吸收养分。如天麻在生长初期，通过产生消化细胞来消化侵染自身的蜜环菌菌丝而获得营养，当蜜环菌营养来源不足，或者天麻块茎衰老之后，蜜环菌又可利用天麻体内的营养供其生长。天麻与蜜环菌这种交替作为寄主的生活方式也称“腐寄生”。

知识拓展

植物体整个生命周期都会受到多种微生物的侵染，包括细菌、真菌、病毒等。其中一些微生物与植物共生，不仅对植物体无害，两者之间还能形成互惠互利的关系，这就是植物有益微生物。植物有益微生物主要包括根际微生物、外生菌根、内生菌根、内生菌等。随着植物与有益微生物互作方面的研究取得的进展，势必会推动植物改良进程和对生命机理的认知，从而更好地利用微生物来为药用植物的生产和生活服务。

目前，已进入生产应用阶段的植物有益微生物主要有根瘤菌、丛枝菌和根际益生菌。商业化的根瘤菌、根际有益微生物已在农业生产上广泛应用。丛枝菌用于小面积使用，如育苗生产中。蜜环菌和小菇菌已用于天麻的人工栽培。同时还发现开唇兰小菇、石斛小菇和兰小菇 3 种内生真菌菌丝及代谢物对铁皮石斛 *Dendrobium officinale* Kimura et Migo 和金线兰 *Anoectochilus roxburghii*（Wall.）Lindl. 等兰科植物的生长有显著促进作用。羊茅 *Festuca ovina* L. 及黑麦草 *Lolium perenne* L. 感染内生菌后增强了抗干旱能力；牛尾草 *Festuca elatior*（D. Don）Hara 与内生真菌共生后，耐旱性增加，同时提高了利用土壤氮元素效率，并产生具防止昆虫、防止草食动物侵害的生物碱类毒素。

此外，内生菌能够产生与宿主相同或相似的化学物质，如从短叶红豆杉 *Taxus brevifolia* Nutt. 的树皮中分离并获得了能产生紫杉醇的安德烈紫杉菌；同时，内生菌能够影响宿主某些代谢产物，例如四川、甘肃、云南三省 10 个产地的川芎 *Ligusticum chuanxiong* Hort. 内生真菌类群的变化与川芎产地相关，而道地产区川芎的内生真菌种群多样性更丰富。此外，利用如农杆菌等病原微生物介导的遗传转化技术对药用植物进行了前所未有的遗传改良，能方便、快捷地导入外源目标基因。

重点小结

地球上所有的生物与其环境的整体称生物圈。环境系指生命系统周围的一切事物的总和，它包括空间以及其中可直接或间接影响生命系统生存和发展的各种因素；其中能够直接或间接影响植物生长、发育、繁殖和分布的因素称生态因子。生态因子包括了气候、水分、土壤等非生物因子和主体生命系统周围各等级层次的生物因子。生态因子之间相互联系、相互影响和相互制约，组合构成了丰富多样的生态环境条件，为药用植物创造了不同的生存空间。药用植物在每个生态因子轴上，存在一个能够生存的范围，在该范围两端是植物能够耐受的极限，中间为最适宜于生命活动的点，这三点合称药用植物对生态因子响应的三基点。从最低点到最高点之间的跨度，称生态幅。药用植物适宜区之外到最低或最高点之间的区间称耐受区，此时药用植物受到一定程度的限制，称胁迫。

不同药用植物对生态因子有着不同的需求。光照因子是药用植物赖以生存的必需条件，按照光照强度可分为阳性药用植物、阴性药用植物与半阴性药用植物，按日照长度可分为长日药用植物、短日药用植物和中间型药用植物；依据药用植物对温度因子的要求不同，可划分为耐寒药用植物、半耐寒药用植物、喜温药用植物和耐热药用植物；根据药用植物对水因子的适应能力和适应方式，可划分成旱生药用植物、湿生药用植物、中生药用植物和水生药用植物。药用植物生长与土壤因子密切相关，土壤质地与结构、理化性质、有机质、无机元素等对药用植物生长发育及代谢产物的积累都有极大的影响。不同的生态因子影响着药用植物的产量及药用品质。

药用植物还与各种生物因子密切关联，植物能与微生物形成菌根、根瘤菌以及内微生物等。菌根有内生菌根、外生菌根与内外生菌根，菌根能够加强植物根的吸收能力等；根瘤菌能固定空气中的游离氮；内微生物包括内生细菌与内生真菌，它们能产生植物激素类活性的物质来促进植物生长发育并能提高宿主植物非生物胁迫和生物胁迫的抗性。病原微生物包括了病毒、细菌、真菌等。植物与植物之间存在化感作用，也是农业生产上出现连作障碍的重要原因之一。

种群指在一定时间内占据某一地区的同种植物的个体总和，种群内的个体是一个有机的整体。按照年龄结构可分为增长型种群、稳定型种群和衰退型种群。种群有随机分布、均匀分布与团块分布三种的分布格局。种群的数量会随着环境资源、种群结构以及时间的变化而变化波动。不同种群分化出不同表现型，这些表现型的差异经过积累将会导致生态型的出现。

寄生与腐生的营养方式与绝大多数绿色自养植物不同，这两种营养方式是植物演化过程中的次生特征。寄生植物有半寄生植物和全寄生植物；腐生植物主要依靠菌丝分解、吸收动植物残体作养料。

思考与探索

1. 生态因子主要包括哪些？它们对药用植物的生长发育都有哪些影响？
2. 各生态因子之间如何相互影响？
3. 如何利用微生物与药用植物共生关系为人类服务？
4. 植物之间的化感作用对于药用植物的栽培与生产有何意义？
5. 如何理解植物与动物的协同进化？在虫媒传粉中，植物都有哪些作为？
6. 药用植物种群的“生态型”与“道地药材”之间有何种联系？
7. 为什么说寄生与腐生两种营养方式从植物进化的角度来说是次生的、进化的方式？
8. 药用植物的抗生类次生代谢产物对于植物体本身有何意义？

扫码“练一练”

（王祥培　沈昱翔）

第十四章　药用植物资源利用与保护

扫码“学一学”

要点导航

1. 掌握药用植物资源的基本特征和资源现状；药用植物资源保护和开发利用的关系。

2. 熟悉我国药用植物资源特色。

3. 了解未来药用植物生产新技术和思路。

第一节　药用植物资源的基本特征

药用植物资源是指一定区域药用植物的综合，具有实用价值和科学价值。药用植物资源种类多、分布零散、来源复杂、性质各异，除具植物自身生物学、生态学、生理和遗传学特性外，从药用植物资源开发利用角度，尚有以下几种基本特征。

1. 药用植物资源的地域性　每种药用植物都有自身的环境需求，不同生态环境中生长着不同类型的药用植物。药用植物分布的区域性是开发利用的重要依据之一，并非任何地方都适宜药材生产，如道地药材川贝母、怀地黄、岷当归等都只能在特定的地域生产。

2. 药用植物资源的分散性　自然状态下药用植物资源分散在其他植物群落中，很少形成单一优势种群或集中成片生长，很大程度上融合在森林、草原和农业资源中。如珍稀药用植物川贝母 *Fritillaria cirrhosa* D. Don 零星生长在青藏高原针阔叶混交林缘和高山灌丛中。

3. 药用植物资源的可解体性和有限性　药用植物资源受自然灾害或人为破坏而导致种群减少乃至灭绝的特性。每种植物资源独特的遗传基因都存在于该植物种群之中，任何一个植物个体均不能代表其物种的基因库。当种群减少到一定数量，就会威胁该物种的生存和繁殖，最终导致物种解体。一方面药用植物资源受到破坏后很难自然恢复，另一方面分布地域性，就决定其蕴藏量是有限的。

4. 药用植物资源的可再生性和栽培性　药用植物资源在自然或人为条件下，具有不断自然更新和繁殖的特性。但资源的再生、增殖是有限的，资源开发利用必须与其再生、增殖、换代、补偿能力相适应。若人类能合理利用，则可使有限的资源为人类提供无限的财富。同时，野生资源可通过引种驯化、栽培和野生抚育等方法来扩大药用植物资源的数量。

5. 药用植物资源近缘种化学成分的相似性　药用植物间亲缘关系越近，所含化学成分越相似；在相对稳定的环境条件下，某种药用植物能产生较一致的化学组分。这是寻找新药源和引种栽培的理论依据，也是植物化学分类的依据。如异喹啉类生物碱集中分布在木兰科、防己科、毛茛科、小檗科等多心皮类群，小檗属植物含小檗碱，大黄属植物含羟基蒽醌衍生物等；又如人参产生三萜类皂苷，颠茄产生莨菪烷类生物碱，薄荷产生萜类等等。

6. 药用植物资源采收利用的时间性和空间性 不同药用植物种类和不同植物器官组织在不同时期与地域所积累的代谢产物不同，这就决定了药用植物资源的采收利用具有时间和空间特性。采收时期与地域直接关系到药材产量和品质，如根和根状茎等地下器官常在地上部分枯萎至萌发前采收，叶常在花未开放或果实未成熟前采收，花多在花蕾或花朵初开时采收。果实多在自然成熟或近成熟时采收，全草常在生长最旺盛而将开花前采收。

7. 药用植物资源的多样性和多用性 植物种类和功能多样性决定了药用植物资源具有多种用途，这是进行综合开发、多种经营的依据。整体上而言，植物除作药用资源外，尚有防风固沙、水土保持、消除污染和美化环境等功能。从具体利用来看，一种药用植物具有不同的用途，许多既可直接入药，又能提取制药的原料。如橘 *Citrus reticulata* Blanco 的成熟果皮、种子、中果皮的维管束、近成熟的果皮、叶分别形成中药陈皮、橘核、橘络、青皮和橘叶，陈皮、青皮和橘叶还可提取挥发油，果实食用，树干作木材。

8. 药用植物资源研究和利用的国际性 药用植物资源分布、研究和利用均具有国际性，一方面有些药用植物种类可分布在同一气候带的不同国家，另一方面不同国家对相同或近缘药用植物各自开展着利用和研究工作。即使是狭域种，也可被其他国家和地区所利用。

第二节　药用植物资源的利用与保护现状

一、中国药用植物资源的现状

1. 药用植物种类繁多，人均占有资源量不足 我国植物物种丰富，占全球总数的10%～14%。但人口众多，人均占有药用植物资源的拥有量相对不足。同时，随着天然药物和天然保健品需求的日益增长，药用植物非药用用途被不断发现和利用，以及出口贸易增加，需求量不断增加，蕴藏量迅速减少，这对我国野生药用植物资源造成了巨大压力。

2. 药用植物资源与环境破坏严重，保育形势严峻 药用植物资源需求量不断增加的同时，我国城市化、农林业规模化以及水利开发进程飞速发展。人们对土地、森林、草原、河流的不合理利用，尤其是毁林开荒、低效林改造、化肥农药和除草剂的大面积使用，严重地破坏了药用植物的生态环境和资源分布。使野生药用植物连续的分布区被分隔呈岛屿化，种类、数量和质量急剧下降，许多药用植物资源自我再生能力已难以满足市场需求。尤其是狭域种，其生存和繁衍能力不足，环境依赖性强，生态环境的破坏使物种自我更新困难，是药用植物资源保育的重点对象。

3. 药用植物资源利用效率低，综合利用不足 总体而言，利用种子植物较多，而数量庞大的藻类、菌类的利用较少；药用生物资源种类中，利用的物种主要集中在1000种左右。从具体物种来看，通常使用某一器官，而丢弃大部分，缺乏综合利用。尤其提取特定目标产物中大量的其他有用物质被抛弃，造成浪费。在药材生产、加工、销售和采购各个环节也存在资源浪费，管理的科学化程度低，中药供求信息不畅或失真，造成部分药材积压和浪费。

4. 药用植物规范化栽培基础研究薄弱，存在诸多亟需解决的问题 我国70%的市售中药材来自人工栽培，在2002年6月1日开始施行《中药材生产质量管理规范（试行）》，以此来规范和控制中药材质量。但药用植物基础研究薄弱，生产中还存在许多问题，如种质不清、退化严重，种植、加工技术不规范，农药残留超标，连作障碍等问题，出现道地产区生产非道地药材的现象。

二、中国对药用植物资源的保护

中国政府已充分认识到保护药用植物资源的重要性，在《中华人民共和国宪法》中规定：国家保障自然资源的合理利用，保护珍贵的动物和植物。同时颁布系列相关植物资源保护和管理的法规，如《中华人民共和国环境保护法》《中华人民共和国自然保护区条例》《中华人民共和国野生植物资源保护条例》《中国珍稀濒危保护植物名录》《中国生物多样性保护行动》《中华人民共和国植物新品种保护条例》《国家重点保护野生植物名录》等。从此，中国药用植物资源管理和保护逐步走上了法制轨道。

同时，建立众多的自然保护区。从 1956 年建立鼎湖山自然保护区起，至 2009 年底，已建立各类自然保护区 2541 个，总面积 14700 万 hm^2，约占陆地国土面积的 14.7%，其中国家级保护区 319 个，面积 9267 万 hm^2。保护区的建立使全国 90% 的陆地生态系统种类、85% 的野生动物和 65% 的高等植物，特别是重点保护的 300 多种野生动物和 130 多种野生植物的栖息地得到有效的保护。建立保护区是保护药用植物资源的重要手段之一，如长白山自然保护区受保护的药用植物达 1500 多种，其中包括人参、黄芪、贝母、天麻、细辛、刺五加等名贵药用植物 300 余种。

植物园在保护植物资源、植物引种驯化、收集或栽培多样化等方面起着重要的作用，是药用植物资源迁地保护的主要措施。中国已建成野生植物引种保存基地（包括植物园、树木园、各类引种圃）250 多个。我国的大多数珍稀濒危植物种类都在各级植物园得到有效的保护，许多植物园中都专门设立药用植物园区。如中国医学科学院在北京、云南、海南、广西建的 4 座药用植物园，总占地面积超过 200hm^2，保存药用植物种质资源 4000 多种，同时全国许多院校和研究所都建有药用植物园，已初步形成了较完善的药用植物活体标本保存体系。

第三节　药用植物资源的保护与管理

一、药用植物资源保护的意义

1. 保护生物多样性　生物多样性是指地球上所有生命形式的总和，即所有动、植物及其与环境所形成的所有形式、层次和联合体的多样化。包括基因、细胞、组织、器官、种群、物种、群落、生态系统和景观等多个层次，其中意义较大的有遗传多样性、物种多样性、生态系统多样性和景观多样性 4 个层次。以上 4 个层次有着密不可分的内在联系，其中遗传多样性是物种多样性和生态系统多样性的基础。中国珍稀濒危物种估计达 4000～5000 种，并有 40% 的生态系统处于退化或严重退化状态。药用植物保护是生物多样性保护的重要内容，与环境保护和生物多样性保护有着相辅相成关系。

2. 实现药用资源永续利用　植物资源保护和利用是对立统一的关系。从长远来看，只有搞好资源保护，才能更好地、永续稳定地利用资源，以取得更长久的社会效益和经济效益。掠夺式采集，过分强调了开发利用，必然会加速某些物种濒危灭绝。因此，要正确处理好药用植物保护和开发利用的关系，对现有资源要最大限度地充分合理利用，使它为人类服务，同时还要保护野生资源及其生存和发展的生态环境，实现可持续利用。

3. 促进中药现代化进程 随着国际贸易和国内经济的发展，也推进了中药现代化的进程。药用植物资源除是中药的原料外，还是保健品、食品、化妆品和其他产业的原料。中药现代化和产业化需要大量的资源作保障，否则将是无根之木，无源之水。因此必须保护好药用植物资源，为中药现代化和产业化发展提供物质保障，实现资源永续利用。

二、药用植物资源保护的目标

合理充分利用药用植物资源是社会生产的需求，而保护是保持其存在、再生能力以及形成的生态环境，满足人类长期利用的需要，并非消极地让其自生自灭。因此，首先是保护药用植物的生存，因物种一旦绝灭就不能再生，故应珍惜任何物种的存在和发展。其次保护资源的再生能力，让植物有休养生息的机会。最后是保护药用植物的生存环境，生存环境缺失将影响植物生长发育，甚至死亡。因此药用植物资源与其他相关资源的开发利用过程中应关注其生态环境，促进其恢复和发展。

我国药用植物资源保护的目标，首先是进行400种常用和100种珍稀濒危药用植物资源调查、收集和保存，建立动态监测系统，遏制药用植物资源过度利用的趋势。其次是建设20～30个药用植物为主题的自然保护区，同时协调药用植物资源保护与林业、农业和水电等发展的关系，有效保护常用和珍稀濒危植物的生态环境。最后应加强野生变家种、综合利用和替代资源研究，实现常用药用资源的永续利用。

三、药用植物资源保护与管理的途径和措施

1. 药用植物资源的就地保护 就地保护是以保护药用植物资源及其生存环境为目的。一方面建立常用和珍稀野生药用植物的专题保护区，以及在现有自然保护区中重视野生药用植物的保护；另一方面在药材主产区实行分山轮采制度，给资源休养生息的机会，同时在这些区域杜绝毁林开荒、低效林改造、过度放牧等行为，保护好药用植物生存环境。

2. 药用植物资源的迁地保护 迁地保护就是把相关的药用植物迁出自然生长地，保存在植物园内，并进行引种驯化研究。植物园不仅保存了重要的药用植物，还为野生变家种、发展规模化中药农业提供支撑。我国已保存了大部分重要药用植物，如海南兴隆热带药用植物园保存了多数南药品种，在南方地区引种儿茶、诃子、苏木、肉桂、益智、安息香、马钱子、白豆蔻、沉香、槟榔等，在缓解紧缺药材市场供求矛盾中发挥了重要作用。

3. 药用植物资源的离体保护 离体保护是以保存药用植物的遗传为目的建立种质资源库。保存对象包括种子、营养器官、组织、细胞、培养物和原生质体等。常用保存方法有植物组织培养法和超低温保存法。超低温保存是指在－80℃以下的超低温中保存种质资源的生物学技术。目前，我国在昆明植物研究所建成了国家野生生物种质资源库，已保存了8444种、7.5万份野生生物种质资源；同时在北京、四川、海南建设国家中药资源种质资源库，将促进我国药用植物资源种质资源的保存、研究和种质创新工作。

4. 科学预测，协调利用与保护的关系 在调查研究基础上，掌握野生药用植物资源蕴藏量、再生更新规律和资源承载能力等，制定出各地区合理利用、保护和发展规划，采取科学的再生、更新和保护措施促进种群发展，避免资源遭到破坏或恢复已受损的资源。常

采用的方法有：①采挖和更新并举，把资源更新和药材采挖有机结合起来，尽可能为其更新创造良好条件，如边采边栽、采大留小、采育结合等方法。②在保护建群种前提下，促进药用植物的更新，防止群落的不良演替。③寻找替代资源，根据植物亲缘关系规律，寻找新药源和珍稀濒危植物资源类似品或代用品。④野生抚育，在其原生境或相似环境中，人为或自然增加种群数量，使其资源量达到能采集利用，并能继续保持群落平衡。⑤仿野生栽培，在野生资源退化严重的原生境或相似环境中，完全采用人工种植方式，培育和繁殖目标药用植物种群，建立人工群落。一方面使药用植物资源得到发展，另一方面还可以保持水土，逐渐恢复生态平衡。

5. 立法保护药用植物资源和宣传教育　我国人民在长期生产实践中，逐步认识到人与自然之间有着密切的内在联系，形成了“天人合一”的思想。历史上出现了“大司马”“山虞”“川师”“渔人”等官职，主管山林、河川、渔业等资源。中国政府制定了自然资源和生态环境保护的相关法律法规，这是药用植物资源保护的法律依据。但开发利用野生植物资源的单位和部门很多，本位思想严重，都是以本部门近期利益为重，缺乏整体效益和长远发展的战略思想，致使许多药用植物资源的开发利用之时，就是濒危灭绝之日。因此，需建立以负责保护和统一协调开发利用的管理机构。同时，一方面实行收取资源开发生态补偿费，规范开发行为，减少开发过程的浪费，积累生态系统恢复、重建资金；另一方面，将药用植物资源保护的宣传教育工作纳入环境教育之中，增强全民的资源保护意识，使有限药用植物资源得到合理利用与保护。

第四节　药用植物资源的合理开发利用

一、药用植物资源合理利用的意义

目前，市场经营的药材1200种左右，常用中药仅600种，普通药店（房）一般300～400种，临床使用的民族药约400种（约100种与中药交叉）。可见，我国实际利用的药用植物资源约占资源潜力的10%。长期使用的药材主要集中来自1000种左右植物，一方面造成部分种类物种耗竭，另一方面大量物种自生自灭。因此合理开发利用药用植物资源，可为中药产业持续发展提供原料保障，支撑中医药参与国际竞争；同时可将山区的资源优势变成经济优势，支援“三农”建设。但中国沙漠、戈壁及沙漠化、石漠化面积超过1600000km^2，沙化造成的直接经济损失年高达540亿元，生态环境保护形势十分严峻。在内蒙古、新疆等地，滥采滥挖甘草、麻黄、黄芪、发菜等固沙植物，已经酿成了沙荒和沙尘暴。可见合理开发药用植物资源对保护岌岌可危的生态环境意义重大。

二、药用植物资源开发利用的原则

药用植物资源的合理开发利用就是使经济效益、生态效益和社会效益最大化，实现药用植物资源永续利用。要实现这一目标，必须遵循以下几点。

1. 资源和环境承载能力决定开发利用规模的原则　药用植物能借助生长和繁殖而不断更新，但更新过程需要相应时间，且更新能力是有限的。但利用规模不能超过其再生能力和更新周期，以及生态环境的容量，否则将导致资源蓄积量下降，甚至解体。这就要求必须坚持资源采收量与资源增长量相平衡，利用速度与资源增长速度相一致，其标准就是采收量不能超过资源和环境承载能力，以维持资源的永续利用。

2. 综合开发利用，效益最大化的原则 综合开发利用，实行无废料生产是保护资源，提高资源效益的有效途径。无废料工艺使生产中消耗同样的资源就能生产更多品种或更多数量的产品，实行废料资源化，既可减轻资源压力，又提高了经济效益。如沙棘 *Hippophae rhamnoides* L. 的果实生产糕点、果酱、果汁等食品，叶生产保健茶、提取物生产药物，嫩枝和树皮可提取染料和鞣质，花提取香精，木材可作建筑用材、家具和工业品等。

3. 因地制宜，充分发挥地域优势的原则 药用植物开发利用时，应在充分调查研究、摸清资源、掌握市场需求的基础上，立足当地资源优势，确定发展方向。如绞股蓝主要分布在秦岭以南，已研发出绞股蓝系列保健品；黄花蒿中的青蒿素只在重庆和广西部分地区具有工业生产的价值。因此，充分发挥地域资源优势，不仅解决了生产企业与原料产地相距遥远造成的人力、物力、财力的浪费，同时推动山区经济的繁荣发展。

4. 运用市场经济规律，合理开发利用资源的原则 药用植物资源开发的产品主要是特殊商品（药品），药品必须要有适用人群。这就要求药用植物开发利用应适应市场的变化，加强科学研究工作。目前研究的重点应放在尚未充分利用而野生资源丰富物种的发掘与利用上，做到超前研究，为投入生产奠定理论基础，这样才能使资源优势转化为产品优势和经济优势。

药用植物资源低价是造成资源浪费、乱砍滥挖的重要原因之一。要有效地制止和约束药用植物开发利用中破坏资源和生态环境的行为，就应促使资源保护工作成为开发利用者全部经济活动的重要部分，激励他们主动强化药用植物保护，增加资源和生态环境研究保护的投入，筹集防治生态环境恶化资金，补偿影响地区的损失。

三、药用植物资源开发利用的步骤

1. 建立药用植物资源数据库 药用植物资源开发利用前，首先应全面深入调查该地区的资源和环境状况，包括植物资源种类、分布、生境、药用部位、资源量（包括蕴藏量、经济贮量、经营贮量）、利用情况、民间用药经验等，以及药用植物资源消长变化及生态情况。其次，全面掌握国内、外植物资源开发利用最新信息。因此，应建立一个药用植物资源数据库，库中应包括上述信息。利用数据库就可掌握各国药用植物研究的种类、成分、活性和用途等信息，有助于筛选经济价值大的种类进行开发利用。

2. 制定药用植物资源开发利用规划 在上述调查的基础上，根据开发利用原则，制定出规划。①直接开发利用的资源，是那些贮量大，分布集中，经济效益高，市场短缺的种类，可立即组织开发利用，尽快收到经济效益；并依据资源和环境承载能力，限定其开发强度与生产规模，制定合理利用与保护措施。②近期开发利用的资源，是经济效益大贮量小，马上开发利用不能形成一定生产能力的那些种类，要先进行引种驯化，野生变家种，扩大资源量以后再组织生产。③远期开发利用的植物资源，是贮量较大，分布集中，但目前还未知其利用途径或工艺水平低下造成资源浪费的植物资源，暂缓开发。同时针对存在的问题进行科学研究，组织攻关，经论证后，再进行开发利用。

3. 确定生产工艺流程 药用植物资源开发利用形成的商品，包括药材、饮片、提取物和中成药。药材生产是将植物采收后经简单加工处理后提供给饮片和提取物生产部门，这类资源只作原料基地进行原料生产。生产工艺流程是指饮片、提取物和成药生产技术过程，应在确定开发利用的同时，提出总体设计与生产工艺流程，以便组织建厂生产。

4. 药用植物资源生产基地建设　目前商品药材仍有70%左右的品种靠野生药用植物提供。野生变家种是确保药材商品稳定供应、质量稳定和保护资源的重要措施，也是药用植物开发利用中的重要工作。人工繁殖栽培是使零星分布野生植物的种群迅速增长扩大成为有效资源的一项重要措施。但野生变家种，需在依据其生物学特性，协调好各种生态因子关系的基础上，制定出高产栽培技术措施，建立栽培基地，实行集约化管理和生产，充分利用土地资源，同时也避免了野生资源的不合理利用。目前已实现了杜仲、厚朴、柴胡、桔梗、天麻等近200种药材的规模化生产。

第五节　特色和濒危药用植物资源

一、特色药用植物资源

中国是世界上植物物种最丰富的国家之一。我国有中药资源11118种，其中低等植物有92科，179属，463种；高等植物物有293科，2134属，10553种；少数民族使用的药用植物有7020种，以藏族、土家族、傣族、蒙古族、瑶族最多。同时各地生产、收购药材的种类各具特色，不同产地都有道地药材。如四川的川贝母、川芎，吉林的人参，云南的三七，河南的怀牛膝、地黄，浙江的玄参、白芷，广东的广藿香、砂仁，西藏、四川的冬虫夏草，宁夏的枸杞，新疆的紫草等。

中国有许多特有分类群，高等植物中有特有属250多个，特有种15000～18000个。常用药用植物中包括许多特有种和狭域种，这是我国用植物资源的优势。如银杏 *Ginkgo biloba* L.、杜仲 *Eucommia ulmoides* Oliver、羌活 *Notopterygium incisum* Ting ex H. T. Chang、知母 *Anermarrhena asphodeloides* Bunge、通脱木 *Tetrapanax papyrifer* (Hook.) K. Koch、丛菔 *Solms-Laubachia* spp.、马尿泡 *Przewalskia tangutica* Maxim.、金铁锁 *Psammosilene tunicoides* W. C. Wu et C. Y. Wu 等等。

二、濒危药用植物资源

珍稀濒危药用植物常特指《中国珍稀濒危植物保护名录》《国家重点保护野生药材物种名录》中规定重点保护的药用植物类群。常用药用植物中也包括了许多濒危物种，这是我国药用植物资源研究、保护的重点。如黄连 *Coptis chinensis* Franch.、三角叶黄连 *C. deltoidea* C. Y. Cheng et Hsiao、云连 *C. teeta* Wall.、甘草 *Glycyrrhiza uralensis* Fisch.、胀果甘草 *G. inflata* Bat.、光果甘草 *G. glabra* L.、杜仲 *Eucommia ulmoides* Oliv.、黄皮树 *Phellodendron chinense* Schneid.、黄檗 *P. amurense* Rupr.、厚朴 *Magnolia officinalis* Rehd. et Wils.、凹叶厚朴 *M. afficinalis var. biloba* Rehd. et Wils.、人参 *Panax ginseng* C. A. Mey.、剑叶龙血树 *Dracaena cochinchinensin* (Lour.) S. C. Chen、辽细辛 *Asarum heterotropoides* Fr. var. *mandshuricum* (Maxim.) Kitag.、猪苓 *Polyporus umbellatus* (Pers.) Fries、连翘 *Forsythia suspensa* (Thunb.) Vahl、胡黄连 *Picrorhiza scrophulariiflora* Pennell、紫草 *Lithospermum erythrorhizon* Sieb. et Zucc. 等等。

第六节 人类未来发展与药用植物生产

一、未来农业与药用植物生产

植物药安全、有效性长期备受人们青睐，也是将来药品研发生产的源泉之一。药用植物的人工栽培也必然是植物药开发利用的重要内容，而药用植物栽培与农业发展息息相关。中国农业正在向生态农业、有机农业和设施农业发展，随着中国农业向现代化推进过程中，药用植物的生产模式和生产技术也将随之发生变化。

生态农业模式下，应该依据生态学、经济学和系统工程的原理，运用现代技术和管理手段，吸收传统种植的有效经验，建立能获得较高经济效益、社会效益和环境效益的药用植物生产模式。特别应注意维护药用植物生产的生态环境，确保药用植物资源安全，以及提升传统种植经验的内涵。

有机农业模式下，应吸收国内外有机农业生产的经验，发掘历代药用植物栽培的科学内涵，建立不施用任何合成肥料、农药、生长调节剂，也不采用基因工程品种及其产物的药用植物生产模式。这是将来药用植物生产的重要发展方向。

设施农业模式下，应吸取国内外设施农业生产的经验，结合具体药用植物的生物学特性，建立药用植物高效生产模式。连作障碍将是该模式的重要障碍。

药用植物生产朝着集约化、规模化的方向发展，良种的选育与推广应用，将使得栽培植物遗传多样性急剧降低，病害大面积流行的风险不断增加。因此利用药用植物品种遗传多样性和多种农作物进行间、混、套作，提高作物抗性水平和降低病虫危害，也是将来药用植物栽培生产的发展模式。

二、未来林业与药用植物生产

林业生产的树种通常是野生植物生态环境的建群种，在维护药用植物生态环境的稳定中起到了重要的作用。而木材生产一直是林业生产的核心，特别是低效林改造和速生丰产用材生产中，药用植物自然种群和生存的环境遭到严重破坏。因此药用植物研究应积极参与到未来林业生产中，一方面保护环境，实现生态效益最大化；另一方面，可保障药用植物生产和木材生产有机结合，实现未来林业效益最大化。

第七节 现代生物技术与药用植物资源

生物技术是以生物体系（个体、组织、细胞、基因）和生物工程原理来生产生物产品、培育新品种和提供社会服务的综合性技术。生物技术的发展为药用植物的研究、生产和利用提供了重要的手段，已成为药用植物现代研究的重要内容。

一、药用植物组织培养技术

植物组织培养（tissue culture）技术是指通过无菌操作技术将一个或数个体细胞或植物

体的一部分在人工控制的条件进行培养，使其生成完整的植株。因此，采用该技术方法适用于药用植物的脱病毒、快速繁殖，种质保存和纯化、种质改良等。

1. 生产药用植物脱毒苗　病毒病是引起药用植物品种退化，产量和品质下降的重要因素之一。已报道的药用植物病毒病有太子参花叶病、地黄病毒病、浙贝母黑斑病等 10 余种。20 世纪 80 年代，建立了茎尖脱毒技术，克服了病毒病的危害，并实现了生产。但药用植物的脱毒起步较晚，如地黄茎尖 16 号就是经茎尖培养选育出抗病毒强、经济效益较高的脱毒品系，已推广应用。另外，川芎茎尖脱毒培养也获成功。

2. 稀缺或良种品种的快速繁殖　某些新育成或新引进的良种，采用试管苗繁殖技术可快速推广。如采用该方法繁殖枸杞新品种“宁夏 1 号”和“宁夏 2 号”种苗 100 万余株，加速了新品种的推广。又如我国在 20 世纪 80 年代，利用平贝母和伊贝母进行种间远缘杂交，但其后代繁殖力低，利用该技术方法对杂交植株进行无性快速繁殖，既保持了杂交一代原有性状和杂交优势，又解决了杂交后代繁殖力低的问题。转基因技术获得的优良品系，如转基因红豆杉通过组织培养方法，保持了转基因目的性状的稳定性。

3. 珍稀濒危药用植物的种质保存　组织培养技术对珍稀濒危药用植物的资源保护、品种纯化和稳定质量具有重要作用，我国采取该技术已对铁皮石斛、川贝母、红豆杉等建立起无性繁殖系，开展相关种质资源的保存。利用组织培养技术保存药用植物种质资源，通常采用一般保存和缓慢生长法保存等。一般保存：在常规培养条件下对培养物经不断继代的方式进行保存，该方法可随时进行扩繁，但费时费力，并容易引起体细胞无性系的变异；目前药用植物的离体保存仍采用该方式。缓慢生长法：通过调节培养条件，减缓保存材料的生长和减少营养消耗来延长继代时间的保存方法；目前采取的途径有降低培养温度、提高培养基渗透压、降低培养环境的营养或培养基中添加生长调节剂等。

4. 加速药用植物种质的改良　植物单倍体是育种的重要材料，但自然单倍体不易获得。利用组织培养技术进行花药为主的培养可诱导获得单倍体植株，经染色体加倍后，在一个世代中即可出现纯合的 2 倍体，从中选出的优良纯合系，可缩短育种年限。而药用植物多倍体通常根、茎、叶、花、果具巨型性、抗逆性强、活性成分高等特性，利用组织培养技术诱导多倍体操作简便，诱导率高，易于大批量处理和筛选，获得的优质株系可在短期内大量繁殖，极大地缩短育种周期。如日本培育出的 4 倍体曼陀罗 *Datura stramonium* L. 总生物碱是 2 倍体的 1.76 倍。植物 3 倍株常无籽，极方便其加工利用；利用植物胚乳培养可诱导产生 3 倍体植株和缩短育种年限，我国成功采用胚乳诱导获得了 3 倍体的枸杞植株。

二、药用植物细胞工程技术

药用植物细胞工程是指以细胞为基本操作单位，在细胞水平上对植物细胞进行改造、培养、增殖的工程技术。通常分为上、下游工程，上游工程包含细胞培养、细胞遗传操作和细胞保藏三个基本步骤；下游工程是将已转化的细胞应用到生产实践中获得产品的过程。植物细胞培养是药用植物细胞工程的技术基础，而药用植物细胞工程又常常与基因工程和发酵工程的技术相结合。利用植物细胞工程技术，可通过植物细胞或器官大规模直接生产出活性成分，简化产物的提取分离技术和降低产物生产成本。还可通过目的产物生物合成途径的代谢调控，将细胞或器官中目标成分的含量提高到植物体的数倍至数十倍，也可通过代谢调控，抑制毒性物质的合成，在基因水平实现药用植物的减毒增效。

药用植物细胞工程生产植物次生代谢产物，是基于植物细胞全能性和借鉴微生物发酵培养的经验。而获得遗传稳定性好的高产细胞系，建立切实可行的次生代谢调控系统和适合药用植物细胞大规模培养的生物反应器，是该技术的三大要素。尽管技术难度大，但仍然获取了可喜的研究成果。如我国在人参和软紫草 *Arnebia euchroma*（Royle）Johnst. 细胞大规模培养方面已实现产业化规模。

发根农杆菌（*Agrobacterium rhizogenes*）含有诱导生根的 Ri 质粒，利用它来侵染药用植物可建立起“毛状根”培养系统。该技术与传统细胞培养技术相比，毛状根培养具有生长速度快，激素自养，分化程度高以及遗传性状相对稳定等优点。我国传统药材的近 1/3 来源植物的根，通过毛状根大规模培养，从中获取有价值的次生代谢产物具有广泛的应用前景。目前已建立了长春花、烟草、紫草、人参、曼陀罗、颠茄、丹参、黄花蒿、甘草和青蒿等 40 多种植物的毛状根培养系统。

重点小结

认识药用植物资源的基本特征和我国药用植物利用和保护现状，有助于我们对药用植物资源进行科学预测，确定当前的保护目标，采取科学的措施保护、利用和恢复协调发展生产。药用植物合理利用是实现中药产业可持续发展的重要保障，也是支援“三农”和保护生态环境的需要。资源开发利用原则就是使经济效益、生态效益和社会效益最大化，实现药用植物资源永续利用。因此，需要建立资源数据库、制定合理开发利用规划、生产工艺流程，因地制宜建设资源生产基地。我国特色药用植物资源包括道地药材资源、民族药资源和民间药资源及中国植物特有物种资源。药用植物栽培已成为现代中药农业的重要内容，实施中药材规范化生产有利于提高药材的品质和产量。现代生物技术为快速获得药用植物资源及药用植物种质改良，以及目的次生代谢产物生产提供了经济有效的途径。

思考与探索

1. 为什么要保护药用植物资源？如何科学地进行保护与发展？
2. 简述药用植物资源合理开发利用的原则及步骤。
3. 我国的特色药用植物资源和濒危药用植物资源有哪些？
4. 为什么说药用植物栽培是现代中药农业的重要内容？
5. 现代生物技术的应用对于药用植物资源生产有何重要意义？

扫码“练一练”

（郭庆梅）

附录

附录一　被子植物门分科检索表

1. 子叶2枚，极稀为1枚或较多；茎具中央髓部；在多年生的木本植物中有年轮；叶片常具网状脉；花常5或4数（次1项见369页）…… **双子叶植物纲 Dicotyledoneae**

2. 花无真正的花冠（花被片逐渐变化，呈覆瓦状排列成2至数层的，也可在此检索）；有或无花萼，有时且可类似花冠（次2项见352页）。

3. 花单性，雌雄同株或异株，其中雄花，或雌花和雄花均可成柔荑花序或类似柔荑状的花序。

4. 无花萼，或在雄花中存在。

5. 雌花以花梗着生于椭圆形膜质苞片的中脉上；心皮1 …… **漆树科 Ancardiaceae（九子不离母属 *Dobinea*）**

5. 雌花情形非如上述；心皮2或更多。

6. 多为木质藤本；叶为全缘单叶，具掌状脉；果实为浆果 …… **胡椒科 Piperaceae**

6. 乔木或灌木；叶可呈各种形式，但常为羽状脉；果实不为浆果。

7. 旱生性植物，有具节的分枝和极退化的叶片，后者在每节上且连合成为具齿的鞘状物 …… **木麻黄科 Casuarinaceae（木麻黄属 *Casuarina*）**

7. 植物为其他情形者。

8. 果实为具多数种子的蒴果，种子有丝状茸毛 …… **杨柳科 Salicaceae**

8. 果实为仅具1种子的小坚果、核果或核果状坚果。

9. 叶为羽状复叶；雄花有花被 …… **胡桃科 Juglandaceae**

9. 叶为单叶（有时在杨梅科中可为羽状分裂）；雄花有或无花被。

10. 果实为肉质核果，雄花无花被 …… **杨梅科 Myricaceae**

10. 果实为小坚果，雄花有花被 …… **桦木科 Betulaceae**

4. 有花萼，或在雄花中不存在。

11. 子房下位。

12. 叶对生，叶柄基部互相连合 …… **金粟兰科 Chloranthaceae**

12. 叶互生。

13. 叶为羽状复叶 …… **胡桃科 Juglandaceae**

13. 叶为单叶。

14. 果实为蒴果 …… **金缕梅科 Hamamelidaceae**

14. 果实为坚果。

15. 坚果封藏于一变大呈叶状的总苞中 …… **桦木科 Betulaceae**

15. 坚果有一壳斗下托，或封藏于一多刺的总苞中 …… **壳斗科 Fagaceae**

11. 子房上位。

16. 植物体中具白色乳汁。

17. 子房1室；聚花果 …… **桑科 Moraceae**

17. 子房2～3室；蒴果 …… **大戟科 Euhporbiaceae**

16. 植物体中无乳汁，或在大戟科重阳木属 *Bischofia* 中具红色乳汁。

18. 子房为单心皮所成，雄蕊的花丝在花芽中向内屈曲 …… **荨麻科 Urticaceae**

18. 子房为2枚以上的连合心皮所成，雄蕊的花丝在花芽中常直立（在大戟科重阳木属 *Bischofia*、巴豆属 *Croton* 中则向前屈曲）。

19. 果实为3个（稀可2～4个）离果瓣所成的蒴果；雄蕊10至多数，有时少于10 …… **大戟科 Euhporbiaceae**

19. 果实为其他情形；雄蕊少数至数枚（大戟科黄桐树属 *Endospermum* 为610枚），或和花萼裂片同数且对生。

20. 雌雄同株；乔木或灌木。

21. 子房2室，蒴果 …… **金缕梅科 Hamamelidaceae**

21. 子房1室，坚果或核果 …… **榆科Ulmaceae**

20. 雌雄异株

22. 草本或草质藤本；叶为掌状分裂或掌状复叶 …… **桑科 Moraceae（大麻属 *Cannabis*）**

22. 乔木或灌木；叶全缘，或在重阳木属为3小叶所成的复叶 …… **大戟科 Euhporbiaceae**

3. 花两性或单性，但并不成为柔荑花序。

23. 子房或子房室内有数枚至多数胚珠（次23项见347页）。

24. 寄生性植物，无绿色叶片 …… **大花草科 Rafflesiaceae**

24. 非寄生性植物，有正常绿叶，或叶退化而以绿色茎代行叶的功用。

25. 子房下位或半下位。

26. 雌雄同株或异株，如为两性花时，则成肉质穗状花序。

27. 草本。

28. 植物体含多量液汁，单叶常不对称 …… **秋海棠科 Begoniaceae（秋海棠属 *Begonia*）**

28. 植物体不含多量液汁，羽状复叶 …… **四数木科 Datiscaceae（野麻属 *Datisca*）**

27. 木本。

29. 花两性，成肉质穗状花序；叶全缘 …… **金缕梅科 Hamamelidaceae（假马蹄荷属 *Chunia*）**

29. 花单性，成穗状、总状或头状花序；叶缘有锯齿或具裂片。

30. 花呈穗状或总状花序，子房 1 室 …… **四数木科 Datiscaceae（四数木属 *Tetrameles*）**

30. 花呈头状花序，子房 2 室 …… **金缕梅科 Hamamelidaceae（枫香树亚科 *Liquidambaroideae*）**

26. 花两性，但不成肉质穗状花序。

31. 子房 1 室。

32. 无花被，雄蕊着生在子房上 …… **三白草科 Saururaceae**

32. 有花被，雄蕊着生在花被上。

33. 茎肥厚绿色，常具棘针，叶常退化；花被片和雄蕊都多数；浆果 …… **仙人掌科 Cactaceae**

33. 茎不成上述形状，叶正常；花被片和雄蕊各为 5 或 4 数，或雄蕊为花被片的 2 倍；蒴果 …… **虎耳草科 Saxifragaceae**

31. 子房 4 室或更多室。

34. 乔木，雄蕊为不定数 …… **海桑科 Sonneratiaceae**

34. 草本或灌木。

35. 雄蕊 4 …… **柳叶菜科 Onagraceae（丁香蓼属 *Ludwigia*）**

35. 雄蕊 6 或 12 …… **马兜铃科 Atristolochiaceae**

25. 子房上位。

36. 雌蕊或子房 2 个或更多。

37. 草本。

38. 复叶或多少有些分裂，稀可为单叶（如驴蹄草属 *Caltha*），全缘或具齿裂；心皮多数至少数 …… **毛茛科 Ranunculaceae**

38. 单叶，叶缘有锯齿；心皮和花萼裂片同数 …… **虎耳草科 Saxifragaceae（扯根菜属 *Penthorum*）**

37. 木本。

39. 花的各部为整齐的 3 数 …… **木通科 Lardizabalaceae**

39. 花为其他情形。

40. 雄蕊数枚至多数，连合成单体 …… **梧桐科 Sterculiaceae（苹婆族 *Sterculieae*）**

40. 雄蕊多数，离生。

41. 花两性，无花被 …… **昆栏树科 Trochodendraceae（昆栏树属 *Trochodendron*）**

41. 雌雄异株，具 4 个小型萼片 …… **连香树科 Cercidiphyllaceae（连香树属 *Cercidiphyllum*）**

36. 雌蕊或子房单独 1 个。

42. 雄蕊周位，即着生于萼筒或杯状花托上。

43. 有不育雄蕊，且和 8～12 个能育雄蕊互生 …… **大风子科 Flacourtiaceae（山羊角树属 *Casearia*）**

43. 无不育雄蕊。

44. 多汁草本植物，花萼裂片呈覆瓦状排列，成花瓣状，宿存；蒴果盖裂 …… **番杏科 Aizoaceae（海马齿属 *Sesuvium*）**

44. 植物体为其他情形，花萼裂片不成花瓣状。

45. 双数羽状复叶，互生；花萼裂片呈覆瓦状排列；荚果；常绿乔木 …… **豆科 Leguminoaae（云实亚科 *Caesalpinoideae*）**

45. 单叶，对生或轮生；花萼裂片呈镊合状排列；非荚果。

46. 雄蕊为不定数，子房 10 室或更多室，果实浆果状 …… **海桑科 Sonneratiaceae**

46. 雄蕊 4～12（不超过花萼裂片的 2 倍），子房 1 室至数室，果实蒴果状。

47. 花杂性或雌雄异株，成穗状花序，再成总状或圆锥排列 …… **隐翼科 Crypteroniaceae（隐翼属 *Crypteronia*）**

47. 花两性，中型，单生或排列成圆锥花序 …… 千屈菜科 Lythraceae
42. 雄蕊下位，即着生于扁平或凸起的花托上。
48. 木本，叶为单叶。
49. 乔木或灌木；雄蕊常多数，离生，胚珠生于侧膜胎座或隔膜上 …… 大风子科 Flacourtiaceae
49. 木质藤本；雄蕊 4 或 5，基部连合成杯状或环状；胚珠基生 …… 苋科 Amaranthaceae（浆果苋属 *Deeringia*）
48. 草本或亚灌木。
50. 植物体沉入水中，常具一背腹面呈原叶体状的构造，像苔藓 …… 川苔草科 Podostemaceae
50. 植物体非如上述情形。
51. 子房 3～5 室。
52. 食虫植物，叶互生，雌雄异株 …… 猪笼草科 Nepenthaceae（猪笼草属 *Nepenthes*）
52. 非为食虫植物，叶对生或轮生，花两性 …… 番杏科 Molluginaceae
51. 子房 1～2 室。
53. 叶为复叶或多少有些分裂 …… 毛茛科 Ranunculaceae
53. 叶为单叶。
54. 侧膜胎座。
55. 花无花被 …… 三白草科 Saururaceae
55. 花具 4 离生萼片 …… 十字花科 Brassicaceae
54. 特立中央胎座。
56. 花序呈穗状、头状或圆锥状，萼片多少为干膜质 …… 苋科 Amaranthaceae
56. 花序呈聚伞状，萼片草质 …… 石竹科 Caryophyllaceae
23. 子房或其子房室内仅有 1 至数枚胚珠。
57. 叶片中常有透明微点。
58. 叶为羽状复叶 …… 芸香科 Rutaceae
58. 叶为单叶，全缘或有锯齿。
59. 草本或有时在金粟兰科为木本植物；花无花被，常成简单或复合的穗状花序，但胡椒科齐头绒属 *Zippelia* 则成疏松总状花序。
60. 子房下位，仅 1 室，有 1 胚珠；叶对生，叶柄在基部连合 …… 金粟兰科 Chloranthaceae
60. 子房上位；叶如为对生时，叶柄也不在基部连合。
61. 雌蕊由 3～6 近于离生心皮组成，每心皮各有 2～4 胚珠 …… 三白草科 Saururaceae（三白草属 *Saururus*）
61. 雌蕊由 1～4 合生心皮组成，仅 1 室，有 1 胚珠 …… 胡椒科 Piperaceae（齐头绒属 *Zippelia*，豆瓣绿属 *Peperomia*）
59. 乔木或灌木；花具一层花被；花序有各种类型，但不为穗状。
62. 花萼裂片常 3 枚，呈镊合状排列；子房为 1 心皮所成，成熟时为肉质，常以 2 瓣裂开；雌雄异株 …… 肉豆蔻科 Myristicaceae
62. 花萼裂片 4～6 枚，呈覆瓦状排列；子房为 2～4 合生心皮所成。
63. 花两性；果实仅 1 室，蒴果状，2～3 瓣开裂 …… 大风子科 Flacourtiaceae（山羊角树属 *Casearia*）
63. 花单性，雌雄异株；果实 2～4 室，肉质或革质，很晚才开裂 …… 大戟科 Euhporbiaceae（白树属 *Geloninm*）
57. 叶中无透明微点。
64. 雄蕊连为单体，至少在雄花中如此，花丝互相连合成筒状或成一中柱。
65. 肉质寄生草本植物，具退化呈鳞片状的叶片，无叶绿素 …… 蛇菰科 Balanophoraceae
65. 植物体不为寄生性，有绿叶。
66. 雌雄同株，雄花成球形头状花序，雌花以 2 个同生于 1 个有 2 室而具钩状瓦刺的果壳中 …… 菊科 Asteraceae（苍耳属 *Xanthium*）
66. 花两性，如为单性时，雄花及雌花也无上述情形。
67. 草本植物，花两性。

68. 叶互生 …………………………………………………………………… 藜科 **Chenopodiaceae**

68. 叶对生。

69. 花显著，有连合成花萼状的总苞 ………………………………………… 紫茉莉科 **Nyctaginaceae**

69. 花微小，无上述情形的总苞 ………………………………………………… 苋科 **Amaranthaceae**

67. 乔木或灌木，稀可为草本；花单性或杂性；叶互生。

70. 萼片呈覆瓦状排列，至少在雄花中如此 ………………………………… 大戟科 **Euhporbiaceae**

70. 萼片呈镊合状排列。

71. 雌雄异株；花萼常具3裂片；雌蕊为1心皮所成，成熟时肉质，且常以2瓣开裂 …… 肉豆蔻科 **Myristicaceae**

71. 花单性或雄花和两性花同株；花萼具4~5裂片或裂齿；雌蕊为3~6近于离生的心皮所成，各心皮于成熟时为革质或木质成蓇葖果状而不裂开 ……………………………… 梧桐科 **Sterculiaceae**（苹婆族 ***Sterculieae***）

64. 雄蕊各自分离，有时仅为1枚，或花丝成为分枝的簇丛（如大戟科蓖麻属 *Ricinus*）。

72. 每花有雌蕊2枚至多数，近于或完全离生；或花的界限不明显时，则雌蕊多数，成1球形头状花序。

73. 花托下陷，呈杯状或坛状。

74. 灌木，叶对生，花被片在坛状花托的外侧排列成数层 ……………………… 腊梅科 **Calycanthaceae**

74. 草本或灌木，叶互生，花被片在杯状或坛状花托的边缘排列成一轮 ……………… 蔷薇科 **Rosaceae**

73. 花托扁平或隆起，有时可延长。

75. 乔木、灌木或木质藤本。

76. 花有花被 ………………………………………………………………………… 木兰科 **Magnoliaceae**

76. 花无花被。

77. 落叶灌木或小乔木；叶卵形，具羽状脉和锯齿缘；无托叶；花两性或杂性，在叶腋中丛生；翅果无毛，有柄 ……………………………………………………………………… 昆兰树科 **Eupteleaceae**

77. 落叶乔木，叶广阔，掌状分裂，叶缘有缺刻或大锯齿缘；有托叶围茎成鞘，易脱落；花单性，雌雄同株，分别聚成球形头状花序；小坚果，围以长柔毛而无柄 ……… 悬铃木科 **Platanaceae**（悬铃木属 ***Platanus***）

75. 草本或稀为亚灌木，有时为攀缘性。

78. 胚珠倒生或直生。

79. 叶片多少有些分裂或为复叶，无托叶或极微小，有花被（花萼），胚珠倒生，花单生或成各种类型的花序 ……………………………………………………………………… 毛茛科 **Ranunculaceae**

79. 叶为全缘单叶，有托叶，无花被，胚珠直生，花成穗形总状花序 ……………… 三白草科 **Saururaceae**

78. 胚珠常弯生，叶为全缘单叶。

80. 直立草本；叶互生，非肉质 ………………………………………………… 商陆科 **Phytolaccaceae**

80. 平卧草本；叶对生或近轮生，肉质 ……………… 粟米草科 **Molluginaceae**（针晶粟草属 ***Gisekia***）

72. 每花仅有1个复合或单雌蕊，心皮有时于成熟后各自分离。

81. 子房下位或半下位（次81项，见下页）。

82. 草本。

83. 水生或小型沼泽植物。

84. 花柱2个或更多，叶片（尤其沉没水中的）常成羽状细裂或为复叶 ……………………………………………………………………………… 小二仙草科 **Haloragidaceae**

84. 花柱1个，叶为线形全缘单叶 ……………………………………………… 杉叶藻科 **Hippuridaceae**

83. 陆生草本。

85. 寄生性肉质草本，无绿叶。

86. 花单性，雌花常无花被；无珠被及种皮 ……………………………………… 蛇菰科 **Balanophoraceae**

86. 花杂性，有一层花被，两性花有1雄蕊；有珠被及种皮 ……………………………………………………………… 锁阳科 **Cynomoriaceae**（锁阳属 ***Cynomorium***）

85. 非寄生性植物，或于檀香科百蕊草属 *Thesium* 为半寄生性，但均有绿叶。

87. 叶对生，其形宽广而有锯齿缘 ……………………………………………… 金粟兰科 **Chloranthaceae**

87. 叶互生。

88. 平铺草本（限我国），叶片宽，三角形，多少有些肉质 ……………… **番杏科 Aizoaceae**（**番杏属** ***Tetragonia***）

88. 直立草本，叶片窄而细长 ……………………………………………… **檀香科 Santalaceae**（**百蕊草属** ***Thesium***）

82. 灌木或乔木。

89. 子房 3～10 室。

90. 坚果 1～2 个，同生在一个木质且可裂为 4 瓣的壳斗里 ………………… **壳斗科 Fagaceae**（**水青冈属** ***Fagus***）

90. 核果，并不生在壳斗里。

91. 雌雄异株，成顶生的圆锥花序，后者并不为叶状苞片所托 …… **山茱萸科 Comaceae**（**鞘柄木属** ***Rorricellia***）

91. 花杂性，形成球形头状花序，后者为 2～3 白色叶状苞片所托 ………… **珙桐科 Nyssaceae**（**珙桐属** ***Davidia***）

89. 子房 1 或 2 室，或在铁青树科青皮树属/香芙木属 *Schoepfia* 中，子房的基部可为 3 室。

92. 花柱 2 个。

93. 蒴果，2 瓣裂开 ……………………………………………………………… **金缕梅科 Hamamelidaceae**

93. 果实呈核果状，或为蒴果状的瘦果，不裂开 ……………………………… **鼠李科 Rhamnaceae**

92. 花柱 1 个或无花柱。

94. 叶片下面多少有些皮屑状或鳞片状的附属物 ………………………………… **胡颓子科 Elaeagnaceae**

94. 叶片下面无些皮屑状或鳞片状的附属物。

95. 叶缘有锯齿或圆锯齿，稀可在荨麻科紫麻属 *Oreocnide* 中有全缘者。

96. 叶对生，具羽状脉，雄花裸露，有雄蕊 1～3 枚 ……………………… **金粟兰科 Chloranthaceae**

96. 叶互生，大都于叶基具三出脉，雄花具花被及雄蕊 4 枚（稀可 3～5 枚） ………… **荨麻科 Urticaceae**

95. 叶全缘，互生或对生。

97. 植物体寄生在乔木的树干或枝条上，果实呈浆果状 ………………………… **桑寄生科 Loranthaceae**

97. 植物体大都陆生，或有时可为寄生性；果实呈坚果状或核果状；胚珠 1～3 枚。

98. 花多为单性，胚珠悬垂于基底胎座上 …………………………………… **檀香科 Santalaceae**

98. 花两性或单性，胚珠悬垂于子房室的顶端或中央胎座的顶端。

99. 雄蕊 10 个，为花萼裂片的 2 倍 ……………………… **使君子科 Combretaceae**（**诃子属** ***Terminalia***）

99. 雄蕊 4～5 个，和花萼裂片同数且对生 ………………………………… **铁青树科 Olacaceae**

81. 子房上位，如有花萼时，和它相分离，或在紫茉莉科和胡颓子科中，当果实成熟时，子房为宿存萼筒所包围。

100. 托叶鞘围抱茎的各节；草本，稀可为灌木 ……………………………… **蓼科 Polygonaceae**

100. 无托叶鞘（在悬铃木科有托叶鞘但易脱落）。

101. 草木，或有时在藜科紫茉莉科中为亚灌木（次 101 项，见下页）。

102. 无花被。

103. 花两性或单性，子房 1 室，内仅有 1 个基生胚珠。

104. 叶基生，由 3 小叶而成；穗状花序在一个细长基生无叶的花梗上 ………………………………………………… **小檗科 Berberidaceae**（**裸花草属** ***Achlys***）

104. 叶茎生，单叶；穗状花序顶生或腋生，但常和叶相对生 ………………………………………………… **胡椒科 Piperaceae**（**胡椒属** ***Piper***）

103. 花单性，子房 3 或 2 室。

105. 水生或微小的沼泽植物，无乳汁；子房 2 室，每室内含 2 个胚珠 ………………………………………………… **水马齿科 Callitrichaceae**（**水马齿属** ***Callitriche***）

105. 陆生植物，有乳汁；子房 3 室，每室内仅 1 个胚珠 …………………… **大戟科 Euhporbiaceae**

102. 有花被，当花为单性时，特别是雄花如此。

106. 花萼呈花瓣状，且呈管状。

107. 花有总苞，有时总苞类似花萼 ……………………………………… **紫茉莉科 Nyctaginaceae**

107. 花无总苞。

108. 胚珠 1 个，在子房的近顶端处 ……………………………………… **瑞香科 Thymelaeaceae**

108. 胚珠多数，生在特立中央胎座上 ……………………… **报春花科 Primulaceae**（**海乳草属** ***Glaux***）

106. 花萼非如上述情形。

109. 雄蕊周位，即位于花被上。

110. 叶互生，羽状复叶有草质的托叶；花无膜质苞片；瘦果 …… **蔷薇科 Rosaceae（地榆族 Sanguisorbieae）**

110. 叶对生，或在蓼科冰岛蓼属 *Koenigia* 为互生，单叶无草质托叶；花有膜质苞片。

111. 花被片和雄蕊各为5或4枚，对生；囊果；托叶膜质 …… **石竹科 Caryophyllaceae**

111. 花被片和雄蕊各为3枚，互生；坚果；无托叶 …… **蓼科 Polygonaceae（冰岛蓼属 *Koenigia*）**

109. 雄蕊下位，即位于子房下。

112. 花柱或其分枝为2个或数个，内侧常为柱头面。

113. 子房常为数个至多数心皮连合而成 …… **商陆科 Phytolaccaceae**

113. 子房常为2或3或5心皮连合而成。

114. 子房3室，稀可2～4室 …… **大戟科 Euhporbiaceae**

114. 子房1或2室。

115. 叶为掌状复叶或具掌状脉而有宿存托叶 …… **桑科 Moraceae（大麻亚科 *Cannaboideae*）**

115. 叶具羽状脉，或稀为掌状脉而无托叶，也可在藜科中叶退化成鳞片或为肉质而形如圆筒。

116. 花有草质而带绿色或灰绿色的花被及苞片 …… **藜科 Chenopodiaceae**

116. 花有干质而常有色泽的花被及苞片 …… **苋科 Amaranthaceae**

112. 花柱1个，常顶端有柱头，也可无花柱。

117. 花两性。

118. 雌蕊为单心皮，花萼由2膜质且宿存的萼片而成；雄蕊2～3个 …… **毛茛科 Ranunculaceae（星叶草属 *Circaeaster*）**

118. 雌蕊由2心皮合生而成。

119. 萼片2片，雄蕊多数 …… **罂粟科 Papaveraceae（博落回属 *Macleaya*）**

119. 萼片4片，雄蕊2或4 …… **十字花科 Brassicaceae（独行菜属 *Lepidium*）**

117. 花单性。

120. 沉没于淡水中的水生植物，叶细裂成丝状 …… **金鱼藻科 Ceratophyllaceae（金鱼藻属 *Ceratophyllum*）**

120. 陆生植物，叶为其他情形。

121. 叶含多量水分；托叶连接叶柄的基部；雄花的花被2片，雄蕊多数 …… **假牛繁缕科 Theligonaceae（假牛繁缕属 *Theligonum*）**

121. 叶不含多量水分；如由托叶时，也不连接叶柄的基部；雄蕊的花被和雄蕊均各为4或5枚，二者相对生 …… **荨麻科 Urticaceae**

101. 木本植物或亚灌木。

122. 耐寒旱性的灌木，或在藜科梭梭属 *Haloxylon* 为乔木；叶微小，细长或呈鳞片状，也可有时（如藜科）为肉质而成圆筒形或半圆筒形。

123. 雌雄异株或花杂性；花萼为3出数，萼片微成花瓣状，和雄蕊同数且互生；花柱1，极短，常有6～9放射状且有齿裂的柱头；核果；胚体直；常绿而基部偃卧的灌木；叶互生，无托叶 …… **岩高兰科 Empetraceae（岩高兰属 *Empetrum*）**

123. 花两性或单性；花萼常为5出数，稀可3或4出数，萼片或花萼裂片草质或革质，和雄蕊同数且对生，或在藜科中雄蕊由于退化而数较少，甚至1个，花柱或花柱分枝2或3个，内侧常为柱头面；胞果或坚果；胚体弯曲如环或弯曲成螺旋形。

124. 花无膜质苞片，雄蕊下位，叶互生或对生，无托叶，枝条常具关节 …… **藜科 Chenopodiaceae**

124. 花有膜质苞片，雄蕊周位，叶对生，基部常互相连合，有膜质托叶，枝条不具关节 …… **石竹科 Caryophyllaceae**

122. 不是上述植物；叶片矩圆形或披针形，或宽广至圆形。

125. 果实及子房均为2至数室，或在大风子科中为不完全的2至数室。

126. 花常为两性。

127. 萼片4或5片，稀可3片，呈覆瓦状排列。

128. 雄蕊4个，4室的蒴果 …… **水青树科 Tetracentraceae**

128. 雄蕊多数，浆果状的核果 …… **大风子科 Flacourticeae**

127. 萼片多5片，呈镊合状排列。

129. 雄蕊为不定数，具刺的蒴果 …… **杜英科 Elaeocarpaceae**（猴欢喜属 *Sloanea*）

129. 雄蕊和萼片同数，核果或坚果。

130. 雄蕊和萼片对生，各为3～6 …… **铁青树科 Olacaceae**

130. 雄蕊和萼片互生，各为4或5 …… **鼠李科 Rhamnaceae**

126. 花单性（雌雄同株或异株）或杂性。

131. 果实各种；种子无胚乳或有少量胚乳。

132. 雄蕊常8个，果实坚果状或为有翅的蒴果，羽状复叶或单叶 …… **无患子科 Sapindaceae**

132. 雄蕊5或4个，且和萼片互生；核果有2～4个小核；单叶 …… **鼠李科 Rhamnaceae**（鼠李属 *Rhamnus*）

131. 果实多呈蒴果状，无翅；种子常有胚乳。

133. 果实为具2室的蒴果，有木质或革质的外种皮及角质的内种皮 …… **金缕梅科 Hamamelidaceae**

133. 果实纵为蒴果时，也不象上述情形。

134. 胚珠具腹脊；果实有各种类型，但多为胞间裂开的蒴果 …… **大戟科 Euhporbiaceae**

134. 胚珠具背脊；果实为胞背裂开的蒴果，或有时呈核果状 …… **黄杨科 Buxaceae**

125. 果实及子房均为1或2室，稀可在无患子科荔枝属 *Litchi*、韶子属 *Nephelium* 中为3室，或在卫矛科十齿花属 *Dipentodon* 及铁青树科铁青树属 *Olax* 中，子房下部为3室，而上部为1室。

135. 花萼具显著的萼筒，且常呈花瓣状。

136. 叶无毛或下面有柔毛，萼筒整个脱落 …… **瑞香科 Thymelaeaceae**

136. 叶下面具银白色或棕色的鳞片；萼筒或其下部永久宿存，当果实成熟时，变为肉质而紧密包着子房 …… **胡颓子科 Elaeagnaceae**

135. 花萼不像上述情形，或无花被。

137. 花药以2或4舌瓣裂开 …… **樟科 Lauraceae**

137. 花药不以舌瓣裂开。

138. 叶对生。

139. 果实为有双翅或呈圆形的翅果 …… **槭树科 Aceraceae**

139. 果实为有单翅而且呈细长形兼矩圆形的翅果 …… **木犀科 Oleaceae**

138. 叶互生。

140. 叶为羽状复叶。

141. 叶为二回羽状复叶，或退化仅具叶状柄（特称为叶状叶柄） …… **豆科 Leguminosea**（金合欢属 *Acacia*）

141. 叶为一回羽状复叶。

142. 小叶边缘有锯齿；果实有翅 …… **尾树科 Rhoipteleaceae**（马尾树属 *Rhoiptelea*）

142. 小叶全缘；果实无翅。

143. 花两性或杂性 …… **无患子科 Sapindaceae**

143. 雌雄异株 …… **漆树科 Ancardiaceae**（黄连木属 *Pistacia*）

140. 叶为单叶。

144. 花均无花被。

145. 多为木质藤本；叶全缘；花两性或杂性，成紧密的穗状花序 …… **胡椒科 Piperaceae**（胡椒属 *Piper*）

145. 乔木；叶缘有锯齿或缺刻；花单性。

146. 叶宽广，具掌状脉及掌状分裂，叶缘具缺刻或大锯齿，有托叶，围茎成鞘，但易脱落；雌雄同株，雌花和雄花分别形成球形头状花序；雌蕊为单心皮而成；小坚果为倒圆锥形而有棱角，无翅也无梗，但围以长 …… **悬铃木科 Platanaceae**（悬铃木属 *Platanus*）

146. 叶椭圆形至卵形，具羽状脉及锯齿缘，无托叶，雌雄异株，雄花聚成疏松有苞片的簇丛，雌花单生于苞片的叶腋内；雌蕊为2心皮而成；小坚果扁平，具翅且有柄，但无毛 …… **杜仲科 Eucommiaceae**（杜仲属 *Eucommia*）

144. 花常有花萼，尤其在雄花。

147. 植物体内有乳汁 …… 桑科 Moraceae

147. 植物体内无乳汁。

148. 花柱或其分枝2或数个，但在大戟科核实树属 *Drypetes* 中则柱头几无柄，呈盾形或肾脏形。

149. 雌雄异株或有时为同株；叶全缘或具波状齿。

150. 矮小灌木或亚灌木；果实干燥，包藏于具有长柔毛而互相连合成双角状的2苞片中；胚体弯曲如环 …… 藜科 Chenopodiaceae（优若藜属 *Eurotia*，驼绒藜属 *Ceratoides*）

150. 乔木或灌木；果实呈核果状，常为1室含1种子，不包藏于苞片内；胚体直 …… 大戟科 Euhporbiaceae

149. 两性或单性；叶缘多有锯齿或具齿裂，稀可全缘。

151. 雄蕊多数 …… 大风子科 Flacourtiaceae

151. 雄蕊10个或较少。

152. 子房2室，每室有1至数个胚珠；果实为木质蒴果 …… 金缕梅科 Hamamelidaceae

152. 子房1室，仅含1胚珠；果实不是木质蒴果 …… 榆科 Ulmaceae

148. 花柱1个，也可有时（如荨麻属 *Urtica*）不存，而柱头呈画笔状。

153. 叶缘有锯齿，子房为1心皮而成。

154. 花两性 …… 山龙眼科 Proteaceae

154. 雌雄异株或同株

155. 花生于当年新枝上，雄蕊多数 …… 蔷薇科 Rosaceae（假稠李属 *Maddenia*）

155. 花生于老枝上，雄蕊和萼片同数 …… 荨麻科 Urticaceae

153. 叶全缘或边缘有锯齿，子房为2个以上连合心皮所成。

156. 果实呈核果状或坚果状，内有1种子；无托叶。

157. 子房具2或3个胚珠；果实于成熟后有萼筒包围 …… 铁青树科 Olacaceae

157. 子房仅具1个胚珠；果实和花萼相分离，或仅果实基部由花萼衬托 …… 山柚子科 Opiliaceae

156. 果实呈蒴果状或浆果状，内含数个至1个种子。

158. 下位，雌雄异株，稀可杂性；雄蕊多数；果实呈浆果状；无托叶 …… 大风子科 Flacourtiaceae（柞木属 *Xylosma*）

158. 花周位，两性；雄蕊5~12个；果实呈蒴果状；有托叶，但易脱落。

159. 花为腋生的簇丛或头状花序；萼片4~6片 …… 大风子科 Flacourtiaceae（山羊角树属 *Casearia*）

159. 花为腋生的伞形花序；萼片10~14片 …… 卫矛科 Celastraceae

2. 花具花萼也具花冠，或有两层以上的花被片，有时花冠可为蜜腺所代替。

160. 花冠常为离生的花瓣所组成（次160项见356页）。

161. 成熟雄蕊（或单体雄蕊的花药）多在10个以上，通常多数，或其数超过花瓣的2倍。（次161项见356页）

162. 花萼和1个或更多的雌蕊多少有些相互愈合，即子房下位或半下位。

163. 水生草本植物，子房多室 …… 睡莲科 Nymphaeaceae

163. 陆生植物；子房1至数室，也可心皮为1至数个，或在海桑科中为多室。

164. 植物体具肥厚的肉质茎，多有刺，常无真正叶片 …… 仙人掌科 Cactaceae

164. 植物体为普通形态，不呈仙人掌状，有真正的叶片。

165. 草本植物或稀可为亚灌木。

166. 花单性。

167. 雌雄同株；花鲜艳，多成腋生聚伞花序；子房2~4室 …… 秋海棠科 Begoniaceae（秋海棠属 *Begonia*）

167. 雌雄异株；花小而不显著，成腋生穗状或总状花序 …… 四数木科 Datiscaceae

166. 花常两性。

168. 叶基生或茎生，呈心形，或在阿柏麻属 *Apama* 为长形，不为肉质；花3数 …… 马兜铃科 Atristolochiaceae（细辛族 *Asareae*）

168. 叶茎生，不呈心形，多少有些肉质，或为圆柱形；花不是3出数。

169. 花萼裂片常为5，叶状；蒴果5室或更多室，在顶端呈放射状裂开 …………………………… **番杏科 Aizoaceae**

169. 花萼裂片2，蒴果1室，盖裂…………………………………… **马齿苋科 Portulacaceae（马齿苋属 *Portulaca*）**

165. 乔木或灌木（但在虎耳草科银梅草属 *Deinanthe*、草绣球属 *Cardiandra* 为亚灌木，黄山梅属*Kirengeshoma*为多年生高大草本），有时以气生小根而攀缘。

170. 叶通常对生（虎耳草科草绣球属 *Cardiandra* 为例外），或在石榴科石榴属*Punica*中有时可互生。

171. 叶缘常有锯齿或全缘，花序（除山梅花族 *Philadelpheae* 外）常有不孕的边缘花 …… **虎耳草科 Saxifragaceae**

171. 叶全缘，花序无不孕花。

172. 叶为脱落性，花萼呈朱红色 ………………………………………………… **石榴科 Punicaceae（石榴属 *Punica*）**

172. 叶为常绿性，花萼不呈朱红色。

173. 叶片中有腺体微点，胚珠常多数……………………………………………………………… **桃金娘科 Myrtaceae**

173. 叶片中无微点。

174. 胚珠在每子房室中为多数……………………………………………………………… **海桑科 Sonneratiaceae**

174. 胚珠在每子房室中仅2枚，稀可较多 ……………………………………………… **红树科 Rhizophoraceae**

170. 叶互生。

175. 花瓣细长形兼长方形，最后向外翻转 ……………………………… **八角枫科 Alangiaceae（八角枫属 *Alangium*）**

175. 花瓣不呈细长形，或纵为细长形时，也不向外翻转。

176. 叶无托叶。

177. 叶全缘，果实肉质或木质 ……………………………… **玉蕊科 Lecythidaceae（玉蕊属 *Barringtonia*）**

177. 叶缘多少有些锯齿或齿裂；果实呈核果状，其形歪斜 ……… **山矾科 Symplocaceae（山矾属 *Symplocos*）**

176. 叶有托叶。

178. 花瓣呈螺旋状排列；花药隔向上延伸；花萼裂片2个或更多在果实上变大而呈翅状 ……………………………………………………………………………… **龙脑香科 Dipterocarpaceae**

178. 花瓣呈覆瓦状排列或螺旋状排列（如蔷薇科火棘属 *Pyracantha*）；花药隔并不向上延伸；花萼裂片也无上述变大情形。

179. 子房1室，内具2～6侧膜胎座，各有1至多数胚珠；果实为草质蒴果，自顶端以2～6片裂开 ………………………………………………… **大风子科 Flacourtiaceae（天料木属 *Homalium*）**

179. 子房2～5室，内具中轴胎座，或其心皮在腹面互相分离而具边缘胎座。

180. 花成伞房、圆锥、伞形或总状等花序，稀可单生；子房2～5室，或心皮2～5个，下位，每室或每心皮胚珠1～2个，稀可有时为3～10个或多数；果实为肉质或木质假果；种子无翅 ……………………………………………………………… **蔷薇科 Rosaceae（梨亚科 Pomoideae）**

180. 花成头状或肉穗花序；子房2室，半下位，每室有胚珠2～6个；果实为木质蒴果；种子有或无翅 ………………………………… **金缕梅科 Hamamelidaceae（马蹄荷亚科 Bucklandioideae）**

162. 花萼和1个或更多的雌蕊互相分离，即子房上位。

181. 花为周位花。

182. 萼片和花相似，覆瓦状排列成数层，着生于坛状花托的外侧 ……………………………………………………………… **蜡梅科 Calycanthaceae（夏蜡梅属 *Calycanthus*）**

182. 萼片和花有分化，在萼筒或花托的边缘排列成2层。

183. 叶对生或轮生，有时上部者可互生，但均为全缘单叶；花瓣常于蕾中呈皱褶状。

184. 花瓣无爪，形小，或细长；浆果……………………………………………………… **海桑科 Sonneratiaceae**

184. 花瓣有细爪，边缘具腐蚀状的波纹或具流苏；蒴果 ……………………………………… **千屈菜科 Lythraceae**

183. 叶互生，单叶或复叶；花瓣不呈皱褶状。

185. 花瓣宿存；雄蕊的下部连成一管 ………………………………………………………… **亚麻科 Linaceae**

185. 花瓣脱落性；雄蕊互相分离。

186. 草本植物，具2出数的花朵；萼片2片，早落性；花瓣4个 ……………………………………………………… **罂粟科 Papaveraceae（花棱草属 *Eschscholzia*）**

186. 木本或草本植物，具5或4出数的花朵。

187. 花瓣镊合状排列；果实为荚果；叶多为二回羽状复叶，有时叶片退化，而叶柄发育为叶状柄；心皮1个 ………………………………… **豆科 Leguminoseae（含羞草科亚科 *Mimosoideae*）**

187. 花瓣覆瓦状排列；果实为核果、蓇葖果或瘦果；叶为单叶或复叶；心皮 1 个至多数 ………… **蔷薇科 Rosaceae**

181. 花为下为花，或至少在果实时花托扁平或隆起。

188. 雌蕊少数至多数，互相分离或微有连合。

189. 水生植物。

190. 叶片呈盾状，全缘 ………… **睡莲科 Nymphaeaceae**

190. 叶片不呈盾状，多少有些分裂或为复叶 ………… **毛茛科 Ranunculaceae**

189. 陆生植物。

191. 茎为攀缘性。

192. 草质藤本。

193. 花显著，为两性花 ………… **毛茛科 Ranunculaceae**

193. 花小型，为单性，雌雄异株 ………… **防己科 Menispermaceae**

192. 木质藤本或为蔓生灌木。

194. 叶对生，复叶由 3 小叶所成，或顶端小叶形成卷须 ……… **毛茛科 Ranunculaceae（锡兰莲属 *Naravelia*）**

194. 叶互生，单叶。

195. 花单性。

196. 心皮多数，结合时聚生成一球状的肉质体或散布于极延长的花托上 ………… **木兰科 Magnoliaceae（五味子亚科 *Schisandroideae*）**

196. 心皮 3～6，果为核果或核果状 ………… **防己科 Menispermaceae**

195. 花两性或杂性；心皮数个，果为蓇葖果 ………… **五桠果科 Dilleniaceae（锡叶藤属 *Tetracera*）**

191. 茎直立，不为攀缘性。

197. 雄蕊的花丝连为单体 ………… **锦葵科 Malvaceae**

197. 雄蕊的花丝互相分离。

198. 草本植物，稀可为亚灌木；叶片多少有些分裂或为复叶。

199. 叶无托叶；种子有胚乳 ………… **毛茛科 Ranunculaceae**

199. 叶多有托叶；种子无胚乳 ………… **蔷薇科 Rosaceae**

198. 木本植物；叶片全缘或边缘有锯齿，也稀有分裂者。

200. 萼片及花瓣均为镊合状排列；胚乳具嚼痕 ………… **番荔枝科 Annonaceae**

200. 萼片及花瓣均为覆瓦状排列；胚乳无嚼痕。

201. 萼片及花瓣相同，3 出数，排列成 3 层或多层，均可脱落 ………… **木兰科 Magnoliaceae**

201. 萼片及花瓣甚有分化，多为 5 出数，排列成 2 层，萼片宿存。

202. 心皮 3 个至多数；花柱互相分离；胚珠为不定数 ………… **五桠果科 Dilleniaceae**

202. 心皮 3～10 个；花柱完全合生；胚珠单生 ………… **金莲木科 Ochnaceae（金莲木属 *Ochna*）**

188. 雌蕊 1 个，但花柱或柱头为 1 至多数。

203. 叶片中具透明微点。

204. 叶互生，羽状复叶或退化为仅有 1 顶生小叶 ………… **芸香科 Rutaceae**

204. 叶对生，单叶 ………… **藤黄科 Clusiaceae**

203. 叶片中无透明微点。

205. 子房单纯，具 1 子房室。

206. 乔木或灌木；花瓣呈镊合状排列；荚果 ………… **豆科 Leguminoseae（含羞草亚科 Mimosoideae）**

206. 草本植物；花瓣呈覆瓦状排列；果实不为荚果。

207. 花为 5 数；蓇葖果 ………… **毛茛科 Ranunculaceae**

207. 花为 3 数；浆果 ………… **小檗科 Berberidaceae**

205. 子房为复合性。

208. 子房 1 室，或在马齿苋科土人参属 *Talinum* 中子房基部为 3 室。

209. 特立中央胎座。

210. 草本；叶互生或对生；子房的基部3室，有多数胚珠 …………… **马齿苋科 Portulacaceae**（土人参属 *Talinum*）

210. 木本；叶对生；子房1室，内有成3对的6个胚珠 ………………………………………… **红树科 Rhizophoraceae**

209. 侧膜胎座。

211. 灌木或小乔木（在半日花科中常为亚灌木或草本植物），子房柄极短或不存在；果实为蒴果或浆果。

212. 叶对生；萼片不相等，外面2片较小，或有时退化，内面3片呈螺旋状排列 …………………………………………………………………………………………… **半日花科 Cistaceae**（半日花属 *Helianthemum*）

212. 叶常互生；萼片相等，呈覆瓦状或镊合状排列。

213. 植物体内含有色泽的汁液；叶具羽状脉，全缘；萼片5片，互相分离，基部有腺体；种皮肉质，红色 ……………………………………………………………………………… **红木科 Bixaceae**（红木属 *Bixa*）

213. 植物体内不含有色泽的汁液；叶具羽状脉或掌状脉，有锯齿或全缘；萼片3～8片，离生或合生；种皮坚硬，干燥 ……………………………………………………………………… **大风子科 Flacourtiaceae**

211. 草本植物，如为木本时，则具有显著的子房柄；果实为浆果或核果。

214. 植物体内含乳汁，萼片2～3 ……………………………………………………………… **罂粟科 Papaveraceae**

214. 植物体内不含乳汁，萼片4～8。

215. 叶为单叶或掌状复叶，花瓣完整；长角果 ………………………………………… **白花菜科 Capparidaceae**

215. 叶为单叶，或为羽状复叶或分裂；花瓣具缺刻或细裂；蒴果仅于顶端裂开 ………… **木犀草科 Resedaceae**

208. 子房2室至多室，或为不完全的2至多室。

216. 草本植物，具多少有些呈花瓣状的萼片。

217. 水生植物；花瓣为多数雄蕊或鳞片状的蜜腺所代替 ………………… **睡莲科 Nymphaeaceae**（萍蓬草属 *Nuphar*）

217. 陆生植物。

218. 一年生草本植物，叶呈羽状细裂，花两性 ………………………… **毛茛科 Ranunculaceae**（黑种草属 *Nigella*）

218. 多年生草本植物，叶全缘而呈掌状分裂，雌雄同株 ………… **大戟科 Euhporbiaceae**（麻疯树属 *Jatropha*）

216. 木本植物或陆生草本植物，常不具呈花瓣状的萼片。

219. 萼片于蕾内呈镊合状排列。

220. 雄蕊互相分离或连成数束。

221. 花药1室至数室；叶为掌状复叶或单叶，全缘，具羽状脉 ……………………………… **木棉科 Bombacaceae**

221. 花药2室；叶为单叶，叶缘有锯齿或全缘。

222. 花药以顶端2孔裂开 ……………………………………………………………… **杜英科 Elaeocarpaceae**

222. 花药纵长裂开 ………………………………………………………………………… **椴树科 Tiliaceae**

220. 雄蕊连为单体，至少内层者如此，并且对少有些连成管状。

223. 花单性，萼片2或3片裂开 ……………………………………… **大戟科 Euphorbiaceae**（油桐属 *Aleurites*）

223. 花常两性；萼片多5片，稀可较少。

224. 花药2室或更多室。

225. 无副萼；多有不育雄蕊；花药2室；叶为单叶或掌状分裂 …………………………… **梧桐科 Sterculiaceae**

225. 有副萼；无不育雄蕊；花药数室；叶为单叶，全缘且具羽状脉 ……………………………………………………………………………………… **木棉科 Bombacaceae**（榴莲属 *Durio*）

224. 花药1室。

226. 花粉粒表面平滑；叶为掌状复叶 ……………………… **木棉科 Bombacaceae**（木棉属 *Gossampinus*）

226. 花粉粒表面有刺；叶有各种情形 ………………………………………………………… **锦葵科 Malvaceae**

219. 萼片于蕾内呈覆瓦状或螺旋状排列，或有时（如大戟科巴豆属 *Croton*）近于镊合状排列。

227. 雌雄同株或稀可异株；果实为蒴果，由2～4个各自裂为2片的离果所成 ………… **大戟科 Euhporbiaceae**

227. 花常两性，或在猕猴桃科猕猴桃属 *Actinidia* 中为杂性或雌雄异株；果实为其他情形。

228. 萼片在果实时增大且成翅状，雄蕊具伸长的花药隔 …… 龙脑香科 **Dipterocarpaceae**

228. 萼片及雄蕊二者不为上述情形。

229. 雄蕊排列成2层，外层10个和花瓣对生，内层5个和萼片对生 …… 蒺藜科 **Zygophyllaceae**

229. 雄蕊的排列为其他情形。

230. 食虫的草本植物；叶基生，呈管状，其上再具有小叶片 …… 瓶子草科 **Sarraceniaceae**

230. 不是食虫植物；叶茎生或基生，但不呈管状。

231. 植物体呈耐寒旱状；叶为全缘单叶。

232. 叶对生或上部者互生；萼片5片，互不相等，外面2片较小或有时退化，内面3片较大，成螺旋状排列，宿存；花瓣早落 …… 半日花科 **Cistaceae**

232. 叶互生；萼片5片，大小相等；花瓣宿存；在内侧基部各有2舌状物 …… 柽柳科 **Tamaricaceae**（琵琶柴属/枇杷柴属 ***Reaumuria***）

231. 植物体不呈耐寒旱状；叶常互生；萼片2～5片，彼此相等，呈覆瓦状或稀可呈镊合状排列。

233. 草本或木本植物；花为4出数，或其萼片多为2片且早落。

234. 植物体内含乳汁；无或有极短的子房柄；种子有丰富胚乳 …… 罂粟科 **Papaveraceae**

234. 植物体内不含乳汁；有细长的子房柄；种子无或有少量胚乳 …… 白花菜科 **Capparidaceae**

233. 木本植物，花常5数，萼片宿存或脱落。

235. 果实为具5个棱角的蒴果，分成5个骨质各含1或2心皮的种子后，再各沿其缝线而2瓣裂开 …… 蔷薇科 **Rosaceae**（白鹃梅属 ***Exochorda***）

235. 果实不为蒴果，如为蒴果时则为胞背裂开。

236. 蔓生或攀缘的灌木；雄蕊互相分离；子房5室或更多室；浆果，常可食 …… 猕猴桃科 **Actinidiaceae**

236. 直立乔木或灌木；雄蕊至少在外层者连为单体，或连成束而着生于花瓣的基部；子房室。

237. 花药能转动，以顶端孔裂开；浆果，胚乳颇丰富 …… 猕猴桃科 **Actinidiaceae**（水东哥属 ***Saurauia***）

237. 花药能或不能转动，常纵长裂开；果实有各种情形；胚乳通常量微小 …… 山茶科 **Theaceae**

161. 成熟雄蕊10个或较少，如多于10个时，其数并不超过花瓣的2倍。

238. 成熟雄蕊和花瓣同数，且和它对生。

239. 雌蕊3个至多数，离生。

240. 直立草本或亚灌木；花两性，5数 …… 蔷薇科 **Rosaceae**（地蔷薇属 ***Chamaerhodos***）

240. 木质或草质藤本；花单性，常为3出数。

241. 叶常为单叶；花小型；核果；心皮个，呈星状排列，各含1胚珠 …… 防己科 **Menispermaceae**

241. 叶为掌状复叶或为3小叶组成；花中型；浆果；心皮3至多数，轮状排列或螺旋状排列，各含1个至多数胚珠 …… 木通科 **Lardizabalaceae**

239. 雌蕊1个。

242. 子房2至数室。

243. 花萼裂齿不明显或微小；以卷须缠绕他物的灌木或草本植物 …… 葡萄科 **Vitaceae**

243. 花萼具裂片；乔木、灌木或草本植物，有时虽也可为缠绕性，但无卷须。

244. 雄蕊连合成单体。

245. 叶为单叶；子房每室内含胚珠个（或在可可树亚族 Theobromineae 中为多数） …… 梧桐科 **Sterculiaceae**

245. 叶为掌状复叶；每子房室内含胚珠多数 …… 木棉科 **Bombacaceae**（爪哇木棉属 ***Ceiba***）

244. 雄蕊互相分离，或稀可在其下部合生成1管。

246. 叶无托叶；萼片各不相等，呈覆瓦状排列；花瓣不相等，在内层的2片常很小…………**清风藤科 Sabiaceae**

246. 叶常有托叶；萼片同大，呈镊合状排列；花瓣均大小同形。

247. 叶为单叶……………………………………………………**鼠李科 Rhamnaceae**

247. 叶为1～3回羽状复叶…………………………………………**火筒树科 Leeaceae**

242. 子房1室（在马齿苋科土人参属 *Talinum* 及铁青树科铁青树属 *Olax* 中则子房的下部多少有些成为3室）。

248. 子房下位或半下位。

249. 叶互生，边缘常有锯齿；蒴果……………………**大风子科 Flacourtiaceae（天料木属 *Homalium*）**

249. 叶多轮生或对生，全缘；浆果或核果……………………………**桑寄生科 Loranthaceae**

248. 子房上位。

250. 花药以舌瓣裂开……………………………………………**小檗科 Berberidaceae**

250. 花药不以舌瓣裂开。

251. 缠绕草本；1个胚珠；叶肥厚，肉质……………………**落葵科 Basellaceae（落葵属 *Basella*）**

251. 直立草本或有时为木本；胚珠1个至多数。

252. 雄蕊连成单体；胚珠2个……………………**梧桐科 Sterculiaceae（蛇婆子属 *Waltheria*）**

252. 雄蕊互相分离；胚珠1个至多数。

253. 花瓣6～9片，雌蕊单纯……………………………………**小檗科 Berberidaceae**

253. 花瓣4～8片，雌蕊复合。

254. 常为草本，花萼有2个分离裂片。

255. 花瓣4片；侧膜胎座……………………**罂粟科 Papaveraceae（角茴香属 *Hypecoum*）**

255. 花瓣常5片；基底胎座……………………………………**马齿苋科 Portulacaceae**

254. 乔木或灌木，常蔓生；花萼呈倒圆锥状或杯状。

256. 通常雌雄同株；花萼裂片4～5；花瓣呈覆瓦状排列；无不育雄蕊；胚珠有2层珠被……………………………………………………**紫金牛科 Myrsinaceae（酸藤子属 *Embelia*）**

256. 花两性；花萼于开花时微小，而不具明显的齿裂；花瓣多为镊合状排列；有不育雄蕊（有时代以蜜腺）；胚珠无珠被。

257. 花萼于果时增大；子房的下部为3室，上部为1室，内含3个胚珠……………………………………………………**铁青树科 Olacaceae（铁青树属 *Olax*）**

257. 花萼于果时不增大；子房1室，内仅含1胚珠……………………**山柚子科 Opiliaceae**

238. 成熟雄蕊和花瓣不同数，如同数时则雄蕊和它互生。

258. 雌雄异株；雄蕊8个，不相同，其中5个较长，有伸出花外的花丝，且和花瓣相互生，另3个则较短而藏于花内；灌木或灌木状草本；互生或对生单叶；心皮单生；雌花无花被，无梗，贴生于宽圆形的叶状苞片上……………………………………………………**漆树科 Anacardiaceae（九子不离母属 *Dobinea*）**

258. 花两性或单性，纵为雌雄异株时，其雄花中也无上述情形的雄蕊。

259. 花萼或其筒部和子房多少有些相连合。

260. 每子房室内含胚珠或种子2个至多数。

261. 花药以顶端孔裂开；草本或木本植物；叶对生或轮生，大都于叶片基部具3～9脉……………………………………………………**野牡丹科 Melastomataceae**

261. 花药纵长裂开。

262. 草本或亚灌木，有时为攀缘性。

263. 具卷须的攀缘草本；花单性……………………………………**葫芦科 Cucurbitaceae**

263. 无卷须的植物；花常两性。

264. 萼片或花萼裂片2片；植物体多少为肉质而多水分…………**马齿苋科 Portulacaceae**

264. 萼片或花萼裂片4～5片；植物体常不为肉质。

265. 花萼裂片呈覆瓦状或镊合状排列；花柱2个或更多；种子具胚乳………**虎耳草科 Saxifragaceae**

265. 花萼裂片呈镊合状排列；花柱1个，具2～4裂，或为1呈头状的柱头；种子无胚乳……………………………………………………**柳叶菜科 Onagraceae**

262. 乔木或灌木，有时为攀缘性。

266. 叶互生。

267. 花数朵至多数呈头状花序；常绿乔木；叶革质，全缘或具浅裂 …………………… **金缕梅科 Hamamelidaceae**

267. 花呈总状或圆锥花序。

268. 灌木；叶为掌状分裂，基部具 3～5 脉；子房 1 室，有多数胚珠；浆果 ………………………………………… **虎耳草科 Saxifragaceae（茶藨子属 *Ribes*）**

268. 乔木或灌木；叶缘有锯齿或细锯齿，有时全缘，具羽状脉；子房 3～5 室，每室内含 2 至数个胚珠，或在山茉莉属 *Huodendron* 为多数；干燥或木质核果，或蒴果，有时具棱角或有翅 ………………………………………… **野茉莉科（安息香科）Styracaceae**

266. 叶常对生（使君子科榄李树属 *Lumnitzera* 例外，同科风车子属 *Combretum* 有时互生，或对生、互生共存于一枝上）。

269. 胚珠多数，除冠盖藤属 *Pileostegia* 自子房室顶端悬垂外，均位于侧膜或中轴胎座上；浆果或蒴果；叶缘有锯齿或为全缘，但均无托叶；种子含胚乳 …………………………………… **虎耳草科 Saxifragaceae**

269. 胚珠 2 个至数个，近于自子房顶端悬垂；叶全缘或有圆锯齿；果实多不开裂，内有种子 1 个至数个。

270. 乔木或灌木，常为蔓生，无托叶；不为形成海岸林的组成分子（榄李树属 *Lumnitzera* 例外）；种子无胚乳，落地后始萌芽 …………………………………… **使君子科 Combretaceae**

270. 常绿灌木或小乔木，具托叶；多为形成海岸林的组成分子；种子有胚乳，在落地前即萌芽（胎生） ………………………………………… **红树科 Rhizophoraceae**

260. 每子房室内仅含胚珠或种子 1 个。

271. 果实裂开为双悬果；花序常为复伞形花序（在变豆菜属 *Sanicula*、鸭儿芹属 *Cryptotaenia* 中为不规则的花序，在刺芫荽属 *Eryngium* 中则为头状花序） …………………………………… **伞形科 Apiaceae**

271. 果实不裂开或裂开而不是上述情形；花序可为各种形式。

272. 草本植物。

273. 花柱或柱头 2～4 个；种子具胚乳；果实为小坚果或核果，具棱角或有翅 …… **小二仙草科 Haloragidaceae**

273. 花柱 1 个，具有 1 头状或呈 2 裂的柱头；种子无胚乳。

274. 陆生草本植物，具对生叶；花为 2 出数；果实为一具钩状刺毛的坚果 ………………………………………… **柳叶菜科 Onagraceae（露珠草属 *Circaea*）**

274. 水生草本植物，有聚生而漂浮水面的叶片；花为 4 出数；果实为具 2～4 刺的坚果（栽培种的果实可无显著的刺） …………………………………… **菱科 Trapaceae（菱属 *Trapa*）**

272. 木本植物。

275. 果实干燥或为蒴果状。

276. 子房 2 室；花柱 2 个 …………………………………… **金缕梅科 Hamamelidaceae**

276. 子房 1 室；花柱 1 个

277. 花序伞房状或圆锥状 …………………………………… **莲叶桐科 Hernandiaceae**

277. 花序头状 …………………………………… **珙桐科 Nyssaceae（旱莲木属 *Camptotheca*）**

275. 果实核果状或浆果状。

278. 叶互生或对生；花瓣呈镊合状排列；花序有各种形式，但稀为伞形或头状，有时且可生于叶片上。

279. 花瓣 3～5 片，卵形至披针形；花药短 …………………………………… **山茱萸科 Cornaceae**

279. 花瓣 4～10 片，狭窄形并向外翻转；花药细长 ………… **八角枫科 Alangiaceae（八角枫属 *Alangium*）**

278. 叶互生；花瓣呈覆瓦状或镊合状排列；花序常为伞形或呈头状。

280. 子房 1 室；花柱 1 个；花杂性兼雌雄异株，雌花单生或以少数朵至数朵聚生；雌花多数，腋生为有花梗的簇丛 …………………………………… **珙桐科 Nyssaceae（蓝果树属 *Nyssa*）**

280. 子房 2 室或更多室；花柱个；如子房为 1 室而具 1 花柱时（如马蹄参属/大果五加属 *Diplopanax*），则花两性，形成顶生类似穗状的花序 …………………………………… **五加科 Araliaceae**

259. 花萼和子房相分离。

281. 叶片中有透明微点。

282. 花整齐，稀可为两侧对称；果实不为荚果 …………………………………………… 芸香科 **Rutaceae**

282. 花整齐或不整齐；果实为荚果 …………………………………………………… 豆科 **Leguminosae**

281. 叶片中无透明微点。

283. 雌蕊 2 个或更多，互相分离或仅有局部的连合；也可子房分离而花柱连合成 1 个。

284. 多水分的草本，具肉质的茎及叶 ………………………………………………… 景天科 **Crassulaceae**

284. 植物体为其他情形。

285. 花为周位花。

286. 花的各部分呈螺旋状排列，萼片逐渐变为花瓣；雄蕊 5 ~ 6 个；雌蕊多数 ……………………………………………………………………… 腊梅科 **Calycanthaceae**（腊梅属 ***Chimonanthus***）

286. 花的各部分呈轮状排列，萼片和花瓣甚有分化。

287. 雌蕊 2 ~ 4 个，各有多数胚珠；种子有胚乳；无托叶 ………………………… 虎耳草科 **Saxifragaceae**

287. 雌蕊 2 个至多数，各有 1 至数个胚珠；种子无胚乳；有或无托叶 ……………… 蔷薇科 **Rosaceae**

285. 花为下位花，或在悬铃木科中微呈周位。

288. 草本或亚灌木。

289. 各子房的花柱相分离。

290. 叶常互生或基生，多少有些分裂；花瓣脱落性，较萼片为大，或于天葵属 *Semiaquilegia* 稍小于呈花瓣状的萼片 ……………………………………………………………… 毛茛科 **Ranunculaceae**

290. 叶对生或轮生，为全缘单叶；花瓣脱落性，较萼片小 ……… 马桑科 **Coriariaceae**（马桑属 ***Coriaria***）

289. 各子房合具 1 共同的花柱或柱头；叶为羽状复叶；花为 5 出数；花萼宿存；花中有和花瓣互生的腺体；雄蕊 10 个 ………………………………………… 牻牛儿苗科 **Geraniaceae**（熏倒牛属 ***Biebersteinia***）

288. 乔木、灌木或木本的攀缘植物。

291. 叶为单叶。

292. 叶对生或轮生 ……………………………………………… 马桑科 **Coriariaceae**（马桑属 ***Coriaria***）

292. 叶互生。

293. 叶为脱落性，具掌状脉；叶柄基部扩张成帽状以覆盖腋芽 ……………………………………………………………… 悬铃木科 **Platanaceae**（悬铃木属 ***Platanus***）

293. 叶为常绿性或脱落性，具羽状脉。

294. 雌蕊 7 个至多数（稀可少至 5 个）；直立或缠绕性灌木；花两性或单性…… 木兰科 **Magnoliaceae**

294. 雌蕊 4 ~ 6 个；乔木或灌木；花两性。

295. 子房 5 或 6 个，以 1 共同的花柱而连合，各子房均可成熟为核果 ……………………………………………………………… 金莲木科 **Ochnaceae**（赛金莲木属 ***Ouratea***）

295. 子房 4 ~ 6 个，各具 1 花柱，仅有 1 子房可成熟为核果 ……………………………………………………………… 漆树科 **Anacardiaceae**（山様子属 ***Buchanania***）

291. 叶为复叶。

296. 叶对生 ……………………………………………………………… 省沽油科 **Staphyleaceae**

296. 叶互生。

297. 木质藤本；叶为掌状复叶或三出复叶 …………………………………… 木通科 **Lardizabalaceae**

297. 乔木或灌木（有时在牛栓藤科中有缠绕性者）；叶为羽状复叶。

298. 果实为 1 含多数种子的浆果，状似猫屎 ………… 木通科 **Lardizabalaceae**（猫儿屎属 ***Dicaisnea***）

298. 果实为其他情形。

299. 果实为蓇葖果 …………………………………………………… 牛栓藤科 **Connaraceae**

299. 果实为离果，或在臭椿属 *Ailanthus* 中为翅果 ……………………… 苦木科 **Simaroubaceae**

283. 雌蕊 1 个，或至少其子房为 1 个。

300. 雌蕊或子房确是单纯的，仅 1 室。

301. 果实为核果或浆果。

302. 花为 3 出数，稀可为 2 出数，花药以舌瓣裂开 ………………………………… 樟科 **Lauraceae**

302. 花为5或4出数，花药纵长裂开。

303. 落叶具刺灌木；雄蕊10个，周位，均可发育 …………………… **蔷薇科 Rosaceae（扁核木属 *Prinsepia*）**

303. 常绿乔木；雄蕊1～5个，下位，常仅其中1或2个可发育 …… **漆树科 Anacardiaceae（芒果属 *Mangifera*）**

301. 果实为蓇葖果或荚果。

304. 果实为蓇葖果。

305. 落叶灌木；叶为单叶；蓇葖果内含2至数个种子 ……………… **蔷薇科 Rosaceae（绣线菊亚科 Spiraeoideae）**

305. 常为木质藤本；叶多为单数复叶或具3小叶，有时因退化而只有1小叶；蓇葖果内仅含1个种子 …………………………………………………………………………… **牛栓藤科 Connaraceae**

304. 果实为荚果 ……………………………………………………………… **豆科 Leguminosae**

300. 雌蕊或子房并非单纯者，有1个以上的子房室或花柱、柱头、胎座等部分。

306. 子房1室或因有一假隔膜的发育而成2室，有时下部2～5室，上部1室。

307. 花下位，花瓣4片，稀可更多。

308. 萼片2片 ……………………………………………………………… **罂粟科 Papaveraceae**

308. 萼片4–8片。

309. 子房柄常细长，呈线状 …………………………………………… **白花菜科 Capparidaceae**

309. 子房柄极短或不存在。

310. 子房为2个心皮连合组成，常具2子房室及1假隔膜 ………………… **十字花科 Brassicaceae**

310. 子房为3–6心皮连合组成，仅1子房室。

311. 叶对生，微小，为耐寒耐旱性；花为辐射对称；花瓣完整，具瓣爪，其内侧有舌状的鳞片附属物 …………………………………………… **瓣鳞花科 Frankeniaceae（瓣鳞花属 *Frankenia*）**

311. 叶互生，显著，非为耐寒耐旱性；花为两侧对称；花瓣常分裂，但其内侧并无舌状的鳞片附属物 ……………………………………………………………… **木犀草科 Resedaceae**

307. 花周位或下位；花瓣3～6片，稀可2片或更多。

312. 每子房室内仅有胚珠1个。

313. 乔木，或稀可位灌木；叶常为羽状复叶。

314. 叶常为羽状复叶，具托叶及小托叶 ………………… **省沽油科 Staphyleaceae（银鹊属树 *Tapiscia*）**

314. 叶为羽状复叶或单叶，无托叶及小托叶 ……………………………… **漆树科 Anacardiaceae**

313. 木本或草本；叶为单叶。

315. 通常均为木本，稀可在樟科无根藤属 *Cassytha* 则为缠绕性寄生草本；叶常互生，无膜质托叶。

316. 乔木或灌木；无托叶；花为3或2出数，萼片和花瓣同形，稀可花瓣较大；花药以舌瓣裂开；浆果或核果 ……………………………………………………………… **樟科 Lauraceae**

316. 蔓生性的灌木，茎为合轴型，具钩状的分枝；托叶小而早落；花为5出数，萼片和花瓣不同形，前者且于结实时增大呈翅状；花药纵长开裂；坚果 ……………………………… **钩枝藤科 Ancistrocladaceae（钩枝藤属 *Ancistrocladus*）**

315. 草本或亚灌木；叶互生或对生，具膜质托叶 ……………………… **蓼科 Polygonaceae**

312. 每子房室内有胚珠2个至多个。

317. 乔木、灌木或木质藤本。

318. 花瓣及雄蕊均着生于花萼上 ……………………………………… **千屈菜科 Lythraceae**

318. 花瓣及雄蕊均着生于花托上（或于西番莲科中雄蕊着生于子房柄上）。

319. 核果或翅果，仅有1种子。

320. 花萼具显著的4或5裂片或裂齿，微小而不能长大 ……………… **茶茱萸科 Icacinaceae**

320. 花萼呈截平头或不明显的裂齿，微小，但能在果实上增大 ……………………………… **铁青树科 Olacaceae（铁青树属 *Olax*）**

319. 蒴果或浆果，内有2至多数种子。

321. 花两侧对称。

322. 叶为2～3回羽状复叶；雄蕊5个 ……………… **辣木科 Moringaceae（辣木属 *Moringa*）**

322. 叶为全缘的单叶；雄蕊 8 个……………………………………………… 远志科 **Polygalaceae**

321. 花辐射对称；叶为单叶或掌状分裂

323. 花瓣具有直立而常彼此衔接的瓣爪 …………………… **海桐花科 Pittosporaceae**（海桐花属 *Pittosporum*）

323. 花瓣不具细长的瓣爪。

324. 植物体为耐寒耐旱性，有鳞片状或细长形的叶片；花无小苞片 ………………… **柽柳科 Tamaricaceae**

324. 植物体非为耐寒耐旱性，具有较宽大的叶片。

325. 花两性。

326. 花萼和花瓣不甚分化，且前者较大 …………… **大风子科 Flacourtiaceae**（红子木属 *Erythrospermum*）

326. 花萼和花瓣很有分化，前者很小 ………………………………… **堇菜科 Violaceae**（雷诺木属 *Rinorea*）

325. 雌雄异株或花杂性。

327. 乔木；花的每一花瓣基部各具位于内方的一鳞片；无子房柄 ……………………………………………………………………… **大风子科 Flacourtiaceae**（大风子属 *Hydnocarpus*）

327. 多为具卷须而攀缘的灌木；花常具一为 5 鳞片所成的副冠，各鳞片和萼片相对生；有子房柄 ……………………………………………………………… **西番莲科 Passifloraceae**（蒴莲属 *Adenia*）

317. 草本或亚灌木。

328. 胎座位于子房室的中央或基底。

329. 花瓣着生于花萼的喉部 ……………………………………………………… **千屈菜科 Lythraceae**

329. 花瓣着生于花托上。

330. 萼片 2 片；叶互生，稀可对生 ……………………………………………… **马齿苋科 Portulacaceae**

330. 萼片 5 或 4 片；叶对生 ……………………………………………………… **石竹科 Caryophyllaceae**

328. 胎座为侧膜胎座。

331. 食虫植物，具生有腺体刚毛的叶片 ………………………………………… **茅膏菜科 Droseraceae**

331. 非为食虫植物，也无生有腺体毛茸的叶片。

332. 花两侧对称。

333. 花有一位于前方的距状物；蒴果 3 瓣裂开 ……………………………………… **堇菜科 Violaceae**

333. 花有一位于后方的大型花盘；蒴果仅于顶端裂开 ………………………… **木犀草科 Resedaceae**

332. 花整齐或近于整齐。

334 植物体为耐寒耐旱性；花瓣内侧各有 1 舌状的鳞片…… **瓣鳞花科 Frankeniaceae**（瓣鳞花属 *Frankenia*）

334. 植物体非为耐寒耐旱性；花瓣内侧无鳞片的舌状附属物。

335. 花中有副冠及子房柄 ………………………… **西番莲科 Passifloraceae**（西番莲属 *Adenia*）

335. 花中无副冠及子房柄 …………………………………………… **虎耳草科 Saxifragaceae**

306. 子房 2 室或更多室。

336. 花瓣形状彼此极不相等。

337. 每子房室内有数个至多数胚珠。

338. 子房 2 室 ……………………………………………………………… **虎耳草科 Saxifragaceae**

338. 子房 5 室 ……………………………………………………………… **凤仙花科 Balsaminaceae**

337. 每子房室内仅有 1 个胚珠。

339. 子房 3 室；雄蕊离生；叶盾状，叶缘具棱角或波纹 ……… **旱金莲科 Tropaeodaceae**（旱金莲属 *Tropaeolum*）

399. 子房 2 室（稀可 1 或 3 室）；雄蕊合生为一单体；叶不呈盾状，全缘 ………………… **远志科 Polygalaceae**

336. 花瓣形状彼此相等或微有不等，且有时花也可为两侧对称。

340. 雄蕊数和花瓣数既不相等，也不是它的倍数。

341. 叶对生。

342. 雄蕊 4～10 个，常 8 个。

343. 蒴果 ………………………………………………………………… **七叶树科 Hippocastanaceae**

343. 翅果 ………………………………………………………………………… **槭树科 Aceraceae**

342. 雄蕊 2 或 3 个，也稀可 4 或 5 个。

344. 萼片及花瓣均为 5 出数；雄蕊多为 3 个 ……………………………… **翅子藤科 Hippocrateaceae**

344. 萼片及花瓣均为4出数；雄蕊2个，稀可3个 …………………………………… 木犀科 **Oleaceae**

341. 叶互生。

345. 叶为单叶，多全缘，或在油桐属 *Vernicia* 中可具3～7裂片；花单性……………… 大戟科 **Euhporbiaceae**

345. 叶为单叶或复叶；花两性或杂性。

346. 萼片为镊合状排列；雄蕊连成单体 …………………………………… 梧桐科 **Sterculiaceae**

346. 萼片为覆瓦状排列；雄蕊离生。

347. 子房4或5室，每子房室内有8～12胚珠；种子具翅 ……………… 楝科 **Meliaceae**（香椿属 ***Toona***）

347. 子房常3室，每子房室内有1至数个胚珠；种子无翅。

348. 花小型或中型，下位，萼片互相分离或微有合生 ……………………… 无患子科 **Sapindaceae**

348. 花大型，美丽，周位，萼片互相合生成一钟形的花萼 ……………………………………………… 钟萼木科 **Bretschneideraceae**（钟萼木属 ***Bretschneidera***）

340. 雄蕊数和花瓣数相等，或是它的倍数。

349. 每子房室内有胚珠或种子3个至多数。

350. 叶为复叶。

351. 雄蕊合生成为单体 ………………………………………………… 酢浆草科 **Oxalidaceae**

351. 雄蕊彼此互相分离。

352. 叶互生。

353. 叶为2～3回的三出叶，或为掌状叶……………… 虎耳草科 **Saxifragaceae**（红升麻亚族 **Astilbinea**）

353. 叶为1回羽状复叶 ……………………………………… 楝科 **Meliaceae**（香椿属 ***Toona***）

352. 叶对生。

354. 叶为双数羽状复叶 …………………………………………… 蒺藜科 **Zygophyllaceae**

354. 叶为单数羽状复叶 …………………………………………… 省沽油科 **Staphyleaceae**

350. 叶为单叶。

355. 草本或亚灌木。

356. 花周位；花托多少有些中空。

357. 雄蕊着生于杯状花托的边缘 ………………………………………… 虎耳草科 **Saxifragaceae**

357. 雄蕊着生于杯状或管状花萼（或即花被）的内侧 ……………………… 千屈菜科 **Lythraceae**

356. 花下位；花托常扁平。

358. 叶对生或轮生，常全缘。

359. 水生或沼泽草本，有时（如田繁缕属 *Bergia*）为亚灌木；有托叶 ………… 沟繁缕科 **Elatinaceae**

359. 陆生草本；无托叶 ……………………………………………… 石竹科 **Caryophyllaceae**

358. 叶互生或基生，稀可对生，边缘有锯齿，或叶退化为无绿色组织的鳞片。

360. 草本或亚灌木；有托叶；萼片呈镊合状排列，脱落性 ……………………………… 椴树科 **Tiliaceae**（黄麻属 ***Corchorus***、田麻属 ***Corchoropsis***）

360. 多年生常绿草本，或为死物寄生植物而无绿色组织；无托叶；萼片呈覆瓦状排列，宿存性 ……………………………………………… 鹿蹄草科 **Pyrolaceae**

355. 木本植物。

361. 花瓣常有彼此衔接或其边缘互相依附的柄状瓣爪 ……… 海桐花科 **Pittosporaceae**（海桐花属 ***Pittosporum***）

361. 花瓣无瓣爪，或仅具互相分离的细长柄状瓣爪。

362. 花托空凹；萼片呈镊合状或覆瓦状排列。

363. 叶互生，边缘有锯齿，常绿性……………………… 虎耳草科 **Saxifragaceae**（鼠刺属 ***Itea***）

363. 叶对生或互生，全缘，脱落性。

364. 子房2～6室，仅具1花柱；胚珠多数，着生于中轴胎座上 ……………… 千屈菜科 **Lythraceae**

364. 子2室，具2花柱；胚珠数个，悬垂于中轴胎座房上 ……………………………

……………………………… 金缕梅科 Hamamelidaceae（双花木属 *Disanthus*）

362. 花托扁平或微凸起；萼片呈覆瓦状或于杜英科中呈镊合状排列。

365. 花为 4 出数；果实呈浆果状或核果状；花药纵长裂开或顶端舌瓣裂开。

366. 穗状花序腋生于当年新枝上；花瓣先端具齿裂……………… 杜英科 Elaeocarpaceae（杜英属 *Elaeocarpus*）

366. 穗状花序腋生于昔年老枝上；花瓣完整 ……………… 旌节花科 Stachyuraceae（旌节花属 *Stachyurus*）

365. 花为 5 出数；果实呈蒴果状；花药顶端孔裂。

367. 花粉粒单纯，子房 3 室 ……………………………… 山柳科 Clethraceae（山柳属 *Clethra*）

367. 花粉粒复合，成为四合体；子房 5 室 ……………………………… 杜鹃花科 Ericaceae

349. 每子房室内有胚珠或种子 1 或 2 个。

368. 草本植物，有时基部呈灌木状。

369. 花单性、杂性或雌雄异株。

370. 具卷须的藤本；叶为 2 回三出复叶 ……………… 无患子科 Sapindaceae（倒地铃属 *Cardiospermum*）

370. 直立草本或亚灌木；叶为单叶 ……………………………… 大戟科 Euhporbiaceae

369. 花两性。

371. 萼片呈镊合状排列；果实有刺 ……………………………… 椴树科 Tiliaceae（刺蒴麻属 *Triumfetta*）

371. 萼片呈覆瓦状排列；果实无刺。

372. 雄蕊彼此分离；花柱互相合生 ……………………………… 牻牛儿苗科 Geraniaceae

372. 雄蕊互相合生；花柱彼此分离 ……………………………… 亚麻科 Linaceae

368. 木本植物。

373. 叶肉质，通常仅为 1 对小叶所组成的复叶 ……………………………… 蒺藜科 Zygophyllaceae

373. 叶为其他情形。

374. 叶对生；果实为 1、2 或 3 个翅果所组成。

375. 花瓣细裂或具齿裂；每果实有 3 个翅果 ……………………………… 金虎尾科 Malpighiaceae

375. 花瓣全缘；每果实具 2 个或连合成 1 个的翅果 ……………………………… 槭树科 Aceraceae

374. 叶互生，如为对生时，则果实不为翅果。

376. 叶为复叶，或稀可为单叶而有具翅的果实。

377. 雄蕊连为单体。

378. 萼片及花瓣均为 3 出数；花药 6 个，花丝生于雄蕊管的口部 ……………… 橄榄科 Burseraceae

378. 萼片及花瓣均为 4 至 6 出数；花药 8 至 12 个，直接着生于雄蕊管的喉部或齿裂之间 … 楝科 Meliaceae

377. 雄蕊各自分离。

379. 叶为单叶；果实为一具 3 翅而其内仅有 1 种子的小坚果 ………………………………

……………………………… 卫矛科 Celastraceae（雷公藤属 *Tripterygium*）

379. 叶为复叶；果实无翅。

380. 花柱 3～5 个；叶常互生，脱落性 ……………………………… 漆树科 Ancardiaceae

380. 花柱 1 个，叶互生或对生。

381. 叶为羽状复叶，互生，常绿性或脱落性；果实有各种类型 ……………… 无患子科 Sapindaceae

381. 叶为掌状复叶，对生，脱落性；果实为蒴果 ……………… 七叶树科 Hippocastanaceae

376. 叶为单叶，果实无翅。

382. 雄蕊合生成单体，或如为 2 轮时，至少内轮者如此，有时其花药无花丝（如大戟科三宝木属 *Trigonostemon*）。

383. 花单性；萼片或花萼裂片 2～6 片，呈镊合状或覆瓦状排列 ……………… 大戟科 Euhporbiaceae

383. 花两性；萼片 5 片，呈覆瓦状排列。

384. 果实呈蒴果状；子房 3～5 室，各室均可成熟 ……………………………… 亚麻科 Linaceae

384. 果实呈核果状；子房3室，大都其中的2室为不孕性，仅1室可成熟，而有1~2枚胚珠……………………古柯科 **Erythroxylaceae**（古柯属 ***Erythroxylum***）

382. 雄蕊各自分离，有时在毒鼠子科中可和花瓣相连合而形成1管状物。

385. 果呈蒴果状。

386. 叶互生或稀可对生；花下位。

387. 叶脱落性或常绿性；花单性或两性；子房3室，稀可2或4室，有时可多至15室（如算盘子属 *Glochidion*）……………………大戟科 **Euhporbiaceae**

387. 叶常绿性；花两性；子房5室……………………五列木科 **Pentaphylacaceae**（五列木属 ***Pentaphylax***）

386. 叶对生或互生；花周位……………………卫矛科 **Celastraceae**

385. 果呈核果状，有时木质化，或呈浆果状。

388. 种子无胚乳，胚体肥大而多肉质。

389. 雄蕊10个……………………蒺藜科 **Zygophyllaceae**

389. 雄蕊4或5个。

390. 叶互生；花瓣5片，各2裂或分成2部分……………………毒鼠子科 **Dichapetalaceae**（毒鼠子属 ***Dichapetalum***）

390. 叶对生；花瓣4片，均完整……………………刺茉莉科 **Salvadoraceae**（刺茉莉属 ***Azima***）

388. 种子有胚乳，胚体有时很小。

391. 植物体为耐寒耐旱性；花单性，3或2数……………………岩高兰科 **Empetraceae**（岩高兰属 ***Empetrum***）

391. 植物体为普通形状；花两性或单性，5或4数。

392. 花瓣呈镊合状排列。

393. 雄蕊和花瓣同数……………………茶茱萸科 **Icacinaceae**

393. 雄蕊和花瓣不同数，为其倍数。

394. 枝条无刺，而有对生的叶片……………………红树科 **Rhizophoraceae**（红树族 ***Gynotrocheae***）

394. 枝条有刺，而有互生的叶片……………………铁青树科 **Olacaceae**（海檀木属 ***Ximenia***）

392. 花瓣呈覆瓦状排列，或在大戟科小盘木属 *Microdesmis* 中为扭转兼覆瓦状排列。

395. 花单性，雌雄异株；花瓣较小于萼片……………………大戟科 **Euhporbiaceae**（小盘木属 ***Microdesmis***）

395. 花两性或单性；花瓣常较大于萼片。

396. 落叶攀缘灌木；雄蕊10枚；子房5室，每室内有2个胚珠……………………猕猴桃科 **Actinidiaceae**（藤山柳属 ***Clematoclethra***）

396. 多为常绿乔木或灌木；雄蕊4或5枚。

397. 花下位，雌雄异株或杂性；无花盘……………………冬青科 **Aquifoliaceae**

397. 花周位，两性或杂性，有花盘……………………卫矛科 **Celastraceae**（异卫矛亚科 ***Cassinioideae***）

160. 花冠为多少有些连合的花瓣所组成。

398. 成熟雄蕊或单体雄蕊的花药数多于花冠裂片。

399. 心皮1个至数个，互相分离或大致分离。

400. 叶为单体或有时可为羽状分裂，对生，肉质……………………景天科 **Crassulaceae**

400. 叶为2回羽状复叶，互生，不呈肉质……………………豆科 **Leguminosae**（含羞草亚科 ***Mimosoideae***）

399. 心皮2个或更多，合生成一复合性子房。

401. 雌雄同株或异株，有时为杂性。

402. 子房1室；无分枝而成棕榈状的小乔木……………………番木瓜科 **Caricaceae**（番木瓜属 ***Carica***）

402. 子房2室至多室；具分枝的乔木或灌木。

403. 雄蕊合生成单体，或至少内层者如此；蒴果……………………大戟科 **Euhporbiaceae**（麻疯树属 ***Jatropha***）

403. 雄蕊各自分离；浆果……………………………………………………………… **柿树科 Ebenaceae**

401. 花两性。

404. 花瓣连成一盖状物，或花萼裂片及花瓣均可合成为1或2层的盖状物。

405. 叶为单叶，具透明微点……………………………………………………… **桃金娘科 Myrtaceae**

405. 叶为掌状复叶，无透明微点 ………………………… **五加科 Araliaceae（多蕊木属 *Tupidanthus*）**

404. 花萼及花冠裂片均不成盖状物。

406. 每子房室中有3个至多数胚珠。

407. 雄5～10蕊个或其数不超过花冠裂片的2倍，稀可在野茉莉科银钟花属Helasia其数可达16个，而为花冠裂片的4倍。

408. 雄蕊合生成单体或花丝于基部互相合生；花药纵裂，花粉粒单生。

409. 叶为复叶；子房上位；花柱5个 ……………………………………… **酢浆草科 Oxalidaceae**

409. 叶为单叶；子房下位或半下位；花柱1个；乔木或灌木，常有星状毛 …………………………………………………………………………… **野茉莉科（安息香科）Styracaceae**

408. 雄蕊各自分离；花药顶端孔裂；花粉粒为四合型 ……………………………… **杜鹃花科 Ericaceae**

407. 雄蕊多数。

410. 萼片和花瓣常各为多数，而无显著的区分；子房下位；植物体肉质，绿色，常具棘针，而其叶退化 ……………………………………………………………………………… **仙人掌科 Cactaceae**

410. 萼片和花瓣常各为5片，而有显著的区分；子房上位。

411. 萼片呈镊合状排列；雄蕊连成单体 …………………………………………… **锦葵科 Malvaceae**

411. 萼片呈显著的覆瓦状排列。

412. 雄蕊合生5束，且每束着生于1花瓣的基部；花药顶端孔裂；浆成果 …………………………………………………………………… **猕猴桃科 Actinidiaceae（水东哥属 *Saurauia*）**

412. 雄蕊的基部连合成单体；花药纵裂；蒴果 ………………… **山茶科 Theaceae（紫茎木属 *Stewartia*）**

406. 每子房室中仅有1或2个胚珠。

413. 花萼中的2片或更多片于结实时能长大成状……………………………… **龙脑香科 Dipterocarpaceae**

413. 花萼裂片无上述变大的情形。

414. 植物体常有星状毛茸 ……………………………………… **野茉莉科（安息香科）Styracaceae**

414. 植物体无星状毛茸。

415. 子房下位或半下位；果实歪斜 ………………………… **山矾科 Symplocaceae（山矾属 *Symplocos*）**

415. 子房上位。

416. 雄蕊相互合生为单体；果实成熟时分裂为离果 ……………………………… **锦葵科 Malvaceae**

416. 雄蕊各自分离；果实不是离果。

417. 子房2室；蒴果 ……………………………… **瑞香科 Thymelaeaceae（沉香属 *Aquilaria*）**

417. 子房6～8室；浆果 ……………………………… **山榄科 Sapotaceae（紫荆木属 *Madhuca*）**

398. 成熟雄蕊并不多于花冠裂片或有时因为花丝的分裂则可过之。

418. 雄蕊和花冠裂片为同数且对生。

419. 植物体内有乳汁 ……………………………………………………………… **山榄科 Sapotaceae**

419. 植物体内不含乳汁。

420. 果实内有数个至多数种子。

421. 乔木或灌木；果实呈浆果状或核果状…………………………………………… **紫金牛科 Myrsinaceae**

421. 草本；果实呈蒴果状………………………………………………………… **报春花科 Primulaceae**

420. 果实内仅含有1个种子。

422. 子房下位或半下位。

423. 乔木或攀缘性灌木；叶互生……………………………………………… **铁青树科 Olacaceae**

423. 常为半寄生性灌木；叶对生 ………………………………………… **桑寄生科 Loranthaceae**

422. 子房上位。

424. 花两性。

425. 攀缘性草本；萼片2；果为肉质宿存花萼所包围………… **落葵科 Basellaceae（落葵属 *Basella*）**

425. 直立草本或亚灌木，有时为攀缘性；萼片或萼裂片 5；果为蒴果或瘦果，不为花萼所包围 …… 蓝雪科 **Plumbaginaceae**

424. 花单性，雌雄异株；攀缘性灌木。

426. 雄蕊合生成单体；雌蕊单纯性 …… 防己科 **Menispermaceae**（锡生藤亚族 ***Cissampelinae***）

426. 雄蕊各自分离；雌蕊复合性 …… 茶茱萸科 **Icacinaceae**（微花藤属 ***Iodes***）

418. 雄蕊和花冠裂片同数且互生，或雄蕊数较花冠裂片数为少。

427. 子房下位。

428. 植物体常卷须而攀缘或蔓生；胚珠及种子皆为水平生长于侧膜胎座上 …… 葫芦科 **Cucurbitaceae**

428. 植物体直立，如为攀缘时也无卷须；胚珠及种子并不为水平生长。

429. 雄蕊互相合生。

430. 花整齐或两侧对称，成头状花序，或在苍耳属 *Xanthium* 中，雌花序为一仅含 2 花的果壳，其外生有钩状刺毛；子房 1 室，内仅有 1 个胚珠 …… 菊科 **Asteraceae**

430. 花多两侧对称，单生或成总状或伞房花序；子房 2 或 3 室，内有多数胚珠。

431. 花冠裂片呈镊合状排列；雄蕊 5 个，具分离的花丝及合生的花药 …… 桔梗科 **Campanulaceae**（半边莲亚科 **Lobelioideae**）

431. 花冠裂片呈覆瓦状排列；雄蕊 2 个，具合生的花丝及分离的花药 …… 花柱草科 **Styiodiaceae**（花柱草属 ***Styiodium***）

429. 雄蕊各自分离。

432. 雄蕊和花冠相分离或近于分离。

433. 花药顶端孔裂；花粉粒连成四合体；灌木或亚灌木 …… 杜鹃花科 **Ericaceae**（乌饭树亚科 **Vaccinioideae**）

433. 花药纵裂；花粉粒单纯；多为草本。

434. 花冠整齐；子房 2 ~ 5 室，内有多数胚珠 …… 桔梗科 **Campanulaceae**

434. 花冠不整齐；子房 1 ~ 2 室，每子房室内仅有 1 或 2 个胚珠 …… 草海桐科 **Goodeniaceae**

432. 雄蕊着生于花冠上。

435. 雄蕊 4 或 5 个，和花冠裂片同数。

436. 叶互生；每子房室内有多数胚珠 …… 桔梗科 **Campanulaceae**

436. 叶对生或轮生；每子房室内有 1 个至多数胚珠。

437. 叶轮生，如为对生时，则有托叶存在 …… 茜草科 **Rubiaceae**

437. 叶对生，无托叶或稀可有明显的托叶。

438. 花序多为聚伞花序 …… 忍冬科 **Caprifoliaceae**

438. 花序为头状花序 …… 川续断科 **Dipsacaceae**

435. 雄蕊 1 ~ 4 个，其数较花冠裂片数少。

439. 子房 1 室。

440. 胚珠多数，生于侧膜胎座上 …… 苦苣苔科 **Gesneriaceae**

440. 胚珠 1 个，悬垂于子房的顶端 …… 川续断科 **Dipsacaceae**

439. 子房 2 室或更多室，具中轴胎座。

441. 子房 2 ~ 4 室，所有的子房室均可成熟；水生草本 …… 胡麻科 **Pedaliaceae**（茶菱属 ***Trapella***）

441. 子房 3 或 4 室，仅其中 1 或 2 室可成熟。

442. 落叶或常绿的灌木；叶片全缘或边缘有锯齿 …… 忍冬科 **Caprifoliaceae**

442. 陆生草本；叶片常有很多的分裂 …… 败酱科 **Valerianaceae**

427. 子房上位。

443. 子房深裂为 2 ~ 4 部分；花柱或数花柱均自子房裂片之间伸出。

444. 花冠两侧对称或稀可整齐；叶对生 …… 唇形科 **Lamiaceae**

444. 花冠整齐；叶互生。

445. 花柱 2 个；多年生匍匐性小草本；叶片呈圆肾形 …… 旋花科 **Convolvulaceae**（马蹄金属 ***Dichondra***）

445. 花柱 1 个 …………………………………………………… **紫草科 Boraginaceae**

443. 子房完整或微有分割，或为 2 个分离的心皮所组成；花柱自子房的顶端伸出。

446. 雄蕊的花丝分裂。

447. 雄蕊 2 个，各分为 3 裂 …………………………………………… **罂粟科 Papaveraceae**

447. 雄蕊 5 个，各分为 2 裂 ………………………… **五福花科 Adoxaceae（五福花属 *Adoxa*）**

446. 雄蕊的花丝单纯。

448. 花冠不整齐，常多少有些呈二唇状。

449. 成熟雄蕊 5 个。

450. 雄蕊和花冠离生 ……………………………………………… **杜鹃花科 Ericaceae**

450. 雄蕊着生于花冠上 …………………………………………… **紫草科 Boraginaceae**

449. 成熟雄蕊 2 或 4 个，退化雄蕊有时也可存在。

451. 每子房室内仅含 1 或 2 个胚珠。

452. 叶对生或轮生；雄蕊 4 个，稀可 2 个；胚珠直立，稀可悬垂。

453. 子房 2～4 室，共有 2 个或更多的胚珠 ………………………… **马鞭草科 Verbenaceae**

453. 子房 1 室，仅含 1 个胚珠 ……………… **透骨草科 Phrymaceae（透骨草属 *Phryma*）**

452. 叶互生或基生；雄蕊 2 或 4 个；胚珠悬垂；子房 2 室，每子房室内仅有 1 个胚珠 …………………………………………………………… **玄参科 Scrophulariaceae**

451. 每子房室内有 2 个至更多胚珠。

454. 子房 1 室具侧膜胎座或特立中央胎座（有时可因侧膜胎座的深入而为 2 室）。

455. 草本或木本植物，不为寄生性，也非食虫性。

456. 多为乔木或木质藤本；叶为单叶或复叶，对生或轮生，稀可互生；种子有翅，但无胚乳 …………………………………………………………… **紫葳科 Bignoniaceae**

456. 多为草本；叶为单叶，基生或对生；种子无翅，有或无胚乳 …………………………………………………………… **苦苣苔科 Gesneriaceae**

455. 草本植物，为寄生性或食虫性。

457. 植物体寄生于其他植物的根部，而无绿叶存在；雄蕊 4 个；侧膜胎座 …………………………………………………………… **列当科 Orobanchaceae**

457. 植物体为食虫性，有绿叶存在；雄蕊 2 个；特立中央胎座；多为水生或沼泽植物，且有具距的花冠 …………………………………………………………… **狸藻科 Lentibulariaceae**

454. 子房 2～4 室，具中轴胎座，或于角胡麻科中为子房 1 室而具侧膜胎座。

458. 植物体常具分泌黏液的腺体茸毛；种子无胚乳或具一薄层胚乳。

459. 子房最后成为 4 室；蒴果的果皮质薄而不延伸为长喙；油料植物 ………………………………………… **胡麻科 Pedaliaceae（胡麻属 *Sesamum*）**

459. 子房 1 室；蒴果的内皮坚硬而且木质，延伸为钩状长喙；栽培花卉 …………………………………… **角胡麻科 Martyniaceae（角胡麻属 *Proboscidea*）**

458. 植物体不具上述茸毛；子房 2 室。

460. 叶对生；种子无胚乳，位于胎座的钩状突起上 ……………………… **爵床科 Acanthaceae**

460. 叶互生或对生；种子有胚乳，位于中轴胎座上。

461. 花冠裂片具深缺刻；成熟雄蕊 2 个 …………… **茄科 Solanaceae（蝴蝶花属 *Schizanthus*）**

461. 花冠裂片全缘或仅其先端具一凹陷；成熟雄蕊 2 或 4 个 …………………………………………………………… **玄参科 Scrophulariaceae**

448. 花冠整齐，或近于整齐。

462. 雄蕊数较花冠裂片为少。

463. 子房 2～4 室，每室内仅含 1 枚胚珠。

464. 雄蕊 2 个 …………………………………………………………… **木犀科 Oleaceae**

464. 雄蕊 4 个

465. 叶互生，有透明腺体微点存在 ……………………………… **苦槛蓝科 Myoporaceae**

465. 叶对生，无透明微点 ……………………………………… **马鞭草科 Verbenaceae**

463. 子房 1 或 2 室，每室内有数个至多数胚珠。

466. 雄蕊 2 枚；子房室内有 4～10 个胚珠，顶生 ……………… **木犀科 Oleaceae（连翘属 *Forsythia*）**

466. 雄蕊4或2个；每子房室内有多数胚珠着生于中轴或侧膜胎座上。

467. 子房1室，内具分歧的侧膜胎座，或因胎座深入而使子房成2室 ……………………… **苦苣苔科 Gesneriaceae**

467. 子房为完全的2室，内具中轴胎座。

468. 花冠于蕾中常折叠；子房2心皮的位置偏斜 ……………………………………………… **茄科 Solanaceae**

468. 花冠于蕾中不折叠，而呈覆瓦状排列；子房的2心皮位于前后方 ……………………… **玄参科 Scrophulariaceae**

462. 雄蕊和花冠裂片同数。

469. 子房2个，或为1个而成熟后呈双角状。

470. 雄蕊各自分离；花粉粒也彼此分离 ……………………………………………… **夹竹桃科 Apocynaceae**

470. 雄蕊互相连合；花粉粒连成花粉块 ………………………………………………… **萝藦科 Asclepiadaceae**

469. 子房1个，不呈双角状。

471. 子房1室或因2侧膜胎座的深入而成2室。

472. 子房为1心皮所成。

473. 花显著，呈漏斗形而簇生；果实为1瘦果，有棱或有翅 … **紫茉莉科 Nyctaginaceae（紫茉莉属 *Mirabilis*）**

473. 花小型而形成球形头状花序；果实为1荚果，成熟后则裂为仅含1种子的荚 ……………………………………………………………………… **豆科 Leguminosae（含羞草亚属 *Mimosa*）**

472. 子房为2个以上连合心皮所成。

474. 乔木或攀缘性灌木，稀可为一攀缘性草本，而体内具乳汁（如心翼果属*Cardiopteris*），果实呈核果状（心翼果属则为干燥的翅果），内有1个种子（心翼果属 *Cardiopteris* 现独立为心翼果科 Cardiopteridaceae）……………………………………………………………………… **茶茱萸科 Icacinaceae**

474. 草本或亚灌木，或于旋花科麻辣仔藤属 *Erycibe* 中为攀缘灌木；果实呈蒴果状（或于麻辣仔藤属中呈浆果状），内有2个或更多的种子。

475. 花冠裂片呈覆瓦状排列。

476. 叶茎生，羽状分裂或为羽状复叶（限我国）…… **田基麻科 Hydrophyllaceae（水叶族 Hydrophylleae）**

476. 叶基生，单叶，边缘具齿裂 ……… **苦苣苔科 Gesneriaceae（苦苣苔属 *Conandron*，黔苣苔属 *Tengia*）**

475. 花冠裂片常呈螺旋状或内折的镊合状排列。

477. 攀缘性灌木；果实呈浆果状，内有少数种子 …………… **旋花科 Convolvulaceae（丁公藤属 *Erycibe*）**

477. 直立陆生或漂浮水面的草本；果实呈蒴果状，内有少数至多数种子 …………… **龙胆科 Gentianaceae**

471. 子房2～10室。

478. 无绿叶而为缠绕性的寄生植物 ……………………………… **旋花科 Convolvulaceae（菟丝子亚科 Cusutoideae）**

478. 不是上述的无叶寄生植物。

479. 叶常对生，且多在两叶之间具有托叶所成的连接线或附属物 ……………………………… **马钱科 Loganiaceae**

479. 叶常互生，或有时基生，如为对生时，其两叶之间也无托叶所成的连系物，有时其叶也可轮生。

480. 雄蕊和花冠离生或近于离生。

481. 灌木或亚灌木；花药顶端孔裂；花粉粒为四合体；子房常5室 ……………………… **杜鹃花科 Ericaceae**

481. 一年生或多年生草本常为缠绕性；花药纵裂；花粉粒单纯；子房常3～5室 ………………………………………………………………………………… **桔梗科 Campanulaceae**

480. 雄蕊着生于花冠的筒部。

482. 雄蕊4个，稀可在冬青科为5个或更多。

483. 无主茎的草本，具由少数至多数花朵所形成的穗状花序生于一基生花葶上 ……………………………………………………………… **车前科 Plantaginaceae（车前属 *Plantago*）**

483. 乔木、灌木，或有主茎的草本。

484. 叶互生，多常绿 ………………………………………………… **冬青科 Aquifoliaceae（冬青属 *Ilex*）**

484. 叶对生或轮生。

485. 子房2室，每室内有多数胚珠 …………………… 玄参科 Scrophulariaceae

485. 子房2室至多室，每室内有1或2个胚珠 …………………… 马鞭草科 Verbenaceae

482. 雄蕊常5个，稀可更多。

486. 每子房室内仅有1或2个胚珠。

487. 子房3或3室；胚珠自子房室近顶端悬垂；木本植物；叶全缘。

488. 每花瓣2裂或2分；花柱1个；子房无柄，2或3室，每室内各有2胚珠；核果；有托叶 …………………… 毒鼠子科 Dichapetalaceae（毒鼠子属 *Dichapetalum*）

488. 每花瓣均完整；花柱2个；子房具柄，2室，每室内仅1个胚珠；翅果；无托叶 … 茶茱萸科 Icacinaceae

487. 子房1～4室；胚珠在子房室基底或中轴的基部直立或上举；无托叶；花柱1个，稀可2个，有时在紫草科破布木属 *Cordia* 中其先端可成两次的2分。

489. 果实为核果；花冠有明显的裂片，并在蕾中呈覆瓦状或螺旋状排列；叶全缘或有锯齿；通常均为直立木本或草本，多粗壮或具刺毛 …………………… 紫草科 Boraginaceae

489. 果实为蒴果；花瓣完整或具裂片；叶全缘或具裂片，但无锯齿缘。

490. 通常为缠绕性，稀可为直立草本，或为半木质的攀缘植物至大型木质藤本（如盾苞藤属 *Neuropeltis*）；萼片多互相分离；花冠常完整而无几裂片，于蕾中呈螺旋状排列，也可有时深裂而其裂片成内折的镊合状排列（如盾苞藤属） …………………… 旋花科 Convolvulaceae

490. 通常均为直立草本；萼片合生成钟状或筒状；花冠有明显的裂片，唯于蕾中也呈螺旋状排列 …………………… 花荵科 Polemoniaceae

486. 每子房室内有多数胚珠，或在花荵科中有时为1至数个；多无托叶。

491. 高山区生长的耐寒耐旱性低矮多年生草本或丛生亚灌木；叶多小型，常绿，紧密排列成覆瓦状或莲座状；花无花盘；花单生至聚集为几成头状花序；花冠裂片成覆瓦状排列；子房3室；花柱1个；柱头3裂；蒴果室背开裂 …………………… 岩梅科 Diapensiaceae

491. 草本或木本，不为耐寒耐旱性；叶常为大型或中型，脱落性，疏松排列而各自展开；花多有位于子房下方的花盘。

492. 花冠不于蕾中折叠，其裂片成螺旋状排列，或在田基麻科中为覆瓦状排列。

493. 叶为单叶，或在花荵属 *Polemonium* 中为羽状分裂或羽状复叶；子房3室（稀可2室）；花柱1个；柱头3裂；蒴果多室背开裂 …………………… 花荵科 Polemoniaceae

493. 叶为单叶，且在田基麻属 *Hydrolea* 为全缘；子房2室；花柱2个；柱头呈头状；蒴果室间开裂 …………………… 田基麻科 Hydrophyllaceae（田基麻族 *Hydroleeae*）

492. 花冠裂片呈镊合状或覆瓦状排列，或其花冠于蕾内折叠。且呈螺旋状排列；花萼常宿存；子房2室，或在茄科中为假3室至假5室；花柱1个；柱头完整或2裂。

494. 花冠多于蕾中折叠，其裂片呈覆瓦状排列，或在曼陀罗属 *Datura* 呈螺旋状排列，稀可在枸杞属 *Lycium*、颠茄属 *Atropa* 等属中，并不于蕾内折叠，而呈覆瓦状排列；雄蕊花丝无毛；浆果，或为纵裂或横裂的蒴果 …………………… 茄科 Solanaceae

494. 花冠不于蕾中折叠，其裂片呈覆瓦状排列；雄蕊的花丝具茸毛（尤以后方3个如此）。

495. 室间开裂的蒴果 …………………… 玄参科 Scrophulariaceae（毛蕊花属 *Verbascum*）

495. 浆果；有刺灌木 …………………… 茄科 Solanaceae（枸杞属 *Lycium*）

1. 子叶1枚；茎无中央髓部，也无呈年轮状的生长；叶多具平行脉；花3数，有时4数，但极少为5数 …………………… 单子叶植物纲 Monocotyledoneae

496. 木本植物，或其叶于芽中呈折叠状。

497. 灌木或乔木；叶细长或呈剑状，在芽中不呈折叠状 …………………… 露兜树科 Pandanaceae

497. 木本或草本；叶甚宽，常为羽状或扇形的分裂，在芽中呈折叠状而有强韧的平行脉或射出脉。

498. 植物体多甚高大，呈棕榈状，具简单或分枝少的主干；花为圆锥或穗状花序，托以佛焰状苞片 …………………… 棕榈科 Arecaceae

498. 植物体常为无主茎的多年生草本，具常深裂为2片的叶片；花为紧密的穗状花序 …………………… 环花草科（巴拿马草科）Cyclanthaceae（巴拿马草属 *Carludovica*）

496. 草本植物或稀可为木质茎，但其叶于芽中从不呈折叠状。

499. 无花被或在眼子菜科中很小。

500. 花包藏于或附托以呈覆瓦状排列的壳状鳞片（特称为颖）中，由多花至1花形成小穗。（自形态学观点而言，此小穗实即简单的穗状花序）

501. 秆多少有些呈三棱形，实心；茎生叶呈3行排列；叶鞘封闭；花药以基底附着花丝；果实为瘦果或囊果 ……………… **莎草科 Cyperaceae**

501. 秆常呈圆筒状，中空；茎生叶呈2行排列；叶鞘常在一侧纵裂开；花药以其中部附着花丝；果实通常为颖果 ……………… **禾本科 Poaceae**

500. 花虽有时排列为具总苞的头状花序，但并不包藏于呈壳状的鳞片中。

502. 植物体微小，无真正的叶片，仅具无茎而漂浮水面或沉没水中的叶状体 ……………… **浮萍科 Lemnaceae**

502. 植物体常具茎，也具叶，其叶有时可呈鳞片状。

503. 水生植物，具沉没水中或漂浮水面的叶片。

504. 花单性，不排列成穗状花序。

505. 叶互生；花成球形头状花序 ……………… **黑三棱科 Sparganiaceae（黑三棱属 *Sparganium*）**

505. 叶多对生或轮生；花单生，或在叶腋间形成聚伞花序。

506. 多年生草本；雌蕊为1个或更多而互相分离的心皮所成；胚珠自子房室顶端悬垂 ……………… **眼子菜科 Potamogetonaceae（角果藻族 *Zannichellieae*）**

506. 一年生草本；雌蕊1个，具2~4柱头；胚珠直立于子房室的基底 ……………… **茨藻科 Najadaceae（茨藻属 *Najas*）**

504. 花两性或单性，排列成简单或分歧的穗状花序。

507. 花排列于一扁平穗轴的一侧。

508. 海水植物；穗状花序不分歧，但具雌雄同株或异株的单性花；雄蕊1个，具无花丝而为1室的花药；雌蕊1个，具2柱头；胚珠1个，悬垂于子房室的顶端 ……………… **眼子菜科 Potamogetonaceae（大叶藻属 *Zostera*）**

508. 淡水植物；穗状花序常分为二歧而具两性花；雄蕊6个或更多，具极细长的花丝和2室的花药；雌蕊为3~6个离生心皮所成；胚珠在每室内2个或更多，基生 ……………… **水蕹科 Aponogetonaceae（水蕹属 *Aponogeton*）**

507. 花排列于穗轴的周围，多为两性花；胚珠常仅1个 ……………… **眼子菜科 Potamogetonaceae**

503. 陆生或沼泽植物，常有位于空气中的叶片。

509. 叶有柄，全缘或有各种形状的分裂，具羽状脉；花形成一肉穗花序，后者常有一大型而常具色彩的佛焰苞片 ……………… **天南星科 Araceae**

509. 叶无柄，细长形、剑形，或退化成鳞片状，其叶常具平行脉。

510. 花形成紧密的穗状花序，或在帚灯草科为疏松的圆锥花序。

511. 陆生或沼泽植物；花序为由位于苞腋间的小穗所组成的疏散圆锥花序；雌雄异株；叶多退化成鞘状 ……………… **帚灯草科 Restionaceae（薄果藻属 *Leptocarpus*）**

511. 水生或沼泽植物；花序为紧密的穗状花序。

512. 穗状花序位于一呈二棱形的基生花葶的一侧，而另一侧则延伸为叶状的佛焰苞片；花两性 ……………… **天南星科 Araceae（石菖蒲属 *Acorus*）**

512. 穗状花序位于一圆柱形花梗的顶端，形如蜡烛而无佛焰苞；雌雄同株 ……………… **香蒲科 Typhaceae**

510. 花序有各种形式。

513. 花单性，成头状花序。

514. 头状花序单生于基生无叶的花葶顶端；叶狭窄，呈禾草状，有时叶为膜质 ……………… **谷精草科 Eriocaulaceae（谷精草属 *Eriocaulon*）**

514. 头状花序散生于具叶的主茎或枝条的上部，雄性者在上，雌性者在下；叶细长，呈扁三棱形；直立或漂浮水面，基部呈鞘状 ……………… **黑三棱科 Sparganiaceae（黑三棱属 *Sparganium*）**

513. 花常两性。

515. 花序呈穗状或头状，包藏于2个互生的叶状苞片中；无花被；叶小，细长形或呈丝状；雄蕊1或2个；子房上位，1－3室，每子房室内仅有1个悬垂胚珠……………………………………………… **刺鳞草科 Centrolepidaceae**

515. 花序不包藏于叶状的苞片中；有花被。

516. 子房3～6个，至少在成熟时互相分离 ……………………… **水麦冬科 Juncaginaceae（水麦冬属 *Triglochin*）**

516. 子房1个，由3心皮合生所组成……………………………………………………………… **灯心草科 Juncaceae**

499. 有花被，常显著，且呈花瓣状。

517. 雌蕊3个至多数，互相分离。

518. 死物寄生性植物，具呈鳞片状而无绿色的叶片。

519. 花两性，具2层花被片；心皮3个，各有多数胚珠 ………………… **百合科 Liliaceae（无叶莲属 *Petrosavia*）**

519. 花单性或稀可杂性，具1层花被片；心皮数个，各仅有1个胚珠 ……………………………………………………………………………………………… **霉草科 Triuridaceae（喜阴草属 *Sciaphila*）**

518. 不是死物寄生植物，常为水生或沼泽植物，具有发育正常的绿叶。

520. 花被裂片彼此相同；叶细长，基部具鞘………………………… **水麦冬科 Juncaginaceae（芝菜科属 *Scneuchzeria*）**

520. 花被裂片分化为萼片和花瓣2轮。

521. 叶（限我国）呈细长形，直立；花单生或呈伞形花序；蓇葖果 ……………………………………………………………………………………………… **花蔺科 Butomaceae（花蔺属 *Butomus*）**

521．叶呈细长兼披针形至卵圆形，常为箭镞状而具长柄；花常轮生，成总状或圆锥花序；瘦果 ……………………………………………………………………………………………… **泽泻科 Alismataceae**

517. 雌蕊1个，复合性或于百合科岩菖蒲属中其心皮近于分离。

522. 子房上位，或花被和子房相分离。

523. 花两侧对称；雄蕊1个，位于前方，即着生于远轴的1个花被片的基部 ……………………………………………………………………………………………… **田葱科 Philydraceae（田葱属 *Philydrum*）**

523. 花辐射对称，稀可为两侧对称；雄蕊3个或更多。

524. 花被分化为花萼和花冠2轮，后者于百合科重楼族 *Parideae* 中，有时为细长形或线形的花瓣所组成，稀可缺如。

525. 花形成紧密而具鳞片的头状花序；雄蕊3个；子房1室 ……… **黄眼草科 Xyridaceae（黄眼草属 *Xyris*）**

525. 花不形成头状花序；雄蕊数在3个以上。

526. 叶互生，基部具鞘，平行脉；花为腋生或顶生的聚伞花序；雄蕊6个，或因退化而数较少 ……………………………………………………………………………………………… **鸭趾草科 Commelinaceae**

526. 叶以3个或更多个生于茎的顶端而成一轮，网状脉而于基部具3～5脉；花单独顶生；雄蕊6个、8个或10个……………………………………………………………… **百合科 Liliaceae（重楼属 *Paris*）**

524. 花被裂片彼此相同或近于相同，或于百合科白丝草属 *Chinographis* 中则极不相同，又在同科的油点草属 *Triglochin* 中其外层3个花被裂片的基部呈囊状。

527. 花小型，花被裂片绿色或棕色。

528. 花位于一穗形总状花序上；蒴果自一宿存的中轴上裂为3～6瓣，每果瓣内仅有1个种子 ……………………………………………………………………… **水麦冬科 Juncaginaceae（水麦冬属 *Triglochin*）**

528. 花位于各种形式的花序上；蒴果室背开裂为3瓣内有多数至3个种子…………… **灯心草科 Juncaceae**

527. 花大型或中型，或有时为小型，花被裂片多少有些具鲜明的色彩。

529. 叶（限我国）的顶端变为卷须，并有闭合的叶鞘；胚珠在每室内仅为1个；花排列为顶生的圆锥花序 ……………………………………………………………………… **须叶藤科 Flagillariaceae（须叶藤属 *Flagillaria*）**

529. 叶的顶端不变为卷须；胚珠在子房室内多数，稀可仅为1或2个。

530. 直立或漂浮的水生植物；雄蕊6个，彼此不相同，或有时有不育者 ……………………………………………………………………………………………… **雨久花科 Pontederiaceae**

530. 陆生植物；雄蕊6个、4个或2个，彼此相同。

531. 花为4出数，叶（限我国）对生或轮生，具有显著的纵脉及密生的横脉……………………百部科 **Stemonaceae**（百部属 *Stemona*）

531. 花为3出或4出数；叶常基生或互生……………………百合科 **Liliaceae**

522. 子房下位，或花被多少有些和子房相愈合。

532. 花两侧对称或为不对称形。

533. 花被片均成花瓣状；雄蕊和花柱多少有些互相连合……………………兰科 **Orchidaceae**

533. 花被片并不是均成花瓣状，其外层者形如萼片；雄蕊和花柱分离。

534. 后方的1个雄蕊常为不育性，其余5个均发育而具有花药。

535. 叶和苞片排列成螺旋状；花常因退化而成单性；浆果，花管呈管状，其一侧不久即裂开……………………芭蕉科 **Musaceae**（芭蕉属 *Musa*）

535. 叶和苞片排列成2行；花两性，蒴果。

536. 萼片互相分离或至多可和花冠相连合；居中的1花瓣并不成为唇瓣……………………芭蕉科 **Musaceae**（鹤望兰属 *Strelitzia*）

536. 萼片互相合生呈管状；居中（远轴方向）的1花瓣为大型而成唇瓣……………………芭蕉科 **Musaceae**（兰花蕉属 *Ochidantha*）

534. 后方的1个雄蕊发育而具有花药，其余5个则退化，或变形为花瓣状。

537. 花药2室；萼片互相合生为一萼筒，有时呈佛焰苞状……………………姜科 **Zingiberaceae**

537. 花药1室；萼片互相分离或至多彼此相连接。

538. 子房3室，每子房室内有多数胚珠位于中轴胎座上；各不育雄蕊花瓣状，互相于基部简短合生……………………美人蕉科 **Cannaceae**（美人蕉属 *Canna*）

538. 子房3室或因退化而成1室，每子房室内仅含1个基生胚珠；各不育雄蕊也呈花瓣状，唯多少有些互相合生……………………竹芋科 **Marantaceae**

532. 花常辐射对称，也即花整齐或近于整齐。

539. 水生草本，植物体部分或全部沉没水中……………………水鳖科 **Hydrocharitaceae**

539. 陆生草本。

540. 植物体为攀缘性；叶片宽广，具网状脉（还有数主脉）和叶柄……………………薯蓣科 **Dioscoreaceae**

540. 植物体不为攀缘性；叶具平行脉。

541. 雄蕊3个。

542. 叶2行排列，两侧扁平而无背腹面之分，由下相上重叠跨覆；雄蕊和花被的外层裂片相对生……………………鸢尾科 **Iridaceae**

542. 叶不为2行排列；茎生叶呈鳞片状；雄蕊和花被的内层裂片相对生……………………水玉簪科 **Burmanniaceae**

541. 雄蕊6个。

543. 果实为浆果或蒴果，而花被残留物多少和它合生，或果实为一聚花果；花被的内层裂片各于其基部有2舌状物；叶呈长带形，边缘有刺齿或全缘……………………凤梨科 **Bromielaceae**

543. 果实为蒴果或浆果，仅为1花所成；花被裂片无附属物。

544. 子房1室，内有多数胚珠位于侧膜胎座上；花序为伞形，具长丝状的总苞片……蒟蒻薯科 **Taccaceae**

544. 子房3室，内有多数至少数胚珠位于中轴胎座上。

545. 子房部分下位……………………百合科 **Liliaceae**（粉条儿菜属 *Aletris*，沿阶草属 *Ophiopogon*，球子草属 *Peliosanthes*）

545. 子房完全下位……………………石蒜科 **Amaryllidaceae**

附录二　主要期刊简介

1.《植物分类学报》

《植物分类学报》于1951年创办，是我国生物学科历史最悠久的核心期刊，代表了我国植物分类学领域的最高学术水平。该杂志是以植物分类、植物系统发育和进化为核心内容的多学科综合性学术刊物。其报道内容包括新分类群、类群分类修订、物种生物学、细胞分类学、化学分类学、分子系统学、分支系统学、数量分类学、居群生物学、保护生物学、古植物学和植物地理学等。

2.《植物学报》

创刊于1983年，原名《植物学通报》。是我国植物学领域的综合性专业学术刊物。该刊主要刊登植物学科各领域有创新的原始研究论文和快讯，并发表植物科学重要领域国际最新进展的综述。刊登范围为植物分子与发育生物学，系统与进化植物学，植物生态与环境生物学等相关领域。

3.《植物资源与环境学报》

本刊主要刊登植物资源的考察、开发、利用和物种保护，自然保护区与植物园的建设和管理，植物在保护和美化生态环境中的作用，环境对植物的影响以及与植物资源和植物环境有关学科领域的创新研究成果、学科动态等。

4.《植物生态学报》

创刊于1955年，是我国生态学领域创刊最早的学术期刊。主要发表植物生态学及其相关领域的高水平创新性原始研究论文，包括以植物与环境关系为内核的生态学基础研究、应用基础研究和应用研究等方面的内容。例如，个体生态学、种群生态学、群落生态学、植被生态学、生态系统生态学、景观生态学、进化生态学、繁殖生态学、生理生态学、化学生态学、分子生态学、污染生态学和恢复生态学、全球变化的减缓与适应、生物多样性变化与保育、生物入侵防治、土地退化与荒漠化防治、环境污染防治、生态系统管理和生物资源可持续利用等。

5.《中国中药杂志》

创刊于1955年7月，是我国现存创刊最早的综合性中药学术核心期刊。本刊主要报道我国中药资源、鉴定、栽培、养殖、炮制、制剂、化学、药理、中药理论、临床、不良反应、本草等各专业领域科研成果和进展动态，提高与普及相结合，栏目包括专论、综述、研究论文、研究报告、临床、技术交流、学术探讨、药事管理、经验交流、信息等。

6.《中草药》

创刊于1970年。主要报道中草药化学成分；药剂工艺、生药炮制、产品质量、检验方法；药理实验和临床观察；药用动、植物的饲养、栽培、药材资源调查等方面的研究论文，并辟有中药现代化论坛、专论、综述、短文、新产品、企业介绍、学术动态和信息等栏目。

7.《天然产物研究与开发》

创刊于1989年，是我国最早报道天然产物研究与开发的刊物。刊物主要刊载具生物活性的天然产物以及药用动植物的研究与开发的创新性成果，尤其是天然产物的生物活性、作用机制、提取分离新方法，复杂混合物快速分离分析，天然产物的结构改造、生物合成及生物转化、合成新方法、构效关系研究、活性评价新手段，天然产物综合利用等，涵盖天然产物化学、生物化学、药学及分子生物学等领域。

8. 中国天然药物

创刊于2003年。刊物以报道来自天然产物活性化合物的发现与研究，其药效与药理作用机制为重点，主要刊载天然药物化学、药理学、中药学、药剂学、药物分析学、毒理学、生物化学、微生物学、分子生物学及其相关学科的研究成功。

9. 世界科学技术中医药现代化

创刊于1999年。主要刊载中药现代化专论、战略决策与法规、思路与方法、高技术应用、药学前言、中药资源保护、药品分析与鉴定、基础研究与临床应用、市场评述与展望、知识产权保护、中药材生产与基地建设、产业经济研究等。

10. 药学学报

创刊于1953年，是中国自然科学核心期刊、中文核心期刊，其前身是我国历史最悠久的学术期刊《中华药学杂志》(1936年创刊)。主要刊载药理学、合成药物化学、天然药物化学、药物分析学、生药学、药剂学与抗生素学等方面的研究论文、研究简报、综述、学术动态与述评等。

11. *Planta Medica*

Planta Medica（《药用植物》）由德国Thieme医学出版公司出版，是药用植物与天然产物研究领域的一本国际一流期刊，发表来自世界各地该领域研究者的各类原创研究论文、通讯和评论、即时报道、简明综述等。这些文章涉及的主要研究领域有药理学及临床研究、天然产物化学、分析性研究、生物化学、分子生物学及生物技术、生物筛选研究等。

12. *Journal of Natural Products*

Journal of Natural Products 创刊于1979年，是由美国化学会（American Chemical Society）和美国生药学会（American Society of Pharmacognosy）联合出版的一本药物化学及生药学类杂志。主要刊载天然化合物的化学和生物化学研究或有关获得这些化合物的生态系统研究的文章。包括微生物的次级代谢产物，陆地或海洋动植物获得的具有生理活性的化合物，生物合成及微生物转化，发酵及植物组织培养，新的从自然界提取的化合物的分离、结构解析及化学合成，天然产物的药理学研究等。

13. *Journal of Ethnopharmacology*

创刊于1979年，是一本由国际民族药理学会（International Society of Ethnopharmacology. ISE）主办，Elsevier Science出版社出版的英文国际学术刊物。主要刊载植物学、天然产物化学、常规药理学、毒理学、药剂学、传统药学、生药学、人类学、医学甚至心理学和宗教比较研等包含民族药物学研究范畴的文章。

附录三　相关网站

国家精品课程资源网 http：//course. jingpinke. com/

药用植物学国家级精品课程 http：//210. 41. 222. 180/yyzwx/

广州中医药大学药用植物学精品课程 http：//anni. gzhtcm. edu. cn/2008jpkc/yyzwx/index. asp

上海中医药大学药用植物学课程 http：//www. shutcm. com/shutcm/jwc/kcxx/kcyl/7990. shtml

浙江中医药大学药用植物学省级精品课程 http：//jpkc. zjtcm. net/zwxsb/indexa. asp#Menu%3DChildMenu2

中国天然药物网 http：//www. cnmedline. com/

世界中草药文献检索指引 http：//www. natureleads. com/

Species 2000——物种 2000 年（荷兰）http：//www. sp2000. org/

中国植物志 http：//frps. eflora. cn/

中国植物物种信息数据库 http：//frps. eflora. cn/

中国数字植物标本馆 http：//www. cvh. ac. cn/

中国植物图像库 http：//www. plantphoto. cn/

Flora of China　http：//flora. huh. harvard. edu/china/mss/site_ map. htm

The International Herb Association　http：//www. iherb. org/

University of Wisconsin – Madison Plant Systematics Collection http：// botit. botany. wisc. edu/courses/systematics/

Systematics of Plants　http：//www. life. illinois. edu/ib/335/

中国植物科学网 http：//www. chinaplant. org/

中国自然标本馆 http：//www. cfh. ac. cn/

普兰塔 http：//planta. cn/forum/index. php

参考文献

[1] 丁景和．药用植物学．上海：上海科学技术出版社，1983.

[2] 姚振生．药用植物学．2版．北京：中国中医药出版社，2007.

[3] 谈献和，姚振生．药用植物学．上海：上海科学技术出版社，2009.

[4] 熊耀康，严铸云．药用植物学．北京：人民卫生出版社，2012.

[5] 郑汉臣．药用植物学．5版．北京：人民卫生出版社，2007.

[6] 艾铁民．药用植物学．北京：北京大学医学出版社，2004.

[7] 杨春澍．药用植物学．上海：上海科学技术出版社，1997.

[8] 孙启时．药用植物学．北京：人民卫生出版社，2007.

[9] 周云龙．植物生物学．3版．北京：高等教育出版社，2011.

[10] 谈献和，王德群．药用植物学．北京：中国中医药出版社，2013.

[11] 贺学礼．植物学．2版．北京：高等教育出版社，2010.

[12] 郭巧生．药用植物资源学．北京：高等教育出版社，2007.

[13] 万德光．中药品质研究－理论、方法与实践．上海：上海科学技术出版社，2008.

[14] 王德群．药用植物生态学．北京：中国中医药出版社，2006.

[15] 黄璐琦．药用植物生理生态学．北京：中国中医药出版社，2012.

[16] 孙儒泳译．The Economy Of Nature. 5版．北京：高等教育出版社，2004.

[17] 马良炜．植物学．北京：高等教育出版社，2009.

[18] 战忠玲．农业微生物学．北京：化学工业出版社，2009.

[19] 花蕾．植物保护学．北京：科学出版社，2009．

[20] 中国科学院《中国植物志》编辑委员会．中国植物志．北京：科学出版社，1959～2004.

彩 图

彩图 1. 冬虫夏草 *Cordyceps sinensis* (Berk.) Sacc.
刘显富 / 摄

彩图 2. 矮紫杉 *Taxus cuspidata* CV. Nana
严铸云 / 摄

彩图 3. 中麻黄 *Ephedra intermedia* Schrenk ex Mey
赵云生 / 摄

彩图 4. 三角叶黄连 *Coptis deltoidea* C. Y. Cheng et Hsiao
严铸云 / 摄

彩图 5. 厚朴 *Magnolia officinalis* Rehd. et Wils.
王光志 / 摄

彩图 6. 甘草 *Glycyrrhiza uralensis* Fisch.
张新慧 / 摄

彩图 7. 人参 *Panax ginseng* C. A. Meyer

严铸云 / 摄

彩图 8. 连翘 *Forsythia suspens* （Thunb.) Vahl

王光志 / 摄

彩图 9. 宁夏枸杞 *Lycium barbarum* L.

张新慧 / 摄

彩图 10. 川贝母 *Fritillaria. cirrhosa* D. Don

严铸云 / 摄

彩图 11. 云南重楼 *Paris polyphylla* var. *yunnanensis* （Franch.）Hand.-Mazz.

沈昱翔 / 摄

彩图 12. 天麻 *Gastrodia elata* Bl.

严铸云 / 摄

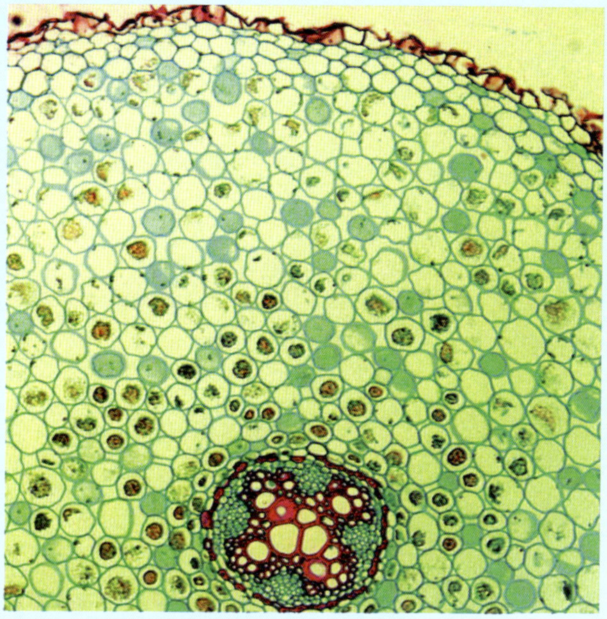

彩图 13. 毛茛根横切面

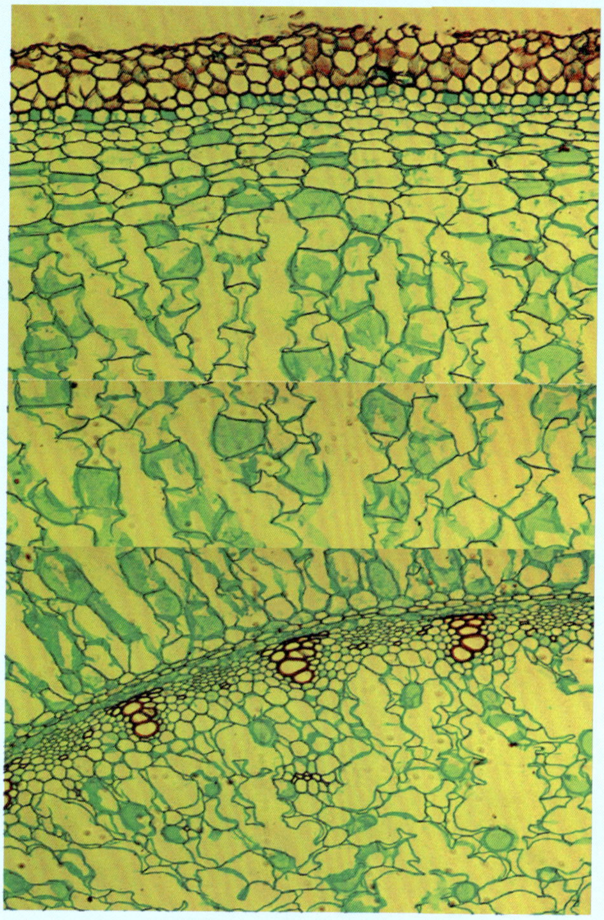

彩图 14. 直立百部根横切面

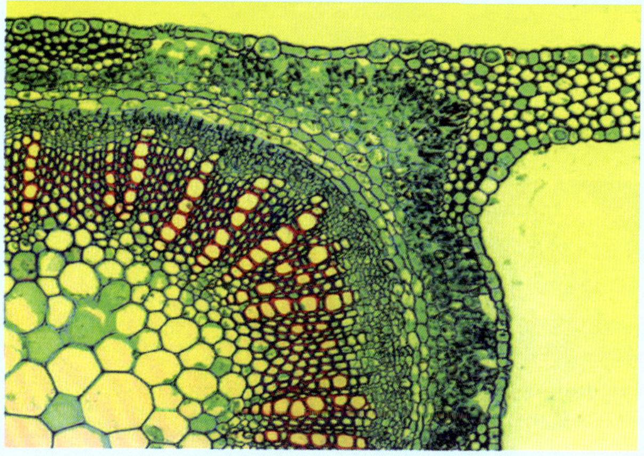

彩图 15. 穿心莲茎横切面

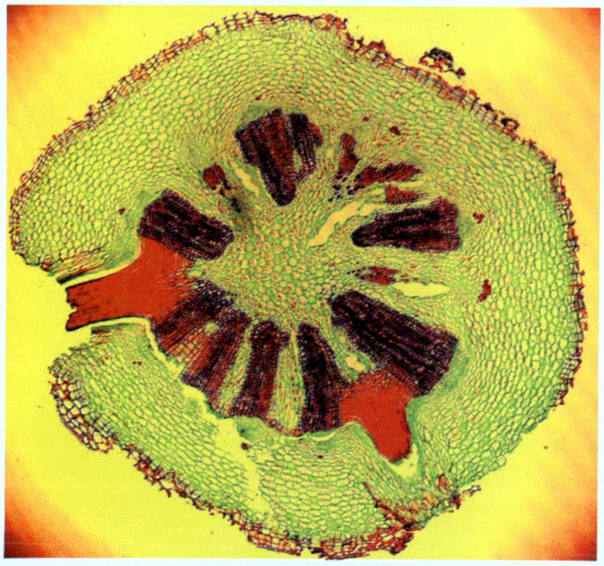

彩图 16. 云连根茎横切面

彩图 17. 椴树茎横切面

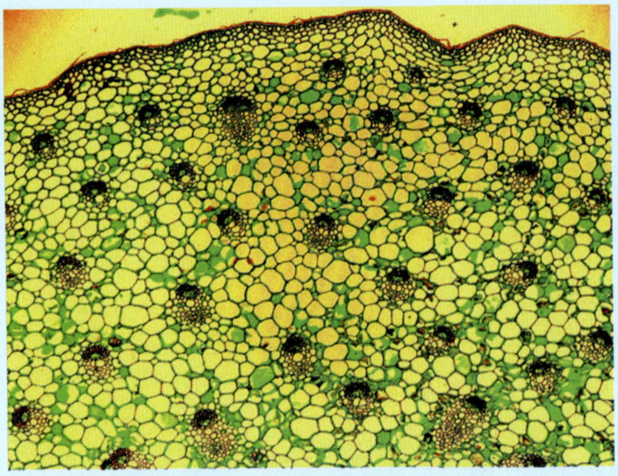

彩图 18. 石斛茎横切面

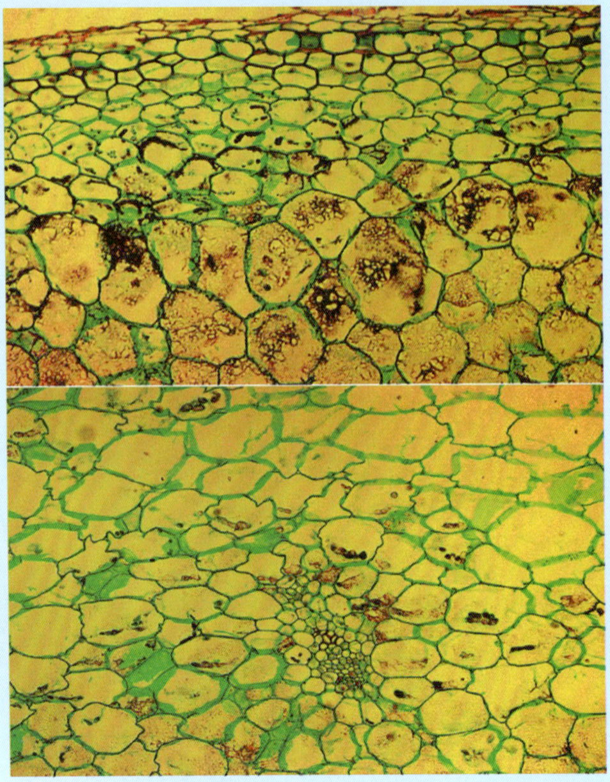

彩图 19. 天麻块茎横切面

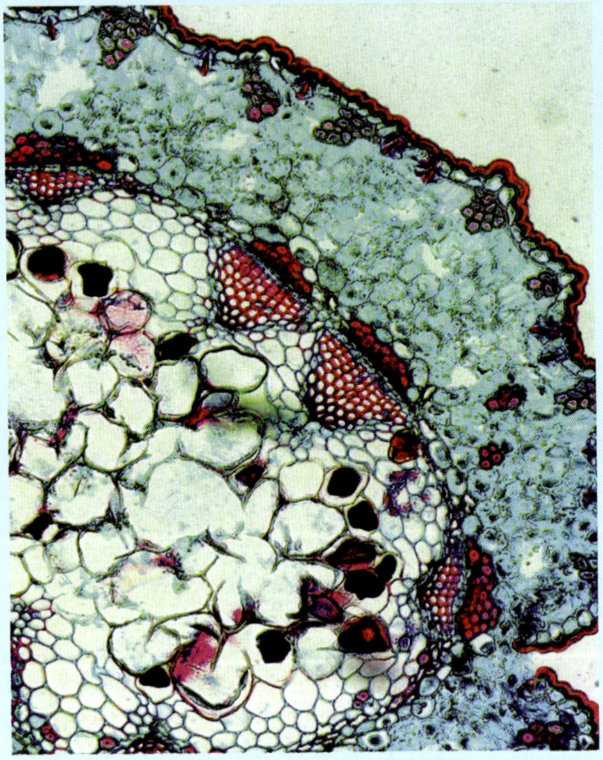

彩图 20. 草麻黄茎横切面

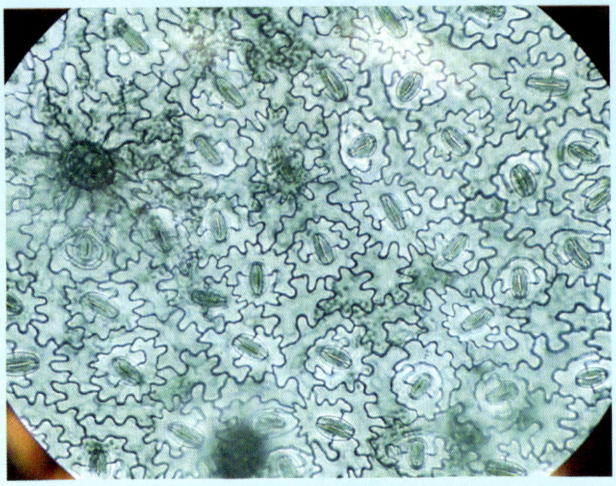

彩图 21. 薄荷叶表面

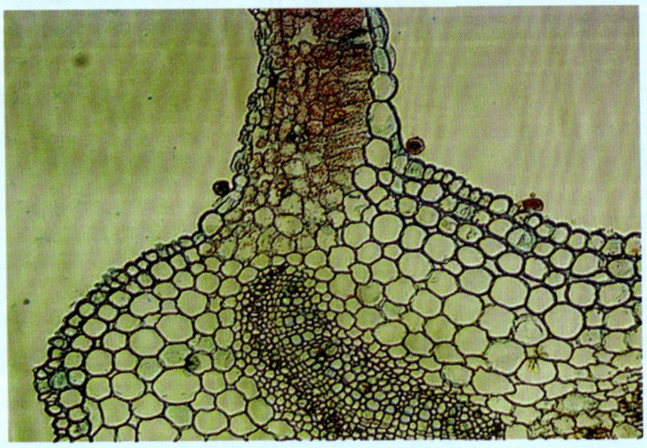

彩图 22. 薄荷叶横切面

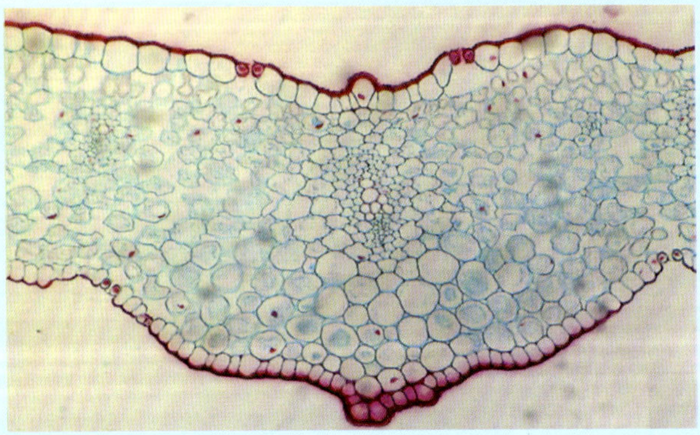

彩图 23. 百合叶横切面